PROJECTE SABER FER

Matemàtiques

SÈRIE **RESOL**

ESO 1

El llibre de **Matemàtiques**, per a primer curs d'ESO, és una obra col·lectiva concebuda, dissenyada i creada al Departament d'Edicions Educatives de Grup Promotor / Santillana, dirigit per **Teresa Grence Ruiz** i **Pere Macià Arqué**.

En l'elaboració ha participat l'equip següent:
César de la Prida Almansa
José Antonio Almodóvar Herraiz
Ana María Gaztelu Villoria
Augusto González García
Pedro Machín Polaina
Carlos Pérez Saavedra
Domingo Sánchez Figueroa
Carles Dorce Polo

EDICIÓ
César de la Prida Almansa
Laura Sánchez Fernández
Rosa Comabella Bernat

EDICIÓ EXECUTIVA
Carlos Pérez Saavedra
M. Àngels Andrés Casamiquela

DIRECCIÓ DEL PROJECTE
Domingo Sánchez Figueroa

Les activitats d'aquest llibre no s'han de fer mai al llibre mateix.
Les taules, els esquemes i altres recursos que s'hi inclouen són models perquè l'alumnat els traslladi a la llibreta.

SANTILLANA
GRUP PROMOTOR

Índex

Esquema del llibre

L'estructura de les unitats didàctiques és regular i molt senzilla, ja que es tracta de facilitar la localització dels continguts fonamentals, dels exemples resolts i de les activitats proposades.

Introducció a la unitat: dos elements bàsics, una base sòlida i una motivació adequada.

Les **Claus per començar** et permetran recordar aquells continguts que et seran útils per a la unitat.

En **Saber** s'especifiquen els continguts i en **Saber fer**, els procediments de la unitat.

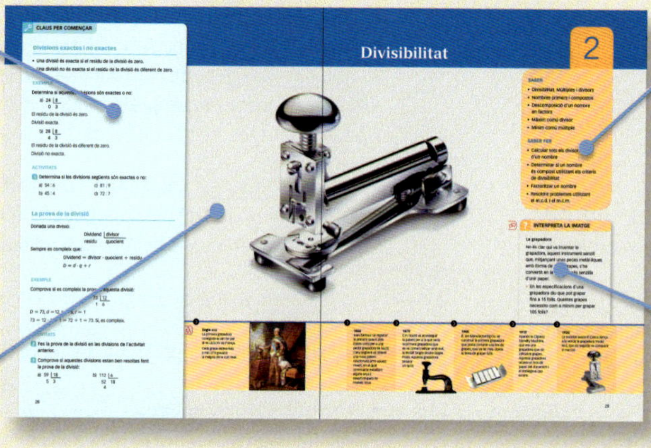

Comencem la unitat al voltant de la història, utilitats i curiositats d'algun invent.

Interpreta la imatge et proposa un exercici senzill, relacionat amb la imatge d'entrada.

Pàgines de contingut: Saber i Saber Fer com un tot integrat.

La proposta per **Saber** són uns textos clars i estructurats. Els **Exemples** t'ajudaran a consolidar aquests sabers

Tan important com saber és **Saber fer**. En aquesta secció aprendràs, pas a pas, els procediments necessaris per al teu desenvolupament matemàtic.

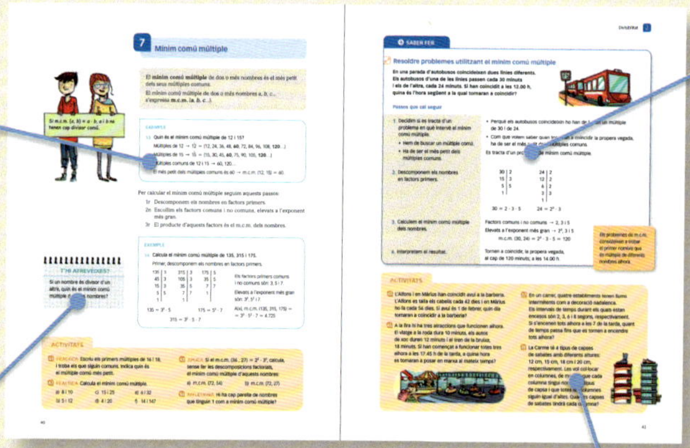

Al costat dels textos explicatius trobaràs **informacions complementàries**.
A més, a **T'hi atreveixes?** posarem a prova els teus coneixements, la teva intuïció i el teu raonament matemàtic.

Les **Activitats** de les pàgines teòriques t'ajudaran a **practicar** els coneixements adquirits, a **aplicar-los** de noves formes i a **reflexionar-hi**. Les activitats que acompanyen **Saber fer** tenen com a objectiu consolidar i dominar aquests procediments.

Pàgines d'activitats finals: una forma pràctica d'aprendre a aprendre.

Les **Activitats finals** estan **seqüenciades** perquè aprofitis de la millor manera possible l'aplicació dels continguts estudiats.

Cada activitat t'ofereix la **dificultat** que té.

Els **Saber fer** t'ajudaran a seguir aprofundint en els procediments.

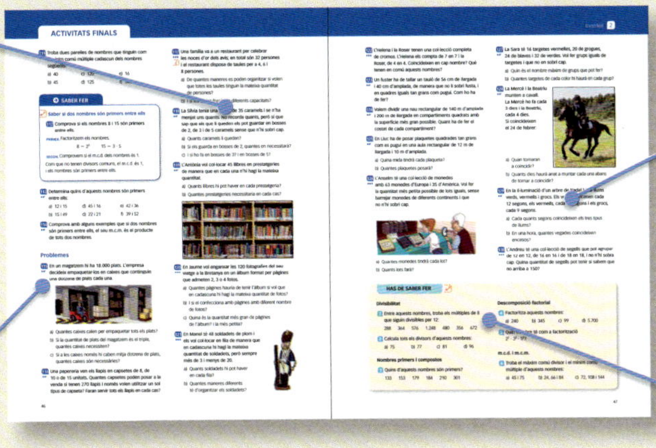

Les activitats finals acaben amb una gran quantitat de **Problemes** que et permetran adaptar els teus coneixements a contextos reals.

Per finalitzar, **Has de saber fer**. Aquesta autoavaluació bàsica et permetrà comprovar si has assolit els objectius mínims de la unitat.

Pàgines de competència matemàtica: un pas més en l'aplicació dels continguts apresos.

En la vida quotidiana és una activitat relacionada amb l'invent inicial on podràs treballar alguns continguts de la unitat.

Amb les **Formes de pensar** posarem a prova el teu **raonament matemàtic**.

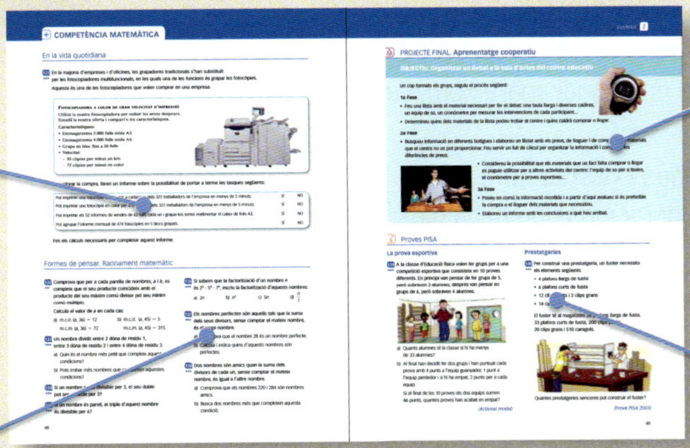

El **Projecte final** et planteja objectius que abans o després trobaràs en la teva vida diària. Amb ell milloraràs les teves competències per a l'**aprenentatge cooperatiu**.

La unitat finalitza amb les **Proves PISA**. Aquestes proves internacionals pretenen comprovar el teu aprenentatge competencial i convé que les coneguis.

Annex final d'Història i curiositats matemàtiques: permet conèixer l'evolució del raonament i pensament matemàtic així com del seu llenguatge al llarg de la història.

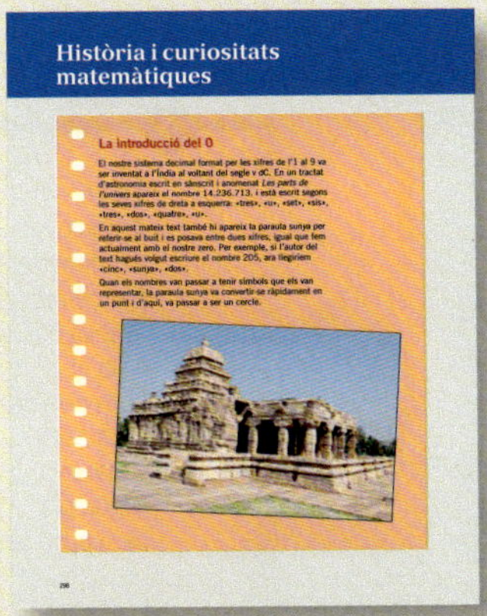

Competències

- Competència comunicativa, lingüística i audiovisual
- Competència artística i cultural
- Competència matemàtica
- Competència digital
- Competència en el coneixement i la interacció amb el món físic
- Competència d'aprendre a aprendre
- Competència social i ciutadana
- Competència d'autonomia, iniciativa personal i emprenedoria

CLAUS PER COMENÇAR

Valor d'una xifra en un nombre

El **valor** de cada xifra en un nombre depèn de la posició que ocupa dins del nombre.

EXEMPLE

Calcula el valor de cada xifra en el nombre 25.036.

2 5 0 3 6

- 6 → 6 unitats
- 3 → 3 D = 30 unitats
- 0 → 0 C = 0 unitats
- 5 → 5 UM = 5.000 unitats
- 2 → 2 DM = 20.000 unitats

ACTIVITATS

1 Determina el valor de la xifra 3 en aquests nombres:

a) 1.256.003 b) 237.215 c) 4.231

Operacions combinades de sumes i restes

Aquestes operacions es poden presentar amb parèntesis o sense.

- Per calcular una sèrie de **sumes i restes sense parèntesis**, fem les operacions en l'ordre en el qual apareixen, d'esquerra a dreta.
- Per calcular una sèrie de **sumes i restes amb parèntesis**, fem primer les operacions que hi ha dins dels parèntesis.

EXEMPLE

15 + 23 − 2 − 12 + 8 =
= 38 − 2 − 12 + 8 =
= 36 − 12 + 8 =
= 24 + 8 =
= 32

(95 − 32) − (39 − 16) − 21 =
= 63 − 23 − 21 =
= 40 − 21 =
= 19

ACTIVITATS

2 Resol les operacions següents:

a) 87 − 13 + 42 − 4 + 98

b) 34 − 23 + 11 − (8 − 6) + 21

c) 27 + 34 + 6 − (41 − 5 − 17)

d) (26 − 14) + 45 − (27 − 9) + 14

e) 18 + (26 − 14) − 5 + 26 − (26 − 19 + 12) − 9

1857
Antonio Meucci va construir el primer telèfon, per connectar la seva oficina amb el dormitori de casa seva, situat al segon pis, per causa del reumatisme de la seva muller.

1876
Alexander Graham Bell va construir i patentar poques hores abans que el seu compatriota Elisha Gray el que fins fa pocs anys es pensava que era el primer telèfon.

Nombres naturals

1

SABER

- Sistemes de numeració
- Aproximació de nombres naturals
- Propietats de les operacions amb nombres naturals
- Potències. Operacions amb potències
- Arrel quadrada
- Operacions combinades

SABER FER

- Expressar productes i quocients de potències com una sola potència
- Calcular l'arrel quadrada d'un nombre
- Efectuar operacions combinades amb potències i arrels

? INTERPRETA LA IMATGE

El telèfon

Fa més de 150 anys que es va inventar el telèfon i només hi ha una cosa que no ha canviat des de l'origen: cada línia telefònica té un número associat.

- Les línies de la xarxa fixa tenen nou dígits i els primers indiquen a quina província pertanyen. Si el 972 indica que el telèfon és de Girona, quantes línies hi pot haver en aquesta demarcació?

1878
Als EUA s'estableix la primera connexió per mitjà d'una centraleta de funcionament manual que feia possible distribuir les trucades entre els usuaris.

Marcació per pulsació
Els telèfons incorporen un disc rotatori per prescindir de l'operadora manual, d'aquesta manera augmenten la rapidesa i la privacitat.

Marcació per tons
Els telèfons incorporen un teclat que conté els dígits del 0 al 9 i algunes tecles especials: *, #, …

Aquestes tecles amb combinacions numèriques donen accés a funcions com ara el contestador, la retrucada, etc.

2002
L'11 de juny de 2002 el Congrés dels Estats Units va aprovar una resolució per la qual es reconeix que l'inventor del telèfon va ser Antonio Meucci.

1 Sistemes de numeració

1.1. Sistema de numeració decimal

En el **sistema de numeració decimal** s'utilitzen deu xifres diferents: 0, 1, 2, 3, 4, 5, 6, 7, 8 i 9. A més, és un **sistema posicional**, cada xifra té un valor segons la seva posició dins del nombre.

Cada 10 unitats formen una unitat de l'ordre immediatament superior.

Centena de milió	Desena de milió	Unitat de milió	Centena de miler	Desena de miler	Unitat de miler	Centena	Desena	Unitat

EXEMPLE

1. Descompon el nombre 13.460.090 en els ordres d'unitats.

   13.460.090 = 1 D. de milió + 3 U. de milió + 4 CM + 6 DM + 9 D

La xifra 0 s'utilitza per indicar que un nombre no té unitats de l'ordre que ocupa.

107 → No té desenes

1.2. Sistema de numeració romà

El **sistema de numeració romà** utilitza set lletres diferents:

I = 1 V = 5 X = 10 L = 50 C = 100 D = 500 M = 1.000

És un **sistema additiu**, és a dir, cada lletra val sempre el mateix.

Per escriure un nombre romà en el sistema de numeració decimal, sumem el valor de les lletres, excepte si una xifra de menys valor està situada a l'esquerra d'una altra de més valor; en aquest cas, restem.

EXEMPLE

2. Escriu el valor de cada nombre.

   a) MDXXIII = 1.523 b) CDXLI = 441 c) CXCIX = 199

HO ESCRIVIM AIXÍ

Regla de la multiplicació en els nombres romans

Si un nombre romà té una ratlla a sobre, llavors el seu valor es multiplica per mil.

$\overline{\text{LI}}$ = 51.000

ACTIVITATS

1 **PRACTICA.** Descompon en ordres d'unitats.

a) 342.531 b) 7.100.203 c) 7.345.000

2 **PRACTICA.** Escriu aquests nombres romans en el sistema de numeració decimal:

a) XXII c) DCLXIII e) XXIX g) CMX
b) CXVI d) $\overline{\text{IV}}$ f) XCII h) XLIX

3 **APLICA.** Escriu en nombres romans.

a) 11 c) 74.000 e) 115 g) 987
b) 22 d) 93 f) 646 h) 1.899

4 **REFLEXIONA.** Escriu cinc nombres que tinguin 9 desenes de milió, 4 unitats de miler, 1 centena, 6 desenes i 7 unitats.

2 Aproximació de nombres naturals

Aproximar un nombre és substituir-lo per un altre de proper. El podem obtenir per dos mètodes diferents: truncament i arrodoniment.

2.1. Aproximació per truncament

Truncar un nombre a un cert ordre consisteix a substituir per zeros les xifres dels ordres inferiors.

EXEMPLE

3. Aproxima 5.178.463 per truncament a les unitats de miler.

Substituïm per zeros les xifres a partir de les unitats de miler.

$$5.178.463 \xrightarrow{\text{TRUNCAMENT}} 5.178.000$$

2.2. Aproximació per arrodoniment

Per **arrodonir** un nombre a un cert ordre, ens fixem en la xifra de l'ordre següent:

- Si és més gran o igual que 5, sumem una unitat a la xifra que volem arrodonir i truncquem la resta.
- Si és més petita que 5, mantenim la xifra com està i truncquem la resta.

EXEMPLE

4. Aproxima 5.178.463 per arrodoniment a les unitats de miler i a les centenes de miler.

Unitats de miler: $5.17\mathbf{8}.463 \xrightarrow{4<5}$ Arrodoniment $= 5.17\mathbf{8}.000$

Centenes de miler: $5.\mathbf{1}78.463 \xrightarrow{7>5}$ Arrodoniment $= 5.\mathbf{2}00.000$

ACTIVITATS

5 PRACTICA. Trunca i arrodoneix aquests nombres a les centenes i a les unitats de miler:

a) 3.729 b) 653.497 c) 25.465 d) 1.324.532

6 APLICA. Digues si és truncament o arrodoniment.

a) 3.256 → 3.200
b) 497 → 500
c) 18.462 → 18.000
d) 986.492 → 986.500

7 REFLEXIONA. Escriu tots els nombres que tinguin com a aproximació 25.560 quan fem:

a) Un arrodoniment a les desenes
b) Un truncament a les desenes

Quina et sembla que és la millor aproximació, la que fem per arrodoniment o la que fem per truncament?

3 Propietats de les operacions amb nombres naturals

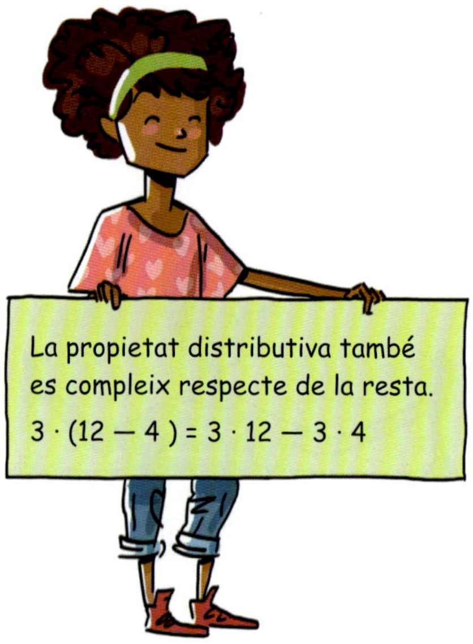

3.1. Propietats de la suma i de la multiplicació

- **Propietat commutativa.** L'ordre dels sumands o dels factors no en varia el resultat.
- **Propietat associativa.** L'ordre en què es facin les sumes no n'afecta el resultat. Passa el mateix en les multiplicacions.
- **Propietat distributiva de la multiplicació respecte de la suma.** Un nombre per una suma és igual a la suma dels productes d'aquest nombre per cadascun dels sumands.

EXEMPLE

5. Identifica la propietat que hem utilitzat en cada cas.

   a) $8 + 9 = 9 + 8$ → Propietat commutativa de la suma

   b) $(6 \cdot 2) \cdot 4 = 6 \cdot (2 \cdot 4)$ → Propietat associativa de la multiplicació

   c) $5 \cdot (3 + 9) = 5 \cdot 3 + 5 \cdot 9$ → Propietat distributiva

T'HI ATREVEIXES?

Per quina raó Bart Simpson diu:

«Multiplica't per zero!»

3.2. Propietats de la resta i de la divisió

En una resta: el subtrahend més la diferència és igual al minuend.

En una divisió: el dividend és igual al divisor pel quocient més el residu i el residu ha de ser més petit que el divisor.

$$D = d \cdot q + r \qquad r < d$$

EXEMPLE

6. Calcula i comprova que has fet bé l'operació.

   a) $170 - 90 = 80$ Comprovació: $90 + 80 = 170$

   b) 32 | 5 ; residu 2, quocient 6 Comprovació: ▶ $q = 6, r = 2 \rightarrow 32 = 5 \cdot 6 + 2$
   I a més, $2 < 5$

ACTIVITATS

8 PRACTICA. Completa a la llibreta i indica les propietats aplicades en cada igualtat.

a) $14 + 35 = \square + 14$ b) $7 \cdot (\square \cdot 5) = (\square \cdot 4) \cdot 5$

9 APLICA. Calcula el dividend d'una divisió en què el divisor és 14, el quocient és 23 i el residu és 2.

10 REFLEXIONA. Dóna valors a d fins que calculis el divisor d'aquestes divisions:

a) 34 | d ; residu 0, quocient 17 b) 89 | d ; residu 1, quocient 22 c) 102 | d ; residu 2, quocient 20

Fes-ho amb l'ajuda de la prova de la divisió.

4 Potències de nombres naturals

Una **potència** és una forma abreujada d'escriure una multiplicació de factors iguals.

$$a^n = \underbrace{a \cdot a \cdot a \cdot a \ldots \cdot a}_{n \text{ vegades}}$$

a → S'anomena **base** i és el factor que es repeteix.

n → S'anomena **exponent** i indica el nombre de vegades que es repeteix la base.

Les potències es llegeixen així:

- Les potències amb exponent 2 es llegeixen «al quadrat».

  $3 \cdot 3 = 3^2$ → Es llegeix 3 al quadrat.
- Les potències amb exponent 3 es llegeixen «al cub».

  $7 \cdot 7 \cdot 7 = 7^3$ → Es llegeix 7 al cub.
- Si l'exponent és més gran que 3, es llegeix «a la quarta», «a la cinquena»...

  5^4 → 5 a la quarta 7^5 → 7 a la cinquena

  12^6 → 12 a la sisena 4^{10} → 4 a la desena

EXEMPLES

7. Expressa en forma de potència aquests productes:

a) $2 \cdot 2 \cdot 2 \cdot 2 \cdot 2 = 2^5$ c) $8 \cdot 8 \cdot 8 = 8^3$

b) $9 \cdot 9 \cdot 9 \cdot 9 \cdot 9 \cdot 9 \cdot 9 = 9^7$ d) $13 \cdot 13 = 13^2$

8. Calcula el valor de les potències següents:

a) $2^5 = 2 \cdot 2 \cdot 2 \cdot 2 \cdot 2 = 32$ c) $6^4 = 6 \cdot 6 \cdot 6 \cdot 6 = 1.296$

b) $9^3 = 9 \cdot 9 \cdot 9 = 729$ d) $8^4 = 8 \cdot 8 \cdot 8 \cdot 8 = 4.096$

9. Escriu aquestes potències:

a) Set a la cinquena → 7^5 c) Cinc a la setena → 5^7

b) Nou al cub → 9^3 d) Dotze al quadrat → 12^2

CALCULADORA

Per calcular potències amb la calculadora utilitzem la tecla x^y.

4^6 → 4 x^y 6 = 4096

ACTIVITATS

11 PRACTICA. Expressa en forma de potència i indica'n la base i l'exponent.

a) Quatre al cub c) Dos a la vuitena

b) Tres a la sisena d) Sis a la cinquena

12 APLICA. Calcula.

a) 2^4 b) 3^3 c) 5^4 d) 7^2 e) 4^4 f) 2^{10}

13 APLICA. Expressa com a potència i calcula el resultat.

a) $10 \cdot 10 \cdot 10$ b) $6 \cdot 6 \cdot 6 \cdot 6 \cdot 6$

14 REFLEXIONA. Escriu com a potència, si es pot.

a) $7 \cdot 7 \cdot 7 \cdot 7$ d) $5 \cdot 5 \cdot 3 \cdot 3$

b) $5 \cdot 5 \cdot 4$ e) $3 \cdot 4 \cdot 4$

c) $11 \cdot 11 \cdot 11 \cdot 11$ f) $9 \cdot 9$

5 Potències de base 10. Descomposició polinòmica d'un nombre

5.1. Potències de base 10

Una **potència de base 10 i exponent un nombre natural** és igual a la unitat seguida de tants zeros com indica l'exponent.

EXEMPLES

10. Calcula el valor de les potències següents:

a) $10^5 = 10 \cdot 10 \cdot 10 \cdot 10 \cdot 10 = \underbrace{100.000}_{\text{5 zeros}}$

b) $10^6 = 10 \cdot 10 \cdot 10 \cdot 10 \cdot 10 \cdot 10 = \underbrace{1.000.000}_{\text{6 zeros}}$

11. Expressa com a potència.

a) $10 \cdot 10 \cdot 10 \cdot 10 \cdot 10 \cdot 10 \cdot 10 = 10.000.000 = 10^7$

b) $10 \cdot 10 \cdot 10 \cdot 10 = 10.000 = 10^4$

5.2. Descomposició polinòmica d'un nombre

La **descomposició polinòmica** d'un nombre és igual a la suma dels productes de les seves xifres per la potència de base 10 corresponent al seu ordre.

T'HI ATREVEIXES?

Quina seria la descomposició polinòmica de MCXLIII?

EXEMPLE

12. Determina la descomposició polinòmica del nombre 5.064.209.

$$5.064.209 = 5 \cdot 1.000.000 + 6 \cdot 10.000 + 4 \cdot 1.000 + 2 \cdot 100 + 9 =$$
$$= 5 \cdot 10^6 + 6 \cdot 10^4 + 4 \cdot 10^3 + 2 \cdot 10^2 + 9$$

ACTIVITATS

15 PRACTICA. Expressa en forma de potència i calcula el valor.

a) $10 \cdot 10 \cdot 10$

b) $10 \cdot 10 \cdot 10 \cdot 10 \cdot 10 \cdot 10 \cdot 10 \cdot 10$

16 PRACTICA. Troba la descomposició polinòmica.

a) 7.854 b) 11.111 c) 123.456

17 APLICA. Són correctes les descomposicions?

a) $10^4 + 7 \cdot 10^3 - 4 \cdot 10^2 + 8 \cdot 10^2 + 2$

b) $10^5 + 6 \cdot 10^3 + 5 \cdot 10^2 + 9 \cdot 10^2 + 2 \cdot 10^5$

18 REFLEXIONA. Completa a la llibreta.

a) $(2 \cdot \square)^{\square} = 10.000$

b) $(2 + 5 + \square)^{\square} = 1.000$

6 Operacions amb potències

6.1. Producte i quocient de potències amb la mateixa base

- Per **multiplicar** dues o més **potències amb la mateixa base**, mantenim la mateixa base i sumem els exponents.

$$a^m \cdot a^n = a^{m+n}$$

- Per **dividir** dues **potències amb la mateixa base**, mantenim la mateixa base i restem els exponents.

$$a^m : a^n = a^{m-n}$$

EXEMPLES

13. Calcula aquests productes:

a) $7^4 \cdot 7^2 = 7 \cdot 7 \cdot 7 \cdot 7 \cdot 7 \cdot 7 = 7^{4+2} = 7^6$

b) $8^3 \cdot 8^5 = 8 \cdot 8 \cdot 8 \cdot 8 \cdot 8 \cdot 8 \cdot 8 \cdot 8 = 8^{3+5} = 8^8$

14. Calcula aquests quocients:

a) $9^5 : 9^3 = (9 \cdot 9 \cdot 9 \cdot 9 \cdot 9) : (9 \cdot 9 \cdot 9) = 9^{5-3} = 9^2$

b) $6^7 : 6^2 = (6 \cdot 6 \cdot 6 \cdot 6 \cdot 6 \cdot 6 \cdot 6) : (6 \cdot 6) = 6^{7-2} = 6^5$

6.2. Potències d'exponent 1 i 0

- Una **potència d'exponent 1** és igual a la base → $a^1 = a$.
- Una **potència d'exponent 0** és igual a 1 → $a^0 = 1$.

EXEMPLE

15. Calcula.

a) $\left.\begin{aligned} 2^3 : 2^2 &= 8 : 4 = 2 \\ &= 2^{3-2} = 2^1 \end{aligned}\right\} 2^1 = 2$

b) $\left.\begin{aligned} 3^4 : 3^4 &= 81 : 81 = 1 \\ &= 3^{4-4} = 3^0 \end{aligned}\right\} 3^0 = 1$

ACTIVITATS

19 PRACTICA. Resol aquestes operacions i escriu-ne el resultat amb una sola potència:

a) $2^7 \cdot 2^4$

b) $3^5 : 3^2$

c) $10^4 \cdot 10$

d) $5^6 : 5$

e) $4^6 \cdot 4^4$

f) $7^3 : 7$

20 APLICA. Quants bolígrafs hi ha en 36 estoigs amb 6 bolígrafs a cadascun? Expressa-ho en forma de potència.

21 REFLEXIONA. Completa a la llibreta.

a) $8^3 \cdot 8^{\square} = 8^7$

b) $8^6 : 8^{\square} = 8$

6.3. Potència d'una potència

Per elevar una **potència a una altra potència**, mantenim la mateixa base i multipliquem els exponents.

$$(a^m)^n = a^{m \cdot n}$$

EXEMPLE

16. Calcula.

a) $(6^5)^3 = 6^5 \cdot 6^5 \cdot 6^5 = 6^{5+5+5} = 6^{3 \cdot 5} = 6^{15}$

b) $(8^2)^4 = 8^2 \cdot 8^2 \cdot 8^2 \cdot 8^2 = 8^{2+2+2+2} = 8^{2 \cdot 4} = 8^8$

T'HI ATREVEIXES?

Quin és el nombre més gran que es pot escriure amb tres xifres?

6.4. Producte i quocient de potències amb el mateix exponent

- La **potència d'una multiplicació** és igual al producte de les potències dels seus factors.

$$(a \cdot b)^n = a^n \cdot b^n$$

- La **potència d'una divisió** és igual al quocient de les potències del dividend i el divisor.

$$(a : b)^n = a^n : b^n$$

Utilitzant aquestes propietats podem simplificar els càlculs:

$5^4 \cdot 2^4 = (5 \cdot 2)^4 = 10^4$

$6^3 : 2^3 = (6 : 2)^3 = 3^3$

EXEMPLES

17. Expressa com a producte de dues potències.

a) $(7 \cdot 2)^3 = (7 \cdot 2) \cdot (7 \cdot 2) \cdot (7 \cdot 2) = 7 \cdot 7 \cdot 7 \cdot 2 \cdot 2 \cdot 2 = 7^3 \cdot 2^3$

b) $(12 : 4)^2 = (12 : 4) \cdot (12 : 4) = 12^2 : 4^2$

18. Expressa aquestes operacions com una sola potència i calcula:

a) $15^3 : 5^3 = (15 : 5)^3 = 3^3 = 27$

b $2^6 \cdot 5^6 = (2 \cdot 5)^6 = 10^6 = 1.000.000$

ACTIVITATS

22 PRACTICA. Expressa com una sola potència.

a) $(2^2)^3$

b) $(3^4)^5$

c) $(5^3)^3$

d) $(7^6)^4$

e) $(9^2)^4$

f) $(10^{10})^5$

23 APLICA. Escriu com una sola potència.

a) $(8 \cdot 5)^2 \cdot (8 \cdot 5)^7$

b) $(5 \cdot 3)^8 : (5 \cdot 3)^4$

c) $(9 : 2)^6 \cdot (9 : 2)^3$

d) $(15 : 4)^9 : (15 : 4)^6$

24 REFLEXIONA. Completa a la llibreta.

a) $18^5 : \square^5 = 6^{\square}$

b) $\square^6 \cdot 5^6 = 15^{\square}$

c) $5^3 \cdot \square^3 = 20^{\square}$

d) $\square^2 : 4^2 = 4^2$

25 REFLEXIONA. Completa a la llibreta.

a) $(2^4)^3 \cdot (3^3)^{\square} = \square^6$

b) $3^4 \cdot \square^4 : 27^4 = 1$

c) $125^3 : 25^3 \cdot \square^{\square} = 5^6$

SABER FER

Expressar productes i quocients de potències com una sola potència

Expressa-ho com una sola potència, si es pot.

a) $7^3 \cdot 7^6$ **c)** $5^8 \cdot 2^8$ **e)** $4^9 \cdot 3^6$

b) $8^6 : 8^3$ **d)** $9^4 : 3^4$ **f)** $5^6 : 4^3$

Passos que cal seguir

1. Analitzem si les bases o els exponents coincideixen.

a) $7^3 \cdot 7^6 \rightarrow$ Mateixa base

b) $8^6 : 8^3 \rightarrow$ Mateixa base

c) $5^8 \cdot 2^8 \rightarrow$ Base diferent però exponent igual

d) $9^4 : 3^4 \rightarrow$ Base diferent però exponent igual

e) $4^9 \cdot 3^6 \rightarrow$ Base i exponent diferents

f) $5^6 : 4^3 \rightarrow$ Base i exponent diferents

2. Si les bases coincideixen, sumem o restem els exponents.

a) $7^3 \cdot 7^6 = 7^{3+6} = 7^9$

b) $8^6 : 8^3 = 8^{6-3} = 8^3$

3. Si són els exponents els que coincideixen, multipliquem o dividim les bases.

c) $5^8 \cdot 2^8 = (5 \cdot 2)^8 = 10^8$

d) $9^4 : 3^4 = (9 : 3)^4 = 3^4$

4. Si no coincideixen ni les bases ni els exponents, no es pot expressar com una sola potència.

e) $4^9 \cdot 3^6 \rightarrow$ No es pot expressar com una sola potència.

f) $5^6 : 4^3 \rightarrow$ No es pot expressar com una sola potència.

En un producte o en una divisió de potències, si la base o l'exponent coincideixen, has d'operar amb el terme que és diferent.

ACTIVITATS

26 Expressa com una sola potència, si es pot.

a) $8^5 : 4^5$ c) $14^6 \cdot 2^3$ e) $18^3 : 3^6$

b) $7^4 \cdot 7^3$ d) $21^4 \cdot 2^4$ f) $123^{11} : 123^5$

27 Expressa com una sola potència, si es pot, i calcula.

a) $8^2 : 2^2$ e) $4^3 \cdot 7^3$

b) $9^5 : 3^5$ f) $12^2 : 4^2$

c) $7^4 \cdot 5^4$ g) $15^6 \cdot 2^6$

d) $10^8 : 5^8$ h) $5^7 \cdot 7^7$

28 Expressa com una sola potència.

a) $(4^5 \cdot 4^3) \cdot (4^4 \cdot 4^2)$

b) $(5^2 \cdot 5^4) : (5^3 \cdot 5)$

c) $(7^8 : 7^2) \cdot (7^4 : 7^3)$

d) $(3^9 : 3) : (3^5 : 3^3)$

29 Escriu el resultat en forma de potència.

a) $(2^3)^4 \cdot 2^5$ d) $(6^4)^5 : (6^{10})^0$

b) $3^5 \cdot (3^2)^4$ e) $4^8 : (4^3)^2$

c) $(7^4)^2 \cdot (7^3)^4$ f) $(3^5)^2 : (3^2)^4$

30 Expressa el resultat com una potència i indica'n la base i l'exponent.

a) $(3^5)^3 : (6^3 \cdot 6^2)$

b) $(3^5 : 3^2) \cdot 3^4 \cdot (3^3)^2$

c) $(7^4)^3 : (7 \cdot 7^3)$

31 Expressa com una sola potència i calcula.

a) $3^2 \cdot (18 : 6)^4$

b) $(14 : 7)^4 : (18 : 9)^3$

c) $(8^3 : 2^3) \cdot (2^4 \cdot 2) : 2^5$

d) $(3^3 \cdot 3^2) : (18^4 : 6^4)$

7 Arrel quadrada

CALCULADORA

Per calcular l'arrel d'un nombre utilitza la tecla [$\sqrt{\ }$].

$\sqrt{169}$ → [$\sqrt{\ }$] 169 [=] [13]

7.1. Arrel quadrada exacta

L'**arrel quadrada exacta** d'un nombre a és un nombre b tal que, si l'elevem al quadrat, obtenim el nombre a.

$$\sqrt{a} = b, \text{ quan } b^2 = a$$

El **radicand** és el nombre a, $\sqrt{\ }$ és el símbol de l'arrel i diem que b és l'arrel quadrada de a.

Símbol de l'arrel → $\sqrt{a} = b$ ← Arrel; Radicand ↑ a

Els nombres amb arrel quadrada exacta són **quadrats perfectes**.

EXEMPLE

19. Calcula les arrels d'aquests quadrats perfectes:

a) $\sqrt{1} = 1$, ja que $1^2 = 1$

b) $\sqrt{4} = 2$, ja que $2^2 = 4$

c) $\sqrt{9} = 3$, ja que $3^2 = 9$

d) $\sqrt{16} = 4$, ja que $4^2 = 16$

e) $\sqrt{25} = 5$, ja que $5^2 = 25$

f) $\sqrt{36} = 6$, ja que $6^2 = 36$

g) $\sqrt{49} = 7$, ja que $7^2 = 49$

h) $\sqrt{64} = 8$, ja que $8^2 = 64$

i) $\sqrt{81} = 9$, ja que $9^2 = 81$

j) $\sqrt{100} = 10$, ja que $10^2 = 100$

7.2. Arrel quadrada entera

Si el radicand no és un quadrat perfecte, l'arrel quadrada és entera.

L'**arrel quadrada entera** d'un nombre a és el nombre b més gran el quadrat del qual és més petit que a. El **residu** de l'arrel entera és la diferència entre el radicand a i el quadrat de l'arrel entera b.

$$\text{Residu} = a - b^2$$

ACTIVITATS

32 PRACTICA. Calcula les arrels quadrades exactes.

a) $\sqrt{121}$ b) $\sqrt{144}$ c) $\sqrt{10.000}$ d) $\sqrt{14.400}$

33 APLICA. Determina el valor de a en aquestes arrels quadrades no exactes:

a) $\sqrt{a} \approx 5$ i el residu és 7.

b) $\sqrt{a} \approx 7$ i el residu és 3.

c) $\sqrt{a} \approx 8$ i el residu és 5.

34 APLICA. De quin nombre és arrel quadrada el nombre 15?

35 APLICA. Podem formar un quadrat amb 42 monedes?

36 REFLEXIONA. Hi ha algun quadrat perfecte que acabi en 2? I en 3? I en 7?

37 REFLEXIONA. Hi ha cap nombre que tingui 6 d'arrel entera? Quants nombres compleixen aquesta condició?

SABER FER

Calcular l'arrel quadrada d'un nombre

Calcula l'arrel quadrada d'aquests nombres:

a) $\sqrt{169}$ **b)** $\sqrt{39}$

Passos que cal seguir

1. Busquem el nombre més gran que tingui de quadrat un nombre més petit o igual que el radicand.

a) $\sqrt{169}$

$11^2 = 121 \rightarrow 121 < 169$

$12^2 = 144 \rightarrow 144 < 169$

$13^2 = 169$

b) $\sqrt{39}$

$5^2 = 25 \rightarrow 25 < 39$

$6^2 = 36 \rightarrow 36 < 39$

$7^2 = 49 \rightarrow 49 > 39$

2. Si el quadrat d'aquest nombre és igual que el radicand, l'arrel quadrada és exacta.

a) $\sqrt{169} = 13$ ja que $13^2 = 169$

3. Si el quadrat és més petit, aquest nombre és l'arrel entera. El residu és la diferència entre el nombre i el quadrat d'aquest nombre.

b) $6^2 = 36 \rightarrow 36 < 39$

6 és el nombre més gran que té com a quadrat un nombre més petit que 39.

L'arrel entera és 6 i el residu és:

$39 - 6^2 = 39 - 36 = 3$

Si intentem determinar amb la calculadora l'arrel quadrada d'un nombre que no és un quadrat perfecte, obtindrem un nombre decimal. El nombre de l'esquerra del punt és l'arrel quadrada entera.

187 → [√] 187 [=] 13.6794794

L'arrel entera de 187 és 13.

ACTIVITATS

38 Calcula l'arrel quadrada entera i el residu d'aquests nombres:

a) 125 c) 243 e) 160
b) 96 d) 72 f) 355

39 Completa a la llibreta.

a) $\sqrt{85} = \sqrt{\square^2 + \square}$
b) $\sqrt{77} = \sqrt{\square^2 + \square}$
c) $\sqrt{93} = \sqrt{\square^2 + \square}$
d) $\sqrt{138} = \sqrt{\square^2 + \square}$
e) $\sqrt{154} = \sqrt{\square^2 + \square}$
f) $\sqrt{2.347} = \sqrt{\square^2 + \square}$

40 Determina el radicand i escriu-lo a la llibreta.

a) $\sqrt{\square} \approx 6$ i el residu és 8.
b) $\sqrt{\square} \approx 9$ i el residu és 9.
c) $\sqrt{\square} \approx 8$ i el residu és 6.
d) $\sqrt{\square} \approx 13$ i el residu és 15.
e) $\sqrt{\square} \approx 30$ i el residu és 26.

41 En Lluís ha calculat $\sqrt{292}$ i assegura que el residu és 36. Ha fet els càlculs correctament?

42 Entre totes aquestes arrels n'hi ha una que té el residu diferent de les altres. Quina és?

a) $\sqrt{52}$ d) $\sqrt{403}$
b) $\sqrt{124}$ e) $\sqrt{173}$
c) $\sqrt{228}$ f) $\sqrt{199}$

43 Quin és el nombre de monedes que hi ha en el costat d'un quadrat format per les monedes següents?

a) 64 b) 121 c) 144 d) 324

44 Troba un nombre natural inclòs entre 100 i 121, de manera que la seva arrel quadrada tingui per residu:

a) 8 b) 10 c) 12 d) 15

Quin és el residu més gran que podem tenir en aquest cas?

45 Escriu tots els nombres que tinguin com a arrel entera 5. Quants nombres hi ha? Quants nombres tenen com a arrel entera 6? I 7?

8 Operacions combinades

Quan en una expressió apareixen operacions de suma, resta, multiplicació i divisió, l'ordre en el qual hem de fer les operacions és el següent:

1r Les operacions que hi ha entre parèntesis i claudàtors.

2n Les multiplicacions i les divisions, d'esquerra a dreta.

3r Les sumes i les restes, d'esquerra a dreta.

EXEMPLES

20. Calcula aquestes expressions:

a) $9 - 5 : 5 + 3 \cdot 6 =$
$= 9 - 1 + 18 =$
$= 8 + 18 =$
$= 26$

b) $4 \cdot 9 + (9 - 8) - 12 : 6 =$
$= 4 \cdot 9 + 1 - 12 : 6 =$
$= 36 + 1 - 2 =$
$= 37 - 2 =$
$= 35$

21. Resol.

a) $8 + 16 : 2 - 9 = 8 + 8 - 9 = 16 - 9 = 7$

b) $3 \cdot (8 + 2) : 2 - 9 = 3 \cdot 10 : 2 - 9 = 30 : 2 - 9 = 15 - 9 = 6$

c) $36 : 4 : 3 - (8 + 2) : 5 = 36 : 4 : 3 - 10 : 5 = 9 : 3 - 2 = 3 - 2 = 1$

d) $100 - [12 - (11 - 5)] : 3 \cdot 15 : 5 = 100 - (12 - 6) : 3 \cdot 15 =$
$= 100 - 6 : 3 \cdot 15 =$
$= 100 - 2 \cdot 15 =$
$= 100 - 30 = 70$

ACTIVITATS

46 PRACTICA. Calcula.

a) $9 : 3 + 5 \cdot 7$
b) $7 + 8 \cdot 6 - 19$
c) $35 - 2 \cdot 4 - 3 \cdot 5$
d) $12 \cdot 8 - 5 \cdot 10$
e) $7 \cdot 9 + 4 + 6 : 3$
f) $26 + 9 : 3 - 4 \cdot 5$

47 APLICA. Resol aquestes operacions:

a) $17 + (4 \cdot 2 - 7) \cdot 3$
b) $(22 - 5 \cdot 3) \cdot 2$
c) $(4 + 4 \cdot 5) \cdot 5 - 4$
d) $(29 - 3 \cdot 5) : 7 + 5$
e) $7 \cdot 4 - 12 + 3 \cdot 6 - 2$
f) $(11 - 7) \cdot 4 + 2 \cdot (8 + 2)$
g) $3 \cdot (14 + 12 - 20) : 9 + 2$

48 APLICA. Calcula el valor d'aquestes expressions:

a) $9 \cdot (100 - 90) - 12 \cdot (5 + 2)$
b) $7 \cdot (26 : 2) - (6 : 3) \cdot 6 + 4$
c) $66 : (15 - 9) + 7 \cdot (6 : 2) - 12 : 2$
d) $7 \cdot (4 + 8 - 5) : (12 - 5) + 7 \cdot (8 - 6 + 1)$
e) $8 \cdot (28 - 14 : 7 \cdot 4) : (22 + 5 \cdot 5 - 31)$
f) $[200 - 3 \cdot (12 : 4 - 3)] - 6 + 37 - 35 : 7$

49 REFLEXIONA. Fes aquestes operacions:

$3 \cdot 4 - 2 + 12 : 6 - 4 - 8$
$3 \cdot (4 - 2) + 12 : (6 - 4) - 8$

Per què no obtens el mateix resultat si els nombres i els signes de les dues operacions són els mateixos?

SABER FER

Efectuar operacions combinades amb potències i arrels

Calcula el resultat d'aquesta operació:

$$10 - (4 + 2)^2 : \sqrt{16} + 5 \cdot (7 - 4) + 2^3$$

Passos que cal seguir

1. Efectuem les operacions que hi ha entre parèntesis.
2. Calculem les potències i les arrels.
3. Resolem les multiplicacions i les divisions, d'esquerra a dreta.
4. Efectuem les sumes i les restes, d'esquerra a dreta.

$$10 - (4 + 2)^2 : \sqrt{16} + 5 \cdot (7 - 4) + 2^3 =$$
$$= 10 - 6^2 : \sqrt{16} + 5 \cdot 3 + 2^3 =$$
$$= 10 - 36 : 4 + 5 \cdot 3 + 8 =$$
$$= 10 - 9 + 15 + 8 =$$
$$= 1 + 15 + 8 =$$
$$= 16 + 8 =$$
$$= 24$$

Per poder treballar amb potències i arrels, primer n'hem de calcular el valor.

ACTIVITATS

50 Calcula el resultat d'aquestes operacions:

a) $4 \cdot 9 - 2^3 \cdot 3$
b) $5 \cdot (6 + 2^2) - 3^3$
c) $25 : (6^2 - 11) + 18$
d) $8 - (2^4 - 3 \cdot 4) \cdot 2$
e) $13 + 6 : (2^2 - 2) \cdot 3^2$
f) $(2^2 \cdot 7 - 3) \cdot 4$

51 Calcula.

a) $(15 - 3^2) \cdot 2^3 + \sqrt{9} : 3$
b) $(\sqrt{25} + \sqrt{36} - 3^2) \cdot \sqrt{4} + 8$
c) $(4^3 - \sqrt{169}) : (2^4 + 1)$
d) $\sqrt{16} + \sqrt{25} : (2^3 - 3)$

52 Resol aquestes operacions. Per què obtens resultats diferents?

a) $8 \cdot \sqrt{144} : 2^2 - 2$
b) $8 \cdot \sqrt{144} : (2^2 - 2)$
c) $8 \cdot (\sqrt{144} : 2^2) - 2$
d) $8 \cdot (\sqrt{144} : 2^2 - 2)$

53 Determina els errors que s'hi han comès.

$$(5 + \sqrt{16}) \cdot \sqrt{81} + 3 \cdot \sqrt{4} = (5 + 4) \cdot 9 + 3 \cdot 2 =$$
$$= 9 \cdot 12 \cdot 2 = 9 \cdot 12 + 9 \cdot 2 = 108 + 18 = 126$$

54 Resol aquestes operacions:

a) $(12 + \sqrt{9}) : \sqrt{25}$
b) $(\sqrt{9} - \sqrt{4}) \cdot (\sqrt{9} + \sqrt{4})$
c) $(5^2 - 1) : \sqrt{144}$
d) $\sqrt{16} \cdot (2^3 - 1)$
e) $5^2 + \sqrt{81} : 3$
f) $4^2 - \sqrt{25} : 5$
g) $\sqrt{81} : (\sqrt{16} + 5)$
h) $\sqrt{196} : (2^2 + 3)$
i) $(\sqrt{81} - 3) : (\sqrt{25} + 1)$
j) $(\sqrt{49} - 4) + (1 + \sqrt{25}) \cdot \sqrt{4}$

55 Determina el resultat.

a) $\sqrt{25} + 3^2 \cdot 2 - 2^4 : 4$
b) $16^2 : \sqrt{16} \cdot 8 - 2^6$
c) $(\sqrt{5^2 + 2^3 \cdot 3} + 2^3) : 3$
d) $\sqrt{36} : 3 \cdot (3^2 - 5) + 4^2 \cdot (\sqrt{16} - 2) : 2$

ACTIVITATS FINALS

Sistemes de numeració

56 Indica el valor posicional de la xifra 3.

a) 5.396 b) 12.463 c) 303.030 d) 3.532.001

57 Indica el valor posicional de totes les xifres.

a) 4.596 b) 35.702 c) 17.890 d) 252.525

58 Escriu, en cada cas, tres nombres que compleixin les condicions següents:

a) Té vuit unitats, nou centenes i dues unitats de miler.

b) Té set desenes, cinc unitats de miler i és capicua de quatre xifres.

59 Quants nombres compresos entre 200 i 300 compleixen que la xifra de les desenes és igual o més gran que la xifra de les unitats?

60 Transforma al sistema de numeració decimal.

a) XVIII b) LXXI c) XCVII d) MDCXXVIII

SABER FER

Escriure nombres romans

61 Expressa en nombres romans.

a) 511 b) 49 c) 827 d) 65.306

- Si el nombre és més petit que 4.000.

PRIMER. Descomponem el nombre.

a) 511 = 500 + 10 + 1
b) 49 = 40 + 9
c) 827 = 800 + 20 + 7

SEGON. Transformem cada sumand de la descomposició en nombres romans.

– Si la xifra és 1 o 5, hi ha una lletra.
a) 511 → D + X + I → DXI
– Si la xifra és 4 o 9, apliquem la regla de la resta.
b) 49 → XL + IX → XLIX
– Si és una altra xifra, apliquem la regla de la suma.
c) 827 → DCCC + XX + VII → DCCCXXVII

- Si el nombre és més gran o igual que 4.000.

PRIMER. Escrivim el nombre en dues parts: unitats, desenes i centenes d'una banda, i la resta de l'altra.

d) 65.306 → 65 306

SEGON. Transformem els dos nombres en nombres romans i apliquem al primer la regla de la multiplicació.

d) 65 306 → $\overline{LXV}$ CCCVI → $\overline{LXV}$CCCVI

62 Escriu en nombres romans.

a) 148 c) 462 e) 57
b) 99 d) 614 f) 9.999

63 Expressa en el sistema de numeració decimal aquests nombres romans:

a) XXVII c) DXXX e) CMXXIV
b) DCXLVI d) XLVIII f) MXXIX

64 Quins nombres són aquests nombres romans en el sistema decimal?

a) $\overline{XIX}$ c) $\overline{M}$MCIV e) $\overline{MM}$CIII
b) $\overline{CDXL}$ d) $\overline{IV}$CDXX f) $\overline{M}$MMDLXXX

Aproximació de nombres naturals

65 **CÀLCUL MENTAL.** Aproxima per truncament a les unitats de miler i a les centenes:

a) 24.536 c) 200.664 e) 456 283
b) 656.419 d) 19.864 f) 6.332

66 **CÀLCUL MENTAL.** Aproxima per arrodoniment a les desenes de miler i a les desenes:

a) 33.675 c) 34.544 e) 105.538
b) 674.323 d) 87.554 f) 220.551

67 Completa a la llibreta la taula amb les aproximacions per truncament i arrodoniment a les centenes, i tria la millor aproximació.

	Truncament	Arrodoniment
4.356		
66.724		
200.443		
84.351		
79.884		

68 Completa a la llibreta la taula amb les aproximacions per truncament de 37.894.

Truncament	37.894
A les unitats	
A les desenes	
A les centenes	
A les unitats de miler	
A les desenes de miler	

69 Escriu tres nombres amb aquestes característiques:

a) L'arrodoniment a les unitats de miler ha de ser el mateix.

b) El truncament a les centenes ha de ser el mateix.

c) L'arrodoniment i el truncament a les desenes han de coincidir.

Propietats de les operacions amb nombres naturals

70 **CÀLCUL MENTAL.** Aplica la propietat distributiva i calcula.

a) $2 \cdot (5 - 3)$
b) $(14 - 6) \cdot 4$
c) $5 \cdot (9 + 4 - 2)$
d) $(12 - 7 + 3) \cdot 8$
e) $16 \cdot (5 + 6)$
f) $(8 - 6 + 9) \cdot 6$

71 Detecta l'error d'aquestes expressions:

a) $4 \cdot (9 - 6) = 4 \cdot 9 + 4 \cdot 6$
b) $(7 + 8) \cdot 5 = 7 \cdot 8 + 7 \cdot 5$
c) $(3 + 12) \cdot 2 = 3 + 12 \cdot 2$
d) $5 \cdot (10 - 3) = 5 \cdot 10 - 5 - 3$

72 Si D és el dividend, d, el divisor, q, el quocient i r, el residu, són correctes les divisions següents?

a) $D = 436$ $d = 7$ $q = 61$ $r = 9$
b) $D = 10.583$ $d = 28$ $q = 37$ $r = 27$

73 Sense fer la divisió, indica quines d'aquestes divisions tenen residu igual a 0:

a) $D = 6.099$ $d = 19$ $q = 321$ $r = ?$
b) $D = 986$ $d = 17$ $q = 58$ $r = ?$

74 Calcula el dividend d'aquestes divisions si saps que el seu residu és igual a 0:

a) Quocient: 14 Divisor: 8
b) Quocient: 25 Divisor: 12
c) Quocient: 363 Divisor: 42
d) Quocient: 148 Divisor: 17
e) Quocient: 4.020 Divisor: 10

75 Quantes unitats hem d'afegir al dividend de la divisió 412 : 26 perquè el residu sigui igual a 0?

SABER FER

Calcular el divisor d'una divisió de la qual coneixem el dividend, el quocient i el residu

76 Calcula el divisor d'una divisió de la qual el dividend és 324, el quocient, 21 i el residu, 9.

PRIMER. Restem el dividend menys el residu.

$$D - r = 324 - 9 = 315$$

SEGON. Dividim el resultat pel quocient i obtenim el divisor.

$$315 : 21 = 15$$

El quocient de la divisió és 15.

77 Troba el divisor.

a) $D = 279$ $q = 23$ $r = 3$
b) $D = 1320$ $q = 47$ $r = 4$
c) $D = 1.160$ $q = 36$ $r = 8$
d) $D = 8.035$ $q = 55$ $r = 5$
e) $D = 17.310$ $q = 84$ $r = 6$

78 Completa la taula a la llibreta.

Dividend	Divisor	Quocient	Residu
195	42		
7.582		56	22
	25	14	9
	5	156	0

Potències

79 Indica la base i l'exponent de les potències següents:

a) 23^3 b) 34^5 c) 5^4 d) 7^3

80 Escriu com a producte de factors aquestes potències i calcula'n el resultat:

a) 3^4 b) 6^5 c) 8^4 d) 7^6

81 Escriu les expressions següents en forma de potència, si és possible:

a) $5 \cdot 5 \cdot 5 \cdot 5 \cdot 5 \cdot 5 \cdot 5 \cdot 5 \cdot 5$
b) $4 \cdot 7 \cdot 4 \cdot 7 \cdot 4 \cdot 7$
c) $49 \cdot 49 \cdot 50 \cdot 50$
d) 17

82 Expressa amb nombres.

a) Disset a la quarta
b) Tretze al cub
c) Dos a la cinquena
d) Quinze a la sisena

83 Escriu com es llegeixen les potències següents:

a) 3^2 b) 7^5 c) 4^3 d) 14^{17}

84 **CÀLCUL MENTAL.** Calcula les potències següents:

a) 3^4 b) 7^1 c) 5^3 d) 6^0

85 Completa la taula a la llibreta i calcula.

	Al quadrat	Al cub	A la quarta
7			
8			
10			
11			

86 Completa a la llibreta.

a) $2^{\square} = 32$ b) $7^{\square} = 1$ c) $\square^4 = 81$ d) $\square^3 = 343$

87 Escriu l'expressió polinòmica d'aquests nombres:

a) 347 b) 10.286 c) 400.658 d) 5.338.655

ACTIVITATS FINALS

88 Determina, en cada cas, el nombre que correspon a aquestes descomposicions polinòmiques:

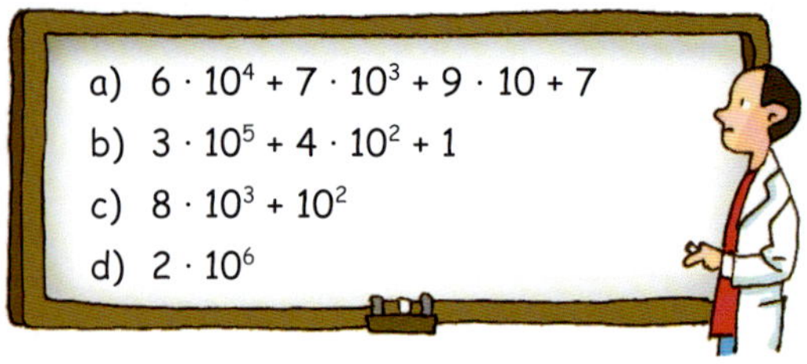

89 Fes aquestes operacions amb potències:

a) $5^3 \cdot 5^8$ c) $10^6 \cdot 10^3$ e) $2^5 \cdot 2^5$
b) $3^6 \cdot 3^4$ d) $10^5 \cdot 10$ f) $7^4 \cdot 7^8$

90 Calcula les operacions següents:

a) $3^8 : 3^2$ c) $10^8 : 10^8$ e) $2^6 : 2^4$
b) $5^7 : 5^3$ d) $7^4 : 7$ f) $10^5 : 10^2$

91 Escriu el resultat amb una sola potència.

a) $2^4 \cdot 2^6 : 2^7$ d) $10^2 \cdot 10^6 : 10^3$
b) $3^5 : 3^3 \cdot 3^2$ e) $7^6 : 7^3 \cdot 7^4$
c) $5^3 \cdot 5^6 : 5^2$ f) $10^9 : 10 \cdot 10^5$

92 Escriu com una sola potència.

a) $5^2 \cdot 3^2$ d) $8^6 : 2^6$ g) $2^{10} \cdot 10^{10}$
b) $4^7 \cdot 2^7$ e) $20^7 : 10^7$ h) $12^4 : 4^4$
c) $10^3 \cdot 10^3$ f) $3^8 \cdot 2^8$ i) $15^7 : 3^7$

93 Detecta l'error.

a) $2^3 \cdot 4^3 = 8^6$ c) $5^4 \cdot 5^3 = 5^{12}$
b) $8^5 : 2^3 = 4^3$ d) $7^6 : 7^4 = 7^{10}$

94 Expressa com una sola potència.

a) $5^7 \cdot 2^7 \cdot 3^7$ c) $16^3 : 4^3 : 2^3$
b) $20^4 : 5^4 \cdot 2^4$ d) $21^5 : 7^5 \cdot 2^5$

95 Escriu a la llibreta els exponents que hi falten.

a) $8^3 = 2^{\square}$ b) $27^4 = 3^{\square}$ c) $125^6 = 5^{\square}$

96 Esbrina el nombre que falta.

a) $\square^7 : 5^3 = 5^4$ c) $9^5 : 9^{\square} = 9^3$
b) $12^{\square} : 12^6 = 12^9$ d) $3^9 : 3^{\square} = 3^2$

97 Completa a la llibreta.

a) $3^4 \cdot \square^2 \cdot 3^7 = 3^{\square}$ c) $(\square^7 : 10^{\square}) \cdot 10 = 10^{\square}$
b) $(5^8 : 5^{\square}) \cdot 5^3 = \square^4$ d) $6^8 \cdot (\square^7 : 6^{\square}) = 6^{12}$

98 Completa a la llibreta amb una potència.

a) $7^6 = 7^4 \cdot \square$ e) $11^8 = \square \cdot 11^5$
b) $5^3 = \square : 5^6$ f) $3^4 = 3^7 : \square$
c) $28^3 = 7^3 \cdot \square$ g) $45^4 = \square \cdot 5^4$
d) $8^7 = \square : 5^7$ h) $3^6 = \square : 6^6$

99 Calcula el resultat.

a) $(2^4)^3$ b) $(5^2)^5$ c) $(3^4)^6$ d) $(7^5)^3$

100 Completa.

a) $(3^2)^{\square} = 3^6$ c) $(11^{\square})^3 = 11^{12}$
b) $(4^5)^{\square} = 4^{25}$ d) $(15^{\square})^2 = 15^{18}$

101 Completa a la llibreta amb nombres perquè les igualtats siguin certes.

a) $9^{\square} \cdot 9^6 = 9^{11}$ d) $31^{\square} : 31^4 = 31^6$
b) $12^5 \cdot 12^{\square} = 12^9$ e) $(7^{\square})^4 = 7^{16}$
c) $8^8 : 8^{\square} = 8^5$ f) $(5^2)^{\square} = 5^{32}$

102 Expressa com una sola potència.

a) $(2^3)^2 \cdot 2^4$ b) $(3^4)^3 : 3^8$ c) $4^5 \cdot (4^2)^3$ d) $6^9 : (6^2)^2$

103 Calcula.

a) $(3^5 \cdot 3^2) : 3^3$ c) $(8^5 : 8^3) \cdot 8^2$
b) $4^3 \cdot (4^7 : 4^4)$ d) $7^5 : (7^2 \cdot 7^2)$

104 Escriu com una sola potència.

a) $(3^5)^2 \cdot (3^2)^4$ c) $(9^5)^3 \cdot (9^4)^3$
b) $(7^3)^3 \cdot (7^2)^4$ d) $(11^6)^2 \cdot (11^3)^4$

105 Indica com una sola potència.

a) $(6^2)^5 : (6^3)^3$ c) $(10^8)^3 : (10^4)^5$
b) $(8^7)^2 : (8^3)^4$ d) $(2^9)^2 : (2^3)^5$

106 Calcula les expressions següents:

a) $3^9 : ((3^2)^5 : 3^7) \cdot 3^3$ b) $(7^2)^3 \cdot (7^5 : 7^2) : (7^2)^4$

107 Calcula i expressa com una potència.

a) $7^{13} \cdot 7^9 \cdot 7^{20}$ d) $(52^4 \cdot 52^{21}) : 52^{13}$
b) $(13^6)^8 \cdot 13^{30}$ e) $10^{18} : (10^6)^2$
c) $(10^8)^8 : 10^{44}$ f) $(9^{15} \cdot 9^5) : (9^6 : 9^3)$

108 Calcula aquestes potències i completa a la llibreta:

a) $10^3 \cdot 20^8 \cdot 25^4 = 10^{\square}$
b) $8^4 \cdot 16^2 = 2^{\square}$
c) $27^6 : 81^4 = 3^{\square}$
d) $10^2 \cdot 40 \cdot 5^2 = 10^{\square}$
e) $25^5 : 125^2 = 5^{\square}$

109 Redueix aquestes expressions:

a) $3 \cdot (3 \cdot 5)^3$ c) $4^5 \cdot (4^6 : 4^4) \cdot (5 \cdot 4)^5$
b) $(7^7 : 7^4) \cdot (7 \cdot 3)^5$ d) $(2 \cdot 9)^{12} : (9 \cdot 2)^5 \cdot 9^3$

110 Expressa com una sola potència.

a) $2^4 \cdot 8^3$ c) $5^6 \cdot 125^2$
b) $3^7 \cdot 27^4$ d) $49^3 \cdot 7^5$

Arrel quadrada

111 Completa a la llibreta.

a) $\sqrt{225} = \square$, ja que $\square^2 = 225$

b) $\sqrt{729} = \square$, ja que $\square^2 = 729$

c) $\sqrt{1.296} = \square$, ja que $\square^2 = 1.296$

d) $\sqrt{2.304} = \square$, ja que $\square^2 = 2.304$

112 Completa.

a) $\sqrt{1.024} = \square$

b) $\sqrt{\square} = 13$

c) $\sqrt{361} = \square$

d) $\sqrt{\square} = 25$

113 Calcula l'arrel quadrada entera i el residu dels nombres que l'Anna ha escrit a la nota.

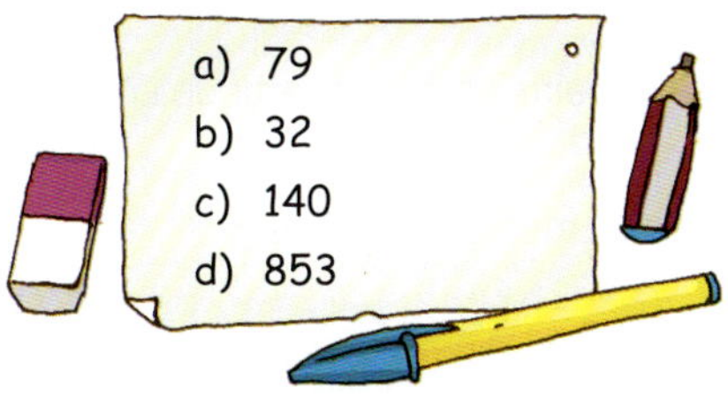

SABER FER

Calcular el radicand d'una arrel si en sabem l'arrel entera i el residu

114 L'arrel entera d'un nombre és 5 i el residu és 10. Calcula'n el radicand.

PRIMER. A la fórmula que dóna el residu d'una arrel entera, substituïm cada terme pel seu valor.

RESIDU = RADICAND − (ARREL ENTERA)^2
10 = RADICAND − 5^2
10 = RADICAND − 25

SEGON. Busquem un nombre tal que, si n'hi restem 25, doni 10.

RADICAND = 10 + 25 = 35

El nombre 35 té com a arrel entera 5 i de residu 10.

115 Calcula el radicand en cada cas.

a) Arrel entera = 8 — Residu = 12

b) Arrel entera = 17 — Residu = 5

c) Arrel entera = 11 — Residu = 15

d) Arrel entera = 21 — Residu = 6

116 Determina el residu d'aquestes arrels:

a) Arrel entera = 13 — Radicand = 175

b) Arrel entera = 24 — Radicand = 579

c) Arrel entera = 29 — Radicand = 852

Operacions combinades

117 **CÀLCUL MENTAL.** Efectua les operacions següents:

a) $10 + 4 \cdot 8$

b) $12 : 3 - 3$

c) $7 + 5 \cdot 6$

d) $3 \cdot 2 + 5 \cdot 9$

e) $9 : 3 - 6 : 2$

f) $4 \cdot 9 - 7 \cdot 5$

118 Calcula.

a) $(9 + 13) \cdot 4$

b) $26 : (5 - 3)$

c) $(7 + 15) : 2$

d) $7 - (7 + 2) : 3$

e) $10 : (6 - 4) + 14$

f) $(6 - 3) \cdot 5 - 2$

119 Fes aquestes operacions:

a) $28 - 3 \cdot 2 \cdot 4$

b) $5 \cdot 9 : 3 + 7$

c) $25 + 4 \cdot 2 - 7 \cdot 3$

d) $14 : 2 + 3 \cdot 9 - 5$

e) $(42 + 6) : 6 + 5 \cdot 3$

f) $15 \cdot (7 - 3) : (3 - 1)$

g) $25 - 5 \cdot (10 - 6) : 10$

h) $15 \cdot 3 - 2 \cdot (8 + 4)$

120 Calcula el resultat.

a) $2 \cdot 3^2 + 5^2 - 6$

b) $4^2 - (2^3 + 1)$

c) $(19 - 2^2) : 5$

d) $3^2 + 5 \cdot (8 - 6)$

e) $2^3 + 2^2 \cdot (5 - 2)$

f) $10 + 4 \cdot (3^2 - 5)$

g) $5^2 \cdot (4^2 - 3^2) - 2^2$

h) $5 \cdot (1 + 3^2) - 4 \cdot (2^3 - 6)$

121 Troba els errors, corregeix-los i resol.

a) $(7 + 7) \cdot 7 = 7 \cdot 7 + 7 \cdot 7 = 7 \cdot 7 \cdot 7 \cdot 7 = 7^4$

b) $(7 \cdot 7) + 7 = 7 \cdot (7 + 7) = 7^2 + 7^2$

c) $(7 + 7 \cdot 7) \cdot 7 = 7 \cdot 7 + 7 \cdot 7 + 7 \cdot 7 = 3 \cdot 7^2$

d) $(7 + 7^2 + 7) \cdot 7 = 7 \cdot 7 + 7 \cdot 7^2 + 7 \cdot 7 = 7^2 + 7^3 \cdot 7^2$

e) $7 \cdot (7 + 7^2 + 7^3) = 7 \cdot 7^6 = 7^7$

f) $7^2 \cdot (7 + 7^2) = 7^2 \cdot 7 + 7^2 \cdot 7 = 7^3 + 7^3 = 7^6$

122 Calcula el resultat d'aquestes operacions:

a) $2^3 \cdot \left(\sqrt{25} - 2 - 1\right)$

b) $\left(\sqrt{81} + 3 \cdot 2\right) : 5 + 7^0$

c) $\sqrt{64} + 4 \cdot (11 - 5)$

d) $9 - \sqrt{9} \cdot 2 - \sqrt{16} : 4$

123 Calcula.

a) $3^3 \cdot \sqrt{9} - 3^2 - 3^3$

b) $\left(12 + 3 \cdot \sqrt{25}\right) : 3^2 + \sqrt{49}$

c) $7^2 + \sqrt{64} - 5^3 : 5$

d) $\sqrt{81} : \sqrt{9} - \left(\sqrt{16} - \sqrt{4}\right)$

e) $180 : \sqrt{4} - 3^4 + 4 \cdot \sqrt{121}$

124 Efectua aquestes operacions:

a) $2^4 - 2^3 + 2^2 - 2$

b) $\sqrt{100} : 5 + 3^3 : 3$

c) $7 \cdot (5 + 3) - 5^2 \cdot \sqrt{4}$

d) $12 - 18 : 2 + 4 \cdot \sqrt{121}$

e) $7^2 : \left(\sqrt{36} + 1\right) - 2^2$

f) $\left(3^2 - \sqrt{25}\right) : (4^2 - 12)$

g) $2^5 : \left[\left(\sqrt{81} - 3^2\right) + 4^2\right]$

h) $5 \cdot 4^3 - (10^2 : 5^2) + \sqrt{100}$

ACTIVITATS FINALS

Problemes amb nombres naturals

125 Un edifici té planta baixa i quatre pisos. La planta baixa té 5 m d'altura i cadascun dels pisos fa 3 m. Quina és l'altura de l'edifici?

126 Un vaixell portava 502 passatgers i ha fet parades en tres ports. En el primer han baixat 256 passatgers, en el segon han pujat 162 passatgers i en el tercer n'han baixat 84. Quants passatgers queden a bord del vaixell després de les tres parades?

127 Per fer un pastís gran de poma es necessiten 3 pomes i per fer-ne un de petit calen 2 pomes. Quantes pomes són necessàries per fer quatre pastissos grans i sis de petits?

128 En una guardiola hi ha 246 € i en una altra, 114 €.

a) Si tots els diners són en monedes de 2 €, quantes monedes hi ha entre les dues guardioles?

b) I si tot fos en bitllets de 5 €, quants bitllets hi hauria?

129 En una sala de cinema hi ha 36 files amb 15 butaques a cada fila. Si hi ha 146 persones assegudes a la sala, quantes butaques buides hi ha?

130 Al taller han de canviar les rodes de 4 motos, 5 camions de 6 rodes i 6 cotxes. Quantes rodes han de canviar en total?

131 Quants diners hi ha en una cartera que conté 2 bitllets de 20 €, 3 de 10 €, 6 de 5 € i 4 monedes de 2 €?

132 Sis persones tenen 1.000 € per a despeses d'un viatge. Han de viatjar en tren i en avió. El bitllet de tren costa 38 € i el d'avió, 125 €. Tenen prou diners per fer el viatge?

SABER FER

Resoldre problemes en els quals les dades estan relacionades

133 En una botiga de regals hi ha tres quadres. El primer val 38 €, el segon costa 17 € més que el primer i l'últim val 19 € menys que el segon.

Si venen els tres quadres, quants diners obtindran?

PRIMER. Prenem la dada coneguda.

«El primer quadre val 38 €.»

SEGON. Calculem les altres dades a partir de la dada coneguda.

«El segon costa 17 € més que el primer.»

$38 + 17 = 55$ €

«El tercer val 19 € menys que el segon.»

$55 - 19 = 36$ €

TERCER. Resolem el problema.

$38 + 55 + 36 = 129$ €

Obtindran en total 129 €.

134 En un festival de música ètnica hi ha músics de tres continents. D'Àsia han arribat 350 músics; de l'Àfrica, 157 músics més que de l'Àsia, i d'Europa, 98 músics menys que d'Àsia. Determina el nombre total de músics que hi ha.

135 En la restauració d'un edifici treballen 45 homes i 37 dones. Al costat restauren un altre edifici en el qual treballen 17 homes menys i 24 dones més que en l'anterior. En quin edifici intervenen més persones?

136 Per prevenir intoxicacions alimentàries han organitzat un seguit de conferències en un institut. A la primera xerrada han assistit 125 alumnes de 1r d'ESO, 100 alumnes de 2n d'ESO, 97 de 3r d'ESO, i la resta, de 4t d'ESO, fins a un total de 406 alumnes. Quants estudiants de 4t d'ESO han assistit a la conferència?

137 En Gerard té 6 anys, la seva germana Àngela té 3 anys més i el seu germà Enric té el doble de l'edat d'en Gerard. Quan la seva mare va tenir l'Enric, tenia el triple de l'edat actual de l'Àngela. Quina edat té ara mateix la mare?

138 Un taronger ha produït aquest any 40 kg de taronges i l'any anterior n'havia fet 27 kg. Si el quilo de taronges l'any passat anava a 3 € i aquest any va a 2 €, els guanys respecte de l'any passat han augmentat o han disminuït?

139 La Raquel tenia 12 €. N'ha gastat la meitat en una entrada de cinema i amb l'altra meitat ha comprat una participació de loteria, que ha resultat premiada amb 15 € per cada euro jugat. Quants diners ha guanyat?

140 Un conductor d'autobús ha conduït des de les 6 del matí fins a les 4 de la tarda, només ha descansat 2 hores per dinar. Si ha anat a una velocitat mitjana de 64 km/h, quants quilòmetres ha recorregut?

141 Una caixa buida pesa 2 kg i plena pesa 7 kg. Quant pesa el contingut de 26 caixes?

142 En una papereria tenen 5 paquets de 24 llapis de colors.

a) Quants llapis de colors hi ha?

b) Si en cada paquet hi ha la mateixa quantitat de llapis de cada color i sabem que hi ha 8 colors diferents, quants llapis de cada color hi ha en els 5 paquets?

143 Dues flors costen 3 € i un ram té 12 flors.

a) Quants rams puc fer amb 90 €?

b) Si volem guanyar 40 €, per quant hem de vendre cada ram?

144 Per repoblar un bosc han dividit el terreny en parcel·les i en cada parcel·la han plantat 25 arbres. Si cada arbre ha costat 3 € i s'han invertit 7.500 € en total, quantes parcel·les han plantat?

145 En Joan acaba de rebre 4 caixes quadrades plenes de gots per al seu bar. Una caixa té 4 files i hi ha 4 gots a cada fila. Quants gots ha rebut?

146 En Gerard i la Maria tenen un jardí quadrat de 36 m^2 i el volen ampliar afegint-hi un metre més a cada costat. Quina superfície afegiran al jardí?

147 Un quadrat té una superfície de 100 m^2. Quant fa el costat d'un altre quadrat que té la quarta part de la superfície del primer?

148 Tinc 100 monedes i vull formar quadres amb la mateixa quantitat de files i de columnes. Explica de quantes maneres diferents és possible formar-los.

HAS DE SABER FER

Sistemes de numeració

1 Escriu un nombre que tingui 6 desenes de miler, la tercera part siguin unitats de miler, 3 centenes i el triple d'unitats que de centenes.

2 Escriu aquests nombres romans en el sistema de numeració decimal:

a) XXIV b) CDXIV c) MCMI

Operacions amb nombres naturals

3 Quantes unitats hem d'afegir al dividend de la divisió 186 : 24 perquè el residu sigui 0?

Potències i arrels

4 Completa a la llibreta.

a) $4^7 = \square : 5^7$ b) $3^5 = 9^7 : \square$ c) $(\square^{\square})^3 = 2^{12}$

5 Calcula l'arrel quadrada entera i el residu de 462.

Operacions combinades

6 Calcula el resultat d'aquestes operacions:

a) $6 + 2 \cdot (\sqrt{49} + 5 \cdot \sqrt{1})$

b) $4^2 - \sqrt{16+9} : (4 + 5^0)$

c) $(5^3 - 6^2 - 3^2) : \sqrt{16} + (2^3)^2$

+ COMPETÈNCIA MATEMÀTICA

En la vida quotidiana

149 Els números de telèfon tenen nou dígits, tret dels números especials com el 112, número únic per a emergències, el 061, per a dubtes i problemes relacionats amb la salut...

Tot i que hi ha diferències entre les numeracions dels telèfons fixos i dels mòbils:

- Els números de la xarxa fixa comencen per 9, tret de dues operadores que també ofereixen el 8.
- Els números de telefonia mòbil comencen per 6 o 7.

Fa uns quants dies, la mare de la Joana va tenir un accident domèstic: va vessar el cafè sobre l'agenda i se li van esborrar algunes xifres dels seus números de telèfon.

- Avui necessita trucar al centre mèdic. Quins són els possibles números del centre mèdic?
- Si el número del centre associat tenia totes les xifres diferents a partir del prefix, quins són els possibles números?
- El número del fuster era un mòbil que acabava en 0 o en 1. Quins són els possibles números del fuster?

Formes de pensar. Raonament matemàtic

150 Completa a la llibreta les xifres que falten perquè es compleixin les igualtats següents:

a) $5.\square 39 + 7\square = 5.517$

b) $3.\square 72 - 42\square = 2.947$

c) $6.453 - 7\square 8 = 5.\square 65$

d) $987 \cdot \square 6 = 25.662$

e) $24\square \cdot 23 = 5.635$

151 Raona si les igualtats següents són certes o no:

a) $\sqrt{3^2 + 4^2} = 3 + 4$

b) $\left(\sqrt{9^2}\right)^2 = 9^2$

c) $\sqrt{(5+1)^2} = 5 + 1$

d) $\sqrt{24 \cdot 54} = 2^2 \cdot 3^2$

e) $\sqrt{\sqrt{16}} = 2$

f) $\sqrt{9} - \sqrt{3} + 1 = \sqrt{9 - (3 + 1)}$

152 Escriu els 20 primers nombres en forma de suma de com a màxim 4 nombres al quadrat.

Per exemple:

$$7 = 2^2 + 1^2 + 1^2 + 1^2$$

153 Fes servir la calculadora per trobar un nombre que tingui les mateixes propietats que el nombre 24.

- És anterior a un quadrat perfecte (25).
- El seu doble més 1 també és un quadrat perfecte:

$$2 \cdot 24 + 1 = 49$$

Assaja-ho amb els nombres anteriors als quadrats perfectes. Per exemple, $40^2 = 1.600$; el nombre anterior a aquest quadrat perfecte és 1.599:

$$2 \cdot 1.599 + 1 = 3.199$$
$$56^2 = 3.136 < 3.199 < 3.249 = 57^2$$

El nombre 3.199 no és un quadrat perfecte; per tant, 1.599 no compleix la propietat que busquem.

PROJECTE FINAL. **Aprenentatge cooperatiu**

OBJECTIU: Escollir una consola de videojocs

Un cop formats els grups, seguiu el procés següent:

1a Fase

- Busqueu informació sobre el tipus de consoles existents al mercat i feu una llista de les seves característiques essencials: tipus d'emmagatzematge, capacitat de memòria, sistema d'accés a Internet, unitats de lectura, preu...
- Feu una llista dels vostres videojocs preferits i consulteu per a quins dispositius existeixen.

2a Fase

- Analitzeu la diferència de preus entre les diferents consoles i la possibilitat de poder comprar-ne una de segona mà.
- Determineu quin tipus de consola tenen els vostres amics i la possibilitat d'intercanviar-hi jocs o de poder-hi jugar en línia.
- Analitzeu les diferents funcions dels comandaments de cada consola i els seus accessoris.

3a Fase

- Poseu en comú la informació recollida i acordeu el tipus de consola que respon més bé als vostres interessos.
- Elaboreu un informe que reculli les conclusions a què heu arribat.

Proves PISA

Cubs

154 ••• En aquest dibuix pots veure sis daus, etiquetats de la a) a la f). Per a tots els daus és vàlida la regla següent:

La suma dels punts de dues cares oposades és sempre set.

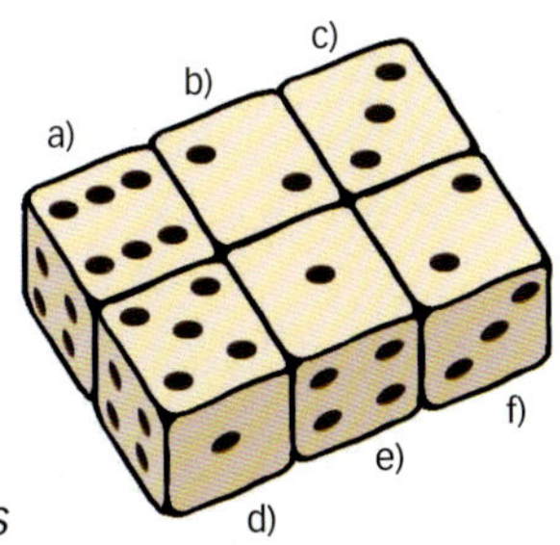

Escriu a cada cel·la el nombre de punts que té la cara inferior de cadascun dels daus que surten a la imatge.

a)	b)	c)
d)	e)	f)

(Prova PISA 2003)

Daus

155 ••• A la dreta es poden veure tres daus col·locats un damunt de l'altre. El dau 1 té quatre punts a la cara de dalt.

Quants punts hi ha en total a les cinc cares horitzontals que no es poden veure (cara inferior del dau 1, cares superior i inferior dels daus 2 i 3?

Recorda la regla que s'aplica als daus:

El nombre total de punts en dues cares oposades és sempre set.

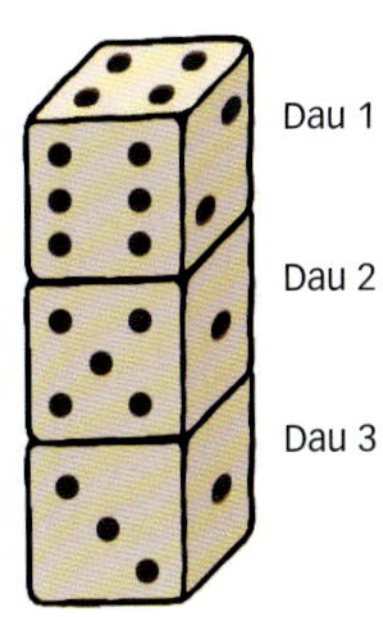

(Prova PISA 2003)

CLAUS PER COMENÇAR

Divisions exactes i no exactes

- Una divisió és exacta si el residu de la divisió és zero.
- Una divisió no és exacta si el residu de la divisió és diferent de zero.

EXEMPLE

Determina si aquestes divisions són exactes o no:

a) $\begin{array}{r|l} 24 & 8 \\ \hline 0 & 3 \end{array}$

El residu de la divisió és zero.

Divisió exacta.

b) $\begin{array}{r|l} 28 & 8 \\ \hline 4 & 3 \end{array}$

El residu de la divisió és diferent de zero.

Divisió no exacta.

ACTIVITATS

1 Determina si les divisions següents són exactes o no:

a) 54 : 6 c) 81 : 9

b) 45 : 4 d) 72 : 7

La prova de la divisió

Donada una divisió:

$$\begin{array}{r|l} \text{Dividend} & \text{divisor} \\ \hline \text{residu} & \text{quocient} \end{array}$$

Sempre es compleix que:

$$\text{Dividend} = \text{divisor} \cdot \text{quocient} + \text{residu}$$

$$D = d \cdot q + r$$

EXEMPLE

Comprova si es compleix la prova d'aquesta divisió:

$$\begin{array}{r|l} 73 & 12 \\ \hline 1 & 6 \end{array}$$

$D = 73, d = 12, q = 6, r = 1$

$73 = 12 \cdot 6 + 1 = 72 + 1 = 73$. Sí, es compleix.

ACTIVITATS

2 Fes la prova de la divisió en les divisions de l'activitat anterior.

3 Comprova si aquestes divisions estan ben resoltes fent la prova de la divisió:

a) $\begin{array}{r|l} 59 & 18 \\ \hline 5 & 3 \end{array}$ b) $\begin{array}{r|l} 112 & 6 \\ \hline 52 & 18 \\ 4 & \end{array}$

Segle XVIII
La primera grapadora coneguda la van fer per al rei Lluís XV de França.
Cada grapa estava feta a mà i s'hi gravava la insígnia de la cort reial.

Divisibilitat

2

SABER

- Divisibilitat. Múltiples i divisors
- Nombres primers i compostos
- Descomposició d'un nombre en factors
- Màxim comú divisor
- Mínim comú múltiple

SABER FER

- Calcular tots els divisors d'un nombre
- Determinar si un nombre és compost utilitzant els criteris de divisibilitat
- Factoritzar un nombre
- Resoldre problemes utilitzant el m.c.d. i el m.c.m.

? INTERPRETA LA IMATGE

La grapadora

No és clar qui va inventar la grapadora, aquest instrument senzill que, mitjançant unes peces metàl·liques amb forma de U, les grapes, s'ha convertit en la manera més senzilla d'unir paper.

- En les especificacions d'una grapadora diu que pot grapar fins a 15 folis. Quantes grapes necessito com a mínim per grapar 105 folis?

1866
Joan Barbour va registrar la primera patent dels Estats Units per a una petita grapadora de llautó. L'any següent va obtenir una nova patent relacionada amb aquest invent, en el qual continuaria treballant alguns anys i desenvolupant-ne models nous.

1879
C.H. Gould va aconseguir la patent per a la que seria la primera grapadora que es va comercialitzar amb èxit, la McGill Single-Stroke Staple Press. Aquesta grapadora pesava un quilo.

1905
B. Jan Manufacturing Co. va construir la primera grapadora que podia contenir una tira de grapes, que va fer més ràpida la feina de grapar fulls.

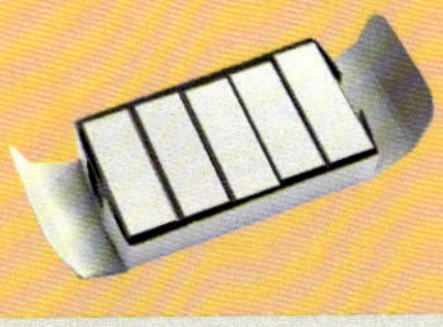

1912
Apareix la Clipless Standby Machine, que era una grapadora que no utilitzava grapes. Aquesta grapadora tallava un tros de paper del document i el doblegava cap enrere.

1920
La societat basca El Casco llança a la venda la grapadora model M-5, que de seguida va conquerir el mercat.

1 Divisibilitat

Un nombre és **divisible** per un altre quan la divisió entre tots dos és exacta, és a dir, el residu és 0.

$$\begin{array}{r|l} D & d \\ \hline 0 & q \end{array}$$

- D és divisible per d.
- D conté un nombre exacte q de vegades d.

Si D és divisible per d, diem que entre D i d hi ha una **relació de divisibilitat**.

EXEMPLE

1. Comprova si hi ha relació de divisibilitat entre aquests nombres:
   a) Entre 104 i 8 b) Entre 71 i 6

a) $\begin{array}{r|l} 104 & 8 \\ 24 & 13 \\ 0 & \end{array}$ La divisió és exacta, perquè el residu és 0.

Dividend = divisor · quocient

$104 = 8 \cdot 13$

Diem que:

- 104 és divisible per 8.
- 104 conté 13 vegades 8.
- Com que 104 és divisible per 8, entre 104 i 8 hi ha relació de divisibilitat.

b) $\begin{array}{r|l} 71 & 6 \\ 11 & 11 \\ 5 & \end{array}$ La divisió no és exacta, perquè el residu és diferent de 0.

Diem que:

- 71 no és divisible per 6.
- 71 no conté un nombre exacte de vegades 6.
- Com que 71 no és divisible per 6, entre 71 i 6 no hi ha relació de divisibilitat.

T'HI ATREVEIXES?

Si sóc un nombre...

Els divisors dels meus divisors són els meus divisors?

ACTIVITATS

1 PRACTICA. Comprova si hi ha relació de divisibilitat entre aquests nombres:

a) 224 i 40 d) 654 i 32
b) 450 i 50 e) 918 i 54
c) 400 i 16 f) 568 i 46

2 APLICA. Quin dels nombres següents està contingut un nombre exacte de vegades en 288?

a) 20 c) 42 e) 16
b) 36 d) 8 f) 24

3 APLICA. És divisible 144 per algun dels nombres següents?

a) 2 d) 8 g) 288
b) 3 e) 10 h) 7
c) 6 f) 144 i) 1

4 REFLEXIONA. Si un nombre a conté b vegades un nombre c, quina de les igualtats següents és certa?

a) $c = a \cdot b$ b) $b = a \cdot c$ c) $a = b \cdot c$

2 Múltiples d'un nombre

Un nombre b és **múltiple** d'un nombre a si la divisió de b entre a és exacta.

Si b és múltiple de a, llavors b és divisible per a.

EXEMPLE

2. Determina si 35 és múltiple de 5. I de 6?

35 | 5 0 7	La divisió 35 : 5 és exacta. 35 és múltiple de 5 → 35 és divisible per 5.
35 | 6 5 5	La divisió 35 : 6 no és exacta. 35 no és múltiple de 6 → 35 no és divisible per 6.

Els múltiples d'un nombre s'obtenen multiplicant aquest nombre pels successius nombres naturals.

Múltiples de $a \rightarrow a \cdot 1, a \cdot 2, a \cdot 3, a \cdot 4, a \cdot 5, a \cdot 6, a \cdot 7\ldots$

Ho escrivim així: $\dot{a} = \{a \cdot 1, a \cdot 2, a \cdot 3, a \cdot 4, a \cdot 5, a \cdot 6, a \cdot 7\ldots\}$

És a dir, el nombre de múltiples de a és il·limitat. A més, qualsevol nombre és múltiple de si mateix i de la unitat: $a \cdot 1 = a$

EXEMPLES

3. Calcula els múltiples de 5.

$\dot{5} = \{5 \cdot 1, 5 \cdot 2, 5 \cdot 3, 5 \cdot 4, 5 \cdot 5\ldots\} = \{5, 10, 15, 20, 25\ldots\}$

4. Comprova si 5 és múltiple de si mateix i de la unitat.

5 | 5 0 1	La divisió 5 : 5 és exacta. 5 és múltiple de 5 → 5 és divisible per 5.
5 | 1 0 5	La divisió 5 : 1 és exacta. 5 és múltiple d'1 → 5 és divisible per 1.

ACTIVITATS

5 PRACTICA. Completa a la llibreta.

a) Com que 36 : 4 és una divisió exacta, aleshores 36 és … de 4.

b) Com que 45 : 9 és …, aleshores 45 és múltiple de 9.

c) Com que 51 : 18 no és …, aleshores 51 no és … de 18.

6 PRACTICA. Indica els sis primers múltiples de 12.

7 APLICA. Aquests nombres són múltiples de 6?

a) 18   b) 260   c) 84   d) 136

8 REFLEXIONA. Raona si és cert o fals.

a) Qualsevol nombre és múltiple d'1.

b) Qualsevol nombre és divisible per si mateix.

3 Divisors d'un nombre

Un nombre *a* és **divisor** d'un nombre *b* si la divisió de *b* entre *a* és exacta.

Si *a* és divisor de *b*, llavors *b* és divisible per *a*.

EXEMPLES

5. Determina si 3 i 5 són divisors de 72.

72 | 3
12   24
0

La divisió 72 : 3 és exacta.

3 és divisor de 75 → 75 és divisible per 3.

72 | 5
22   14
2

La divisió 72 : 5 no és exacta.

5 no és divisor de 72 → 72 no és divisible per 5.

6. Determina si 3 i 4 són divisors de 24.

24 | 3
0   8

24 | 4
0   6

Les dues divisions són exactes; per tant, 3 i 4 són divisors de 24.

HO ESCRIVIM AIXÍ

Div (*a*) → Representa el conjunt de tots els divisors del nombre *a*.

Div (8) → Tots els divisors de 8.

Div (12) → Tots els divisors de 12.

Els divisors s'obtenen dividint el nombre entre els successius nombres naturals, fins que el quocient de la divisió sigui més petit que el divisor.

És a dir, el nombre de divisors de *a* és limitat. A més, qualsevol nombre té com a divisors el mateix nombre i la unitat.

EXEMPLE

7. Comprova si 18 i 1 són divisors de 18.

18 | 18
0   1

La divisió 18 : 18 és exacta.

18 és divisor de 18 → 18 és divisible per 18.

18 | 1
0   18

La divisió 18 : 1 és exacta.

1 és divisor de 18 → 18 es divisible per 1.

ACTIVITATS

9 PRACTICA. De quins nombres és divisor 8?

a) 144   c) 18   e) 120
b) 56   d) 24   f) 112

10 APLICA. Indica els divisors en cada cas.

a) 52 : 2 = 26   b) 36 : 4 = 9   c) 75 : 3 = 25

11 REFLEXIONA. Raona si és cert o fals.

a) Qualsevol nombre és divisor d'1.
b) 1 és divisor de qualsevol nombre.
c) 1 és múltiple de qualsevol nombre.
d) Qualsevol nombre senar és múltiple de 3.
e) Qualsevol nombre és divisor del seu doble.

SABER FER

Calcular tots els divisors d'un nombre

Calcula tots els divisors de 45.

Passos que cal seguir

1. Dividim el nombre entre els nombres naturals: 1, 2, 3..., fins que el quocient sigui més petit que el divisor.

Dividend	Divisor	Residu	Quocient
45	1	**0**	45
45	2	1	22
45	3	**0**	15
45	4	1	11
45	5	**0**	9
45	6	3	7
45	7	3	6

→ El quocient, 6, és més petit que el divisor, 7.

2. De cada divisió exacta extraiem dos divisors: el divisor i el quocient.

45 : 1 = 45 → 1 i 45 són divisors de 45.

45 : 3 = 15 → 3 i 15 són divisors de 45.

45 : 5 = 9 ⟶ 5 i 9 són divisors de 45.

Les altres divisions no són exactes.

Els divisors de 45 són:

Div (45) = {1, 3, 5, 9, 15, 45}

Si multipliquem els divisors d'un nombre que estan situats en els extrems, el resultat és el nombre del qual hem calculat els divisors.

Div (45) = {1, 3, 5, 9, 15, 45}

45 (5 · 9)
45 (3 · 15)
45 (1 · 45)

ACTIVITATS

12 Troba tots els divisors d'aquests nombres:

a) 10 d) 26 g) 33
b) 25 e) 49 h) 121
c) 12 f) 20 i) 45

13 Determina tots els divisors d'aquests nombres:

a) 36 c) 225 e) 1.225
b) 100 d) 845 f) 2.412

14 La Cèlia té 24 llapis de colors.

a) Quants grups de 6 llapis pot fer?
b) Quants llapis hi haurà a cada grup si vol fer tres grups?

15 Aquests són tots els divisors d'un nombre. Completa a la llibreta els nombres que falten.

a) {1, 2, 4, 5, □, □}
b) {1, □, 3, 5, □, 10, 15, □}
c) {1, 2, 3, □, 5, 6, □, □, 15, 20, □, □}
d) {□, 3, 7, □}

16 Volem repartir 50 caramels entre un grup de nens, de manera que a tots els correspongui el mateix nombre de caramels.

Si no podem partir els caramels:

a) Quants nens hi pot haver al grup?
b) Quants caramels els tocarà a cada un?

4 Nombres primers i nombres compostos

- Un **nombre** *a* és **primer** si només té dos divisors: ell mateix i la unitat.

  a és primer si Div $(a) = \{1, a\}$

- Un **nombre** és **compost** si té més de dos divisors.
- El nombre 1 no és ni primer ni compost.

EXEMPLE

8. Esbrina si 13 i 45 són nombres primers o compostos.

   En calculem els divisors i comprovem quants en tenen.

   - Div (13) = {1, 13} → 13 només té 2 divisors.
     13 és un nombre primer.
   - Div (45) = {1, 3, 5, 9, 15, 45} → 45 té més de 2 divisors.
     45 és un nombre compost.

4.1. Criteris de divisibilitat

Els **criteris de divisibilitat** són regles que ens permeten reconèixer, sense fer la divisió, si un nombre és divisible per un altre.

T'HI ATREVEIXES?

Després de l'11, quins són els tres nombres primers capicua següents?

Els criteris de divisibilitat més importants són els següents:

Divisible per	Criteri de divisibilitat
2	Si l'última xifra és 0 o parella.
3	Si la suma de les seves xifres és divisible per 3.
5	Si l'última xifra és 0 o 5.
10	Si l'última xifra és 0.
11	Si la diferència entre la suma de les xifres de lloc parell i la suma de les xifres de lloc senar és 0 o divisible per 11.

ACTIVITATS

17 **PRACTICA.** Esbrina si aquests nombres són primers o compostos:

a) 101 b) 113 c) 121 d) 149

18 **APLICA.** Aplica els criteris de divisibilitat per indicar els divisors d'aquests nombres:

a) 51 b) 512 c) 5.125 d) 51.250

19 **APLICA.** Completa a la llibreta els nombres següents perquè siguin divisibles per 3:

a) 45□ c) 6□2 e) 1□14
b) □78 d) 19□4 f) 20□1

20 **REFLEXIONA.** Hi ha cap nombre primer que acabi en 2? I en 3? Justifica la resposta.

SABER FER

Determinar si un nombre és compost utilitzant els criteris de divisibilitat

Determina si aquests nombres són primers o compostos:

a) 33 **b) 91** **c) 61** **d) 120**

Passos que cal seguir

1. Apliquem els criteris de divisibilitat dels nombres primers per trobar divisors de cada nombre.

Si es compleix que és divisible per algun d'aquests nombres, llavors és un nombre compost.

a) 33 no és divisible per 2 perquè no acaba en 0 ni en xifra parella.

33 és divisible per 3 perquè la suma de les seves xifres és divisible per 3.

$$3 + 3 = 6$$

Per tant, 33 és un nombre compost.

b) 91 no és divisible per 2 perquè no acaba en 0 ni en xifra parella.

91 no és divisible per 3 perquè la suma de les seves xifres no és divisible per 3.

91 no és divisible per 5 perquè no acaba en 0 ni en 5.

91 no és divisible per 11 perquè $9 - 1 = 8$ i no és 0 ni divisible per 11.

c) 61 no és divisible per 2 perquè no acaba en 0 ni en xifra parella.

61 no és divisible per 3 perquè la suma de les seves xifres no és divisible per 3.

61 no és divisible per 5 perquè no acaba en 0 ni en 5.

61 no és divisible per 11 perquè $6 - 1 = 5$ i no és 0 ni divisible per 11.

d) 120 és divisible per 2 perquè acaba en 0.
Per tant, 120 és un nombre compost.

2. Dividim pels nombres primers els nombres per als quals no coneixem criteris de divisibilitat, 7, 13, 17..., fins que el quocient sigui més petit que el divisor.

- Si el nombre és divisible per algun d'aquests nombres, és un nombre compost.
- Si no és divisible per cap, el nombre és primer.

b) 91 | 7 → residu 0, quocient 13 (91 − 7 · 13: 21, 0)

91 és divisible per 7 → És un nombre compost.

c) 61 | 7 → residu 5, quocient 8

61 | 13 → residu 9, quocient 4 → El quocient, 4, és més petit que el divisor, 13.

61 és un nombre primer.

Els nombres primers per als quals no tenim un criteri de divisibilitat són: 7, 13, 17, 19, 23, 29, 31, 37, 41, 43, 47...

ACTIVITATS

21 Determina si aquests nombres són primers o compostos aplicant-hi els criteris de divisibilitat:

a) 39 d) 196
b) 440 e) 126
c) 137 f) 1.001

22 Descompon els nombres 8, 20, 45, 70 i 100 en aquests productes:

a) De 2 factors b) De 4 factors

23 La Maria ha escrit un nombre de 12 xifres que acaba en 6. És primer o compost?

24 En quines xifres acaben els nombres primers més petits que 70? Són primers tots els nombres que acaben en aquestes xifres?

25 Un nombre capicua de 3 xifres és de la forma *aba*, en què *a* i *b* són nombres d'una xifra. Quin és el nombre primer capicua de 3 xifres més petit?

5 Descomposició d'un nombre en factors

Descompondre un nombre en factors és expressar-lo com un producte de diversos factors.

- Un nombre primer només admet una descomposició en factors, el producte de si mateix per la unitat.
- Un nombre compost admet més d'una descomposició en factors.

En la factorització d'un nombre, sempre que puguem farem servir **potències**.

EXEMPLE

9. Descompon en factors els nombres 13 i 24.

13 és un nombre primer → Div (13) = {1, 13}

$13 \cdot 1$ és l'única descomposició en factors de 13.

24 és un nombre compost → Div (24) = {1, 2, 3, 4, 6, 8, 12, 24}

$24 = 24 \cdot 1 = 2 \cdot 12 = 3 \cdot 8$

$24 \cdot 1$, $2 \cdot 12$ o $3 \cdot 8$ són descomposicions en factors de 24.

5.1. Factorització d'un nombre

Factoritzar un nombre és descompondre'l en factors primers, és a dir, expressar-lo com a producte dels seus divisors primers.

EXEMPLE

10. Determina quina és la factorització de 60.

a) $60 = 5 \cdot 12$ → 12 no és primer. No és la factorització de 60.

b) $60 = 2 \cdot 3 \cdot 10$ → 10 no és primer. No és la factorització de 60.

c) $60 = 2^2 \cdot 3 \cdot 5$ → Tots els factors són primers. És la factorització de 60.

ACTIVITATS

26 PRACTICA. Escriu una descomposició en factors d'aquests nombres:

a) 30 c) 98 e) 38

b) 65 d) 104 f) 72

27 PRACTICA. Escriu tres factoritzacions per al nombre 320 en les quals aparegui el factor 2.

28 APLICA. A quin nombre corresponen aquestes factoritzacions?

a) $2^4 \cdot 3 \cdot 5$ b) $2^2 \cdot 3^3 \cdot 5$ c) $2^3 \cdot 3 \cdot 5^2$

29 REFLEXIONA. La descomposició en factors primers d'un nombre és $2 \cdot 3 \cdot 5$. Quina en seria la factorització si el multipliquem per 6? I si el multipliquem per 10? I per 15?

SABER FER

Factoritzar un nombre

Descompon el nombre 630 com a producte de factors primers.

Passos que cal seguir

1. Dividim el nombre entre els nombres primers successius (2, 3, 5, 7, 11...) tantes vegades com puguem fins que aconseguim la unitat.

- 630 és divisible per 2. $630 : 2 = 315$ $630 = \mathbf{2} \cdot 315$
- 315 no és divisible per 2.
  315 és divisible per 3. $315 : 3 = 105$ $315 = \mathbf{3} \cdot 105$
- 105 no és divisible per 2.
  105 és divisible per 3. $105 : 3 = 35$ $105 = \mathbf{3} \cdot 35$
- 35 no és divisible per 2, ni per 3.
  35 és divisible per 5. $35 : 5 = 7$ $35 = \mathbf{5} \cdot 7$
- 7 és un nombre primer. $7 : 7 = 1$ $7 = \mathbf{7} \cdot 1$

Aquesta descomposició es pot escriure d'una manera abreujada d'aquesta manera:

	630	2
630 : 2 →	315	3
315 : 3 →	105	3
105 : 3 →	35	5
35 : 5 →	7	7
7 : 7 →	1	

2. Escrivim el nombre com a producte de tots els factors primers obtinguts, i si hi ha factors repetits els expressem com una potència.

La factorització de 630 és:

$$630 = 2 \cdot 3 \cdot 3 \cdot 5 \cdot 7 = 2 \cdot 3^2 \cdot 5 \cdot 7$$

La descomposició s'acaba quan arribem a un nombre primer. Quan dividim aquest nombre per si mateix obtenim la unitat.

ACTIVITATS

30 Factoritza aquests nombres:

a) 15
b) 16
c) 24
d) 29
e) 55
f) 72
g) 86
h) 99

31 Descompon aquests nombres en factors primers:

a) 270
b) 2.470
c) 400
d) 405
e) 675
f) 943

32 Escriu la descomposició factorial d'aquests nombres partint de la descomposició del nombre $42 = 2 \cdot 3 \cdot 7$

a) 84
b) 840
c) 126
d) 168
e) 420
f) 210

33 Escriu com a descomposició de factors primers.

a) $16 \cdot 27 \cdot 12$
b) $10 \cdot 12 \cdot 18$
c) $10^2 \cdot 15^3$
d) $12^4 \cdot 9^2$
e) $27^3 \cdot 21^2$

34 Contesta i justifica si aquestes afirmacions són certes o falses:

a) En la descomposició en factors primers de 320 apareixen els factors 2, 4 i 5.
b) El factor 3 apareix tres vegades en la descomposició en factors primers de 540.
c) Qualsevol nombre acabat en 0 té, almenys, dos factors primers en la seva descomposició.

6 Màxim comú divisor

Si *a* i *b* no tenen divisors comuns, aleshores:

m.c.d. $(a, b) = 1$

Diem que *a* i *b* són **nombres primers entre ells**.

El **màxim comú divisor** de dos o més nombres és el més gran dels seus divisors comuns.

El màxim comú divisor de dos o més nombres *a*, *b*, *c*... s'expressa **m.c.d. (*a*, *b*, *c*...)**.

EXEMPLE

11. Quin és el màxim comú divisor de 12 i 15?

Div (12) = {**1**, 2, **3**, 4, 6, 12}   Div (15) = {**1**, **3**, 5, 15}

Divisors comuns de 12 i 15 → 1 i 3

El més gran dels divisors comuns és 3 → m.c.d. (12, 15) = 3

Per calcular el màxim comú divisor hem de seguir aquests passos:

1r Descomponem els nombres en factors primers.

2n Escollim els factors comuns, elevats a l'exponent més petit.

3r El producte d'aquests factors és el m.c.d. dels nombres.

EXEMPLE

12. Troba el màxim comú divisor de 24, 84 i 132.

Primer, descomponem els nombres en factors primers.

24	2	84	2	132	2
12	2	42	2	66	2
6	2	21	3	33	3
3	3	7	7	11	11
1		1		1	

$24 = 2^3 \cdot 3$ $84 = 2^2 \cdot 3 \cdot 7$ $132 = 2^2 \cdot 3 \cdot 11$

Els factors primers comuns són: 2 i 3.

Els factors primers comuns elevats a l'exponent més petit són: 2^2 i 3.

Així, el màxim comú divisor és: m.c.d. $(24, 84, 132) = 2^2 \cdot 3 = 12$

T'HI ATREVEIXES?

Si un nombre és múltiple d'un altre, quin és el màxim comú divisor dels dos nombres?

ACTIVITATS

35 **PRACTICA.** Escriu tots els divisors de 18 i 72, i troba els que siguin comuns. Indica quin és el divisor comú més gran.

36 **PRACTICA.** Calcula el màxim comú divisor.

a) 8 i 10   c) 30 i 75   e) 25 i 70

b) 15 i 20   d) 8 i 12   f) 32 i 35

37 **APLICA.** Si el m.c.d. (18, 28) = 2, calcula, sense factoritzar, el màxim comú divisor.

a) m.c.d. (36, 56)   b) m.c.d. (54, 84)

38 **REFLEXIONA.** Troba tres parelles de nombres que tinguin 1 com a màxim comú divisor. Quina condició han de complir?

SABER FER

Resoldre problemes utilitzant el màxim comú divisor

En una joieria tenen 96 brillants de color vermell i 144 de verds. Amb aquests brillants volen fer collarets d'un únic color i que tinguin tots la mateixa quantitat de pedres. Si els collarets han de tenir la quantitat més gran possible de brillants i que no en sobri cap, quants brillants han de posar a cada collaret?

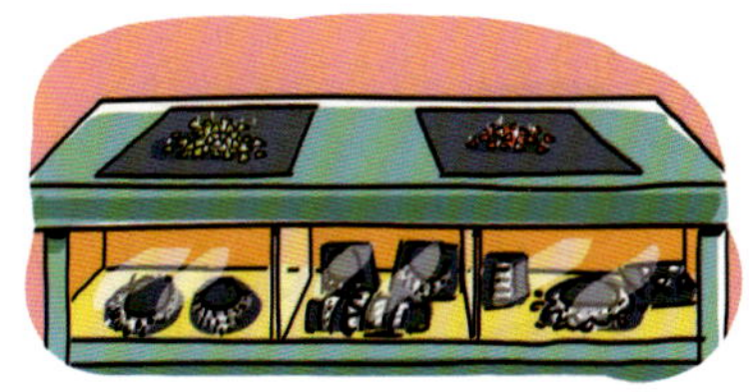

Passos que cal seguir

1. Decidim si es tracta d'un problema en què intervé el màxim comú divisor. Hem de comprovar:

- Si hem de buscar un divisor comú.
- Si ha de ser el més gran dels divisors comuns.

- Perquè no sobri cap brillant, la quantitat de pedres de cada collaret ha de ser un divisor de 96 i 144.
- Com que cada collaret ha de tenir la quantitat més gran possible de brillants, ha de ser el més gran dels divisors comuns de 96 i 144.

Es tracta d'un problema de màxim comú divisor.

2. Descomponem els nombres en factors primers.

96	2
48	2
24	2
12	2
6	2
3	3
1	

$96 = 2^5 \cdot 3$

144	2
72	2
36	2
18	2
9	3
3	3
1	

$144 = 2^4 \cdot 3^2$

Els problemes de m.c.d. consisteixen a dividir en diversos grups diferents tipus d'elements sense que en sobri cap.

3. Calculem el màxim comú divisor dels nombres.

Factors comuns elevats al menor exponent $\rightarrow 2^4$ i 3

m.c.d. $(96, 144) = 2^4 \cdot 3 = 48$

4. Interpretem el resultat.

Cada collaret ha de tenir 48 brillants. Així:

$96 : 48 = 2 \rightarrow$ Poden fer 2 collarets amb brillants vermells.

$144 : 48 = 3 \rightarrow$ Poden fer 3 collarets amb brillants verds.

En total, poden fer 5 collarets de 48 brillants cada un.

ACTIVITATS

39 En David té una col·lecció de vehicles en miniatura de 72 cotxes i 126 motos, que vol col·locar a les prestatgeries de la seva habitació.

Vol que hi hagi la mateixa quantitat de cotxes i de motos a cada prestatgeria i, a més, per no utilitzar massa espai, vol col·locar el màxim nombre de vehicles en cada una. Si no vol que li sobri cap cotxe ni cap moto:

a) Quants cotxes i motos ha de posar a cada prestatgeria?

b) Quantes prestatgeries necessita?

40 En un establiment han de repartir en lots iguals 30 caixes de vaixelles, 18 estoigs de coberteries i 54 jocs de taula. Cada lot ha de tenir la màxima quantitat de cada producte.
Quantes vaixelles, coberteries i jocs de taula hi haurà a cada lot?

7 Mínim comú múltiple

El **mínim comú múltiple** de dos o més nombres és el més petit dels seus múltiples comuns.

El mínim comú múltiple de dos o més nombres *a*, *b*, *c*... s'expressa **m.c.m. (*a*, *b*, *c*...)**.

EXEMPLE

13. Quin és el mínim comú múltiple de 12 i 15?

Múltiples de 12 → $\dot{12}$ = {12, 24, 36, 48, **60**, 72, 84, 96, 108, **120**...}

Múltiples de 15 → $\dot{15}$ = {15, 30, 45, **60**, 75, 90, 105, **120**...}

Múltiples comuns de 12 i 15 → 60, 120...

El més petit dels múltiples comuns és 60 → m.c.m. (12, 15) = 60.

Per calcular el mínim comú múltiple seguim aquests passos:

1r Descomponem els nombres en factors primers.

2n Escollim els factors comuns i no comuns, elevats a l'exponent més gran.

3r El producte d'aquests factors és el m.c.m. dels nombres.

EXEMPLE

14. Calcula el mínim comú múltiple de 135, 315 i 175.

Primer, descomponem els nombres en factors primers.

135	3	315	3	175	5
45	3	105	3	35	5
15	3	35	5	7	7
5	5	7	7	1	
1		1			

$135 = 3^3 \cdot 5$

$175 = 5^2 \cdot 7$

$315 = 3^2 \cdot 5 \cdot 7$

Els factors primers comuns i no comuns són: 3, 5 i 7.

Elevats a l'exponent més gran són: 3^3, 5^2 i 7.

Així, m.c.m. (135, 315, 175) = $= 3^3 \cdot 5^2 \cdot 7 = 4.725$

T'HI ATREVEIXES?

Si un nombre és divisor d'un altre, quin és el mínim comú múltiple dels dos nombres?

ACTIVITATS

41 PRACTICA. Escriu els primers múltiples de 16 i 18, i troba els que siguin comuns. Indica quin és el múltiple comú més petit.

42 PRACTICA. Calcula el mínim comú múltiple.

a) 8 i 10
b) 5 i 12
c) 15 i 25
d) 4 i 20
e) 6 i 32
f) 14 i 147

43 APLICA. Si el m.c.m. (36 , 27) = $2^2 \cdot 3^3$, calcula, sense fer les descomposicions factorials, el mínim comú múltiple d'aquests nombres:

a) m.c.m. (72, 54)
b) m.c.m. (72, 27)

44 REFLEXIONA. Hi ha cap parella de nombres que tinguin 1 com a mínim comú múltiple?

SABER FER

Resoldre problemes utilitzant el mínim comú múltiple

En una parada d'autobusos coincideixen dues línies diferents. Els autobusos d'una de les línies passen cada 30 minuts i els de l'altra, cada 24 minuts. Si han coincidit a les 12.00 h, quina és l'hora següent a la qual tornaran a coincidir?

Passos que cal seguir

1. Decidim si es tracta d'un problema en què intervé el mínim comú múltiple.

- Hem de buscar un múltiple comú.
- Ha de ser el més petit dels múltiples comuns.

- Perquè els autobusos coincideixin ho han de fer en un múltiple de 30 i de 24.
- Com que volem saber quan tornaran a coincidir la propera vegada, ha de ser el més petit dels múltiples comuns.

Es tracta d'un problema de mínim comú múltiple.

2. Descomponem els nombres en factors primers.

30	2
15	3
5	5
1	

24	2
12	2
6	2
3	3
1	

$30 = 2 \cdot 3 \cdot 5$ $\quad$ $24 = 2^3 \cdot 3$

3. Calculem el mínim comú múltiple dels nombres.

Factors comuns i no comuns → 2, 3 i 5

Elevats a l'exponent més gran → 2^3, 3 i 5

m.c.m. $(30, 24) = 2^3 \cdot 3 \cdot 5 = 120$

4. Interpretem el resultat.

Tornen a coincidir, la propera vegada, al cap de 120 minuts; a les 14.00 h.

Els problemes de m.c.m. consisteixen a trobar el primer nombre que és múltiple de diferents nombres alhora.

ACTIVITATS

45 L'Alfons i en Màrius han coincidit avui a la barberia. L'Alfons es talla els cabells cada 42 dies i en Màrius ho fa cada 56 dies. Si avui és 1 de febrer, quin dia tornaran a coincidir a la barberia?

46 A la fira hi ha tres atraccions que funcionen alhora. El viatge a la roda dura 10 minuts, els autos de xoc duren 12 minuts i el tren de la bruixa, 18 minuts. Si han començat a funcionar totes tres alhora a les 17.45 h de la tarda, a quina hora es tornaran a posar en marxa al mateix temps?

47 En un carrer, quatre establiments tenen llums intermitents com a decoració nadalenca. Els intervals de temps durant els quals estan encesos són 2, 3, 6 i 8 segons, respectivament. Si s'encenen tots alhora a les 7 de la tarda, quant de temps passa fins que es tornen a encendre tots alhora?

48 La Carme té 4 tipus de capses de sabates amb diferents altures: 12 cm, 15 cm, 18 cm i 20 cm, respectivament. Les vol col·locar en columnes, de manera que cada columna tingui només un tipus de capsa i que totes les columnes siguin igual d'altes. Quantes capses de sabates tindrà cada columna?

ACTIVITATS FINALS

Divisibilitat

49 Escriu en termes de divisió els enunciats següents:

a) 42 conté exactament 3 vegades 14.

b) Entre 56 i 8 hi ha una relació de divisibilitat.

c) 34 és divisible per 2.

d) 5 està contingut exactament 4 vegades en 20.

50 Digues si hi ha relació de divisibilitat entre els nombres.

a) 135 i 45

b) 172 i 43

c) 238 i 16

d) 225 i 25

51 Raona si aquestes afirmacions són certes o falses:

a) $51 = 3 \cdot 17$, per tant 3 i 17 són divisors de 51.

b) $3 \cdot 2 \cdot 17 + 3$ és divisible per 3, per 2 i per 17.

c) $5 \cdot 17 - 5$ conté exactament 16 vegades 5.

d) $18 + 18 + 18$ conté exactament 2 vegades 27.

e) $67 = 17 \cdot 3 + 16$, per tant 3 no és divisor de 67, però 17 sí.

52 Troba totes les parelles de nombres, més petits que 20, que tenen relació de divisibilitat.

Per exemple:

- *4 és divisible per 2.*
- *12 és divisible per 3.*
- *15 és divisible per 5.*

Múltiples d'un nombre

53 **CÀLCUL MENTAL.** Quina d'aquestes sèries està formada per múltiples de 4? I per múltiples de 5?

a) 1, 4, 9, 16, 25...

b) 5, 10, 15, 20...

c) 8, 10, 12, 14, 16...

d) 4, 8, 16, 24, 32, 40...

e) 1, 5, 10, 20, 30...

f) 0, 10, 20, 40, 60, 80...

54 Escriu els deu primers múltiples de 5 que siguin també múltiples de 2. Quina característica comuna tenen?

55 Troba tres nombres que siguin múltiples de 6 i de 5 alhora. Són múltiples de 10?

56 Determina tres nombres que siguin múltiples de 10 i de 3 alhora. Fixa't en els nombres que has escrit i contesta.

a) Són múltiples de 6?

b) Són múltiples de 15?

c) Són múltiples de 30?

57 Observa la taula següent i relaciona els nombres de la primera columna amb els que siguin múltiples seus de la segona columna:

Número	Múltiple
2	12
3	15
5	27
6	36
7	40
8	51
9	80
10	20
18	90

58 Escriu els múltiples indicats en cada cas.

a) Múltiples de 2 compresos entre 105 i 130.

b) Múltiples de 3 compresos entre 241 i 265.

c) Múltiples de 3 però que no ho siguin de 2, compresos entre 50 i 70.

d) Múltiples de 5 però que no ho siguin de 10, compresos entre 42 i 90.

e) Múltiples de 9 però que no ho siguin de 3, compresos entre 50 i 100.

f) Múltiples d'11 compresos entre 50 i 130.

59 Escriu el primer múltiple de 36 que sigui més gran que 2.000.

60 Troba dos nombres que siguin múltiples de 2 i de 9 alhora, i que acabin en 0. Són múltiples de 6? De quins altres nombres són múltiples?

61 Troba dos nombres que siguin múltiples de 3 i de 5 alhora. Són múltiples de 15? I de 10?

62 Quants múltiples de 3 i de 8 alhora hi ha que siguin més petits que 100?

63 Escriu tots els nombres de l'1 al 20.

a) Indica els nombres que són múltiples d'un altre nombre diferent.

b) Quants nombres no són múltiple de cap altre?

c) Quin és el nombre que és múltiple de més nombres?

64 Troba el nombre de tres xifres més petit i el més gran que sigui múltiple d'aquests:

a) 2 i 3

b) 2 i 5

c) 3 i 5

d) 3 i 7

SABER FER

Calcular un múltiple d'un nombre comprès entre dos nombres

65 Troba un múltiple de 26 que estigui comprès entre 660 i 700.

PRIMER. Dividim el més petit dels dos nombres, 660, entre el nombre del qual volem trobar el múltiple, 26.

$$\begin{array}{r|l} 660 & 26 \\ \hline 10 & 25 \end{array}$$

SEGON. Augmentem una unitat el quocient i el multipliquem pel nombre el múltiple del qual volem obtenir.

$$\text{MÚLTIPLE} = (25 + 1) \cdot 26 = 676$$

Comprovem que el nombre obtingut compleix la premissa donada: el nombre 676 és múltiple de 26 i està comprès entre 660 i 700.

66 Escriu un múltiple de 14 que estigui entre 260 i 270.

67 Troba un nombre entre 800 i 820 que sigui múltiple de 23.

68 Enumera els nombres compresos entre 100 i 200 que són múltiples de 5 amb aquesta característica:

a) La suma de les seves xifres és igual a 6.
b) La suma de les seves xifres és igual a 7.
c) La suma de les seves xifres és igual a 8.
d) La suma de les seves xifres és igual a 9.

Divisors d'un nombre

69 Quines de les afirmacions següents equivalen a aquesta: «la divisió de 56 entre 4 és exacta»?

a) 56 és divisor de 4.
b) 56 és divisible per 4.
c) 4 és divisor de 56.
d) 4 és múltiple de 56.
e) 56 és múltiple de 4.
f) El residu de la divisió de 56 entre 4 és 0.

70 El residu de la divisió de 93 entre 9 és 3. Digues si les afirmacions següents són correctes:

a) 3 és múltiple de 9 i 93.
b) El residu és un divisor de 93.
c) Si de 93 restem 3 obtenim un múltiple de 9.
d) 93 és divisible per 9 i 3.

71 Indica si les afirmacions següents són certes o falses i raona la resposta:

a) Els únics divisors de 12 són 2 i 4.
b) 2, 5 i 10 són divisors de 40.
c) Els divisors de 63 són 3 i 6.
d) Els divisors de 77 són 1, 7, 11 i 77.

72 Donada la relació $104 = 4 \cdot 26$, quines afirmacions són certes?

a) 104 és divisible per 4.
b) 104 és múltiple de 4.
c) 26 és divisor de 104.
d) 104 és divisible per 26.

73 El nombre *a* és divisible per 4. Calcula *a* si el quocient de la divisió és 29.

74 El nombre *a* no és divisible per 5. Calcula *a* si el quocient de la divisió és 38 i el residu és 4.

75 Raona si les deduccions següents són correctes:

a) Com que 9 és divisor de 72, 3 també ho és.
b) Com que 3 és divisor de 42, 9 també ho és.

76 Troba tots els divisors de cadascun dels 10 primers nombres naturals.

77 Copia a la llibreta la taula següent i després aplica els criteris de divisibilitat per completar-la amb *sí* o *no*.

Divisible per	2	3	5	10	11
128					
251					
495					
968					
11.616					
5.610					

78 Un nombre és divisible per 4 quan les dues últimes xifres són zeros o formen un múltiple de 4. Copia la taula a la llibreta i completa.

Divisible per	2	4
168		
271		
494		
962		
11.600		

79 Raona si tots els nombres divisibles per 2 són divisibles també per 4. I a l'inrevés?

ACTIVITATS FINALS

SABER FER

Determinar criteris de divisibilitat d'alguns nombres

80 El nombre 8.085 és divisible per 15?

PRIMER. Expressem 15 com a producte de factors primers.

$$15 = 3 \cdot 5$$

Perquè un nombre sigui divisible per 15, ho ha de ser per 3 i per 5.

SEGON. Estudiem si el nombre és divisible pels seus factors primers.

$$8 + 0 + 8 + 5 = 21 \rightarrow \text{Múltiple de 3}$$

També és divisible per 5, perquè acaba en 5.

El nombre 8.085 és divisible per 3 i per 5; per tant, també ho és per 15.

81 Comprova si els nombres següents són divisibles per 15:

a) 205 b) 210 c) 215 d) 218 e) 220 f) 225

82 Raona si els nombres següents són divisibles per 33:

a) 2.145 c) 920 e) 3.303

b) 462 d) 1.848 f) 3.003

83 Un nombre és divisible per 6 quan ho és per 2 i 3 alhora. Copia la taula a la llibreta i completa-la.

Divisible per	2	3	6
135			
248			
762			
840			
968			
3.054			
4.512			

84 Un nombre és divisible per 8 quan les últimes 3 xifres són 0 o formen un múltiple de 8. Copia la taula a la llibreta i completa-la.

Divisible per	2	4	8
1.000			
1.560			
980			
4.120			
13.332			
2.408			

85 Un nombre és divisible per 9 quan la suma de les xifres és múltiple de 9. Copia la taula a la llibreta i completa-la.

Divisible per	3	9
33		
630		
990		
4.920		

86 Troba tres nombres naturals que compleixin cadascuna de les condicions següents:

a) Divisibles per 2, per 4 i per 8 alhora

b) Divisibles per 3, per 9 i per 27 alhora

c) Divisibles per 2, per 3 i per 4 alhora

d) Divisibles per 3, per 6 i per 9 alhora

87 Troba els múltiples d'11 que es poden formar amb les xifres 1, 3, 4 i 6.

88 Utilitza les xifres 3, 4, 5 i 6 per escriure nombres de 4 xifres que siguin divisibles per 11.

89 Digues si pots formar un múltiple d'11 amb les xifres 2, 4 i 5. Si és possible, indica quins i, si no és possible, explica per què.

SABER FER

Calcular una xifra perquè un nombre sigui divisible per un altre nombre

90 Quant ha de valer *a* perquè el nombre 3*a*2 sigui múltiple de 3?

PRIMER. Apliquem el criteri de divisibilitat. En aquest cas, la suma de les xifres del nombre ha de ser un múltiple de 3.

$$3 + a + 2 = 5 + a$$

La suma $5 + a$ ha de ser múltiple de 3.

SEGON. Temptegem els valors de *a* perquè es compleixi el criteri de divisibilitat.

- $a = 1$, ja que $5 + 1 = 6$
- $a = 4$, ja que $5 + 4 = 9$
- $a = 7$, ja que $5 + 7 = 12$

91 Quant ha de valer la xifra *a* perquè el nombre 2*a*3*a* sigui divisible per 5? I perquè sigui divisible per 3?

92 Quant ha de valer *a* perquè el nombre 2*a*31 sigui divisible per 11? I perquè sigui divisible per 3?

93 Calcula el nombre més petit que hem de sumar a 6.180 per aconseguir un múltiple d'11.

94 Raona si és cert o fals.

a) 3 és divisor de 153.
b) 5 és divisor de 250.
c) 10 és divisor de 410.
d) 4 és divisor de 210.
e) 6 és divisor de 330.
f) 11 és divisor de 333.

Nombres primers i nombres compostos

95 Classifica aquests nombres en primers i compostos:

3 9 23 35 47 53 65 73 81 96

96 Copia la taula a la llibreta i completa-la.

Nombre	Divisors	Primer/Compost
17		
29		
58		
72		
97		
113		

97 Si la divisió $a : 4$ és exacta, el nombre a és primer o compost?

98 Raona si les afirmacions següents són certes o falses:

a) Un nombre primer no és divisible per cap nombre.
b) Els divisors d'un nombre compost també són compostos.
c) Les divisions entre nombres primers són exactes.
d) Hi ha dos nombres primers consecutius.

99 Si p i q són dos nombres primers, discuteix les afirmacions següents:

a) $p + q$ és primer.
b) $p \cdot q$ és primer.
c) $p - q$ és primer.
d) $3p$ és primer.

Descomposició d'un nombre en factors

100 Determina la descomposició factorial en factors primers dels nombres següents:

a) 560 b) 2.700 c) 616 d) 784 e) 378 f) 405

101 **CÀLCUL MENTAL.** A quin nombre corresponen les descomposicions en factors primers següents?

a) $2^2 \cdot 3$
b) $2^3 \cdot 3^2$
c) $2 \cdot 3^2 \cdot 5$
d) $3^2 \cdot 7$
e) $2 \cdot 3^2 \cdot 5 \cdot 7$
f) $2^4 \cdot 5^2 \cdot 7$

102 En Joan i l'Enric han factoritzat el nombre 2.250 i han obtingut aquests resultats:

Joan: $2 \cdot 3^2 \cdot 5^3$ Lluís: $3^2 \cdot 5^2 \cdot 10$

Són correctes aquests resultats?

103 Agrupa factors i escriu correctament aquestes descomposicions factorials:

a) $2^2 \cdot 3 \cdot 2 \cdot 3^3$
b) $5^2 \cdot 7 \cdot 5^4 \cdot 7^3 \cdot 7$
c) $3^2 \cdot 5 \cdot 5 \cdot 3^2$
d) $2^2 \cdot 7 \cdot 2 \cdot 7^2 \cdot 2$

104 Identifica els errors que hi ha en les descomposicions en factors primers següents:

a) $77 = 7 \cdot 7$
b) $99 = 33 \cdot 3$
c) $100 = 10 \cdot 2$
d) $1.200 = 15 \cdot 8 \cdot 10$
e) $800 = 23 \cdot 100$
f) $500 = 5^3 \cdot 10^2$

SABER FER

Calcular la factorització d'un producte

105 Calcula la factorització del producte següent:

$$120 \cdot 10$$

PRIMER. Descomponem en factors els dos nombres.

$$120 = 2^3 \cdot 3 \cdot 5 \qquad 10 = 2 \cdot 5$$

SEGON. Multipliquem les dues factoritzacions.

$$(2^3 \cdot 3 \cdot 5) \cdot (2 \cdot 5) = 2^4 \cdot 3 \cdot 5^2$$

La factorització del producte és $2^4 \cdot 3 \cdot 5^2$.

106 Factoritza aquests productes:

a) $36 \cdot 49$ b) $39 \cdot 96$ c) $28 \cdot 156$ d) $125 \cdot 24$

Màxim comú divisor i mínim comú múltiple

107 Determina el màxim comú divisor.

a) 10 i 15
b) 12 i 20
c) 12 i 18
d) 5 i 36
e) 15 i 18
f) 70 i 90
g) 39 i 66
h) 32 i 75
i) 100 i 150

108 Calcula el mínim comú múltiple.

a) 8 i 20
b) 4 i 21
c) 16 i 64
d) 18 i 27
e) 14 i 15
f) 25 i 12
g) 20 i 30
h) 45 i 24
i) 54 i 81

109 Calcula el màxim comú divisor i el mínim comú múltiple d'aquests grups de nombres:

a) 10, 20 i 100
b) 9, 18 i 15
c) 5, 9 i 45
d) 2, 12 i 21
e) 4, 30 i 50
f) 24, 36 i 42

110 Troba tres parelles de nombres que tinguin com a màxim comú divisor cadascun dels nombres següents:

a) 4 b) 10 c) 6 d) 5 e) 2 f) 12

111 Troba dues parelles de nombres que tinguin com a mínim comú múltiple cadascun dels nombres següents:

a) 40   c) 120   e) 16
b) 45   d) 125   f) 540

SABER FER

Saber si dos nombres són primers entre ells

112 Comprova si els nombres 8 i 15 són primers entre ells.

PRIMER. Factoritzem els nombres.

$$8 = 2^3 \qquad 15 = 3 \cdot 5$$

SEGON. Comprovem si el m.c.d. dels nombres és 1.

Com que no tenen divisors comuns, el m.c.d. és 1, i els nombres són primers entre ells.

113 Determina quins d'aquests nombres són primers entre ells:

a) 12 i 15   d) 45 i 16   e) 42 i 36
b) 15 i 49   d) 22 i 21   f) 39 i 52

114 Comprova amb alguns exemples que si dos nombres són primers entre ells, el seu m.c.m. és el producte de tots dos nombres.

Problemes

115 En un magatzem hi ha 18.000 plats. L'empresa decideix empaquetar-los en caixes que continguin una dotzena de plats cada una.

a) Quantes caixes calen per empaquetar tots els plats?
b) Si la quantitat de plats del magatzem és el triple, quantes caixes necessiten?
c) Si a les caixes només hi caben mitja dotzena de plats, quantes caixes són necessàries?

116 Una papereria ven els llapis en capsetes de 8, de 10 o de 15 unitats. Quantes capsetes poden posar a la venda si tenen 270 llapis i només volen utilitzar un sol tipus de capseta? Faran servir tots els llapis en cada cas?

117 Una família va a un restaurant per celebrar les noces d'or dels avis; en total són 32 persones i el restaurant disposa de taules per a 4, 6 i 8 persones.

a) De quantes maneres es poden organitzar si volen que totes les taules tinguin la mateixa quantitat de persones?
b) I si les taules fossin de diferents capacitats?

118 La Sílvia tenia una bossa de 35 caramels i se n'ha menjat uns quants. No recorda quants, però sí que sap que els que li queden els pot guardar en bosses de 2, de 3 i de 5 caramels sense que n'hi sobri cap.

a) Quants caramels li queden?
b) Si els guarda en bosses de 2, quantes en necessitarà?
c) I si ho fa en bosses de 3? I en bosses de 5?

119 L'Antònia vol col·locar 45 llibres en prestatgeries de manera que en cada una n'hi hagi la mateixa quantitat.

a) Quants llibres hi pot haver en cada prestatgeria?
b) Quantes prestatgeries necessitaria en cada cas?

120 En Jaume vol enganxar les 120 fotografies del seu viatge a la Bretanya en un àlbum format per pàgines que admeten 2, 3 o 4 fotos.

a) Quantes pàgines hauria de tenir l'àlbum si vol que en cadascuna hi hagi la mateixa quantitat de fotos?
b) I si el confecciona amb pàgines amb diferent nombre de fotos?
c) Quina és la quantitat més gran de pàgines de l'àlbum? I la més petita?

121 En Manel té 48 soldadets de plom i els vol col·locar en fila de manera que en cadascuna hi hagi la mateixa quantitat de soldadets, però sempre més de 3 i menys de 20.

a) Quants soldadets hi pot haver en cada fila?
b) Quantes maneres diferents té d'organitzar els soldadets?

122 ••• L'Helena i la Roser tenen una col·lecció completa de cromos. L'Helena els compta de 7 en 7 i la Roser, de 4 en 4. Coincideixen en cap nombre? Què tenen en comú aquests nombres?

123 ••• Un fuster ha de tallar un tauló de 56 cm de llargada i 40 cm d'amplada, de manera que no li sobri fusta, i en quadres iguals tan grans com pugui. Com ho ha de fer?

124 ••• Volem dividir una nau rectangular de 140 m d'amplada i 200 m de llargada en compartiments quadrats amb la superfície més gran possible. Quant ha de fer el costat de cada compartiment?

125 ••• En Lluc ha de posar plaquetes quadrades tan grans com es pugui en una aula rectangular de 12 m de llargada i 10 m d'amplada.

a) Quina mida tindrà cada plaqueta?

b) Quantes plaquetes posarà?

126 ••• L'Anselm té una col·lecció de monedes amb 63 monedes d'Europa i 35 d'Amèrica. Vol fer la quantitat més petita possible de lots iguals, sense barrejar monedes de diferents continents i que no n'hi sobri cap.

a) Quantes monedes tindrà cada lot?

b) Quants lots farà?

127 ••• La Sara té 16 targetes vermelles, 20 de grogues, 24 de blaves i 32 de verdes. Vol fer grups iguals de targetes i que no en sobri cap.

a) Quin és el nombre màxim de grups que pot fer?

b) Quantes targetes de cada color hi haurà en cada grup?

128 ••• La Mercè i la Beatriu munten a cavall. La Mercè ho fa cada 3 dies i la Beatriu, cada 4 dies. Si coincideixen el 24 de febrer:

a) Quan tornaran a coincidir?

b) Quants dies haurà anat a muntar cada una abans de tornar a coincidir?

129 ••• En la il·luminació d'un arbre de Nadal hi ha llums verds, vermells i grocs. Els verds s'encenen cada 12 segons, els vermells, cada 15 segons i els grocs, cada 9 segons.

a) Cada quants segons coincideixen els tres tipus de llums?

b) En una hora, quantes vegades coincideixen encesos?

130 ••• L'Andreu té una col·lecció de segells que pot agrupar de 12 en 12, de 16 en 16 i de 18 en 18, i no n'hi sobra cap. Quina quantitat de segells pot tenir si sabem que no arriba a 150?

HAS DE SABER FER

Divisibilitat

1 Entre aquests nombres, troba els múltiples de 8 que siguin divisibles per 12:

288 364 576 1.248 480 356 672

2 Calcula tots els divisors d'aquests nombres:

a) 75 b) 77 c) 81 d) 96

Nombres primers i compostos

3 Quins d'aquests nombres són primers?

133 153 179 184 210 301

Descomposició factorial

4 Factoritza aquests nombres:

a) 240 b) 345 c) 99 d) 5.700

5 Quin nombre té com a factorització $2^2 \cdot 3^3 \cdot 5^2$?

m.c.d. i m.c.m.

6 Troba el màxim comú divisor i el mínim comú múltiple d'aquests nombres:

a) 45 i 75 b) 24, 66 i 84 c) 72, 108 i 144

+ COMPETÈNCIA MATEMÀTICA

En la vida quotidiana

131 En la majoria d'empreses i d'oficines, les grapadores tradicionals s'han substituït per les fotocopiadores multifuncionals, en les quals una de les funcions és grapar les fotocòpies.

Aquesta és una de les fotocopiadores que volen comprar en una empresa.

FOTOCOPIADORA A COLOR DE GRAN VELOCITAT D'IMPRESSIÓ

Utilitzi la nostra fotocopiadora per reduir les seves despeses. Estudiï la nostra oferta i compari'n les característiques.

Característiques:

- Emmagatzema 2.000 fulls mida A3.
- Emmagatzema 4.000 fulls mida A4.
- Grapa en bloc fins a 50 fulls.
- Velocitat:
  - 95 còpies per minut en b/n
  - 72 còpies per minut en color

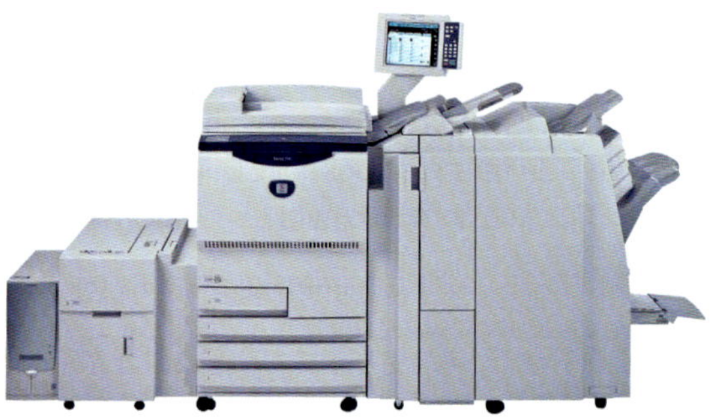

Per valorar la compra, faran un informe sobre la possibilitat de portar a terme les tasques següents:

Pot imprimir una fotocòpia en b/n per a cadascun dels 322 treballadors de l'empresa en menys de 5 minuts.	SÍ	NO
Pot imprimir una fotocòpia en color per a cadascun dels 322 treballadors de l'empresa en menys de 5 minuts.	SÍ	NO
Pot imprimir els 52 informes de vendes de 62 fulls cada un i grapar-los sense realimentar el calaix de folis A3.	SÍ	NO
Pot agrupar l'informe mensual de 474 fotocòpies en 5 blocs grapats.	SÍ	NO

Fes els càlculs necessaris per completar aquest informe.

Formes de pensar. Raonament matemàtic

132 Comprova que per a cada parella de nombres, a i b, es compleix que el seu producte coincideix amb el producte del seu màxim comú divisor pel seu mínim comú múltiple.

Calcula el valor de a en cada cas:

a) m.c.d. $(a, 36) = 12$
m.c.m. $(a, 36) = 72$

b) m.c.d. $(a, 45) = 5$
m.c.m. $(a, 45) = 315$

133 Un nombre dividit entre 2 dóna de residu 1, entre 3 dóna de residu 2 i entre 4 dóna de residu 3.

a) Quin és el nombre més petit que compleix aquestes condicions?

b) Pots trobar més nombres que compleixin aquestes condicions?

134 Si un nombre no és divisible per 3, el seu doble pot ser divisible per 3?

135 Si un nombre és parell, el triple d'aquest nombre és divisible per 6?

136 Si sabem que la factorització d'un nombre n és $2^2 \cdot 5^3 \cdot 7^4$, escriu la factorització d'aquests nombres:

a) $2n$ b) n^2 c) $5n$ d) $\frac{n}{7}$

137 Els *nombres perfectes* són aquells tals que la suma dels seus divisors, sense comptar el mateix nombre, és el propi nombre.

a) Comprova que el nombre 28 és un nombre perfecte.

b) Calcula i indica quins d'aquests nombres són perfectes.

138 Dos nombres són *amics* quan la suma dels divisors de cada un, sense comptar el mateix nombre, és igual a l'altre nombre.

a) Comprova que els nombres 220 i 284 són nombres amics.

b) Busca dos nombres més que compleixin aquesta condició.

PROJECTE FINAL. **Aprenentatge cooperatiu**

OBJECTIU: Organitzar un debat a la sala d'actes del centre educatiu

Un cop formats els grups, seguiu el procés següent:

1a Fase

- Feu una llista amb el material necessari per fer el debat: una taula llarga i diverses cadires, un equip de so, un cronòmetre per mesurar les intervencions de cada participant...
- Determineu quins dels materials de la llista podeu trobar al centre i quins caldrà comprar o llogar.

2a Fase

- Busqueu informació en diferents botigues i elaboreu un llistat amb els preus, de lloguer i de compra, dels materials que el centre no us pot proporcionar. Feu servir un full de càlcul per organitzar la informació i comparar les diferències de preus.

- Considereu la possibilitat que els materials que us faci falta comprar o llogar es puguin utilitzar per a altres activitats del centre: l'equip de so per a teatre, el cronòmetre per a proves esportives...

3a Fase

- Poseu en comú la informació recollida i a partir d'aquí avalueu si és preferible la compra o el lloguer dels materials que necessiteu.
- Elaboreu un informe amb les conclusions a què heu arribat.

Proves PISA

La prova esportiva

139 ••• A la classe d'Educació física volen fer grups per a una competició esportiva que consisteix en 10 proves diferents. En principi van pensar de fer grups de 5, però sobraven 3 alumnes; després van pensar en grups de 6, però sobraven 4 alumnes.

a) Quants alumnes té la classe si hi ha menys de 33 alumnes?

b) Al final han decidit fer dos grups i han puntuat cada prova amb 4 punts a l'equip guanyador, 1 punt a l'equip perdedor i si hi ha empat, 2 punts per a cada equip.

Si al final de les 10 proves els dos equips sumen 46 punts, quantes proves han acabat en empat?

(Activitat model)

Prestatgeries

140 ••• Per construir una prestatgeria, un fuster necessita els elements següents:

- 4 plafons llargs de fusta
- 6 plafons curts de fusta
- 12 clips petits i 2 clips grans
- 14 caragols

El fuster té al magatzem 26 plafons llargs de fusta, 33 plafons curts de fusta, 200 clips petits, 20 clips grans i 510 caragols.

Quantes prestatgeries senceres pot construir el fuster?

(Prova PISA 2003)

CLAUS PER COMENÇAR

Els nombres negatius

Hi ha situacions de la vida quotidiana en les quals és necessari utilitzar nombres negatius.

Els nombres negatius s'associen a expressions del tipus: deure, disminuir, restar, gastar...

EXEMPLE

- Que la temperatura sigui d'1 grau sota zero ho podem expressar amb nombres negatius com a -1 °C.
- Deure 1.000 € al banc ho podem expressar com a -1.000 €.
- Si el soterrani d'un edifici és a sota de la planta baixa, ho podem expressar com a planta -1.

ACTIVITATS

1 Expressa aquestes situacions amb un nombre negatiu:

a) Ahir es va registrar una temperatura de 8 graus sota zero.

b) Els deutes de l'empresa són de 200.000 €.

c) El magatzem es troba a la segona planta per sota del nivell de terra.

Operacions combinades amb nombres naturals

Per resoldre operacions combinades de suma, resta, multiplicació i divisió entre nombres naturals, hem de seguir l'ordre següent:

1r Resolem les operacions que hi ha entre parèntesis i claudàtors.

2n Efectuem les multiplicacions i les divisions en l'ordre en què apareixen, d'esquerra a dreta.

3r Calculem les sumes i les restes, també en l'ordre en què apareixen.

EXEMPLE

$$(16-6):2+12:(6-4)=$$
$$=10:2+12:2=$$
$$=5+6=11$$

ACTIVITATS

2 Fes aquestes operacions:

a) $(14-6):4+7$

b) $(5+4)\cdot(3-1)-12:6$

c) $3\cdot 5-[(10-4):6+3]$

PART SUPERIOR (5 °C a 4 °C)
Lactis i embotits

PART CENTRAL (2 °C)
Carn i peix

PORTES (15 °C a 10 °C)
Salses, begudes, ous...

CALAIXOS (10 °C)
Fruites i verdures soltes o en bosses foradades

CONGELADOR (−18 °C)
Aliments congelats

1834
Jacob Perkins rep la patent a Londres d'una màquina de compressió de vapor.
Aquesta màquina va ser l'origen del que és el frigorífic o la nevera.

1874
Charles Tellier nolieja el primer vaixell frigorífic de carn congelada entre Buenos Aires i Le Havre. La travessa va durar 105 dies.

Nombres enters

3

SABER

- Nombres enters
- Comparació de nombres enters
- Operacions amb nombres enters

SABER FER

- Ordenar nombres enters
- Sumar i restar diversos nombres enters
- Efectuar sumes i restes amb parèntesis
- Multiplicar i dividir diversos nombres enters
- Fer operacions combinades amb parèntesis i claudàtors

? INTERPRETA LA IMATGE

La nevera

Les primeres neveres eren un simple armari en el qual hi havia un compartiment superior on es posava neu, i a la part inferior es col·locaven els aliments perquè es conservessin.

Les actuals són força més sofisticades i solen estar organitzades per temperatures.

- Si en una nevera com la de la imatge, passem una bossa de pèsols del congelador a la part superior del frigorífic, quina diferència de temperatura experimentarà la bossa?

1879
Surt al mercat la primera nevera domèstica de característiques mecàniques.

Aquesta nevera la va inventar i fabricar l'alemany Carl von Linde i utilitzava un circuit d'amoníac.

1922
Clarence Birdseye prova que, com més ràpidament es produeix la congelació de l'aliment fresc, millor conserva el sabor i la textura originals.

1923
Baltzar von Platen i Carl Munters inventen el frigorífic elèctric.
La patent per fabricar-lo i comercialitzar-lo la compra l'empresa Kelvinator, que fins a dos anys després no el fabrica en sèrie.

1930
Es comença a fer servir com a líquid de refrigeració el freó o R-12.

Però des del 1987 se'n restringeix l'ús perquè és un dels responsables de la destrucció de la capa d'ozó.

1 Nombres enters

Hi ha situacions quotidianes que no podem expressar amb nombres naturals. En aquests casos utilitzem un altre tipus de nombres, els **nombres enters**.

Els nombres enters porten al davant el signe $+$ o $-$, segons si la quantitat expressada està per sobre o per sota de zero.

En el conjunt dels nombres enters, que representem per $\mathbb{Z}$, podem diferenciar:

- Nombres **enters positius**: $+1, +2, +3, +4$, que són els nombres naturals.
- El nombre 0.
- Nombres **enters negatius**: $-1, -2, -3, -4\dots$

EXEMPLE

1. Escriu exemples de situacions en què fem servir els nombres enters.

   Dec 25 € al meu germà → -25 €

   Aquesta nit la temperatura ha baixat a 9 graus sota zero → -9 °C

   L'ocell vola a 12 m d'alçada → $+12$ m

HO ESCRIVIM AIXÍ

En els nombres enters positius no acostumem a escriure el signe $+$:

$+5 = 5$ $\quad$ $+17 = 17$

1.1. Representació en la recta numèrica

Els nombres enters es representen ordenats en la recta numèrica:

- El zero, 0, divideix la recta en dues parts iguals.
- Fixem l'1 i escollim com a unitat la distància que té fins al 0.
- Desplacem aquesta unitat a la dreta del 0 per representar els enters positius, i a l'esquerra per representar els negatius.

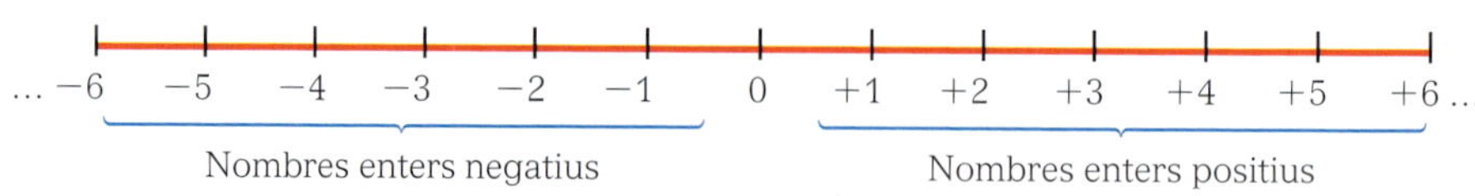

ACTIVITATS

1 PRACTICA. Expressa amb un nombre enter.

a) El submarí ha baixat a 100 m sota el nivell del mar.

b) En Ramon deu 3.000 € al banc.

c) El nou edifici de la ciutat on viu la Sara té 288 m d'altura.

d) En Marc ha de pagar 156 € en la declaració de la renda, però a la Carla li tornen 235 €.

2 APLICA. Representa en una recta numèrica.

a) Tots els nombres enters inclosos entre -6 i -1

b) Tots els nombres enters inclosos entre -4 i 6

3 REFLEXIONA. Quin nombre enter està situat 7 unitats a la dreta de -3? I 10 unitats a l'esquerra de $+2$?

1.2. El valor absolut d'un nombre enter

El **valor absolut** d'un nombre enter és la distància, en unitats, que el separa del zero en la recta numèrica.
És igual al nombre sense el seu signe.

$$|+b| = b \qquad |-a| = a$$

HO ESCRIVIM AIXÍ

El valor absolut d'un nombre enter *a* s'escriu posant-lo entre dues barres verticals.

$|a| \qquad |b|$

EXEMPLE

2. Escriu el valor absolut de -5 i $+4$.

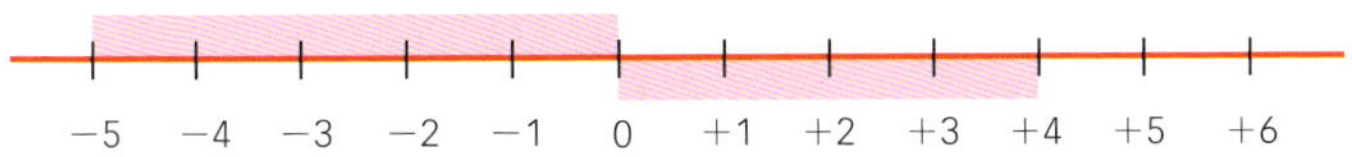

$|-5| = 5 \qquad |+4| = 4$

El valor absolut de 0 és 0, $|0| = 0$.

1.3. L'oposat d'un nombre enter

Dos nombres enters són **oposats** si estan situats a la mateixa distància del zero.

$$\text{Op}\,(+a) = -a \qquad \text{Op}\,(-a) = +a$$

EXEMPLE

3. Troba l'oposat de -5 i $+2$.

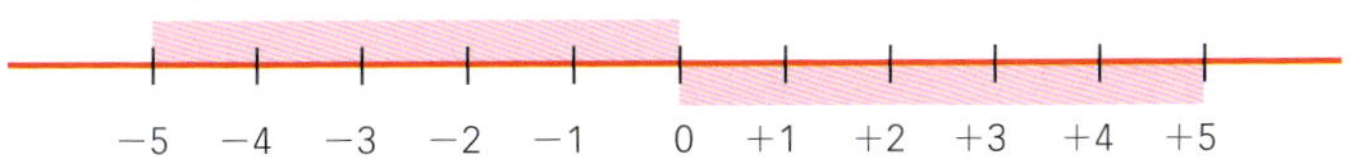

Op $(-5) = +5$, ja que $|-5| = 5 = |+5|$

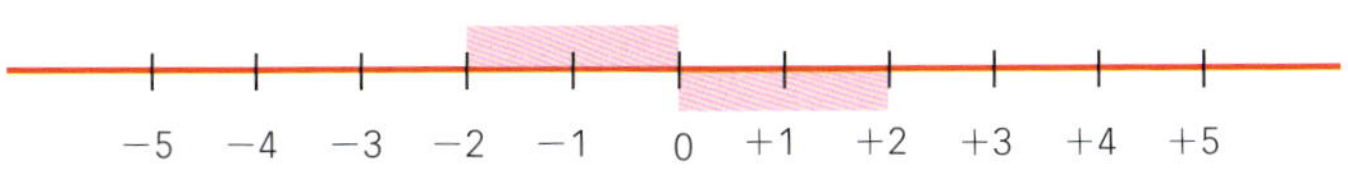

Op $(+2) = -2$, ja que $|+2| = 2 = |-2|$

T'HI ATREVEIXES?

Un edifici té tres plantes subterrànies d'aparcament, la planta baixa i quatre plantes per sobre.

Quina és la distància més gran que pot recórrer l'ascensor sense parades?

ACTIVITATS

4 **PRACTICA.** Calcula el valor absolut dels nombres següents:

a) $|+3|$ c) $|+9|$ e) $|-12|$
b) $|-2|$ d) $|-5|$ f) $|+10|$

5 **PRACTICA.** Determina els oposats d'aquests nombres:

a) Op $(+2)$ c) Op (-6) e) Op $(+11)$
b) Op $(+5)$ d) Op (-8) f) Op (-7)

6 **APLICA.** Completa a la llibreta amb tots els nombres que compleixen aquestes igualtats:

a) $|\square| = 5$ c) $|\square| = 3$ e) $|\square| = 12$
b) Op $(\square) = -2$ d) Op $(\square) = 9$ f) Op $(\square) = -1$

7 **REFLEXIONA.** Hi ha cap valor de x que compleixi aquestes igualtats?

a) Op $(|x|) = 8$ c) $|x| = -4$
b) $|\text{Op}\,(x)| = 3$ d) Op (Op $(x)) = -5$

2 Comparació de nombres enters

- Qualsevol nombre enter positiu és més gran que qualsevol nombre enter negatiu.
- De dos nombres enters positius, és més gran el que té el valor absolut més gran.
- De dos nombres enters negatius, és més gran el que té el valor absolut més petit.

Donats dos nombres enters, és més gran el que està situat més a la dreta en la recta numèrica.

EXEMPLE

4. Compara aquests nombres:

a) $+3$ i $+5$ b) -4 i -2 c) -5 i $+3$

a)

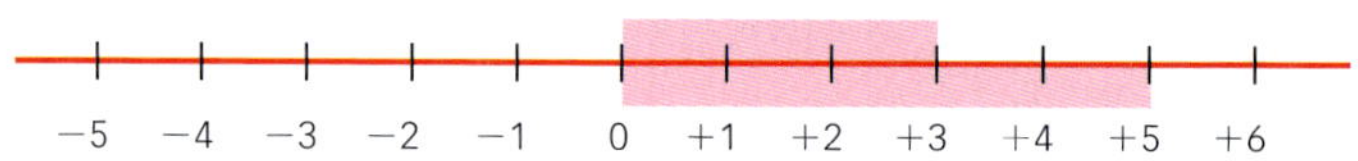

$$\left.\begin{array}{l}|+3| = 3\\|+5| = 5\end{array}\right\} 3 < 5 \rightarrow +3 < +5$$

b)

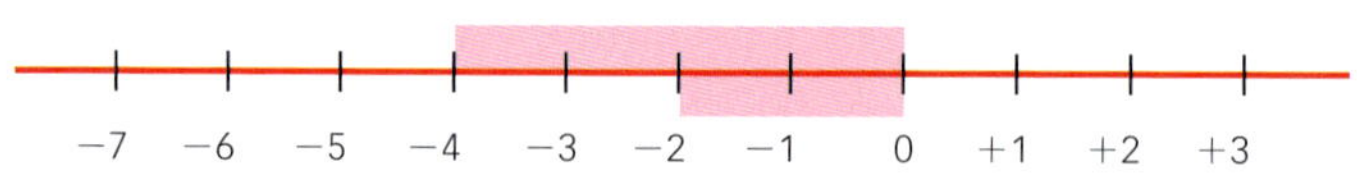

$$\left.\begin{array}{l}|-4| = 4\\|-2| = 2\end{array}\right\} 4 > 2 \rightarrow -4 < -2$$

c)

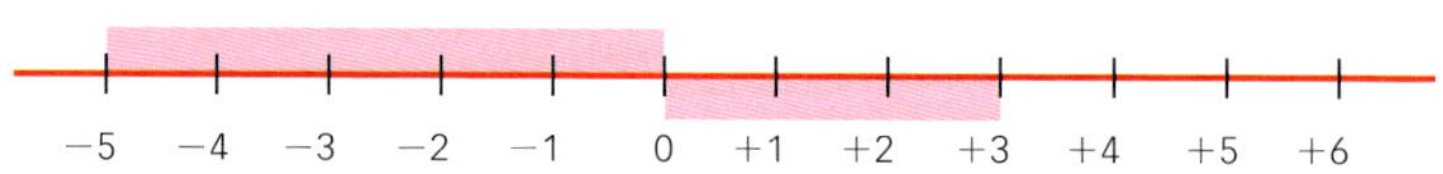

$-5 < +3$, ja que qualsevol enter negatiu és més petit que qualsevol enter positiu.

ACTIVITATS

8 **PRACTICA.** Escriu i representa gràficament en una recta numèrica.

a) Tres nombres més grans que -2.

b) Tres nombres més petits que -1.

c) Tres nombres més petits que $+1$.

9 **PRACTICA.** Quin d'aquests nombres és el més gran? I el més petit?

-6 $+7$ -10 -4 $+8$ $+20$ -3 -7

10 **APLICA.** Escriu a la llibreta nombres que compleixin aquestes condicions:

a) $\square < -5 < \square < \square < -2 < \square < 0$

b) $\square > \square > +4 > \square > 0 > -3 > \square$

c) $-10 < \square < -6 < \square < +4 < \square$

11 **REFLEXIONA.** Si a és un nombre enter, completa a la llibreta amb $>$, $<$ o $=$.

$\text{Op}(a) \; \square \; |a|$

SABER FER

Ordenar nombres enters

Ordena de més gran a més petit aquests nombres enters:

$-10 \quad +4 \quad +9 \quad 0 \quad -6 \quad -8 \quad +3$

Passos que cal seguir

1. Agrupem d'una banda els nombres positius i, de l'altra, els negatius.

   $+4 \quad +9 \quad +3 \qquad 0 \qquad -10 \quad -6 \quad -8$

2. Ordenem els **enters positius** com si fossin nombres naturals.

   $+9 > +4 > +3$

3. Ordenem els **negatius** tenint en compte que és més gran el que té menys valor absolut.

   $$\left.\begin{array}{l} |-10| = 10 \\ |-6| = 6 \\ |-8| = 8 \end{array}\right\} \rightarrow -6 > -8 > -10$$

4. Per ordenar tots els nombres tenim en consideració que els nombres positius són més grans que els negatius i que el 0 és més gran que els negatius però més petit que els positius.

   $+9 > +4 > +3 > 0 > -6 > -8 > -10$

Per ordenar de més gran a més petit, col·loquem primer els nombres positius.

Si és de més petit a més gran, hem d'escriure primer els nombres negatius.

ACTIVITATS

12 Ordena de més petit a més gran els nombres enters següents:

$+7 \quad -6 \quad -8 \quad +2 \quad 0 \quad +13$

$+3 \quad -4 \quad +5 \quad -9 \quad +6 \quad -12$

13 Ordena de més gran a més petit aquests nombres enters:

$+10 \quad -9 \quad +3 \quad -4 \quad +6 \quad -7$

$-5 \quad 0 \quad +1 \quad -11 \quad +5 \quad -6$

14 Situa en una recta numèrica.

a) Cinc nombres més petits que $+2$

b) Cinc nombres més grans que -4

c) Cinc nombres més petits que -6

d) Cinc nombres més grans que -2

e) Cinc nombres més petits que $+4$

f) Cinc nombres més grans que -8

15 Troba quatre nombres en cada cas.

a) Més grans que -10 i més petits que -3

b) Més grans que -4 i més petits que $+2$

c) Més grans que -8 i més petits que -1

d) Més grans que -2 i més petits que $+6$

16 Determina el nombre que es descriu en cada cas.

a) És 4 unitats més petit que $+8$.

b) És 4 unitats més gran que -8.

c) És 4 unitats més petit que -8.

d) És 8 unitats més gran que -4.

e) És 8 unitats més petit que $+4$.

f) És 8 unitats més petit que -4.

17 Esbrina, en cada cas, quin nombre enter compleix la característica indicada.

a) Està situat 8 unitats a la dreta de -6.

b) Està situat 10 unitats a l'esquerra de $+7$.

c) Està situat 5 unitats a l'esquerra de $+5$.

18 Ordena de més petit a més gran.

Op $(+7)$ Op (-8) Op (-4)

Op $(+3)$ Op $(+5)$ Op (-1)

19 Ordena de més gran a més petit.

$|-7| \quad |+8| \quad |+6| \quad |-2| \quad |+9| \quad |-5|$

20 Ordena de més petit a més gran.

$4 \quad |-8|$ Op (-5) $|+6| \quad -2$ Op $(+7)$

3 Suma i resta de nombres enters

T'HI ATREVEIXES?

Quin és el nombre que s'ha de sumar a un nombre enter per obtenir-ne l'oposat?

En la **suma de nombres enters** es donen dos casos:

- Per sumar dos nombres enters **del mateix signe**:
  1r Sumem els valors absoluts dels dos nombres.
  2n Al resultat, hi afegim el mateix signe dels nombres.
- Per sumar dos nombres enters **de signe diferent**:
  1r En restem els valors absoluts (el més gran menys el més petit).
  2n Al resultat, hi afegim el mateix signe del nombre amb el valor absolut més gran.

EXEMPLE

5. Calcula aquestes sumes:

a) $(-2) + (-4) = -6$

Mateix signe → Conservem el signe; Sumem els valors absoluts:

$\left.\begin{array}{l}|-2| = 2\\ |-4| = 4\end{array}\right\} 2 + 4 = 6$

b) $(-8) + (+2) = -6$

Signe diferent → Signe del nre. amb valor absolut més gran; Restem els valors absoluts:

$\left.\begin{array}{l}|-8| = 8\\ |+2| = 2\end{array}\right\} 8 - 2 = 6$

Quan sumem o restem 0 a qualsevol nombre, obtenim el mateix nombre.

$(+7) + 0 = +7$ $\quad (+6) - 0 = +6$

$0 + (-5) = -5$ $\quad (-4) - 0 = -4$

Per **restar dos nombres enters**, sumem al primer l'oposat del segon.

EXEMPLE

6. Calcula aquestes restes:

a) $(+4) - (+7) = (+4) + \text{Op}\,(+7) = (+4) + (-7) = -3$

b) $(+2) - (-6) = (+2) + \text{Op}\,(-6) = (+2) + (+6) = +8$

c) $(-5) - (-9) = (-5) + \text{Op}\,(-9) = (-5) + (+9) = +4$

ACTIVITATS

21 PRACTICA. Calcula el resultat d'aquestes sumes:

a) $(+5) + (+2)$ c) $(-5) + (+2)$

b) $(+5) + (-2)$ d) $(-5) + (-2)$

22 PRACTICA. Determina el resultat de les restes de nombres enters següents:

a) $(+3) - (+6)$ b) $(+3) - (-6)$ c) $(-3) - (+6)$

23 APLICA. Completa a la llibreta.

a) $\square + (+4) = +9$ c) $\square - (-9) = +2$

b) $\square - (-9) = +16$ d) $\square + (+4) = -1$

24 REFLEXIONA. La suma de dos nombres negatius, pot ser un nombre positiu? I la resta de dos nombres negatius, pot ser un nombre negatiu?

4 Sumes i restes combinades

Per simplificar les sumes i les restes de diversos nombres enters, seguim aquestes regles:

REGLA 1. Al primer sumand li eliminem els parèntesis i si té signe positiu, l'escrivim sense signe.

$\mathbf{(+3)} + (-7) = \mathbf{3} + (-7)$ $\mathbf{(-9)} + (-1) = \mathbf{-9} + (-1)$

REGLA 2. Quan traiem els parèntesis precedits del signe $+$, el signe que es manté és el del nombre.

$(-5) + \mathbf{(+1)} = -5 + \mathbf{1}$ $(-4) + \mathbf{(-8)} = -4 - \mathbf{8}$

REGLA 3. Quan traiem els parèntesis precedits del signe $-$, el signe que escrivim és el del seu oposat.

$(-7) - \mathbf{(+6)} = -7 - \mathbf{6}$ $(+3) - \mathbf{(-4)} = -7 + \mathbf{4}$

Després d'aplicar aquestes regles, l'expressió queda escrita de **manera abreujada**.

EXEMPLE

7. Escriu de manera abreujada les expressions següents:

a) $(+6) + (-4) - (+8) =$

Regla 1 → $= 6 + (-4) - (+8) =$

Regla 2 → $= 6 - 4 - (+8) =$

Regla 3 → $= 6 - 4 - 8$

b) $(+8) - (+4) + (+5) + (-7) - (-3) =$

Regla 1 → $= 8 - (+4) + (+5) + (-7) - (-3) =$

Regla 2 → $= 8 - (+4) + 5 - 7 - (-3) =$

Regla 3 → $= 8 - 4 + 5 - 7 + 3$

ACTIVITATS

25 PRACTICA. Escriu de manera abreujada aquestes operacions:

a) $(+3) - (+4) + (+8)$

b) $(-14) + (-13) - (-10)$

c) $(+20) - (+18) - (-9) + (-3)$

d) $(-16) + (-4) + (+12) - (+1)$

e) $(-21) - (-12) + (+9) + (-4)$

f) $(+15) + (-6) - (+8) - (+14)$

26 APLICA. Transforma aquestes operacions escrites de manera abreujada en operacions amb parèntesis:

a) $-3 + 7 - 2$

b) $7 + 8 - 7$

c) $4 + 7 - 9 + 4$

d) $-2 - 6 + 3 - 5$

27 REFLEXIONA. Descriu una situació real en la qual s'utilitzin sumes i restes de nombres enters.

SABER FER

Sumar i restar diversos nombres enters

Efectua aquesta operació:

$$(-7) - (+5) + (+3) + (+9) - (-4) + (-2)$$

Passos que cal seguir

1. Escrivim l'operació de manera abreujada.	$(-7) - (+5) + (+3) + (+9) - (-4) + (-2) =$ $= -7 - (+5) + (+3) + (+9) - (-4) + (-2) =$ $= -7 - (+5) + 3 + 9 - (-4) - 2 =$ $= -7 - 5 + 3 + 9 + 4 - 2$
2. Sumem els nombres que porten signe +.	$3 + 9 + 4 = 16$
3. Sumem els nombres que porten signe −.	$7 + 5 + 2 = 14$
4. Restem el primer resultat menys el segon.	$16 - 14 = 2$ $(-7) - (+5) + (+3) + (+9) - (-4) + (-2) = 2$

Recorda que un nombre sense signe és igual a un enter positiu, $16 = +16$

ACTIVITATS

28 Determina el resultat d'aquestes operacions:

a) $(-9) + (-4) - (+5)$

b) $(+7) + (-3) - (+15)$

c) $(-6) - (-9) + (+13)$

d) $(+25) + (-6) - (+8)$

e) $(-14) + (+23) - (+25)$

29 Calcula les operacions següents:

a) $(-5) + (+18) - (-3) - (-5)$

b) $(+7) - (-19) - (+17) + (+6)$

c) $(+16) + (-8) - (+8) - (-4)$

d) $(-14) - (-2) - (+13) - (-7)$

e) $(+34) + (-28) - (-12) - (-2)$

f) $(-19) - (+21) - (+32) - (+22)$

30 Efectua aquestes operacions:

a) $(+14) - (-37) - (+46) - (+39) - (+62)$

b) $(-25) + (-16) - (-29) + (+52) - (+10)$

c) $(-35) + (-48) - (-53) - (+30) + (+50)$

d) $(+18) + (-21) - (+36) - (+4) - (+9)$

e) $(-33) - (-52) - (-6) - (-11) + (-31)$

f) $(+38) + (-44) - (+9) + (-60) - (+12)$

31 Fes les operacions següents:

a) $(+17) - (+4) + (+8) + (-1) - (+6) + (-3)$

b) $(-9) + (+3) - (-7) + (+4) - (-10) + (-12)$

c) $(+8) - (+5) - (+13) - (-9) - (-1) + (+7)$

d) $(-17) - (+3) - (+19) - (-4) + (-11) - (-16)$

32 Completa a la llibreta aquestes operacions:

a) $\square + (-3) = 8$

b) $(+6) - \square = -1$

c) $\square - (+4) = 6$

d) $(-8) - \square = -9$

e) $\square - (-5) = 14$

f) $(-15) + \square = -7$

33 Completa a la llibreta amb un nombre enter aquestes operacions escrites de manera abreujada:

a) $\square + 4 = 1$

b) $-5 - \square = 2$

c) $\square - 2 = 11$

d) $2 + \square = -1$

e) $13 + \square = 9$

f) $\square + (-2) = -3$

g) $15 + \square = -4$

h) $-10 - \square = 10$

SABER FER

Efectuar sumes i restes amb parèntesis

Calcula aquesta expressió:

$$5 + (-7 + 2 - 1) - (8 - 4 + 3 - 2) - 4$$

Passos que cal seguir

1. Fem primer les operacions que hi ha entre parèntesis.

$$5 + (-7 + 2 - 1) - (8 - 4 + 3 - 2) - 4 =$$
$$= 5 + (-5 - 1) - (4 + 3 - 2) - 4 =$$
$$= 5 + (-6) - (7 - 2) - 4 =$$
$$= 5 + (-6) - (5) - 4 =$$

2. Operem en l'expressió sense parèntesis que hem obtingut.

$$= 5 - 6 - 5 - 4 = 5 - 15 = -10$$

Recorda que quan resolem les operacions que hi ha entre parèntesis, el resultat queda entre parèntesis.

$6 - (-3 + 2) =$
$= 6 - (-1) =$
$= 6 + 1 = 7$

ACTIVITATS

34 Resol aquestes operacions:

a) $3 + (-4 + 8)$
b) $-9 - (6 + 3)$
c) $5 - (-2 - 9)$
d) $-7 + (10 - 13)$
e) $16 - (9 - 17)$
f) $21 + (-4 - 8)$
g) $-24 - (12 - 15)$
h) $14 + (-1 - 11)$

35 Calcula el resultat d'aquestes operacions:

a) $(4 - 8) + (-1 - 5)$
b) $(19 + 2) - (7 - 3)$
c) $(-5 + 2) - (6 - 7)$
d) $(14 - 5) + (-6 + 3)$
e) $(-7 - 12) - (7 - 5)$
f) $(25 - 14) + (-5 + 18)$
g) $(12 - 16) - (20 - 24)$
h) $(-24 - 12) - (28 - 16)$

36 Determina el resultat d'aquestes operacions:

a) $-4 - (2 - 4 + 6)$
b) $13 + (7 - 3 - 9)$
c) $23 + (-6 - 12 + 7)$
d) $-24 - (16 + 5 - 2)$
e) $45 + (-32 - 13 + 14)$
f) $-26 - (-2 - 7 - 19)$
g) $2 + (13 - 7 + 10)$
h) $-10 - (2 + 7 - 49)$

37 Efectua les operacions següents:

a) $9 + (4 - 1 - 8) - 5$
b) $-13 + (-5 - 7 - 9) + (-12)$
c) $18 - (-8 - 3) + 22$
d) $-26 + (-8 - 4 + 2) - (-5)$
e) $32 - (-14 + 7 - 4) - (+4)$
f) $-7 - (23 + 13 - 24) - 1$

38 Fes aquestes operacions:

a) $(15 - 6) - [(-1 - 4) - (-7)]$
b) $(7 + 5 - 12) - (4 + 5 - 17) + (-5)$
c) $35 - (-8 + 1) + (-3 - 5 - 12) + 18$
d) $23 - [(11 - 15 - 17) - (-4 - 2)]$
e) $45 + (-24 - 6) + (13 - 2 + 7)$
f) $(18 - 28) + (-34 - 32 - 8) - (-4)$

39 Completa a la llibreta aquestes operacions perquè les igualtats siguin certes:

a) $1 - (5 - 8) - \square = 10 = -2 + \square$
b) $2 + (-6 + 9) + \square = -3 = 9 + \square$
c) $\square - (-2 - 5) + 6 = 4 = 5 - \square$
d) $18 + (-7 + \square) - (-4) = -6 = \square - 4$
e) $-9 - (\square - 12) = -8 = \square + (-4)$
f) $\square + (12 - 20) - 2 = 15 = -6 - \square$
g) $6 - \square + (8 - 3) = 1 = 14 - \square$

5 Multiplicació i divisió de nombres enters

5.1. Multiplicació de nombres enters

T'HI ATREVEIXES?

Troba dos nombres enters el producte dels quals sigui més petit que qualsevol dels dos.

Per **multiplicar** dos **nombres enters**:

1r Multipliquem els valors absoluts dels dos nombres.

2n Al resultat afegim el signe + si tots dos nombres són del mateix signe, o el signe − si són de signes diferents.

EXEMPLE

8. Calcula aquestes multiplicacions:

a) $(-3) \cdot (+5) = -15$ — Signe diferent

b) $(-7) \cdot (-2) = +14$ — Mateix signe

c) $(+4) \cdot (+6) = +24$ — Mateix signe

d) $(+9) \cdot (-8) = -72$ — Signe diferent

Regla dels signes:

+ · + = +	+ : + = +
− · − = +	− : − = +
+ · − = −	+ : − = −
− · + = −	− : + = −

5.2. Divisió de nombres enters

Per **dividir** dos **nombres enters**:

1r Dividim els valors absoluts dels dos nombres.

2n Al resultat afegim el signe + si tots dos nombres són del mateix signe, o el signe − si són de signes diferents.

EXEMPLE

9. Calcula aquestes divisions. Aplica la regla dels signes.

a) $(-12) : (-4) = +3$ — Mateix signe

b) $(+8) : (-2) = -4$ — Signe diferent

c) $(-9) : (+9) = -1$ — Signe diferent

d) $(+15) : (+3) = +5$ — Mateix signe

ACTIVITATS

40 PRACTICA. Resol aquestes multiplicacions:

a) $(+5) \cdot (+2)$ b) $(-6) \cdot (-8)$ c) $(+4) \cdot (+3)$

41 PRACTICA. Calcula aquestes divisions:

a) $(+10) : (+2)$ c) $(+24) : (+3)$

b) $(-64) : (-8)$ d) $(-56) : (+8)$

42 APLICA. Efectua aquestes operacions:

a) Op $(-3) \cdot |-3|$ b) $|$Op $(7)| :$ Op $(|-1|)$

43 REFLEXIONA. Completa a la llibreta.

a) $(+24) \cdot (\square) = -48$ c) $(-48) : (\square) = +12$

b) $(-16) \cdot (\square) = -64$ d) $(\square) : (-4) = -25$

SABER FER

Multiplicar i dividir diversos nombres enters

Calcula el valor d'aquestes expressions:

a) $(-15) : (+5) \cdot (+2)$ **b)** $(-12) \cdot (-2) : (+3) : (-4)$

> Resol les operacions en l'ordre en què es donen, d'esquerra a dreta.

Passos que cal seguir

1. Calculem el signe del resultat de l'operació.

a) $(-15) : (+5) \cdot (+2) = -$

- Signe diferent → $-$
- Signe diferent → $-$

b) $(-12) \cdot (-2) : (+3) : (-4) = -$

- Mateix signe → $+$
- Mateix signe → $+$
- Signe diferent → $-$

2. Multipliquem o dividim, d'esquerra a dreta, els valors absoluts dels nombres i afegim el signe del resultat.

$|-15| : |+5| \cdot |+2| = 3 \cdot |+2| = 6$

$(-15) : (+5) \cdot (+2) = -6$

$|-12| \cdot |-2| : |+3| : |-4| =$
$= 24 : |+3| : |-4| = 8 : |-4| = 2$

$(-12) \cdot (-2) : (+3) : (-4) = -2$

ACTIVITATS

44 Resol aquestes multiplicacions:

a) $(+3) \cdot (+9) \cdot (-4)$
b) $(+2) \cdot (-5) \cdot (+4)$
c) $(-4) \cdot (+8) \cdot (-3)$
d) $(-7) \cdot (-1) \cdot (+5)$
e) $(+2) \cdot (+11) \cdot (-1)$
f) $(+9) \cdot (-12) \cdot (-6)$
g) $(-5) \cdot (-15) \cdot (-2)$
h) $(+10) \cdot (-3) \cdot (+3)$

45 Determina el resultat d'aquestes operacions:

a) $(+36) : (-9) \cdot (-3)$
b) $(+42) : (-7) \cdot (+2)$
c) $(+38) : (+2) \cdot (-5)$
d) $(+63) : (+9) \cdot (-4)$
e) $(+54) : (+6) \cdot (-2)$
f) $(+93) : (-3) \cdot (+7)$
g) $(+88) : (-4) \cdot (-9)$
h) $(+39) : (+13) \cdot (-13)$

46 Efectua aquestes operacions:

a) $(+20) \cdot (+5) : (-4)$
b) $(+8) \cdot (-8) : (+16)$
c) $(-12) \cdot (+5) : (-3)$
d) $(+9) \cdot (-3) : (-9)$
e) $(-10) : (+2) \cdot (-25)$
f) $(-3) \cdot (+35) : (-7)$
g) $(+4) \cdot (+15) : (-2)$
h) $(+6) \cdot (-28) : (+12)$
i) $(-11) \cdot (-6) : (-3)$
j) $(+4) \cdot (-7) : (+14)$

47 Calcula el resultat.

a) $(-22) : (-11) \cdot (-1) : (+2)$
b) $(+32) : (+8) \cdot (-5) : (+4)$
c) $(-72) : (-6) : (-2) : (-3)$
d) $(+48) \cdot (+11) : (+22) : (-6)$
e) $(-27) \cdot (+12) \cdot (+14) : (+24)$
f) $(-49) : (+7) \cdot (-18) : (-14)$
g) $(+125) \cdot (+10) : (-50) : (+5)$
h) $(-82) \cdot (+15) \cdot (-8) : (+48)$

48 Completa a la llibreta perquè les igualtats siguin certes.

a) $\square \cdot (-9) = 54$
b) $(+45) : \square = -9$
c) $\square : (-12) = 4$
d) $(+5) \cdot \square = -90$

49 Completa a la llibreta.

a) $\square \cdot (-3) \cdot (+9) = 54$
b) $(-8) : \square \cdot (-6) = -12$
c) $(+140) : (-2) : \square = 7$
d) $\square : (+4) \cdot (-1) = -4$
e) $(+12) \cdot \square : (-6) = 6$
f) $(-24) \cdot (-8) : \square = -3$

6 Operacions combinades

Igual que amb els nombres naturals, quan tenim operacions de suma, resta, multiplicació i divisió amb nombres enters en una mateixa expressió, l'ordre que hem de seguir és el següent:

1r Resolem les multiplicacions i les divisions, d'esquerra a dreta.

2n Calculem el resultat de les sumes i les restes, també d'esquerra a dreta.

EXEMPLES

10. Efectua aquestes operacions:

a) $(-10):(+2) - (-4)\cdot(+1) =$

$= (-5) - (-4) =$ (Multiplicacions i divisions)

$= -1$ (Sumes i restes)

b) $(+2) - (-3)\cdot(-4) - (+8):(-2) =$

$= (+2) - (+12) - (-4) =$ (Multiplicacions i divisions)

$= (-10) - (-4) =$ (Sumes i restes)

$= -6$

11. Calcula el resultat.

a) $(-4)\cdot(-2) - (-5) + (+3)\cdot(-6) = (+8) - (-5) + (-18) =$
$= (+13) + (-18) = -5$

b) $6 - (-3)\cdot(-2)\cdot(+4) = 6 - (+6)\cdot(+4) = 6 - (+24) = -18$

c) $-9 - 5\cdot(-3) - 6 = -9 - (-15) - 6 = 6 - 6 = 0$

d) $(+10):(-2)\cdot(+3) + 9 = (-5)\cdot(+3) + 9 = -15 + 9 = -6$

ACTIVITATS

50 PRACTICA. Efectua aquestes operacions:

a) $(-10):(+5) + (+2)\cdot(+3)$

b) $(+4):(-2) - (+6):(+3)$

c) $(+16)\cdot(+4) + (+5)\cdot(+2)$

d) $(-20)\cdot(+3) - (-9):(-3)$

51 PRACTICA. Calcula aquestes operacions:

a) $(+8) - (-9 + 5):(-2)$

b) $(-12) + (6 - 8)\cdot(-1)$

c) $(+44) - (-14):(-7)$

d) $(+8) - (-5)\cdot(4 - 7)$

52 APLICA. Completa a la llibreta aquestes igualtats:

a) $(4 - \square)\cdot 5 = 10$

b) $7 - 3\cdot\square = -2$

c) $8:(\square + 5) = 4$

d) $10 + 7\cdot\square = -4$

53 REFLEXIONA. Raona si aquestes igualtats són certes:

a) $|1 - 3\cdot 2| = [9 - (-1)]:(-2)$

b) Op $(-15 + 2\cdot 5) = |-7 + 6\cdot 2|$

c) $18:(-6) + 8 =$ Op $(|3 - 8|)$

SABER FER

Fer operacions combinades amb parèntesis i claudàtors

Resol aquesta operació:

$$(-4) - [(-8) - (+2)] : (-5) + (-6) : [(+1) - (-2)]$$

Passos que cal seguir

1. Efectuem les operacions que hi ha dins dels claudàtors.
2. Resolem les multiplicacions i les divisions en l'ordre en què apareixen.
3. Calculem les sumes i les restes també d'esquerra a dreta.

$$(-4) - [(-8) - (+2)] : (-5) + (-6) : [(+1) - (-2)] =$$

$$= (-4) - (-10) : (-5) + (-6) : (+3) =$$

$$= (-4) - (+2) + (-2) =$$

$$= (-6) + (-2) =$$

$$= -8$$

Una vegada que hem resolt les multiplicacions i les divisions, podem escriure el resultat de manera abreujada.

$(-4) - (+2) + (-2) =$
$= -4 - 2 - 2 = -8$

ACTIVITATS

54 Calcula aquestes operacions:

a) $[(+4) - (+16)] : (-4)$
b) $(+2) \cdot [(-5) - (+4)]$
c) $(-4) \cdot [(+8) + (-3)]$
d) $(-7) \cdot [(-1) - (+5)]$
e) $[(+2) + (+11)] \cdot (-1)$
f) $[(+9) - (-12)] : (-7)$
g) $[(-5) + (-15)] \cdot (-2)$
h) $(+10) \cdot [(-3) - (+3)]$

55 Efectua les operacions següents:

a) $(-28) : [(-11) - (-18)] : (+2)$
b) $(+32) : [(+8) + (-16)] : (+4)$
c) $(-72) : [(-6) - (-42)] : (-1)$
d) $(+44) : [(+11) - (+22)] : (-26)$

56 Fes les operacions respectant la jerarquia.

a) $5 + 3 \cdot (-4 + 8)$
b) $-7 - (6 + 3) : (-3)$
c) $15 - 12 : (-2 - 1)$
d) $-27 + 3 \cdot (10 - 13)$
e) $16 \cdot (9 - 17) - (-9)$

57 Calcula el resultat.

a) $5 \cdot (-6) - 8 \cdot 4 + 17 - 2 \cdot 9$
b) $-8 : (-2) + 9 : 3 - 6 - (-15) : (-5)$
c) $-24 : (12 - 15) + (-4)$
d) $14 + (-1 - 11) : (-6)$

58 Determina el resultat de les operacions.

a) $(4 - 8) \cdot 4 + (-1 - 5)$
b) $(19 + 2) : (-3) - (7 - 3)$
c) $5 \cdot (-5 + 2) - (6 - 7)$
d) $(14 - 5) + 10 : (-7 + 5)$
e) $(-7 - 12) - (7 - 5) \cdot (-7)$
f) $9 \cdot (25 - 17) + (-5 + 18)$
g) $(12 - 16) - 48 : (20 - 24)$
h) $(-24 - 12) : (-4) - (28 - 16)$

59 Efectua aquestes operacions:

a) $9 + 6 \cdot (4 - 1 - 8) - 5 : (-1)$
b) $-13 + (-5 - 7 - 9) : (-7) + (-12) : 4$
c) $18 - (-8 - 3) \cdot 5 + 22 : (-2)$
d) $-26 : (-2) + (-8 - 4 + 2) \cdot 7 - (-5)$
e) $13 \cdot 9 - 3 \cdot (-14 + 7 - 4) - (+4)$

ACTIVITATS FINALS

Nombres enters

60 Utilitza els nombres enters per expressar el valor numèric d'aquestes afirmacions:

a) Estem a cinc graus sota zero.

b) Al tercer soterrani encara fan obres.

c) El menjador de l'hotel és al primer pis.

d) Dec 8 € al meu amic Joan.

61 Descriu amb nombres enters les situacions següents:

a) Un globus aerostàtic és a 3.460 m d'altura.

b) Roma es va fundar l'any 753 aC.

c) El *Titanic* està enfonsat a 3.800 m de profunditat, on l'aigua es troba a uns 2 °C de temperatura.

d) Un iceberg sobresurt 4 m sobre el nivell del mar i la part submergida fa 33 m.

62 Escriu un enunciat que es correspongui amb cadascun d'aquests nombres:

$+4 \qquad -7 \qquad +5.600 \qquad -23 \qquad +45$

63 Copia la recta següent a la llibreta i completa els nombres que hi falten:

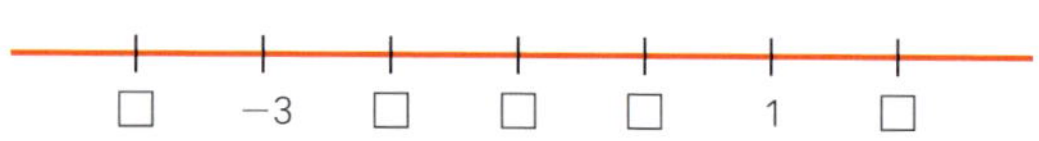

64 Representa en la recta numèrica els nombres enters següents:

$+2 \qquad -5 \qquad +6 \qquad -8 \qquad +7 \qquad -10$

65 Indica el nombre enter que correspon a cadascun dels punts marcats en la recta numèrica.

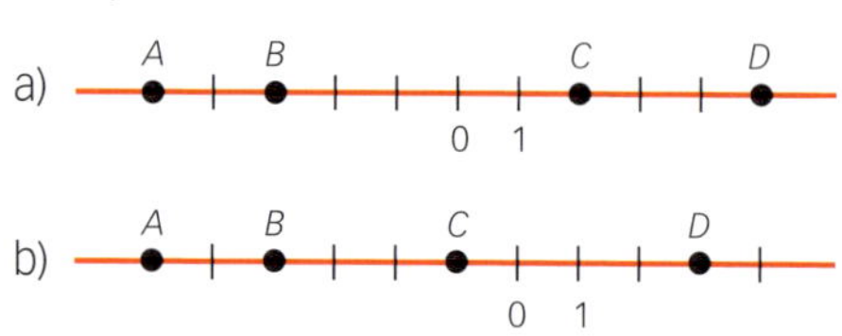

66 Calcula i representa en la recta numèrica els nombres enters següents:

a) L'oposat de 3

b) El valor absolut de –9

c) El nombre situat 3 unitats a l'esquerra de -5

d) El nombre situat 2 unitats a la dreta de -5

67 Quants nombres hi ha situats a 3 unitats del nombre -1? Quins són? Representa'ls en la recta numèrica.

68 Escriu, en cada cas, el grup de nombres enters que compleixen cadascuna de les característiques següents:

a) Són més grans que $+2$ i més petits que $+6$.

b) Són més grans o iguals que -6 i més petits que -2.

c) Són més grans que -2 i més petits o iguals que $+6$.

d) Són més grans o iguals que -6 i més petits o iguals que $+2$.

69 Pensa i contesta.

a) Quants nombres enters hi ha entre -1 i $+1$?

b) I entre -2 i $+2$?

c) Quants n'hi ha entre -3 i $+3$?

d) Pots generalitzar i dir quants nombres enters hi ha entre un nombre i el seu oposat?

70 Indica quants nombres enters estan inclosos entre els següents:

a) $+5$ i el seu oposat

b) -7 i el seu oposat

c) Els oposats de -3 i $+2$

d) L'oposat de -4 i l'oposat de $+5$

71 Quants nombres enters hi ha entre -25 i $+11$? I entre -234 i $+345$?

72 Indica quins dels nombres següents són enters:

$\frac{6}{5} \qquad -1{,}52 \qquad \frac{50}{10} \qquad \frac{-17}{2} \qquad -7 \qquad \frac{9}{3}$

Comparació de nombres enters

73 Completa a la llibreta amb < o >.

74 Escriu, en cada cas, un nombre més gran i un de més petit.

$-5 \qquad 3 \qquad 0 \qquad 4 \qquad -8 \qquad -2$

75 Escriu tres nombres més grans i tres de més petits que $+2$.

76 Fixa't en els nombres enters següents:

−3 4 −2 0 11 −9 −4 1

a) Ordena'ls de més petit a més gran.

b) Ordena de més petit a més gran els seus valors absoluts.

c) Ordena de més petit a més gran els seus oposats.

77 Ordena aquests nombres de més petit a més gran:

4	−6	−7	2	−9
−11	12	−8	16	−19

Ordena'n també els oposats i els valors absoluts.

78 Completa a la llibreta.

a) $-7 < \square < \square < -2$

b) $-6 < \square < \square < -1$

c) $0 < \square < \square < 6$

d) $3 < \square < \square < 8$

e) $-5 < \square < \square < 2$

f) $-9 < \square < \square < -6$

79 Escriu, en cada cas, tres nombres que compleixin la característica que s'indica.

a) Més grans que −4

b) Més petits que −6

c) Més petits que 0 i més grans que −10

d) Més grans que −2 i més petits que 5

80 Completa amb <, > o bé =.

a) $|-6| \square$ Op (6)

b) $|-7| \square -6$

c) $|-5| \square$ Op (2 + 3)

d) $|8-5| \square$ Op (−3)

e) −Op (4) $\square\ |-5|$

f) Op (−9) $\square$ Op (6 + 3)

81 És cert que $|a| >$ Op (*a*) si *a* és un nombre enter? Quan es compleix la igualtat $|a| =$ Op (*a*)?

Suma i resta de nombres enters

82 Copia a la llibreta i completa la taula següent:

a	b	a + b	b + a
−5	+3		
−8	−2		
−6	+7		
+4	+9		

Fixa't en les dues últimes columnes: la suma és commutativa?

83 Efectua les operacions següents:

a) (+9) + (−3)

b) (−5) + (−3)

c) (−6) + (+2)

d) (+8) + (−2)

e) (+7) + (−8)

f) (−7) + (−10)

g) (+9) + (+8)

h) (−10) + (−6)

84 Copia a la llibreta i completa aquesta taula:

a	b	a − b	b − a
−5	−3		
−8	−2		
−6	+7		
+4	+9		

Fixa't en les dues últimes columnes: la resta és commutativa?

85 **CÀLCUL MENTAL.** Tingues en compte els signes i calcula les restes de nombres enters següents:

a) (+4) − (+6)

b) (−8) − (−9)

c) (−4) − (+10)

d) (+9) − (+19)

e) (−4) − (+7)

f) (+8) − (+6)

g) (−7) − (−2)

h) (−12) − (−13)

86 **CÀLCUL MENTAL.** Completa a la llibreta aquestes sumes i restes:

a) $(-11) + \square = +4$

b) $(+13) + \square = +12$

c) $\square + (-20) = -12$

d) $\square + (+5) = -13$

e) $(+3) - \square = -7$

f) $(-15) - \square = +9$

g) $\square - (+8) = +7$

h) $\square - (-4) = -11$

SABER FER

Resoldre sumes i restes combinades eliminant els parèntesis

87 Calcula.

$$3 + (-1 + 2 - 4) - (5 - 6 + 8)$$

PRIMER. Si el parèntesi està precedit pel signe +, el suprimim i deixem els sumands de l'interior amb els seus signes.

$$= 3 \mathbf{- 1 + 2 - 4} - (5 - 6 + 8) =$$

SEGON. Si el parèntesi està precedit pel signe −, el suprimim i transformem els sumands de l'interior per l'oposat corresponent.

$$= 3 - 1 + 2 - 4 \mathbf{- 5 + 6 - 8} =$$

TERCER. Operem per calcular el resultat final.

$$= 11 - 18 = -7$$

ACTIVITATS FINALS

88 Elimina els parèntesis i efectua els càlculs corresponents.

a) $-(-8) + 17$
b) $-(-5) - 23$
c) $-(-30) + (-12)$
d) $-(-6) - (-18)$
e) $-(-9) + 15$
f) $-(-12) - (-20)$
g) $-(-24) + (-19)$
h) $-(-16) - (-14)$

89 Elimina els parèntesis i fes les operacions indicades.

a) $(+12) + (-3) + (+2)$
b) $(-15) + (+6) - (-5)$
c) $(+4) - (+3) + (-8)$
d) $(-16) - (-2) + (+3)$
e) $(+5) - (+6) + (-7)$
f) $(-8) - (-2) + (-9)$
g) $(-13) + (+5) - (-10)$
h) $(+7) + (-2) - (+9)$

90 Calcula aquestes sumes i restes de nombres enters:

a) $(-3 + 8) - (-2)$
b) $(-2 + 4) - (+4)$
c) $(1 - 3) + (-4)$
d) $(6 - 3) + (-2)$
e) $(5 - 9) + (-3)$
f) $(7 - 10) + (-8)$
g) $(-2 - 8) - (+6)$
h) $(-1 + 4) - (-7)$

91 Efectua els càlculs següents després d'eliminar els parèntesis:

a) $(+7) + (10 - 12)$
b) $(-9) + (3 - 9)$
c) $(+5) - (-2 + 4)$
d) $(+8) + (-3 - 1)$
e) $(-6) - (5 - 10)$
f) $(+16) + (12 - 13)$
g) $(-11) - (-2 + 7)$
h) $(-3) - (4 - 8)$

92 Calcula aquestes operacions:

a) $(6 - 13) - (5 - 20)$
b) $(3 - 10) - (-4 + 7)$
c) $(-6 - 7) - (10 - 20)$
d) $(-6 - 1) - (12 + 2)$
e) $(-2 + 14) + (7 - 18)$
f) $(5 - 15) + (-3 - 4)$
g) $(15 + 4) + (-8 + 1)$
h) $(4 - 8) - (-2 - 4)$

93 Resol les operacions següents eliminant primer els claudàtors i els parèntesis; després, torna a calcular les operacions efectuant primer les que hi ha entre parèntesis i comprova que els resultats coincideixen:

a) $-1 - [-3 - 2 + (-4)]$
b) $(2 - 8) + [1 - (-9) - 3]$
c) $(-5 + 3) - [7 - (-8)]$
d) $-6 - [5 - 10 + (-3)]$
e) $-4 + [-6 + (-2) - (-5)]$
f) $12 + (-9) - [(-7) - (+5)]$
g) $-[5 + (-18) + (-6 - 12) - 3]$
h) $4 + [-6 + (-9) - 12]$

94 Efectua les operacions següents:

a) $6 - (4 - 5) + (-2) - 7$
b) $-3 + (6 - 9) - (5 - 10)$
c) $4 - 12 - (-8) - (1 - 3)$
d) $-7 + (-2 - 3) - (-5 - 6)$
e) $9 - (4 + 8) + (-15)$
f) $-9 + 12 - (-14 + 7)$
g) $8 - (7 - 13) - (-9 - 4 - 6)$
h) $-15 + (12 - 8 - 13) - (-20)$

95 Calcula aquestes operacions:

a) $8 - 9 + 4 - 3 - 5$
b) $3 - 5 + 14 - 4 - 9$
c) $6 - 13 + 10 - 11 - 4$
d) $23 - 17 + 9 - 3 - 8$
e) $-16 - 2 + 5 - 7 - 8$
f) $2 - 3 - 4 - 5 + 6$
g) $-21 + 15 - 18 + 1$
h) $-4 - 9 + 14 - 7$

96 Calcula el valor de les expressions següents:

a) $|6 - 11|$
b) $|12 - 4|$
c) $|-1 - 4|$
d) $|-3 + 5|$
d) $|-3 + 2|$
e) $|-7 + 10|$
f) $|5 - (-9)|$
h) $|-4 - 3|$

97 Determina el valor d'aquestes expressions:

a) Op $(4 - 6)$
b) Op $[(-3) + 2]$
c) Op $[(-4) - 2]$
d) Op $(-5 + 9)$
e) Op $[8 - (-2)]$
f) Op $(-2 - 7)$

98 Indica quin és el valor de les expressions següents:

a) $|-3|$ + Op (-4)
b) Op $(|-5|)$
c) $|$Op $(-8)|$
d) $|12 -$ Op $(-2)|$
e) $-7 -$ Op (-6)
f) Op $(|$Op $(2)|)$

Multiplicació i divisió de nombres enters

99 Copia a la llibreta la taula següent i completa-la:

a	b	$a \cdot b$	$b \cdot a$
-3	$+6$		
$+5$	-7		
-8	-4		
$+9$	$+2$		

Fixa't en les dues últimes columnes: la multiplicació és commutativa?

100 Comprova que es compleix la propietat commutativa amb els productes següents:

a) $(+4) \cdot (+6)$
b) $(-2) \cdot (-9)$
c) $(-3) \cdot (+5)$
d) $(+4) \cdot (-8)$

101 **CÀLCUL MENTAL.** Efectua els productes següents i comprova la propietat commutativa:

a) $(-7) \cdot (+10)$
b) $(-2) \cdot (+5)$
c) $(+6) \cdot (-8)$
d) $(-12) \cdot (-3)$

102 **CÀLCUL MENTAL.** Resol aquestes operacions:

a) $(+12) : (+3)$
b) $(+15) : (-3)$
c) $(-28) : (-7)$
d) $(+22) : (-2)$
e) $(+14) : (-2)$
f) $(-20) : (-4)$
g) $(+32) : (-4)$
h) $(-45) : (+9)$

103 **CÀLCUL MENTAL.** Completa a la llibreta.

a) $(-4) \cdot \square = +36$
b) $\square \cdot (-8) = -48$
c) $\square \cdot (+7) = -28$
d) $(+6) \cdot \square = -36$

104 **CÀLCUL MENTAL.** Copia i completa les operacions.

a) $\square : (-4) = +12$
b) $\square : (-5) = -18$
c) $\square : (-7) = -1$
d) $\square : 8 = -3$

105 Comprova la propietat associativa.

a) $(3 \cdot 5) \cdot 2 = 3 \cdot (5 \cdot 2)$
b) $[(-2) \cdot 5] \cdot 9 = (-2) \cdot [5 \cdot 9]$
c) $[(-3) \cdot (-2)] \cdot 4 = (-3) \cdot [(-2) \cdot 4]$

106 **CÀLCUL MENTAL.** Resol aquestes operacions:

a) $(-2) \cdot (-3) \cdot (+5)$
b) $(-4) \cdot (+3) \cdot (-2)$
c) $(+7) \cdot (-2) \cdot (+3)$
d) $(-9) \cdot (-5) \cdot (-2)$

107 **CÀLCUL MENTAL.** Efectua les operacions següents d'esquerra a dreta:

a) $10 : (-2) \cdot 3$
b) $9 \cdot (-2) : (-1)$
c) $10 \cdot (-4) : (-8)$
d) $-8 : 2 : 2$
e) $-4 \cdot (-3) \cdot 8$
f) $-3 \cdot (-5) \cdot (-7)$
g) $15 : (-3) \cdot 2$
h) $20 \cdot (-1) : (-4)$

Operacions combinades

108 Aplica la propietat distributiva i calcula aquestes operacions:

a) $8 \cdot (2 - 5)$
b) $(-3) \cdot (-7 + 6)$
c) $9 \cdot (8 - 10)$
d) $(-2) \cdot (-4 + 6)$
e) $(12 - 7) \cdot 4$
f) $(1 - 5) \cdot (-7)$
g) $(-2 + 8) \cdot (-3)$
h) $(3 - 9) \cdot 6$

109 Resol aquestes operacions:

a) $(7 - 10) \cdot (1 - 6)$
b) $(5 - 12) \cdot (-3 + 5)$
c) $(-15 + 3) : (-7 + 4)$
d) $(-12 - 6) : (-1 - 2)$
e) $(-3 + 9) \cdot (4 - 2)$
f) $(-1 - 3) \cdot (9 - 7)$
g) $(9 - 18) : (6 - 3)$
h) $(-8 + 16) : (-4 + 6)$

110 Calcula les operacions següents:

a) $-5 + 3 \cdot 2$
b) $8 + (-3) \cdot (-2)$
c) $-9 - 20 : (-5)$
d) $-18 - 7 : (-1)$
e) $4 - (-2) \cdot 7$
f) $-10 + 5 \cdot (-3)$
g) $12 + 6 : (-3)$
h) $14 + (-6) : (-2)$

111 Efectua aquestes operacions:

a) $3 \cdot (-5) - 8 : 2 - (-5)$
b) $-7 - 9 \cdot 2 + 7 \cdot (-3)$
c) $13 - 4 \cdot (-6) + 9 : (-3)$
d) $25 : (-5) : (-1) + 6 : (-2) : 3$
e) $40 : (-5) \cdot 3 - (-6) \cdot 4 \cdot (-2)$
f) $7 + 6 \cdot (-8) - (-9) \cdot (-1) : (-3)$
g) $-1 - (-5) \cdot (-4) : 2 + 3$
h) $36 : (-4) \cdot 5 - 7 \cdot (-5) - (-4)$

112 Fes les operacions següents:

a) $(-6 + 4) \cdot (-4) + 9$
b) $(5 - 6) \cdot (-3) - 1$
c) $12 - 2 \cdot (6 - 9)$
d) $15 - 7 \cdot (-1 - 3)$
e) $(-8 + 4) : (-4) - (-7)$
f) $(10 - 6) : (-2) + (-8)$
g) $-8 + 3 \cdot (7 - 10)$
h) $20 + (-5) \cdot (9 - 1)$

113 Troba el resultat d'aquestes operacions:

a) $(3 - 5) \cdot 7 + (-4 - 8)$
b) $(14 + 4) : (-3) - (10 - 3)$
c) $5 \cdot (-6 + 2) - (9 - 7)$
d) $(17 - 6) + 12 : (-9 + 5)$
e) $(-4 - 12) - (1 - 5) \cdot (-6)$
f) $9 \cdot (5 - 7) + (-11 + 18)$
g) $(23 - 26) - 28 : (10 - 24)$
h) $(-24 + 12) : (-4) - (8 - 16)$

114 Completa aquestes expressions:

a) $(-6) \cdot [(-1) + \square] = -18$
b) $8 \cdot [4 - \square] = 32$
c) $[\square \cdot (-6)] + 1 = -41$
d) $3 - [\square \cdot 5] = 18$
e) $1 + [3 : \square] = -2$
f) $[(-2) \cdot \square - 1] : 3 = -5$

115 Efectua aquestes operacions combinades de nombres enters:

a) $10 - [-(3 - 5)] \cdot 5$
b) $4 - 4 \cdot [5 - (-7)]$
c) $-14 - 6 \cdot [-(-4 - 7)]$
d) $-1 - 3 \cdot [9 - (-4 - 2)]$
e) $12 - 9 \cdot [2 - (-6 - 4) - 3]$
f) $-6 - (-3) \cdot [-5 - (-7 - 8)]$
g) $5 - [-(-6) - (-2)] \cdot 2$
h) $2 - [-6 - (2 - 8)] \cdot (-8)$

Problemes amb nombres enters

116 Aquest mes, en Daniel ha de pagar una factura de 1.650 € d'arreglar el cotxe, 1.380 € d'una reforma a casa i 480 € de la hipoteca. Si té estalviats 3.200 €, ho pot pagar tot?

117 Un avió vola a 7.950 m i, en la mateixa vertical, un submarí navega a 275 m sota el nivell del mar. Quants metres els separen?

118 Un alpinista arriba al cim d'una muntanya de 2.532 m i un miner es troba sota terra a una profunditat de 180 m.

a) Expressa aquestes mesures amb nombres enters.

b) Quants metres els separen? Calcula-ho amb una operació de nombres enters.

119 El congelador de la Núria és a −18 °C i la nevera, a +8 °C. Quina és la diferència en graus entre les temperatures dels dos electrodomèstics?

120 Un dia de febrer es va llevar amb una temperatura de 2 °C sota zero i al migdia va pujar fins als 8 °C. A la tarda, va baixar a 4 °C sota zero. Quina va ser la màxima variació entre les temperatures aquell dia?

121 La temperatura puja 30 °C i després baixa 42 °C. Si al final hi ha 6 °C sota zero, quina era la temperatura original?

122 Un dia d'hivern la diferència entre la temperatura màxima i la mínima va ser de 8 °C. Calcula la temperatura màxima si la mínima va ser:

a) 7 °C sota zero

b) 4 °C sota zero

c) 0 °C

d) 2 °C

123 Un conreu bacterià està congelat a 17 °C sota zero. Per fer un determinat experiment n'abaixen la temperatura 15 °C, al cap de mitja hora l'augmenten 4 °C i mitja hora més tard la tornen a abaixar 13 °C.

a) Quants graus l'han abaixat després d'aquests dos canvis de temperatura?

b) Si a l'inici del procés el conreu estava a 12 °C, quants graus en total li han abaixat la temperatura?

124 En Francesc i la Lluïsa tenen una llibreta d'estalvi en què ingressen les nòmines de la seva feina i tenen domiciliats els rebuts de casa. Aquestes són les últimes anotacions:

Moviment	Saldo	Concepte
−120	200	Rebut llum
1.500		Nòmina Francesc
	1.550	Rebut gas
−750		Hipoteca
	2.050	Nòmina Lluïsa

a) Quin és el saldo abans de pagar el rebut de la llum?

b) I després de l'ingrés de la nòmina d'en Francesc?

c) Quin ha estat l'import del rebut del gas?

d) I el saldo després de pagar la hipoteca?

e) Quina quantitat ha cobrat la Lluïsa per la nòmina?

125 L'Alexandre treballa a la planta 23 d'un edifici i quan aparca el cotxe al pàrquing que l'empresa té als soterranis ha de pujar 27 plantes per arribar al lloc de treball. A quina planta aparca?

126 Quan arriba a la feina, l'Arlet aparca el cotxe al segon soterrani de l'edifici on treballa. Desenvolupa la seva activitat laboral a la sisena planta. Quantes plantes recorre des que aparca fins que torna a agafar el cotxe per marxar després d'acabar la jornada laboral?

127 Quan l'Andreu va com a pacient a la consulta de l'hospital aparca el cotxe al tercer soterrani i puja cinc plantes, on hi ha la consulta del seu metge. A quina planta es troba la consulta?

128 El filòsof grec Sòcrates va néixer l'any 470 aC i va viure 71 anys. Quin any va morir?

129 Euclides, geòmetra famós, va viure 60 anys i va morir el 265 aC.

a) Quin any va néixer?

b) Quants anys de diferència hi ha entre tu i Euclides?

c) Quin any va néixer una persona dos anys més gran que Euclides?

EUCLIDES

130 Una cambra frigorífica és capaç de refredar-se a un ritme de −2 °C cada hora.

a) Quants graus menys hi haurà a l'interior al cap de tres hores?

b) Si la temperatura inicial és de 3 °C sota zero, quina serà la temperatura passades 8 hores?

c) Si al cap de 6 hores l'interior està a −7 °C, quina era la temperatura abans de les 6 hores?

d) Quant triga a abaixar 12 °C la temperatura?

131 Una empresa va perdre el primer any 12.000 €; el segon any, el doble que el primer, i el tercer any va guanyar el triple que les pèrdues dels dos anys anteriors junts. El quart any va tenir uns ingressos de 10.000 €, i el cinquè, unes pèrdues iguals a la meitat de totes les pèrdues dels anys anteriors. Quin ha estat el saldo final de l'empresa?

132 L'ascensor d'una mina recorre de baixada sota terra 6 m en cada planta.

a) Si es troba a la setena planta de profunditat, quants metres ha baixat?

b) Si ha baixat 54 m, a quina planta es troba si ha començat el recorregut a la segona?

c) Un miner que era a la planta vuitena utilitza l'ascensor i puja 24 m. A quina planta s'ha aturat?

d) Si després de baixar 36 m un miner és a la planta novena de profunditat, de quina planta ve?

HAS DE SABER FER

Nombres enters. Comparació

1 Respon de manera justificada.

a) Quants nombres enters hi ha entre −50 i +128?

b) Quin nombre enter té com a valor absolut −5?

c) Quin nombre enter té 9 com a oposat?

d) Quins nombres enters tenen igual valor absolut?

2 Escriu el conjunt dels nombres enters dels enunciats següents:

a) Nombres més grans que −7 i més petits que −2.

b) Nombres més grans que −4 i més petits que +2.

c) Els nombres enters que es troben a 7 unitats de distància de 3.

d) Els nombres enters que tenen un valor absolut més petit que 6.

3 Ordena de més petit a més gran aquests nombres enters:

Op (+5)   −8   Op (−3) |−4| +6

Operacions amb nombres enters

4 Efectua els càlculs següents:

a) $5 - (-3) + 7 + (-9) - 14$

b) $12 : (-5 + 3) - (4 - 9) \cdot (-1)$

c) $28 - 3 \cdot [(4 - 6 + 7) + (-5) \cdot (-4)]$

5 Calcula el resultat en cada cas.

a) $8 - 6 \cdot 3 + 12 : 2 - 5$

b) $8 - 6 \cdot 3 + 12 : (2 - 5)$

c) $8 - 6 \cdot (3 + 12 : 2) - 5$

d) $8 - 6 \cdot (3 + 12 : 2 - 5)$

e) $(8 - 6 \cdot 3 + 12) : 2 - 5$

6 Completa a la llibreta.

a) $13 \cdot (\square - 8) = -26$

b) $15 - \square \cdot 3 = 33$

c) $7 + (9 - \square - 10) \cdot (-2) = 1$

Problemes

7 La Mònica deu 24 € al seu germà. Com que només té 15 €, demana un préstec al seu amic Rubèn, que li deixa un bitllet d'una certa quantitat. Amb els diners que té ara, la Mònica pot saldar el deute amb el seu germà, comprar tres llibretes de 2 € cada una i li sobren 5 €.
Quina d'aquestes expressions permet determinar el valor del bitllet que en Rubèn ha deixat a la Mònica?

a) $15 + 24 + 2 \cdot 3 + \boxed{?} = 5$

b) $15 - 24 - \boxed{?} = 2 \cdot 3 + 5$

c) $15 - 24 + \boxed{?} = 2 \cdot 3 + 5$

d) $15 - 24 - 2 \cdot 3 = \boxed{?} - 5$

COMPETÈNCIA MATEMÀTICA

En la vida quotidiana

133 La Joana ha comprat un armari congelador nou. El manual dóna les instruccions següents:

- Endolli l'electrodomèstic al corrent elèctric i encengui'l.
    - Sentirà com el motor es posa en funcionament.
    - S'encendrà un llum vermell d'avís a la pantalla.
- Faci girar el control de temperatura fins a la posició desitjada. La posició 2 és la normal.

Posició	1	2	3	4	5
Temperatura	−15 °C	−18 °C	−21 °C	−25 °C	−32 °C

- El llum vermell d'avís quedarà encès fins que la temperatura del congelador baixi prou. Trigarà d'una a tres hores segons la temperatura que triï.
- Posi el menjar al congelador al cap de quatre hores.

La Joana va seguir totes aquestes instruccions, però va seleccionar la posició 4 en el control de temperatura. Al cap de 4 hores, va posar el menjar al congelador.

Al cap de 8 hores, el llum vermell d'avís continuava encès, encara que el motor estava funcionant i el congelador era fred.

La Joana es preguntava si el llum d'avís funcionava correctament. Quina o quines de les accions i observacions següents indicarien que el llum funcionava correctament?

Acció i observació	L'observació indica que el llum funciona correctament?
Va posar el control de temperatura en la posició 5 i el llum vermell es va apagar.	Sí / No
Va posar el control de temperatura en la posició 1 i el llum vermell es va apagar.	Sí / No
Va posar el control de temperatura en la posició 1 i el llum vermell va continuar encès.	Sí / No

Justifica cadascuna de les respostes.

Formes de pensar. Raonament matemàtic

134 Aconsegueix els nombres enters entre −8 i 0 per mitjà d'operacions. Per fer-ho, utilitza els nombres 1, 2 i 3 sense repetir-los i els signes +, −, ×, : i parèntesis.

135 Efectua l'operació següent:

$$1 - 2 + 3 - 4 + 5 - 6 + \ldots - 10.000$$

136 Fixa't en aquesta suma:

$$1 + 2 + 3 + 4 + \ldots + 100 = 5.050$$

És possible substituir alguns dels signes + per signes − perquè el resultat sigui 2.007?

137 El producte de 2.006 nombres enters és 1. És possible que la seva suma sigui 0?

138 Completa a la llibreta aquests quadrats màgics si saps que la suma dels nombres en horitzontal, en vertical i en diagonal és la mateixa.

139 Posa un exemple de dos nombres enters que compleixin la condició que el valor absolut de la seva suma sigui igual que la suma dels seus valors absoluts.

PROJECTE FINAL. **Aprenentatge cooperatiu**

OBJECTIU: Elaborar un programa de propostes per a la millora del centre educatiu

Un cop formats els grups, seguiu el procés següent:

1a Fase

- Feu una llista de coses que es podrien millorar en el centre. Valoreu-ne cada una de l'1 al 5, tenint en compte la urgència per dur-les a terme, essent el 5 la urgència màxima.
- Proposeu per a cada un dels elements les solucions que es podrien aportar per millorar-lo.

2a Fase

- Establiu les necessitats que farien falta per a cadascuna de les solucions aportades: cost econòmic, implicació del personal que treballa al centre o de persones externes, canvis de conducta en l'alumnat...
- Confeccionar un pla d'actuació per dur a terme cadascuna de les solucions.

3a Fase

- Poseu en comú la informació recollida i acordeu quines de les propostes es poden tirar endavant.
- Elaboreu una presentació multimèdia amb les propostes i amb les possibles solucions que hi aporteu.

Proves PISA

La llibreta d'estalvis

140 ••• Una llibreta d'estalvis és un document en forma de llibreteta que expedeix el banc en la qual s'apunten els moviments de diners que es fan. Una de les pàgines de la llibreta de la Maria és la següent:

Concepte	Data	Import
Reintegrament caixer	22-2	−200
Compra targeta	25-2	−58
Transferència al seu favor	24-3	+250
Ingrés efectiu	28-3	+100
Compra targeta	29-3	−48
Rebut llum	30-3	−62

a) Si al començament d'aquesta pàgina el saldo que hi figura és de 247 €, quin és el saldo quan acaba aquest període?

b) Quan el saldo és negatiu, s'anomena *números vermells*. En algun moment ha tingut números vermells?

(Activitat model)

La cadena de fred

141 ••• L'aplicació de fred als aliments és un dels mètodes més antics i desenvolupats per conservar-los.

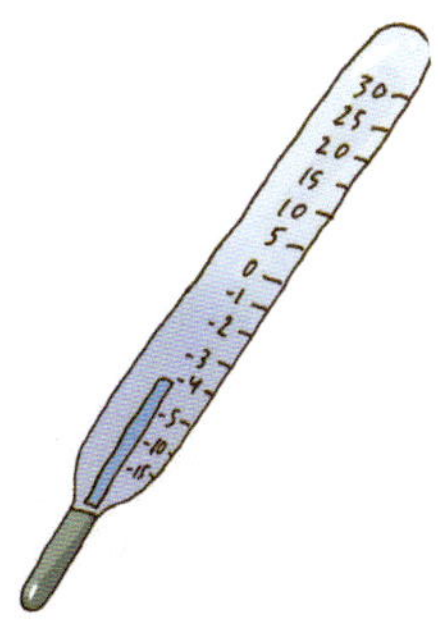

Quan els aliments es conserven per sota de −4 °C, s'inhibeix el creixement de microorganismes perillosos per a la salut i amb això s'eviten intoxicacions quan ens els mengem.

En Manel té els aliments congelats a −12 °C. A les 12 del migdia es produeix un tall de llum i s'estima que cada 15 minuts la temperatura a l'interior del congelador augmenta 2 °C.

a) Si el tall de llum ha estat de 45 minuts, els aliments de la nevera han superat el nivell crític dels −4 °C?

b) Quant de temps ha de passar perquè els aliments superin els −4 °C?

(Activitat model)

CLAUS PER COMENÇAR

Lectura de les fraccions

Quan llegim una fracció, expressem primer el numerador i després el denominador.

- El numerador el llegim amb el nom del nombre.
- El denominador el llegim així:
  - Si és 2, 3, 4, 5, 6, 7, 8, 9 o 10, llegim: mitjos, terços, quarts, cinquens, sisens, setens, vuitens, novens o desens, respectivament.
  - Si és més gran que 10 llegim el nombre afegint-hi la terminació *-è*, *-ens*.

EXEMPLE

$\frac{3}{5}$ → tres cinquens $\frac{6}{3}$ → sis terços

$\frac{11}{12}$ → onze dotzens $\frac{1}{11}$ → un onzè

ACTIVITATS

1 Escriu com es llegeixen les fraccions següents:

a) $\frac{4}{5}$ b) $\frac{5}{7}$ c) $\frac{3}{10}$ d) $\frac{8}{13}$ e) $\frac{13}{17}$ f) $\frac{1}{32}$

2 Escriu en forma de fracció.

a) Cinc sisens d) Sis onzens
b) Dos vuitens e) Nou vintens
c) Un setè f) Dotze trenta-sisens

Representació gràfica d'una fracció

Les fraccions es fan servir per expressar i representar quantitats incompletes d'unitats.

EXEMPLE

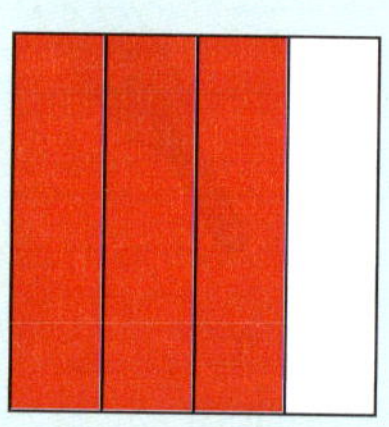

$\frac{3}{4}$

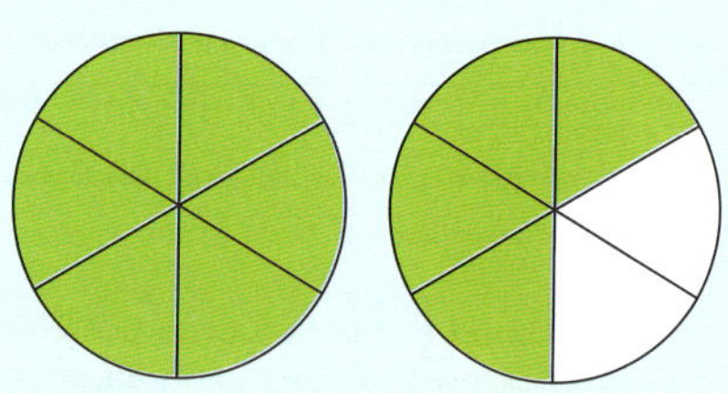

$1 + \frac{4}{6} = \frac{10}{6}$

ACTIVITATS

3 Representa $\frac{3}{4}$ i $\frac{10}{6}$ de manera diferent de la de l'exemple.

4 Representa gràficament aquestes fraccions:

a) $\frac{2}{3}$ b) $\frac{5}{4}$ c) $\frac{7}{10}$ d) $\frac{2}{6}$ e) $\frac{8}{3}$ f) $\frac{6}{7}$

1816
El científic francès J. N. Niepce va obtenir les primeres imatges fotogràfiques mitjançant l'ús de la cambra obscura i un procediment fotoquímic. Lamentablement, aquestes imatges no s'han conservat.

1839
Louis-Jacques Daguerre va fer pública la invenció d'un procés fotogràfic. El daguerreotip estava basat en unes planxes recobertes amb una capa de iodur de plata sensible a la llum.

Fraccions

4

SABER

- Fraccions. Fraccions equivalents
- Comparació de fraccions
- Operacions amb fraccions

SABER FER

- Expressar una fracció impròpia com la suma d'un nombre natural més una fracció pròpia
- Reduir fraccions a comú denominador
- Calcular la fracció irreductible
- Resoldre operacions combinades amb fraccions

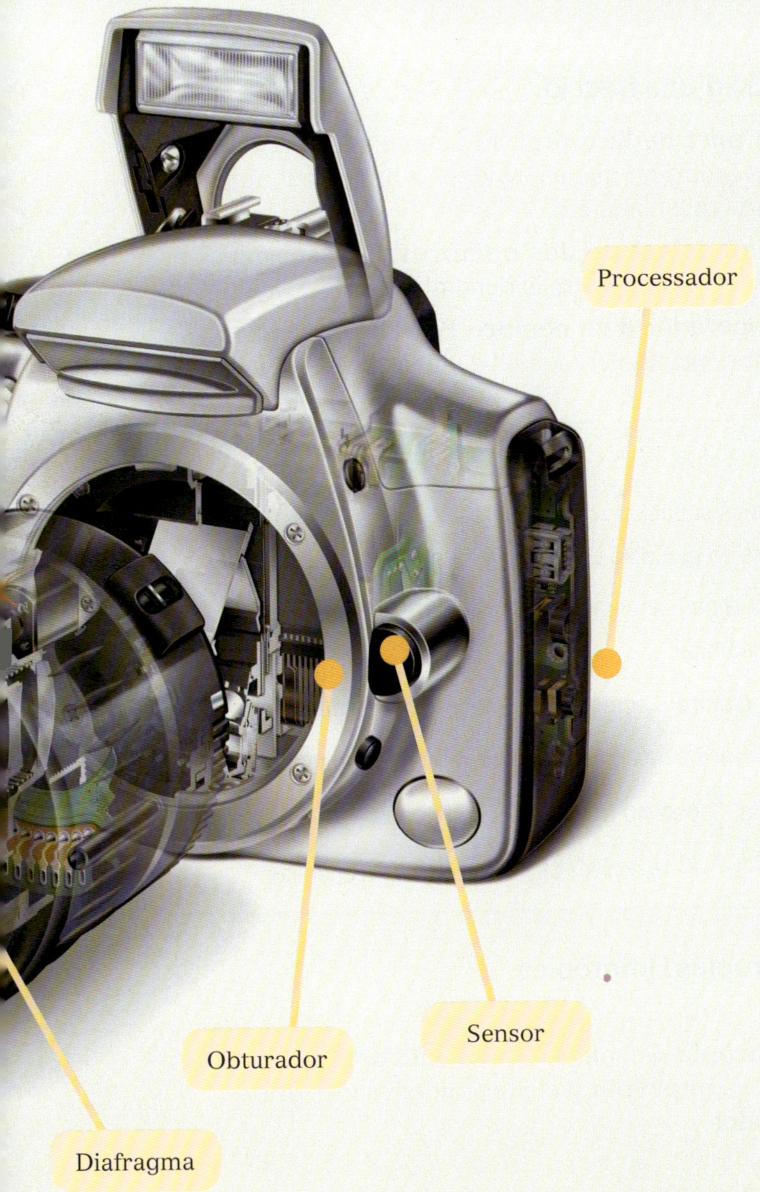

? INTERPRETA LA IMATGE

La càmera de fotos

En les primeres càmeres fotogràfiques, per fotografiar un objecte es necessitava que estigués totalment quiet durant més de 30 minuts.

En les càmeres actuals això ho regula la velocitat d'obturació. Amb velocitats superiors a 1/60 segons podem aconseguir congelar el moviment dels objectes que es mouen. Amb tot, amb velocitats més lentes, inferiors a 1/60 segons, aconseguim imatges mogudes.

- Amb una velocitat d'1/30, podem congelar el moviment d'un cotxe que circula per un carrer?

1841
W. Talbot va desenvolupar un procediment fotogràfic que consistia a utilitzar un paper negatiu a partir del qual es podia obtenir una quantitat il·limitada de còpies.

1861
La primera fotografia en color la va obtenir el físic J. Clerk Maxwell, però no va ser fins al 1907 quan va aparèixer el primer sistema comercialitzat.

1947
Edwin H. Land, un inventor estatunidenc, va desenvolupar el procediment fotogràfic conegut com a Polaroid, que permetia obtenir fotos al cap de pocs minuts després d'haver exposat la pel·lícula.

1969
És l'inici de la carrera digital: W. Boyle i G. Smith dissenyen l'estructura del sensor fotogràfic CCD. Però no és fins al 1990 que apareix la primera càmera digital comercial.

1 Fraccions

Una **fracció** és una expressió $\frac{a}{b}$, en què a i b són nombres naturals que anomenem **numerador** i **denominador**, respectivament.

1.1. Interpretació d'una fracció

- **Fracció com a part de la unitat**. El denominador representa el nombre de parts iguals en què es divideix la unitat, i el numerador, el nombre de parts que n'agafem.
- **Fracció com a quocient de dos nombres**. Per determinar-ne el valor, dividim el numerador entre el denominador.
- **Fracció com a operador d'un nombre**. Per calcular-ne el valor, multipliquem el nombre pel numerador i el dividim entre el denominador.

Una fracció que té els dos termes iguals és igual a 1.

$\frac{9}{9} = 1 \qquad \frac{11}{11} = 1$

Si és una fracció pròpia, el seu valor és més petit que la unitat.

$\frac{2}{7} < 1 \qquad \frac{10}{31} < 1$

Si és impròpia, el seu valor és més gran que la unitat.

$\frac{3}{2} > 1 \qquad \frac{12}{5} > 1$

EXEMPLE

1. Expressa aquestes situacions amb una fracció:

a) De les 9 parts en què està dividit un hort, n'hi ha 4 de sembrades.

$\frac{4}{9}$ representa la part sembrada de l'hort. La fracció representa una part de la unitat.

b) Repartim 20 € entre 5 persones. Quants en toquen per cap?

$\frac{20}{5} = 20 : 5 = 4$ € per cap. La fracció representa un quocient.

c) En una oficina, $\frac{2}{5}$ dels 40 treballadors són dones.

$\frac{2}{5}$ de $40 = \frac{40 \cdot 2}{5} = 16$ dones. La fracció actua com a operador.

1.2. Fraccions pròpies i impròpies

Una **fracció** és **pròpia** si el numerador és més petit que el denominador. És **impròpia** si el numerador és més gran que el denominador.

ACTIVITATS

1 PRACTICA. Expressa els enunciats amb una fracció.

a) 7 de cada 10 estudiants aproven al juny.

b) De 25 enquestats, 21 hi van contestar afirmativament.

c) D'una producció de 10.000 vehicles, les tres quartes parts s'exporten a l'estranger.

d) L'avi ha repartit 12 caramels entre els seus 4 néts.

2 APLICA. Classifica les fraccions de l'activitat anterior en pròpies i impròpies.

3 REFLEXIONA. La Carolina llegeix un llibre de 416 pàgines. Fins ara ha llegit tres vuitenes parts del llibre.

a) Quantes pàgines ha llegit?

b) Quina fracció del total del llibre li falta per llegir?

SABER FER

Expressar una fracció impròpia com la suma d'un nombre natural més una fracció pròpia

Expressa aquestes fraccions impròpies com la suma d'un nombre natural més una fracció pròpia:

a) $\frac{22}{4}$ **b)** $\frac{7}{2}$

Passos que cal seguir

1. Dividim el numerador de cada fracció entre el denominador.

a) $\begin{array}{r|l} 22 & 4 \\ \cline{2-2} 2 & 5 \end{array}$ b) $\begin{array}{r|l} 7 & 2 \\ \cline{2-2} 1 & 3 \end{array}$

2. Ho expressem com la suma d'un nombre natural més una fracció en què:
   - El quocient de la divisió és el nombre natural.
   - El residu de la divisió és el numerador de la fracció pròpia.
   - El divisor n'és el denominador.

a) $\begin{array}{r|l} 22 & 4 \\ \cline{2-2} 2 & 5 \end{array} \longrightarrow \frac{22}{4} = 5 + \frac{2}{4}$

b) $\begin{array}{r|l} 7 & 2 \\ \cline{2-2} 1 & 3 \end{array} \longrightarrow \frac{7}{2} = 3 + \frac{1}{2}$

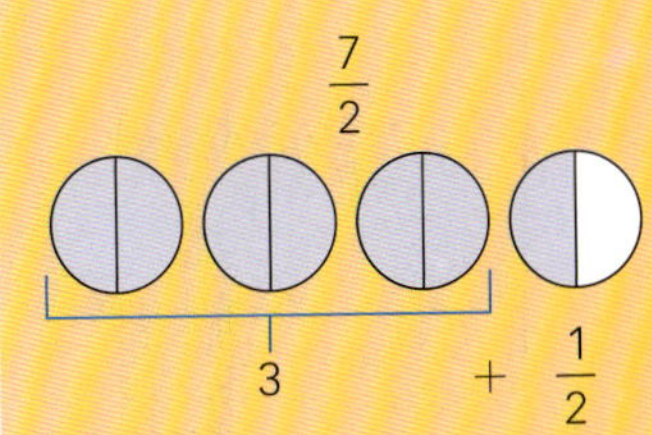

ACTIVITATS

4 Escriu aquestes fraccions com a suma d'un nombre natural i una fracció pròpia:

a) $\frac{8}{3}$ d) $\frac{17}{4}$

b) $\frac{20}{17}$ e) $\frac{31}{8}$

c) $\frac{16}{9}$ f) $\frac{27}{5}$

5 Completa a la llibreta.

a) $\frac{7}{\square} = 1 + \frac{3}{4}$ d) $\frac{\square}{3} = 3 + \frac{1}{3}$

b) $\frac{19}{6} = \square + \frac{1}{6}$ e) $\frac{25}{7} = 3 + \frac{\square}{7}$

c) $\frac{14}{5} = 2 + \frac{\square}{\square}$ f) $\frac{25}{8} = 3 + \frac{1}{\square}$

6 Troba l'error i corregeix-lo.

a) $\frac{28}{6} = 4 + \frac{1}{6}$

b) $\frac{42}{15} = 3 + \frac{3}{15}$

c) $\frac{19}{8} = 4 + \frac{3}{4}$

d) $\frac{87}{5} = 8 + \frac{7}{5}$

7 Determina, en cada cas, la fracció impròpia.

a) $7 + \frac{1}{2}$ d) $8 + \frac{4}{5}$

b) $9 + \frac{3}{4}$ e) $2 + \frac{1}{6}$

c) $5 + \frac{7}{3}$ f) $4 + \frac{3}{7}$

8 Indica entre quins dos nombres naturals es troben les fraccions impròpies següents:

a) $\frac{7}{2}$ c) $\frac{15}{7}$ e) $\frac{21}{5}$

b) $\frac{9}{5}$ d) $\frac{23}{4}$ f) $\frac{29}{6}$

9 Indica les fraccions impròpies que representen aquestes figures i expressa-les com la suma d'un nombre més una fracció:

a)

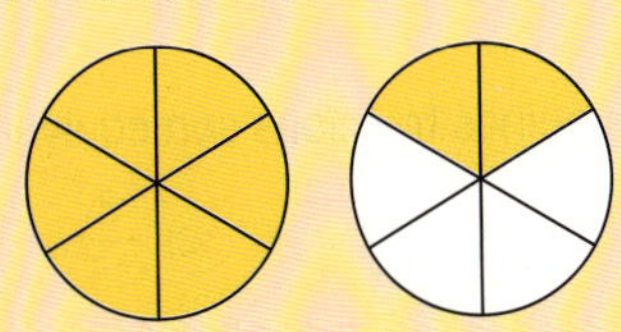

b)

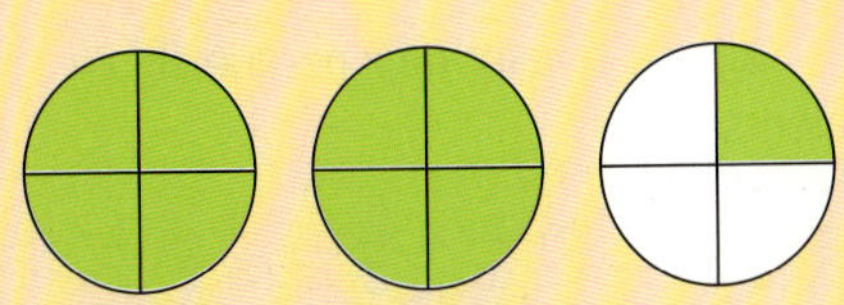

2 Fraccions equivalents

Dues **fraccions** $\frac{a}{b}$ i $\frac{c}{d}$ són **equivalents**, i ho escrivim $\frac{a}{b} = \frac{c}{d}$, si es compleix que $a \cdot d = b \cdot c$.

EXEMPLE

2. Determina si els parells de fraccions següents són equivalents:

a) $\frac{6}{8}$ i $\frac{3}{4}$ $\quad \left.\begin{array}{l} 6 \cdot 4 = 24 \\ 8 \cdot 3 = 24 \end{array}\right\} \rightarrow 6 \cdot 4 = 8 \cdot 3 \rightarrow$ Són equivalents.

b) $\frac{2}{5}$ i $\frac{4}{7}$ $\quad \left.\begin{array}{l} 2 \cdot 7 = 14 \\ 5 \cdot 4 = 20 \end{array}\right\} \rightarrow 2 \cdot 7 \neq 5 \cdot 4 \rightarrow$ No són equivalents.

En una fracció, quan multipliquem o dividim el numerador i el denominador per un nombre diferent de 0, obtenim una fracció equivalent.

EXEMPLE

3. Comprova que $\frac{2}{8}$ és equivalent a la fracció resultant de multiplicar per 3 el numerador i el denominador.

Multipliquem per 3:

$$\frac{2}{8} \rightarrow \frac{2 \cdot 3}{8 \cdot 3} = \frac{6}{24}$$

Comprovem que les fraccions són equivalents.

$$\left.\begin{array}{l} 2 \cdot 24 = 48 \\ 8 \cdot 6 = 48 \end{array}\right\} \rightarrow 2 \cdot 24 = 8 \cdot 6 \rightarrow \frac{2}{8} \text{ i } \frac{6}{24} \text{ són equivalents.}$$

2.1. Reducció a comú denominador

Reduir a comú denominador dues fraccions o més consisteix a obtenir altres equivalències amb el mateix denominador.

ACTIVITATS

10 PRACTICA. Indica quines fraccions són equivalents.

a) $\frac{1}{3}$ i $\frac{2}{5}$ b) $\frac{3}{5}$ i $\frac{6}{10}$ c) $\frac{3}{15}$ i $\frac{3}{9}$

11 APLICA. Calcula el valor de x perquè siguin equivalents.

a) $\frac{x}{3} = \frac{8}{6}$ b) $\frac{4}{x} = \frac{6}{3}$ c) $\frac{8}{4} = \frac{x}{2}$

12 REFLEXIONA. Escriu tres fraccions equivalents en cada cas.

a) Un quart d'hora b) Dos dies a la setmana

13 REFLEXIONA. Si el numerador d'una fracció el dividim entre un nombre, i el denominador el multipliquem pel mateix nombre, les fraccions són equivalents? Posa'n un exemple.

SABER FER

Reduir fraccions a comú denominador

Redueix a comú denominador les fraccions $\frac{7}{10}$ i $\frac{8}{12}$.

Per calcular el m.c.m. de dos nombres o més, primer els descomponem en factors primers.

Després escollim els factors comuns i no comuns amb l'exponent més gran i els multipliquem.

Passos que cal seguir

1. Calculem el m.c.m. dels denominadors de les fraccions.

$$\left.\begin{array}{l}10 = 2 \cdot 5\\ 12 = 2^2 \cdot 3\end{array}\right\} \rightarrow \text{m.c.m. } (10, 12) = 2^2 \cdot 3 \cdot 5 = 60$$

2. Dividim el m.c.m. entre el denominador de cada fracció, i multipliquem el resultat pel numerador i pel denominador de la fracció.

Les fraccions resultants són fraccions equivalents a les primeres i tenen el mateix denominador.

$$60 : 10 = 6 \qquad \frac{7}{10} = \frac{7 \cdot 6}{10 \cdot 6} = \frac{42}{60}$$

$$60 : 12 = 5 \qquad \frac{8}{12} = \frac{8 \cdot 5}{12 \cdot 5} = \frac{40}{60}$$

Les fraccions $\frac{42}{60}$ i $\frac{40}{60}$ són equivalents a $\frac{7}{10}$ i $\frac{8}{12}$, respectivament, i tenen el mateix denominador.

ACTIVITATS

14 Redueix a comú denominador les fraccions següents:

a) $\frac{7}{2}$ i $\frac{3}{4}$

b) $\frac{5}{8}$ i $\frac{9}{6}$

c) $\frac{2}{7}$ i $\frac{3}{5}$

15 Redueix aquests parells de fraccions a comú denominador:

a) $\frac{7}{2}$ i $\frac{5}{8}$

b) $\frac{3}{4}$ i $\frac{9}{6}$

c) $\frac{3}{5}$ i $\frac{2}{15}$

d) $\frac{9}{20}$ i $\frac{7}{30}$

e) $\frac{3}{4}$ i $\frac{9}{20}$

f) $\frac{9}{6}$ i $\frac{7}{30}$

g) $\frac{5}{8}$ i $\frac{1}{10}$

h) $\frac{9}{6}$ i $\frac{2}{15}$

i) $\frac{3}{4}$ i $\frac{1}{10}$

j) $\frac{12}{96}$ i $\frac{9}{144}$

16 Redueix a comú denominador aquests conjunts de fraccions:

a) $\frac{7}{2}, \frac{3}{4}$ i $\frac{9}{6}$

b) $\frac{3}{4}, \frac{5}{8}$ i $\frac{9}{6}$

c) $\frac{3}{4}, \frac{9}{20}$ i $\frac{2}{15}$

d) $\frac{5}{8}, \frac{2}{15}$ i $\frac{7}{30}$

17 Redueix a comú denominador les fraccions següents:

a) $\frac{3}{5}, \frac{2}{15}$ i $\frac{7}{30}$

b) $\frac{7}{2}, \frac{5}{8}$ i $\frac{9}{20}$

c) $\frac{2}{15}, \frac{1}{10}$ i $\frac{7}{30}$

d) $\frac{7}{2}, \frac{9}{20}$ i $\frac{7}{30}$

18 Redueix a comú denominador aquestes fraccions:

a) $\frac{1}{7}, \frac{1}{11}$ i $\frac{1}{9}$

b) $\frac{1}{13}, \frac{1}{8}$ i $\frac{1}{15}$

19 Redueix a comú denominador aquests grups de fraccions:

a) $\frac{3}{5}, \frac{2}{9}, \frac{1}{4}$ i $\frac{7}{3}$

b) $\frac{7}{3}, \frac{1}{6}, \frac{9}{2}$ i $\frac{5}{12}$

c) $\frac{4}{5}, \frac{3}{10}, \frac{2}{15}, \frac{9}{20}$ i $\frac{1}{4}$

20 Redueix aquestes fraccions a comú denominador:

$\frac{3}{5}, \frac{9}{20}, \frac{2}{15}, \frac{1}{10}, \frac{7}{30}, \frac{12}{450}$ i $\frac{32}{600}$

T'HI ATREVEIXES?

Hi ha cap fracció en què el numerador i el denominador siguin el doble que els de $\frac{3}{5}$, i que no siguin equivalents a $\frac{3}{5}$?

2.2. Obtenció de fraccions equivalents

Podem obtenir fraccions equivalents multiplicant o dividint per un mateix nombre els termes d'una fracció.

- **Amplificació:** consisteix a obtenir una fracció equivalent a una de donada multiplicant-ne els termes per un mateix nombre.
- **Simplificació:** consisteix a obtenir una fracció equivalent a una de donada dividint-ne els termes entre un divisor comú a tots dos.

EXEMPLE

4. Troba dues fraccions equivalents a $\frac{12}{18}$, una per amplificació i una altra per simplificació.

Amplificació: multipliquem per 3 → $\frac{12}{18} = \frac{12 \cdot 3}{18 \cdot 3} = \frac{36}{54}$

Simplificació: dividim entre 2 → $\frac{12}{18} = \frac{12 : 2}{18 : 2} = \frac{6}{9}$

2.3. Fracció irreductible

Una **fracció** és **irreductible** si no es pot simplificar.

En una fracció irreductible, el numerador i el denominador només tenen un divisor comú, l'1.

EXEMPLE

5. Determina la fracció irreductible de $\frac{18}{30}$.

Simplifiquem la fracció dividint entre tots els divisors comuns del numerador i el denominador.

18 i 30 són divisibles per 2 → $\frac{18}{30} = \frac{18 : 2}{30 : 2} = \frac{9}{15}$

9 i 15 són divisibles per 3 → $\frac{9}{15} = \frac{9 : 3}{15 : 3} = \frac{3}{5}$

3 i 5 no tenen divisors comuns → $\frac{3}{5}$ és la fracció irreductible de $\frac{18}{30}$.

ACTIVITATS

21 PRACTICA. Completa a la llibreta amb els termes que hi faltin perquè siguin equivalents.

a) $\frac{4}{9} = \frac{8}{\square} = \frac{40}{\square}$ b) $\frac{90}{120} = \frac{15}{\square} = \frac{\square}{12}$

22 APLICA. Troba quines de les fraccions següents són equivalents per amplificació a $\frac{5}{7}$:

$\frac{45}{63}$ $\frac{25}{30}$ $\frac{30}{45}$ $\frac{40}{56}$ $\frac{100}{140}$

23 APLICA. Determina quines d'aquestes fraccions són equivalents per simplificació a $\frac{300}{500}$:

$\frac{15}{20}$ $\frac{12}{20}$ $\frac{3}{5}$ $\frac{9}{15}$ $\frac{27}{45}$

24 REFLEXIONA. Les fraccions $\frac{250}{375}$ i $\frac{14}{21}$ són equivalents. Indica com s'ha simplificat o amplificat una per obtenir l'altra.

SABER FER

Calcular la fracció irreductible

Determina la fracció irreductible de $\frac{28}{70}$.

Passos que cal seguir

1. Calculem el m.c.d. del numerador i del denominador de la fracció.

$$\left.\begin{array}{l} 28 = 2^2 \cdot 7 \\ 70 = 2 \cdot 5 \cdot 7 \end{array}\right\} \rightarrow \text{m.c.d. } (28, 70) = 2 \cdot 7 = 14$$

2. Dividim els dos termes de la fracció entre el m.c.d.

$$\frac{28}{70} = \frac{28 : 14}{70 : 14} = \boxed{\frac{2}{5}}$$

fracció irreductible

Per calcular el m.c.d. de dos nombres o més, primer els descomponem en factors primers.

Després escollim els factors comuns amb l'exponent més petit i els multipliquem.

Si el m.c.d. és 1, la fracció no es pot reduir.

$\frac{7}{3} \rightarrow$ m.c.d. (3, 7) = 1

$\frac{7}{3}$ no es pot reduir.

$\frac{7}{3}$ és una fracció irreductible.

ACTIVITATS

25 Calcula la fracció irreductible de les fraccions següents:

a) $\frac{25}{45}$ c) $\frac{3}{15}$ e) $\frac{28}{48}$

b) $\frac{14}{21}$ d) $\frac{9}{45}$ f) $\frac{50}{15}$

26 Determina la fracció irreductible de cadascuna de les fraccions següents:

a) $\frac{40}{26}$ c) $\frac{12}{27}$ e) $\frac{60}{55}$

b) $\frac{12}{45}$ d) $\frac{20}{18}$ f) $\frac{65}{45}$

27 Indica quines de les fraccions següents tenen com a fracció irreductible $\frac{3}{5}$.

a) $\frac{9}{20}$ c) $\frac{6}{10}$ e) $\frac{21}{35}$

b) $\frac{20}{12}$ d) $\frac{21}{40}$ f) $\frac{24}{45}$

28 Determina quines de les fraccions següents són irreductibles:

a) $\frac{25}{35}$ d) $\frac{9}{15}$ g) $\frac{4}{26}$

b) $\frac{14}{21}$ e) $\frac{28}{45}$ h) $\frac{13}{39}$

c) $\frac{3}{5}$ f) $\frac{5}{12}$ i) $\frac{11}{9}$

29 Fes correspondre cadascuna de les fraccions següents amb la seva fracció irreductible:

a) $\frac{9}{10}$ c) $\frac{20}{12}$ e) $\frac{18}{20}$ g) $\frac{8}{10}$

b) $\frac{5}{3}$ d) $\frac{4}{5}$ f) $\frac{3}{4}$ h) $\frac{21}{28}$

30 Utilitza, en cada cas, els nombres indicats per crear dues fraccions irreductibles.

a) 2, 3, 5, 6
b) 3, 4, 5, 10
c) 5, 6, 8, 9
d) 2, 4, 6, 9
e) 3, 6, 7, 10
f) 3, 5, 9, 10
g) 4, 5, 8, 11
h) 2, 3, 5, 8

31 Simplifica fins a arribar a la fracció irreductible i indica'n tots els passos.

a) $\frac{120}{140}$ c) $\frac{708}{57}$

b) $\frac{210}{275}$ d) $\frac{144}{198}$

32 Simplifica aquestes fraccions fins a trobar la fracció irreductible:

a) $\frac{2^6}{2^2 \cdot 3}$ d) $\frac{5^4}{5^2 \cdot 3^2}$ g) $\frac{3^4 \cdot 5^3}{5^5 \cdot 3^4}$

b) $\frac{3^2}{2^3 \cdot 3}$ e) $\frac{5 \cdot 2^3}{5^3 \cdot 2}$ h) $\frac{3 \cdot 5^4 \cdot 2^2}{2 \cdot 5^2 \cdot 3^3}$

c) $\frac{3^4}{5^3 \cdot 3^3}$ f) $\frac{3^5 \cdot 2^3}{5^3 \cdot 3^2}$ i) $\frac{7 \cdot 2^2}{5 \cdot 7^2}$

3 Comparació de fraccions

3.1. Fraccions amb el mateix denominador o amb el mateix numerador

- Quan dues fraccions tenen el mateix denominador, és més gran la que té el numerador més gran.
- Quan dues fraccions tenen el mateix numerador, és més gran la que té el denominador més petit.

EXEMPLES

6. Compara les fraccions $\frac{5}{7}$ i $\frac{3}{7}$.

   Tenen el mateix denominador i $5 > 3 \rightarrow \frac{5}{7} > \frac{3}{7}$

7. Compara les fraccions $\frac{2}{9}$ i $\frac{2}{3}$.

   Tenen el mateix numerador i $9 > 3 \rightarrow \frac{2}{9} < \frac{2}{3}$

T'HI ATREVEIXES?

Considera les fitxes de dòmino com a fraccions de numerador més petit o igual que el denominador.

Traient la blanca doble, quina seria la fitxa de valor més gran? I la de valor més petit?

3.2. Fraccions amb denominador i numerador diferents

Per comparar fraccions amb denominador i numerador diferents reduïm a comú denominador les fraccions i en comparem els numeradors. Llavors, és més gran la de numerador més gran.

EXEMPLE

8. Compara les fraccions $\frac{5}{6}$ i $\frac{7}{8}$.

   Reduïm a comú denominador: m.c.m. $(6, 8) = 2^3 \cdot 3 = 24$

   $$\frac{5}{6} = \frac{5 \cdot 4}{6 \cdot 4} = \frac{20}{24} \qquad \frac{7}{8} = \frac{7 \cdot 3}{8 \cdot 3} = \frac{21}{24}$$

   Comparem els numeradors: $\frac{20}{24} < \frac{21}{24} \rightarrow \frac{5}{6} < \frac{7}{8}$

ACTIVITATS

33 PRACTICA. Ordena de més petit a més gran.

a) $\frac{5}{2}, \frac{5}{6}, \frac{5}{4}, \frac{5}{3}$

b) $\frac{2}{15}, \frac{7}{15}, \frac{8}{15}, \frac{4}{15}$

34 APLICA. Completa a la llibreta amb $>$ o $<$.

a) $\frac{3}{2} \square \frac{4}{9}$

b) $\frac{2}{3} \square \frac{9}{4}$

c) $\frac{3}{4} \square \frac{6}{9}$

35 REFLEXIONA. Escriu a la llibreta una fracció inclosa entre aquestes fraccions:

a) $\frac{3}{5} < \square < \frac{4}{5}$

b) $\frac{2}{7} < \square < \frac{3}{7}$

c) $\frac{5}{9} < \square < \frac{2}{3}$

d) $\frac{5}{8} < \square < \frac{3}{4}$

4 Suma i resta de fraccions

4.1. Fraccions amb el mateix denominador

Per **sumar** o **restar fraccions amb el mateix denominador**, sumem o restem els numeradors i mantenim el denominador.

EXEMPLE

9. Calcula.

a) $\frac{2}{8} + \frac{4}{8} = \frac{2+4}{8} = \frac{6}{8} = \frac{3}{4}$ (Simplifiquem)

b) $\frac{11}{3} - \frac{7}{3} = \frac{11-7}{3} = \frac{4}{3}$ → És irreductible.

4.2. Fraccions amb denominador diferent

Per **sumar** o **restar fraccions amb denominador diferent**:

1r Reduïm totes les fraccions a comú denominador.

2n Sumem o restem els numeradors i mantenim el mateix denominador.

EXEMPLE

10. Efectua l'operació següent: $\frac{5}{9} + \frac{7}{12} - \frac{4}{3}$.

Reduïm a comú denominador: $\left.\begin{array}{r} 9 = 3^2 \\ 12 = 2^2 \cdot 3 \\ 3 = 3 \end{array}\right\} \rightarrow$ m.c.m. $(3, 9, 12) = 2^2 \cdot 3^2 = 36$

$\frac{5}{9} = \frac{5 \cdot 4}{9 \cdot 4} = \frac{20}{36}$ $\quad \frac{7}{12} = \frac{7 \cdot 3}{12 \cdot 3} = \frac{21}{36}$ $\quad \frac{4}{3} = \frac{4 \cdot 12}{3 \cdot 12} = \frac{48}{36}$

Operem: $\frac{5}{9} + \frac{7}{12} - \frac{4}{3} = \frac{20}{36} + \frac{21}{36} - \frac{48}{36} = \frac{41}{36} - \frac{48}{36} = \frac{-7}{36}$

ACTIVITATS

36 **PRACTICA.** Efectua les operacions següents entre fraccions:

a) $\frac{3}{5} + \frac{6}{5}$ c) $\frac{3}{2} + \frac{9}{4} + \frac{7}{2}$ e) $\frac{9}{7} - \frac{1}{7} - \frac{3}{7}$

b) $\frac{1}{3} + \frac{4}{3}$ d) $\frac{9}{8} + \frac{5}{8} - \frac{3}{4}$ f) $\frac{10}{6} + \frac{19}{3} - \frac{8}{3}$

37 **APLICA.** Resol les operacions següents:

a) $\frac{8}{5} + \frac{13}{15} - \frac{3}{5}$ b) $\frac{4}{9} - 5 + \frac{12}{5} - \frac{3}{10}$

38 **REFLEXIONA.** Calcula i completa a la llibreta.

a) $\frac{5}{2} + \frac{\square}{4} = \frac{11}{4}$ b) $\frac{23}{6} - \frac{\square}{8} = \frac{41}{\square}$

5 Multiplicació i divisió de fraccions

5.1. Multiplicació de fraccions

Per **multiplicar fraccions**, multipliquem els numeradors i multipliquem els denominadors.

$$\frac{a}{b} \cdot \frac{c}{d} = \frac{a \cdot c}{b \cdot d}$$

HO ESCRIVIM AIXÍ

Qualsevol nombre natural es pot expressar en forma de fracció amb denominador 1.

$$8 = \frac{8}{1}$$

EXEMPLE

11. Calcula.

a) $\frac{3}{5} \cdot \frac{4}{8} = \frac{3 \cdot 4}{5 \cdot 8} = \frac{12}{40} = \frac{3}{10}$ (Simplifiquem)

b) $6 \cdot \frac{2}{5} = \frac{6}{1} \cdot \frac{2}{5} = \frac{6 \cdot 2}{1 \cdot 5} = \frac{12}{5}$

5.2. Divisió de fraccions

La **fracció inversa d'una fracció** és una altra fracció el numerador de la qual és el denominador de la primera fracció, i el denominador de la qual és el numerador.

$$\text{Fracció inversa de } \frac{a}{b} \rightarrow \frac{b}{a}$$

Per **dividir fraccions**, multipliquem la primera fracció per la inversa de la segona.

$$\frac{a}{b} : \frac{c}{d} = \frac{a}{b} \cdot \frac{d}{c}$$

EXEMPLES

12. Calcula la fracció inversa.

a) $\frac{8}{3} \xrightarrow{\text{Fracció inversa}} \frac{3}{8}$

b) $7 = \frac{7}{1} \xrightarrow{\text{Fracció inversa}} \frac{1}{7}$

13. Calcula.

a) $\frac{2}{3} : \frac{5}{7} = \frac{2}{3} \cdot \frac{7}{5} = \frac{14}{15}$

b) $\frac{3}{7} : 4 = \frac{3}{7} \cdot \frac{1}{4} = \frac{3 \cdot 1}{7 \cdot 4} = \frac{3}{28}$

ACTIVITATS

39 PRACTICA. Efectua les operacions següents:

a) $\frac{3}{4} \cdot \frac{17}{9}$ b) $\frac{5}{9} : \frac{19}{3}$ c) $\frac{5}{3} : \frac{2}{7}$ d) $\frac{7}{10} \cdot \frac{1}{9}$

40 APLICA. Calcula.

a) $3 \cdot \frac{3}{2}$ b) $\frac{7}{4} : 5$ c) $4 : \frac{6}{9} \cdot \frac{1}{3}$ d) $\frac{12}{15} \cdot 4 : \frac{2}{3}$

41 REFLEXIONA. Completa a la llibreta les multiplicacions i divisions següents:

a) $\frac{6}{8} \cdot \frac{\square}{7} = \frac{3}{14}$ c) $\frac{\square}{\square} : \frac{5}{9} = \frac{9}{10}$

b) $\frac{\square}{12} : \frac{\square}{7} = \frac{35}{24}$ d) $\frac{\square}{8} : \frac{6}{\square} = \frac{25}{48}$

SABER FER

É́s important respectar l'ordre de les operacions per obtenir el resultat correcte.

Resoldre operacions combinades amb fraccions

Resol aquesta operació: $\frac{3}{2}-\left(\frac{6}{5}+\frac{2}{10}-\frac{1}{2}\right)+\frac{2}{3}:\left(2-\frac{1}{3}\right)$

Passos que cal seguir

1. Efectuem les operacions que hi ha dintre dels parèntesis.

$$\left.\begin{array}{r}2=2\\5=5\\10=2\cdot5\end{array}\right\}\rightarrow \text{m.c.m. }(2, 5, 10)=2\cdot5=10$$

$$\frac{6}{5}+\frac{2}{10}-\frac{1}{2}=\frac{6\cdot2}{5\cdot2}+\frac{2\cdot1}{10\cdot1}-\frac{1\cdot5}{2\cdot5}=\frac{12}{10}+\frac{2}{10}-\frac{5}{10}=\frac{9}{10}$$

$$\left.\begin{array}{r}1=1\\3=3\end{array}\right\}\rightarrow \text{m.c.m. }(1, 3)=3$$

$$2-\frac{1}{3}=\frac{2}{1}-\frac{1}{3}=\frac{2\cdot3}{1\cdot3}-\frac{1\cdot1}{3\cdot1}=\frac{6}{3}-\frac{1}{3}=\frac{5}{3}$$

2. Calculem les multiplicacions i les divisions d'esquerra a dreta.

$$\frac{3}{2}-\left(\frac{6}{5}+\frac{2}{10}-\frac{1}{2}\right)+\frac{2}{3}:\left(2-\frac{1}{3}\right)=\frac{3}{2}-\frac{9}{10}+\frac{2}{3}:\frac{5}{3}=$$

$$=\frac{3}{2}-\frac{9}{10}+\frac{2\cdot3}{3\cdot5}=\frac{3}{2}-\frac{9}{10}+\frac{6}{15}=$$

3. Calculem les sumes i les restes d'esquerra a dreta.

$$\left.\begin{array}{r}2=2\\10=2\cdot5\\15=3\cdot5\end{array}\right\}\rightarrow \text{m.c.m. }(2, 10, 15)=2\cdot3\cdot5=30$$

$$\frac{3}{2}-\frac{9}{10}+\frac{6}{15}=\frac{3\cdot15}{2\cdot15}-\frac{9\cdot3}{10\cdot3}+\frac{6\cdot2}{15\cdot2}=\frac{45}{30}-\frac{27}{30}+\frac{12}{30}=\frac{30}{30}=1$$

ACTIVITATS

42 Calcula.

a) $\frac{11}{6}-\left(\frac{1}{4}+\frac{1}{6}\right)$

b) $\left(\frac{3}{7}+\frac{1}{2}\right)\cdot\frac{6}{5}$

c) $\frac{4}{9}:\left(\frac{5}{3}-\frac{1}{6}\right)$

d) $\left(2-\frac{1}{2}\right):\left(4+\frac{1}{3}\right)$

e) $\frac{10}{3}:\left(\frac{4}{5}+\frac{1}{3}\right)-2$

f) $\frac{5}{3}+\frac{1}{6}\cdot\left(\frac{2}{5}-\frac{1}{8}\right)$

g) $\frac{9}{10}-\frac{2}{15}\cdot\frac{1}{10}$

h) $\frac{5}{3}:\left(\frac{1}{9}+\frac{1}{6}\right)+\frac{4}{9}\cdot\frac{3}{2}$

i) $\frac{7}{4}:\frac{14}{2}+\left(\frac{3}{2}-\frac{4}{5}\right)\cdot\frac{5}{6}$

j) $\frac{5}{3}+\frac{6}{4}\cdot\left(\frac{11}{9}-\frac{1}{10}\right)+4:\frac{5}{12}$

k) $\frac{5}{3}+\frac{6}{9}+10-\frac{9}{14}\cdot\frac{3}{2}:\frac{7}{3}$

l) $\frac{12}{15}\cdot\frac{10}{3}+\left(\frac{5}{18}-\frac{4}{15}:\frac{1}{3}\right)$

m) $\left(\frac{7}{12}+\frac{11}{18}\right)\cdot\frac{1}{6}+7$

n) $\frac{25}{16}-\left(\frac{9}{10}-\frac{1}{2}\right)+3\cdot\frac{8}{3}$

43 Troba els errors i corregeix-los.

a) $\frac{5}{2}-4\cdot\frac{3}{5}=\frac{5}{2}-\frac{4\cdot3}{4\cdot5}$

b) $\frac{7}{3}:\left(\frac{1}{2}+\frac{1}{4}\right)=\frac{7}{3}:\frac{1}{2}+\frac{1}{4}$

c) $\frac{4}{3}\cdot6-\left(\frac{2}{7}-2\right):\frac{8}{5}=\frac{4\cdot6}{3\cdot6}-\left(\frac{2-2}{7-2}\right):\frac{8}{5}$

44 Calcula aquestes operacions i comprova que els resultats són diferents segons com es col·loquin els parèntesis:

a) $2\cdot\frac{9}{5}-\frac{3}{2}:\left(\frac{7}{4}+\frac{5}{6}\right)$

b) $2\cdot\left(\frac{9}{5}-\frac{3}{2}\right):\frac{7}{4}+\frac{5}{6}$

c) $2\cdot\frac{9}{5}-\left(\frac{3}{2}:\frac{7}{4}+\frac{5}{6}\right)$

d) $2\cdot\frac{9}{5}-\frac{3}{2}:\frac{7}{4}+\frac{5}{6}$

ACTIVITATS FINALS

Fraccions

45 Escriu una fracció que expressi les situacions següents:

a) Quaranta-tres minuts d'una hora

b) Cinc mesos d'un any

c) Onze ous d'una dotzena

d) Nou lletres de l'abecedari

e) Set hores d'un dia

f) Dos dies del mes de gener

g) Les figures d'un joc de cartes

h) Trenta-set cèntims d'euro

46 Escriu aquests nombres en forma de fracció:

a) 4 b) 7 c) 13 d) 27

47 Escriu la fracció que representen aquestes figures:

a) 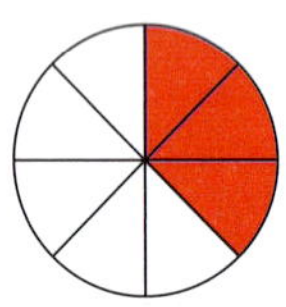

c) 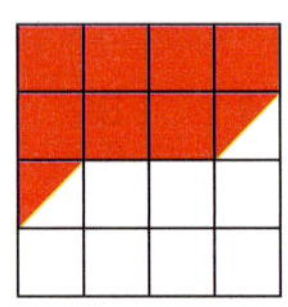

b) 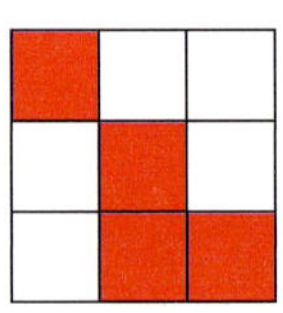

d) 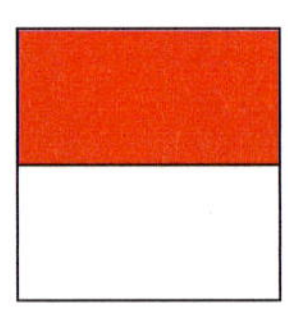

48 **CÀLCUL MENTAL.** Determina el nombre natural que representen aquestes fraccions dividint el numerador entre el denominador:

a) $\frac{8}{2}$ b) $\frac{16}{4}$ c) $\frac{12}{3}$ d) $\frac{10}{5}$

49 **CÀLCUL MENTAL.** Calcula.

a) $\frac{5}{9}$ de 36

b) $\frac{2}{3}$ de 39

c) $\frac{4}{7}$ de 28

d) $\frac{3}{5}$ de 10

50 Calcula.

a) La tercera part de 75

b) La cinquena part de 80

c) La sisena part de 240

d) La meitat de la meitat de 540

e) La cinquena part de 175

51 Representa gràficament les fraccions següents i, a través d'aquesta representació, determina quines són pròpies i quines són impròpies:

a) $\frac{3}{5}$ b) $\frac{5}{4}$ c) $\frac{7}{3}$ d) $\frac{9}{5}$ e) $\frac{17}{20}$ f) $\frac{11}{6}$

52 Expressa les fraccions següents com a suma d'un nombre natural més una fracció pròpia:

a) $\frac{8}{5}$ b) $\frac{31}{6}$ c) $\frac{43}{9}$ d) $\frac{13}{4}$ e) $\frac{17}{7}$ f) $\frac{19}{3}$

SABER FER

Representar una fracció en la recta numèrica

53 Representa aquestes fraccions: a) $\frac{4}{5}$ b) $\frac{11}{6}$

- Si la fracció és pròpia.

PRIMER. Dividim el segment entre 0 i 1 en tantes parts com indiqui el denominador: 5.

SEGON. Agafem les parts que assenyali el numerador: 4.

a) 

- Si la fracció és impròpia.

PRIMER. Expressem la fracció com la suma d'un nombre natural més una fracció pròpia.

$$11 \,\underline{|\, 6} \quad 5 \quad 1 \rightarrow \frac{11}{6} = 1 + \frac{5}{6}$$

SEGON. La fracció està inclosa entre el quocient i el seu nombre següent.

En aquest cas, és entre 1 i 2. Representem en aquest tram la fracció resultant, $\frac{5}{6}$.

b) 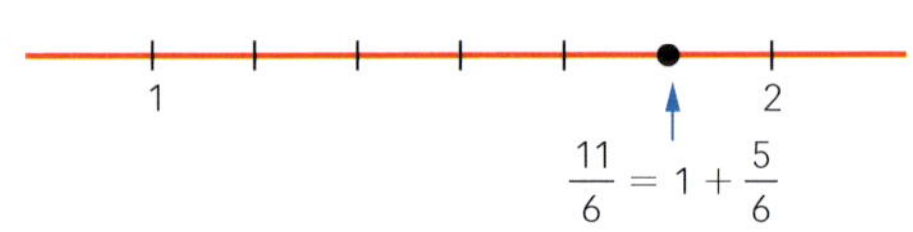

54 Representa en la recta numèrica.

a) $\frac{1}{3}$ b) $\frac{2}{5}$ c) $\frac{4}{7}$ d) $\frac{7}{4}$ e) $\frac{15}{3}$ f) $\frac{17}{4}$

55 Indica la fracció que representa cada lletra.

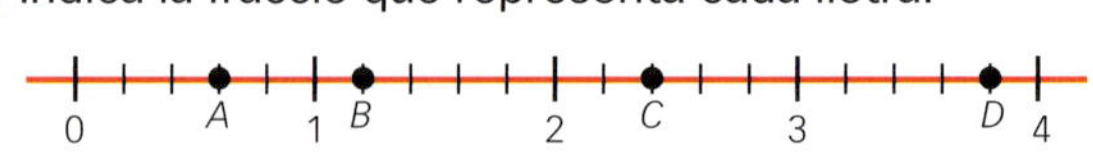

56 Indica la fracció que representa *A* en cada recta.

a) 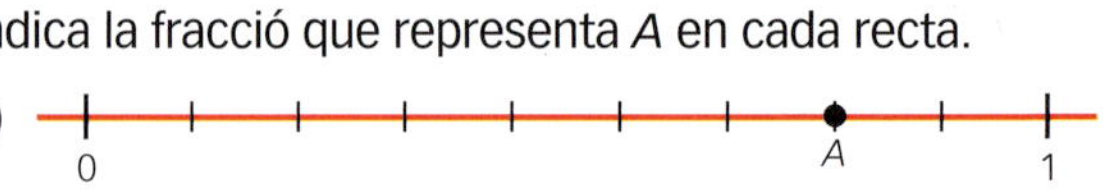

b) 

c) 

d) 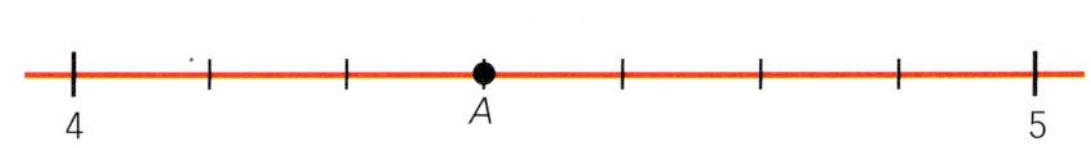

Fraccions equivalents

57 **CÀLCUL MENTAL.** Determina si els parells de fraccions següents són equivalents:

a) $\frac{5}{4}$ i $\frac{20}{24}$ d) $\frac{9}{4}$ i $\frac{36}{16}$

b) $\frac{7}{3}$ i $\frac{49}{21}$ e) $\frac{2}{3}$ i $\frac{4}{9}$

c) $\frac{6}{5}$ i $\frac{30}{15}$ f) $\frac{8}{7}$ i $\frac{72}{63}$

58 Per a cada fracció, calcula'n tres d'equivalents per ampliació i tres més d'equivalents per simplificació.

a) $\frac{72}{36}$ b) $\frac{60}{125}$ c) $\frac{100}{40}$ d) $\frac{135}{90}$

SABER FER

Calcular un terme desconegut perquè dues fraccions siguin equivalents

59 Calcula el terme que falta perquè aquestes fraccions siguin equivalents:

a) $\frac{12}{\square}$ i $\frac{6}{2}$ b) $\frac{6}{9}$ i $\frac{\square}{3}$

PRIMER. Multipliquem en creu els termes de les fraccions.

a) $\frac{12}{\square} = \frac{6}{2} \rightarrow 12 \cdot 2 = \square \cdot 6$

b) $\frac{6}{9} = \frac{\square}{3} \rightarrow 6 \cdot 3 = \square \cdot 9$

SEGON. Resolem la multiplicació.

a) $12 \cdot 2 = \square \cdot 6 \rightarrow 24 = \square \cdot 6$

b) $6 \cdot 3 = \square \cdot 9 \rightarrow 18 = \square \cdot 9$

TERCER. Busquem el nombre que compleix la igualtat.

a) Busquem un nombre que multiplicat per 6 doni 24.

$\square = 4$

b) Busquem un nombre que multiplicat per 9 doni 18.

$\square = 2$

60 Completa les expressions a la llibreta perquè les fraccions siguin equivalents.

a) $\frac{4}{3} = \frac{8}{\square}$ d) $\frac{81}{21} = \frac{\square}{7}$

b) $\frac{56}{\square} = \frac{7}{8}$ e) $\frac{13}{\square} = \frac{52}{36}$

c) $\frac{\square}{2} = \frac{21}{6}$ f) $\frac{48}{44} = \frac{12}{\square}$

61 Completa les expressions a la llibreta perquè les fraccions siguin equivalents.

a) $\frac{2}{3} = \frac{14}{\square} = \frac{56}{\square}$ c) $\frac{6}{\square} = \frac{\square}{22} = \frac{48}{88}$

b) $\frac{\square}{5} = \frac{9}{15} = \frac{18}{\square}$ d) $\frac{8}{9} = \frac{56}{\square} = \frac{\square}{135}$

62 Troba la fracció irreductible.

a) $\frac{50}{75}$ c) $\frac{12}{60}$ e) $\frac{84}{49}$

b) $\frac{48}{120}$ d) $\frac{99}{121}$ f) $\frac{36}{72}$

63 Quantes fraccions irreductibles són equivalents entre elles? Justifica la resposta.

Comparació de fraccions

64 Ordena de més petit a més gran.

a) $\frac{6}{5}, \frac{3}{5}, \frac{5}{5}, \frac{4}{5}$ c) $\frac{6}{19}, \frac{6}{15}, \frac{6}{23}, \frac{6}{18}$

b) $\frac{10}{9}, \frac{16}{9}, \frac{13}{9}, \frac{19}{9}$ d) $\frac{3}{14}, \frac{3}{9}, \frac{3}{15}, \frac{3}{13}$

65 Simplifica, si és possible, cada grup de fraccions. Després, ordena de més petit a més gran.

a) $\frac{6}{4}, \frac{10}{6}, \frac{25}{20}, \frac{1}{3}$ c) $\frac{5}{3}, \frac{5}{2}, \frac{15}{18}, \frac{10}{4}$

b) $\frac{3}{9}, \frac{4}{14}, \frac{25}{30}, \frac{4}{7}$ d) $\frac{10}{12}, \frac{24}{36}, \frac{21}{18}, \frac{63}{42}$

SABER FER

Comparar un nombre i una fracció

66 Determina si 3 és més petit que $\frac{7}{2}$.

PRIMER. Expressem el nombre com una fracció amb el mateix denominador que la fracció donada.

$$3 = \frac{3 \cdot 2}{2} = \frac{6}{2}$$

SEGON. Comparem les fraccions.

$$\frac{6}{2} < \frac{7}{2} \rightarrow 3 < \frac{7}{2}$$

67 Indica quines de les fraccions següents són més grans que 5:

a) $\frac{36}{7}$ b) $\frac{65}{16}$ c) $\frac{45}{11}$ d) $\frac{25}{6}$

68 Determina quines d'aquestes fraccions són més petites que 3:

a) $\frac{35}{8}$ b) $\frac{23}{6}$ c) $\frac{17}{7}$ d) $\frac{44}{12}$

Operacions amb fraccions

69 Opera i simplifica quan sigui possible.

a) $\frac{5}{9}+\frac{3}{9}+\frac{10}{9}$
b) $\frac{7}{3}-\frac{2}{3}+\frac{1}{3}$
c) $\frac{8}{5}-\frac{2}{5}-\frac{3}{5}$
d) $\frac{11}{15}+\frac{8}{15}-\frac{4}{15}$

70 Resol aquestes sumes i restes de fraccions:

a) $\frac{5}{3}+\frac{1}{6}+\frac{1}{2}$
b) $\frac{1}{4}+\frac{3}{8}-\frac{1}{6}$
c) $\frac{3}{5}-\frac{1}{10}-\frac{4}{15}$
d) $\frac{7}{12}-\frac{8}{9}+\frac{13}{18}$

71 **CÀLCUL MENTAL.** Efectua les operacions següents:

a) $3+\frac{1}{2}$
b) $9-\frac{3}{4}$
c) $\frac{28}{3}-5$
d) $\frac{5}{2}+4$

72 Resol aquestes operacions:

a) $\frac{3}{2}+4-\frac{7}{4}$
b) $\frac{10}{3}-\frac{11}{6}+9$
c) $\frac{3}{4}+5-\frac{1}{8}$
d) $\frac{7}{2}-\frac{7}{4}-\frac{7}{8}$
e) $\frac{8}{9}+\frac{16}{15}-\frac{2}{15}$
f) $\frac{9}{7}+\frac{9}{14}+2$
g) $\frac{15}{8}-\frac{3}{4}+\frac{3}{10}$
h) $3-\frac{5}{12}+\frac{13}{6}$

73 Troba els errors que hi ha en aquestes igualtats i corregeix-los:

a) $\frac{26}{3}+\frac{4}{9}-5=\frac{26+4-5}{9}$
b) $\frac{17}{2}-\frac{7}{4}+\frac{8}{3}=\frac{17-7+8}{2-4+3}$
c) $\frac{19}{5}-\frac{9}{10}+\frac{2}{15}=\frac{19}{5}-\frac{9\cdot 3+2\cdot 2}{30}$

74 Efectua aquestes operacions:

a) $\frac{13}{5}-\left(\frac{1}{2}+\frac{1}{6}\right)$
b) $4-\left(2-\frac{1}{2}\right)+\left(3-\frac{1}{3}\right)$
c) $\frac{25}{9}-\left(\frac{1}{3}+\frac{1}{6}\right)$
d) $\frac{6}{5}-\left(\frac{3}{10}-\frac{1}{4}\right)$
e) $\frac{4}{3}-\left(\frac{3}{8}+\frac{1}{2}\right)+\left(\frac{5}{2}-\frac{1}{6}\right)$
f) $\frac{2}{7}-\frac{1}{5}+\left(7-\frac{2}{5}+\frac{5}{3}\right)$
g) $\frac{11}{6}-\left(\frac{3}{4}-\frac{1}{10}\right)+\left(4-\frac{1}{9}\right)$

75 Calcula i simplifica quan sigui possible.

a) $\frac{3}{2}\cdot\frac{8}{9}$
b) $\frac{1}{4}\cdot\frac{7}{2}$
c) $\frac{9}{5}\cdot\frac{10}{11}$
d) $\frac{2}{7}\cdot\frac{28}{2}$
e) $\frac{12}{5}\cdot 6$
f) $8\cdot\frac{3}{2}$

76 Efectua les operacions següents:

a) $\frac{9}{4}:\frac{3}{8}$
b) $\frac{5}{6}:\frac{10}{3}$
c) $7:\frac{21}{4}$
d) $\frac{8}{15}:2$
e) $\frac{16}{3}:\frac{12}{15}$
f) $\frac{2}{5}:5$
g) $\frac{6}{11}:\frac{24}{22}$
h) $1:\frac{1}{2}$

77 Calcula.

a) $\frac{3}{2}\cdot\left(\frac{5}{4}+3\right)$
b) $\left(2+\frac{1}{4}\right):\frac{15}{8}$
c) $\left(\frac{9}{2}-1\right)\cdot\frac{1}{4}$
d) $\frac{2}{7}:\left(3-\frac{1}{5}\right)$

78 Resol aquestes operacions:

a) $\frac{13}{5}:\left(\frac{7}{9}-\frac{5}{12}\right)$
b) $\left(\frac{4}{5}+\frac{1}{10}\right)\cdot\frac{3}{2}$
c) $\left(\frac{1}{3}+\frac{1}{6}\right)\cdot\frac{12}{7}$
d) $\left(\frac{5}{2}-\frac{5}{12}\right):\frac{20}{3}$

79 Calcula les operacions següents:

a) $\frac{2}{5}\cdot\frac{1}{6}+\frac{3}{10}$
b) $\frac{6}{5}+3\cdot\frac{5}{6}$
c) $3-\frac{4}{7}\cdot\frac{2}{3}$
d) $\frac{7}{9}:\frac{3}{2}-\frac{1}{3}$
e) $\frac{4}{3}+\frac{1}{6}\cdot\frac{8}{3}$
f) $\frac{15}{28}-\frac{1}{2}\cdot\frac{9}{2}$
g) $\frac{21}{2}\cdot\frac{8}{3}-\frac{15}{4}$
h) $5+\frac{1}{3}\cdot\frac{9}{2}$

80 Efectua aquestes operacions:

a) $\frac{12}{7}-\frac{1}{5}+\frac{3}{4}$
b) $\frac{3}{5}+\frac{7}{5}\cdot\frac{6}{5}:\frac{1}{7}$
c) $\frac{13}{2}-\frac{1}{3}+\frac{16}{5}:\frac{7}{4}$
d) $\frac{132}{5}-\frac{7}{3}:\frac{42}{5}+\frac{1}{2}$
e) $\frac{6}{7}:\frac{3}{15}-\frac{7}{5}\cdot\frac{1}{4}$
f) $\frac{3}{2}:\frac{17}{5}+\frac{6}{5}:\frac{1}{2}$

81 Resol.

a) $\frac{5}{9} - \left(\frac{7}{6} - \frac{2}{3}\right)$

b) $\frac{7}{5} - \left(\frac{3}{10} + \frac{1}{3}\right)$

c) $\left(\frac{5}{12} + \frac{3}{8}\right) - \frac{2}{3}$

d) $\frac{8}{3} : \left(\frac{6}{7} : \frac{3}{2}\right)$

e) $\frac{5}{3} : \left(\frac{15}{2} : \frac{3}{4}\right)$

f) $\left(\frac{3}{5} + \frac{1}{10}\right) : \frac{7}{2}$

82 Calcula.

a) $\left(\frac{11}{4} - 2\right) + \frac{2}{5}$

b) $\frac{3}{4} \cdot \left(\frac{5}{6} : \frac{7}{2}\right)$

c) $\frac{6}{7} : \left(\frac{4}{5} \cdot \frac{7}{2}\right)$

d) $\left(\frac{9}{5} \cdot \frac{2}{3}\right) : \frac{3}{5}$

e) $\left(\frac{9}{4} - \frac{3}{8}\right) : \frac{5}{4}$

f) $\left(\frac{7}{8} : \frac{5}{2}\right) : \frac{3}{2}$

83 Calcula i simplifica el resultat.

a) $12 - \left(\frac{25}{6} - \frac{7}{6}\right) - \frac{4}{18} \cdot \frac{18}{4}$

b) $\frac{2}{16} + \left(\frac{3}{6} - \frac{4}{8}\right) \cdot \frac{9}{5} - 6 \cdot \frac{4}{8}$

c) $\frac{7}{17} \cdot \frac{17}{57} + 6 - \frac{7}{4} + 5 \cdot \frac{2}{8}$

d) $\frac{2}{32} \cdot \frac{32}{4} \cdot \frac{4}{2} + 45 \cdot \frac{5}{7}$

e) $\frac{1}{3} : \frac{2}{5} + \frac{2}{5} - \frac{3}{12} + 4$

f) $4 - \left(\frac{2}{7} + \frac{1}{5}\right) \cdot \frac{5}{3} - \frac{7}{24}$

g) $\frac{19}{5} - \left(\frac{3}{4} - \frac{1}{7}\right) \cdot \frac{2}{6} : \frac{4}{9}$

h) $5 \cdot \frac{4}{9} \cdot \left(\frac{37}{47} - \frac{4}{8}\right) + 7$

84 Escriu a la llibreta el nombre que falta.

a) $\frac{\square}{3} : \frac{1}{9} \cdot \frac{1}{\square} = \frac{3}{2}$

b) $\frac{8}{7} \cdot \frac{6}{\square} \cdot \frac{1}{4} = \frac{6}{7}$

c) $\frac{4}{3} \cdot \frac{12}{5} : \frac{\square}{\square} = \frac{5}{13}$

d) $\frac{3}{10} + \frac{5}{\square} = \frac{43}{60}$

e) $\frac{\square}{4} + \frac{8}{3} - \frac{7}{6} = \frac{17}{4}$

Problemes amb fraccions

85 Un terç de 27 companys practiquen natació. Quants companys no fan natació?

86 En una classe de 1r d'ESO hi ha 22 alumnes, dels quals 13 són noies, i en una altra classe hi ha 20 alumnes, amb 12 noies en total. A quina classe és més gran la part dels alumnes que són noies?

87 En un partit de bàsquet, un jugador aconsegueix 10 cistelles triples de 14 intents i un altre jugador fa 12 cistelles triples de 20 intents. Quin dels dos llança millor els triples?

88 Per esmorzar, la Isabel beu $\frac{2}{8}$ de litre de llet i en Joan en beu $\frac{3}{4}$ de litre.

a) Quanta llet beuen entre tots dos?

b) Qui en beu més? Quant més?

89 Si omplim tasses d'un quart de litre amb una garrafa de cinc litres:

a) Quantes tasses omplim?

b) I si les tasses són d'un terç de litre?

c) I si són d'un sisè de litre?

90 La Marta i l'Àlex participen en una cursa del barri. La Marta fa, en mitja hora, 3 quilòmetres i $\frac{2}{5}$ de quilòmetre, i l'Àlex, en el mateix temps, ha recorregut $\frac{16}{5}$ de quilòmetre. Qui ha corregut més distància en aquesta mitja hora?

91 Si cada dia beus 2 litres i $\frac{3}{4}$ de litre d'aigua, beus més o menys de 600 litres l'any?

92 Una capsa de 12 llapis val 4 €. Quants llapis són els $\frac{2}{3}$ de la capsa? Quant costen?

93 En els límits d'un terreny que fa $\frac{3}{5}$ de quilòmetre, volem plantar un arbre cada $\frac{1}{20}$ de quilòmetre. Quants arbres podem plantar?

94 La Sílvia i en Miquel van a la mateixa escola. La Sílvia hi va caminant cada dia i triga $\frac{3}{4}$ d'hora per arribar-hi, i en Miquel agafa l'autobús i hi arriba en $\frac{3}{5}$ d'hora. Si surten a la mateixa hora, qui dels dos arriba abans a l'escola?

95 Dues amigues, l'Anna i l'Eva, fan els deures de l'escola. L'Anna estudia matemàtiques durant $\frac{2}{5}$ d'hora, llegua catalana durant $\frac{2}{3}$ d'hora i anglès durant $\frac{3}{4}$ d'hora; l'Eva estudia $\frac{4}{6}$ d'hora català, $\frac{3}{5}$ d'hora matemàtiques i $\frac{7}{12}$ d'hora anglès.

a) A quina àrea l'Anna ha dedicat menys temps d'estudi?

b) A quina àrea l'Eva ha emprat més temps?

c) Quina de les dues amigues dedica més temps a estudiar matemàtiques?

d) Quina d'elles ha dedicat més hores a estudiar?

96 En Jordi reparteix el seu temps d'oci, que són 4 hores, de la manera següent:

- Una tercera part la dedica a fer esport.
- Dues cinquenes parts, a la lectura.
- La resta, a mirar la televisió.

a) Quina fracció del seu temps d'oci dedica a mirar la televisió?

b) A quina activitat li dedica més temps?

SABER FER

Calcular una *part* del *total*

97 De tots els alumnes de la classe, $\frac{2}{3}$ són noies. Quants nois hi ha?

PRIMER. Expressem numèricament el *total* i la *part*. El *total* sempre és 1.

TOTAL: Tots els alumnes ⟶ 1

PART: Noies ⟶ $\frac{2}{3}$

SEGON. Restem la *part* del *total* per obtenir l'altra *part*.

$$1 - \frac{2}{3} = \frac{3}{3} - \frac{2}{3} = \frac{1}{3}$$

De tots els alumnes de la classe, $\frac{1}{3}$ són nois.

98 Al jardí de la Paula, tres setenes parts del total de les flors són roses, una desena part són petúnies i la resta són margarides.

a) Quina fracció del total representen les margarides?

b) De quines flors n'hi ha menys quantitat?

99 En una platja, $\frac{3}{7}$ dels banyistes són catalans, $\frac{1}{5}$ són francesos i la resta són d'altres nacionalitats. Quina fracció del total representen aquests últims?

100 L'Antoni camina cada dia 3.120 m repartits en dues sessions:

- Al matí recorre tres cinquenes parts del total.
- A la tarda fa la resta del trajecte.

a) Quina fracció del total recorre a la tarda?

b) Quants metres camina en cada sessió?

101 D'una classe de 24 alumnes, els $\frac{3}{8}$ han tingut la grip. Quina fracció d'alumnes no l'han passada? Quants alumnes són?

102 D'un pot amb 180 caramels, la Laura se n'ha menjat una desena part, la Marta, una novena part, i la Remei, una cinquena part. Del que en queda, l'Oriol se n'ha menjat la meitat.

a) Quants caramels queden?

b) Quina fracció de caramels s'han menjat entre tots?

103 Una capsa té 15 paquets de 8 galetes cada un. Un grup d'amics ja s'ha menjat 40 galetes.

a) Quina fracció del total de paquets s'ha menjat el grup d'amics?

b) Quina fracció del total de galetes queda?

104 D'una taronja s'aprofiten per fer-ne suc tan sols $\frac{4}{9}$ parts, la resta és pell.

a) Si utilitzem 27 kg de taronges, quina quantitat de suc obtindrem?

b) Quina fracció correspon a la pell?

105 Les $\frac{2}{5}$ parts d'un grup de 15 amics aniran de vacances a la platja, una tercera part aniran a la muntanya i la resta no aniran de vacances.

a) Quina fracció d'amics aniran de vacances?

b) Quants aniran a la muntanya?

106 L'Àngel distribueix el seu sou d'aquesta manera:

- Una sisena part per a menjar.
- Una cinquena part en roba i calçat.
- Una vuitena part per pagar factures domèstiques.
- Dues setenes parts per pagar la hipoteca.
- La resta de diners del sou els reserva per a imprevistos.

a) Quina fracció del total destina a menjar, roba i calçat?

b) Quina part reserva per a imprevistos?

c) Com reparteix els diners si té un sou de 1.260 €?

107 El dipòsit de gasolina del cotxe de la Roser té una capacitat de 60 litres. En un moment concret li queden 8 litres i s'encén el llumet indicador de la reserva.

a) Quina fracció del dipòsit representa la reserva?

b) I la part buida?

108 La Núria ha comprat un pis i ha pagat d'entrada els $\frac{3}{8}$ del seu valor i la resta, en 10 terminis iguals. Quina fracció del total ha de pagar en cada termini?

109 D'una ampolla d'aigua plena de tres quarts de litre n'extreuen la sisena part de l'aigua.

a) Quina fracció de litre han extret?

b) Quants mil·lilitres d'aigua queden a l'ampolla?

HAS DE SABER FER

Fraccions equivalents

1 Calcula i escriu a la llibreta els valors que fan que aquestes fraccions siguin equivalents:

a) $\frac{\square}{4} = \frac{15}{6}$ b) $\frac{8}{\square} = \frac{6}{9}$

2 Determina la fracció irreductible.

a) $\frac{84}{40}$ b) $\frac{72}{96}$ c) $\frac{255}{102}$ d) $\frac{385}{440}$

Comparació de fraccions

3 Completa a la llibreta amb valors que compleixin les condicions següents:

a) $\frac{1}{2} < \frac{\square}{8} < \frac{5}{8}$ c) $\frac{5}{6} < \frac{\square}{\square} < \frac{7}{8}$

b) $\frac{3}{7} < \frac{3}{\square} < \frac{3}{4}$ d) $\frac{\square}{9} < \frac{7}{9} < \frac{7}{\square}$

Operacions amb fraccions

4 Efectua aquestes operacions:

a) $\left(\frac{17}{6} - \frac{3}{7}\right) : \frac{5}{2} + \frac{11}{3}$

b) $\frac{5}{4} - \left(\frac{12}{5} + \frac{3}{2}\right) \cdot \frac{7}{3} \cdot 5$

5 La Llúcia i en Quim llegeixen un llibre de 360 pàgines. Si la Llúcia ha llegit $\frac{7}{15}$ del llibre i en Quim, $\frac{9}{20}$:

a) Qui dels dos ha llegit més pàgines?

b) Quantes pàgines els queden per llegir a cada un?

6 La Marga està pintant una paret. Si ja n'ha fet la sisena part, quina fracció li queda per pintar?

En la vida quotidiana

110 Alguna vegada has fet una fotografia d'un objecte en moviment?

Si ho has fet, deus haver observat que l'objecte que has fotografiat hi surt com si estigués aturat.

Fixa't en les fotografies del molinet de vent; encara que sembli mentida, en totes tres gira a la mateixa velocitat. Per aconseguir aquest efecte has de comprovar les propietats amb les quals es fa la foto.

En les aplicacions de la càmera trobaràs una pantalla similar a la que veus a l'esquerra. Hi apareix una fracció que indica el temps durant el qual entra llum al sensor de la càmera. Per poder fer fotografies com les anteriors necessitem temps llargs per fotografiar el moviment i temps curts per congelar la imatge.

a) Assigna a cada fotografia un dels temps d'exposició següents: $\frac{1}{30}, \frac{1}{400}, \frac{1}{6}$.

I

II

III

b) La taula següent mostra els temps, més petits que un segon, més utilitzats:

1	1/2	1/4	1/8	1/15	1/30	1/60	1/125	1/250	1/500

Quina relació hi ha entre cada fracció i la següent?

Formes de pensar. Raonament matemàtic

111 Amb els nombres 1, 2, 3 i 4, forma totes les fraccions possibles que no siguin equivalents.

112 Escriu una fracció que estigui inclosa entre $\frac{1}{2}$ i $\frac{1}{3}$.

a) Troba ara una fracció inclosa entre $\frac{1}{2}$ i la fracció que has escrit abans.

b) Podries repetir el procés tantes vegades com volguessis? Justifica la resposta.

113 Troba una fracció que estigui entre $\frac{3}{8}$ i $\frac{5}{12}$.

114 Si les divisions que han fet entre $\frac{2}{3}$ i $\frac{46}{15}$ són iguals, quina fracció representa *A*?

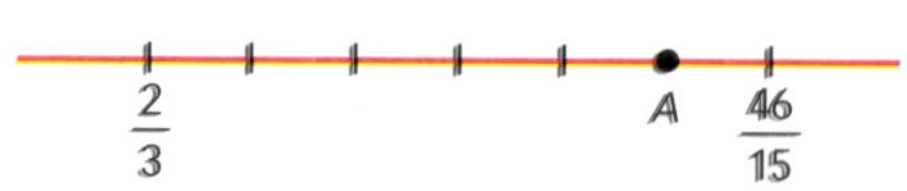

115 Llegeix les pistes i esbrina de quina fracció es tracta.

- Si sumem 12 al numerador i al denominador, la nova fracció és el doble que la primera.
- El numerador és 3.

PROJECTE FINAL. **Aprenentatge cooperatiu**

OBJECTIU: Escriure un article per la revista del centre educatiu

Un cop formats els grups, seguiu el procés següent:

1a Fase

- Feu una llista amb els possibles temes que es podrien tractar a l'article.
- Busqueu-ne informació i avalueu l'interès que poden tenir per a les persones que el llegeixin.
- Determineu els possibles enfocaments que es poden donar a cada tema: ecològic, tecnològic, històric...

2a Fase

- Estimeu l'espai que ha d'ocupar l'article i determineu si els temes proposats s'adapten a aquesta extensió.
- Dissenyeu el format de l'article: quina part de l'article estarà dedicada a fotografies, quina a il·lustracions i quina a text.

3a Fase

- Poseu en comú la informació recollida i seleccioneu el tema del qual tractarà l'article.
- Escriviu l'article, adjunteu-hi imatges i signeu-lo. Afegiu-hi també les fonts d'on heu obtingut la informació.

Proves PISA

L'embassament

116 ●●● Per evitar que un embassament quedi buit, s'estableix que ha d'estar a $\frac{1}{12}$ de la seva capacitat com a mínim. Quan l'aigua està per sota d'aquest mínim, s'apliquen talls en el subministrament d'aigua. Si quan comença l'estiu un embassament estava a $\frac{2}{3}$ de la seva capacitat i cada dia se'n redueix $\frac{1}{60}$:

a) Al cap de 30 dies, caldrà començar a fer talls en el subministrament?

b) Per a quants dies hi haurà aigua a l'embassament si no plou durant aquest temps?

(Activitat model)

El pintor professional

117 ●●● Volen pintar de blanc una paret que ara és de color blau fosc. Com que el canvi de color és molt dràstic, caldrà fer més d'una capa de pintura. Per fer la factura, el pintor apunta les capes de pintura que fa i la part del pot que fa servir en cada capa.

Primera capa: $\frac{3}{4}$ del pot
No queda bé.

Segona capa: $\frac{5}{8}$ del pot
Millor, però fem una altra capa, el client és exigent.

Tercera capa: $\frac{1}{3}$ del pot
Perfecte, el client està satisfet.

a) En té prou amb un pot de pintura?

b) Quanta pintura ha sobrat en el pot?

(Activitat model)

CLAUS PER COMENÇAR

Els nombres decimals

Els **nombres decimals** es fan servir per expressar quantitats que no són senceres.

EXEMPLE

- L'alçada de la Maria és d'1,43 m.
- Aquesta llibreta costa 2,50 €.
- Una milla terrestre equival a 1.609,34 m.
- L'ampolla té una capacitat de 0,75 ℓ.

ACTIVITATS

1 Escriu tres exemples més en els quals s'utilitzin nombres decimals de manera habitual.

Ordre d'unitats en els nombres decimals

Per expressar quantitats que representen parts de la unitat utilitzem les **unitats decimals**: dècimes (d), centèsimes (c), mil·lèsimes (m)...

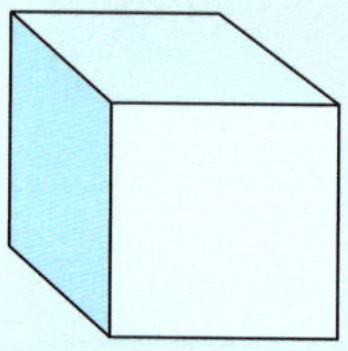

1 unitat

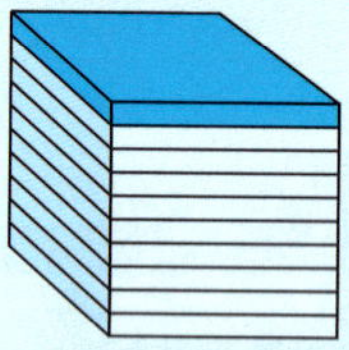

La dècima part d'una unitat és una dècima

1 unitat = 10 dècimes

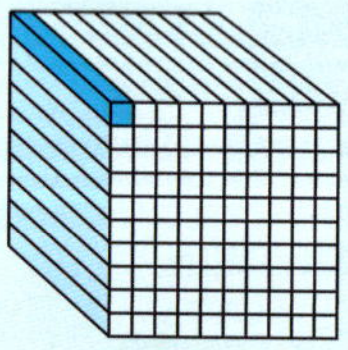

La centèsima part d'una unitat és una centèsima

1 unitat = 100 centèsimes
1 dècima = 10 centèsimes

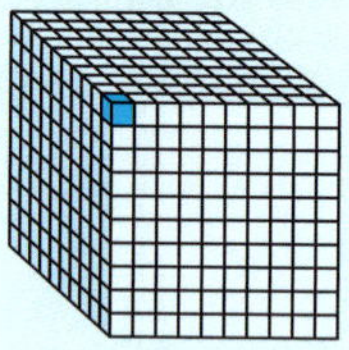

La mil·lèsima part d'una unitat és una mil·lèsima

1 unitat = 1.000 mil·lèsimes
1 dècima = 100 mil·lèsimes
1 centèsima = 10 mil·lèsimes

EXEMPLE

27 unitats = 270 dècimes = 2.700 centèsimes = 27.000 mil·lèsimes.

ACTIVITATS

2 Escriu a la llibreta les equivalències següents:

a) 34 centèsimes = □ mil·lèsimes

b) 9 unitats = □ centèsimes

1912
Longines sincronitza el cronòmetre amb el tret de sortida i amb el trencament de la cinta d'arribada, encara que oficialment eren prioritaris els temps dels jutges.

1915
Breitling introdueix cronòmetres en els seus rellotges de polsera i, així, posa aquest instrument a l'abast d'atletes i entrenadors.

Nombres decimals

5

SABER

- Nombres decimals
- Aproximació de nombres decimals
- Operacions amb nombres decimals
- Nombres decimals i fraccions
- Tipus de nombres decimals

SABER FER

- Ordenar nombres decimals
- Resoldre operacions combinades de suma, resta i multiplicació
- Obtenir xifres decimals en un quocient

? INTERPRETA LA IMATGE

El cronòmetre

L'ús i l'evolució del cronòmetre sempre han estat molt lligats a l'esport. Gràcies a aquesta eina, en els Jocs Olímpics de Pequín de 2008 es va poder mesurar com Michael Phelps va aconseguir nedar els 100 m papallona en 50,58 segons.

Michael Phelps va guanyar la medalla d'or i la segona posició va ser per al serbi Milorad Čavić.

- Si la diferència entre tots dos va ser d'una centèsima de segon, quin temps va fer Čavić?

1916
Heuer patenta un cronòmetre de gran precisió. Heuer va ser responsable del cronometratge en els jocs olímpics des del 1920 fins al 1928.

1932
En els Jocs Olímpics de Los Angeles de 1932, s'utilitzen 30 cronòmetres controlats per un sol tècnic que podien registrar resultats en dècimes i cinquens de segon.

1946
Omega crea el Racend Omega, conegut com la càmera que *filma el temps*, que permet veure l'ordre d'arribada al final d'una carrera.

2012
En els Jocs Olímpics de Londres de 2012, Omega llança una nova tecnologia que permet una precisió d'1 μs, és a dir, d'una milionèsima de segon.

1 Nombres decimals

Un nombre decimal està compost per dues parts:

- **Part entera:** xifres situades a l'esquerra de la coma. És la part més gran que la unitat: unitats, desenes, centenes...
- **Part decimal:** xifres situades a la dreta de la coma. És la part que és més petita que la unitat: dècimes, centèsimes...

Per llegir un nombre decimal, primer en llegim la part entera i, després, la part decimal seguida de l'ordre d'unitats que correspon a l'última xifra decimal.

1.1. Comparació de nombres decimals

Per **comparar** dos **nombres decimals** hem de seguir aquests passos:

1r En comparem les parts enteres.
És més gran el nombre amb la part entera més gran.

2n Si les parts enteres són iguals, en comparem les parts decimals.
En comparem les dècimes, les centèsimes, les mil·lèsimes... És més gran el nombre amb la part decimal més gran, comparada xifra a xifra.

EXEMPLES

1. Descompon en ordres d'unitats i indica com es llegeix 25,013.

Part entera		Part decimal		
Desenes	Unitats	Dècimes	Centèsimes	Mil·lèsimes
2	5	0	1	3

El nombre 25,013 el llegim: vint-i-cinc unitats tretze mil·lèsimes.

2. Compara els nombres 7,124 i 7,128.

Tenen la mateixa part entera.

En comparem la part decimal. Tenen les mateixes dècimes i centèsimes. Les mil·lèsimes són més grans en el segon nombre. → $7{,}124 < 7{,}128$

ACTIVITATS

1 PRACTICA. Escriu amb xifres.

a) Vint unitats set dècimes

b) Quaranta-nou mil·lèsimes

2 PRACTICA. Compara aquests nombres:

a) 23,01 i 23,105 b) 40 i 39,965

3 APLICA. Completa a la llibreta.

a) 72 centèsimes = □ mil·lèsimes

b) 5 unitats = □ dècimes

4 REFLEXIONA. Quin nombre té 4 unitats, 13 dècimes i 39 centèsimes?

SABER FER

Si afegim zeros a la dreta d'un decimal, el nombre continua sent el mateix.

1,35
1,350
1,3500
1,35000

Ordenar nombres decimals

Ordena de més gran a més petit aquests nombres decimals:

15,67 0,7 0,72 16,1 15,674 7

Passos que cal seguir

1. Afegim zeros a la dreta de la part decimal dels nombres fins que tinguem la mateixa quantitat de decimals en tots els nombres.

La quantitat més gran de decimals la té 15,674, que en té tres.

Afegim zeros a la dreta de cada nombre perquè tingui tres decimals.

15,67 = 15,670 0,72 = 0,720 15,674
0,7 = 0,700 16,1 = 16,100 7 = 7,000

2. Ordenem els nombres fixant-nos en la part entera. Si dos nombres tenen la mateixa part entera, els posem junts.

Els ordenem segons la part entera:

16,100 15,670 15,674 7,000 0,700 0,720

3. En els nombres en els quals la part entera sigui igual, en comparem la part decimal xifra a xifra.

15,67**4** > 15,67**0**

0,7**20** > 0,7**00**

4. Ordenem els nombres segons els resultats que hem obtingut.

16,100 > 15,674 > 15,670 > 7,000 > 0,720 > 0,700

És a dir:

16,1 > 15,674 > 15,67 > 7 > 0,72 > 0,7

ACTIVITATS

5 Ordena de més petit a més gran.

a) 1,45 1,4 1,5 1,54 1,44
b) 0,201 0,21 0,211 0,121 0,221
c) 15,435 15,355 15,453 15,534 15,44

6 Ordena de més gran a més petit.

a) 3,72 3,7 3,07 3,27 3,77
b) 45,2 45,25 45,5 45,22 45,52
c) 6,303 6,33 6,36 6,3 6,336

7 Indica dos nombres que compleixin aquestes condicions:

a) 28,4 < □ < 28,5
b) 28,48 < □ < 28,49
c) 28,142 < □ < 28,143

8 Determina tres nombres que compleixin aquestes desigualtats:

a) 23,08 < □ < 23,1
b) 13,194 < □ < 13,2
c) 4,526 < □ < 4,53
d) 0,01 < □ < 0,015

9 Escriu el nombre que correspongui en cada apartat.

a) El nombre que és 5 centèsimes més gran que el nombre 4,57.
b) El nombre que és 4 mil·lèsimes més petit que el nombre 0,485.
c) El nombre que és 6 centèsimes i 9 mil·lèsimes més gran que el nombre 5,85.
d) El nombre que és 8 unitats, 5 dècimes i 7 mil·lèsimes més petit que el nombre 12,7.
e) El nombre que és 5 dècimes més gran que el nombre 8.
f) El nombre que és 85 mil·lèsimes més gran que el nombre 2.

10 Troba el nombre corresponent.

a) És 4 mil·lèsimes més petit que 19,318.
b) És 4 mil·lèsimes més petit que 3,65.
c) És 4 mil·lèsimes més petit que 0,01.

2 Aproximació de nombres decimals

T'HI ATREVEIXES?

Troba un nombre el truncament del qual sigui més gran que el seu arrodoniment.

En molts casos, en lloc de treballar amb els nombres decimals directament, ho fem amb les seves aproximacions.

2.1. Truncament

Truncar un nombre decimal fins a un ordre determinat consisteix a eliminar les xifres dels ordres inferiors a aquest ordre.

EXEMPLE

3. Trunca els nombres 6,79 i 12,435 a les dècimes.

Eliminem en cada nombre totes les xifres a partir de les dècimes.

$6{,}79 \xrightarrow[\text{a la dècima}]{\text{Truncament}} 6{,}7 \qquad 12{,}435 \xrightarrow[\text{a la dècima}]{\text{Truncament}} 12{,}4$

2.2. Arrodoniment

Arrodonir un nombre decimal fins a un ordre determinat consisteix a eliminar-ne les xifres inferiors d'aquest ordre, de manera que:

- Si la xifra següent és igual o més gran que 5, sumem una unitat a la xifra que arrodonim.
- Si és més petita que 5, no canvia la xifra que volem arrodonir.

EXEMPLE

4. Arrodoneix a les centèsimes 8,971 i 7,539.

Ens fixem en la xifra de les mil·lèsimes.

8,97**1** → Com que $1 < 5$, no canvia la xifra de les centèsimes.
El nombre arrodonit és 8,97.

7,53**9** → Com que $9 > 5$, sumem 1 a les centèsimes. → $3 + 1 = 4$
El nombre arrodonit és 7,54.

ACTIVITATS

11 PRACTICA. Trunca a les dècimes i a les centèsimes.

a) 5,47 b) 9,043 c) 72,825 d) 0,2876

12 PRACTICA. Arrodoneix a les centèsimes i a les mil·lèsimes aquests nombres:

a) 37,643 b) 0,7205 c) 18,5081 d) 124, 562

13 APLICA. Trunca i arrodoneix el nombre decimal 1,9999999.

a) A les dècimes b) A les mil·lèsimes

14 REFLEXIONA. L'aproximació per truncament, proporciona un nombre més gran o més petit que el nombre aproximat? I l'aproximació per arrodoniment?

3 Multiplicació i divisió per 10, 100, 1.000... i per 0,1; 0,001; 0,001...

Si **multipliquem** un nombre decimal per:

- La unitat seguida de zeros, desplacem la coma cap a la dreta tants llocs com zeros segueixen la unitat.
- 0,1; 0,01; 0,001..., desplacem la coma cap a l'esquerra tants llocs com decimals tingui el factor 0,1; 0,01; 0,001...

EXEMPLE

5. Calcula aquestes multiplicacions:

a) 3,75 · 1.000 = 3.750 → Movem la coma 3 llocs a la dreta.
Com que no hi ha prou decimals, hi afegim zeros.

b) 19,84 · 0,1 = 1,984 → Movem la coma 1 lloc a l'esquerra.

c) 6,3 · 0,01 = 0,063 → Movem la coma 2 llocs a l'esquerra.
Com que no hi ha prou decimals, hi afegim zeros.

Si **dividim** un nombre decimal entre:

- La unitat seguida de zeros, desplacem la coma cap a l'esquerra tants llocs com zeros tingui la unitat.
- 0,1; 0,01; 0,001..., desplacem la coma cap a la dreta tants llocs com decimals tingui 0,1; 0,01; 0,001...

EXEMPLE

6. Calcula les divisions següents:

a) 12,34 : 10 = 1,234 → Movem la coma 1 lloc a l'esquerra.

b) 94,6 : 100 = 0,946 → Movem la coma 2 llocs a l'esquerra.
Com que no hi ha prou decimals, hi afegim zeros.

c) 0,9 : 0,01 = 90 → Movem la coma 2 llocs a la dreta.
Com que no hi ha prou decimals, hi afegim zeros.

! NO TE N'OBLIDIS

- Multiplicar per 0,1 és el mateix que dividir entre 10.
  6,8 · 0,1 = 6,8 : 10 = 0,68
- Dividir entre 0,1 és el mateix que multiplicar per 10.
  6,8 : 0,1 = 6,8 · 10 = 68

ACTIVITATS

15 PRACTICA. Resol aquestes operacions:

a) 0,135 · 100 b) 35,6 · 0,1 c) 9.874,3 · 0,001

16 PRACTICA. Calcula aquestes divisions:

a) 52,378 : 1.000 c) 193,6 : 100
b) 68,407 : 0,1 d) 436,72 : 0,0001

17 APLICA. Completa a la llibreta.

a) 2,85 : 0,01 = 2,85 · □
b) 347,9 · 0,001 = 3.479 : □

18 REFLEXIONA. Completa a la llibreta.

□ · 0,01 = 5,9876 = □ : 10.000 = □ · 0,0001

4 Suma, resta i multiplicació de nombres decimals

Per **sumar** o **restar nombres decimals**:

1r Els col·loquem de manera que les comes decimals estiguin alineades i hi afegim els zeros necessaris perquè tots tinguin la mateixa quantitat de xifres decimals.

2n Els sumem o restem com si fossin nombres naturals i mantenim la coma al seu lloc.

EXEMPLE

7. Calcula aquestes operacions:

a) 87,5 + 9,46 + 12,064

Col·loquem els nombres i hi afegim els zeros necessaris.

```
   87,5 0 0
    9,4 6 0
+  12,0 6 4
-----------
  109,0 2 4
```

b) 4,9 − 1,873

Col·loquem els nombres i hi afegim els zeros necessaris.

```
   4,9 0 0
−  1,8 7 3
----------
   3,0 2 7
```

Per **multiplicar** dos **nombres decimals**:

1r Els multipliquem com si fossin nombres naturals.

2n Col·loquem la coma en el resultat i separem tantes xifres com decimals sumin entre els dos factors.

EXEMPLE

8. Calcula: 8,75 · 2,3.

```
     8,75  ← 2 xifres decimals
 ×    2,3  ← 1 xifra decimal
 --------
    2625        2 + 1 = 3
   1750
 --------
   20,125  ← 3 xifres decimals
```

T'HI ATREVEIXES?

La Laura té monedes de 5 i de 2 cèntims. Quines quantitats més petites que 1 € no pot tenir?

ACTIVITATS

19 PRACTICA. Resol aquestes operacions:

a) 1,2 + 75,34 + 0,585 c) 18,003 − 10,02

b) 972,4 − 39,67 d) 0,75 + 1,272

20 APLICA. Tinc 60 € i vull un llibre que costa 15,65 € i un rellotge de 47,5 €. Quant em falta?

21 APLICA. Compro 5 bitllets de tren a 28,38 € cada un i 5 de vaixell a 92,52 € cada un. Quant he gastat?

22 REFLEXIONA. Si sabem que 364 · 123 = 44.772, indica el resultat d'aquests productes:

a) 36,4 · 12,3 b) 364 · 1,23 c) 0,364 · 12,3

SABER FER

Resoldre operacions combinades de suma, resta i multiplicació amb nombres decimals

Resol aquesta operació: 5,6 − (2,8 − 0,72) · 0,304

Passos que cal seguir

1. Resolem les operacions que hi ha entre parèntesis.

5,6 − (2,8 − 0,72) · 0,304 =

$$\begin{array}{r} 2{,}80 \\ -\ 0{,}72 \\ \hline 2{,}08 \end{array}$$

2. Calculem les multiplicacions i les divisions, d'esquerra a dreta.

= 5,6 − 2,08 · 0,304 =

$$\begin{array}{r} 2{,}08 \\ \times\ 0{,}304 \\ \hline 832 \\ 624 \\ \hline 0{,}63232 \end{array}$$

3. Calculem les sumes i les restes, també d'esquerra a dreta.

= 5,6 − 0,63232 =

= 4,96768

$$\begin{array}{r} 5{,}60000 \\ -\ 0{,}63232 \\ \hline 4{,}96768 \end{array}$$

Per resoldre operacions combinades amb nombres decimals, utilitzem la mateixa jerarquia de les operacions que amb els nombres naturals.

1r Parèntesis

2n Multiplicacions i divisions

3r Sumes i restes

ACTIVITATS

23 Resol aquestes operacions:

a) 16,72 + 4,3 · 5,1
b) 7,93 − 0,2 · 5,86
c) 24,065 + 3,75 · 4,5
d) 210,04 − 10,56 · 3,9

24 Efectua els càlculs següents:

a) 4,32 · 6,8 + 0,7 · 1,55
b) 27,4 · 2,25 − 13,6 · 0,01
c) 59,605 · 0,4 + 0,02 · 100,5
d) 78,9 · 10,3 − 64,3 · 1,49

25 Fes aquestes operacions amb parèntesis:

a) 2,7 · (4,25 − 3,9) + 8,327
b) 19,65 − (3,2 + 4,9) · 0,25
c) 1,46 · (72,3 − 65,08) − 5,56
d) (15,7 + 1,654) · 0,01 − 0,003

26 Resol les operacions següents:

a) 3,1 · (0,4 − 0,25) · 0,05
b) 45,2 · 2,1 − (10,4 + 3,75) · 0,8
c) (15,3 − 3,7 · 1,95) · 1,6
d) 2,5 · (7,2 − 6,7) · (1,8 − 0,9)
e) 25,7 + 0,5 · 8,4 + 3,654 · (1,78 + 2,1)

27 Completa a la llibreta amb el nombre adequat perquè es compleixin les igualtats.

a) 0,5 · 8,4 + □ = 5,9
b) □ + 2,4 · 0,1 = 6,61
c) 72,5 · 0,02 − □ = 0,33
d) □ − 3,96 = 6,89
e) 0,01 · 435,5 − □ = 4

28 Una casa té planta baixa i dos pisos. La planta baixa té 3,4 m d'altura i cada pis, una altura de 3,14 m. L'extrem de la teulada es troba a 2,45 m de l'últim pis. Quina altura total té la casa?

29 Si comprem 5 entrades, 2 bosses petites de crispetes i 3 de grans, tenim prou diners amb un bitllet de 50 €? Quants diners ens sobren?

5 Divisió de nombres decimals

Quan dividim nombres decimals ens podem trobar amb diversos casos. Segons si el dividend i el divisor són nombres naturals o decimals, actuarem de manera diferent a l'hora de resoldre la divisió.

5.1. Divisió d'un nombre decimal entre un nombre natural

Per **dividir un nombre decimal entre un nombre natural**:

1r Efectuem la divisió com si fossin nombres naturals.

2n Quan baixem la primera xifra decimal, posem una coma en el quocient.

3r Continuem la divisió.

Encara que el divisor tingui més d'una xifra, si la part entera només té una xifra, comencem la divisió agafant tan sols aquesta xifra, i després continuem la divisió xifra a xifra, com és habitual.

```
1,45 |23      1,45 |23      1,45 |23
      0,            0,0     07    0,06
```

EXEMPLE

9. Efectua les divisions següents:

a) 9,25 : 5

```
9,2 5 |5
4(2)   1,85
  2 5
    0
```

Quan baixem la primera xifra decimal, 2, posem una coma en el quocient i continuem la divisió

b) 2,37 : 3

```
(2),3 7 |3
  2 3    0,7 9
    2 7
      0
```

Quan la part entera del dividend és més petita que el divisor ($2 < 3$), la part entera del quocient és 0.

c) 0,3459 : 41

```
0,3 4 5 9 |41    →  0,3 4 5 9 |41    →  0,3 4 5 9 |41
           0,           3      0,0          3 4    0,00

0,3 4 5 9 |41      →  0,3 4 5 9 |41
    3 4 5  0,008          3 4 5  0,0084
      1 7                   1 7 9
                              1 5
```

ACTIVITATS

30 PRACTICA. Resol aquestes divisions:

a) 45,8 : 2
b) 327,95 : 5
c) 1,7862 : 3
d) 4,0501 : 2

31 PRACTICA. M'han cobrat 8,10 € per 6 kg de taronges. Quant val 1 kg de taronges?

32 APLICA. Determina el preu d'un rotlle de paper si sabem que 8 unitats costen 6,24 €.

33 REFLEXIONA. Si sabem que $35,12 : 5 = 7,024$; calcula.

a) 3.512 : 5
b) 3,512 : 5
c) 351,2 : 5

5.2. Divisió d'un nombre natural entre un nombre decimal

Quan el divisor és un nombre decimal, el convertim en nombre natural multiplicant-lo per la unitat seguida de zeros.

Per **dividir un nombre natural entre un nombre decimal**:

1r Multipliquem el dividend i el divisor per la unitat seguida de tants zeros com xifres decimals hi hagi en el divisor.

2n Efectuem la divisió dels nombres naturals obtinguts.

EXEMPLE

10. Resol aquestes divisions:

a) 15 : 2,5

Transformem el nombre decimal del divisor en un nombre natural. Per fer-ho, el multipliquem per 10.

$$15 : 2{,}5 \rightarrow \begin{cases} \text{Dividend} \rightarrow 15 \cdot 10 = 150 \\ \text{Divisor} \rightarrow 2{,}5 \cdot 10 = 25 \end{cases} \rightarrow 150 : 25$$

```
150 |25
 00   6
```

b) 138 : 0,42

Per convertir el divisor en un nombre natural, el multipliquem per 100.

$$138 : 0{,}42 \rightarrow \begin{cases} \text{Dividend} \rightarrow 138 \cdot 100 = 13.800 \\ \text{Divisor} \rightarrow 0{,}42 \cdot 100 = 42 \end{cases} \rightarrow 13.800 : 42$$

```
13800 |42
 120   328
  360
   24
```

c) 43 : 0,021

Per convertir el divisor en un nombre natural, el multipliquem per 1.000.

$$43 : 0{,}021 \rightarrow \begin{cases} \text{Dividend} \rightarrow 43 \cdot 1.000 = 43.000 \\ \text{Divisor} \rightarrow 0{,}021 \cdot 1.000 = 21 \end{cases} \rightarrow 43.000 : 21$$

```
43000 |21
0100   2047
  160
   13
```

ACTIVITATS

34 PRACTICA. Efectua les divisions següents:

a) 5.014 : 3,2 b) 4.752 : 0,25 c) 98.047 : 5,623

35 APLICA. El lluç que he comprat pesava 1,750 kg i m'han cobrat 21 €. Quant costa 1 kg de lluç?

36 APLICA. Una impressora ha fet 189 pàgines en 12,6 minuts. Quants fulls imprimeix per minut?

37 REFLEXIONA. Si sabem que 7.992 : 14,4 = 555; calcula.

a) 79.920 : 144 b) 799.200 : 1.440

5.3. Divisió d'un nombre decimal entre un nombre decimal

Si convertim el divisor en un nombre natural, ens trobarem en un dels casos anteriors.

T'HI ATREVEIXES?

Si tres melons i mig costen 3 € i mig, quant costa un meló i mig?

Per **dividir un nombre decimal entre un nombre decimal:**

1r Multipliquem el dividend i el divisor per la unitat seguida de tants zeros com xifres decimals hi hagi en el divisor.

2n Fem la divisió obtinguda, que és una divisió d'un nombre natural entre un altre de natural o d'un nombre natural entre un decimal.

EXEMPLE

11. **Calcula aquestes divisions:**

a) **5,068 : 3,62**

Per convertir el divisor en un nombre natural, el multipliquem per 100.

$$5{,}068 : 3{,}62 \rightarrow \begin{cases} \text{Dividend} \rightarrow 5{,}068 \cdot 100 = 506{,}8 \\ \text{Divisor} \rightarrow 3{,}62 \cdot 100 = 362 \end{cases} \rightarrow 506{,}8 : 362$$

Obtenim una divisió d'un nombre decimal entre un de natural.

```
506,8 |362
1448   1,4
 000
```

b) **6,3 : 0,21**

Per convertir el divisor en un nombre natural, el multipliquem per 100.

$$6{,}3 : 0{,}21 \rightarrow \begin{cases} \text{Dividend} \rightarrow 6{,}3 \cdot 100 = 630 \\ \text{Divisor} \rightarrow 0{,}21 \cdot 100 = 21 \end{cases} \rightarrow 630 : 21$$

Obtenim una divisió de dos nombres naturals.

```
630 |21
000  30
```

c) **0,0132 : 0,2**

Per convertir el divisor en un nombre natural, el multipliquem per 10.

$$0{,}0132 : 0{,}2 \rightarrow \begin{cases} \text{Dividend} \rightarrow 0{,}0132 \cdot 10 = 0{,}132 \\ \text{Divisor} \rightarrow 0{,}2 \cdot 10 = 2 \end{cases} \rightarrow 0{,}132 : 2$$

Obtenim una divisió d'un nombre decimal entre un de natural.

```
0,132 |2
  13   0,066
   12
    0
```

Quan el dividend és un nombre decimal, el residu també és un nombre decimal.

```
0,27 |4
  27  0,06
   3 → Residu = 0,03

9,005 |3
0005   3,001
   2 → Residu = 0,002
```

ACTIVITATS

38 PRACTICA. Efectua les divisions següents:

a) 29,7 : 4,5 b) 348,96 : 3,25 c) 4.604,2 : 0,02

39 APLICA. El forn elèctric d'una fleca que ha estat funcionant durant 4,24 hores ha consumit 12,72 kW. Quant consumeix en 1 hora?

40 APLICA. Si un pop pesa 2,650 kg i val 37,10 €, quant costa 1 kg de pop?

41 REFLEXIONA. M'han cobrat 0,5088 € per una trucada telefònica que ha durat 4,24 minuts. Si no em cobren establiment de trucada, quants cèntims em costa el minut?

SABER FER

Obtenir xifres decimals en un quocient

Calcula la divisió 116 : 92 amb aquests decimals:

a) Una xifra decimal en el quocient **b) Dues xifres decimals en el quocient**

Comprova que els resultats són correctes fent la prova de la divisió.

Passos que cal seguir

1. Dividim els dos nombres.

```
116 |92
 24   1
```

Quocient = 1 Residu = 24

$D = d \cdot q + r$

$116 = 92 \cdot 1 + 24$

2. Per aconseguir xifres decimals en el quocient, col·loquem en el dividend una coma seguida de tants zeros com xifres volem obtenir.

```
a) 116,0 |92        b) 116,00 |92
    24     1             24     1
```

3. Continuem fent la divisió.

```
a) 116,0 |92        b) 116,00 |92
    240   1,2            240   1,26
     56                   560
                           08
```

a) Quocient = 1,2
Residu = 5,6
$116 = 92 \cdot 1,2 + 5,6$

b) Quocient = 1,26
Residu = 0,08
$116 = 92 \cdot 1,26 + 0,08$

El quocient sempre tindrà la mateixa quantitat de xifres decimals que el dividend.

64,7 : 5 → Quocient amb 1 xifra decimal.

Per obtenir 2 xifres decimals en aquest quocient només hi hem d'afegir un 0.

64,70 : 5 → Quocient amb 2 xifres decimals.

ACTIVITATS

42 Divideix 148 entre 7 i escriu, en cada cas, el quocient i el residu.

a) Quocient sense xifres decimals

b) Quocient amb una xifra decimal

c) Quocient amb dues xifres decimals

d) Quocient amb tres xifres decimals

43 Completa la taula a la llibreta escrivint el quocient amb dues xifres decimals.

Dividend	Divisor	Quocient	Residu
17,2	6		
25,36	3		
84,25	5		

44 Completa la taula a la llibreta escrivint el quocient amb tres xifres decimals.

Dividend	Divisor	Quocient	Residu
45,1687	2,4		
27,29	6,3		
4,7842	3,8		

45 Completa a la llibreta.

a) 11,77 · □ = 48,257

b) 2,035 · □ = 17,094

c) □ · 0,475 = 5,89

d) □ · 6,23 = 38,626

46 Sense fer la divisió, completa aquestes igualtats a la llibreta:

a) 83,529 : 3,24 = □ : 324

b) □ : 7,8 = 46,2 : 78

c) 4.902,4 : 1,325 = □ : 1.325

d) 1,8642 : 0,46 = 186,42 : □

e) 5.027 : □ = 50.270 : 34

47 Avui és l'aniversari d'en Xavier. Els seus 8 amics han decidit regalar-li una pilota que els costa 34 €. Quant ha de pagar cada amic?

6 Nombres decimals i fraccions

6.1. Expressió d'una fracció com un nombre decimal

Per expressar **una fracció com un nombre decimal**, en dividim el numerador entre el denominador.

Hi ha casos en què, quan dividim el numerador entre el denominador d'una fracció, obtenim una o diverses xifres decimals que es repeteixen indefinidament. Aquestes xifres són el **període**.

HO ESCRIVIM AIXÍ...

La manera abreujada d'escriure els nombres decimals periòdics és col·locant un arc sobre les xifres que componen el període.

$\frac{11}{3} = 3{,}6666\ldots = 3{,}\widehat{6}$

$\frac{37}{45} = 0{,}8222\ldots = 0{,}8\widehat{2}$

$\frac{3}{11} = 0{,}2727\ldots = 0{,}\widehat{27}$

EXEMPLE

12. Expressa aquestes fraccions com a nombres decimals:

a) $\frac{32}{100} \rightarrow 32 : 100 = 0{,}32$ $\qquad \frac{32}{100} = 0{,}32$

b) $\frac{11}{3} \rightarrow$ 1 1,0 0 0 ... | 3

2 0 — 3,666...

2 0

2 0 ...

→ El 6 es repeteix indefinidament. Diem que el 6 és periòdic.

$\frac{11}{3} = 3{,}6666\ldots = 3{,}\widehat{6}$ Període: 6. Es repeteix a partir de la coma.

c) $\frac{37}{45} \rightarrow$ 3 7,0 0 0 ... | 45

3 7 0 — 0,822...

1 0 0

1 0 0

1 0 0

→ El 2 es repeteix indefinidament. Diem que el 2 és periòdic.

$\frac{37}{45} = 0{,}8222\ldots = 0{,}8\widehat{2}$ Període: 2. No es repeteix a partir de la coma.

d) $\frac{3}{11} \rightarrow$ 3,0 0 0 ... | 11

8 0 — 0,2727...

3 0

8 0

3 0 ...

→ El 27 es repeteix indefinidament. Diem que el 27 és periòdic.

$\frac{3}{11} = 0{,}2727\ldots = 0{,}\widehat{27}$ Període: 27. Es repeteix a partir de la coma.

ACTIVITATS

48 PRACTICA. Expressa aquestes fraccions com a nombres decimals:

a) $\frac{3}{10}$ b) $\frac{56}{100}$ c) $\frac{9.456}{1.000}$ d) $\frac{1}{45}$ e) $\frac{13}{6}$ f) $\frac{49}{18}$

49 APLICA. Troba la fracció irreductible i després escriu aquestes fraccions com a nombres decimals:

a) $\frac{48}{120}$ b) $\frac{240}{4.800}$ c) $\frac{196}{140}$

50 REFLEXIONA. Expressa com a fraccions.

a) 34,56 b) 2,3765 c) 0,023

7 Tipus de nombres decimals

Hi ha tres tipus de nombres decimals:

- **Nombres decimals exactes:** tenen una quantitat limitada de xifres decimals.
- **Nombres decimals periòdics:** tenen una quantitat il·limitada de xifres decimals i, a més, una d'aquestes xifres o més es repeteixen periòdicament. Si les xifres es repeteixen indefinidament a partir de la coma, diem que és **periòdic pur**; en cas contrari, és **periòdic mixt**.
- **Nombres decimals no exactes i no periòdics:** tenen una quantitat il·limitada de xifres decimals no periòdiques.

T'HI ATREVEIXES?

Troba un nombre decimal exacte que estigui comprès entre aquests dos $7,\widehat{79}$ i $7,\widehat{8}$?

Pots fer el mateix amb $7,\widehat{9}$ i 8?

EXEMPLE

13. Escriu exemples de nombres decimals en cada cas.

Exacte	Periòdic pur	Periòdic mixt	No exacte i no periòdic
3,5 17,903	$3,\widehat{5}$ $9,\widehat{02}$	$3,1\widehat{5}$ $4,12\widehat{5}$	1,23456789101112...

7.1. Expressió d'un decimal exacte com una fracció

Un decimal exacte el podem expressar com una fracció que té de numerador el nombre decimal sense la coma, i de denominador, la unitat seguida de tants zeros com xifres decimals té el nombre decimal.

EXEMPLE

14. Expressa en forma de fracció aquests decimals exactes:

a) $5,93 = \frac{593}{100}$ b) $2,8 = \frac{28}{10} = \frac{14}{5}$ c) $0,002 = \frac{2}{1.000} = \frac{1}{500}$

ACTIVITATS

51 **PRACTICA.** Classifica aquests nombres decimals:

a) 1,256666... c) 1,256 e) 1,252525...

b) 1,25656565... d) 1,2222 f) 1,256256256...

52 **PRACTICA.** Determina la fracció irreductible equivalent a aquests nombres decimals exactes:

a) 0,2 b) 0,08 c) 1,2 d) 2,204 e) 1,86

53 **APLICA.** Escriu a la llibreta les cinc xifres següents del nombre 3,11223344... Quin tipus de nombre decimal és?

54 **REFLEXIONA.** Sense fer la divisió, indica si els nombres decimals que expressen aquestes fraccions són exactes: $\frac{5}{9}, \frac{14}{20}, \frac{18}{300}, \frac{35}{10}, \frac{7}{210}, \frac{9}{40}$

ACTIVITATS FINALS

Nombres decimals

55 Escriu amb xifres.

a) Vuit unitats, cent cinc mil·lèsimes

b) Nou desenes, dues dècimes

c) Trenta-cinc unitats, dos centèsimes

d) Quaranta-set centèsimes

e) Tres centenes, una unitat, seixanta-quatre centèsimes

f) Quatre desenes, sis unitats, vuit mil·lèsimes

56 Escriu com llegim aquests nombres decimals:

a) 5,2 c) 9,762 e) 37,002

b) 43,17 d) 205,04 f) 6,308

57 Descompon en unitats els nombres decimals següents a la llibreta:

	Part entera			Part decimal		
	C	D	U	d	c	m
43,897						
135,903						
29,876						

58 Descompon aquests decimals en els seus ordres d'unitats:

a) 3,729 d) 35,00256

b) 54.709,1 e) 158,039

c) 0,0003 f) 276,64

59 Escriu els nombres decimals corresponents en cada cas.

a) 7 C 1 D 4 U 3 d 2 c 5 m

b) 8 D 4 d

c) 5 U 3 c 2 m

d) 9 C 6 U 4 d 7 m

60 Quantes mil·lèsimes tenen els nombres següents?

a) 4,835 c) 0,002 e) 75,4

b) 1,38 d) 46,9 f) 63,51

61 Escriu el nombre que és cinc centèsimes més gran que cadascun dels nombres següents:

a) 9,36 c) 20,08

b) 75,1 d) 6,199

62 Escriu el nombre que és tres dècimes i quatre mil·lèsimes més petit que cadascun d'aquests nombres:

a) 7,547 c) 16,042

b) 385,09 d) 2,67

SABER FER

Representar nombres decimals en la recta numèrica

63 Representa aquests nombres decimals en la recta numèrica:

a) 1,3 b) 4,68

PRIMER. Agafem els dos nombres enters entre els quals es troba el nombre.

a) 1,3 es troba entre 1 i 2.

b) 4,68 es troba entre 4 i 5.

SEGON. Dividim en 10 parts iguals l'espai comprès entre els dos nombres.

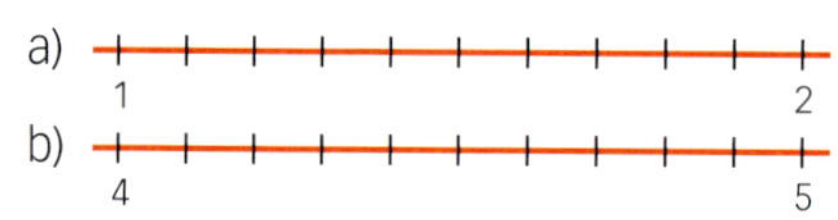

TERCER. Si el nombre només té dècimes, agafem tantes divisions com dècimes té.

a)

QUART. Si el nombre té centèsimes, mil·lèsimes..., continuem dividint en 10 parts iguals l'espai entre els dos nombres decimals entre els quals està comprès.

b) 4,68 està comprès entre 4,6 i 4,7.
Dividim aquest espai en 10 parts iguals i n'agafem 8 parts.

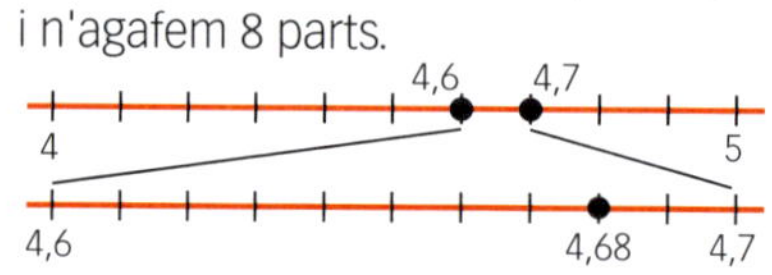

64 Representa en la recta numèrica els nombres decimals següents:

a) 1,2 c) 3,02

b) 4,22 d) 7,95

65 Indica el nombre que està representat en cada cas.

a)

b)

c)

d)

66 Ordena de més petit a més gran.

3,76   3,7   3,67   3,677   3,767   3,77

67 Ordena de més gran a més petit.

4,025   4,205   4,502   4,25   4,225   4,255

SABER FER

Calcular un nombre decimal comprès entre dos nombres

68 Calcula tres nombres compresos entre 2,54 i 2,543.

PRIMER. Escrivim els dos nombres amb la mateixa quantitat de xifres decimals; si cal, hi afegim zeros a la dreta.

2,54 → 2,540   2,543 → 2,543

SEGON. Afegim al nombre més petit xifres decimals diferents de zero o escrivim decimals amb aquesta mateixa quantitat de xifres, però l'última de les quals ha d'estar entre els dos nombres.

2,540 < 2,5401 < 2,5402 < … < 2,541 < … < 2,543

69 Escriu tres nombres compresos entre els següents:

a) 9,652 i 9,658
b) 1,2 i 1,5
c) 4,045 i 4,05
d) 3,713 i 3,72
e) 86,34 i 86,346
f) 7,0983 i 7,099

Aproximació de nombres decimals

70 **CÀLCUL MENTAL.** Completa aquesta taula a la llibreta:

Nombre	Arrodoniment a les dècimes	Arrodoniment a les centèsimes	Arrodoniment a les mil·lèsimes
0,4291			
5,7023			
18,0999			
0,8276			
29,4305			
9,0049			

71 L'aproximació del nombre decimal 4,6□3 és 4,7. Quina pot ser la xifra de les centèsimes? Quin tipus d'aproximació hem fet?

72 Si sabem que l'aproximació a les unitats del nombre decimal 3,□68 és 3, quins nombres poden ser la xifra de les dècimes?

73 Aproxima 4,083 per arrodoniment i per truncament a les dècimes. Compara'n els resultats. Què hi veus?

Operacions amb nombres decimals

74 Efectua aquestes operacions:

a) 35,72 + 5,89
b) 7,92 − 4,03
c) 125,379 + 45,621
d) 92,015 − 7,327
e) 487,56 − 28,09
f) 68,568 + 345,765

75 Calcula les operacions següents:

a) 4,65 + 78,2
b) 63,3 − 59,48
c) 0,045 + 0,97
d) 105,36 − 5,782
e) 674,98 − 7,495
f) 9,834 + 65,4

76 Completa a la llibreta amb el nombre que falta.

a) 12,4 + □ = 15,65
b) 86,049 − □ = 57,3
c) □ + 0,175 = 3,04
d) 183,96 − □ = 99,743
e) □ − 56,34 = 26,901
f) □ + 7,008 = 35,6

77 **CÀLCUL MENTAL.** Resol aquestes multiplicacions per la unitat seguida de zeros:

a) 5,3 · 100
b) 0,47 · 1.000
c) 15,265 · 10
d) 3,9256 · 100.000
e) 0,01 · 1.000.000
f) 20,05 · 10.000
g) 86,732 · 1.000
h) 4,0004 · 100

78 **CÀLCUL MENTAL.** Calcula aquestes divisions:

a) 52,18 : 100
b) 3,475 : 1.000
c) 0,01 : 10
d) 792,5 : 100
e) 923,13 : 10.000
f) 648,8 : 10
g) 37.559,26 : 100.000
h) 1,584 : 1.000

79 **CÀLCUL MENTAL.** Efectua les operacions següents:

a) 48,57 · 0,1
b) 3,857 : 0,0001
c) 0,03 · 0,001
d) 93,153 : 0,01
e) 654,789 : 0,00001
f) 76,953 · 0,01
g) 0,4825 : 0,000001
h) 347,2 · 0,001

80 Resol aquestes multiplicacions:

a) 5,37 · 2,4
b) 0,792 · 10,3
c) 56,5 · 1,23
d) 2,26 · 0,21
e) 1,324 · 5,3
f) 8,097 · 0,04

81 Calcula aquestes divisions:

a) 345,8 : 6
b) 65,98 : 3
c) 124,943 : 4
d) 45,3425 : 8
e) 2,8632 : 2
f) 54,6654 : 5

82 Indica quin és el quocient i el residu d'aquestes divisions:

a) 533,4 : 2,1
b) 370,95 : 0,5
c) 1.354,32 : 1,8
d) 7.308,20866 : 2,561
e) 3,78 : 0,054
f) 355,992 : 56,98

83 Calcula el quocient amb un decimal d'aquestes divisions:

a) 4.456 : 1,2
b) 2.678 : 4,83
c) 623 : 6,1
d) 29.235 : 5,92
e) 4.368 : 2,32
f) 9.845 : 3,75

84 Calcula el resultat d'aquestes operacions i aproxima per arrodoniment i truncament a les dècimes el nombre que has obtingut:

a) 45,72 + 3,9
b) 18,65 − 1,9245
c) 3,2 · 4,7
d) 6,159 : 3,2

85 Efectua respectant la jerarquia de les operacions.

a) 134,5 : 2,5 + 12,125
b) 2,75 · (4,605 − 3,5) + 1,37
c) 5,7 + 6,225 : 7,5 − 0,39
d) (4,987 + 0,875) : 1,5 + 3,094
e) 12,3 : 8,2 · 2,5 − 3,29
f) 9,6 · 2,4 − 8,5 · 1,27
g) 0,05 + (11,3 − 3,2) : 0,09
h) 44,4 : 0,002 · 1,7 − 2,9 · 3,1

86 Determina el resultat d'aquestes operacions:

a) 3,7 · 1,9 − 1,45
b) 8,65 + 3,4 · 0,18
c) 2,8 : (4,02 − 1,27)
d) 7,5 − (2,9 − 1,85) · 0,1
e) 6,3 · 4,2 + 8,7 : 1,5
f) 2,7 · (5 − 3,2) − 0,047

87 Efectua els càlculs següents:

a) (6,78 − 10,03 : 2,36) · 0,5 + 3,1
b) 17,5 − (8,43 · 0,4 + 2,8) : 4
c) 4,6 · (12,8 − 5,08) − 3,47 · 6
d) (15,9 − 4,2 · 3) · 2,6 − (6,3 : 3 − 1,05)
e) 20,65 + (3,7 · 4 − 1,8 : 4) · 5,2
f) 146,52 : (3,5 · 6,8 − 4) − 6,09

Tipus de nombres decimals

88 Classifica els nombres decimals següents i indica les xifres que en formen el període en el cas que en tinguin:

a) 2,95
b) 2,959595…
c) 2,9999…
d) 2,9555…
e) 2,959
f) 2,99559955…
g) 2,29595…
h) 3,7555…
i) 35,557557…
j) 35,00777…
k) 3,775775…
l) 357,757755777555…
m) 37,755755755…
n) 337,357357357…

89 Escriu el nombre decimal que obtenim a partir de les fraccions següents i classifica'l:

a) $\frac{7}{10}$ c) $\frac{1}{9}$ e) $\frac{7}{9}$ g) $\frac{153}{100}$

b) $\frac{14}{3}$ d) $\frac{8}{21}$ f) $\frac{16}{9}$ h) $\frac{4}{11}$

90 Troba dues fraccions equivalents als nombres decimals següents:

a) 4,75 b) 5,268 c) 0,02 d) 10,004

91 Escriu aquests nombres en forma de fracció i simplifica'ls sempre que sigui possible:

a) Cinc dècimes
b) Quaranta-set centèsimes
c) Dues mil·lèsimes
d) Nou centèsimes
e) Vint-i-cinc mil·lèsimes
f) Vuit-centes vint-i-set mil·lèsimes
g) Trenta-sis dècimes
h) Nou-centes quaranta-vuit centèsimes

92 Escriu nombres decimals que presentin les característiques següents.

a) Part entera 26 i període 5
b) Part entera 8 i període 96
c) Part entera 5 i part decimal 209
d) Part entera 0, part decimal no periòdica 4 i període 387
e) Part entera 1, part decimal no periòdica 0 i període 3

93 Indica quins d'aquests nombres decimals són no exactes i no periòdics:

a) 5,232233222333…
b) 5,223334444…
c) 5,2345345345…
d) 5,232425
e) 5,223223223…
f) 0,10120123…

Problemes amb nombres decimals

94 Quants diners tinc al moneder si hi ha 3 monedes de 2 euros, 6 monedes de 50 cèntims, 4 monedes de 20 cèntims, 6 monedes de 10 cèntims, 13 monedes de 5 cèntims i 4 monedes de 2 cèntims?

95 Quant ha de pagar l'Eva per 5 pots de melmelada que costen 1,35 € cada un i 3 bosses de patates de 3,49 € la bossa? Quant li tornen si paga amb un bitllet de 20 €?

96 Aquesta taula mostra la quantitat de greixos per cada 100 g d'un producte segons diverses marques comercials:

	Marca A	Marca B	Marca C	Marca D	Marca E
Greixos	0,12 g	0,125 g	0,1 g	0,25 g	0,122 g

a) Quina marca aporta menys greixos?

b) Quina diferència hi ha entre la marca que té més greixos i la que en té menys?

c) Quina quantitat de greixos hi ha en un quilo de cada marca?

97 Una pomera ha produït aquest any 59,78 kg de pomes, i l'any passat va fer 47,9 kg. Si venen el quilo de pomes a 2,3 €, quants diners han guanyat més aquest any que l'anterior?

98 La setmana passada la Júlia va comprar 2 kg i 300 g de carn a 13,75 €/kg i aquesta setmana n'ha comprat 2,5 kg a 10,95 €/kg. Quina setmana ha gastat més? Quant més?

99 Quantes ampolles de tres quarts de litre necessiten per envasar 4.500 ℓ de vi? Podrien envasar tot aquest vi en ampolles d'un terç de litre?

100 Si sabem que una polzada equival a 2,54 cm i un peu equival a 30,48 cm, contesta.

a) Quants metres són 10 peus i 86 polzades?

b) Quantes polzades són 38 peus?

101 Col·loquen 2.000 fulls de paper en format DIN A4 (21 cm × 29,7 cm) de manera que quedin junts els costats més llargs. Quines són les dimensions de la figura que formen?

102 La meva mare vol fer 4,5 kg de compota de poma. Per a cada quilo de compota es necessiten 0,85 kg de pomes, que costen 1,24 € el quilo.

a) Quina quantitat de pomes necessita?

b) Quants diners s'hi gastarà?

c) Quin és el cost del quilo de compota?

103 L'Alfons ha emplenat el dipòsit de gasolina del cotxe amb 56 ℓ. Si el litre de gasolina està a 1,426 € i li han tornat 20,14 €, amb quants diners ha pagat?

104 Unes sabates costen 59,95 €. El venedor ha decidit rebaixar-los la cinquena part del preu. Quant valen ara?

105 El sou d'en David és de 1.986,40 € mensuals. D'aquests diners, en dedica dues cinquenes parts a pagar la hipoteca de casa i la resta, a despeses de la casa i a l'estalvi. Quants diners li queden després de pagar la hipoteca?

HAS DE SABER FER

Nombres decimals

1 Escriu el nombre que és 7 centèsimes més petit.

a) 3,11 b) 6,305 c) 1,7 d) 15

Aproximació de decimals

2 Efectua aquestes operacions i aproxima per truncament i per arrodoniment a les mil·lèsimes els resultats:

a) $6{,}92 \cdot 5{,}64 + 2{,}308$

b) $(10{,}356 - 8{,}941) : 3$

c) $86{,}4293 - 32{,}997 : 5{,}1$

d) $(6{,}98 + 1{,}99) \cdot (2{,}1 - 1{,}2)$

Operacions amb decimals

3 Calcula.

a) $5.385{,}4 \cdot 0{,}001 + 68{,}402 : 100$

b) $7{,}3629 : 0{,}0001 - 6{,}5443 \cdot 10.000$

4 L'Andrea talla una tela de 45,6 m en trossos de 0,95 m. Quants trossos obté?

Tipus de nombres decimals

5 Expressa aquests nombres decimals en forma de fracció irreductible: 4,6; 8,95; 0,328; 156,4.

COMPETÈNCIA MATEMÀTICA

En la vida quotidiana

106 Hi ha vegades en què el guanyador d'una prova esportiva es decideix per petites diferències de temps. Per exemple, en natació, en els Jocs Olímpics de Pequín de 2008, Michael Phelps va guanyar per una centèsima de segon la medalla d'or dels 100 m papallona. És a dir, la diferència de temps que va tenir amb el segon classificat va ser més petita que un parpelleig o un espetegar de dits.

Aquí tens una taula amb els rècords masculins de les diferents disciplines de natació en 100 m.

Prova	Nedador	Rècord	Nacionalitat	Data	Esdeveniment	Lloc
100 lliures	César Cielo Filho	46,91 s	Brasil	30/07/2009	Camp. Món	Roma, Itàlia
100 papallona	Michael Phelps	49,82 s	EUA	01/08/2009	Camp. Món	Roma, Itàlia
100 esquena	Cameron van der Burgh	58,46 s	Sud-àfrica	29/07/2012	Jocs Olímpics	Londres, Gran Bretanya
100 braça	Brenton Rickard	58,58 s	Austràlia	27/07/2009	Camp. Món	Roma, Itàlia

a) Quina és la diferència de temps entre la disciplina més ràpida i la més lenta?

b) Una de les proves dels campionats de natació són els 400 m estils. En aquesta prova, el nedador ha de fer 100 m en cadascun dels diferents estils (papallona, esquena, braça i lliure). Quant trigarà un nedador que fa en cada 100 m els temps del rècord de cada disciplina?

Formes de pensar. Raonament matemàtic

107 Considera els nombres 3,1 i 3,2. Podries escriure 100 nombres inclosos entre tots dos? I 1.000 nombres? I 1.000.000? Com ho faries?

108 Si a la calculadora no poguessis fer servir la tecla [·] per introduir els nombres decimals, com ho faries perquè apareguessin a la pantalla els nombres següents?

a) 0,9 b) 2,02 c) 0,007

109 Si no poguessis utilitzar la tecla del nombre 0, com ho faries perquè apareguessin a la pantalla aquests nombres?

a) 0,1 c) 100,3

b) 1,04 d) 30,07

110 Una paella costa 30,4 € i 2 olles costen el mateix que 5 paelles. Quant costen 3 olles?

111 Una bóta buida pesa 18,452 kg i si n'omplim la quarta part, pesa 127,4 kg. Determina quant pesaria la bóta si estigués plena del tot.

112 Quina fracció de denominador 11.322 equival a $0,\widehat{2}$?

113 Efectua la suma $\frac{5}{9} + \frac{7}{15}$ i troba el nombre decimal que hi és equivalent. Després, resol aquesta mateixa suma amb els nombres decimals que equivalen a cadascuna de les fraccions. Fes el procés prenent una, dues, tres i quatre xifres decimals, i compara'n els resultats.

114 Fixa't en els nombres decimals següents. Indica com es formen i assenyala la xifra que ocupa el lloc 100 de la part decimal.

a) 2,34343434…

b) 5,2034034034034…

PROJECTE FINAL. Aprenentatge cooperatiu

OBJECTIU: Comprar un telèfon i contractar una tarifa telefònica

Un cop formats els grups, seguiu el procés següent:

1a Fase

- Establiu les necessitats mensuals de minuts de veu que necessiteu i el consum de dades mínim.
- Determineu el pressupost de què podríeu disposar per comprar el telèfon i la quota mensual que podríeu pagar.
- Elaboreu un llistat de les característiques que ha de tenir el telèfon.

2a Fase

- Recopileu informació sobre les tarifes de veu i dades que ofereixen les diverses companyies telefòniques.
- Elaboreu una relació de telèfons que s'ajustin al vostre pressupost i a les vostres necessitats.

3a Fase

- Poseu en comú la informació recollida i acordeu la tarifa i el terminal adequats a les vostres necessitats, ajustant-lo al pressupost que heu establert.
- Redacteu un informe amb les conclusions a què heu arribat.

Proves PISA

Les ofertes

115 En Samuel necessita comprar llet i decideix analitzar les ofertes que li ofereixen els supermercats més propers de casa seva.

Ha trobat les ofertes següents:

Oferta 1
Emporta-te'n 3 i paga'n 2
Llet 1 ℓ: 1,11 €

Oferta 2
Tenim el millor preu
Llet 1 ℓ: 0,73 €

Oferta 3
Segona unitat a meitat de preu
Llet 1 ℓ: 0,96 €

Oferta 4
El millor preu en ampolles d'1,5 ℓ
Llet 1,5 ℓ: 1,80 €

a) Per fer-ne una compra de 6 ℓ, quina és la millor oferta?

b) I si només volen comprar-ne 1 ℓ?

(Activitat model)

Tipus de canvi

116 Mei-Ling, de Singapur, s'estava preparant per anar a Sudàfrica com a estudiant d'intercanvi durant 3 mesos. Necessitava canviar uns quants dòlars de Singapur (SGD) en rands sud-africans (ZAR).

Mei-Ling es va assabentar que el tipus de canvi entre els dòlars de Singapur i els rands sud-africans era de: d'1 SGD = 4,2 ZAR.

a) Mei-Ling va canviar 3.000 dòlars de Singapur en rands sud-africans amb aquest tipus de canvi. Quants diners va rebre Mei-Ling en rands sud-africans?

b) En tornar a Singapur, 3 mesos després, a Mei-Ling li quedaven 3.900 ZAR. Els va canviar en dòlars de Singapur i es va adonar que el tipus de canvi havia canviat a:

1 SGD = 4,0 ZAR

Quants diners va rebre en dòlars de Singapur?

(Prova PISA 2003)

CLAUS PER COMENÇAR

Propietat distributiva del producte

El producte d'un nombre per una suma o una resta és igual a la suma o la resta dels productes del nombre per cada terme.

EXEMPLE

a) $3 \cdot (8 + 7) = 3 \cdot 8 + 3 \cdot 7 = 24 + 21 = 45$

b) $5 \cdot (9 - 4) = 5 \cdot 9 - 5 \cdot 4 = 45 - 20 = 25$

ACTIVITATS

1 Efectua les operacions següents:

a) $5 \cdot (12 + 6)$ b) $4 \cdot (16 - 4)$

Càlcul del mínim comú múltiple

El mínim comú múltiple (m.c.m.) de dos nombres o més és el seu múltiple comú més petit.

Per calcular d'una manera ràpida el mínim comú múltiple de diversos nombres, hem de seguir aquests passos:

1r Descomponem els nombres en factors primers.

2n Escollim els factors primers comuns i no comuns elevats a l'exponent més gran.

3r El producte d'aquests factors és el m.c.m. dels nombres.

EXEMPLE

Calcula el mínim comú múltiple de 18 i 60.

Primer, descomponem 18 i 60 en factors primers.

18	2
9	3
3	3
1	

$18 = 2 \cdot 3^2$

60	2
30	2
15	3
5	5
1	

$60 = 2^2 \cdot 3 \cdot 5$

Els factors primers comuns són 2 i 3, i el no comú, 5.

Elevats a l'exponent més gran: 2^2, 3^2 i 5

Així, resulta que: m.c.m. $(18, 60) = 2^2 \cdot 3^2 \cdot 5 = 4 \cdot 9 \cdot 5 = 180$

ACTIVITATS

2 Calcula el mínim comú múltiple dels nombres següents:

a) 4 i 8 c) 9 i 21 e) 24 i 96

b) 6 i 18 d) 7 i 15 f) 32 i 64

3 Determina el m.c.m. d'aquests nombres:

a) 5, 15 i 65

b) 30, 42 i 94

c) 28, 66 i 72

Segle IV aC L'escítala

Els militars grecs escrivien els seus missatges sobre una tela enrotllada en una vara d'un diàmetre determinat.

El missatge només es podia llegir quan es tornava a enrotllar la tela sobre un bastó del mateix gruix.

Aquest sistema es coneix com a *escítala*.

Introducció a l'àlgebra

6

SABER

- Expressions algebraiques
- Monomis.
- Igualtats algebraiques. Equacions
- Resolució d'equacions de primer grau.

SABER FER

- Calcular el valor numèric d'una expressió algebraica
- Sumar i restar monomis
- Resoldre equacions amb parèntesis i amb denominadors
- Resoldre problemes amb equacions

? INTERPRETA LA IMATGE

La criptografia

Durant la Segona Guerra Mundial, els alemanys van inventar una màquina anomenada Enigma que els permetia enviar missatges secrets.

Enigma substituïa unes lletres per altres mitjançant una sèrie de cilindres, que quan giraven d'una certa manera canviaven la lletra d'entrada per una altra de sortida.

- Si la màquina tingués un sol rotor que canviés les lletres de la manera següent:

  A B C D E F G H I J K L M N O P Q R S T U V W X Y Z
  B E D H K T M I P O A Z R S X C U N F L G Q W Y V J

  Com s'escriuria la paraula ÀLGEBRA?

1466 Substitució polialfabètica

Leon Battista Alberti va concebre un sistema que utilitzava diversos abecedaris i feia correspondències d'un a un altre. L'emissor i el destinatari s'havien de posar d'acord per fixar la posició dels cercles que determinaven la correspondència entre les lletres.

1919 Enigma

L'holandès Hugo Alexander Koch i l'alemany Arthur Scherbius comparteixen honors com a inventors d'Enigma. Aquesta màquina la van utilitzar els alemanys durant la Segona Guerra Mundial i pensaven que els seus enemics no la podrien desxifrar mai. Però gràcies al matemàtic Alan Turing, els britànics van esbrinar com descodificar-la.

1977 RSA

Els matemàtics Rivest, Shamir i Adleman van crear l'algoritme RSA, que consisteix en la utilització de dues claus, una de pública inserida a la targeta i una de privada, el PIN.

Aquest sistema és el que es fa servir en les targetes de crèdit, els telèfons mòbils, etc.

1 Expressions algebraiques

El llenguatge numèric expressa la informació matemàtica amb nombres, però en algunes ocasions, és necessari fer servir lletres per expressar nombres desconeguts.

El **llenguatge algebraic** expressa la informació matemàtica amb lletres i nombres.

Una **expressió algebraica** és un conjunt de nombres i lletres que es combinen amb els signes de les operacions matemàtiques.

EXEMPLE

1. Tradueix aquests enunciats a expressions algebraiques:

   a) Un nombre més 4 unitats

   Nombre → x Expressió algebraica → $x + 4$

   b) El doble d'un nombre menys 3 unitats

   Nombre → y Expressió algebraica → $2 \cdot y - 3$

   c) La meitat d'un nombre més 5

   Nombre → a Expressió algebraica → $\frac{a}{2} + 5$

   d) Un nombre més el triple d'un altre nombre

   Primer nombre → a

   Segon nombre → b Expressió algebraica → $a + 3 \cdot b$

   e) El triple de la suma de dos nombres

   Primer nombre → x

   Segon nombre → y Expressió algebraica → $3 \cdot (x + y)$

T'HI ATREVEIXES?

En una granja hi ha x gallines i n vaques.

Quantes potes sumen en total?

1.1. Valor numèric

El **valor numèric** d'una expressió algebraica és el nombre que resulta de substituir les lletres pels seus valors corresponents i fer les operacions que s'indiquen.

ACTIVITATS

1 PRACTICA. Expressa en llenguatge algebraic.

a) La tercera part d'un nombre menys 2

b) El triple d'un nombre més la meitat d'un altre nombre

c) El doble de la diferència de dos nombres

d) La meitat de la diferència de dos nombres

2 APLICA. Expressa aquests enunciats per mitjà d'expressions algebraiques:

a) La suma de dos nombres consecutius

b) El quadrat d'un nombre menys 2 unitats

3 REFLEXIONA. Quantes rodes tenen en total x cotxes? I a tricicles?

SABER FER

Calcular el valor numèric d'una expressió algebraica

Determina el valor numèric d'aquestes expressions algebraiques:

a) $3 \cdot x - 5$, **per a** $x = -1$ **b)** $5 \cdot x - 2 \cdot y + 3$, **per a** $x = -2, y = 0$

El **valor numèric** d'una expressió algebraica varia en funció dels valors que prenen les lletres.

Passos que cal seguir

1. Substituïm les lletres pel valor numèric que ens donen.

a) Substituïm x per -1.

$$3 \cdot x - 5 \xrightarrow{x=-1} 3 \cdot (-1) - 5$$

b) Substituïm x per -2 i y per 0.

$$5 \cdot x - 2 \cdot y + 3 \xrightarrow{x=-2,\,y=0} 5 \cdot (-2) - 2 \cdot 0 + 3$$

2. Efectuem les operacions.

a) $3 \cdot (-1) - 5 = -3 - 5 = -8$

El valor numèric de l'expressió $3 \cdot x - 5$ per a $x = -1$ és -8.

b) $5 \cdot (-2) - 2 \cdot 0 + 3 = -10 - 0 + 3 = -7$

El valor numèric de l'expressió $5 \cdot x - 2 \cdot y + 3$ per a $x = -2, y = 0$ és -7.

ACTIVITATS

4 Calcula el valor numèric d'aquestes expressions algebraiques per a $x = -2$:

a) $4 \cdot x - 5$
b) $\frac{x}{2} + 9$
c) $5 \cdot (x - 8)$
d) $3 \cdot x + \frac{x}{2}$
e) $\frac{5 \cdot x + 19}{3}$
f) $x^2 + 7$

5 Determina el valor numèric de les expressions algebraiques següents per als valors indicats:

a) $x + 3 \cdot y$ per a $x = 7, y = -3$
b) $3 \cdot x - 2 \cdot y$ per a $x = -1, y = 9$
c) $\frac{a - 2 \cdot b}{4}$ per a $a = 10, b = 0$
d) $\frac{2 \cdot x - 5 \cdot y}{4}$ per a $x = -4, y = 6$
e) $\frac{x}{5} + \frac{y}{3}$ per a $x = 0, y = -9$
f) $4 \cdot b \cdot \left(\frac{a}{3} - 7\right)$ per a $a = -12, b = 10$
g) $x^2 + y$ per a $x = -1, y = -6$
h) $(a + b)^2$ per a $a = 5, b = 3$
i) $x^2 - 2x + y^3$ per a $x = -1, y = 1$
j) $\frac{(x - 2) \cdot (7 - y)}{5}$ per a $x = 7, y = 2$

6 Escriu l'expressió algebraica corresponent i calcula'n el valor numèric per a $x = 6$.

a) El doble d'un nombre, més 2
b) El doble d'un nombre, més 1
c) La meitat de la diferència d'un nombre menys 8
d) La meitat d'un nombre, més 3
e) El quadrat d'un nombre, menys 4
f) El quadrat de la suma d'un nombre més 2
g) El doble del quadrat d'un nombre
h) Un nombre més la meitat d'aquest mateix nombre més la seva tercera part
i) La tercera part del doble d'un nombre

7 Per a quin valor de x el valor numèric de l'expressió $4 \cdot x + 8$ és 0? I per a quin és 4?

8 Per a quin valor de a el valor numèric de l'expressió $2 \cdot a - 6$ és 0? I per a quin és 4?

9 Escriu el valor numèric de cada enunciat i indica la possible expressió algebraica i el valor de la lletra que el genera.

a) Cinc més el triple de set
b) Set per vuit, menys tres
c) La meitat de vuit, menys sis

2 Monomis

Un **monomi** és una expressió algebraica formada pel producte d'un nombre i una o més lletres.

- El nombre (inclòs el seu signe) s'anomena **coeficient**.
- De la lletra o lletres que l'acompanyen en diem **part literal**.

Anomenem **grau d'un monomi** la suma dels exponents de les lletres que el formen.

HO ESCRIVIM AIXÍ

- En els monomis suprimim el signe del producte.

$3 \cdot x \longrightarrow 3x$

$-2 \cdot a \cdot b \longrightarrow -2ab$

$-\frac{3}{4} \cdot a^2 \cdot b^3 \rightarrow -\frac{3}{4}a^2b^3$

- Quan una lletra no té exponent, l'exponent és 1.

$ab \rightarrow a^1b^1$

- Quan un monomi està format només per lletres, té com a coeficient 1.

$x^3 \rightarrow$ coeficient 1

$ab^2 \rightarrow$ coeficient 1

Els monomis són les expressions algebraiques més senzilles.

EXEMPLE

2. Escriu el coeficient, la part literal i el grau d'aquests monomis:

a) $-2x$	Coeficient: -2	Part literal: x	Grau: 1
b) $\frac{3}{4}ab^2$	Coeficient: $\frac{3}{4}$	Part literal: ab^2	Grau: $1 + 2 = 3$

Dos o més **monomis** són **semblants** si tenen la mateixa part literal.

EXEMPLE

3. Agrupa els monomis que siguin semblants en cada cas.

a) $3a$, $-2a$, $4b^2$, $3a^2$, a, $4b$

b) $3xy^2$, $22x^2y$, $\frac{xy^2}{3}$, $-xy^2$, $-2y^2$, $-12x$

a) Són semblants: $3a$, $-2a$, a b) Són semblants: $3xy^2$, $\frac{xy^2}{3}$, $-xy^2$

2.1. Suma i resta de monomis

La **suma** o la **resta** de **monomis semblants** és un monomi amb aquestes característiques:

- Té com a coeficient, la suma o la resta dels coeficients dels monomis que sumem o restem.
- Manté la mateixa part literal que els monomis que sumem o restem.

Si els **monomis no** són **semblants**, la **suma** o la **resta** es deixa indicada.

ACTIVITATS

10 PRACTICA. Indica el coeficient, la part literal i el grau d'aquests monomis:

$7x$ $-5b^4$ $\frac{4}{3}x^3y^2$ xy^2 $-ab$ $\frac{x^2}{3}$

11 APLICA. Escriu dos monomis semblants a $-3x^2$.

12 REFLEXIONA. Digues si són semblants els monomis $2xy^2$ i $3y^2x$?

SABER FER

Sumar i restar monomis

Sumar i restar monomis

a) $3x^2 + 4x^2$ b) $\frac{5}{4}x - 2x$ c) $x^2y - 2xy^2$ d) $3x^2 - 3x$

Passos que cal seguir

1. Analitzem si els monomis que volem sumar o restar són semblants.

a) $3x^2 + 4x^2$ → Mateixa part literal, x^2. Són semblants.

b) $\frac{5}{4}x - 2x$ → Mateixa part literal, x. Són semblants.

c) $3x^2y + 2xy^2$ → Part literal diferent, $x^2y \neq xy^2$. No són semblants.

d) $3x^2 - 3x$ → Part literal diferent, $x^2 \neq x$. No són semblants.

2. Operem si és possible.

- Si els monomis són semblants, en sumem o restem els coeficients i mantenim la mateixa part literal.
- Si els monomis no són semblants, la suma o la resta no es pot fer i la deixem com està.

a) $3x^2 + 4x^2 = (3 + 4)x^2 = 7x^2$

b) $\frac{5}{4}x - 2x = \left(\frac{5}{4} - 2\right)x = \left(\frac{5}{4} - \frac{8}{4}\right)x = -\frac{3}{4}x$

c) $3x^2y + 2xy^2$ → No podem fer la suma

d) $3x^2 - 3x$ → No podem fer la resta.

Fixa't bé en els exponents de la part literal, ja que les lletres poden ser les mateixes i el grau també, però poden no ser parts literals iguals, com ara x^2y i xy^2.

ACTIVITATS

13 Efectua aquestes sumes i restes de monomis si és possible:

a) $7x + 8y$ d) $x - x^2$ g) $\frac{3}{2}x^3 - 2x$

b) $8x - 3x$ e) $x^2 + 2x$ h) $\frac{x}{2} - x$

c) $x - 6x$ f) $x^2 + x^2$ i) $3x^2 - \frac{x^2}{3}$

14 Calcula el resultat d'aquestes sumes i restes de monomis:

a) $6x + 8x - 3x + 7x$

b) $2y + 9y - 5y - 3y$

c) $4xy + 3xy - 7xy + 12xy$

d) $15x^2 + 6x^2 - 7x^2 + 8x^2$

e) $9x^2y - 3x^2y + 17x^2y + x^2y$

f) $10xyz - 2xyz + 5xyz - 3xyz$

15 Resol les operacions següents:

a) $4xy + 7x - 3y + 2xy - x - y$

b) $3x^2 + 7x^2 - 6 + 7x - 8 - x + 5x^2$

c) $-8xy + 8x - 7xy - 3x - 2x + 5xy$

d) $y^2 + 4x^2 - 5y^2 + x^2 + 3x^2 + 2y^2$

16 Identifica els monomis semblants en cada cas i suma'ls.

a) $5x, -4y, 2x, 3x, 6y, -9x, 7y, xy$

b) $-x^2, 5x, x, 8x^2, -3x, 4x^3$

c) $5x^2, y^2, -6y^2, -3y, -4x^2$

d) $xy, -xy^2, -x^2y, x^2y^2, -4xy, 2xy^2, -7x^2y^2$

e) $-3x^3, 5x^2, 6x^2, 9x, 4x^3, x^3$

f) $2x^2, -5x, xy, 8x^2y, -3x, 9x^3$

17 Calcula el resultat d'aquestes sumes i restes de monomis:

a) $4y + \frac{2}{5}y^2 + 9y + \frac{4}{5}y - y^2$

b) $-xy + \frac{3}{2}x - 7xy - x + \frac{5}{6}x + 5xy$

c) $x^2 + \frac{5}{3}x^2 - 4x + 8x - \frac{1}{4} - x + \frac{1}{6}x^2$

d) $y^2 + \frac{1}{4}x^2 + \frac{1}{7}y^2 + 9x^2 - 8x^2 - \frac{2}{7}y^2$

e) $\frac{3}{4}xy + 8x - \frac{5}{6}y + \frac{1}{2}xy - x + 3y$

f) $\frac{1}{2}x + 2xz - 3x + 5xy - \frac{3}{4}xz - yz$

3 Igualtats algebraiques

T'HI ATREVEIXES?

A, *B* i *C* són nombres del 0 al 9. Calcula el valor de cada lletra perquè sigui certa aquesta igualtat:

$$AB \cdot B = ACA$$

Una **igualtat** està composta per dues expressions separades pel signe =. Si alguna d'aquestes expressions és una expressió algebraica, diem que es tracta d'una **igualtat algebraica**.

EXEMPLE

4. Indica quines d'aquestes igualtats són igualtats algebraiques:

a) $3x - 1 = 0$ → Igualtat algebraica

b) $3x - 4 = 4x - 8$ → Igualtat algebraica

c) $5 + 2 = 7$ → No és una igualtat algebraica.

- Una **identitat** és una igualtat algebraica que és certa per a qualsevol valor que agafin les lletres.
- Una **equació** és una igualtat algebraica que no és certa per a tots els valors donats a les lletres.

El símbol ≠ el llegim «diferent de».

8 ≠ -7 «8 és diferent de -7».

EXEMPLE

5. Digues si aquestes igualtats són identitats o equacions:

a) $x + 2x - 1 = 3x - 1$

Per a $x = 0 \rightarrow 0 + 2 \cdot 0 - 1 = 3 \cdot 0 - 1 \rightarrow -1 = -1 \rightarrow$ És certa.

Per a $x = 1 \rightarrow 1 + 2 \cdot 1 - 1 = 3 \cdot 1 - 1 \rightarrow 2 = 2 \rightarrow$ És certa.

Per a $x = -1 \rightarrow -1 + 2 \cdot (-1) - 1 = 3 \cdot (-1) - 1 \rightarrow -4 = -4 \rightarrow$
→ És certa.

Aquesta igualtat és certa per a qualsevol valor de x. És una identitat.

b) $2x - 2 = 0$

Per a $x = 1 \rightarrow 2 \cdot 1 - 2 = 0 \rightarrow 0 = 0 \rightarrow$ És certa.

Per a $x = 0 \rightarrow 2 \cdot 0 - 2 \neq 0 \rightarrow$ No es compleix la igualtat.

Hi ha valors per als quals no es compleix la igualtat. És una equació.

ACTIVITATS

18 PRACTICA. Determina si es compleixen aquestes igualtats per a $x = 3$:

a) $2x - 6 = 1$

b) $3x - 7 = 5 - x$

c) $-x + 4 = 2 - x$

d) $x + 1 = -2x - 1 + x$

e) $2 \cdot (x - 1) = x + 1$

f) $3x = (6 - x) \cdot (-3)$

19 APLICA. Indica si són identitats o equacions.

a) $2x + 3 = 5x - 4 + 7$

b) $2 \cdot (4x + 5) = 2 \cdot (4x - 2) + 14$

20 REFLEXIONA. Escriu una identitat que tingui l'expressió $2x + 5$ en un dels costats del signe =.

4 Equacions

Una equació està formada per diversos elements: els membres, els termes, el grau, les incògnites i la solució.

- Els **membres** d'una equació són les expressions algebraiques que hi ha a cada costat de la igualtat.
- Els **termes** d'una equació són els sumands que formen els membres.

EXEMPLE

6. Indica els membres i els termes de les equacions següents:

a) $3x - 1 = 0$ — 1r membre: $3x - 1$ — 2n membre: 0 — Termes: $3x, -1, 0$

b) $2x - 4 = 4x - 8$ — 1r membre: $2x - 4$ — 2n membre: $4x - 8$ — Termes: $2x, -4, 4x, -8$

- El **grau** d'una equació és el del terme de grau més alt.
- Les **incògnites** d'una equació són les lletres que apareixen en els termes, de valors desconeguts.
- La **solució** d'una equació són els valors numèrics de les incògnites que fan certa la igualtat.

Quan diem el nom d'una equació fem referència al grau i al nombre d'incògnites.

- $x + 4 = 10$
  Equació de primer grau amb una incògnita
- $x^2 + x - 7 = 0$
  Equació de segon grau amb una incògnita
- $xy = 100$
  Equació de primer grau amb dues incògnites

EXEMPLES

7. Identifica les incògnites i el grau d'aquestes equacions:

a) $4x - 7 = 6$
Incògnites → x Grau → 1

b) $3x^2 - 2y = 4x + 3$
Incògnites → x, y Grau → 2

8. Comprova si aquests valors són la solució de l'equació $5x - 3 = 7$:

a) $x = 2$ b) $x = 0$

a) $5x - 3 = 7 \xrightarrow{x=2} 5 \cdot 2 - 3 = 7 \rightarrow 7 = 7$ És la solució.

b) $5x - 3 = 7 \xrightarrow{x=0} 5 \cdot 0 - 3 = 7 \rightarrow -3 \neq 7$ No és la solució.

ACTIVITATS

21 PRACTICA. Indica els membres, els termes, les incògnites i el grau d'aquestes equacions:

a) $3x + 2 = -5$
b) $-x = 4x - 2$
c) $4x^2 - 3y^2 + xy = 7xy^2 + 8$
d) $3a^2 + a = 7a + 8$

22 APLICA. Quina és la solució de $3x^2 - 6x = 24$?

a) $x = 3$ b) $x = -2$ c) $x = -3$ d) $x = 4$

23 REFLEXIONA. Escriu dues equacions de primer grau per a les quals $x = 4$ sigui la solució.

5 Equacions equivalents

Dues **equacions** són **equivalents** si tenen la mateixa solució.

EXEMPLE

9. Determina si aquestes equacions són equivalents a l'equació $2x - 3 = 1$, si sabem que la solució és $x = 2$.

a) $4x + 2 = 10$ b) $2x - 3 = 2$

a) $4x + 2 = 10 \xrightarrow{x=2} 4 \cdot 2 + 2 = 10 \rightarrow 10 = 10 \rightarrow x = 2$ és la solució.
Les equacions $2x - 3 = 1$ i $4x + 2 = 10$ són equivalents.

b) $2x - 3 = 2 \xrightarrow{x=2} 2 \cdot 2 - 3 \neq 2 \rightarrow x = 2$ no és la solució
Les equacions $2x - 3 = 1$ i $2x - 3 = 2$ no són equivalents.

5.1. Transposició de termes

- Si als dos membres d'una equació els sumem o restem un mateix nombre o expressió algebraica, obtenim una equació equivalent.
- Si els dos membres d'una equació els multipliquem o dividim per un mateix nombre diferent de zero, obtenim una equació equivalent.

T'HI ATREVEIXES?

Observa aquesta balança que està en equilibri:

Quant pesa més la síndria que el meló?

EXEMPLE

10. Calcula el valor de la incògnita utilitzant la transposició de termes.

a) $x - 3 = 7$
Obtenim una equació equivalent sumant 3 a tots dos membres.
$x - 3 + 3 = 7 + 3 \rightarrow x = 10$

b) $3x = 6$
Obtenim una equació equivalent dividint entre 3 tots dos membres.
$\frac{3x}{3} = \frac{6}{3} \rightarrow x = 2$

ACTIVITATS

24 **PRACTICA.** Calcula el valor de la incògnita mitjançant la transposició dels termes.

a) $x + 6 = 8$
b) $x - 3 = -5$
c) $\frac{x}{4} = 6$
d) $0 = x - 8$
e) $4x = 12$
f) $35 = 7x$

25 **APLICA.** Determina si aquestes tres equacions són equivalents:

$x + 3 = 2$ $-3x = 3$ $-x - 1 = 0$

26 **REFLEXIONA.** Escriu dues equacions equivalents a $x + 2 = 1$.

6 Resolució d'equacions de primer grau

Resoldre una equació és trobar-ne la solució, si en té.

Per resoldre una equació, agrupem en un membre tots els termes amb la incògnita per mitjà de la transposició de termes, que a la pràctica es resumeix així:

- Si un terme està sumant en un membre, passa a l'altre restant. I si està restant, hi passa sumant.
- Si un terme està multiplicant en un membre, passa a l'altre dividint. I si està dividint, hi passa multiplicant.

Quan la x queda sola en un membre i en l'altre només hi ha nombres, diem que hem aïllat la x. El seu valor numèric és la solució.

Les equacions $2x = 4$ i $4 = 2x$ tenen la mateixa solució:

$$x = \frac{4}{2} = 2$$

EXEMPLE

11. Resol aquestes equacions de primer grau:

a) $x + 5 = 2$

Agrupem els termes amb x en el primer membre, i els nombres, en el segon. Així, el 5, que en el primer terme està sumant, el passem al segon restant.

$x + 5 = 2 \rightarrow x = 2 - 5 \rightarrow x = -3$

La solució de l'equació és $x = -3$.

b) $3x = 15$

El 3, que en el primer terme està multiplicant, passa al segon dividint.

$3x = 15 \rightarrow x = \frac{15}{3} \rightarrow x = 5$

c) $2x - 4 = 10$

El 4, que en el primer terme està restant, passa al segon sumant.

$2x - 4 = 10 \rightarrow 2x = 10 + 4 \rightarrow 2x = 14$

El 2, que està multiplicant, passa a dividir.

$2x = 14 \rightarrow x = \frac{14}{2} = 7$

ACTIVITATS

27 **PRACTICA.** Resol aquestes equacions de primer grau:

a) $x - 6 = 2$
b) $6x = -6$
c) $3 - x = 1$
d) $3x + 2 = 11$
e) $5x - 2 = 3$
f) $10x - 2 = -22$

28 **APLICA.** Resol les equacions següents:

a) $3 + x = 16$
b) $5 - x = 9$
c) $-2x = 8$
d) $1 - 2x = -1$

29 **REFLEXIONA.** Escriu dues equacions que tinguin com a solució $x = -2$.

SABER FER

Resoldre equacions amb parèntesis

Resol aquesta equació de primer grau amb parèntesis:

$$4 \cdot (x - 6) - 2 = 5 - 3 \cdot (x + 1)$$

Passos que cal seguir

1. Eliminem els parèntesis.

$$4 \cdot (x - 6) - 2 = 5 - 3 \cdot (x + 1)$$
$$4x - 24 - 2 = 5 - 3x - 3$$

2. Agrupem els termes amb la incògnita en un membre i els termes numèrics a l'altre.

Agrupem els termes amb incògnites al primer membre.

$$4x + 3x = 5 - 3 + 24 + 2$$

3. Reduïm els termes semblants si n'hi ha.

$$7x = 28$$

4. Aïllem la incògnita i en calculem el valor numèric.

El 7, que multiplica en el primer membre, passa al segon dividint.

$$x = \frac{28}{7} = 4$$

La solució de l'equació és $x = 4$.

> Si el parèntesi té al davant el signe $-$, quan el suprimim els signes dels sumands de l'interior es transformen en els seus oposats.
> $3 - 2(x + 1) = 3 - 2x - 2$
> $3 - 2(x - 1) = 3 - 2x + 2$

ACTIVITATS

30 Resol les equacions següents:

a) $5 \cdot (x - 3) = 20$
b) $3 \cdot (4 - x) = -3$
c) $7 \cdot (x - 1) = 56$
d) $4 \cdot (6 - x) = -8$
e) $6 \cdot (9 - x) = 30$
f) $10 \cdot (8 + x) = 50$
g) $2 \cdot (x + 7) = 24$
h) $4 \cdot (x + 5) = 0$

31 Determina la solució d'aquestes equacions:

a) $-4 \cdot (x - 6) = 20$
b) $-9 \cdot (-x + 4) = 18$
c) $-5 \cdot (x + 7) = -75$
d) $-3 \cdot (x - 1) = 15$
e) $-6 \cdot (x + 3) = 12$
f) $-7 \cdot (-x + 9) = -28$
g) $-2 \cdot (-x + 10) = 32$

32 Calcula el valor de la incògnita en aquestes equacions:

a) $4 - (5 - x) = 2x$
b) $7 - (4x + 2) = 5x$
c) $9 - (3x - 1) = 7x$
d) $10 - (6 - 2x) = x$
e) $13 - (7 - x) = 3x$

33 Calcula la solució de les equacions següents:

a) $7x - 2 \cdot (x + 1) = 0$
b) $3x + 4 \cdot (5 - 2x) = -2$
c) $5x - 3 \cdot (9 - x) = 4$
d) $6x + 5 \cdot (1 - 3x) = 12$
e) $x - 3 \cdot (x - 2) = 10$
f) $2x + 7 \cdot (x + 4) = 19$

34 Resol les equacions de la pissarra.

a) $2 \cdot (x - 3) = 5 \cdot (4x - 1)$
b) $-3 \cdot (5x - 4) = 2 \cdot (x + 7)$
c) $7 \cdot (8 - 2x) = 6 \cdot (5 - x)$
d) $8 \cdot (4 - 3x) = -2 \cdot (x + 7)$
e) $5 \cdot (-x + 6) = -4 \cdot (x + 1)$

35 Determina la solució d'aquestes equacions:

a) $2 \cdot (4x - 3) - 5 \cdot (x - 1) = 8$
b) $x - 3 \cdot (5x - 4) + 2 \cdot (x + 7) = 0$
c) $7 \cdot (8 - 2x) - 6 \cdot (5 - x) = x$
d) $3 \cdot (3x - 2) - 2 \cdot (11 - 2x) = -5$
e) $-7 \cdot (4 + 3x) - 8 \cdot (x + 7) = 12$
f) $9 \cdot (x - 6) - 4 \cdot (x + 1) = 3x$
g) $-5 \cdot (x + 7) + 3 \cdot (x - 4) = 14$

SABER FER

Resoldre equacions amb denominadors

Resol aquesta equació de primer grau: $\dfrac{x+4}{2} - 5 = 1 - \dfrac{x}{6}$

> En una fracció, si hi ha un nombre que multiplica tot el numerador, aquest nombre es pot dividir pel denominador.
>
> $\dfrac{6 \cdot (x+4)}{2} = \dfrac{6}{2} \cdot (x+4) = 3 \cdot (x+4)$

Passos que cal seguir

1. Calculem el mínim comú múltiple de tots els denominadors de l'equació.

   m.c.m. $(2, 6) = 6$

2. Eliminem els denominadors multiplicant els dos membres de l'equació pel mínim comú múltiple.

   $$6 \cdot \left(\frac{x+4}{2} - 5\right) = 6 \cdot \left(1 - \frac{x}{6}\right)$$
   $$\frac{6 \cdot (x+4)}{2} - 6 \cdot 5 = 6 \cdot 1 - \frac{6 \cdot x}{6}$$

3. Eliminem els parèntesis.

   $3 \cdot (x+4) - 30 = 6 - x$

4. Agrupem els termes amb la incògnita en un membre i els numèrics a l'altre.

   $3x + 12 - 30 = 6 - x$

   $3x + x = 6 - 12 + 30$

5. Reduïm els termes semblants si n'hi ha.

   $4x = 24$

6. Aïllem la incògnita i en calculem el valor numèric.

   $x = \dfrac{24}{4} = 6$

ACTIVITATS

36 Determina la solució d'aquestes equacions:

a) $\dfrac{x-3}{2} = 5 - \dfrac{x}{3}$

b) $\dfrac{x}{2} - x = \dfrac{x}{3} + 5$

c) $\dfrac{x}{2} + \dfrac{x}{3} = 5 - x$

d) $\dfrac{x}{2} - \dfrac{5}{3} = x + 3$

e) $\dfrac{x}{2} - 3 = 5 - x$

37 Resol les equacions següents:

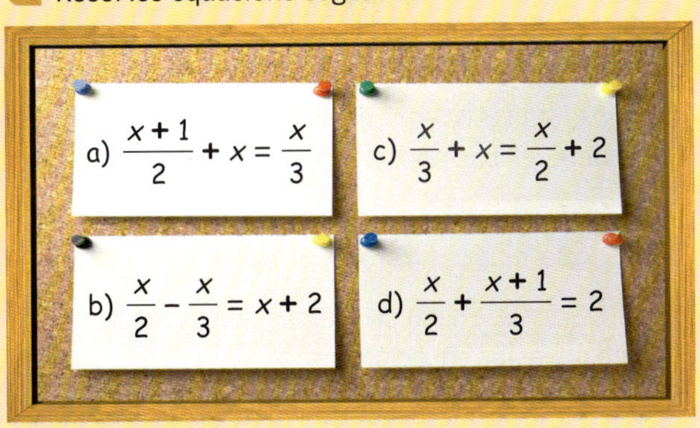

38 Calcula la solució d'aquestes equacions:

a) $\dfrac{x-1}{2} + \dfrac{x+1}{4} = 5$

b) $\dfrac{2x+3}{4} + \dfrac{x}{2} = \dfrac{x-1}{3}$

c) $\dfrac{x-2}{5} + \dfrac{x+5}{2} = 5x$

d) $\dfrac{x-3}{2} + \dfrac{x-1}{8} = x$

e) $\dfrac{2x-3}{9} + \dfrac{2x-1}{3} = \dfrac{x}{6}$

39 Resol les equacions següents:

a) $\dfrac{x+4}{3} - \dfrac{x+1}{5} = \dfrac{4-x}{2}$

b) $\dfrac{x-5}{2} - \dfrac{x+5}{6} = \dfrac{3+4x}{3}$

c) $\dfrac{x+7}{3} - \dfrac{x+2}{8} = \dfrac{x-7}{2}$

d) $\dfrac{x-3}{2} - \dfrac{x+4}{5} = \dfrac{2+3x}{4}$

e) $\dfrac{x+6}{2} - \dfrac{x+3}{7} = \dfrac{1-x}{5}$

7 Resolució de problemes

Per resoldre problemes amb equacions és fonamental llegir l'enunciat fins que entenguem el problema i després reescriure'l utilitzant el llenguatge algebraic.

EXEMPLE

12. Expressa aquests problemes per mitjà d'equacions:

a) He comprat a la fruiteria 3 kg de taronges i 1 kg de pomes; en total he pagat 9,05 €. Si 1 kg de pomes costa 2,45 €, quant val 1 kg de taronges?

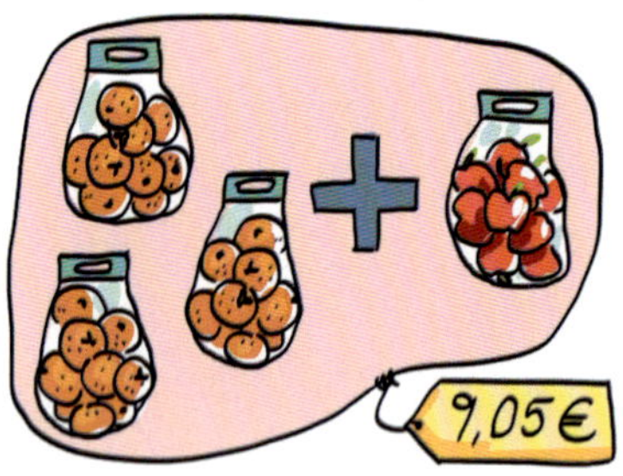

No coneixem el preu del quilo de taronges; l'anomenem x.

Preu d'1 kg de taronges $= x$

1 kg de pomes costa 2,45 €.

Preu d'1 kg de pomes $= 2{,}45$ €

He comprat 3 kg de taronges i 1 kg de pomes.

$3 \cdot x + 2{,}45$

He pagat 9,05 €.

$3 \cdot x + 2{,}45 = 9{,}05$ €

b) Un refresc costa 30 cèntims més que una ampolla d'aigua. Un grup d'amics han pres 7 refrescos i 5 ampolles d'aigua i han pagat 12,90 euros. Quant costa cada ampolla d'aigua?

No coneixem el preu d'una ampolla d'aigua; l'anomenem x.

Preu de l'ampolla d'aigua $= x$

Un refresc costa 30 cèntims més que una ampolla d'aigua.

Preu del refresc $= x + 0{,}30$

Un grup d'amics han pres 7 refrescos i 5 ampolles d'aigua.

$7 \cdot (x + 0{,}30) + 5 \cdot x$

Han pagat 12,90 €.

$7 \cdot (x + 0{,}30) + 5 \cdot x = 12{,}90$ €

ACTIVITATS

40 **PRACTICA.** Expressa mitjançant una equació els problemes següents:

a) Entre la Laura i en Xavier tenen 54 llibres. Calcula els llibres que té cada un si sabem que en Xavier té el doble de llibres que la Laura.

b) Si la quantitat de llibres que hi ha sobre la taula la multipliquem per 5 i n'hi restem 3, ens surt l'edat de la Marta, que són 12 anys. Quants llibres hi ha?

41 **APLICA.** El perímetre d'aquest rectangle és 48 cm.

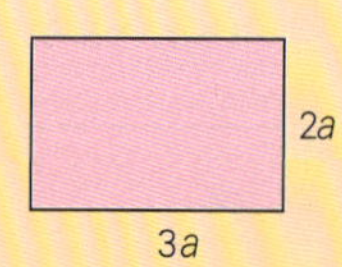

Amb quina de les equacions següents en puc calcular les dimensions?

a) $3a + 2a = 48$
b) $2 \cdot (3a + 2a) = 48$
c) $5a^2 = 48$
d) $6a^2 = 48$

42 **REFLEXIONA.** Escriu problemes que es resolguin amb aquestes equacions:

a) $2x + 1 = 5$
b) $x + 2 \cdot (x + 1) = 7$

SABER FER

Resoldre problemes amb equacions

La setmana passada en Quim va trucar als seus pares, hi va parlar durant 4 minuts i li van cobrar 1,83 € per la trucada. Si de l'establiment de trucada fan pagar 0,15 €, quant li va costar cada minut?

Passos que cal seguir

1. Identifiquem la incògnita.

El que sabem	El que no sabem
La trucada va durar 4 minuts.	El preu per minut → x
El cost va ser d'1,83 €.	
L'establiment de trucada costa 0,15 €.	

2. Plantegem l'equació.

Va parlar durant 4 minuts → $4 \cdot x$

L'establiment de trucada costa 0,15 € → $0{,}15 + 4 \cdot x$

El cost de la trucada va ser d'1,83 € → $0{,}15 + 4 \cdot x = 1{,}83$

3. Resolem l'equació.

$$0{,}15 + 4x = 1{,}83 \rightarrow 4x = 1{,}83 - 0{,}15 \rightarrow 4x = 1{,}68 \rightarrow x = \frac{1{,}68}{4} = 0{,}42$$

4. Interpretem la solució.

Cada minut de la trucada ha costat 0,42 €.

5. Comprovem que la solució és vàlida.

Un minut costa 0,42 €. La trucada ha durat 4 minuts → $4 \cdot 0{,}42 = 1{,}68$ €

Hi hem d'afegir l'establiment de trucada:

$1{,}68 + 0{,}15 = 1{,}83$ €

1,83 € és el que li han cobrat per la trucada. Per tant, la solució és vàlida.

És necessari comprovar la solució perquè en algun cas la solució de l'equació no té sentit en el context del problema.

ACTIVITATS

43 Un entrepà de pernil costa 2,60 €. L'Elsa ha demanat 3 entrepans de pernil i 3 refrescos i li han cobrat 11,40 €. Quant costa cada refresc?

44 En Pep ha comprat 2 llibretes petites i 3 de grans que li han costat, en total, 13,50 €. Si les llibretes grans valen 1,50 € més que les petites, quant costa una llibreta petita? I una de gran?

45 La mare de la Rosa té tres vegades l'edat de la filla i entre totes dues sumen 48 anys. Quants anys té la Rosa? I la mare?

46 Calcula un nombre si sabem que:

a) Si al seu doble hi sumem 4 és igual a 32.

b) Si al seu doble hi sumem 3 ens dóna el mateix nombre que si al seu triple n'hi restem 8.

47 En Pau, la Maria i l'Àngels col·leccionen segells. En Pau té 1 segell més que la Maria, i la Maria, 2 més que l'Àngels. Entre tots tres tenen 92 segells. Quants segells té cada amic?

48 Un pare reparteix 6.500 € entre els seus dos fills. Quants diners rep cada un si al més petit li dóna la tercera part del que rep el gran?

49 El perímetre d'un rectangle és 56 cm. Troba'n les dimensions si la base és el triple que l'altura.

ACTIVITATS FINALS

Expressions algebraiques

50 Escriu en llenguatge algebraic les expressions següents:

a) El doble d'un nombre
b) La meitat d'un nombre
c) El triple d'un nombre
d) La tercera part d'un nombre
e) El quàdruple d'un nombre
f) La quarta part d'un nombre
g) El quadrat d'un nombre
h) El cub d'un nombre

51 Relaciona cada enunciat amb la seva expressió algebraica.

a) La suma d'un nombre més 3
b) La diferència d'un nombre menys 5
c) La meitat de la suma d'un nombre més 9
d) La tercera part de la diferència entre un nombre i 7

i) $\frac{x+9}{2}$ ii) $x-5$ iii) $\frac{x-7}{3}$ iv) $x+3$

52 Determina l'expressió algebraica corresponent a aquestes expressions:

a) El quadrat de la suma d'un nombre més 2
b) El cub de la diferència d'un nombre menys 6
c) La suma del quadrat d'un nombre més 9
d) La diferència del cub d'un nombre menys 8
e) La meitat del quadrat d'un nombre
f) El quadrat del doble d'un nombre
g) La suma del quadrat d'un nombre més la meitat d'aquest mateix nombre
h) El triple de la diferència del quadrat d'un nombre menys aquest mateix nombre

53 Escriu un enunciat que es correspongui amb cadascuna d'aquestes expressions algebraiques:

a) $x^2 + 2x$
b) $\left(\frac{x}{2}\right)^2 + 1$
c) $3 \cdot (x^2 - 2)$
d) $\frac{x^3}{3}$
e) $\frac{x+1}{3}$
f) $x^2 - \frac{x}{2}$

54 Tradueix al llenguatge algebraic els enunciats següents:

a) El nombre total de potes de *x* porcs i *y* gallines
b) El nombre total de rodes de *x* bicicletes i *y* tricicles
c) Els diners totals que tinc amb *x* monedes de 0,50 € i *y* monedes de 0,20 €.

55 Determina el valor numèric de les expressions següents per a aquests valors de *x*:

0 1 2 −1 −2

a) $3x - 2$
b) $7 - 2x$
c) $5x + 4$
d) $-6x + 10$

56 Calcula el valor numèric d'aquestes expressions algebraiques quan les variables *x* i *y* agafen els valors $x = 2$, $y = -3$.

a) $3x - 2y + 5$
b) $(x - 2) \cdot (y + 8)$
c) $-x + 4y - 2$
d) $3 - 2x + 5 \cdot (y - 3)$

57 Calcula, per a $a = 4$ i $b = 2$, el valor numèric de les expressions algebraiques següents:

a) $(a + b)(a - b)$
b) $3a + 2b + 1$
c) $4a + 2b - ab$
d) $(a - 1)^2 + (b + 1)^2$

Monomis

58 Indica quines de les expressions següents són monomis:

a) $3xyz$
b) $4x + 7y - 3$
c) $\frac{x}{2} - \frac{y}{3} + \frac{z}{4} + \frac{5}{6}$
d) $-2x^2y^2 + x^3y$
e) $8x^2y^3$
f) $-\frac{20x}{y}$

59 Determina el coeficient, la part literal i el grau dels monomis següents:

a) $-2x^2y$
b) $5x^2$
c) $\frac{2x}{3}$
d) $3x^2yz^3$
e) $4xy^3z$
f) 10

60 Indica el grau d'aquests monomis:

a) $7x^3y$
b) $-8ab$
c) $5x^2y^2$
d) $9(a^2b)^2$
e) $3ab^2c^2$
f) $-2x^4$

61 Escriu un monomi que compleixi les característiques indicades en cada cas.

a) Té grau 1, la part literal és *x* i el coeficient és $\frac{1}{2}$.
b) Té grau 2, la part literal té dues lletres i el coeficient és 3.
c) Té grau 4, la part literal té tres lletres i el coeficient és −1.
d) Té grau 5, la part literal té una lletra i el coeficient és $\frac{-3}{4}$.

62 Indica, en cada cas, els monomis que siguin semblants.

a) $3x^2$, $4xy$, $-2xy^2$, $5x^2$, xy^2, x^2

b) $2ab$, $-3b$, $-2a^2$, ab, a^2b, $9ab$

c) $\frac{7a}{2}$, $-a$, $5a^2$, $10a$, $\frac{5a^2}{3}$, $8a$

d) $9x^3$, x^2y, x^2, $-x^3$, $2x^2y$, $8x^3$, $\frac{x^2}{2}$

63 Escriu aquests enunciats utilitzant un monomi i indica el coeficient, el grau i la part literal de cadascun:

a) El doble del triple d'un nombre

b) La tercera part del doble d'un nombre

c) La meitat del quadrat d'un nombre

d) El triple de la meitat d'un nombre

e) El quadrat del cub d'un nombre

f) El cub de la meitat d'un nombre

64 Expressa els enunciats següents amb un monomi:

a) El perímetre d'un triangle equilàter de costat x

b) Els diners que s'obtenen amb x bitllets de 5 €

c) Les rodes que tenen x camions de 8 rodes cada un

d) L'àrea d'un quadrat de costat x

e) El preu total de la compra de x kg de pomes a 1,4 € el quilo

65 Justifica si és cert o fals.

a) Els coeficients dels monomis sempre són nombres naturals.

b) Tots els monomis tenen part literal.

c) Tots els monomis tenen a la part literal la lletra x.

d) El coeficient del monomi xyz^3 és 1.

e) El valor numèric d'un monomi és el valor de la lletra.

66 Efectua aquestes sumes i restes de monomis:

a) $2x + 3x$

b) $-4ab + 2ab$

c) $17x^2 - 4x^2$

d) $-5x^2y^2z - (-x^2y^2z)$

e) $4a^2b + 6ab^2$

f) $7a + 5a + 3a$

g) $5x^4 - 2x^2 - 3x^2$

h) $2xy + 4xy - 8xy$

i) $2x^2 - 4x^2 + 5x^2$

j) $2xy - 2x + 2y$

67 Suma i resta els monomis següents:

a) $3x^2$ i $-9x^2$

b) $4x$ i $12x$

c) $4x$ i $3x^2$

d) $-36x^3$ i $45x^3$

e) $12ab$ i $-8ab$

f) $12x$ i -4

El resultat, és un altre monomi?

Igualtats algebraiques

SABER FER

Determinar si una igualtat algebraica és una identitat o una equació

68 Determina si les expressions següents són una identitat o una equació.

a) $x + 5 = 2x$ b) $2x - x = x$

PRIMER. Escollim un valor qualsevol per a les variables. Si la igualtat no es verifica, és una equació.

a) $x + 5 = 2x \xrightarrow{x=1} 1 + 5 \neq 2 \cdot 1$ És una equació.

b) $2x - x = x \xrightarrow{x=1} 2 \cdot 1 - 1 = 1$

SEGON. Si la igualtat es verifica, continuem escollint valors per a les variables. I si tots verifiquen la igualtat, és una identitat.

b) $2x - x = x \xrightarrow{x=2} 2 \cdot 2 - 2 = 2 \rightarrow 4 - 2 = 2$

$2x - x = x \xrightarrow{x=3} 2 \cdot 3 - 3 = 3 \rightarrow 6 - 3 = 3\ldots$

Aquesta igualtat es compleix per a qualsevol valor de x; és una identitat.

69 Indica si les igualtats següents són una identitat o una equació:

a) $6x + 1 = 7$

b) $2a + 3a = 5a$

c) $12x + 6x^2 = 6x(2 + x)$

d) $15x + 8x = 23x$

e) $2x + 8x = 10x$

f) $9ab^2 - 5a^2b = ab(9b - 5a)$

g) $(x + 7)(x - 7) = x^2 - 49$

70 Completa a la llibreta la taula següent:

Equació	Primer membre	Segon membre	Termes	Incògnita
$7 + s = 2$				
$18 = 2t$				
$5x = 1 + x$				
$0 = 8 - y$				
$10r = 3$				

71 Determina quines de les equacions següents tenen com a solució $x = -2$:

a) $4 - x = 6$

b) $-x + 3 = 1 + x$

c) $3x + 7 = 1$

d) $5 - 2x = 9$

e) $6x - 4 = 4 + 5x$

f) $8 = x - 3$

ACTIVITATS FINALS

72 Quina d'aquestes equacions té com a solució $y = 3$?

a) $2 \cdot (y + 5) = 5y + 1$
b) $-y + 3 \cdot (y - 4) = 6$
c) $-5 \cdot (y + 1) = 7y - 1$
d) $7 - (y - 2) = 2y$
e) $3 \cdot (4 - 3y) = -15$
f) $-6y + 2 \cdot (y - 1) = y + 9$

73 Indica quines de les equacions següents tenen com a solució $x = -1$:

a) $\dfrac{3x - 2}{4} = \dfrac{x + 1}{2}$

b) $x - \dfrac{x + 4}{3} = -2$

c) $5(4 - x) + \dfrac{2x + 5}{6} = \dfrac{5}{2} - 10x$

d) $\dfrac{1 - x}{2} - \dfrac{3 + x}{4} = \dfrac{1}{2}$

e) $\dfrac{x}{3} + \dfrac{2(x - 1)}{5} = \dfrac{2x}{15} - 1$

f) $\dfrac{4x}{7} - \dfrac{x - 4}{3} = -x$

74 Escriu una equació per a cadascun dels casos següents:

a) La incògnita només apareix en un dels dos membres de l'equació i té com a solució $x = 2$.
b) Té dos termes sumands en cada membre i la solució és $a = 5$.
c) En un dels membres apareix una fracció amb denominador 3 i la solució és $b = -3$.
d) En l'equació apareixen un parèntesi i una fracció, i la solució és $y = -1$.

Resolució d'equacions de primer grau

75 Resol aquestes equacions:

a) $x + 2 = 5$
b) $4 + y = 8$
c) $11 = z + 7$
d) $-2 + a = 2$
e) $c - 7 = 12$
f) $20 = -y + 4$
g) $-3 + b = 7$
h) $6 - c = 9$

76 Calcula la solució d'aquestes equacions:

a) $2x + 7 = 3$
b) $16 = -5 + 7b$
c) $6 = -2x$
d) $-3a - 8 = 4$
e) $-4 + 3a = 5$
f) $5 - 4y = 1$
g) $-5 = -c - 3$
h) $-6z - 9 = 15$

77 Resol les equacions i comprova'n la solució.

a) $4x + 1 = 5x - 8$
b) $5 + 6x = -4 - 3x$
c) $10y - 3y + 3 = -18$
d) $-x - 5 = 3x + 19$
e) $-7 + 3y = y - 3$
f) $-8x + 6 = -1 - x$
g) $12 = 5x - 9 - 2x$
h) $30 + 8y = -7y$

78 Calcula la solució de les equacions següents:

a) $6 \cdot (a - 5) - 2 = 2a$
b) $-4 \cdot (3 - x) + 9 = x$
c) $(4 + 3x) \cdot (-7) + 12 = -8x$
d) $5a = 2 \cdot (6 - 3a) + 21$
e) $3 - (b + 4) = 0$
f) $9c - 5 \cdot (c - 1) = 1$
g) $3 - 2 \cdot (y - 4) = 11$
h) $16 - 4y = 5 - 7(2 - 3y)$

79 Troba la solució d'aquestes equacions:

a) $5(x - 8) = 3(x - 6)$
b) $2(x + 5) = 9x + 31$
c) $-1(x + 3) = 2(6 + x)$
d) $-5(6 - 5x) = 5x - 10$

80 Calcula les equacions següents:

a) $(x + 28) + 15 = 2(x + 15)$
b) $(2x + 1) = 8 - (3x + 3)$
c) $2(x - 7) = 6(x + 1)$
d) $2(x - 5) = 5(x - 4)$
e) $6(x - 4) = 3(x - 3)$
f) $3(x - 3) - 4(x - 5) = 6$
g) $6(x - 3) + 5(x + 4) = 15$

SABER FER

Resoldre equacions amb un sol denominador

81 Resol aquestes equacions.

a) $\dfrac{x + 5}{4} = 3$
b) $\dfrac{x - 2}{6} - 3 = -2$

PRIMER. Deixem la fracció en un membre i passem els altres termes a l'altre membre.

a) $\dfrac{x + 5}{4} = 3$

La fracció ja està aïllada en el primer membre.

b) $\dfrac{x - 2}{6} - 3 = -2 \rightarrow \dfrac{x - 2}{6} = -2 + 3 \rightarrow \dfrac{x - 2}{6} = 1$

SEGON. Suprimim el denominador passant-lo a l'altre membre multiplicant.

a) $\dfrac{x + 5}{4} = 3 \rightarrow x + 5 = 3 \cdot 4 \rightarrow x + 5 = 12$

b) $\dfrac{x - 2}{6} = 1 \rightarrow x - 2 = 1 \cdot 6 \rightarrow x - 2 = 6$

TERCER. Aïllem la incògnita per calcular-ne la solució.

a) $x + 5 = 12 \rightarrow x = 12 - 5 \rightarrow x = 7$
b) $x - 2 = 6 \rightarrow x = 6 + 2 \rightarrow x = 8$

82 Calcula la solució d'aquestes equacions:

a) $\frac{2x}{3} = 4$

b) $\frac{6x}{7} - 2 = 4$

c) $\frac{4x}{3} + 2 = 6$

d) $\frac{-8x}{3} = 16$

83 Resol les equacions següents:

a) $\frac{6x+4}{7} = 4$

b) $\frac{3x-5}{2} = 2$

c) $\frac{16-x}{7} = 1$

d) $\frac{4+x}{3} = 5$

84 Calcula la solució de les equacions següents:

a) $10 + \frac{2x}{7} = 8 + 4$

b) $\frac{x}{3} + 2x = 1 + 2x$

c) $4x - 38 = \frac{3x+2}{5}$

d) $\frac{2x}{3} = 24$

SABER FER

Resoldre equacions que són una igualtat de fraccions

85 Resol aquestes equacions:

a) $\frac{x+2}{6} = \frac{3}{2}$ b) $\frac{x-5}{7} = \frac{2x+1}{3}$

PRIMER. Suprimim els denominadors multiplicant les fraccions en creu.

a) $\frac{x+2}{6} = \frac{3}{2} \rightarrow 2 \cdot (x+2) = 6 \cdot 3$

b) $\frac{x-5}{7} = \frac{2x+1}{3} \rightarrow 3 \cdot (x-5) = 7 \cdot (2x+1)$

SEGON. Efectuem les operacions i resolem l'equació.

a) $2 \cdot (x+2) = 6 \cdot 3 \rightarrow 2x + 4 = 18 \rightarrow 2x = 18 - 4$

$2x = 14 \rightarrow x = \frac{14}{2} = 7$

b) $3 \cdot (x-5) = 7 \cdot (2x+1) \rightarrow 3x - 15 = 14x + 7$

$-15 - 7 = 14x - 3x$

$-22 = 11x \rightarrow x = \frac{-22}{11} = -2$

86 Resol les equacions següents:

a) $\frac{2x-1}{6} = \frac{3}{2}$

b) $\frac{4x+1}{9} = \frac{7}{3}$

c) $\frac{8-x}{6} = \frac{2}{3}$

d) $\frac{3-4x}{10} = \frac{-1}{2}$

e) $\frac{x+6}{4} = \frac{x+8}{5}$

f) $\frac{9-x}{2} = \frac{x+11}{3}$

g) $\frac{5x}{2} = \frac{x+9}{4}$

h) $\frac{x+10}{6} = \frac{-3x}{2}$

87 Quina és la solució de l'equació següent?

$$\frac{x-3}{2} - \frac{3(x-4)}{3} = \frac{4(x-5)}{5}$$

a) 5 b) 3 c) −3 d) −1

88 Resol aquestes equacions:

a) $\frac{3x}{4} - \frac{x-1}{5} = 0$

b) $\frac{4x}{3} - \frac{x-2}{5} = x$

c) $\frac{3x-1}{5} - \frac{x-2}{2} = x + 4$

d) $\frac{5x}{2} - \frac{x+3}{5} = 1$

e) $\frac{x+4}{3} - \frac{x-5}{6} = -3$

f) $\frac{2x+7}{3} - \frac{x+5}{9} = -x$

89 Resol les equacions següents:

a) $3(x-2) = \frac{3}{2}$

b) $2(1-x) = -\frac{2}{3}$

c) $4(1-2x) - 3x = \frac{5}{3}$

d) $2(5-2x) + 2 = \frac{2}{5} - 3x$

e) $2(3x-2) - \frac{2}{4} = \frac{8}{3}$

f) $x + 3(2x+4) + 6 = \frac{8}{5}$

g) $6 - 2(x-1) = \frac{4}{5}$

h) $2x - 5(x+3) = \frac{4}{7}$

i) $3x - 4 - 2(3x-1) = \frac{5}{4}$

j) $3x - 2(3x-1) - \frac{1}{2} = \frac{5}{4}$

k) $x - 3(4x-2) = \frac{7}{2} - 2x$

l) $3x - 4(1-x) = -\frac{1}{2} - x$

90 Calcula la solució d'aquestes equacions:

a) $4x + \frac{1}{2} = \frac{3x-4}{2}$

b) $\frac{4x+4}{3} = \frac{x+6}{2}$

c) $3(x-2) - \frac{2x}{2} = 4(x+3)$

d) $3(x+1) - \frac{6(x-2)}{3} = 5$

e) $\frac{3(x-1)}{3} + \frac{10(x+1)}{5} = 2x + \frac{1}{4}$

f) $\frac{2(x+1)}{2} + \frac{3(x-1)}{3} + \frac{8(x+2)}{4} = 5x - 1$

g) $\frac{2(x-3)}{5} - \frac{2(x+2)}{7} - 5 = x + 1$

91 Indica les equacions que són equivalents.

a) $x + 3 = 5$

b) $\frac{2x-1}{3} - \frac{3}{4} = \frac{6x-1}{12} - \frac{2}{3}$

c) $x + \frac{x}{2} + \frac{x}{3} = 4$

d) $2(x+5) + 3(x-2) = 24$

e) $\frac{2(x-3)}{2} + \frac{x+1}{4} - \frac{x-5}{6} - \frac{x-2}{3} = 3$

Problemes amb equacions

92 Escriu l'equació que correspongui a aquests enunciats i troba'n la solució:

a) El triple d'un nombre més 3 és igual a 27.

b) El doble d'un nombre menys 3 és igual a 9.

c) Un nombre més el seu doble i més el seu triple és igual a 50.

d) Un nombre menys la seva meitat i menys la seva tercera part és igual a 6.

93 Planteja i resol l'equació que es correspon amb els enunciats següents:

a) La suma del doble d'un nombre més 5 és igual a 17.

b) Si de la meitat d'un nombre en restem 8, obtenim 11.

c) El triple de la suma d'un nombre més 7 és igual al doble d'aquest mateix nombre.

d) La meitat de la diferència d'un nombre menys 6 és igual a la tercera part de la suma d'aquest nombre més 3.

e) Si del doble d'un nombre en restem la seva tercera part, el resultat és 10.

f) Si a la meitat d'un nombre hi sumem 9, obtenim 23.

94 Escriu l'equació que representa que la suma de dos nombres consecutius és 65. Resol aquesta equació i esbrina de quins nombres es tracta.

95 Determina tres nombres consecutius que tinguin com a suma 66.

96 Si anomenem x la base i y l'altura d'un rectangle, completa a la llibreta la taula següent:

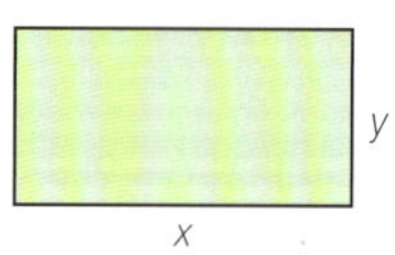

Àrea	
Perímetre	
Doble de l'àrea	
Meitat del perímetre	

97 Calcula l'altura i la base del rectangle en aquests casos:

a) La base és el doble de l'altura i el perímetre fa 36 cm.

b) La base és el triple de l'altura i el perímetre és de 40 cm.

c) La base és una unitat més que el doble de l'altura i el perímetre fa 56 cm.

d) La base és una unitat menys que la meitat de l'altura i el perímetre és de 34 cm.

98 Un quilo de patates costa la quarta part que un quilo de pomes. Si la Isabel ha pagat 10 € per 3 kg de pomes i 8 kg de patates, quant costa un quilo de patates?

99 Una llibreta i un llibre costen 6 €. El preu del quadern és igual a $\frac{3}{7}$ del preu del llibre. Quant val cada cosa?

100 Un bosc té el doble d'arbres que un altre bosc i entre tots dos sumen 120.000 arbres. Quants arbres hi ha a cada bosc?

101 En la campanya nadalenca, en Roger ha venut cinc vegades més tricicles que bicicletes. Si entre tots tenien 68 rodes, quants n'ha venut de cada tipus?

102 En un aparcament hi ha 7 cotxes més que motos. Quants n'hi ha de cada classe si entre cotxes i motos sumen 31?

103 L'Alfons té una col·lecció de 168 pel·lícules, que sobrepassa de 42 el doble de les que té en Pep. Quantes pel·lícules té en Pep?

104 Sabem que en una granja en la qual es crien vaques i gallines hi ha el triple de vaques que de gallines. Quants animals hi ha de cada espècie si en total comptem 6.300 potes?

105 En Miquel va al cinema i a berenar amb els amics. Gasta la meitat dels diners en l'entrada del cinema i la cinquena part en el berenar, i encara li queden 6 €. Quants diners tenia quan ha sortit de casa?

106 D'una peça de tela en tallen la tercera part del total i, després, la cinquena part del que en queda. Calcula la longitud de la tela si sabem que després dels dos talls en queden 16 m.

107 L'Enric s'ha gastat la meitat dels seus diners en un regal per al seu amic Manel. A més, s'ha comprat una pilota d'handbol amb la quarta part dels diners i uns pantalons d'esport amb la desena part. Si encara li han quedat 6 €, quina quantitat de diners tenia?

108 He recorregut $\frac{7}{15}$ d'un trajecte i encara em falten 84 m per arribar a la meitat. Quina és la longitud del trajecte?

109 L'Anna diu: «La meitat dels anys que tinc, més la tercera part, més la quarta part, més la sisena part dels meus anys sumen els anys que tinc més 6.»

a) Quants anys té l'Anna?

b) L'Ismael diu: «A mi em passava el mateix quan la meva edat era un terç de la que tinc ara.» Quants anys té l'Ismael?

110 Aquest mes he enviat 86 correus electrònics adreçats a la Nati, l'Eladi, en Guillem i en Frederic. A la Nati li he enviat la meitat de missatges que a en Frederic; a l'Eladi, 5 correus més que a en Frederic, i a en Guillem, 3 menys que la meitat dels que he enviat a en Frederic. Quants missatges he enviat a cada un?

111 En Joan té monedes de tres tipus: d'1 €, de 0,5 € i de 0,2 €. Les de 0,5 € són la meitat de les d'1 € i les de 0,2 € són una tercera part de les d'1 €. Si en total té 31,6 €, quantes n'hi ha de cada tipus?

112 Entre els estruços i les zebres d'una reserva natural sumen 80 caps i 220 potes. Calcula quants estruços i quantes zebres hi ha a la reserva.

HAS DE SABER FER

Expressions algebraiques

1 Expressa en llenguatge algebraic aquests enunciats:

a) El doble de la suma d'un nombre més 9 unitats

b) La tercera part de la resta d'un nombre menys 4 unitats

c) La meitat d'un nombre més la quarta part d'aquest nombre

d) El triple de la suma del quadrat d'un nombre més aquest mateix nombre

Monomis

2 Calcula el valor numèric d'aquestes expressions per als valors donats:

a) $2xy + 5x^2$ per a $x = -2, y = 3$

b) $4 \cdot (x^3 - y) - xy$ per a $x = 2, y = -4$

3 Efectua aquestes operacions entre monomis:

a) $5x - 7y + 9x - y + 2y + x$

b) $3x^2 + 6x - 7xy + 3xy - 2x^2$

c) $-y^2 - 9x + x - 7y^2 + 5y^2 + 10$

Equacions

4 Expressa en forma d'equació els enunciats següents i troba'n la solució:

a) Quin nombre sumat a 3 dóna 8?

b) Quin nombre multiplicat per 5 dóna 60?

c) Quin nombre dividit entre 12 dóna 84?

5 Resol aquestes equacions:

a) $x + 7 = 9$

b) $4x - 12 = 3x$

c) $x - 5 = 2x - 4$

d) $3x - 5 = -5 - 7x$

e) $3 - 4(3x + 8) = 7(x + 3)$

f) $\frac{x}{4} + \frac{x - 8}{5} = 0$

Problemes

6 En els entrenaments d'handbol dediquem el doble de temps a fer exercicis físics que a jugar a handbol. Si entrenem 6 hores a la setmana, quantes hores dediquem a jugar?

COMPETÈNCIA MATEMÀTICA

En la vida quotidiana

113 La criptografia estudia el xifratge i el desxifratge de missatges.

Hi ha moltes tècniques per xifrar la informació; una de les més simples és el xifratge monoalfabètic. Aquesta tècnica consisteix a assignar a cada lletra que conforma el missatge una altra lletra o caràcter diferent, de manera que aquest canvi només el coneixen les persones que llegiran el missatge.

Un exemple molt senzill de la utilització d'aquesta tècnica pot ser el que veiem a la taula següent. Hi podem comprovar com se substituirà cada lletra per un nombre a l'hora d'escriure un missatge.

A	B	C	D	E	F	G	H	I	J	K	L	M	N	O	P	Q	R	S	T	U	V	W	X	Y	Z
10	8	14	9	23	2	11	3	19	15	22	1	20	13	16	4	26	5	21	25	12	17	27	6	18	7

a) Escriu la paraula AMIGA per mitjà d'aquesta taula.

b) Fes servir aquesta tècnica per escriure el missatge següent:

DESPRÉS DE CLASSE ENS VEIEM AL PARC

c) Per fer aquesta tècnica més segura podem utilitzar les equacions. A la dreta hi ha escrites quatre equacions que donen com a solució les quatre lletres que formen una paraula xifrada. De quina paraula es tracta?

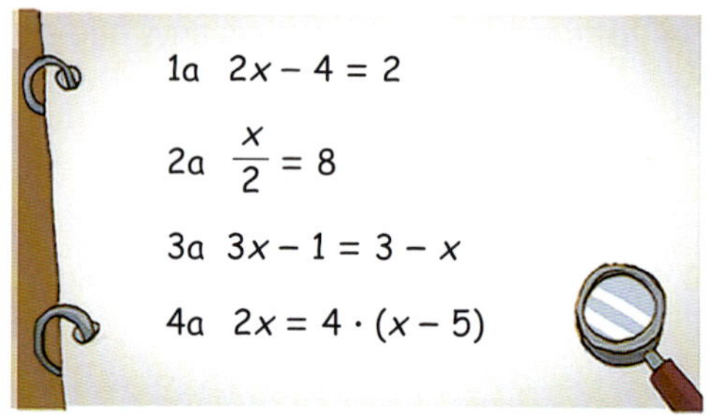

Formes de pensar. Raonament matemàtic

114 El següent quadrat màgic (la suma dels nombres de cada fila, columna i diagonal ha de ser la mateixa) està format per nombres de l'1 al 9. No sabem quin nombre hi ha a cada casella, però sí que sabem que $b > c$. Determina el valor de cada lletra.

$a + b$	$a - b + c$	$a - c$
$a - b - c$	a	$a + b + c$
$a + c$	$a + b - c$	$a - b$

115 Substitueix a i b per dos nombres enters en les igualtats algebraiques següents:

a) $(a + b) \cdot (a - b) = a^2 - b^2$

b) $(a + b) \cdot (a - b) = a^2 + b^2$

Es compleixen sempre les igualtats? Són identitats o equacions?

116 Calcula el valor de ❀, ★ i ☾ amb les dades següents:

❀ + ★ + ☾ = 12		
❀ + ★ − ☾ = 12		
❀ − ★ − ☾ = 6		
❀ =	★ =	☾ =

117 Equacions en triangles.

a) Fixa't en el triangle següent. En els costats hi ha la suma dels nombres dels vèrtexs.

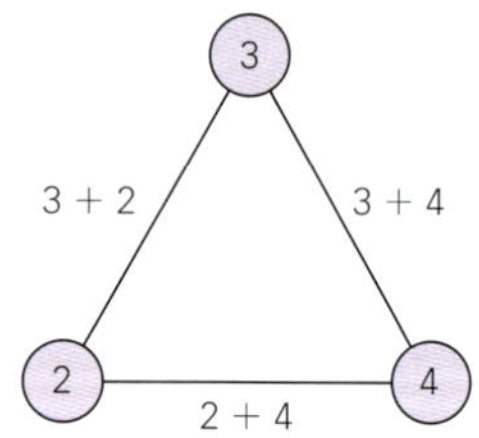

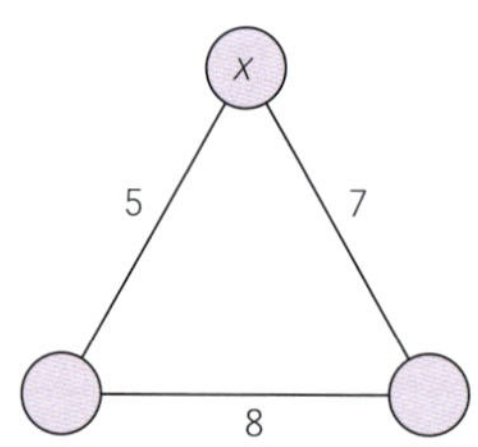

Si no coneixes els nombres dels vèrtexs però sí la suma, com en calcularies els vèrtexs?

Anomena x el nombre d'un dels vèrtexs i planteja el problema.

b) Determina els nombres dels vèrtexs dels triangles:

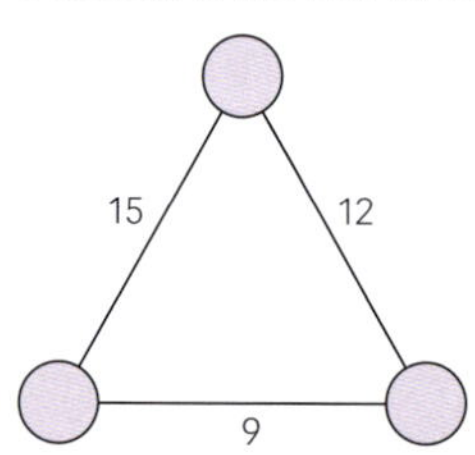

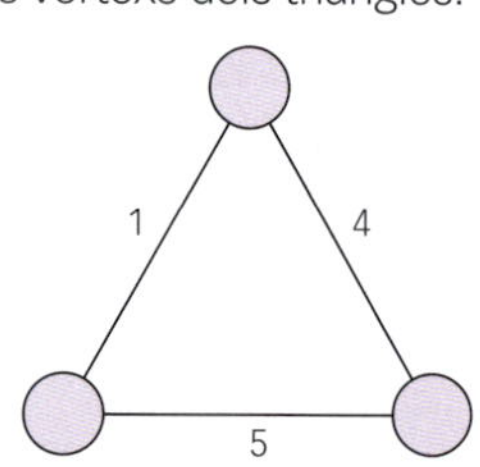

Assigna el valor corresponent a cadascun dels vèrtexs i comprova'n la solució.

PROJECTE FINAL. **Aprenentatge cooperatiu**

OBJECTIU: Fer un pressupost per comprar material fotogràfic

Un cop formats els grups, seguiu el procés següent:

1a Fase

- Busqueu informació sobre els diferents tipus de càmeres fotogràfiques que existeixen al mercat: compactes, rèflex... i establiu quines han de ser les característiques de la càmera que voleu comprar.
- Determineu els accessoris que necessitaríeu: objectius, targetes de memòria, discos durs... i informeu-vos sobre els diferents tipus d'impressores de qualitat fotogràfica, i el manteniment que requereixen.

2a Fase

- Demaneu pressupost en diverses botigues o en pàgines d'Internet sobre les càmeres fotogràfiques i els accessoris que responen als vostres interessos.
- Informeu-vos del preu de les impressores de qualitat fotogràfica i dels programes necessaris per retocar fotografies.
- Pregunteu el preu per còpia i el dels retocs fotogràfics en botigues especialitzades.

3a Fase

- Poseu en comú la informació recollida i determineu el tipus de càmera i els accessoris que necessiteu.
- Feu una estimació del nombre de fotografies que podríeu necessitar en paper anualment i decidiu si és millor comprar una impressora, o bé fer fer les còpies en alguna botiga especialitzada.
- Elaboreu un informe que reculli les conclusions a què heu arribat.

Proves PISA

Caminant

118 El dibuix mostra les petjades d'un home caminant. La longitud del pas p és la distància entre els extrems posteriors de dues petjades consecutives.

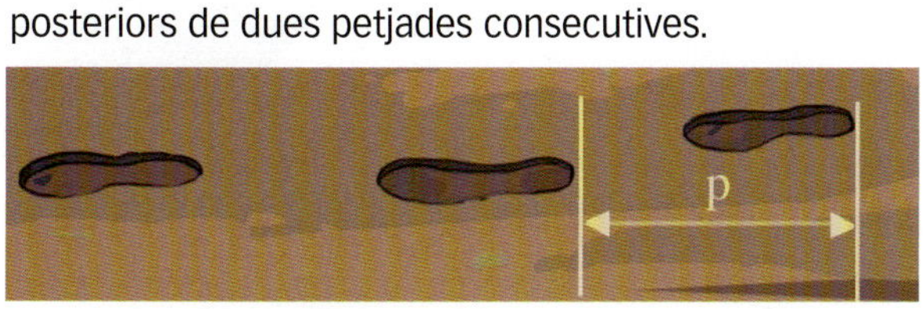

Per als homes, la fórmula $\frac{n}{p} = 140$ dóna una relació aproximada entre n i p, on:

n = nombre de passos per minut

p = longitud del pas en metres.

a) Si s'aplica la fórmula a l'Enric i aquest fa 70 passes per minut, quina és la longitud del pas de l'Enric?

b) En Bernat sap que les seves passes són de 0,80 metres. Aplica la fórmula a les passes del Bernat. Calcula la velocitat a què camina en metres per minut.

(Prova PISA 2000)

Les pomes

119 Un pagès planta pomeres en un terreny quadrat. Per tal de protegir les pomeres del vent, planta coníferes al voltant de tot l'hort.

Aquí tens un esquema d'aquesta situació, on podem apreciar com estan col·locades les pomeres i les coníferes per a qualsevol nombre *(n)* de files de pomeres.

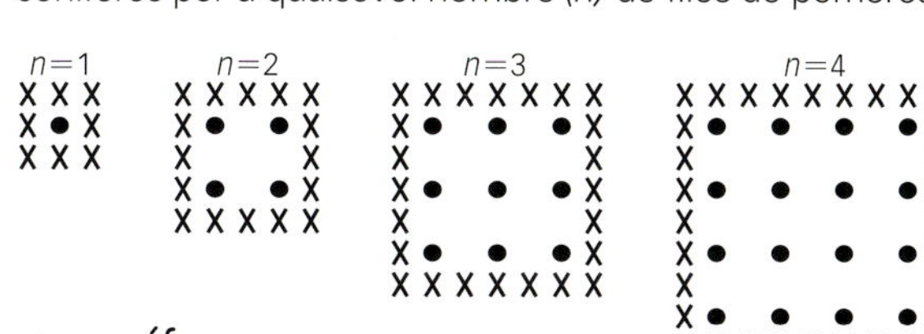

x = conífera   • = pomera

Expressa amb llenguatge algebraic el nombre de pomeres i el nombre de coníferes que es poden plantar a l'hort seguint el plantejament descrit.

(Prova PISA 2000, adaptació)

CLAUS PER COMENÇAR

Descomposició d'un nombre decimal

Un nombre decimal es descompon pels seus ordres respectius.

Desena de miler DM	Unitat de miler UM	Centena C	Desena D	Unitat U	Dècima d	Centèsima c	Mil·lèsima m

(·10 · 10 · 10 · 10 · 10 · 10 · 10 entre ordres consecutius; : 10 : 10 : 10 : 10 : 10 : 10 : 10 en sentit contrari)

Cada ordre és 10 vegades més gran que l'ordre immediatament inferior i 10 vegades més petit que l'ordre immediatament superior.

EXEMPLE

84.789,301 = 8 DM 4 UM 7 C 8 D 9 U 3 d 0 c 1 m

ACTIVITATS

1 Descompon aquests nombres en les unitats corresponents:

a) 5.326,005 b) 1.568,25 c) 6.300,524

2 Transforma aquestes quantitats en dècims:

a) 125 unitats b) 33 mil·lèsimes c) 3 milers

Multiplicació i divisió per la unitat seguida de zeros

Per multiplicar per la unitat seguida de zeros:

- Si el nombre és **natural**, hi afegim tants zeros com hi hagi després de la unitat.
- Si el nombre és **decimal**, desplacem la coma a la dreta tants llocs com zeros hi hagi després de la unitat. Si no hi ha prou decimals, hi afegim zeros.

Per dividir per la unitat seguida de zeros:

- Si el nombre és **natural**, l'escrivim en forma decimal, per exemple, 2 = 2,0; i continuem com es fa per als decimals.
- Si el nombre és **decimal**, desplacem la coma cap a l'esquerra tants llocs com zeros hi hagi després de la unitat. Si no hi ha prou decimals, hi afegim zeros.

EXEMPLE

25 · 1.000 = 25.000	3 : 100 = 0,03	0,81 · 10 = 8,1
2,5 · 1.000 = 2.500	10,01 : 100 = 0,1001	3,3 : 10 = 0,33

ACTIVITATS

3 Multiplica i divideix els nombres següents per 10, 100 i 1.000:

a) 234,32 c) 1.001 e) 15.489,002

b) 12,00006 d) 70.052 f) 100.130,01

Balança egípcia

En el *Llibre dels morts*, que és un text funerari egipci, apareix la balança de platets per pesar el cor del difunt i decidir el futur de la seva ànima.

Unitats de mesura

7

SABER

- Magnituds
- Unitats de longitud, capacitat, massa, superfície i volum
- Equivalència entre unitats de volum, capacitat i massa

SABER FER

- Transformar mesures de longitud expressades de forma complexa a incomplexa i viceversa
- Operar amb mesures de longitud
- Transformar mesures de superfície i volum de forma complexa a incomplexa i viceversa
- Relacionar mesures de volum, capacitat i massa

? INTERPRETA LA IMATGE

La balança egípcia

Els egipcis inventaren la balança per resoldre la necessitat de pesar els productes que intercanviaven. Les primeres balances egípcies eren molt senzilles i les van anar perfeccionant fins afegir-hi una plomada per verificar l'anivellament de la balança.

- Com col·locaries els pesos següents perquè la balança egípcia de la imatge continués en equilibri?

36 hg | 2 kg | 280 dag | 1.200 g

Balança romana

Té dos braços de longitud diferent amb ganxos; en el més petit es penja l'objecte que volem pesar.

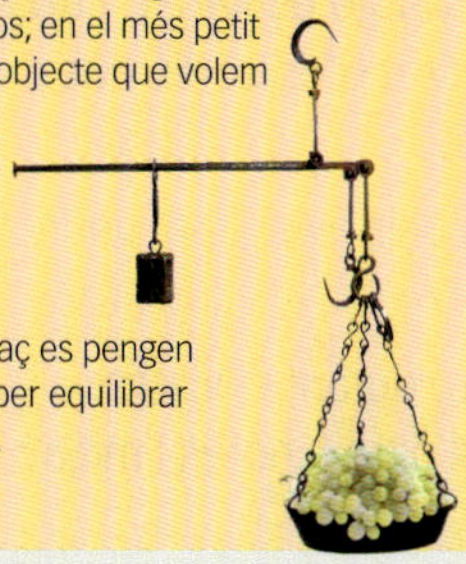

A l'altre braç es pengen els pesos per equilibrar la balança.

Balança monoplat

Té un sol balançó, en què es col·loca el cos que volem pesar, i els pesos es desplacen al llarg de diferents varetes; la posició ens dóna el pes.

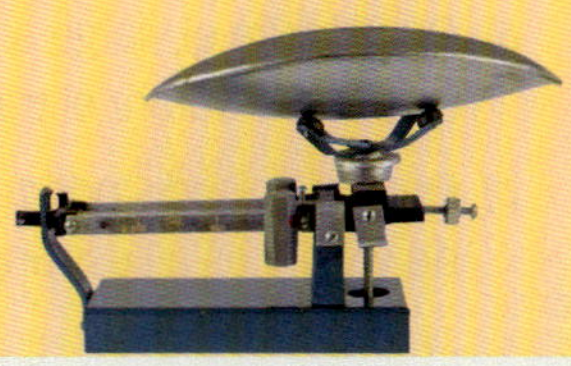

Balances electròniques

Utilitzen l'electricitat per determinar la massa d'un objecte; aquesta és la seva característica comuna, ja que l'aspecte pot ser variat (les fotos de la dreta en són dos exemples).

Bàscules de laboratori

La precisió n'és una de les característiques fonamentals perquè poden arribar a mesurar pesos petitíssims.

1 Magnituds i unitats

T'HI ATREVEIXES?

Com creus que és millor expressar la distància entre dues ciutats, en quilòmetres o mitjançant la durada del viatge?

El sistema mètric decimal es va imposar a França el 1889 per unificar les diferents mesures que coexistien.

Actualment es fa servir en la majoria dels països del món, tret d'algunes zones de l'àmbit anglosaxó.

Una **magnitud** és qualsevol qualitat que es pugui mesurar, i el seu valor es pugui expressar per mitjà d'un nombre.

Per mesurar la quantitat d'una magnitud, la comparem amb una altra quantitat fixa, que anomenem **unitat de mesura**.

EXEMPLE

1. Escriu alguns exemples de magnituds i una unitat de mesura per a cada una. Inventa't una situació sobre cada magnitud i la seva mesura.

Magnitud	Unitat de mesura
Temperatura	Grau centígrad
Pes	Quilogram
Longitud	Metre
Capacitat	Litre

La temperatura mitjana del cos humà és de 37 °C.

L'elefant africà més pesant del qual es té notícia va arribar a pesar 12.274 kg.

La longitud de l'anaconda pot sobrepassar els 8 m.

Aquesta gerra té una capacitat d'1,5 ℓ.

El conjunt d'unitats de mesura que s'utilitzen actualment per mesurar les magnituds principals (longitud, superfície, volum, capacitat i massa) s'anomena **sistema mètric decimal**.

Diem que és un **sistema decimal** perquè les unitats estan relacionades les unes amb les altres mitjançant potències de 10.

ACTIVITATS

1 PRACTICA. Indica si són magnituds o no.

a) La temperatura d'un forn.

b) El temps que un alumne dedica a estudiar.

c) L'amistat.

d) La longitud d'un espagueti.

e) La bellesa d'un quadre.

f) La quantitat d'aigua que cap en una copa.

2 APLICA. Escriu la unitat que faries servir per mesurar les magnituds de l'activitat anterior.

3 REFLEXIONA. En Pasqual té 3 anys i calcula la durada dels viatges en cotxe mitjançant la seva sèrie de dibuixos preferida. Ell no ho sap, però cada episodi d'aquesta sèrie dura 20 minuts; així, quan pregunta als seus pares si el viatge és llarg o curt, ells li contesten amb la quantitat d'episodis que podrà veure durant el trajecte.

a) Quant dura el viatge a casa dels avis si pot veure 5 episodis durant el trajecte?

b) Quants episodis podrà veure durant el viatge de vacances a l'estranger si dura 5 hores i mitja?

2 Unitats de longitud

El **metre** és la unitat principal de mesura de longitud.
El designem amb la lletra **m**.

Alguns múltiples i submúltiples del metre són els següents:

Múltiples del metre				Submúltiples del metre		
quilòmetre km 1.000 m	hectòmetre hm 100 m	decàmetre dam 10 m	**metre** **m**	decímetre dm 0,1 m	centímetre cm 0,01 m	mil·límetre mm 0,001 m

Per transformar una unitat de longitud en una altra, multipliquem o dividim successivament per 10.

km → · 10 → hm → · 10 → dam → · 10 → m → · 10 → dm → · 10 → cm → · 10 → mm

mm → : 10 → cm → : 10 → dm → : 10 → m → : 10 → dam → : 10 → hm → : 10 → km

EXEMPLE

2. Expressa en metres les longituds següents:

a) 12,3 dm ⟶ 12,3 : 10 = 1,23 m b) 1,01 dam → 1,01 · 10 = 10,1 m

2.1. Forma complexa i incomplexa

Una mesura està escrita en **forma incomplexa** quan per expressar-la utilitzem una única unitat de mesura.

Si utilitzem més d'una unitat, està escrita en **forma complexa**.

EXEMPLE

3. Determina si aquestes mesures estan en forma complexa o incomplexa:

a) 23,5 km ⟶ Incomplexa c) 1 km 3 hm → Complexa

b) 2 cm 6 mm → Complexa d) 2.133 dam → Incomplexa

RECORDA

Anomenem *múltiples* i *submúltiples* d'una unitat de mesura les unitats que són més grans i més petites que aquesta unitat, respectivament.

Altres unitats de longitud
1 polzada = 2,54 cm
1 peu = 0,3048 m
1 iarda = 3 peus = 0,9144 m
1 braça = 2 iardes = 1,8288 m
1 milla terrestre = 1.760 iardes = 1.609,34 m
1 milla marina = 1.852 m

ACTIVITATS

4 PRACTICA. Quants centímetres són 12,76 km?

5 APLICA. Ordena de més petita a més gran.

a) 48,253 dam c) 0,2 iardes e) 30 polzades

b) 1,002 km d) 17,04 cm f) 935.000 mm

6 REFLEXIONA. Des de la casa d'en Joan fins a la d'en Pau hi ha 0,4 km, i entre la d'en Pau i la de la Marta, 32 dam. En Joan recull en Pau i tots dos van a buscar la Marta. Quants metres recorre en Joan des que surt de casa seva? I en Pau?

SABER FER

Transformar mesures de longitud de forma complexa a incomplexa i viceversa

Expressa les mesures de longitud següents en la forma que s'indica:

a) 2.357,805 m en forma complexa **b) 3 km 5 dam 8 dm 1 mm en decàmetres**

Passos que cal seguir

1. Col·loquem cadascuna de les xifres en el quadre d'unitats.

a)

km	hm	dam	m	dm	cm	mm
2	3	5	7	8	0	5

b)

km	hm	dam	m	dm	cm	mm
3	0	5	0	8	0	1

Per escriure una mesura complexa en el quadre d'unitats, completem amb zeros les unitats que no apareixen.

2. Transformem les mesures amb l'ajuda de la taula.
   - Per passar de forma incomplexa a complexa, ho expressem segons es veu a la taula.
   - Per passar de forma complexa a incomplexa, copiem el nombre que hi ha a la taula col·locant la coma decimal a la dreta del dígit que ocupa la posició de la unitat escollida.

a) Forma incomplexa 2.357,805 m →

km	hm	dam	m	dm	cm	mm
2	3	5	7	8	0	5

→ Forma complexa

2 km 3 hm 5 dam 7 m 8 dm 5 mm

b) Forma complexa 3 km 5 dam 8 dm 1 mm

km	hm	dam	m	dm	cm	mm
3	0	5	0	8	0	1

→ Forma incomplexa 305,0801 dam

Unitat escollida → Coma decimal

ACTIVITATS

7 Transforma aquestes mesures de longitud a forma incomplexa i indica el resultat en decímetres:

a) 3 hm 1 dam 5 cm 8 mm
b) 9 km 6 hm 7 m
c) 2 dam 3 m 7 dm 4 cm 6 mm
d) 4 hm 8 m 7 cm
e) 1 km 3 dam 8 dm
f) 5 dam 2 m 4 dm 9 cm

8 Transforma les unitats de longitud següents a forma complexa:

a) 14,59 dm
b) 280,04 dam
c) 0,6075 hm
d) 70.865,4 cm
e) 560 m
f) 272 mm

9 Indica si 23,67 m és més gran, més petit o igual que:

a) 23 dam 6 m 7 dm
b) 236 dm 7 cm
c) 2 dam 3 m 6 cm 7 mm
d) 2 m 3 dm 6 cm 7 mm

10 Aquestes són les distàncies entre punts d'un mapa:

a) A-B 7,2456 km
b) A-C 7 km 24 hm 56 dam
c) A-D 72 hm 45 dam 6 dm
d) A-E 72,02456 hm
e) B-C 702,456 dam
f) B-D 7 km 24 m 5 cm 6 mm
g) B-E 7 km 2 dam 4 m 56 mm

Ordena aquestes distàncies de més petita a més gran.

SABER FER

Operar amb mesures de longitud

Resol les operacions següents i expressa el resultat en centímetres:

a) 25,36 dam + 52,97 dm

b) 2 km 2 dam 3 m 1 dm 8 cm 6 mm − 3 hm 8 m 2 cm

c) 52,3 dm · 3

d) (5 m 4 dm 2 mm) : 2

Passos que cal seguir

1. Escrivim totes les mesures en la mateixa unitat.

En aquest cas, ens demanen expressar el resultat en centímetres.

a) 25,36 dam → 25,36 · 1.000 = 25.360 cm 52,97 dm → 52,97 · 10 = 529,7 cm

b) 2 km 2 dam 3 m 1 dm 8 cm 6 mm

	km	hm	dam	m	dm	cm	mm	
2 km 2 dam 3 m 1 dm 8 cm 6 mm →	2	0	2	3	1	8	6	→ 202.318,6 cm
3 hm 8 m 2 cm →		3	0	8	0	2		→ 30.802 cm

c) 52,3 dm → 52,3 · 10 = 523 cm

	m	dm	cm	mm	
d) 5 m 4 dm 2 mm →	5	4	0	2	→ 540,2 cm

2. Efectuem les operacions.

a) 25.360 + 529,7 = 25.889,7 cm

b) 202.318,6 − 30.802 = 171.516,6 cm

c) 523 · 3 = 1.569 cm

d) 540,2 : 2 = 270,1 cm

Els resultats de les operacions s'obtenen en forma incomplexa; si els volem en forma complexa, els hem de transformar.

ACTIVITATS

11 Calcula i expressa el resultat en metres.

a) 5.046 cm + 38 dm

b) 20,47 hm − 3,578 dam

c) 513,8 cm · 7

d) 0,025 km · 30

12 Calcula i expressa el resultat en centímetres.

a) 2 dam 3 dm 4 cm + 7 hm 9 m 8 mm

b) 3 km 7 dam 9 dm − 8 dam 3 m 4 cm 6 mm

c) 4 hm 5 m 2 cm · 4

d) 3 dam 5 m 6 dm · 60

13 Un circuit d'atletisme fa 3 km 4 hm 2 dam.

a) Quants metres recorre un atleta que hi fa 3 voltes?

b) Quants decàmetres recorre si hi fa 5 voltes?

c) Quantes voltes hi ha de fer per recórrer 20 km 5 hm 2 dam?

d) Quantes voltes hi han de fer 10 atletes per recórrer, entre tots, 1.026 hm?

14 En Gustau té 4 parells de cordons de sabates de longituds diferents:

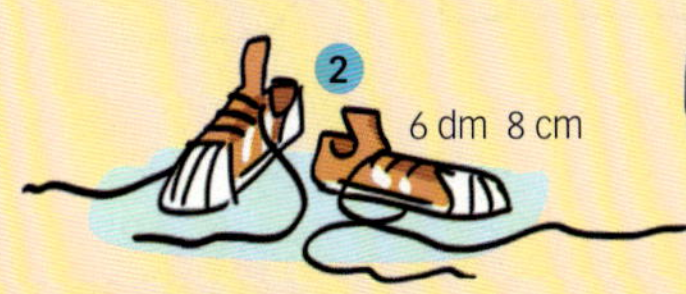

Quina és la mida que resulta si col·loca tots els cordons seguits? Expressa el resultat en metres.

15 Calcula l'altura en metres que tindrà una torre de 20 capses com la següent.

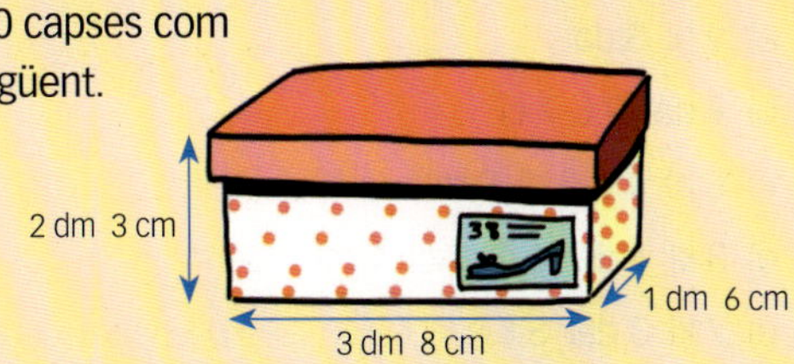

3 Unitats de capacitat

El **litre** és la unitat principal de capacitat. El designem amb la lletra ℓ.

Alguns múltiples i submúltiples del litre són els següents:

Múltiples del litre				Submúltiples del litre		
quilolitre kl 1.000 ℓ	hectolitre hl 100 ℓ	decalitre dal 10 ℓ	**litre ℓ**	decilitre dl 0,1 ℓ	centilitre cl 0,01 ℓ	mil·lilitre ml 0,001 ℓ

Per transformar una unitat de capacitat en una altra, multipliquem o dividim successivament per 10.

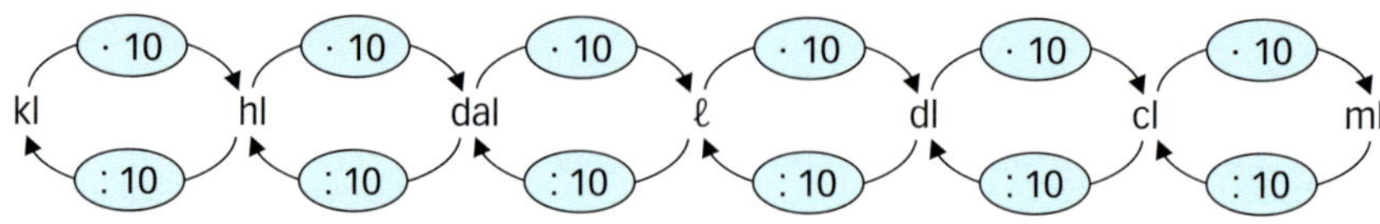

Per operar amb mesures de capacitat hem de seguir les mateixes regles que amb les mesures de longitud.

EXEMPLE

4. Expressa les capacitats següents en centilitres:

a) 78,3 kl ⟶ 78,3 · 100.000 = 7.830.000 cl

b) 22,39 ℓ ⟶ 22,39 · 100 = 2.239 cl

c) 7,21 ml ⟶ 7,21 : 10 = 0,721 cl

d) 2 hl 3 ℓ ⟶ 2 · 10.000 + 3 · 100 = 20.300 cl

e) 1 dal 2 dl 5 ml ⟶ 1 · 1.000 + 2 · 10 + 5 : 10 = 1.020,5 cl

Forma complexa 1 dal 2 dl 5 ml →

dal	ℓ	dl	cl	ml
1	0	2	0	5

← Forma complexa 1.020,5 cl

ACTIVITATS

16 PRACTICA. Expressa aquestes mesures en litres:

a) 4,5872 kl
b) 9.870 cl
c) 368,95 dal
d) 12.500 ml
e) 54,8 hl
f) 69,4 dl

17 APLICA. Transforma en decilitres.

a) 9 hl 3 dal
b) 8 dal 9 ℓ 7 cl
c) 6 hl 4 ℓ 5 dl 9 ml
d) 3 kl 4 dal 8 dl 7 cl 1 ml
e) 7 kl 3 dal 5 ℓ

18 REFLEXIONA. Una bóta, que està plena fins a la meitat, conté 50 hl 37 dal 88 dl 5 cl de vi.

a) Quants litres de vi conté?
b) Quantes ampolles de mig litre podem omplir amb el vi que hi ha a la bóta?
c) Si n'extreuen 2 hl 4 dal 6 ℓ, quants litres hi queden?
d) Quina capacitat total té la bóta?
e) Quantes ampolles de tres quarts de litre podríem omplir si la bóta estigués plena?
f) Si omplen 45 barrils petits amb el vi que cap a la bóta, quants centilitres caben en cada un?

4 Unitats de massa

El **quilogram** és la unitat principal de massa. El designem amb les lletres **kg**.

Tot i que la unitat principal de massa és el quilogram, utilitzarem el gram per similitud amb la resta d'unitats de mesura.

Alguns múltiples i submúltiples del gram són els següents:

Múltiples del gram				Submúltiples del gram		
quilogram kg 1.000 g	hectogram hg 100 g	decagram dag 10 g	**gram** **g**	decigram dg 0,1 g	centigram cg 0,01 g	mil·ligram mg 0,001 g

Per transformar una unitat de massa en una altra, multipliquem o dividim successivament per 10.

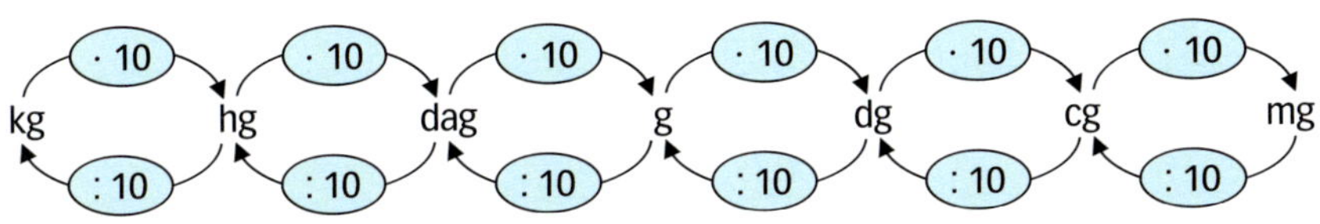

EXEMPLE

5. Expressa en grams les masses següents:

a) 25,4 kg ⟶ 25,4 · 1.000 = 25.400 g

b) 365,2 cg ⟶ 365,2 : 100 = 3,652 g

c) 6 hg 2 dag 1 dg → 6 · 100 + 2 · 10 + 1 : 10 = 620,1 g

d) 3 kg 9 dag 2 cg → 3 · 1.000 + 9 · 10 + 2 : 100 = 3.090,02 g

T'HI ATREVEIXES?

Què pesa més, una tona de ferro o 1.000 kg de palla?

Per mesurar grans masses es fan servir la **tona mètrica**, el **quintar mètric** i el **miriagram**, que tenen aquestes equivalències amb el gram:

Unitat	Símbol	Equivalència en kg	Equivalència en g
Tona mètrica	t	1.000 kg	1.000.000 g
Quintar mètric	q	100 kg	100.000 g
Miriagram	mag	10 kg	10.000 g

ACTIVITATS

19 PRACTICA. Passa les mesures següents a grams:

a) 157,632 cg b) 4.782 mg c) 0,73 kg d) 36,78 dg

20 APLICA. Expressa aquestes mesures en quilos:

a) 157,632 cg b) 4.782 mg c) 0,73 kg d) 36,78 dg

21 REFLEXIONA. Calcula i expressa el resultat en grams.

a) 5 dag 3 dg + 9 hg 8 g 7 cg

b) 25,3 dg · 50 + 3,8 mg · 200

c) 0,75 t · 4 − 1,2 q · 6

5 Unitats de superfície

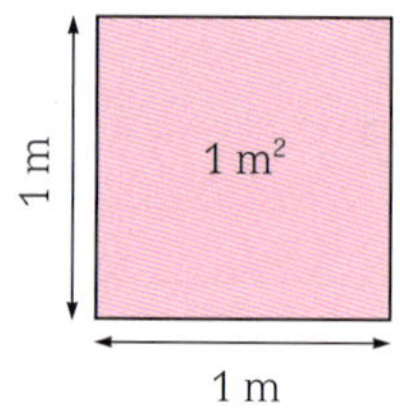

El **metre quadrat** és la unitat principal de superfície i l'escrivim com a **m²**. Un metre quadrat (1 m²) és la superfície que ocupa un quadrat d'1 m de costat.

Múltiples del metre quadrat				Submúltiples del metre quadrat		
quilòmetre quadrat km^2 1.000.000 m^2	hectòmetre quadrat hm^2 10.000 m^2	decàmetre quadrat dam^2 100 m^2	**metre quadrat m^2**	decímetre quadrat dm^2 0,01 m^2	centímetre quadrat cm^2 0,0001 m^2	mil·límetre quadrat mm^2 0,000001 m^2

En les unitats de superfície, cada unitat és 100 vegades més gran que la immediata inferior i 100 vegades més petita que la immediata superior.

Per passar d'una unitat a una altra, multipliquem o dividim successivament per 100.

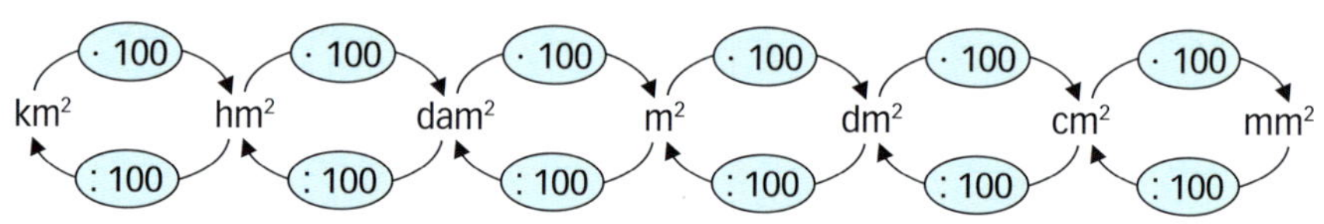

5.1. Unitats agràries

Per expressar mesures de superfície que fan referència a extensions de camps, terrenys, finques, etc., fem servir les unitats agràries.

Unitat	Símbol	Equivalència	Equivalència en m^2
hectàrea	ha	1 hm^2	10.000 m^2
àrea	a	1 dam^2	100 m^2
centiàrea	ca	1 m^2	1 m^2

EXEMPLE

6. Expressa aquestes superfícies en hectòmetres quadrats:

a) 3,4329 $km^2 \longrightarrow 3{,}4329 \cdot 100 = 343{,}29\ hm^2$

b) 232 ha 24 a $\rightarrow 232 + 24 : 100 = 232{,}24\ hm^2$

ACTIVITATS

22 PRACTICA. Quants metres quadrats són 25,8 cm^2?

23 APLICA. Quina és la superfície d'un terreny rectangular de 4 hm 6 m d'amplada i 7,4 hm de llargada, en hectàrees?

24 REFLEXIONA. Per fer una camisa de seda es necessiten 18.546 cm^2 de tela elaborada amb seda natural. Si aquesta tela costa 14,3 € el metre quadrat, quant costarà la tela per fer la camisa?

SABER FER

Transformar mesures de superfície de forma complexa a incomplexa i viceversa

Expressa les mesures de superfície següents en la forma indicada:

a) 12.548,586 m^2 en forma complexa **b) 83 km^2 2 hm^2 15 m^2 en decàmetres quadrats**

Passos que cal seguir

1. Col·loquem les xifres de dues en dues en el quadre d'unitats; hem de tenir en compte que en el primer quadre pot quedar una xifra sola. Agafem les xifres de dues en dues a partir de la coma.

a)

hm^2	dam^2	m^2	dm^2	cm^2
1	25	48	58	60

b)

km^2	hm^2	dam^2	m^2
83	02	00	15

En totes les caselles, tret de la primera, hi ha d'haver dues xifres. Si no hi són s'ha de completar amb un 0, a la dreta si és l'última casella d'una forma incomplexa i a l'esquerra si és una altra casella.

2. Transformem les mesures.

- Per passar de forma incomplexa a complexa, ho expressem segons indica la taula.
- Per passar de forma complexa a incomplexa, copiem el nombre de la taula i col·loquem la coma decimal a la dreta dels dígits que ocupen la posició de la unitat escollida.

a) Forma incomplexa 12.548,586 m^2 →

hm^2	dam^2	m^2	dm^2	cm^2
1	25	48	58	60

→ Forma complexa

1 hm^2 25 dam^2 48 m^2 58 dm^2 60 cm^2

b) Forma complexa 83 km^2 2 hm^2 15 m^2

km^2	hm^2	dam^2	m^2
83	02	00	15

→ Forma incomplexa 830.200,15 dam^2

Unitat escollida → Coma decimal

ACTIVITATS

25 Expressa les mesures de superfície següents en centímetres quadrats:

a) 2 km^2 3 hm^2 52 m^2

b) 75 dam^2 82 m^2 9 dm^2

c) 1 hm^2 45 m^2 3 dm^2 56 mm^2

d) 48 m^2 7 dm^2 36 cm^2 4 mm^2

e) 5 hm^2 16 dam^2 3 m^2 4 dm^2

26 Expressa aquestes mesures en forma complexa:

a) 3.654.230 cm^2 d) 0,04625 km^2

b) 479,563 dam^2 e) 13,56784 hm^2

c) 8.769,2354 m^2 f) 704.120 mm^2

27 Expressa 85,46 km^2 en les unitats següents:

a) hm^2 b) dam^2 c) m^2

28 Expressa aquestes mesures en metres quadrats:

a) 7 ha 4 a 30 ca c) 300,21 a

b) 25 ha 89 ca d) 0,7642 ha

29 Quina superfície ocupen les sis cares d'un cub que té d'aresta 1 dm 7 cm 14 mm?

30 La superfície que ocupa una finca és de 15 hm^2 29 m^2 86 cm^2, repartida entre jardí, hort i habitatge. El jardí ocupa la meitat del que ocupa l'hort, i l'hort ocupa la meitat del total de la finca.

a) Quina superfície ocupa l'hort? I el jardí?

b) Quant falta a la finca perquè ocupi una superfície de 16 ha?

c) Els propietaris han pagat l'hectàrea de terreny a 4.000 €. Quant els ha costat la finca?

6 Unitats de volum

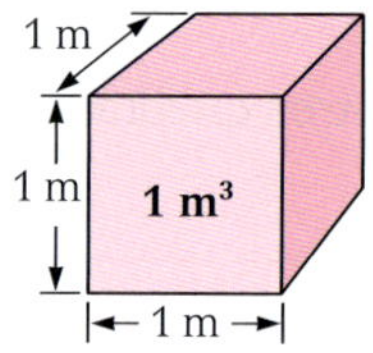

El **metre cúbic** és la unitat principal de volum i l'escrivim com a $\mathbf{m^3}$.
Un metre cúbic (1 m^3) és el volum que ocupa un cub d'1 m d'aresta.

Alguns múltiples i submúltiples del metre cúbic són aquests:

Múltiples del metre cúbic				**Submúltiples del metre cúbic**		
quilòmetre cúbic km^3 1.000.000.000 m^3	hectòmetre cúbic hm^3 1.000.000 m^3	decàmetre cúbic dam^3 1.000 m^3	**metre cúbic m^3**	decímetre cúbic dm^3 0,001 m^3	centímetre cúbic cm^3 0,000001 m^3	mil·límetre cúbic mm^3 0,000000001 m^3

En les unitats de volum, cada unitat és 1.000 vegades més gran que la immediata inferior i 1.000 vegades més petita que la immediata superior.

Per passar d'una unitat a una altra, multipliquem o dividim successivament per 1.000.

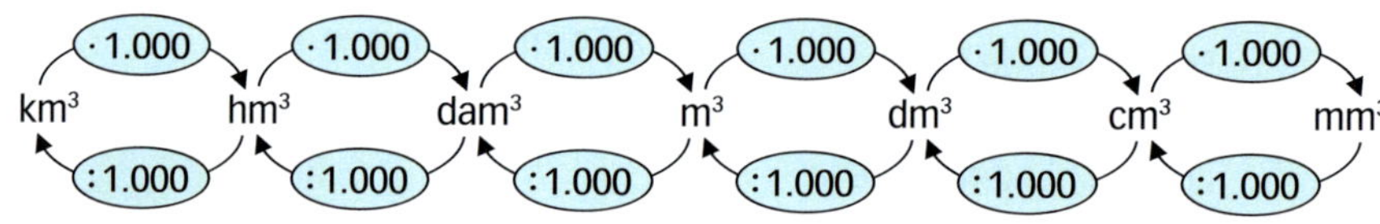

EXEMPLE

7. Expressa els volums següents en metres cúbics:

a) 2,0562 hm^3 ⟶ $2{,}0562 \cdot 1.000.000 = 2.056.200\ m^3$

b) 10,21 dam^3 ⟶ $10{,}21 \cdot 1.000 = 10.210\ m^3$

c) 35 dm^3 ⟶ $35 : 1.000 = 0{,}035\ m^3$.

d) 2 dm^3 152 cm^3 ⟶ $2 : 1.000 + 152 : 1.000.000 = 0{,}002152\ m^3$

e) 112 dam^3 31 m^3 → $112 \cdot 1.000 + 31 = 112.031\ m^3$

f) 2 km^3 ⟶ $2 \cdot 1.000.000.000 = 2.000.000.000\ m^3$

ACTIVITATS

31 PRACTICA. Expressa les quantitats següents en decímetres cúbics:

a) 6.700 cm^3
b) 5.456,16 dam^3
c) 0,0156 km^3
d) 0,8 m^3
e) 0,24 hm^3
f) 3.000.000 mm^3

32 PRACTICA. Calcula el volum en centímetres cúbics d'un cub que té 2 dm d'aresta.

33 APLICA. El volum d'una llauna és d'1,64 dm^3. Quin volum, mesurat en m^3, ocupen 60 llaunes?

34 REFLEXIONA. Indica la unitat més adequada per mesurar el volum d'aquests objectes:

a) Una xeringa
b) Un got d'aigua
c) Una ampolla de vi
d) Una piscina
e) Un embassament
f) Una banyera

SABER FER

Transformar mesures de volum de forma complexa a incomplexa i viceversa

Expressa aquestes mesures de volum en la forma indicada:

a) 41.215.548,5863 m^3 en forma complexa

b) 812 km^3 25 hm^3 6 m^3 en decàmetres cúbics

Passos que cal seguir

1. Col·loquem les xifres de tres en tres en el quadre d'unitats; hem de tenir en compte que en el primer quadre poden quedar una o dues xifres. Agafem les xifres de tres en tres a partir de la coma.

a)

hm^3	dam^3	m^3	dm^3	cm^3
41	215	548	586	300

b)

km^3	hm^3	dam^3	m^3
812	025	000	006

En totes les caselles, tret de la primera, hi ha d'haver tres xifres. Si no hi són s'ha de completar amb un o dos 0, a la dreta si és l'última casella d'una forma incomplexa i a l'esquerra si és una altra casella.

2. Transformem les mesures.
   - Per passar de forma incomplexa a complexa, ho expressem segons indica la taula.
   - Per passar de forma complexa a incomplexa, copiem el nombre de la taula i col·loquem la coma decimal a la dreta dels dígits que ocupen la posició de la unitat escollida.

a) Forma incomplexa 41.215.548,5863 m^3 →

hm^3	dam^3	m^3	dm^3	cm^3
41	215	548	586	300

→ Forma complexa

41 hm^3 215 dam^3 548 m^3 586 dm^3 300 cm^3

a) Forma complexa

812 km^3 25 hm^3 6 m^3

km^3	hm^3	dam^3	m^3
812	025	000	006

→ Forma incomplexa

812.025.000,006 dam^3

Unitat escollida → Coma decimal

ACTIVITATS

35 Transforma aquestes mesures en decímetres cúbics:

a) 5 km^3 392 hm^3 28 dam^3

b) 46 km^3 2 hm^3 7 dam^3 256 m^3

c) 90 hm^3 75 m^3 348 dm^3 13 cm^3

d) 2 m^3 46 dm^3 80 cm^3 29 mm^3

36 Expressa aquestes mesures en forma complexa:

a) 946,857132 dm^3

b) 5.000.000.001 cm^3

c) 0,00235976 dam^3

d) 34,235689 hm^3

37 Quan s'obren les comportes d'un embassament aboquen 4 dam^3 54 m^3 d'aigua al dia. Calcula la quantitat d'aigua que abocaran en un mes.

38 Un pot de conserva de préssec té un volum d'1 dm^3 50 cm^3 6 mm^3, i un de tomàquet triturat, de 0,00142 m^3. Calcula.

a) La diferència entre els volums dels dos pots

b) El volum de 100 pots de préssec

c) El volum de 30 pots de préssec i 50 pots de tomàquet junts

39 Efectua les operacions següents i expressa el resultat en metres cúbics:

a) 75 dam^3 21 m^3 − 48 m^3 5 dm^3 46 cm^3

b) 3 hm^3 125 m^3 + 7 dam^3 94 dm^3

c) 0,45 hm^3 + 678,5 dm^3

d) 0,0054 dam^3 − 356.000 cm^3

e) 3,775 cm^3 · 20.000

7 Equivalència entre les unitats de volum, capacitat i massa

T'HI ATREVEIXES?

Com expressaries el contingut d'una garrafa d'aigua destil·lada de 2,5 ℓ en altres unitats de mesura?

Si aboquem 1 ℓ de qualsevol líquid en una caixa amb forma de cub d'1 dm d'aresta (1 dm^3), veurem com la caixa s'emplena del tot.

1 ℓ de qualsevol líquid ocupa un volum d'1 dm^3.

1 ℓ = 1 dm^3

De la mateixa manera, si pesem 1 ℓ d'aigua destil·lada, observarem que pesa exactament 1 kg.

1 ℓ d'aigua destil·lada ocupa un volum d'1 dm^3 i pesa 1 kg.

1 ℓ = 1 dm^3 = 1 kg d'aigua destil·lada

La taula següent mostra algunes equivalències entre unitats:

Aigua destil·lada							
Unitats de volum	**m^3**			**dm^3**			**cm^3**
Unitats de capacitat	**kl**	hl	dal	**ℓ**	dl	cl	**ml**
Unitats de massa	**t**	q	mag	**kg**	hg	dag	**g**

EXEMPLES

8. Quin és el volum d'un bric que conté 1,5 ℓ de llet?

   1,5 ℓ = 1,5 dm^3 → El volum del bric és d'1,5 dm^3.

9. Quant pesa el contingut d'una ampolla que conté 1,5 ℓ d'aigua destil·lada?

   1,5 ℓ d'aigua destil·lada = 1,5 kg d'aigua destil·lada.

ACTIVITATS

40 PRACTICA. Quin és el volum d'una llauna de refresc de taronja que conté 330 ml d'aquesta beguda?

41 APLICA. Quant pesen 32,5 ml d'aigua destil·lada?

42 REFLEXIONA. Calcula els litres d'aigua que caben en una piscina que té un volum de 48 m^3 93 dm^3 46 cm^3. Si l'aigua d'aquesta piscina fos destil·lada, quants quilos pesaria?

SABER FER

Relacionar mesures de volum, capacitat i massa

Troba mesures equivalents a aquestes mesures de volum, capacitat i massa:

a) 3 m³ d'aigua destil·lada **b) 200 g d'aigua destil·lada** **c) 1,4 hl d'oli**

Passos que cal seguir

1. Transformem les mesures en litres, quilograms o decímetres cúbics, segons correspongui.

a) $3\ m^3 = 3.000\ dm^3$

b) $200\ g = 0,2\ kg$

c) $1,4\ hl = 140\ \ell$

2. Apliquem les equivalències.

En aigua destil·lada:

$1\ \ell = 1\ dm^3 = 1\ kg$

En qualsevol altre líquid:

$1\ \ell = 1\ dm^3$

a) $3\ m^3 = 3.000\ dm^3$

$3.000\ dm^3$ d'aigua destil·lada

↓ $1\ \ell = 1\ dm^3 = 1\ kg$

$3.000\ dm^3 = 3.000\ \ell = 3.000\ kg$

b) $200\ g = 0,2\ kg$

0,2 kg d'aigua destil·lada

↓ $1\ \ell = 1\ dm^3 = 1\ kg$

$0,2\ kg = 0,2\ \ell = 0,2\ dm^3$

c) $1,4\ hl = 140\ \ell$

140 ℓ d'oli

↓ $1\ \ell = 1\ dm^3$

$140\ \ell = 140\ dm^3$

Hi ha líquids que pesen més que l'aigua destil·lada, com per exemple la llet, i líquids que pesen menys, com ara l'oli.

ACTIVITATS

43 Expressa aquestes mesures de volum en les unitats de capacitat indicades:

a) $10.000\ cm^3$ en ℓ
b) $0,052\ m^3$ en dl
c) $3,8\ dam^3$ en dal
d) $8\ hm^3\ 12\ dam^3\ 7\ m^3$ en hl
e) $1\ dam^3\ 375\ m^3\ 9\ dm^3$ en ℓ
f) $12\ km^3\ 789\ hm^3$ en kl

44 Expressa les mesures de capacitat següents en les unitats de volum indicades:

a) 83, 473 dal en cm^3
b) 0,0098 kl en dm^3
c) 15 hl 4 dal 85 ℓ en dm^3
d) 1,2 kl 54,6 ℓ en m^3

45 Quina és la capacitat en litres de les mesures d'aigua destil·lada següents?

a) 5 kg 8 hg
b) 10 t 7 q
c) $2\ hm^3$
d) $16\ m^3\ 45\ dm^3$

46 Quina massa d'aigua destil·lada podem abocar en una llauna de 30 cl? I en una de 330 ml?

47 Expressa en decímetres cúbics el volum equivalent d'aquestes mesures d'aigua destil·lada:

a) 700 kl
b) 3 hl 9 dal 3 dl
c) 6 kl 2 hl 5 dal
d) 8 kg 3 dag 7 dg
e) 25.672 hg
f) 1 hg 7 dag 9 g 3 dg

48 Expressa en quilograms els volums i les capacitats d'aigua destil·lada següents:

a) $0,73\ dam^3$
b) $30.000\ cm^3$
c) 15.280 ℓ
d) $6\ hm^3\ 2\ dam^3\ 8\ m^3\ 3\ dm^3$
e) 4 kl 3 hl 2 dal 8 ℓ 7 dl
f) 3 dal 9 ℓ 2 dl 1 cl 8 ml

49 Un embassament conté $95\ hm^3$ d'aigua. Calcula:

a) Quina capacitat té en metres cúbics?
b) Quina capacitat té en litres?
c) Si fos aigua destil·lada, quina massa tindria en tones?

Unitats de longitud, capacitat i massa

50 En els enunciats següents hi ha unitats poc adequades a la distància que expressen. Tria la unitat que et sembli més idònia i torna a escriure l'enunciat.

a) En Marc ha caminat 5.678.000 mm en una hora i mitja.

b) El llapis té una llargada de 0,00009 km.

c) La vora del vestit ha de ser de 0,004 dam.

d) El radi de la roda de la fira fa 3.200 mm.

e) El diàmetre de la moneda de dos euros és 0,02575 m.

51 Completa a la llibreta les igualtats següents amb les unitats adequades.

a) 425 dm = 42,5 m = 4,25 □

b) 72,4 m = 724 □ = 0,724 □

c) 512,4 dam = 5,124 □ = 5 124 □

d) 13,18 hm = 1.318 □ = 131,8 □

52 Completa a la llibreta amb <, > o =.

a) 67,48 dam □ 6.748 m

b) 5,372 hm □ 53,72 dam

c) 0,932 km □ 932 dam

d) 57.498 cm □ 57,498 m

e) 450,13 dm □ 45,013 cm

f) 0,3827 m □ 38,27 mm

53 Escriu en forma incomplexa les mesures que estiguin expressades en forma complexa.

a) 3 hm 5 dam 8 cm

b) 980,47 m

c) 91 m 52 dm

d) 0,002 km 0,005 dam 3 mm

e) 48.000 mm

f) 3 m 9 dm 47 mm

54 Escriu en forma incomplexa aquestes mesures i expressa el resultat en decímetres:

a) 7 hm 8 dam 4 m

b) 56 km 34 dam

c) 200 dam 67 m 932 cm

d) 309 hm 4.750 mm

55 Escriu les mesures següents en forma complexa:

a) 5.346 m

b) 6,72 km

c) 53,2 hm

d) 10,1 dm

e) 12.345 mm

f) 0,0301 km

56 Completa a la llibreta amb les unitats adequades.

a) 45,18 dal = 0,4518 □ = 451,8 □

b) 542,37 hl = 54,237 □ = 54.237 □

c) 125,42 ℓ = 0,12542 □ = 125.420 □

57 Completa les igualtats amb les unitats adequades.

a) 5.025 g = 50,25 □ = 5,025 □

b) 18 hg = 1,8 □ = 1.800 □

c) 542,5 kg = 5,425 □ = 542.500 □

d) 12,5 q = 1,25 □ = 12.500 □ = 125.000 □

58 Expressa aquestes mesures en litres:

a) 25 kl 27 hl 81 dl

b) 13 dal 21 ℓ 7 dl

c) 43 hl 13 dal 15 ℓ

d) 70 dl 4 cl 12 ml

59 Expressa les mesures següents en quilograms:

a) 18.372 g

b) 17,42 t

c) 32 t 15 q 17 kg

d) 82 hg 3 dag 16 g

60 Expressa aquestes mesures en forma complexa:

a) 468 m

b) 987.766 ml

c) 0,953 kg

d) 38.651 cm

e) 29,232 dl

f) 250,55 dag

61 Escriu en forma incomplexa i expressa el resultat en hm, hl o hg, segons correspongui.

a) 42 dal 890 dl

b) 5 km 37 m 21 cm

c) 1.345 dg 26 mg

d) 1 kl 3 dal 4 ℓ

62 Troba l'error i corregeix-lo.

a) 2 km 128 dam 9 m = 21.289 m

b) 2 hm 128 dm 9 cm = 2.001.289 cm

c) 3 dam 28 dm 19 cm = 32.819 cm

63 Determina l'error i corregeix-lo.

a) 5 kl 3 dal 7 dl = 537 dl

b) 8 hl 50 ℓ 295 ml = 8.502.950 ml

c) 0,935 kg 300 cg = 9.353 g

d) 753 dm 97 mm = 75,397 dm

64 Efectua les operacions següents:

a) 342 dam + 17 m

b) 76,69 m + 23 cm

c) 3 hm 4 dam 21 dm + 34 dam 7 m 9 cm

d) 25,34 m − 146 cm

e) 8,02 km − 1 324,2 m

f) 35 dam 23 dm 9 mm − 36,75 m

g) 17 dam · 3

h) 32,24 cm · 12

65 Calcula en grams.

a) 12 kg 38 dg + 4 dag 15 cg

b) 3 hg 17 dag − 1 hg 12 mg

c) 3 t 4 q + 31 kg 15 dg

d) 32 dag 8 g 25 dg − 145 dg

e) (25 hg 10 dag 16 cg) · 20

66 Efectua aquestes operacions:

a) 12 hl 58 ℓ + 283 dal 15 ℓ

b) 20.000 dal − 1.000 ℓ 25.000 dl

c) (4 kl 12 hl 135 dal) : 25

Unitats de superfície

67 Completa aquesta taula a la llibreta:

hm^2	dam^2	m^2	dm^2	cm^2
	3,65			
0,005				
			140	

68 Completa la taula següent a la llibreta:

Complexa	Incomplexa	Hectàrees
6 hm^2 34 m^2 5 cm^2		
	74,568 dam^2	
		53.000 ha

69 Expressa en decímetres quadrats.

a) 18 m^2

b) 45 dam^2

c) 14 hm^2 32 dam^2 38 m^2

d) 12 dam^2 32 m^2 19 dm^2

70 Escriu en forma complexa.

a) 4.321,5 m^2 b) 34.587,52 dam^2 c) 9.823,152 m^2

71 Expressa en àrees.

a) 18 ha 15 a 19 ca

b) 3 ha 4 a 6 ca

c) 15 ha 18 a 52 ca

d) 12 ha 4 a 32 ca

72 Transforma en metres quadrats.

23,05 hm^2 + 43,6 dam^2 + 5,4 m^2 + 76,2 cm^2

73 Expressa les sumes següents en hm^2:

a) 0,0075 km^2 + 7.000 m^2

b) 0,5 km^2 + 45 dam^2

c) 676 dm^2 + 78 m^2 + 654 cm^2

d) 1.389.456 cm^2 + 123 m^2

Unitats de volum

74 Completa a la llibreta aquesta taula d'equivalències:

hm^3	dam^3	m^3	dm^3	cm^3	mm^3
	45				
			67.000		
				230.000	
		0,7			

75 Expressa en decímetres cúbics.

a) 0,18 hm^3

b) 17 dam^3 82 m^3

76 Escriu en hectòmetres cúbics.

a) 18 dam^3

b) 43.215 m^3

c) 25.418,75 dm^3

d) 812,75 km^3

77 Completa a la llibreta amb les unitats adequades.

a) 18 dam^3 = 0,018 ☐ = 18.000 ☐

b) 0,42 hm^3 = 420.000 ☐ = 420.000.000 ☐

c) 12,5 dm^3 = 0,0125 ☐ = 12 500 ☐

78 Expressa en forma complexa.

a) 4.275,34 dm^3

b) 142.260,52 cm^3

c) 1.000,475 dam^3

d) 328.274,29 m^3

79 Calcula les operacions següents i expressa el resultat en metres cúbics:

a) 1 hm^3 2 dam^3 3 m^3 + 45 hm^3 18 dam^3

b) 34.256 dam^3 − 8 hm^3 15 dam^3

c) 135 dam^3 458 m^3 − 75.000 m^3

d) 125 m^3 67 dm^3 89 cm^3 + 16 m^3 45 dm^3 9 cm^3

e) (4 hm^3 15 dam^3 7 m^3) · 50

f) (123 hm^3 456 dam^3) : 100

80 Tenint en compte la relació que hi ha entre les mesures de capacitat i volum, expressa:

a) 18,5 dam^3 en ℓ

b) 4 hl 5 dal 8 ℓ en cm^3

c) 94 hm^3 6 dam^3 3 dm^3 en dal

81 Determina l'error i corregeix-lo.

a) 0,35 ℓ d'aigua destil·lada = 35 cm^3

b) 2.800 g = 2,8 dl

c) 50 kg d'aigua destil·lada = 0,005 t

d) 8 dm^3 = 800 dg

e) 8 ℓ d'oli = 8 kg

f) 8 dag = 8 hl de mercuri

ACTIVITATS FINALS

Problemes amb mesures

82 El salt d'un cangur és de 1.540 mm.

a) Quants decàmetres recorre després de fer 100 salts seguits?

b) Quants salts ha de fer per recórrer 924 m?

83 Cada dos passos, en Miquel camina 170 cm.

a) Quants quilòmetres camina després de fer 100.000 passos seguits?

b) Quants passos ha fet si avui ha recorregut 1.462 m?

84 Fixa't en el dibuix següent, en què es representen les àrees de quatre parcel·les:

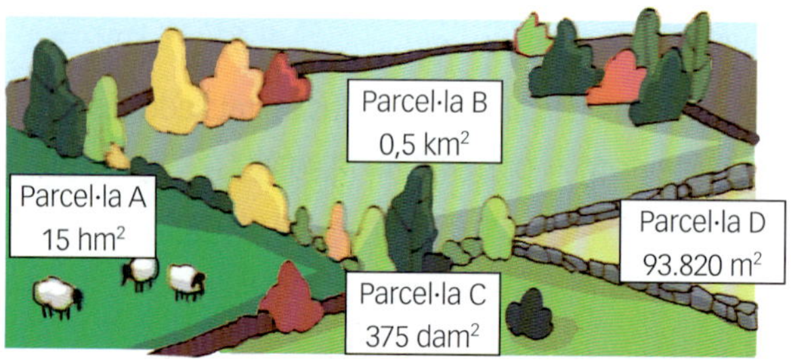

a) Quantes àrees fa cada parcel·la?

b) Quantes hectàrees té en total la finca?

c) Sembrem blat a la parcel·la més gran. Quantes àrees de blat hem sembrat?

d) Sembrem gira-sols a la parcel·la més petita. Quantes àrees de gira-sols hem sembrat?

e) Quina quantitat d'àrees hi ha de diferència entre les que hem sembrat de blat i de gira-sols?

f) Si venem la parcel·la A a 1,10 €/m², quant guanyarem amb la venda?

g) I si venem la parcel·la C a 1,25 €/m², quants diners cobrarem?

85 La Marina vol vendre una finca de 420 dam². Si el preu de l'hectàrea és de 9.500 €, per quant ha de vendre el terreny?

86 Un ramader compra 3 t 5 q 12 mag de pinso a 31,77 cèntims d'euro el quilo. Quant li puja la factura? Si per cada 100 kg de compra li donen un cupó de descompte d'1 € per a la propera compra, quants euros de descompte aconsegueix?

87 La taxació d'un terreny de 450 a és de 180.000 €. Quin és el preu del metre quadrat?

88 Una bóta conté 3,476 m³ de vi. Quantes ampolles de tres quarts de litre podem omplir amb aquest vi?

89 Quants litres de refresc necessitem per omplir 5.000 llaunes de 330 ml cada una?

90 La taula següent mostra el pes i el diàmetre de diferents monedes de curs legal:

Moneda	Pes (g)	Diàmetre (mm)
2 €	8,5	25,75
1 €	7,5	23,25
0,50 €	7,8	24,25

a) Quants quilos pesen 250 monedes de 2 €, 300 d'1 € i 125 de 0,5 €?

b) Quants metres ocuparien totes juntes si les col·loquéssim en línia recta l'una darrere l'altra?

91 L'altura del mont Everest és de 88,48 hm, la de la muntanya K2 és de 8,611 km, la torre Eiffel fa 32,4 dam d'altura i el punt més profund de la Terra, que es troba a la fossa de les Mariannes, és a 11.034 m de profunditat.

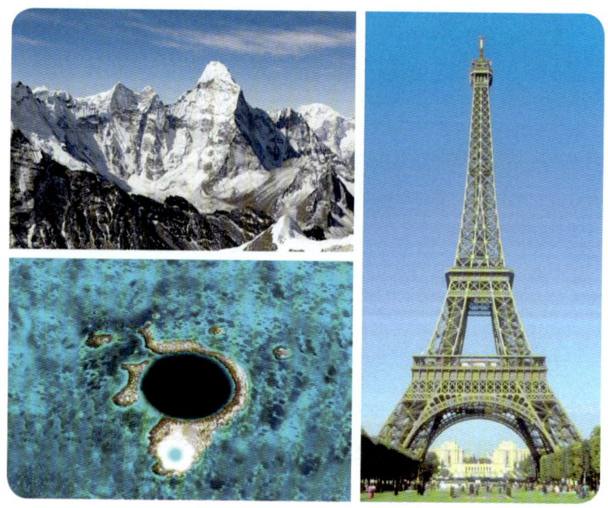

a) Quantes torres Eiffel necessitaríem unir per aconseguir l'altura de l'Everest?

b) Si poguéssim situar el K2 en el punt més profund del planeta, el cim del K2 sobresortiria de l'aigua? Quants metres faltarien o quants n'emergirien per sobre de l'aigua?

c) I si fos l'Everest?

d) Si col·loquéssim unes quantes torres Eiffel unides, l'una sobre l'altra, al fons de la fossa de les Mariannes, quantes torres necessitaríem unir perquè la punta aparegués per sobre de l'aigua?

92 L'Arnau ha de pintar una habitació que fa 3,8 m de llarg, 3,4 m d'ample i 2,6 m d'alt. Té una finestra de 0,8 × 1 m i una porta de 0,8 × 2 m. Si pintar 1 m^2 costa 9 €, quant val pintar tota l'habitació?

93 Una capsa de llumins té un volum de 40 cm^3. Quantes capses podríem posar en una altra capsa que té 1,8 dm^3 de volum?

94 Una fàbrica d'ordinadors portàtils embala cada aparell en caixes de 42 × 28 × 16 cm.

a) Quants metres quadrats d'espai necessiten per embalar 500 portàtils?

b) Quants portàtils poden emmagatzemar en una nau que fa 4.000 m^3?

95 Una pilota de futbol té un volum de 5.313,3977 cm^3. Indica'n la capacitat en litres.

96 En una població han apujat el preu del metre cúbic d'aigua de 0,68 € a 1,32 €. Quant pagarà de més amb aquest increment una família que tenia una despesa de 1.280 ℓ d'aigua?

97 En Víctor vol transportar amb el seu camió un dipòsit d'aigua que conté 5 dam^3. Calcula si ho pot fer si el camió admet una càrrega màxima de 8 t.

SABER FER

Resoldre problemes de densitat

98 La densitat del mercuri és de 13 g/cm^3, és a dir, 1 cm^3 de mercuri pesa 13,6 g. Quant pesen 375 dm^3 de mercuri?

PRIMER. Expressem la quantitat de la qual volem calcular el pes en cm^3: 375 dm^3 = 375.000 cm^3

SEGON. Multipliquem aquesta quantitat per la densitat del líquid: 375.000 · 13,6 = 5.100.000 g = 5.100 kg

99 La densitat del plom és d'11,3 g/cm^3. Quant pesa un tros de plom de 2,6 dm^3 de volum?

100 Si sabem que la densitat de l'oli és de 0,92 g/cm^3, calcula quant pesa una garrafa de 5 ℓ d'oli.

HAS DE SABER FER

Unitats de longitud, massa i capacitat

1 Quants quilograms són 32.547,8 g?

a) 325,478 kg
c) 3.254,78 kg
b) 3,25478 kg
d) 32,5478 kg

2 Quants metres són 4 hm 1 dam?

a) 4,10 m b) 410 m c) 41,0 m d) 4,100 m

Unitats de superfície

3 Quants metres quadrats són 15 ha?

a) 150 m^2
c) 15.000 m^2
b) 1.500 m^2
d) 150.000 m^2

4 Quants hectòmetres quadrats són 0,34 dam^2?

a) 34 hm^2
c) 0,0034 hm^2
b) 3,4 hm^2
d) 0,034 hm^2

5 L'expressió complexa de 3.056,3 cm^2 és:

a) 30 dm^2 56 cm^2 30 mm^2

b) 30 dm^2 56 cm^2 3 mm^2

Unitats de volum

6 Quants decímetres cúbics són 1.002,5 cm^3?

a) 100,25 dm^3 b) 1,0025 dm^3 c) 0,10025 dm^3

7 L'expressió de 4.027,2 g d'aigua destil·lada en decalitres és:

a) 402,72 dal
c) 4,0272 dal
b) 40,272 dal
d) 0,40272 dal

8 Una ampolla de colònia d'1,5 ℓ es distribueix en flascons de 50 cm^3. Quants flascons n'omplen?

a) 50 b) 40 c) 30 d) 20

COMPETÈNCIA MATEMÀTICA

En la vida quotidiana

101 T'imagines pesar la càrrega d'un camió amb una balança romana? Normalment per fer-ho s'utilitzen les bàscules.

Una bàscula té una plataforma horitzontal sobre la qual es col·loca l'objecte que es vol pesar. D'aquesta manera, resulta ben fàcil pesar cossos grans i pesants com ara els camions.

Tots els camions estan obligats a portar una placa en la qual s'especifica el pes del camió sense càrrega, la tara, i el pes màxim autoritzat que pot tenir el camió, el PMA. La tara més el pes de la càrrega que transporta més el pes de les persones que porta (es considera que cada persona pesa 75 kg) no pot superar el PMA.

Una empresa de transport té la flota de camions següent:

Nre. de camions	2	1	2	2
TARA (kg)	3.155	9.325	10.500	13.275
PMA (kg)	5.500	12.575	15.230	21.525

- Demà estan disponibles tots els camions. Podran transportar una càrrega d'1 milió de làmines de suro si cada làmina pesa 30 g?
- Per a la setmana vinent han de transportar 13,8 t; el problema és que els dos camions més grans han de passar la ITV i no els poden utilitzar. Com poden fer el repartiment de pes entre els camions que queden?

Formes de pensar. Raonament matemàtic

102 Tenim aquests bidons:

a) Quants bidons de cada mena necessitem per tenir un total de 8 hl 4 ℓ 6 cl?

b) Si només tenim ple d'aigua el bidó *C*, com hem de transvasar aigua als altres bidons perquè en el *D* quedin exactament 28 dl d'aigua?

103 Disposem de 21 ampolles de llet d'1 ℓ de capacitat:

- 7 ampolles són plenes.
- 3 ampolles són plenes fins a la meitat.
- 2 ampolles contenen un quart de litre.
- 6 ampolles tenen 100 ml.
- I la resta són buides.

Sense transvasar llet d'una ampolla a l'altra, com les podríem repartir entre tres persones de manera que cadascuna rebés la mateixa quantitat d'ampolles i de llet?

PROJECTE FINAL. **Aprenentatge cooperatiu**

OBJECTIU: Planificar una sortida amb bicicleta

Un cop formats els grups, seguiu el procés següent:

1a Fase

- Feu un llistat de tots els llocs que us agradaria visitar.
- Feu una estimació de la durada total de la sortida.
- Determineu si tots els participants a la sortida disposen de bicicleta o bé caldrà buscar alguna botiga de lloguer de bicicletes.

2a Fase

- Calculeu la distància entre els diferents llocs que voleu visitar.
- Decidiu les etapes en què es dividirà el trajecte de la sortida, tenint en compte la distància que es pot recórrer en un tram, la durada de les visites, i els descansos que necessitaran els participants. Establiu també un temps per dinar.

3a Fase

- Poseu en comú les conclusions a què heu arribat i establiu la ruta i l'horari definitiu de la sortida.
- Elaboreu un cartell informatiu que detalli l'itinerari i les activitats que heu programat.

Proves PISA

El gruix d'un full de paper

104 Per mesurar longituds microscòpiques s'utilitzen unitats de mesura molt petites, com ara la micra, el nanòmetre i l'àngstrom. Per a això es fan servir aparells com són els microscopis de mesurament.

Per exemple, la micra, que es representa μm, és la milionèsima part d'un metre, és a dir:

$$1\ \mu m = 0{,}000001\ m$$

De vegades, aquesta relació s'expressa amb notació exponencial:

$$1\ \mu m = 10^{-6}\ m$$

Fes servir la micra per determinar el gruix d'un foli. Com el mesuraries si només tens un regle?

(Activitat model)

Sabates infantils

105 La taula de la dreta mostra els números de sabata recomanats a Zedlàndia per a diverses mides de peus.

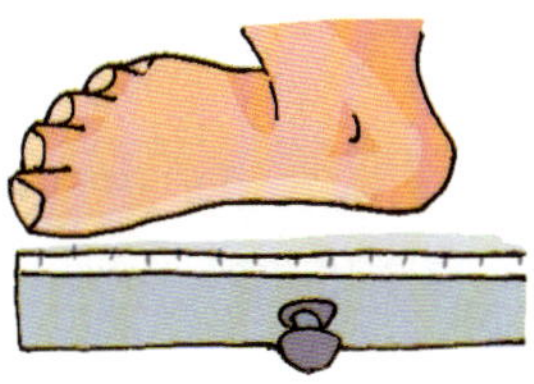

El peu de la Marina fa 163 mm de llargada. Fes servir la taula per determinar quina és la talla de sabates de Zedlàndia que la Marina hauria d'emprovar-se.

(Prova PISA pilot)

Des de (en mm)	Fins a (en mm)	Talla de la sabata
107	115	18
116	122	19
123	128	20
129	134	21
135	139	22
140	146	23
147	152	24
153	159	25
160	166	26
167	172	27
173	179	28
180	186	29
187	192	30
193	199	31
200	206	32
207	212	33
213	219	34
220	226	35

CLAUS PER COMENÇAR

Relació entre dues fraccions equivalents

Dues fraccions $\frac{a}{b}$ i $\frac{c}{d}$ són **equivalents**, i ho escrivim $\frac{a}{b} = \frac{c}{d}$, quan es compleix que $a \cdot d = b \cdot c$.

EXEMPLE

$\frac{8}{6}$ i $\frac{4}{3}$ són equivalents perquè: $8 \cdot 3 = 6 \cdot 4$

$24 = 24$

$\frac{7}{2}$ i $\frac{5}{8}$ no són equivalents perquè: $7 \cdot 8 \neq 2 \cdot 5$

$56 \neq 10$

ACTIVITATS

1 Indica si aquestes parelles de fraccions són equivalents o no.

a) $\frac{1}{2}$ i $\frac{5}{4}$ b) $\frac{12}{16}$ i $\frac{6}{7}$ c) $\frac{4}{3}$ i $\frac{80}{60}$

2 Determina el nombre que falta perquè aquestes fraccions siguin equivalents.

a) $\frac{3}{2}$ i $\frac{6}{x}$ b) $\frac{8}{6}$ i $\frac{x}{3}$ c) $\frac{x}{12}$ i $\frac{7}{6}$

Expressió d'un nombre decimal exacte per mitjà d'una fracció

Per expressar un nombre decimal com una fracció:

- Escrivim el nombre decimal, sense la coma, en el numerador.
- Col·loquem en el denominador la unitat seguida de tants zeros com xifres decimals tingui el nombre.
- Simplifiquem la fracció que en resulta tant com puguem.

EXEMPLE

Simplifiquem

$$1{,}02 = \frac{102}{100} = \frac{51}{50}$$

2 xifres decimals

Simplifiquem

$$0{,}4 = \frac{4}{10} = \frac{2}{5}$$

1 xifra decimal

ACTIVITATS

3 Expressa en forma de fracció aquests nombres decimals:

a) 0,1   b) 0,25   c) 0,5   d) 0,65   e) 0,9

4 Calcula el nombre decimal que expressen les fraccions següents:

a) $\frac{2}{5}$ c) $\frac{3}{2}$ e) $\frac{9}{200}$

b) $\frac{8}{25}$ d) $\frac{3}{4}$ f) $\frac{20}{16}$

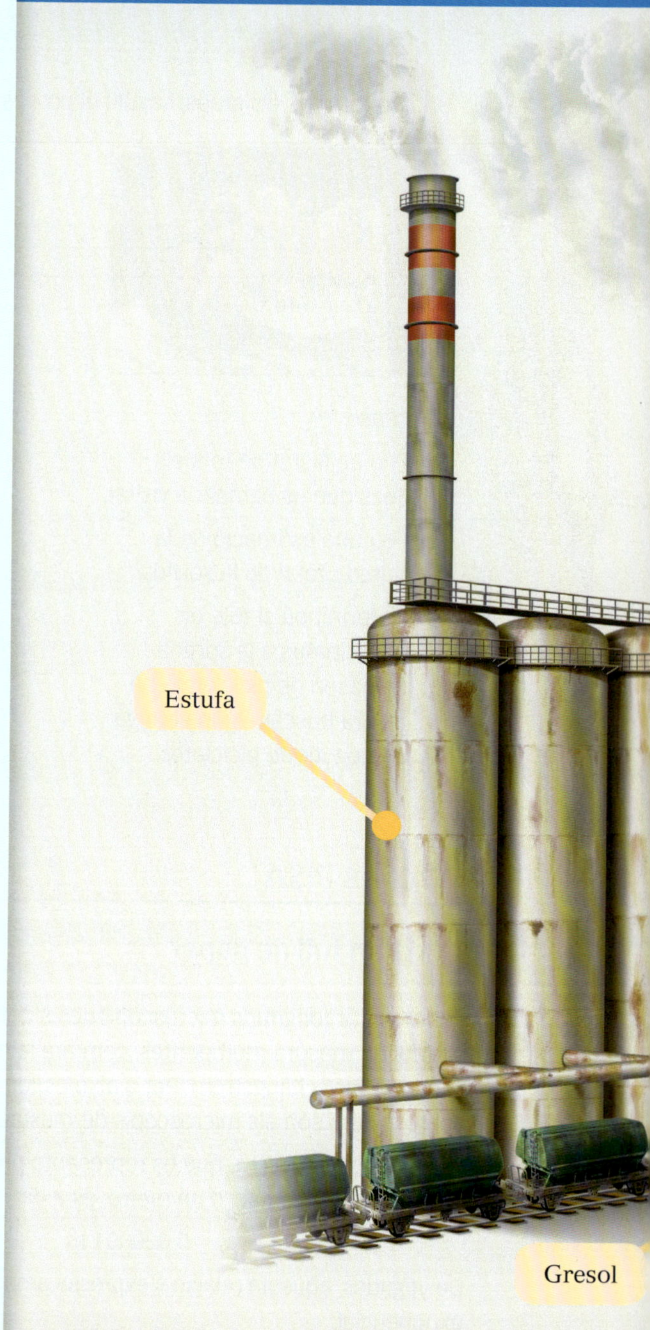

Acers al carboni

S'utilitzen per a màquines, carrosseries d'automòbil, la majoria de les estructures de construcció d'acer, bucs de vaixells, somiers i agulles o passadors per als cabells.

Proporcionalitat i percentatges

8

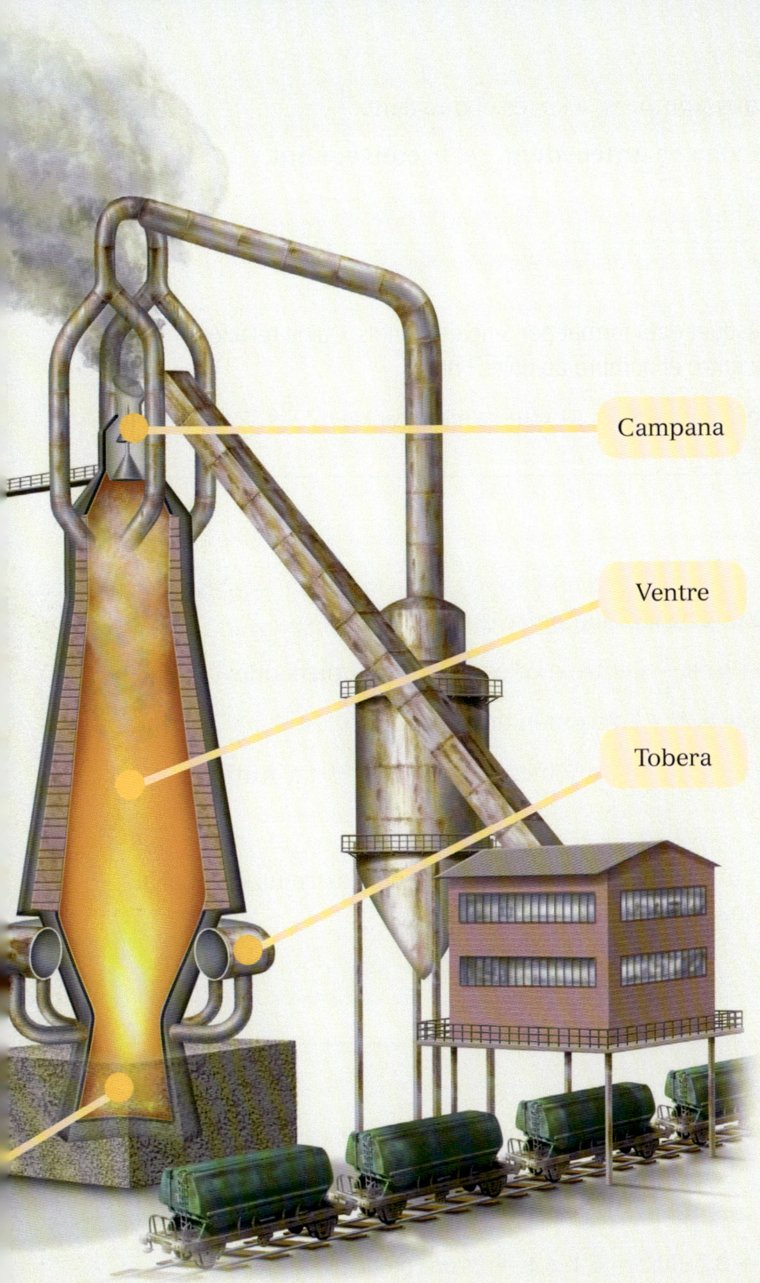

SABER

- Raó i proporció
- Magnituds directament proporcionals
- Regla de tres simple directa
- Càlcul de percentatges

SABER FER

- Calcular el terme desconegut en una proporció
- Determinar si dues magnituds són directament proporcionals
- Resoldre problemes de proporcionalitat directa mitjançant una regla de tres
- Resoldre problemes de percentatges mitjançant una regla de tres

INTERPRETA LA IMATGE

Els alts forns

L'acer es fabrica als alts forns. El ferro se separa d'altres components i s'obté el *ferro colat*, una de les matèries primeres de l'acer.

- Si es produeix 1 t de ferro colat amb una proporció de carboni de l'1,3%, i una altra tona, amb el 0,9%, quina és la diferència de carboni entre les dues tones que s'han produït?

Acers aliats

Serveixen per a engranatges i eixos de motors, patins o ganivets de tall.

També s'utilitzen per construir eines com ara freses, fileres per roscar, etc.

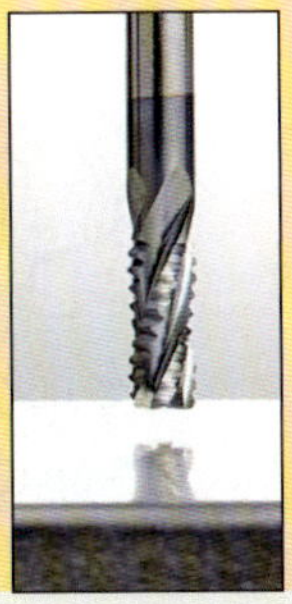

Acers feblement aliats d'alta resistència

Es fan servir per fabricar bigues destinades a construir edificis.

Aquestes bigues són més primes que les de ferro però tenen la mateixa resistència.

Acers inoxidables

Serveixen per fabricar instruments quirúrgics, o per fixar o substituir ossos trencats, ja que resisteixen l'acció dels fluids corporals.

També per a materials destinats a preparar aliments.

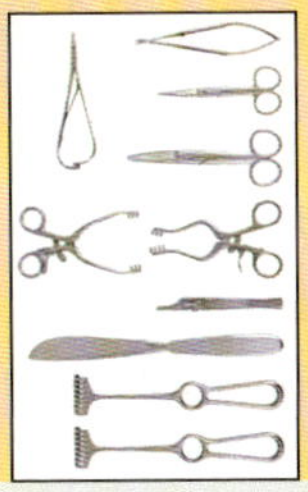

Acers d'eines

Estan destinats a fabricar capçals de tall i modelatge de màquines utilitzades en diverses operacions de fabricació.

1 Raó i proporció

1.1. Raó

Una **raó** entre dos nombres, a i b, és el quocient $\frac{a}{b}$.
El nombre a s'anomena **antecedent**, i el b, **consegüent**.

En una fracció $\frac{a}{b}$, els nombres a i b són enters. En una raó no és necessari.

$\frac{13}{2}$ → És una raó i una fracció.

$\frac{3,5}{2}$ → És una raó, però no és una fracció.

EXEMPLE

1. Un equip de bàsquet està format per 5 noies i 7 nois. Quina relació numèrica hi ha entre el nombre de noies i nois?

   La relació numèrica és de 5 a 7. S'expressa mitjançant la raó $\frac{5}{7}$.

1.2. Proporció

Una **proporció** és una igualtat entre dues raons.
Si la raó entre a i b és $\frac{a}{b}$ i entre c i d és $\frac{c}{d}$, i es compleix que $\frac{a}{b} = \frac{c}{d}$, diem que a, b, c i d formen una proporció.
En aquesta proporció, a i d s'anomenen **extrems**, i b i c, **mitjans**.

Dues raons formen una proporció si el producte dels extrems és igual al producte dels mitjans.

$$\frac{a}{b} = \frac{c}{d} \rightarrow a \cdot d = b \cdot c$$

EXEMPLE

2. Comprova si les raons següents formen una proporció:

   a) $\frac{2,3}{3}$ i $\frac{3,3}{4}$ → $2,3 \cdot 4 \neq 3 \cdot 3,3$ → No és una proporció.

   b) $\frac{3,2}{5,1}$ i $\frac{6,4}{10,2}$ → $3,2 \cdot 10,2 = 5,1 \cdot 6,4$ → És una proporció.

ACTIVITATS

1 PRACTICA. Comprova si les raons $\frac{7,1}{2}$ i $\frac{3,6}{1}$ formen una proporció.

2 APLICA. Expressa mitjançant una raó.

a) Dels 15 € que tenia, m'he gastat 7 €.

b) L'oferta: emporta-te'n 3 unitats i paga'n 2.

3 REFLEXIONA. La Maria té 15 convidats a dinar i vol preparar una recepta en la qual s'aconsella utilitzar 350 g de carn per a 6 racions. Calcula la quantitat de carn que necessita la Maria per a tots els convidats.

SABER FER

Calcular el terme desconegut en una proporció

Calcula el terme que falta perquè les raons següents formin una proporció:

a) $\frac{2,5}{1,3}$ i $\frac{5}{x}$ b) $\frac{6}{1,5}$ i $\frac{x}{0,3}$

Passos que cal seguir

1. Escrivim la proporció i fem que el producte dels extrems sigui igual al producte dels mitjans.

a) $\frac{2,5}{1,3} = \frac{5}{x} \rightarrow 2,5 \cdot x = 1,3 \cdot 5$

b) $\frac{6}{1,5} = \frac{x}{0,3} \rightarrow 6 \cdot 0,3 = 1,5 \cdot x$

2. Aïllem la incògnita i resolem la igualtat.

Passem el nombre que està multiplicant a l'altre membre.

a) $2,5 \cdot x = 1,3 \cdot 5 \rightarrow x = \frac{1,3 \cdot 5}{2,5} = \frac{6,5}{2,5} = 2,6$

b) $6 \cdot 0,3 = 1,5 \cdot x \rightarrow x = \frac{6 \cdot 0,3}{1,5} = \frac{1,8}{1,5} = 1,2$

Per calcular un extrem, multipliquem els mitjans i dividim entre l'altre extrem.

$\frac{a}{b} = \frac{c}{x} \rightarrow x = \frac{b \cdot c}{a}$

Per calcular un mitjà, multipliquem els extrems i dividim entre l'altre mitjà.

$\frac{a}{b} = \frac{x}{d} \rightarrow x = \frac{a \cdot d}{b}$

ACTIVITATS

4 Calcula el terme que falta perquè les raons següents formin una proporció:

a) $\frac{x}{8}$ i $\frac{10}{16}$ d) $\frac{15}{4}$ i $\frac{50}{x}$

b) $\frac{5}{x}$ i $\frac{2}{9}$ e) $\frac{x}{45}$ i $\frac{16}{18}$

c) $\frac{3}{5}$ i $\frac{x}{60}$ f) $\frac{28}{42}$ i $\frac{50}{x}$

5 Determina el terme que falta perquè aquestes raons formin una proporció:

a) $\frac{x}{4,2} = \frac{5,1}{8,4}$ d) $\frac{1,2}{3,4} = \frac{x}{1,7}$

b) $\frac{0,5}{x} = \frac{2,5}{12,5}$ e) $\frac{4,5}{x} = \frac{0,375}{0,6}$

c) $\frac{3,5}{1,4} = \frac{0,6}{x}$ f) $\frac{x}{2,7} = \frac{1,1}{9,9}$

6 Forma proporcions diferents amb els nombres 3, 6, 9 i x. Indica el valor de x en cada cas.

7 Calcula el valor de x perquè els grups de nombres següents formin una proporció:

a) 5, 6, x, 10 d) 10, 4, 8, x

b) 5, x, 15, 9 e) 4, 9, x, 16

c) 12, 4, x, 6 f) x, 7, 4, 1

8 Completa a la llibreta.

a) $\frac{\square}{5} = \frac{6}{15} = \frac{\square}{7,5}$

b) $\frac{20}{\square} = \frac{\square}{0,7} = \frac{5}{35}$

c) $\frac{9}{33} = \frac{\square}{0,22} = \frac{0,3}{\square}$

9 Completa a la llibreta.

a) $\frac{\square}{75} = \frac{6}{15} = \frac{\square}{90} = \frac{30}{\square} = \frac{\square}{0,75}$

b) $\frac{\square}{70} = \frac{6}{35} = \frac{\square}{105} = \frac{30}{\square} = \frac{\square}{0,7}$

10 Una ONG que actua en un país africà reparteix 5 kg d'arròs per cada dues famílies. Avui han repartit 45 kg d'arròs en total. Forma la proporció corresponent i determina la quantitat de famílies que avui han rebut aliments.

2 Magnituds directament proporcionals

T'HI ATREVEIXES?

Una gallina pon 2 ous al dia. Quant trigaran 3 gallines, al mateix ritme, en pondre una dotzena d'ous?

Dues **magnituds** són **directament proporcionals** si, quan en multipliquem o dividim una per un nombre, l'altra queda multiplicada o dividida pel mateix nombre.

EXEMPLE

3. Un bolígraf val 0,50 €. Determina si la relació entre el *nombre de bolígrafs* i el *cost* és directament proporcional.

Si un bolígraf costa 0,50 €, dos bolígrafs costaran el doble; tres, el triple...
I si deu bolígrafs costen 5 €, la meitat de bolígrafs costaran la meitat, etc.

El *nombre de bolígrafs* i el *cost* són directament proporcionals.

Podem construir una taula per relacionar magnituds proporcionals.

Magnitud *A*	a_1	a_2	a_3	...	a_m
Magnitud *B*	b_1	b_2	b_3	...	a_n

Hi ha magnituds que estan relacionades, però que no són directament proporcionals.

Pes (kg)	4,5	5	6
Mesos	1	2	3

Quan augmenta el temps, augmenta el pes, però no proporcionalment.

$$\frac{4,5}{1} \neq \frac{5}{2}$$

La **constant de proporcionalitat** és el quocient de qualsevol de les raons de dues quantitats proporcionals corresponents.

Per obtenir la constant de proporcionalitat, formem les raons.

$$\frac{a_1}{b_1} = \frac{a_2}{b_2} = \frac{a_3}{b_3} = \ldots = \frac{a_n}{b_n} = k$$

EXEMPLE

4. Fes una taula amb els valors del *nombre de bolígrafs* i el *cost*.

Nre. de bolígrafs	1	2	3	4	5	6
Cost (€)	0,5	1	1,5	2	2,5	3

I com que són magnituds directament proporcionals, es compleix que:

$$\frac{1}{0,5} = \frac{2}{1} = \frac{3}{1,5} = \frac{4}{2} = \frac{5}{2,5} = \frac{6}{3} = 2 \rightarrow \text{Constant de proporcionalitat}$$

ACTIVITATS

11 PRACTICA. Completa la taula a la llibreta i calcula la constant de proporcionalitat.

Nre. de bitllets de 5 €	1	2	3	4	5	6
Diners en total (€)	5					

12 APLICA. Construeix una taula amb els valors de dues magnituds directament proporcionals amb una constant de proporcionalitat $k = 2,4$.

13 REFLEXIONA. Si amb 14 anys fas 1,40 m, amb 28 anys faràs 2,80 m?

SABER FER

Determinar si dues magnituds són directament proporcionals

Comprova si aquestes magnituds són directament proporcionals:

a) El nombre de monedes d'1 € que tenim i quant pesen, si sabem que una moneda d'1 € pesa 7,5 g.

b) La velocitat d'un tren i el temps que triga a arribar a la destinació, si a 100 km/h triga 60 minuts.

Passos que cal seguir

1. Construïm una taula per mostrar la relació entre valors de les dues magnituds.

a)

Nre. de monedes	1	2	3	4	5	6
Pes (g)	7,5	15	22,5	30	37,5	45

b)

Velocitat (km/h)	100	200	50	25
Temps (min)	60	30	120	240

2. Calculem el quocient de dades corresponent.

a) $\frac{1}{7,5} = \frac{2}{15} = \frac{3}{22,5} = \frac{4}{30} = \frac{5}{37,5} = \frac{6}{45} = 0,1\widehat{3}$

b) $\frac{100}{60} = 1,\widehat{6}$ $\frac{200}{30} = 6,\widehat{6}$ $\frac{50}{120} = 0,41\widehat{6}$ $\frac{25}{240} = 0,1041\widehat{6}$

3. Si els quocients són iguals, les magnituds són directament proporcionals.

Si no són iguals, les magnituds no són directament proporcionals.

a) Les magnituds *nombre de monedes* d'1 € i el *pes* són directament proporcionals.

b) Les magnituds *velocitat del tren* i *temps que triga a arribar a la destinació* no són directament proporcionals.

La igualtat dels quocients s'ha de donar en tots; si algun quocient no és igual, aleshores les magnituds no són directament proporcionals.

ACTIVITATS

14 Comprova si són directament proporcionals.

a) La quantitat de litres de gasolina que caben en el dipòsit d'un cotxe i la quantitat de diners que cal per omplir-lo.

b) Els litres de gasolina que caben en el dipòsit d'un cotxe i la velocitat que pot aconseguir.

c) La velocitat amb què es mou un vehicle i el temps que triga a recórrer una certa distància.

d) El temps que un vehicle està en marxa, amb velocitat constant, i la distància que recorre.

15 Comprova si hi ha relació de proporcionalitat directa entre les magnituds *A* i *B*.

A	3	4	11
B	1,65	2,2	6,05

A	2	5	9
B	1,7	4	7,65

16 Si sabem que les magnituds *A* i *B* són directament proporcionals, completa aquestes taules a la llibreta:

A	2	5		17
B	4,6		18,4	

A	3		7	
B		13,6	23,8	40,8

17 Completa la taula a la llibreta perquè les magnituds *A* i *B* siguin directament proporcionals amb la constant de proporcionalitat que es dóna en cada cas.

A	6			100
B		10	24	

a) La constant de proporcionalitat és 2,5.

b) La constant de proporcionalitat és 0,6.

3 Problemes de proporcionalitat directa

Si dues magnituds són directament proporcionals i en coneixem dos valors relacionats, podem calcular qualsevol altre valor.

Fixa't com podem determinar la incògnita.

Magnitud A	a_1	a_2	y	...
Magnitud B	b_1	x	b_3	...

$$\frac{a_1}{b_1} = \frac{a_2}{x} \rightarrow a_1 \cdot x = a_2 \cdot b_1 \rightarrow$$

$$\rightarrow x = \frac{b_1 \cdot a_2}{a_1}$$

$$\frac{a_1}{b_1} = \frac{y}{b_3} \rightarrow a_1 \cdot b_3 = y \cdot b_1 \rightarrow$$

$$\rightarrow x = \frac{a_1 \cdot b_3}{b_1}$$

EXEMPLE

5. Per fer mitja dotzena de pastissos s'utilitzen 1.800 g de farina.

   a) Quants grams de farina necessitem per a 8 pastissos?

   b) Quants pastissos podem fer amb 1.500 g?

Les magnituds *nombre de pastissos* i *pes de la farina* són directament proporcionals perquè per fer el doble de pastissos cal el doble de farina i per fer-ne la meitat es necessita la meitat de farina.

a) Si x és la farina necessària per fer 8 pastissos, podem construir la taula de la dreta:

Nre. de pastissos	6	8
Farina (g)	1.800	x

Com que són magnituds directament proporcionals, es compleix que:

$$\frac{6}{1.800} = \frac{8}{x} \rightarrow x = \frac{1.800 \cdot 8}{6} = 2.400 \text{ g}$$

Per fer 8 pastissos necessitem 2.400 g.

b) Si x és el nombre de pastissos que es poden fer amb 1.500 g de farina podem escriure la taula de la dreta.

Nre. de pastissos	6	x
Farina (g)	1.800	1.500

Com que són magnituds directament proporcionals, es compleix que:

$$\frac{6}{1.800} = \frac{x}{1.500} \rightarrow x = \frac{6 \cdot 1.500}{1.800} = 5$$

Podem fer 5 pastissos amb 1.500 g de farina.

3.1. Regla de tres simple directa

La **regla de tres simple directa** és un procediment per trobar una quantitat desconeguda que forma proporció amb altres quantitats conegudes, corresponents a dues magnituds directament proporcionals.

ACTIVITATS

18 PRACTICA. Avui han dinat al menjador 54 persones i han necessitat 18 barres de pa.

a) Per a 72 persones, quantes barres necessiten?

b) Si hi ha 22 barres, per a quantes persones hi ha pa?

19 APLICA. Completa a la llibreta aquestes taules perquè A i B siguin directament proporcionals:

A	1	3	4	5
B		4,5		

A	6	2	12	14	
B	5				15

20 REFLEXIONA. Una bossa de magdalenes costa 1,5 € i quan està d'oferta, 1,2 €. Calcula la rebaixa de l'oli i la xocolata si mantenen la mateixa relació que les magdalenes entre el preu inicial i el rebaixat.

SABER FER

Resoldre problemes de proporcionalitat directa mitjançant una regla de tres

En una granja hi ha 42 conills i per alimentar-los necessiten diàriament 10,5 kg de pinso.

a) Quant de pinso consumeixen diàriament 18 conills?

b) Si disposem de 35 kg de pinso diari, quants conills podríem alimentar?

Passos que cal seguir

1. Identifiquem les magnituds i comprovem si són directament proporcionals.

Magnituds: *Nombre de conills - Quilos de pinso diaris*

Si el nombre de conills fos el doble, el consum de pinso seria el doble.
Si hi hagués el triple de conills, el consum de pinso es multiplicaria per 3...
De la mateixa manera, si el nombre de conills fos la meitat, el pinso que consumirien seria la meitat, etc.

Les magnituds són directament proporcionals.

2. Plantegem la regla de tres amb les dades extretes del problema.

a)

Nre. de conills		Quilos de pinso
Si 42 conills	$\xrightarrow{\text{consumeixen}}$	10,5 kg
18 conills	$\xrightarrow{\text{consumiran}}$	x kg

b)

Nre. de conills		Quilos de pinso
Si 42 conills	$\xrightarrow{\text{consumeixen}}$	10,5 kg
x conills	$\xrightarrow{\text{consumiran}}$	35 kg

En general:

$$\left.\begin{matrix} a \longrightarrow b \\ c \longrightarrow x \end{matrix}\right\} \rightarrow \frac{a}{c} = \frac{b}{x} \rightarrow x = \frac{c \cdot b}{a}$$

$$\left.\begin{matrix} a \longrightarrow b \\ x \longrightarrow d \end{matrix}\right\} \rightarrow \frac{a}{x} = \frac{b}{d} \rightarrow x = \frac{a \cdot d}{b}$$

3. Resolem la regla de tres formant la proporció i aïllant la incògnita.

a) $\frac{42}{18} = \frac{10{,}5}{x} \rightarrow 42 \cdot x = 18 \cdot 10{,}5 \rightarrow x = \frac{18 \cdot 10{,}5}{42} = 4{,}5$ kg

Per a 18 conills necessitem 4,5 kg de pinso diaris.

b) $\frac{42}{x} = \frac{10{,}5}{35} \rightarrow 42 \cdot 35 = x \cdot 10{,}5 \rightarrow x = \frac{42 \cdot 35}{10{,}5} = 140$

Amb 35 kg de pinso diaris podríem alimentar 140 conills.

ACTIVITATS

21 Per 5 entrades de cinema hem pagat 36,25 €.

a) Quant pagaríem si compréssim 8 entrades?

b) Quantes entrades podríem comprar amb 108,75 €?

22 La taula següent relaciona el preu d'una autopista de peatge amb els quilòmetres que s'hi recorren. Determina si aquestes magnituds són directament proporcionals:

Distància (km)	25	50	100
Preu (€)	3	6	12

a) Quant haurà de pagar la Maria si ha de recórrer 180 km per l'autopista?

b) Si paga 15 €, quants quilòmetres ha recorregut?

23 Tres quilos de filets de porc valen 20,70 €.

a) Quants quilos es poden comprar amb 55,20 €?

b) Quant costen 12,50 kg de filets?

c) I 250 g de filets?

24 La família Rius gasta en menjar 660 € mensuals.

a) Quant gasten a la setmana?

b) I a l'any?

25 El rellotge de paret d'en Robert s'avança 2 minuts cada setmana.

a) Quants minuts estarà avançat aquest rellotge al cap de 5 setmanes des que el va posar a l'hora?

b) Si va 18 minuts avançat, quantes setmanes fa que el va posar a l'hora?

4 Percentatges

HO ESCRIVIM AIXÍ

El percentatge s'expressa amb el símbol %.

El **tant per cent** o **percentatge** d'una quantitat significa que, si dividim aquesta quantitat en 100 parts, n'agafem el tant indicat. És una raó que té com a denominador 100: $a\,\% = \frac{a}{100}$.

El **percentatge** es pot expressar com a **fracció** o com a **nombre decimal**.

$$15\,\% = \frac{15}{100} = 0{,}15$$

EXEMPLE

6. Completa la taula.

Expressió	Significat	Percentatge Fracció / nre. decimal
Al 86 % dels joves els agrada llegir	De cada 100 joves, a 86 els agrada llegir	$86\,\% = \frac{86}{100} = 0{,}86$
Rebaixes del 10 %	Per cada 100 € de compra, descompten 10 €	$10\,\% = \frac{10}{100} = 0{,}1$

4.1. Càlcul de percentatges

Per calcular el tant per cent d'una quantitat, multipliquem la quantitat pel tant per cent i ho dividim entre 100.

$$a\% \text{ de } Q = \frac{a \cdot Q}{100}$$

CALCULADORA

Per calcular un tant per cent amb la calculadora:

45 % de 860

45 [%] [×] 860 [=] [387]

EXEMPLES

7. Calcula el 18 % de 200 €. $\quad 18\,\%\text{ de }200 = \frac{18 \cdot 200}{100} = 36\text{ €}$

8. Quin és el 12 % de 7.425? I el 30 %?

$12\,\%\text{ de }7.425 = \frac{12 \cdot 7.425}{100} = 891 \quad 30\,\%\text{ de }7.425 = \frac{30 \cdot 7.425}{100} = 2.227{,}5$

ACTIVITATS

26 PRACTICA. Calcula els percentatges següents:

a) 22 % de 88 b) 12 % de 124

27 APLICA. Expressa en forma de percentatge.

a) 23 de cada 50 b) 15 de cada 75

28 REFLEXIONA. Comprova si és cert.

a) El 24 % de 45 és el mateix que el 45 % de 24.

b) El 27 % de 30 és el mateix que el 9 % de 90.

c) El 35 % de 12 és el mateix que el 28 % de 15.

5 Problemes amb percentatges

Quan calculem el tant per cent d'una quantitat, $a\%$ de $Q = P$, hi ha sempre tres quantitats relacionades:

$a \rightarrow$ Percentatge $\quad Q \rightarrow$ Quantitat total $\quad P \rightarrow$ Part

Entre aquestes quantitats es pot establir la proporció $\dfrac{Q}{100} = \dfrac{P}{a}$.

5.1. Càlcul de la part coneguts el percentatge i el total

Donats el percentatge, a, i la quantitat total, Q, per calcular la part, P:

$$\frac{Q}{100} = \frac{P}{a} \rightarrow P = \frac{Q \cdot a}{100}$$

EXEMPLES

9. El 75% dels 348 alumnes de l'institut han anat a l'excursió de fi de curs. Quants alumnes hi han anat?

$$\frac{Q}{100} = \frac{P}{a} \rightarrow \frac{348}{100} = \frac{P}{75} \rightarrow P = \frac{348 \cdot 75}{100} = 261$$

A l'excursió de fi de curs han anat 261 alumnes.

10. El 67% del públic del partit són de l'equip local. Si hi han anat 15.000 persones, quants assistents no són de l'equip local?

$$\frac{Q}{100} = \frac{P}{a} \rightarrow \frac{15.000}{100} = \frac{P}{67} \rightarrow P = \frac{15.000 \cdot 67}{100} = 10.050$$

Hi ha 10.050 seguidors de l'equip local.

$15.000 - 10.050 = 4.950$

A l'estadi hi ha 4.950 persones que no són de l'equip local.

ACTIVITATS

29 PRACTICA. En una empresa fabriquen cada dia 80 rentadores, de les quals el 65% les venen a l'estranger. Quantes rentadores per exportar fabriquen cada dia?

30 PRACTICA. Ahir, dels 3.750 pacients que van ingressar a urgències, el 12% van quedar hospitalitzats. Quantes persones de les que van anar a urgències ahir van quedar ingressades?

31 APLICA. Calculen que entre el 4% i el 7% de la producció de tomàquets d'una zona es fa malbé abans de posar-se a la venda. Si la producció ha estat de 3 t, quina quantitat de tomàquets, com a màxim, posaran a la venda?

32 REFLEXIONA. El 40% dels treballadors d'una empresa van a la feina en transport públic, el 25% ho fan en vehicle propi i la resta hi arriben caminant. Si l'empresa té 1.400 treballadors, calcula quants hi arriben caminant.

33 REFLEXIONA. El 47% dels 1.500 habitants d'una població són majors d'edat i el 38% tenen menys de 10 anys. Quants habitants tenen entre 10 i 18 anys?

5.2. Càlcul del percentatge coneguts el total i la part

Donades la quantitat total, Q, i la part, P, per calcular el percentatge, a:

$$\frac{Q}{100} = \frac{P}{a} \rightarrow a = \frac{P \cdot 100}{Q}$$

! NO TE N'OBLIDIS

Si:

a = percentatge

P = part

Q = quantitat

Tenim que:

$$P = \frac{Q \cdot a}{100}$$

$$a = \frac{P \cdot 100}{Q}$$

$$Q = \frac{P \cdot 100}{a}$$

EXEMPLE

11. Un hotel amb 200 habitacions en té 156 d'ocupades.
    a) Quin percentatge d'habitacions estan ocupades?
    b) Quin percentatge d'habitacions estan lliures?

a) $\frac{Q}{100} = \frac{P}{a} \rightarrow \frac{200}{100} = \frac{156}{a} \rightarrow a = \frac{156 \cdot 100}{200} = 78$

El 78 % de les habitacions de l'hotel estan ocupades.

b) $100 - 78 = 22 \rightarrow$ El 22 % de les habitacions estan lliures.

5.3. Càlcul del total coneguts el percentatge i la part

Donats el tant per cent, a, i la part, P, per calcular el total, Q:

$$\frac{Q}{100} = \frac{P}{a} \rightarrow Q = \frac{P \cdot 100}{a}$$

T'HI ATREVEIXES?

El preu d'una rentadora es rebaixa un 10 %. Un mes més tard, se n'augmenta el preu un 10 %.

Quan era més barata, amb el preu inicial o en augmentar el preu?

EXEMPLES

12. El 30 % dels membres d'un club esportiu practiquen tir amb arc. Si sabem que el practiquen 27 persones, quants membres té el club?

$\frac{Q}{100} = \frac{P}{a} \rightarrow \frac{Q}{100} = \frac{27}{30} \rightarrow Q = \frac{27 \cdot 100}{30} = 90$

El club té 90 membres.

13. Un embassament és ple fins al 82 % de la capacitat. Si encara admet 72 hm^3 d'aigua, quina capacitat té?

$100 - 82 = 18 \rightarrow$ Encara admet el 18 % de la capacitat.

$\frac{Q}{100} = \frac{P}{a} \rightarrow \frac{Q}{100} = \frac{72}{18} \rightarrow Q = \frac{72 \cdot 100}{18} = 400$

L'embassament té una capacitat total de 400 hm^3.

ACTIVITATS

34 **PRACTICA.** Han entrevistat 500 persones i 340 de les quals afirmen que tenen Internet a casa. Expressa aquesta quantitat mitjançant un percentatge.

35 **APLICA.** Tenia 30.000 € i m'he gastat 22.500 € en un cotxe. Quin percentatge de diners m'he gastat?

36 **REFLEXIONA.** Si a és el 10 % d'una quantitat, justifica si les afirmacions següents són certes:

a) $2a$ és el 10 % del doble d'aquesta quantitat.

b) $2a$ és el 20 % d'aquesta quantitat.

c) La quantitat és $10a$.

SABER FER

Resoldre problemes de percentatges mitjançant una regla de tres

Resol aquests problemes:

a) **El meu pare paga d'impostos el 21 % del seu salari. Si guanya 2.134 € bruts al mes, quants diners paga mensualment d'impostos?**

b) **El 84 % dels alumnes de 1r d'ESO han aprovat les matemàtiques. Si sabem que han aprovat 63 estudiants, quants alumnes hi ha a 1r d'ESO?**

c) **Un jugador de bàsquet encistella 15 tirs de 25 intents que ha fet. Quin percentatge d'encert té?**

Passos que cal seguir

1. Plantegem la regla de tres amb les dades que extraiem del problema.

a)

Total		Part
Si de 100 €	$\xrightarrow{\text{paga}}$	21 €
de 2.134 €	$\xrightarrow{\text{pagarà}}$	x €

b)

Total		Part
Si de 100 alumnes	$\xrightarrow{\text{han aprovat}}$	84 alumnes
de x alumnes	$\xrightarrow{\text{aprovaran}}$	63 alumnes

c)

Total		Part
Si de 25 tirs	$\xrightarrow{\text{ha encertat}}$	15 tirs
de 100 tirs	$\xrightarrow{\text{encertarà}}$	x tirs

En la regla de tres, a la columna dels totals sempre hi ha 100 i la quantitat total.

I a la columna de les parts hi ha el percentatge i el resultat d'aplicar el percentatge a la quantitat total (a % de $C = P$).

La regla de tres que es planteja és:

$$\left.\begin{array}{l} 100 \longrightarrow a \\ C \longrightarrow P \end{array}\right\}$$

2. Resolem la regla de tres formant la proporció i aïllant la incògnita.

a) $\frac{100}{2.134} = \frac{21}{x} \rightarrow x = \frac{2.134 \cdot 21}{100} = 448{,}14$ Paga 448,14 € d'impostos mensualment.

b) $\frac{100}{x} = \frac{84}{63} \rightarrow x = \frac{100 \cdot 63}{84} = 75$ A 1r d'ESO hi ha 75 alumnes en total.

c) $\frac{25}{100} = \frac{15}{x} \rightarrow x = \frac{100 \cdot 15}{25} = 60$ Ha tingut el 60 % d'encerts.

ACTIVITATS

37 El 40 % dels alumnes d'un grup de 1r d'ESO s'han presentat a un concurs literari. Calcula la quantitat d'alumnes d'aquest grup si els que s'han presentat al concurs són 12.

38 El 15 % de les vendes d'un comerç han estat de productes que valien 100 € o més. Si han fet 595 vendes de productes que valien menys de 100 €, quina quantitat de vendes han fet en total?

39 Han efectuat una enquesta a 650 persones: 208 han contestat SÍ, 403 han contestat NO i la resta no han contestat. Calcula el percentatge que correspon a cada grup.

40 En un aeroport han aterrat 850 avions, dels quals:

- El 96 % han arribat a l'hora prevista.
- 765 avions dels que han aterrat eren de vols de més de 2 hores de durada.

a) Quants avions han arribat puntuals?

b) Quin percentatge dels avions han fet vols de més de 2 hores?

41 Si de cada 20 animals de companyia, 9 són gossos, 4 són gats i la resta altres animals:

a) Quin percentatge dels animals de companyia són gossos? I gats?

b) En un barri en el qual hi ha 140 animals de companyia, quants gats i quants gossos hi haurà?

ACTIVITATS FINALS

Raó i proporció

42 Expressa per mitjà d'una raó.

a) Per elaborar un pastís de 8 racions es necessiten 400 g de farina.

b) Per pintar una paret de 7 m^2 han utilitzat 2 kg de pintura.

c) Per escriure 52 pàgines d'un llibre han trigat 16 dies.

d) En un restaurant es consumeixen 1,5 kg d'arròs per cada 10 clients.

43 Al menjador de l'escola posen 3 barres de pa per cada 8 alumnes. Avui hi han dinat 124 alumnes i han posat 50 barres. S'ha mantingut la proporció?

44 Per construir una paret es necessiten 3.379 totxos i 62 sacs de ciment. Quina és la raó entre totxos i ciment en aquesta paret?

45 Escriu una proporció en cada cas.

a) Els extrems són 8 i 15.

b) Els mitjans són 10 i 12.

c) Els antecedents són 4 i 10.

d) Els conseqüents són 16 i 20.

46 Escriu la proporció $\frac{4}{9} = \frac{8}{18}$ d'una altra manera i comprova que continua sent una proporció.

47 Forma proporcions amb els nombres següents:

a) 6, 15, 8 i 20

b) 10, 15, 18 i 27

c) 8, 22, 12 i 33

48 Calcula el valor de x.

a) $\frac{x}{2} = \frac{4}{8}$

b) $\frac{18}{15} = \frac{x}{25}$

c) $\frac{6}{x} = \frac{10}{5}$

d) $\frac{9}{27} = \frac{10}{x}$

49 Completa a la llibreta.

a) $\frac{\square}{50} = \frac{6}{10} = \frac{\square}{60} = \frac{30}{\square} = \frac{\square}{0{,}5}$

b) $\frac{\square}{54} = \frac{6}{27} = \frac{\square}{81} = \frac{30}{\square} = \frac{\square}{5{,}4}$

c) $\frac{\square}{77} = \frac{6}{33} = \frac{\square}{121} = \frac{30}{\square} = \frac{\square}{0{,}22}$

SABER FER

Calcular el terme desconegut d'una proporció quan hi sumem o restem un nombre

50 Calcula el terme que falta perquè aquestes raons formin una proporció:

a) $\frac{12}{x+1}$ i $\frac{6}{2}$ b) $\frac{x-2}{9}$ i $\frac{4}{3}$

PRIMER. Formem la proporció i fem que el producte dels extrems sigui igual al producte dels mitjans.

a) $\frac{12}{x+1} = \frac{6}{2} \rightarrow 12 \cdot 2 = (x+1) \cdot 6$

b) $\frac{x-2}{9} = \frac{4}{3} \rightarrow (x-2) \cdot 3 = 9 \cdot 4$

SEGON. Traiem els parèntesis i resolem les operacions.

a) $12 \cdot 2 = (x+1) \cdot 6 \rightarrow 24 = 6x + 6$

b) $(x-2) \cdot 3 = 9 \cdot 4 \rightarrow 3x - 6 = 36$

TERCER. Aïllem la incògnita.

a) $24 = 6x + 6 \rightarrow 6x = 24 - 6 \rightarrow x = \frac{18}{6} = 3$

b) $3x - 6 = 36 \rightarrow 3x = 36 + 6 \rightarrow x = \frac{42}{3} = 14$

51 Calcula el valor de x perquè les raons següents formin una proporció:

a) $\frac{x+1}{6} = \frac{4}{8}$

b) $\frac{15}{28} = \frac{2x}{7}$

c) $\frac{1}{x-2} = \frac{14}{7}$

d) $\frac{22}{5} = \frac{2}{3-x}$

e) $\frac{5}{9} = \frac{10}{x+3}$

f) $\frac{x-8}{6} = \frac{2}{3}$

52 Forma una raó amb aquestes dades: «5 ℓ d'oli valen 15,25 €.» Estableix proporcions d'aquesta raó amb les dades següents, i calcula'n la constant de proporcionalitat:

a) 20 ℓ

b) 25 ℓ

c) 76,25 €

d) 61 €

53 Per elaborar un pastís fan servir 100 g de sucre per cada 240 g de farina. Escriu la proporció que correspon a aquestes quantitats i calcula el sucre o la farina següents:

a) 200 g de sucre
b) 150 g de farina
c) 750 g de sucre
d) 320 g de farina
e) 475 g de sucre
f) 770 g de farina

54 Comprova que les dades següents formen una proporció:

Barres de pa	1	4
Farina	250 g	1 kg

Calcula'n la constant de proporcionalitat. Escriu aquesta proporció de totes les maneres que sàpigues i determina'n en cada cas la constant de proporcionalitat i el significat. Quina relació veus entre les constants que has calculat?

Magnituds directament proporcionals

55 Indica quines d'aquestes magnituds són directament proporcionals:

a) El nombre d'amics que van al cinema i el nombre d'entrades que necessiten.
b) Les hores de feina que dedica un paleta a fer una paret i el temps que triga a acabar-la.
c) La quantitat d'aigua que surt d'una aixeta i el temps que cal per omplir una banyera.
d) El nombre d'animals que hi ha en una granja i la quantitat de pinso que es consumeix.

56 Determina si aquestes magnituds són directament proporcionals o en quines condicions ho serien:

a) La quantitat de pàgines d'un llibre i el temps que es triga a llegir-lo.
b) El nombre de pinces que es fan servir per estendre la bugada i el nombre de peces que s'hi poden estendre.
c) La capacitat d'una ampolla d'aigua i la quantitat de gots que es poden omplir.
d) El nombre de pisos d'un edifici i l'alçada de l'edifici.
e) El nombre d'habitatges d'un edifici i les persones que hi viuen.

57 Les dades de la taula corresponen a diferents pesos de pintura i el preu que tenen. Completa els valors que falten.

Pintura (kg)	1	2	3	b
Preu (€)	8	16	a	48

58 Calcula la constant de proporcionalitat entre les magnituds A i B i completa les taules a la llibreta.

a) A: Nombre de llibretes
B: Nombre de pàgines total de les llibretes

A	3	5	9
B		625	

b) A: Litres d'aigua consumits en una casa
B: Preu que paguen per l'aigua consumida

A	25	38	66
B		2,28 €	

c) A: Minuts que he estat caminant
B: Quilòmetres recorreguts

A	30	45	70
B	3		

59 Completa les taules a la llibreta si sabem que les dues magnituds són directament proporcionals.

Magnitud A	6	2	12	14	26	
Magnitud B	12	4				15

Magnitud A	7	21	8	42	105	
Magnitud B	14		16			20

Magnitud A	0,2	0,5	1,4	1		
Magnitud B	0,3			1,5	15	0,15

60 Construeix una taula amb valors de dues magnituds directament proporcionals si sabem que la constant de proporcionalitat és:

a) $k = 1,6$ b) $k = 0,2$ c) $k = 4$

61 Si un sofà de dues places costa la meitat que un de quatre, i un de tres places costa una quarta part menys que el de quatre places, determina si el nombre de places i el preu són directament proporcionals.

Problemes de proporcionalitat directa

62 La Núria surt a córrer cada dia. Descansa 5 minuts cada 3,5 km de recorregut.

a) Quants minuts descansa si recorre 14 km?

b) Si ha descansat 30 minuts, quants quilòmetres ha recorregut?

63 En Lluís s'ha llegit un llibre de 270 pàgines en 15 dies. Si manté aquest ritme de lectura, quant trigarà a llegir-ne un de 450 pàgines?

64 Un comerciant guanya 3 € per cada 14 € en vendes.

a) Quant guanyarà si arriba a fer unes vendes de 406 €?

b) Quines vendes ha fet si ha guanyat 102 €?

65 Dues caixes que contenen 6 ℓ de llet cada una tenen un preu de 8,4 €.

a) Quant costaran 5 caixes de 6 ℓ?

b) Quantes caixes de 6 ℓ podrem comprar amb 37,8 €?

66 El canvi d'euros a dòlars avui és de: 1 euro = 1,165 dòlars.

Volem fer un viatge als Estats Units i anem al banc per canviar 325 €. Quants dòlars rebrem per aquesta quantitat d'euros?

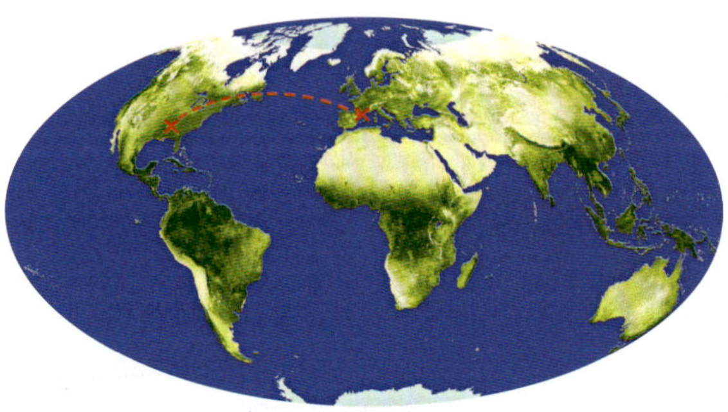

67 Una casa de 80 m^2 costa 150.000 € i una de 90 m^2 costa 20.000 € més. La superfície i el preu, són directament proporcionals? Quant hauria de costar la segona casa perquè ho fossin?

68 En una perfumeria venen una ampolleta de perfum de 30 ml per 24 €, una de 50 ml per 40 € i una de 75 ml per 100 €. Digues si podem afirmar que la quantitat de mil·lilitres de perfum i el preu són directament proporcionals. Quant costaria una ampolleta de 125 ml d'aquest perfum?

69 Una roda recorre 377 cm en 2 voltes completes. Quants metres recorrerà en 6 voltes? I després de 15 voltes?

70 Per elaborar un pa de pessic de 5 racions es necessiten 250 g de farina, 200 g de sucre, 3 ous i 100 ml de llet.

a) Quines quantitats de cada ingredient calen per elaborar un pa de pessic de 8 racions?

b) I un de 13 racions?

c) De quantes racions és un pa de pessic fet amb 375 g de farina si es mantenen les proporcions?

d) I un que porta 9 ous?

71 Si suposem que treballa a un ritme constant, una novel·lista triga 7 dies a escriure 20 pàgines d'un llibre. Si ja ha escrit 180 pàgines:

a) Quants dies fa que escriu?

b) Quants dies més ha d'escriure per acabar una novel·la de 460 pàgines?

72 A la carnisseria, les salsitxes costen 5,25 €/kg; també tenen paquets de salsitxes de 0,5 kg que costen 2,10 €. Quines salsitxes són més barates?

73 Un cotxe a una velocitat constant de 90 km/h ha gastat 4,5 ℓ en un trajecte de 90 km. Un altre cotxe, a la mateixa velocitat, ha gastat 2,7 ℓ en 50 km. Quin cotxe gasta més gasolina?

74 La mare de la Dèlia ha de prendre 20 mg d'una medecina cada 8 hores durant un període de temps. Segons el metge, també se la pot prendre cada 6 hores o cada 4 hores, amb la dosi adequada perquè al cap del dia s'hagi pres la quantitat establerta.

Calcula la dosi que ha de prendre de cada manera.

Percentatges

75 **CÀLCUL MENTAL.** Escriu el percentatge que equival a cada nombre decimal.

a) 0,45 b) 0,286 c) 0,03 d) 0,9

76 Escriu la raó i el nombre decimal que equivalen a aquests percentatges:

a) 18% b) 5,6% c) 24,8% d) 2%

77 Indica el percentatge que equival a aquestes raons:

a) $\frac{1}{5}$ b) $\frac{17}{10}$ c) $\frac{9}{20}$ d) $\frac{9}{4}$

78 Expressa les afirmacions següents en forma de percentatge:

a) La cinquena part de l'any són vacances escolars.

b) Les tres quartes parts del salari s'utilitza en despeses domèstiques.

c) Les tres vuitenes parts de la població pateixen algun tipus d'al·lèrgia.

d) Set de cada deu persones utilitzen el mòbil cada dia.

e) Tres de cada cinc alumnes fan una activitat esportiva durant el cap de setmana.

f) Un de cada tres enquestats ha contestat afirmativament.

79 Fes aquests càlculs:

a) El 30% de 24

b) El 3% de 24

c) El 30% de 240

d) El 3% de 240

e) El 3% de 2,4

f) El 30% de 2,4

80 Determina aquests percentatges:

a) El 20% de 56

b) El 15% de 380

c) El 52% de 46

d) El 63% de 104

81 Fes els càlculs següents:

a) El 9,6% de 52,5

b) El 8,2% de 40,54

c) El 26,8% de 2.000,9

d) El 5,1% de 76,45

82 Augmenta les quantitats següents el 14%:

a) 30 b) 260 c) 34,8 d) 125,75

83 Justifica si aquests enunciats són certs o falsos:

a) El 20% d'una quantitat és el mateix que el 10% del doble de la mateixa quantitat.

b) El 20% més el 30% d'una quantitat és el mateix que el 50% de la mateixa quantitat.

c) El 2% del 3% d'una quantitat és el 6% de la mateixa quantitat.

d) El 20% del 30% d'una quantitat és igual al 30% del 20% de la mateixa quantitat.

Problemes amb percentatges

84 Si sabem que 18 veïns representen el 72% del total del barri, quants veïns hi ha en total?

85 L'etiqueta d'una peça de vestir especifica que està confeccionada amb el 60% de cotó. Calcula la quantitat de cotó que té aquesta peça si té un pes de 850 g.

86 Per ingressar un xec de 644 € m'han cobrat una comissió del 2%. Quina quantitat he hagut de pagar al banc?

87 En la dieta mediterrània es consumeix cada dia el 55% de glúcids, el 30% de lípids i el 15% de proteïnes. Si cada dia es consumeixen 2.500 calories, determina quina quantitat de calories correspon als glúcids, als lípids i a les proteïnes.

88 Per calcular la quantitat de carn que té un porc, al pes s'ha de restar el 40% de vísceres i ossos, i el 15% de greix. Si un porc pesa 184 kg, quina quantitat de carn té?

SABER FER

Calcular el valor contrari a un percentatge

89 En un institut que té 225 alumnes, el 28% porten ulleres. Quants alumnes de l'institut no utilitzen ulleres?

PRIMER. Calculem el tant per cent de la quantitat total; per fer-ho, plantegem la regla de tres corresponent.

	Total		Part
Si de	100 alumnes	$\xrightarrow{\text{porten ulleres}}$	28 alumnes
de	225 alumnes	$\xrightarrow{\text{porten ulleres}}$	x alumnes

$$\frac{100}{225} = \frac{28}{x} \rightarrow 100 \cdot x = 225 \cdot 28 \rightarrow x = \frac{225 \cdot 28}{100} = 63$$

A l'institut hi ha 63 alumnes amb ulleres.

SEGON. Restem la quantitat total menys la quantitat que hem obtingut.

$$225 - 63 = 162$$

Hi ha 162 alumnes sense ulleres.

ACTIVITATS FINALS

90 De les 1.936 famílies que s'han allotjat en un hotel de la costa durant aquestes vacances, el 37,5 % s'hi han estat 5 dies o més. Quin percentatge de famílies han estat a l'hotel menys de 5 dies? Quina quantitat de famílies representa aquest percentatge?

91 Una agent immobiliària cobra un percentatge del 2 % del valor de la finca que ven: una tercera part del comprador i la resta, del venedor. Si acaba de vendre un pis per 150.000 €:

a) Quina comissió cobrarà?

b) Quant li ha de pagar el venedor del pis?

c) I el comprador?

92 El 8 % dels 25 alumnes d'una classe han obtingut un excel·lent en matemàtiques, i el 12 %, un notable. Determina quants alumnes han obtingut les qualificacions següents:

a) Una nota inferior a excel·lent

b) Una nota inferior a notable

SABER FER

Calcular una disminució percentual

93 En uns grans magatzems han anunciat unes rebaixes del 20 %. Quin preu té ara un abric que valia 116 €?

PRIMER. Disminuir una quantitat *a* % equival a calcular el (100 − *a*) % d'aquesta quantitat.

Si han rebaixat el 20 % significa que el que abans valia 100 % ara val 100 − 20 = 80 %.

Abans		Ara
100	⟶	80
116 €	⟶	*x* €

SEGON. Resolem la regla de tres plantejada.

$$\frac{100}{116} = \frac{80}{x} \rightarrow 100 \cdot x = 116 \cdot 80 \rightarrow$$

$$\rightarrow x = \frac{116 \cdot 80}{100} = 92{,}80\ €$$

Amb la rebaixa del 20 %, l'abric val 92,80 €.

94 Calcula el preu final d'aquests articles, si se'ls hi aplica un descompte del 35 %.

95 Calcula el preu rebaixat d'un cotxe que costa 23.500 € després d'aplicar-hi aquests descomptes:

a) 8 % b) 15 % c) 20,5 % d) 24 %

96 Calcula el descompte que fan en cadascuna d'aquestes ofertes i expressa'l mitjançant un percentatge:

97 Una capsa de galetes costa 2,4 €, però si en comprem 3 fan un descompte del 15 %. Quant costaran 9 capses de galetes segons aquest descompte?

98 Una peça de vestir té un preu inicial de 24 €. Indica en percentatges el descompte que hi apliquen si:

a) Hi descompten 4,8 €.

b) Hi descompten 5 € per cada 10 €.

c) El preu final és de 15,6 €.

99 Una ampolla de llimonada costa 0,8 € i si comprem una caixa de 12 ampolles fan un descompte del 5 %. Quant costa una caixa?

100 L'Antoni s'ha comprat dues camises i n'ha pagat 72,50 €. Si quan ha anat a pagar li han dit que li feien el 12 % de descompte i les dues camises valien el mateix, quant costava cada camisa abans de la rebaixa?

SABER FER

Calcular un augment percentual

101 Una botiga de telefonia decideix augmentar els preus el 3%. Quin preu té ara un telèfon que valia 142 €?

PRIMER. Augmentar una quantitat un *a*% equival a calcular el (100 + *a*) % d'aquesta quantitat.

Si ha augmentat el 3% significa que el que abans valia el 100% ara val 100 + 3 = 103%.

Abans		Ara
100	⟶	103
142 €	⟶	*x* €

SEGON. Resolem la regla de tres plantejada.

$$\frac{100}{142} = \frac{103}{x} \rightarrow 100 \cdot x = 142 \cdot 103 \rightarrow$$

$$\rightarrow x = \frac{142 \cdot 103}{100} = 146{,}26\text{ €}$$

Amb la pujada del 3%, el telèfon ara val 146,26 €.

102 El preu de la gasolina s'ha apujat el 8,8% des de l'inici de l'any. Si l'1 de gener d'enguany un litre valia 1,38 €, quin preu té ara?

103 Calcula el preu d'aquests electrodomèstics si l'IVA que s'hi aplica és del 21%.

104 Un fabricant de calçat ven les sabates al 120% del preu que li costa fabricar-les. Si el cost de fabricació és de 14 €, per quant les ven?

105 La Seguretat Social paga el 60% del preu d'algunes medecines. Si he comprat unes pastilles que estan cobertes per la Seguretat Social i que tenen un preu de venda al públic de 19 €, quant he hagut de pagar?

106 Calcula quin percentatge d'augment es produeix en els casos següents:

a) Augment de 42 a 46

b) Augment de 5 a 6

c) Augment de 15 a 20

d) Augment de 1.000 a 1.300

HAS DE SABER FER

Raó i proporció

1 Calcula el valor de *x* perquè siguin proporcions.

a) $\frac{4}{8} = \frac{3}{x}$ b) $\frac{4}{x} = \frac{6}{30}$ c) $\frac{x}{5} = \frac{14}{7}$

Magnituds directament proporcionals

2 En dues parades, *A* i *B*, venen pomes amb els preus següents:

Parada *A*		
1 kg	2 kg	3 kg
0,53 €	1,06 €	1,59 €

Parada *B*		
1 kg	2 kg	3 kg
0,60 €	1 €	1,50 €

En quina d'aquestes parades les magnituds *pes* i *preu* són directament proporcionals?

3 Si un lot amb 3 ampolles de suc costa 3,30 €, quant valdran 5 lots? I 27 ampolles de suc?

Percentatges

4 El 12,5% dels 56 alumnes de 1r d'ESO han suspès almenys una assignatura.

a) Quin és el percentatge d'alumnes que no han suspès cap assignatura?

b) Quants alumnes han aprovat totes les assignatures?

5 Un CD de música costa 16 €, però si en compres 3 fan el 10% de descompte. Quant costarien 6 CD de música aplicant aquest descompte?

COMPETÈNCIA MATEMÀTICA

En la vida quotidiana

107 El ferro és el metall més abundant de l'escorça terrestre. En estat pur no té gaires aplicacions, però quan es mescla amb petites quantitats de carboni es converteix en un metall consistent i de gran resistència.

Aliatge	% de carboni	Alguns usos
Ferro dolç	Menys del 0,1 %	Electroimants i conduccions elèctriques
Acer	Del 0,1 % al 2 %	Vehicles, xapes, filferros...
Ferro colat	Del 2 % al 5 %	Blocs de motors, cilindres de laminació...

Exposició *La matèria del temps*.

Però també hi ha ferro en els aliments. El ferro és un nutrient de gran importància per als éssers humans. La falta de ferro pot produir anèmia.

La quantitat de ferro recomanada per a un adolescent al dia és d'uns 11 mg en els nois i 15 mg en les noies.

Llenties	57 g
Cigrons	95 g
Espinacs	125 g
Cereals integrals	17 g
Pipes de gira-sol	315 g

La taula de l'esquerra mostra la quantitat d'aliment que s'ha d'ingerir per aportar 2 mg de ferro al nostre cos.

- Quants grams de llenties es necessiten per completar la quantitat de ferro recomanada per a un noi i una noia? I de pipes?
- Calcula quant carboni hi ha en els blocs d'aliatge de ferro següents:

  300 kg de ferro dolç   2,7 t d'acer   900 kg de ferro colat

Formes de pensar. Raonament matemàtic

108 Assenyala quins dels problemes següents es poden resoldre amb aquesta regla de tres:

$$\frac{60}{150} = \frac{8}{x}$$

a) Un pagès té 60 gallines. Si en ven 8 i després en compra 150, quantes gallines tindrà?

b) En un magatzem hi ha aliments per a 150 persones durant 8 dies. Si només fossin 60 persones, per a quants dies tindrien menjar?

c) Per pintar 60 m^2 de paret han gastat 8 kg de pintura. Quants quilos necessiten per pintar 150 m^2?

109 Segons una estadística elaborada en un institut, 2 de cada 3 alumnes tenen càries. Si a la ciutat han enquestat 36.000 persones, quantes tenen càries? I si les persones enquestades són 72.000?

110 Quan han mesurat una sèrie de longituds, alguns alumnes han comès l'error que està expressat en aquesta taula:

Alumne	Mida	Error
Paula	18,5 m	90 cm
Fèlix	5 m	13 cm
Mohad	12 m	16 cm
Pep	10,8 m	80 cm
Cristina	3 m	10 cm

Qui et sembla que ha comès l'error més gran?

111 Si 20 kg de patates costen el mateix que 5 kg de pomes, i 12 kg de pomes tenen el mateix preu que 6 kg de taronges, a quants quilos de patates equivalen 8 kg de taronges?

PROJECTE FINAL. **Aprenentatge cooperatiu**

OBJECTIU: Elaborar un menú de dinars setmanal

Un cop formats els grups, seguiu el procés següent:

1a Fase

- Busqueu informació sobre les característiques que ha de tenir una dieta perquè sigui saludable.
- Establiu quins aliments són imprescindibles i quins és millor evitar perquè la dieta sigui el màxim de saludable possible.

2a Fase

- Elaboreu una taula on figuri la quantitat de calories de cada aliment, proteïnes, greixos, racions que s'han de menjar al dia d'aquests aliments...
- Feu una estimació de la despesa energètica diària d'una persona de la vostra edat.

3a Fase

- Poseu en comú les conclusions a què heu arribat i escolliu les combinacions d'aliments que haurien de formar part del menú tenint en compte el consum energètic.
- Elaboreu un menú setmanal on figurin les aportacions en proteïnes, vitamines i greixos de cada dinar.

Proves PISA

El pes dels diners

112 Les monedes que utilitzem estan fabricades amb una mescla de metalls amb aquestes característiques:

- La mescla ha de generar un metall prou dur perquè no es deteriori amb l'ús.
- El preu dels metalls que es mesclen no ha de ser superior al valor de la moneda.

Composició	Pes		
89 % coure 5 % alumini 5 % zinc 1 % estany	pes 7,8 g	pes 5,7 g	pes 4,1 g

a) Quin pes porto a la butxaca si tinc 3 monedes de 50 cèntims, 4 de 20 cèntims i 2 de 10 cèntims?

b) Aquest és el preu dels metalls que conformen aquestes monedes a dia d'avui:

Coure	3,14 €/kg	Zinc	1,82 €/kg
Alumini	1,79 €/kg	Estany	20,14 €/kg

Quin és el cost del metall d'una moneda de 50 cèntims?

(Activitat model)

Els nivells de CO_2

113 Molts científics temen que l'augment del nivell de gas CO_2 a l'atmosfera estigui provocant un canvi climàtic. El diagrama següent mostra els nivells d'emissió de CO_2 el 1990 (les barres rosa) per a diversos països, els nivells d'emissió el 1998 (les barres verdes) i la variació percentual en els nivells d'emissió entre el 1990 i el 1998 (les fletxes amb percentatges).

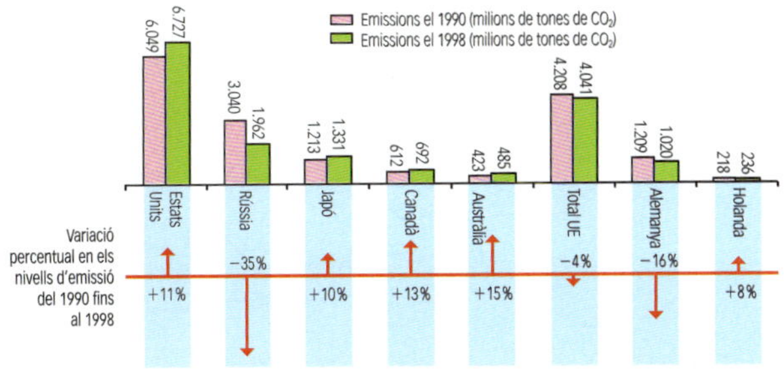

En el diagrama es pot llegir que l'augment d'emissions de CO_2 als Estats Units entre el 1990 i el 1998 va ser de l'11 %.

Escriu els càlculs que demostren com s'obté l'11 %.

(Prova PISA, pilot)

CLAUS PER COMENÇAR

Transformació d'unitats en el sistema decimal

Un sistema és decimal quan les unitats estan relacionades per mitjà de potències de 10.

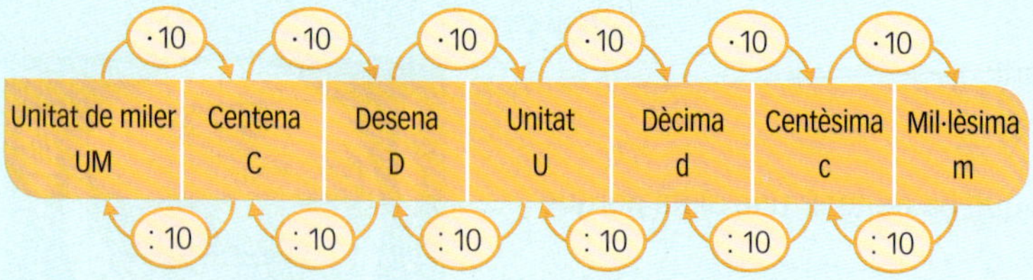

Cada ordre és 10 vegades més gran que l'ordre immediatament inferior i 10 vegades més petit que l'immediatament superior.

EXEMPLE

1 D = 10 U   1 C = 10 D   1 C = 100 U

ACTIVITATS

1 Copia a la llibreta aquestes igualtats i completa-les amb l'ordre d'unitats adequat:

a) 32 D = 0,32 ☐   b) 7,2 UM = 7.200 ☐   c) 134,25 d = 1,3425 ☐

2 Ordena de més gran a més petit les quantitats següents:

4.587,33 m   22,33 D   0,345 UM   1.234.444 m

Mesura d'angles mitjançant el transportador

Per mesurar angles amb un transportador, situem el centre del transportador sobre el vèrtex de l'angle i fem que un dels costats coincideixi amb 0°.

EXEMPLE

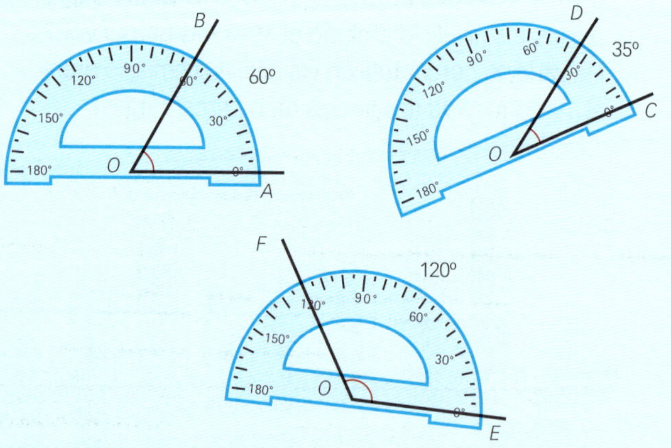

ACTIVITATS

3 Mesura aquests angles amb el transportador:

a)   b)   c)   d)

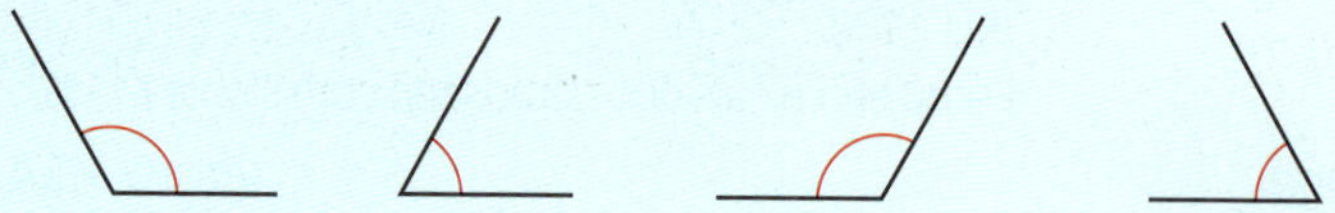

Pont Golden Gate
Estats Units, 1937
Llum: 1.280 metres

Els ponts penjants estan sostinguts per nombrosos cables d'acer. Des dels primers ponts d'aquest tipus, que es van construir al segle XIX, el disseny ha canviat molt.

A continuació pots veure els cinc ponts més llargs del món segons la longituds entre els pilars (llum).

1r Pont Akashi-Kaykyo
Japó, 1998

Llum: 1.991 metres

Rectes i angles

9

SABER

- Rectes, semirectes i segments
- Angles. Posicions relatives.
- Sistema sexagesimal

SABER FER

- Traçar rectes paral·leles i perpendiculars
- Traçar la mediatriu d'un segment
- Traçar la bisectriu d'un angle
- Transformar unitats de mesura d'angles
- Sumar i restar en el sistema sexagesimal

? INTERPRETA LA IMATGE

Golden Gate

El pont penjant a 67 m d'alçada, uneix la península de San Francisco amb la Califòrnia septentrional. Té una amplada de 28 m i 2,7 km de longitud, i està sostingut per dues torres de 227 metres d'alçada. Com a conseqüència de la boira que normalment cobreix el pont, es va pintar de color vermell per fer-lo més visible pels vaixells.

- Observa el pont i digues quina és la posició relativa dels tensors, la posició relativa de les rectes que formen els tensors i la recta que configura el tauler.

2n Pont Xihoumen
Xina, 2009

Llum: 1.650 metres

3r Pont Great Belt
Dinamarca, 1998

Llum: 1.624 metres

4t Pont Yi Sun-sin
Corea del Sud, 2012

Llum: 1.545 metres

5è Pont Runyang
Xina, 2005

Llum: 1.490 metres

1 Rectes

HO ESCRIVIM AIXÍ

Les **rectes** s'anomenen mitjançant una lletra minúscula: *a*, *b*, *c*, *r*, *s*, *t*...

Els **punts** s'indiquen per mitjà de lletres majúscules: *A*, *B*, *C*, *P*, *Q*, *R*...

Una **recta** és una línia sense principi ni final formada per infinits punts.

Com que la recta no té principi ni final, no la podem dibuixar sencera, i per això en representem només una part.

1.1. Posicions relatives de dues rectes en el pla

- Per un punt passen infinites rectes.

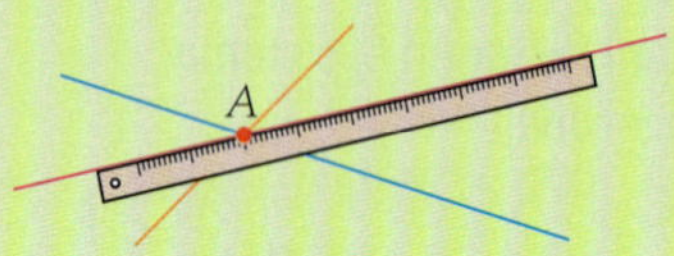

- Per dos punts passa una sola recta.

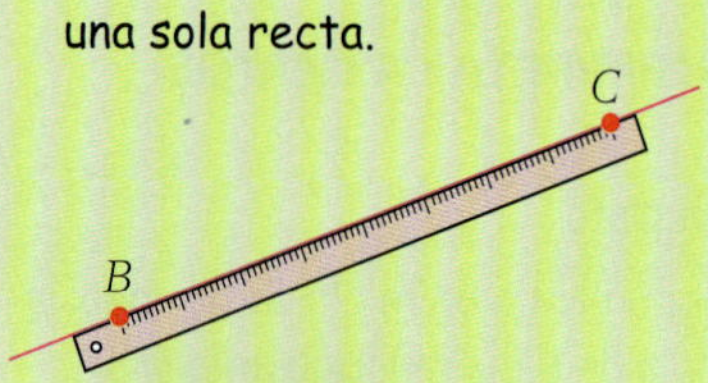

Dues línies rectes en el pla poden ser:

- **Secants:** quan es tallen en un punt.
- **Perpendiculars:** són dues rectes secants que divideixen el pla en quatre parts iguals.
- **Paral·leles:** si no tenen cap punt en comú.
- **Coincidents:** quan tenen tots els punts en comú.

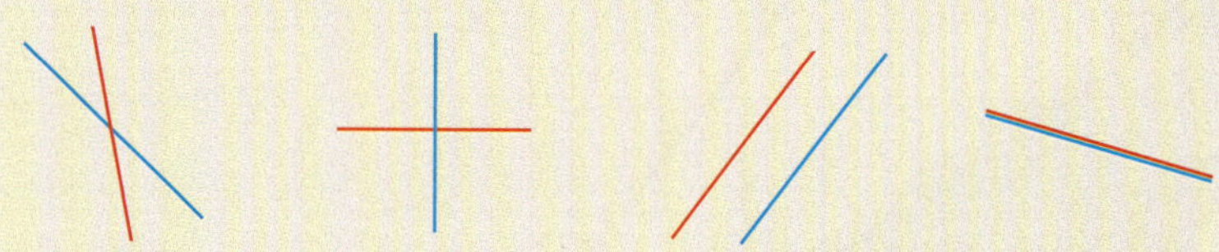

Rectes secants | Rectes perpendiculars | Rectes paral·leles | Rectes coincidents

EXEMPLE

1. Determina la posició relativa d'aquestes rectes:

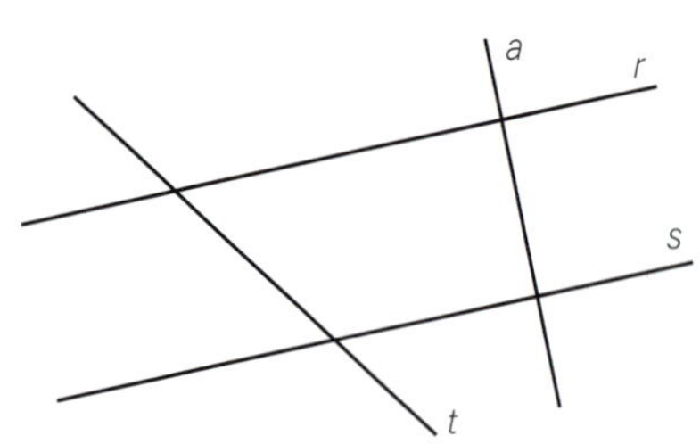

Rectes secants:
r i *t*   *s* i *t*   *a* i *t*

Rectes secants i perpendiculars:
r i *a*   *s* i *a*

Rectes paral·leles: *r* i *s*

ACTIVITATS

1 PRACTICA. Marca a la llibreta dos punts *A* i *B* i traça una recta *r* que passi per tots dos. Després, traça una recta *t* perpendicular a *r* que passi per *B* i una recta *s* paral·lela a *t* que passi per *A*. Com són les rectes *r* i *s* entre si?

2 APLICA. Dibuixa dues rectes, *r* i *s*, que siguin perpendiculars. Pots dibuixar una recta secant a *r* que no sigui secant a *s*?

3 REFLEXIONA. Quantes rectes perpendiculars a una recta donada pots traçar? I paral·leles?

SABER FER

Traçar rectes paral·leles i perpendiculars

Donada la recta *r* i un punt *P* que no és a la recta:

a) Dibuixa una recta paral·lela a *r* que passi per *P*.

b) Dibuixa una recta perpendicular a *r* que passi per *P*.

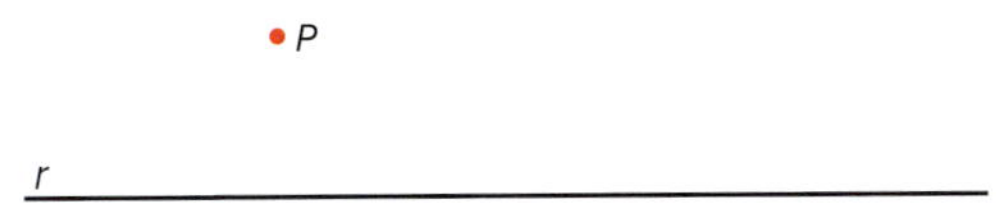

Passos que cal seguir

1. Situem el cartabó sobre la recta *r* per un dels costats que formen l'angle recte.

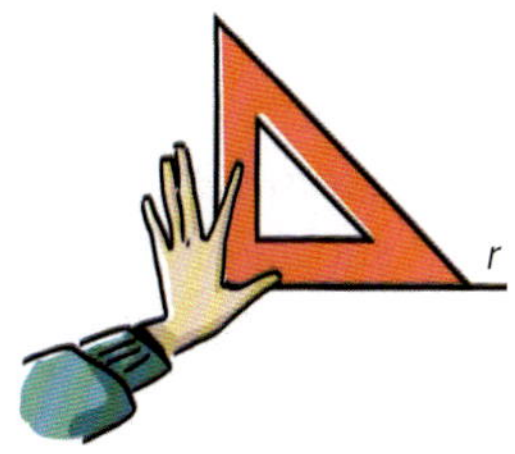

El cartabó és un instrument de dibuix que té dos costats de la mateixa mida que són perpendiculars.

2. Col·loquem un regle enganxat al costat del cartabó:
   - Al costat contrari si volem dibuixar una paral·lela.
   - Al costat que està sobre la recta si volem dibuixar una perpendicular.

a)

b)

3. Fem lliscar el cartabó sobre el regle fins que el costat coincideixi amb el punt *P*, i tracem una recta que passi per aquest punt.

a)

b)

ACTIVITATS

4 Copia a la llibreta les rectes següents i traça una recta perpendicular a *r* que passi per *A* i una de paral·lela a *s* que passi també per *A*.

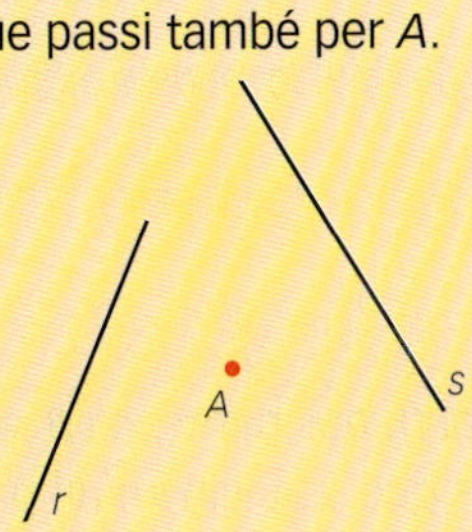

5 Traça a la llibreta una línia recta *r* i marca-hi dos punts, *A* i *B*. Dibuixa un punt *C* que no sigui a la recta *r*. Traça les rectes perpendiculars a *r* per *A* i *B*, i la recta paral·lela a *r* passant per *C*.

6 Dibuixa a la llibreta el rectangle de la dreta. Marca un punt *P* a l'exterior del rectangle i un punt *Q* a l'interior. Després, traça una línia recta *s* que passi per *P* i per *A*, i una recta *t* que passi per *Q* i per *B*. Finalment, traça una perpendicular a *s* que passi per *D* i una paral·lela a *t* que passi per *C*.

2 Semirectes i segments

Una **semirecta** és una recta que té principi però que no té final.

semirecta *r*

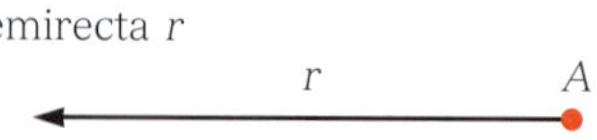

semirecta *s*

Cada punt d'una recta és origen de dues semirectes.

Un **segment** és la part d'una recta limitada per dos punts.
El segment té principi i final.

A i *B* reben el nom d'**extrems del segment**.

El segment d'extrems *A* i *B* s'anomena **segment *AB***.

2.1. Mediatriu d'un segment

La **mediatriu** d'un segment *AB* és la recta perpendicular al segment que passa pel seu **punt mitjà**, el punt que divideix el segment en dues parts iguals.

EXEMPLES

2. Fixa't en aquests dos punts sobre la mateixa recta; indica els segments i les semirectes que distingeixis.

   Cadascun dels punts defineix dues semirectes amb l'origen en cada punt; en total, quatre semirectes.

   Es pot formar un únic segment, *AB*.

3. Dibuixa un segment de 5 cm i marca-hi el punt mitjà.

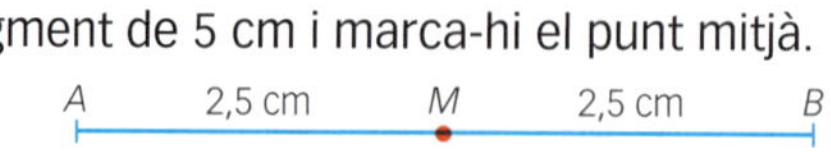

   El punt mitjà és a $\frac{5}{2} = 2,5$ cm de qualsevol dels extrems.

ACTIVITATS

7 PRACTICA. Dibuixa una recta i senyala-hi tres punts. Indica les semirectes i els segments que s'hi formen.

8 PRACTICA. Dibuixa un segment *AB* de 6 cm de longitud i determina'n el punt mitjà. A quina distància es troba aquest punt de *A*?

9 APLICA. Marca dos punts, *A* i *B*, a la llibreta. Dibuixa dues rectes que es tallin en un punt *C*, de manera que una passi per *A* i l'altra, per *B*. Indica els segments i les semirectes que s'hi formen.

10 REFLEXIONA. Quants segments i semirectes es formen amb tres punts no alineats?

SABER FER

Traçar la mediatriu d'un segment

Donat el segment d'extrems *A* i *B*, traça'n la mediatriu.

Passos que cal seguir

1. Amb centre en un dels extrems del segment i amb una amplitud més gran que la meitat de la longitud del segment, dibuixem un arc de circumferència.
2. Amb la mateixa obertura, fem centre a l'altre extrem del segment i tracem un altre arc de circumferència.
3. Amb un regle, unim els punts de tall dels dos arcs de circumferència. La recta que obtenim és la mediatriu del segment.

1.

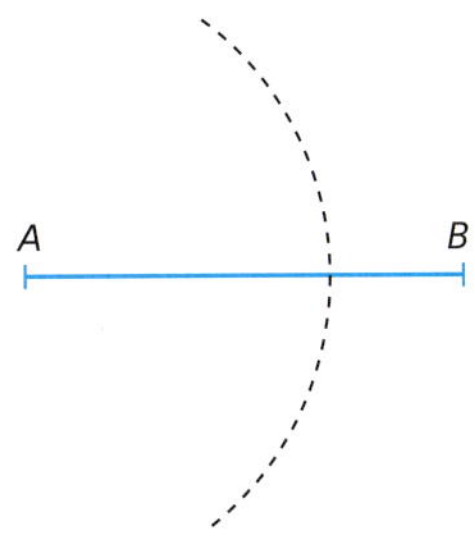

2.

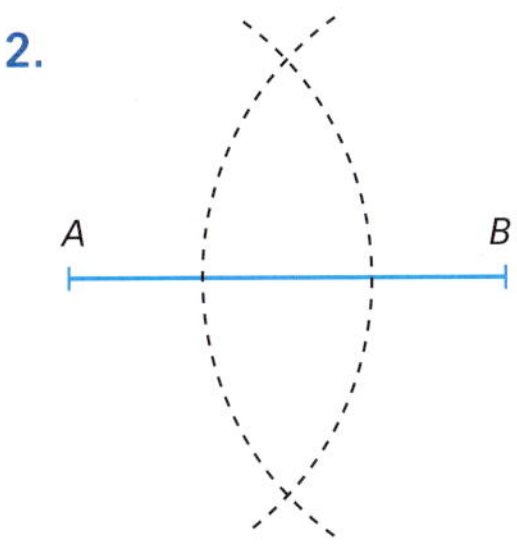

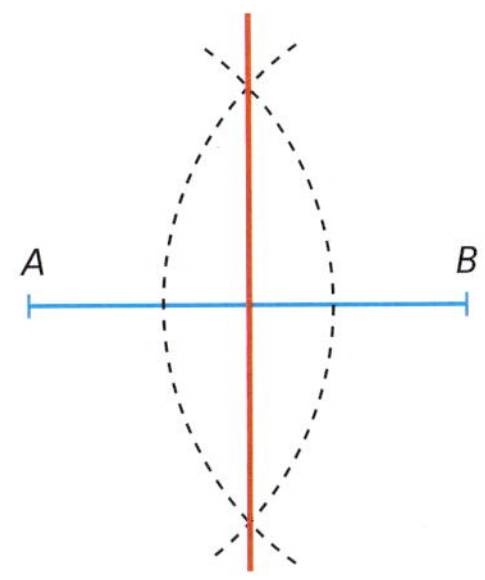

Per dibuixar la mediatriu d'un segment, també en podem calcular el punt mitjà i, amb un regle, traçar una perpendicular al segment que passi per aquest punt.

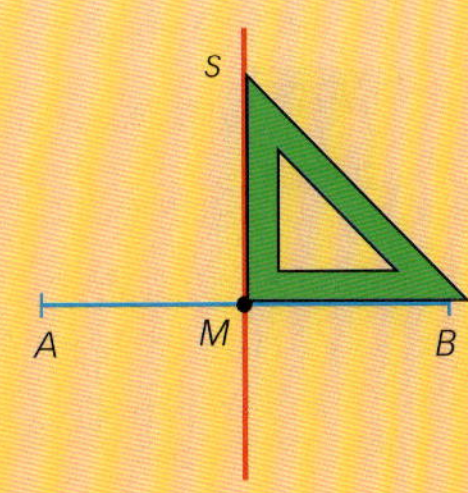

ACTIVITATS

11 Dibuixa una línia recta i senyala-hi tres punts *A*, *B* i *C*.

a) Traça les mediatrius dels segments *AB*, *AC* i *BC*. Com són les tres mediatrius entre elles?

b) Senyala els punts mitjans dels segments *AB*, *BC* i *AC*.

c) Si el segment *AB* fa 6 cm i el *BC* fa 3,6 cm, quina distància hi ha entre els seus punts mitjans?

12 Dibuixa dues rectes paral·leles i senyala dos segments de mides diferents un en cada recta. Traça les mediatrius dels dos segments. Com són aquestes mediatrius entre elles?

13 Dibuixa dues rectes paral·leles i senyala dos segments de mides diferents un en cada recta. Traça les mediatrius dels dos segments i indica'n la posició relativa.

14 Dibuixa un rectangle de 6,5 cm de llarg i 4,7 cm d'ample. Traça les mediatrius dels costats.

15 Dibuixa un segment *AB* amb una longitud de 8 cm. Traça'n la mediatriu i senyala'n el punt mitjà. Troba un segment *CD* de longitud 4 cm que tingui de mediatriu la recta que passa per *A* i *B*.

16 Dibuixa una recta *r* i, amb el cartabó, traça una perpendicular *s* a aquesta recta. Després, traça una recta *t* perpendicular a *s*. Com són les rectes *r* i *t* entre elles?

17 Dibuixa a la llibreta una circumferència com la de la il·lustració i traça-hi dos triangles: un amb vèrtexs *A*, *B* i *C* i l'altre amb vèrtexs *A*, *C* i *D*. Traça'n les mediatrius dels costats. En quin punt es tallen les mediatrius?

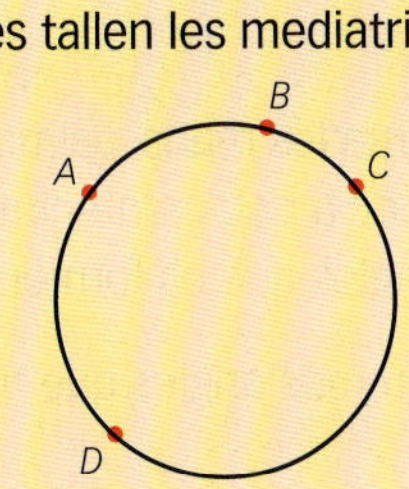

3 Angles

HO ESCRIVIM AIXÍ

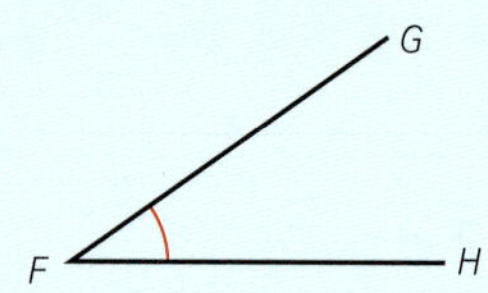

Aquest angle el podem representar de dues maneres:

- Amb el símbol ⌢ sobre la lletra *F* (vèrtex de l'angle): $\hat{F}$.
- Amb el símbol ⌢ sobre les tres lletres que determinen l'angle: $\widehat{HFG}$, de manera que quedi en el centre la lletra que designa el vèrtex, en aquest cas, *F*.

Anomenem **angle** l'obertura formada per dues semirectes que surten d'un mateix punt.

Cada semirecta rep el nom de **costat**, i el punt, **vèrtex**.

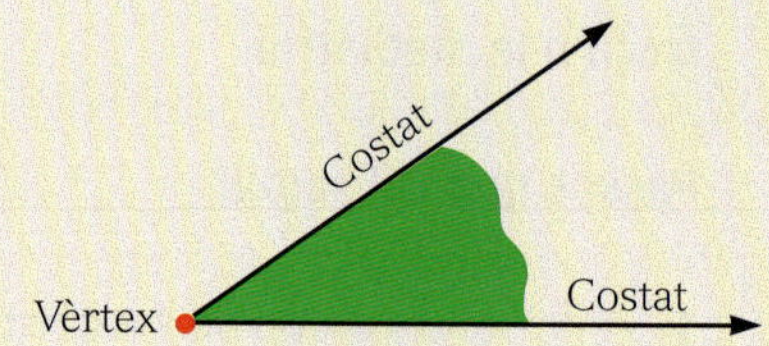

3.1. Classificació dels angles

Tenint en compte la mida de l'obertura, els angles poden ser:

- **Angle nul.** Els costats són coincidents i no tenen obertura.

- **Angle complet.** Els costats són coincidents i l'obertura ocupa tot el pla.

- **Angle recte.** Els costats són perpendiculars i l'obertura és la quarta part del complet.

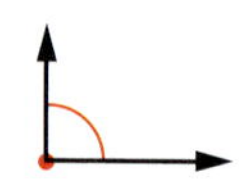

- **Angle agut.** L'obertura és inferior a la de l'angle recte.

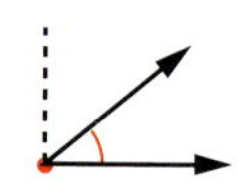

- **Angle pla.** Els costats formen una recta i l'obertura és la meitat del complet.

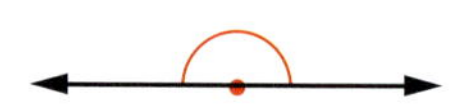

- **Angle obtús.** L'obertura és superior a un angle recte i inferior a un angle pla.

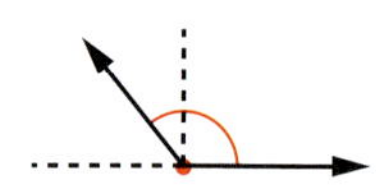

3.2. Bisectriu d'un angle

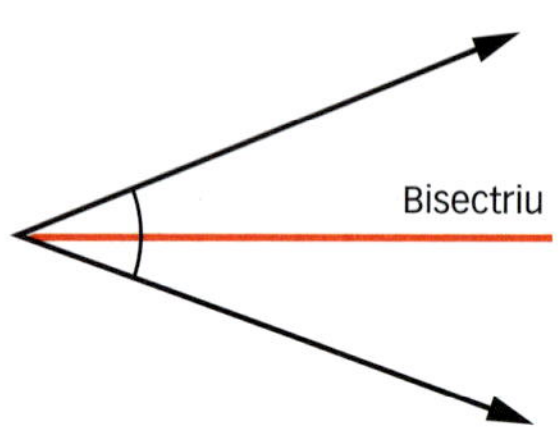

La **bisectriu** d'un angle és la semirecta que té l'origen en el vèrtex de l'angle i el divideix en dos angles iguals.

EXEMPLE

4. Quan tracem la bisectriu d'un angle pla, com són els angles en què queda dividit?

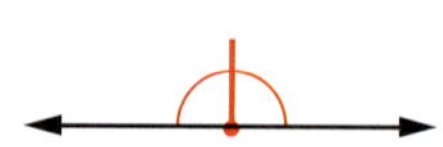

La mediatriu d'un angle pla divideix l'angle en dos angles rectes.

ACTIVITATS

18 PRACTICA. Ajunta les mans, palmell amb palmell, i separa-les a poc a poc mantenint junts els canells. Com són els angles que es formen?

19 APLICA. Descriu més angles que trobis en diferents parts del cos.

20 REFLEXIONA. Justifica les respostes.

a) Quina relació hi ha entre els costats d'un angle pla i la seva bisectriu?

b) En un angle $\widehat{AOB}$, la bisectriu forma dos angles aguts. Com és l'angle $\widehat{AOB}$?

SABER FER

Traçar la bisectriu d'un angle

Traça la bisectriu d'un angle dibuixat de l'angle $\hat{o}$.

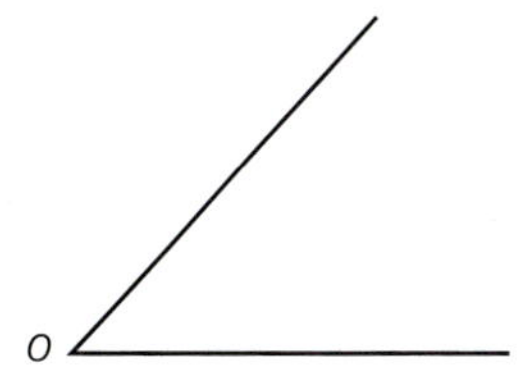

Passos que cal seguir

1. Amb el compàs, fem centre en el vèrtex de l'angle amb qualsevol obertura, i tracem un arc de circumferència que talli els dos costats de l'angle. Aquests dos punts de tall els anomenem *A* i *B*.

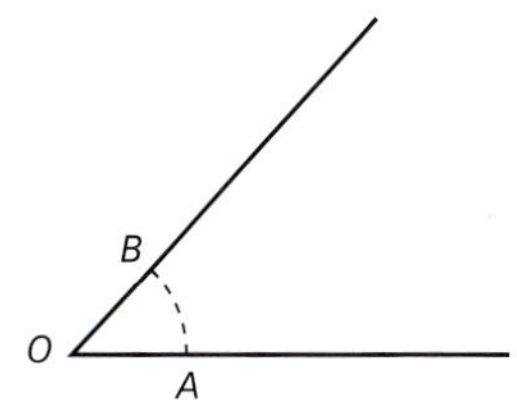

2. Amb la mateixa obertura del compàs, tracem dos arcs més de circumferència: un amb centre a *A* i l'altre amb centre a *B*. El punt en el qual es tallen l'anomenem *P*.

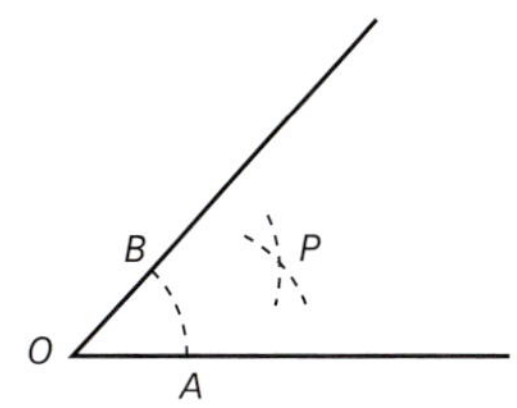

3. Mitjançant un regle, unim el punt *P* i el vèrtex de l'angle. La semirecta amb origen a *O* que passa per *P* és la bisectriu de l'angle.

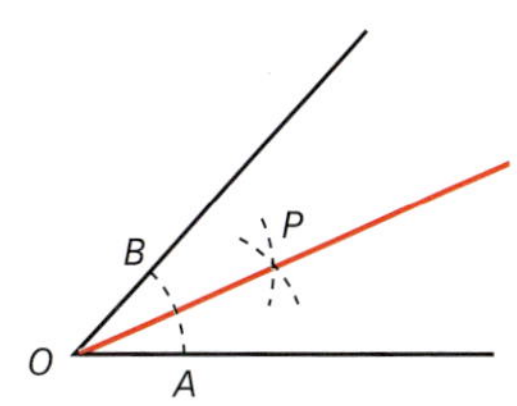

L'obertura del compàs ha de ser la mateixa; si no ho fem així, el procediment no és vàlid, com en el dibuix següent:

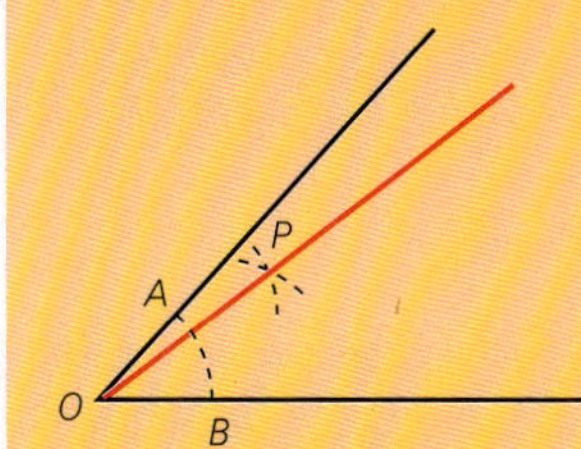

ACTIVITATS

21 Copia els angles següents a la llibreta i dibuixa'n les bisectrius:

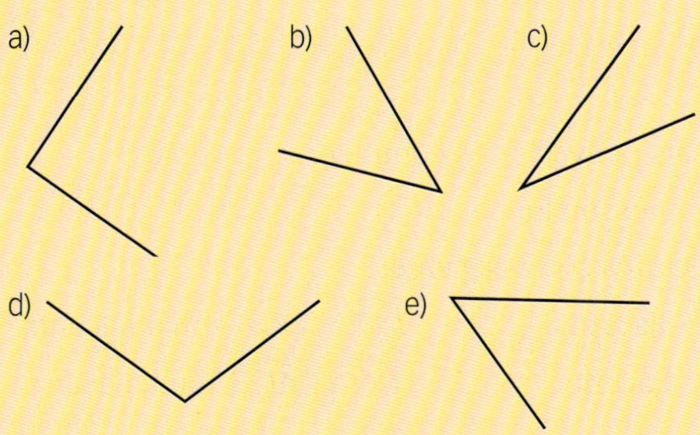

22 Dibuixa dues línies rectes perpendiculars i traça les bisectrius dels quatre angles que es formen.

23 Dibuixa dues línies rectes secants. Traça les bisectrius dels angles que es formen.

24 Dibuixa un angle i traça unes quantes bisectrius utilitzant en cada cas una obertura diferent del compàs. Et surt sempre la mateixa recta?

25 Dibuixa a la llibreta un angle com el de la figura i senyala els punts de manera que el segment *OA* tingui la mateixa mida que *OA'*, *OB* sigui igual que *OB'* i *OC* sigui igual que *OC'*. Traça la bisectriu de l'angle i les mediatrius dels segments *AA'*, *BB'* i *CC'*.

Fixa't en el resultat i comprova que els punts en què es tallen la bisectriu i les mediatrius són el punt mitjà de cadascun dels segments.

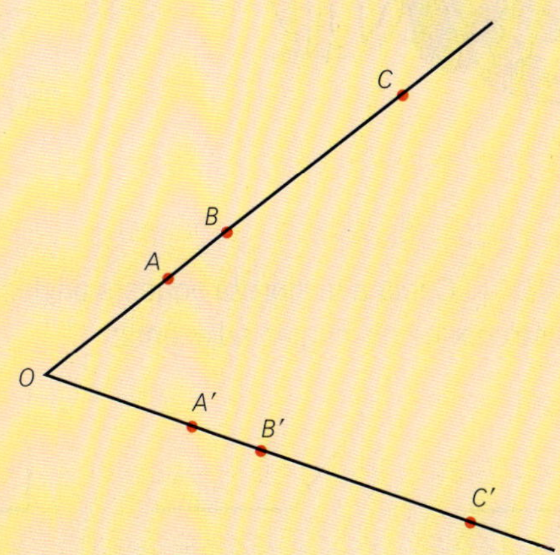

4 Posicions relatives d'angles

T'HI ATREVEIXES?

Quants angles de mesures diferents es poden veure en aquesta figura?

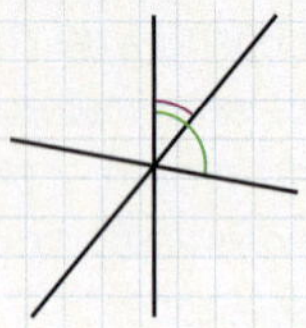

Els **angles consecutius** són angles que tenen en comú el vèrtex i un costat.

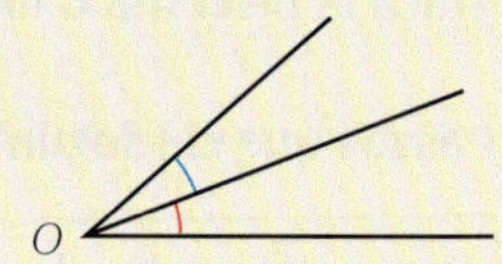

A partir dels angles consecutius, podem definir aquests altres angles:

- **Angles adjacents.** Són angles consecutius que formen entre tots dos un angle pla.

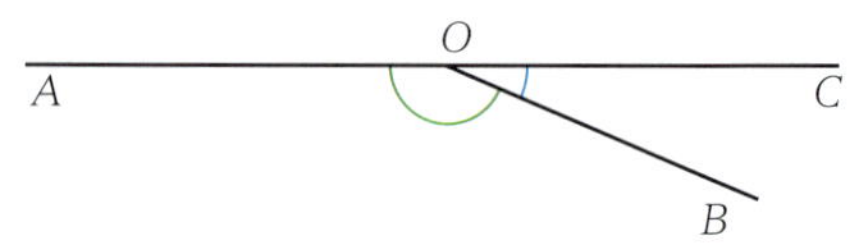

- **Angles complementaris.** Són dos angles que, quan els fem consecutius, formen un angle recte.

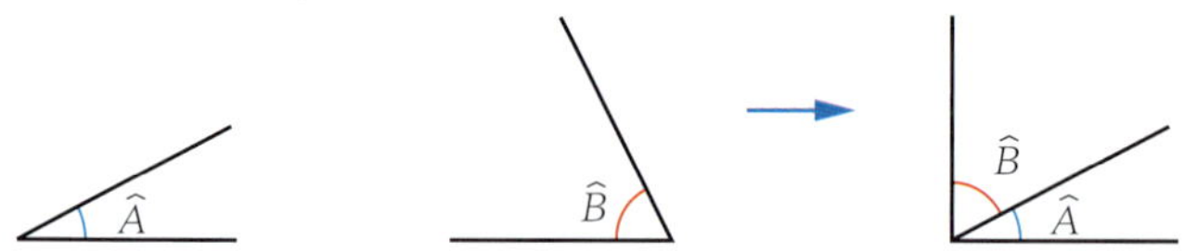

- **Angles suplementaris.** Són dos angles que, quan els fem consecutius, formen un angle pla.

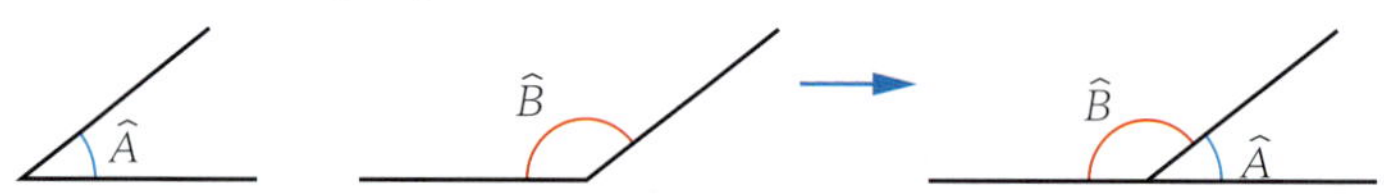

4.1. Angles oposats pel vèrtex

Els **angles oposats pel vèrtex** són angles que tenen en comú el vèrtex, i els costats estan sobre les mateixes rectes.

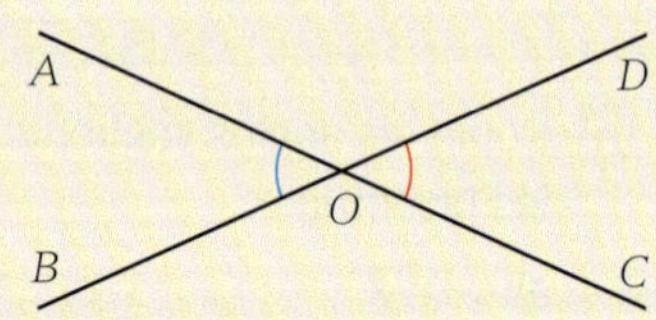

En els angles oposats pel vèrtex es compleix sempre que:

- Els angles enfrontats són iguals: $\widehat{AOB} = \widehat{COD}$ i $\widehat{BOC} = \widehat{DOA}$
- Els angles consecutius són adjacents.

  $\widehat{AOB}$ i $\widehat{BOC}$ són adjacents. $\widehat{COD}$ i $\widehat{DOA}$ són adjacents.

  $\widehat{BOC}$ i $\widehat{COD}$ són adjacents. $\widehat{DOA}$ i $\widehat{AOB}$ són adjacents.

ACTIVITATS

26 PRACTICA. Copia a la llibreta aquests angles i construeix-ne els angles adjacents:

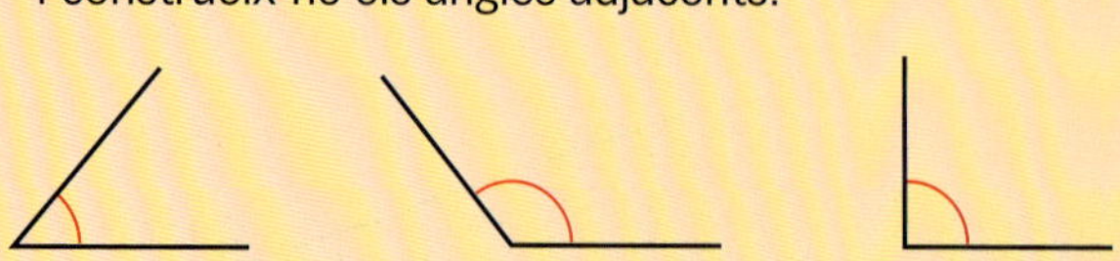

27 APLICA. Dibuixa dos angles consecutius de manera que l'angle que formen entre tots dos tingui un angle recte com a suplementari.

28 REFLEXIONA. Quants angles adjacents té un angle? I de complementaris? Quants en té de suplementaris?

4.2. Angles formats per dues rectes paral·leles i una de secant

Quan dues rectes paral·leles es tallen amb una de secant a les dues rectes, es formen vuit angles.

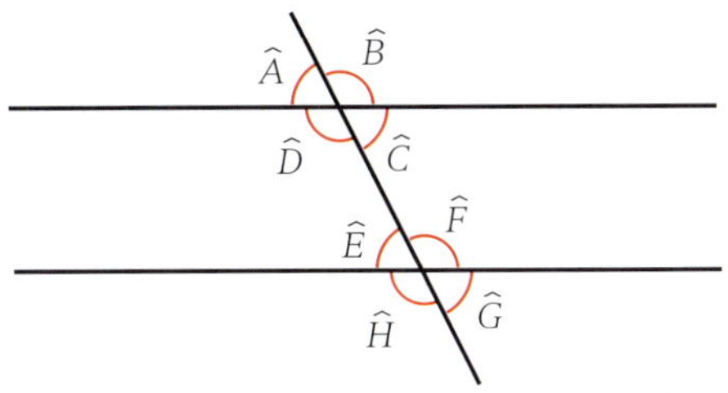

En aquesta situació, es compleixen aquestes relacions:

- Els angles següents són iguals:

$\hat{A} = \hat{C}$ $\quad \hat{E} = \hat{G}$
$\hat{B} = \hat{D}$ $\quad \hat{F} = \hat{H}$ Perquè són oposats pel vèrtex.

$\hat{A} = \hat{E}$ $\quad \hat{B} = \hat{F}$
$\hat{C} = \hat{G}$ $\quad \hat{D} = \hat{H}$ Perquè són angles de costats paral·lels. S'anomenen **angles corresponents**.

$\hat{C} = \hat{E}$
$\hat{D} = \hat{F}$ Perquè són angles de costats paral·lels. S'anomenen **angles alterns interns**.

$\hat{A} = \hat{G}$
$\hat{B} = \hat{H}$ Perquè són angles de costats paral·lels. S'anomenen **angles alterns externs**.

- Els angles següents són suplementaris:

$\hat{A}$ i $\hat{B}$ $\quad \hat{C}$ i $\hat{D}$
$\hat{E}$ i $\hat{F}$ $\quad \hat{G}$ i $\hat{H}$
$\hat{A}$ i $\hat{D}$ $\quad \hat{E}$ i $\hat{H}$
$\hat{B}$ i $\hat{C}$ $\quad \hat{F}$ i $\hat{G}$ } Perquè són oposats adjacents.

$\hat{A}$ i $\hat{F}$ $\quad \hat{A}$ i $\hat{H}$
$\hat{B}$ i $\hat{E}$ $\quad \hat{B}$ i $\hat{G}$
$\hat{C}$ i $\hat{F}$ $\quad \hat{C}$ i $\hat{H}$
$\hat{D}$ i $\hat{E}$ $\quad \hat{D}$ i $\hat{G}$ } Perquè tenen costats paral·lels i perquè un és agut i l'altre és obtús.

ACTIVITATS

29 **PRACTICA.** Copia la figura a la llibreta, digues quins angles són i identifica els que siguin iguals.

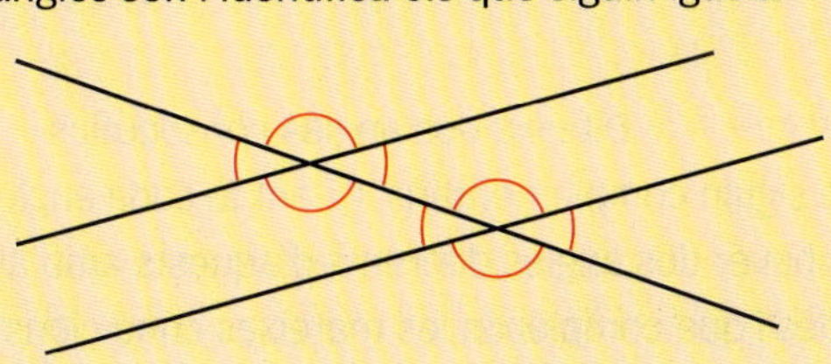

30 **APLICA.** En la figura anterior, determina els angles que siguin suplementaris.

31 **REFLEXIONA.** Si donades dues rectes paral·leles i una de secant sabem que un dels angles que es formen és de 30°, pots calcular el valor de la resta d'angles? Fes un dibuix i indica el valor de cada angle.

5 Sistema sexagesimal

T'HI ATREVEIXES?

Tenim dos rellotges de sorra; un dura 15 s i l'altre, 25 s.

Com podem mesurar 5 segons? I una hora i mitja?

El **sistema sexagesimal** és un sistema de mesura en el qual cada unitat és 60 vegades més gran que la unitat de l'ordre immediat inferior.

El sistema sexagesimal el fem servir per mesurar amplituds d'angles i mesures de temps més petites que el dia.

5.1. Mesures de temps

La unitat principal de mesura de temps és l'**hora**, que representem com a h.

Per mesurar temps amb més precisió s'utilitzen unitats més petites que l'hora: el **minut** (min) i el **segon** (s).

1 hora = 60 minuts (1 h = 60 min)

1 minut = 60 segons (1 min = 60 s)

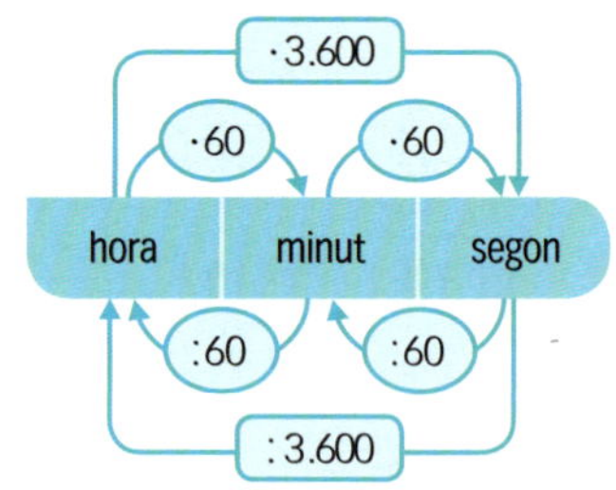

5.2. Mesures d'angles

La unitat principal de mesura d'angles és el **grau**, que representem com a °.

Per mesurar angles amb més precisió s'utilitzen unitats més petites que el grau: el **minut** (′) i el **segon** (″).

1 grau = 60 minuts (1° = 60′)

1 minut = 60 segons (1′ = 60″)

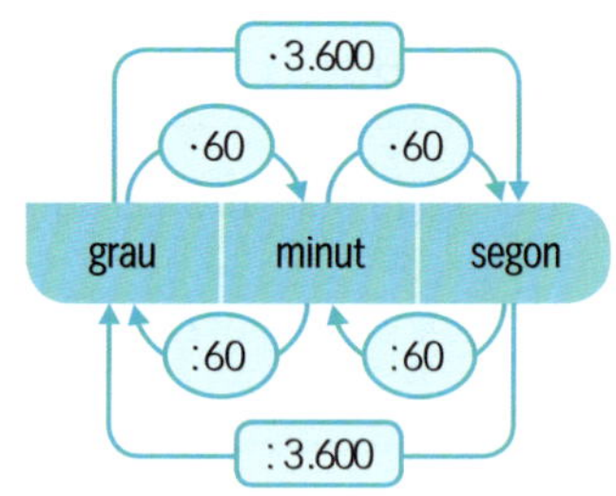

Ara podem classificar els angles segons la mida.

Un angle recte fa 90°.

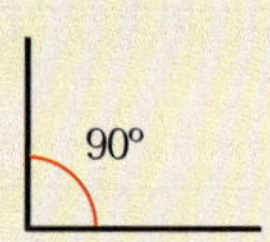

Un angle agut fa menys de 90°.

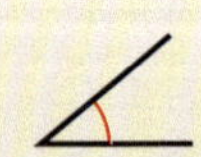

Un angle obtús fa més de 90°.

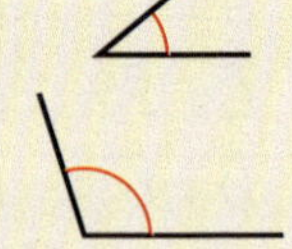

Un angle pla fa 180°.

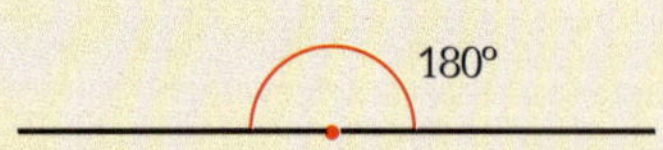

Un angle complet fa 360°.

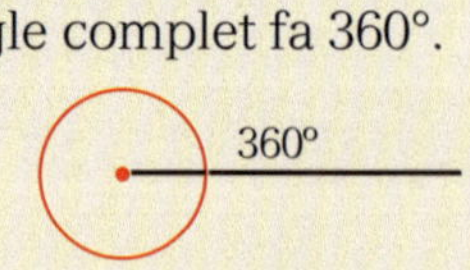

Per mesurar angles en graus fem servir el transportador.

Recorda que el centre del transportador ha d'estar situat sempre en el vèrtex de l'angle.

ACTIVITATS

32 PRACTICA. Amb un transportador dibuixa un angle de 45° i un de 90°.

33 APLICA. Dibuixa dos angles adjacents, un dels quals sigui de 60°.

34 REFLEXIONA. Dibuixa dos angles consecutius que siguin complementaris. Quant fa cada angle? Hi pot haver dos angles diferents d'aquests amb altres mides i que compleixin les mateixes condicions?

SABER FER

Transformar unitats de mesura d'angles

Expressa aquestes mides d'angles en les unitats indicades:

a) 3° en segons **b) 3.300″ en minuts** **c) 135′ en graus** **d) 27,5° en minuts**

Passos que cal seguir

1. Comptem els *salts* que hi ha des de la unitat en què està expressada la mida fins a la unitat en què l'hem de convertir.

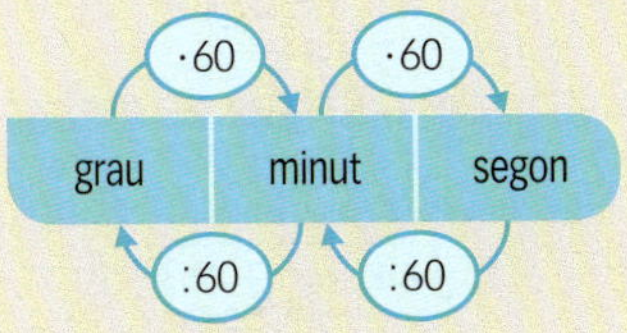

a) De graus a segons → 2 salts
b) De segons a minuts → 1 salt
c) De minuts a graus → 1 salt
d) De graus a minuts → 1 salt

2. Analitzem el sentit del *salt*, si és cap a la dreta o cap a l'esquerra.

a) 2 salts cap a la dreta
b) 1 salt cap a l'esquerra
c) 1 salt cap a l'esquerra
d) 1 salt cap a la dreta

3. Multipliquem per 60 tantes vegades com salts hi ha cap a la dreta, o dividim entre 60 tantes vegades com salts hi ha cap a l'esquerra.

a) $3 \cdot 60 \cdot 60 = 10.800''$
b) $3.300 : 60 = 55'$
c) $135 : 60 = 2{,}25°$
d) $27{,}5 \cdot 60 = 1.650'$

El procediment per transformar mesures de temps és el mateix, ja que aquestes unitats també pertanyen al sistema sexagesimal.

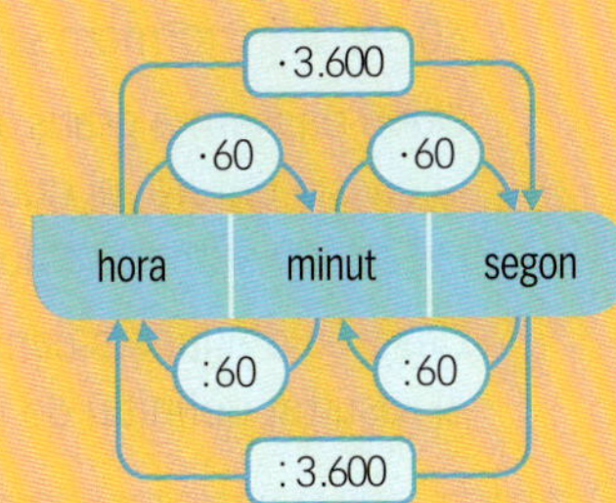

ACTIVITATS

35 Expressa en minuts.

a) 10° c) 90° e) 105″
b) 52° d) 75″ f) 164°

36 Expressa en segons.

a) 24° c) 56′ e) 65′
b) 34′ d) 82° f) 186°

37 Expressa en graus.

a) 1440′ d) 3.240″ e) 5.040′
b) 14.400″ c) 4.500′ f) 82.800″

38 Mesura aquest angle i expressa'n la mida en minuts i en segons.

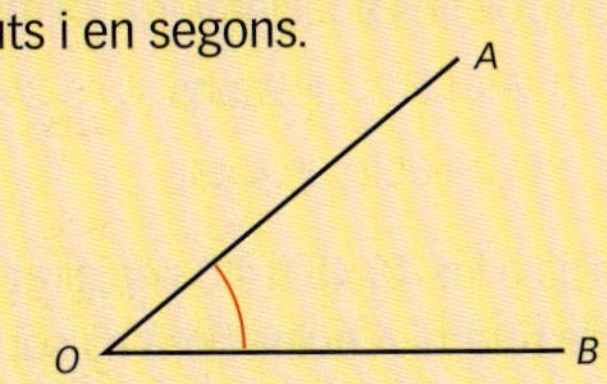

39 Expressa en minuts les mesures de temps següents:

a) 4 h c) 48 s e) 5,5 h
b) 23 h d) 78,25 h f) 120 s

40 Expressa en segons cadascuna d'aquestes mesures de temps:

a) 45 min c) 12 h e) 4,5 min
b) 6 h d) 40 min f) 3,25 h

41 L'Andreu ha cronometrat el temps que ha passejat el gos. El total ha estat d'1 hora i 22 minuts. Quants minuts en total ha durat el passeig?

42 El rècord en el temps mínim per superar unes proves d'un videojoc és de 2 minuts i 36 segons. En quants segons s'han de fer les proves per superar el rècord?

SABER FER

Sumar en el sistema sexagesimal

Fes aquestes sumes en el sistema sexagesimal:

a) $9°\ 45'\ 23'' + 20'\ 41''$ **b)** $25°\ 22'\ 14'' + 3°\ 53'\ 28''$

Passos que cal seguir

1. Col·loquem els sumands agrupats per unitats i fem la suma.

a)
$$\begin{array}{r} 9°\ 45'\ 23'' \\ +\quad 20'\ 41'' \\ \hline 9°\ 65'\ 64'' \end{array}$$

b)
$$\begin{array}{r} 25°\ 22'\ 14'' \\ +\ 3°\ 53'\ 28'' \\ \hline 28°\ 75'\ 42'' \end{array}$$

2. Si en el resultat de la suma els segons sobrepassen 60, els transformem en minuts.

Quan passem a minuts, només fem la divisió entera; el quocient són els minuts i el residu són els segons.

a) $64 \div 60$: quocient 1, residu 4 → $1'\ 4''$

$9°\ 65'\ 64'' = 9°\ 66'\ 4''$ ($64'' = 1'\ 4''$)

b) $28°\ 75'\ 42''$ No fem res, els segons no passen de 60.

3. Si en el resultat els minuts sobrepassen 60, els transformem en graus.

Quan passem a graus, només fem la divisió entera; el quocient són els graus i el residu són els minuts.

Després d'aquests canvis, obtenim el resultat definitiu de la suma.

a) $9°\ 66'\ 4'' = 10°\ 6'\ 4''$ ($66' = 1°\ 6'$)

b) $28°\ 75'\ 42'' = 29°\ 15'\ 42''$ ($75' = 1°\ 15'$)

Com que el temps també pertany al sistema sexagesimal, per sumar dues mesures de temps seguim el mateix procediment.

4 h 3 min 52 s + 1 h 12 min 40 s =
= 5 h 15 min 92 s = 5 h 16 min 32 s

ACTIVITATS

43 Efectua aquestes sumes a la llibreta:

a) $24°\ 16'\ 31'' + 17°\ 29'\ 42''$

b) $38°\ 54'\ 3'' + 12°\ 26'\ 14''$

c) $43°\ 5'\ 52'' + 8°\ 4'\ 48''$

d) $125°\ 26'\ 18'' + 15°\ 47'\ 53''$

e) $72°\ 35'\ 32'' + 58°\ 24'\ 58''$

f) $67°\ 25'\ 19'' + 78°\ 40'\ 38''$

44 Fes les sumes d'angles següents:

a) $35°\ 44'' + 28'\ 39''$

b) $74°\ 12' + 14°\ 32''$

c) $57'\ 36'' + 9°\ 15'$

d) $18°\ 4'' + 46°\ 52'\ 37''$

45 Donats els angles $\hat{A} = 28°\ 3'$ i $\hat{B} = 19'\ 26''$, calcula $\hat{A} + \hat{B}$.

46 Donats els angles $\hat{A} = 11°\ 22''$, $\hat{B} = 6°\ 52''$ i $\hat{C} = 37°\ 32'$, calcula $\hat{A} + \hat{B} + \hat{C}$.

47 El cotxe de línia que va des de Vilartà fins als Joans fa parades a Pere Tros i Jacint Verd. En el trajecte d'aquest matí ha trigat:

- Des de Vilartà fins a Pere Tros: 46 min
- Des de Pere Tros fins a Jacint Verd: 73 min
- Des de Jacint Verd fins als Joans: 1 h i 26 min

Quant ha durat el trajecte en total?

48 L'avió que sortia a les 18.45 h s'ha enlairat amb 22 min de retard. A quina hora ha sortit l'avió?

SABER FER

Restar en el sistema sexagesimal

Efectua les restes següents en el sistema sexagesimal:

a) 9° 45′ 23″ − 20′ 41″ **b) 25° 22′ 14″ − 3° 53′ 28″**

Passos que cal seguir

1. Col·loquem els termes de la resta agrupats per unitats.

a) 9° 45′ 23″ − 20′ 41″

b) 25° 22′ 14″ − 3° 53′ 28″

2. Si el nombre de segons del subtrahend és més gran que el del minuend, transformem un minut del minuend en segons.

a) 9° 45′ 23″ − 20′ 41″ → (41″ > 23″; 45′ = 44′ 60″) → 9° 44′ 83″ − 20′ 41″

b) 25° 22′ 14″ − 3° 53′ 28″ → (28″ > 14″; 22′ = 21′ 60″) → 25° 21′ 74″ − 3° 53′ 28″

3. Si el nombre de minuts del subtrahend és més gran que el del minuend, transformem un grau del minuend en minuts.

a) 9° 44′ 83″ − 20′ 41″ — No fem res, 20′ < 44′

b) 25° 21′ 74″ − 3° 53′ 28″ → (53′ > 21′; 25° = 24° 60′) → 24° 81′ 74″ − 3° 53′ 28″

4. Restem unitat a unitat.

a) 9° 44′ 83″ − 20′ 41″ = 9° 24′ 42″

b) 24° 81′ 74″ − 3° 53′ 28″ = 21° 28′ 46″

El procediment per restar mesures de temps és igual, ja que tots dos utilitzen com a mesura un sistema sexagesimal.

ACTIVITATS

49 Efectua a la llibreta les restes de mesuraments d'angles següents:

a) 24° 16′ 31″ − 17° 29′ 42″

b) 43° 5′ 52″ − 8° 4′ 48″

c) 72° 35′ 32″ − 58° 24′ 58″

d) 7° 25′ 29″ − 50′ 38″

e) 38° 54′ 3″ − 12° 26′ 14″

f) 125° 26′ 18″ − 15° 47′ 53″

g) 67° 25′ 19″ − 26° 40′ 38″

h) 25° 45′ 21″ + 3° 24′ 56″

50 Resol aquestes restes:

a) 35° 44″ − 28′ 39″

b) 74° 12′ − 14° 32″

c) 20° 57′ 36″ − 9° 15′

d) 118° 4″ − 6° 52′ 37″

51 Donats els angles $\hat{A} = 28° 3'$, $\hat{B} = 19' 26''$ i $\hat{C} = 40° 3' 12''$, calcula.

a) $\hat{C} - (\hat{A} + \hat{B})$ b) $\hat{C} - (\hat{A} - \hat{B})$

52 En Sergi ha cronometrat el temps que ha trigat a desplaçar-se fins a casa dels seus avis: 1 hora, 35 minuts i 50 segons. Si pensava que trigaria 2 hores, quant de temps li ha sobrat?

ACTIVITATS FINALS

Rectes, semirectes i segments

53 Copia les figures a la llibreta, anomena les semirectes i indica quins segments es formen.

a) 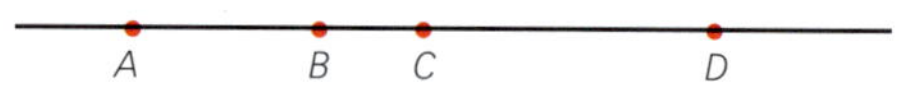

b) 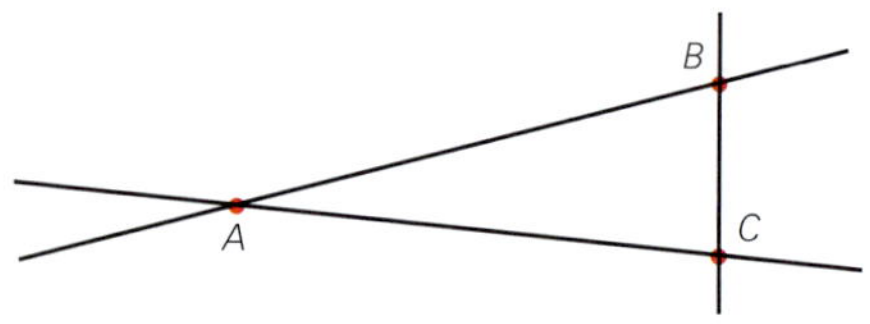

c) 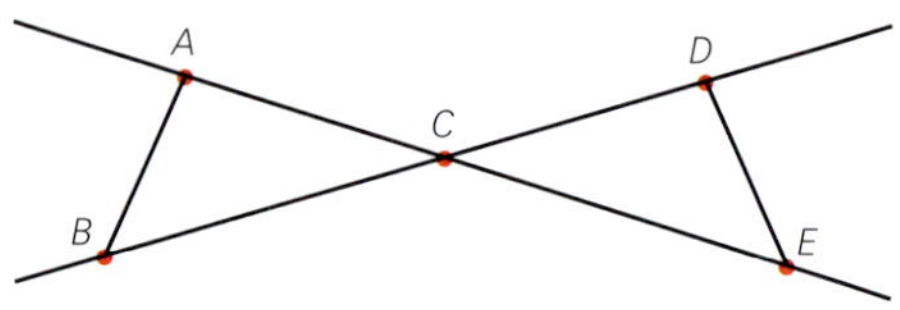

d) 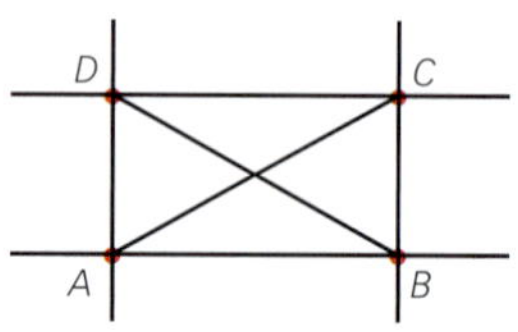

54 Dibuixa a la llibreta dues rectes r i s secants, i un punt P que no pertanyi a les rectes.

a) Traça una altra recta t que passi per P i que sigui secant a r però no a s.

b) Traça una altra recta v que passi per P i que sigui secant a s però no a r.

c) Traça una altra recta w que passi per P i que sigui secant a r i a s.

55 Fixa't en el plànol i contesta.

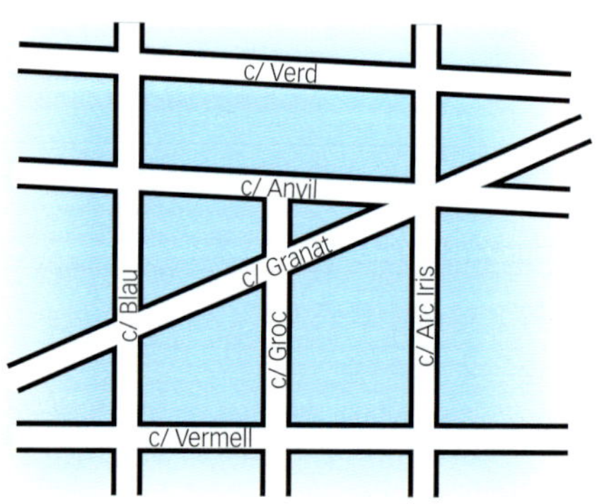

Si considerem els carrers com a línies rectes:

a) Quins carrers són paral·lels al carrer Arc Iris?

b) Quins carrers són perpendiculars al carrer Arc Iris?

c) Quins carrers són secants al carrer Arc Iris?

d) Com són entre ells els carrers Anyil i Verd?

e) Com són entre ells els carrers Vermell i Anyil?

56 Donades dues rectes r i s que són secants:

a) Pots traçar una recta perpendicular a r i s alhora?

b) I una recta paral·lela a totes dues?

57 Donades dues rectes r i s perpendiculars, traça una recta r' paral·lela a r i una recta s' paral·lela a s.

a) Com són r' i s' entre elles?

b) Com són r' i s entre elles?

c) Com són r i s' entre elles?

58 Dibuixa tres rectes, r, s i t, que compleixin les condicions següents:

a) No tenen cap punt en comú.

b) Tenen un punt en comú.

c) Tenen un punt en comú dues a dues.

59 Considera r i s dues rectes paral·leles i t una recta secant a r i s. Considera A i B els punts de tall de t amb r i s, respectivament.

a) Traça la mediatriu m del segment AB. Anomena A' i B' els punts de tall de m amb r i s, respectivament.

b) Traça les mediatrius m' i m'' dels segments AA' i BB'.

c) Indica la posició relativa de m' i m''.

SABER FER

Calcular la distància entre una recta i un punt

60 Fixa't en el dibuix i calcula la distància del punt P a la recta r.

PRIMER. Per mitjà d'un regle i un cartabó, tracem la recta perpendicular a r que passi per P; aquesta recta talla r en un punt que anomenem Q.

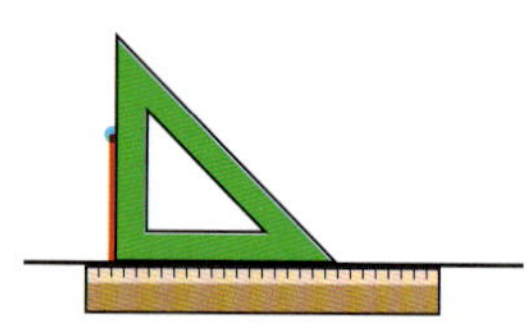

SEGON. Amb el regle graduat, mesurem el segment PQ; aquesta mida és la distància del punt P a la recta r.

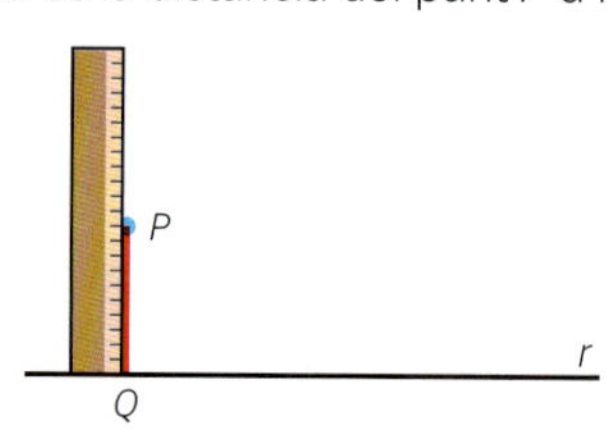

61 Copia a la llibreta aquestes rectes i el punt *P*. Calcula la distància del punt *P* a cadascuna de les rectes.

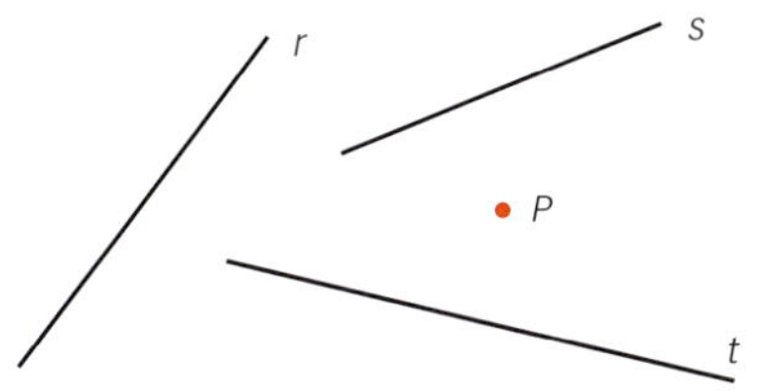

62 Copia a la llibreta aquests punts i aquesta recta. Després, calcula la distància de cada punt a la recta *r*.

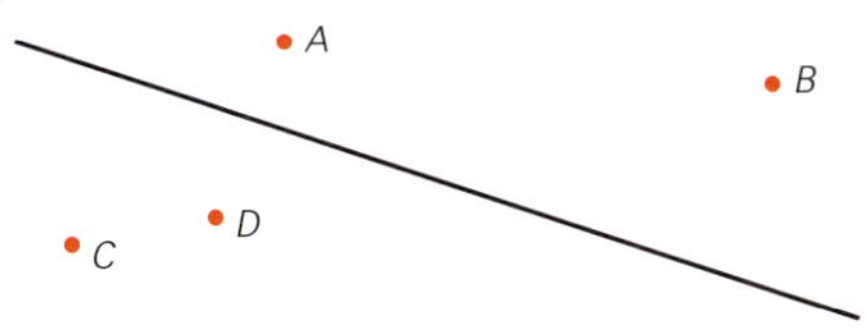

SABER FER

Calcular la distància entre dues rectes paral·leles

63 Calcula la distància entre aquestes dues rectes:

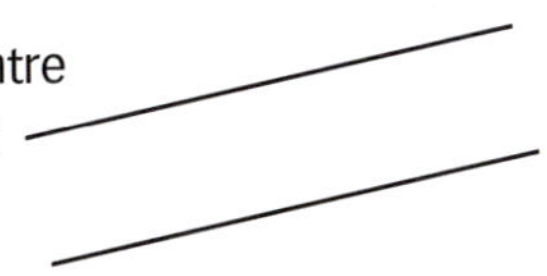

PRIMER. Per mitjà del regle i el cartabó, traça una recta perpendicular a les dues rectes. Aquesta perpendicular talla les rectes paral·leles en un punt de cada recta.

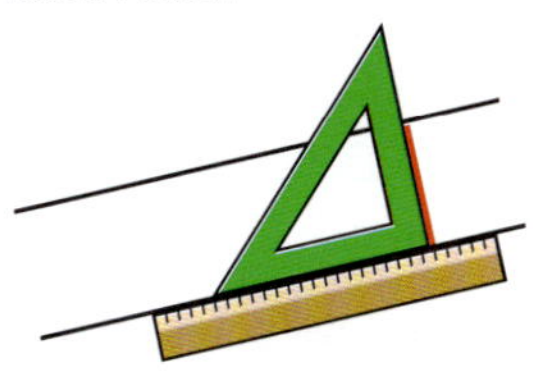

SEGON. Amb el regle graduat, mesurem el segment que té com a extrems els punts de tall de la recta perpendicular amb les dues paral·leles. La longitud d'aquest segment és la distància entre les dues rectes.

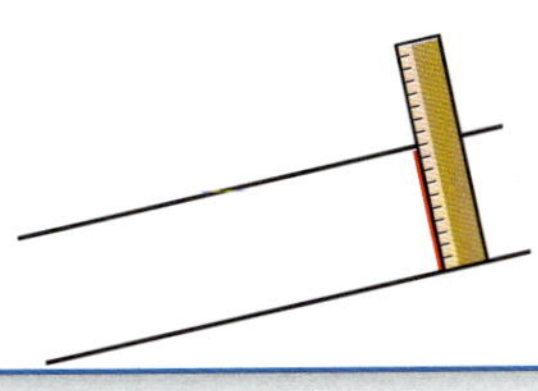

64 Dibuixa aquestes rectes a la llibreta i calcula la distància entre cada recta:

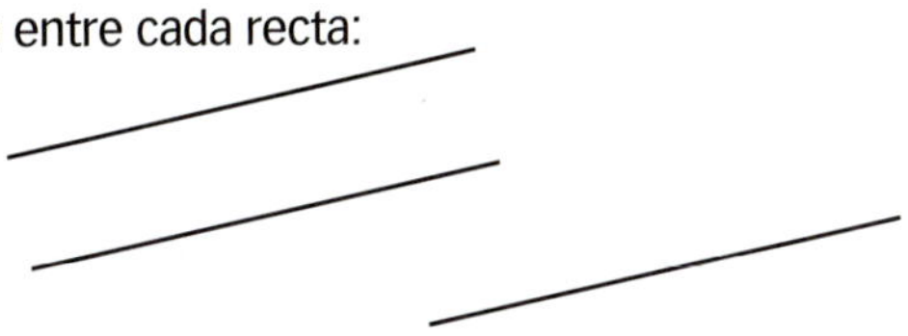

Angles. Posicions relatives

65 Justifica si els enunciats següents són certs:

a) Dos angles aguts sempre són complementaris.

b) Dos angles complementaris sempre són aguts.

c) Dos angles adjacents sempre són consecutius.

d) Dos angles consecutius sempre són adjacents.

e) Dos angles consecutius sempre són suplementaris.

f) Dos angles obtusos sempre es diferencien en un d'agut.

g) Dos angles aguts sempre sumen un d'obtús.

66 Copia aquestes frases a la llibreta i completa-les amb les paraules que falten:

a) El suplementari d'un angle recte és un angle...

b) L'angle adjacent d'un d'agut és un angle...

c) El suplementari d'un angle obtús és un angle...

d) El complementari d'un angle de 45° és el suplementari d'un angle de...

SABER FER

Construir un angle utilitzant un transportador

67 Fes servir el regle i el transportador per dibuixar un angle de 70°.

PRIMER. Utilitzem el regle per dibuixar una semirecta amb l'origen en un punt *A*.

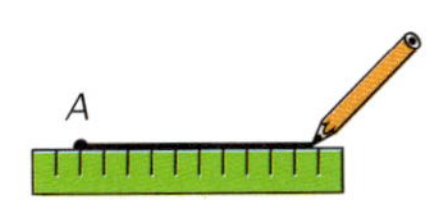

SEGON. Situem el centre del transportador sobre el punt ***A*** i fem que la semirecta passi pels 0° del transportador.

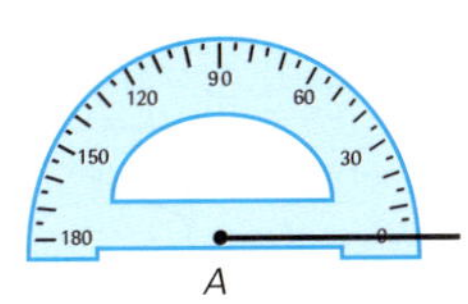

TERCER. Fem una marca sobre la mida de l'angle que volem dibuixar.

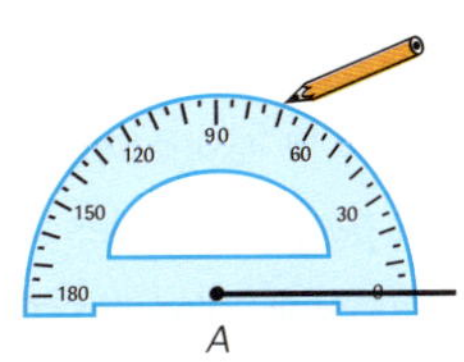

QUART. Unim el punt *A* amb la marca que acabem de fer.

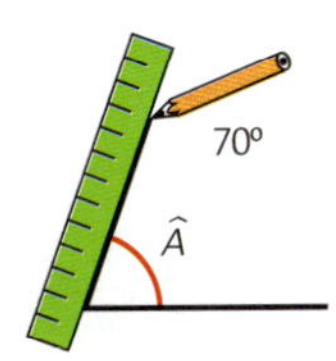

68 Dibuixa els angles següents i traça la bisectriu i l'angle complementari de cadascun:

a) $\hat{A} = 70°$
b) $\hat{B} = 20°$
c) $\hat{C} = 50°$
d) $\hat{D} = 38°$
e) $\hat{E} = 64°$
f) $\hat{F} = 45°$

69 Dibuixa aquests angles i traça la bisectriu i l'angle complementari de cadascun:

a) $\hat{A} = 80°$
b) $\hat{B} = 120°$
c) $\hat{C} = 150°$
d) $\hat{D} = 30°$
e) $\hat{E} = 60°$
f) $\hat{F} = 45°$

70 Donat l'angle de la figura, construeix a la llibreta aquests altres angles que s'indiquen:

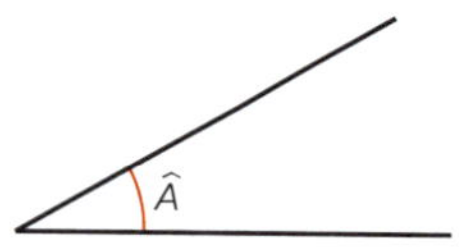

a) Els adjacents
b) L'angle oposat pel vèrtex
c) El complementari
d) El suplementari

71 Dibuixa tres angles aguts consecutius de manera que es compleixin les condicions següents:

a) Entre tots tres formen un angle agut.
b) Entre tots tres formen un angle recte.
c) Entre tots tres formen un angle obtús.
d) Entre tots tres formen un angle pla.

72 Dibuixa a la llibreta un angle de 60° i anomena *r* i *s* les semirectes que formen els costats. Dibuixa una perpendicular a *r* i anomena-la *t*, i una altra a *s* anomenada *v*. Quin angle formen les rectes *t* i *v*?

73 Fixa't en aquesta figura:

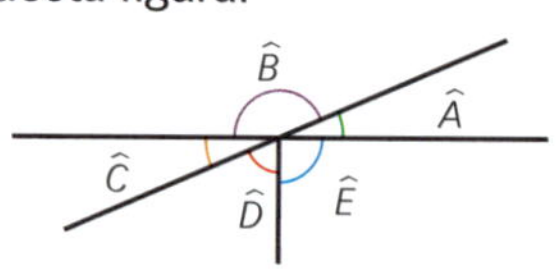

a) Indica quins angles són oposats pels vèrtexs.
b) Senyala'n els angles adjacents.

74 Observa la figura següent i senyala'n:

a) Els parells d'angles oposats pel vèrtex
b) Els parells d'angles adjacents

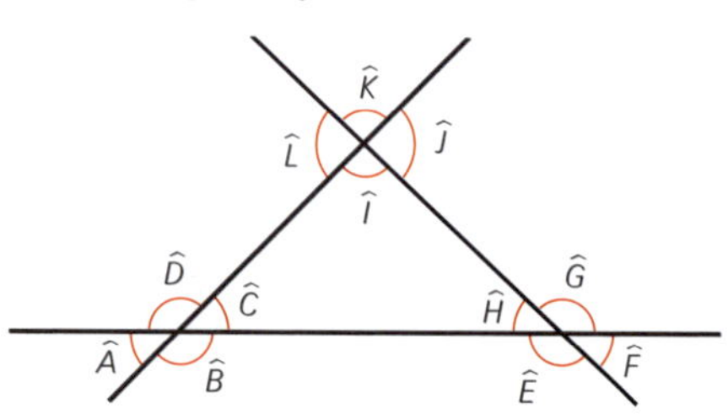

75 Observa la figura i completa a la llibreta aquestes igualtats:

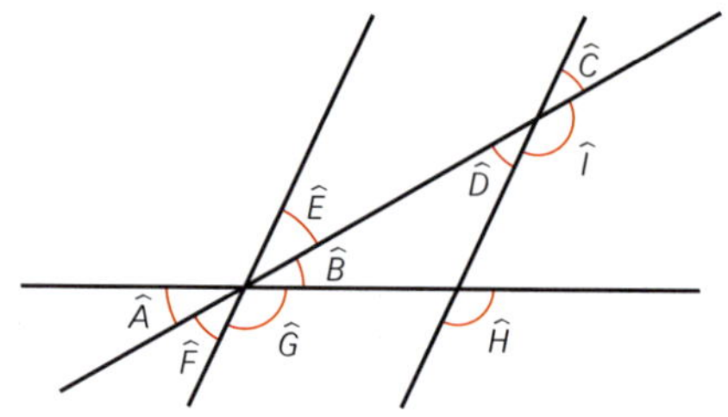

a) $\hat{B} + \square = \hat{I}$
b) $\hat{B} + \hat{F} + \square = 180°$
c) $\hat{H} = \square$
d) $\hat{B} + \square = \hat{F} + \square$
e) $\hat{D} + \square = 180°$
f) $\hat{E} = \square = \hat{C}$
g) $\hat{B} + \hat{C} = 180° - \square$

76 Fixa't en la figura i completa a la llibreta els apartats següents mitjançant els signes =, + o − per tenir igualtats que siguin certes:

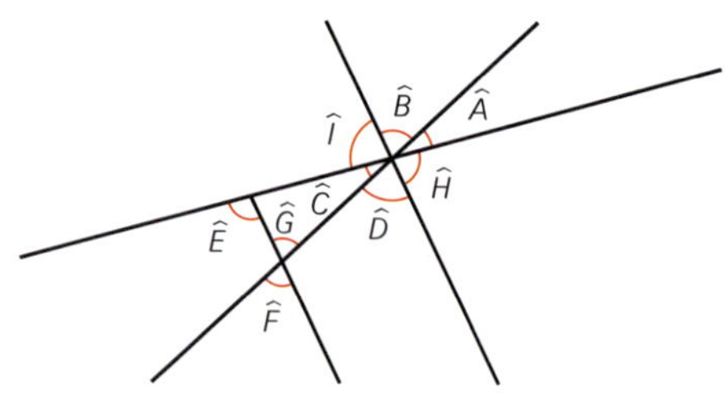

a) $\hat{A}\square\hat{B}\square 180°\square\hat{I}$
b) $\hat{B}\square\hat{G}$
c) $\hat{E}\square\hat{I}\square 180°$
d) $\hat{G}\square 80°\square\hat{A}\square\hat{I}$
e) $180°\square\hat{A}\square\hat{H}\square\hat{F}$
f) $\hat{C}\square\hat{D}\square\hat{E}$

77 Calcula la mida dels angles desconeguts d'aquesta figura:

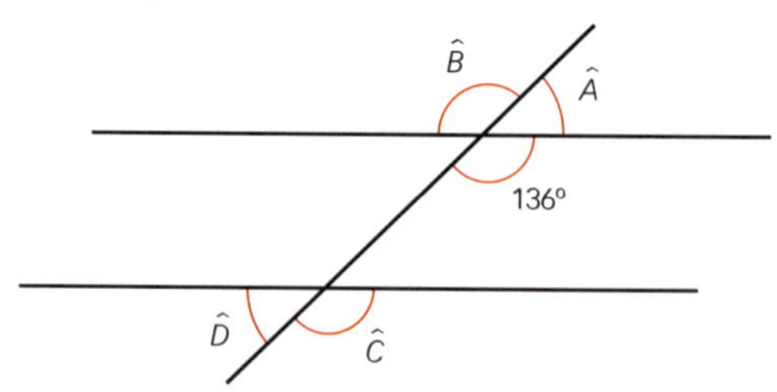

78 Dibuixa a la llibreta l'angle $\hat{A}$.

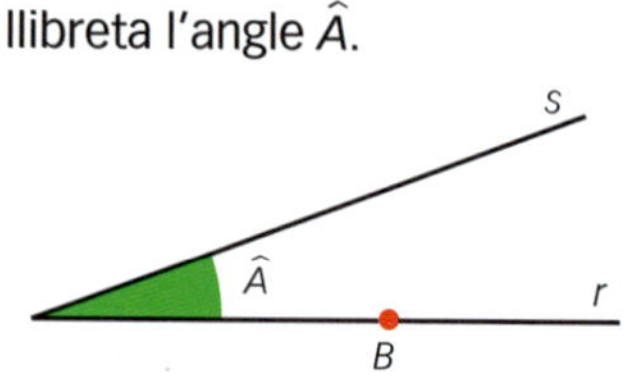

Traça la perpendicular, *t*, a la recta *r* des del punt *B*.

Quina mida tenen els quatre angles que forma la recta *t* amb la recta *s*?

Sistema sexagesimal

79 Expressa en minuts les mides d'aquests angles:

a) $\hat{A} = 38°$ b) $\hat{B} = 5.100''$ c) $\hat{C} = 127°$

80 Expressa en segons aquestes mides d'angles:

a) $\hat{A} = 92°$ b) $\hat{B} = 135°$ c) $\hat{C} = 4°$

81 Expressa en graus aquestes mides d'angles:

a) $\hat{A} = 54.000''$ b) $\hat{B} = 420'$ c) $\hat{C} = 30''$

82 Transforma en minuts aquestes mesures de temps:

a) 3 h b) 32.400 s c) 85 h d) 72.000 s

SABER FER

Passar de forma complexa a incomplexa

83 Expressa 85° 42′ 37″ en forma incomplexa.

PRIMER. Convertim els graus en minuts.

$85°\ 42'\ 37'' = (85 \cdot 60') + 42' + 37'' =$
$= 5.100' + 42' + 37'' = 5.142' + 37''$

SEGON. Convertim els minuts en segons.

$5.142' + 37'' = (5.142 \cdot 60'') + 37'' =$
$= 308.520'' + 37'' = 308.557''$

TERCER. Expressem el resultat en forma incomplexa.

Complexa → 85° 42′ 37″ = 308.557″ ← Incomplexa

84 Expressa aquestes mesures de temps en segons:

a) 94 min b) 3,5 h c) 21 h 14 min

85 Expressa aquestes mesures en segons:

a) 2° 3′ 40″ c) 3 h 15 min 25 s
b) 20° 25′ 30″ d) 9 h 17 min 43 s

SABER FER

Passar de forma incomplexa a complexa

86 Expressa 4.983 s en forma complexa.

PRIMER. Dividim els segons entre 60 per passar-los a minuts. El residu de la divisió indica els segons en la forma complexa.

4083 s	60
483	68 min
03 s	

SEGON. Dividim els minuts entre 60 per passar els minuts a hores. El quocient és el nombre d'hores, i el residu, el nombre de minuts del resultat.

68 min	60
8 min	1 h

TERCER. Expressem la quantitat en forma complexa.

Incomplexa → 4.083 s = 1 h 8 min 3 s ← Complexa

87 Expressa en graus, minuts i segons un angle de 8.000″ d'amplitud.

88 Expressa en graus, minuts i segons, o bé en hores, minuts i segons, segons correspongui.

a) 8.213″ c) 465″ e) 12.000 s
b) 7.365″ d) 15.784 s f) 5.678 s

89 Expressa en forma complexa.

a) 20.953 s c) 402,25 min
b) 9,57 dies d) 10,5 setmanes

90 Completa aquesta taula a la llibreta:

Angles	Graus	Minuts	Segons
310,36°			
164.880″			
3.379,7′			

91 Efectua les sumes d'angles següents:

a) 34° 15′ 23″ + 46° 5′ 12″
b) 49° 43″ + 68° 35′ 38″
c) 84° 54′ + 46° 14″
d) 72′ 28″ + 6° 47′ 2″
e) 123° 32′ 45″ + 45° 8″
f) 54° 7′ + 36′ 4″

92 Fes les restes d'angles següents:

a) 35° 17′ 22″ − 26° 5′ 12″
b) 89° 16′ 3″ − 8° 38″
c) 61° 34″ − 7° 14′
d) 95° 22′ − 47° 52′ 43″
e) 63° 32′ 45″ − 46° 8″
f) 55° 72′ 28″ − 6° 47′ 52″

93 Determina el complementari i el suplementari d'aquests angles:

a) 56° 4′ 26″ e) 39′ 7″
b) 14° 43′ 8″ f) 75°
c) 39° 24″ g) 53° 41′ 2″
d) 88° 45′ h) 54′ 3″

94 Fes servir el transportador per mesurar aquests angles:

a) 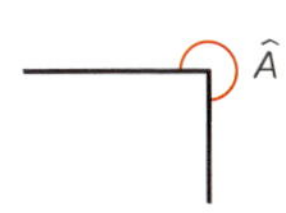

c) 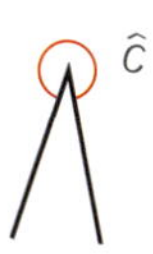

b) 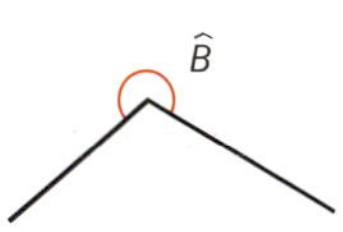

d) 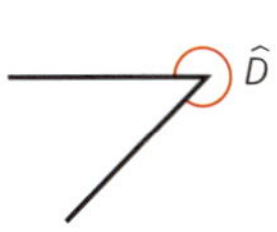

ACTIVITATS FINALS

SABER FER

Multiplicar mesures complexes d'angles

95 Donat l'angle $\hat{A} = 50°\ 25'\ 35''$, calcula el valor de l'angle $4 \cdot \hat{A}$.

PRIMER. Multipliquem individualment graus, minuts i segons per 4.

$4 \cdot \hat{A} = 4 \cdot (50°\ 25'\ 35'') = 200°\ 100'\ .140''$

SEGON. Passem els segons sobrants a minuts, i els minuts sobrants, a graus.

$140'' = 2'\ 20''$

$200°\ 100'\ 140'' = 200°\ 102'\ 20'' = 201°\ 42'\ 20''$

$102' = 1°\ 42'$

TERCER. Indiquem quin és el resultat final.

Per tant, resulta que: $4 \cdot \hat{A} = 201°\ 42'\ 20''$

96 Considera els angles $\hat{A} = 26°\ 38'\ 19''$ i $\hat{B} = 14°\ 11'35''$. Determina les amplituds dels angles següents:

a) $\hat{A} + \hat{B}$

b) $\hat{A} - \hat{B}$

c) $2\hat{A} + \hat{B}$

d) $3\hat{A} - 2\hat{B}$

97 Determina la mida d'aquests dos angles i resol les operacions següents:

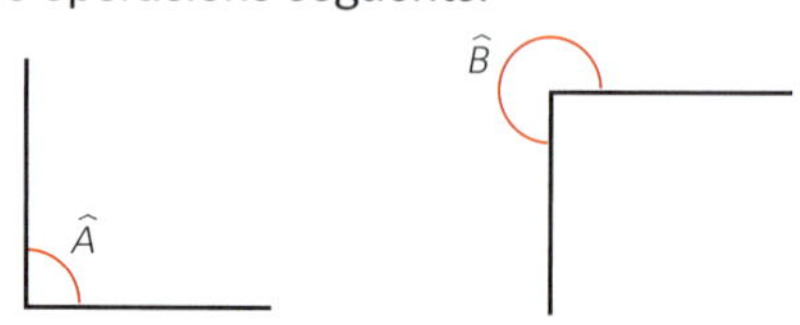

a) $\hat{A} + \hat{B}$ b) $\hat{B} - \hat{A}$ c) $3 \cdot \hat{A}$ d) $2 \cdot \hat{B}$

98 Considera els angles $\hat{A} = 63°\ 15'\ 47''$ i $\hat{B} = 74°\ 18'\ 16''$. Calcula les amplituds dels angles següents:

a) Complementari de $\hat{B} - \hat{A}$

b) Suplementari de $\hat{A} + \hat{B}$

c) Suplementari de $\hat{B} - \hat{A}$

d) Complementari de $3\hat{A} - 2\hat{B}$

e) Suplementari de $2\hat{B} - \hat{A}$

99 Calcula l'amplitud de l'angle $\hat{X}$ de les figures.

a)

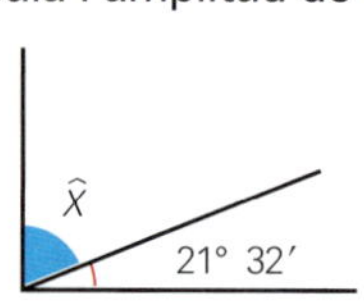

b)

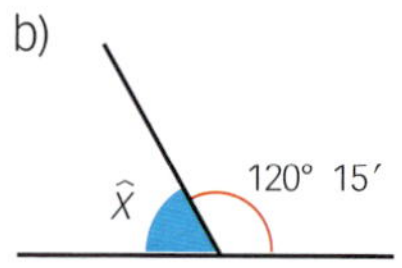

Problemes

100 Calcula l'amplitud de l'angle d'una porció de pizza que està dividida en:

a) 6 porcions

b) 8 porcions

c) 10 porcions

d) 12 porcions

101 Tres amics, en Marc, en Robert i en Ricard, s'han menjat un pastís:

- En Marc s'ha menjat un tros equivalent a $35°\ 10'$.
- En Robert se n'ha menjat $40°\ 30'$.
- En Ricard se n'ha menjat $50°\ 40'$.

a) Quina és l'amplitud de l'angle del tros de pastís que s'han menjat entre tots tres?

b) I la del tros que en queda?

102 Els raigs del sol entren al matí per l'habitació de la Jana i il·luminen la paret amb una inclinació determinada. A les 7 del matí d'un dia d'estiu, aquest angle és de $22°\ 14'$. Cada hora que passa, l'angle d'inclinació augmenta de $2°\ 10'\ 20''$.

a) Quin angle té a les 8 del matí?

b) I a les 9 del matí?

c) I a la 1 de la tarda?

103 Calcula el valor exacte dels angles que formen la busca horària i la minutera d'un rellotge a les hores següents:

a) Les tres de la tarda

b) Les tres i deu minuts

c) Dos quarts de quatre

d) Tres quarts de quatre

e) Un quart de sis

f) Les sis en punt

104 La Maria triga 20 minuts per anar de casa a l'institut. Quant temps triga a la setmana per fer aquest recorregut si considerem l'anada i la tornada?

105 Una fotocopiadora ha estat funcionant 8 h 15 min 12 s dilluns, 3 h 40 min dimarts i 8 h 15 min 40 s dimecres.

a) Quant de temps ha estat funcionant en total?

b) Quina diferència de temps de funcionament hi ha entre dimecres i dimarts?

106 L'Igor ha estat connectat a Internet des de les 8 h 25 min fins a les 10 h 15 min 12 s. Calcula el temps total que ha estat connectat.

107 En una cursa solidària, els temps d'arribada dels tres primers corredors han estat: 25 minuts 34 segons, 26 minuts 2 segons i 26 minuts 11 segons.

a) Quant de temps separa el primer corredor dels altres dos corredors?

b) Si el corredor que ha arribat en quarta posició ho ha fet 56 segons després del tercer, a quant de temps ha arribat del primer?

c) L'últim corredor ha acabat la cursa amb un temps de 34 minuts 45 segons. Quant de temps separa el primer corredor de l'últim?

108 La Meritxell dilluns va treballar durant 8 h 40 min 25 s. Com que li sobren hores, ha decidit treballar mitja hora menys la resta de dies de la setmana.

a) Quant treballarà cadascun dels altres dies?

b) Si suposem que la seva jornada laboral és de dilluns a divendres, quant de temps treballarà en total aquesta setmana?

109 Per anar a la feina, l'Annabel agafa el tren de rodalia. Entre la seva parada i la de la feina hi ha dues estacions: fins a la primera acostuma a trigar 32 min 54 s, i fins a la segona, 44 min 27 s. Per causa d'una avaria a les vies, avui el tren ha anat amb retard: a la primera estació ha trigat 19 min 40 s més de l'habitual i fins a la segona s'ha endarrerit 26 min 32 s.

a) Quant ha trigat l'Annabel per arribar a la feina?

b) Si en la tornada no hi ha hagut endarreriments, quant de temps ha trigat avui en els dos trajectes?

110 Una màquina de reciclatge d'alumini pot treballar de manera ininterrompuda durant 4 h 50 min 30 s, i després s'ha d'aturar 1 h 50 min. Quant de temps triga la màquina per fer tres torns de treball i descans?

111 En una fàbrica de mobles construeixen cadires i butaques. Els treballadors cobren 12,50 € per cada cadira acabada i 22,50 € per cada butaca. Per fabricar una cadira triguen 1 h 20 min, i per fabricar una butaca, 2 h 15 min. Si la jornada laboral és de 8 h diàries, què és més rendible, fabricar només cadires o només butaques?

HAS DE SABER FER

Rectes, semirectes i segments

1 Copia les rectes i els punts següents a la llibreta. Després, traça una perpendicular a *r* que passi per *A*, i una paral·lela a *s* que passi per *B*.

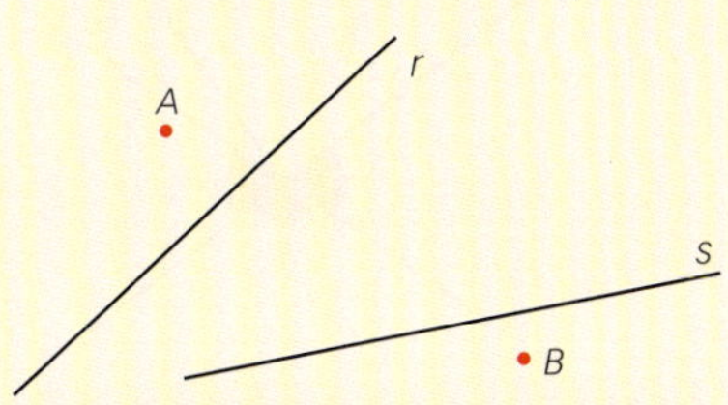

2 Dibuixa un segment de 5,8 cm i traça'n la mediatriu.

Angles. Posicions relatives

3 Dibuixa un angle de 70° i el seu angle complementari. Traça la bisectriu del complementari.

4 Senyala a la figura un parell d'angles consecutius i un parell d'angles adjacents.

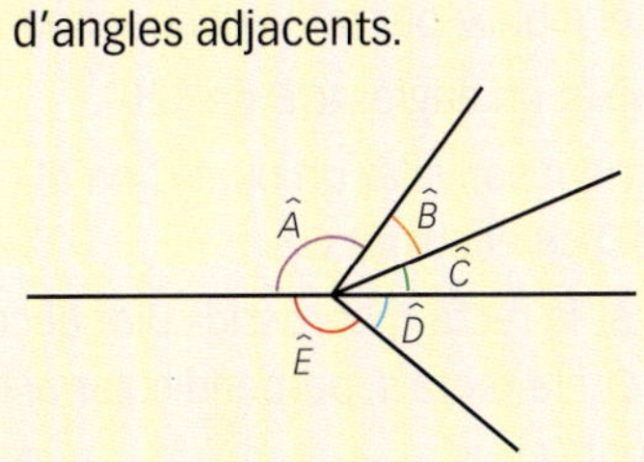

Sistema sexagesimal

5 Efectua els càlculs següents:

a) $53°\ 32'\ 45'' + 45°\ 39'\ 8''$

b) $87°\ 41'\ 25'' - 25°\ 59'\ 48''$

6 Un autobús surt de l'estació d'autobusos a les 9 h 26 min i arriba al seu destí a les 13 h 14 min. Quant ha durat el trajecte?

COMPETÈNCIA MATEMÀTICA

En la vida quotidiana

112 Els ponts penjants van travessar una edat d'or a Europa durant la primera meitat del segle XIX i van arribar a la màxima esplendor amb el pont de Menai, acabat el 1826. Aquest pot uneix l'illa d'Anglesey amb Bangor (Gal·les), es considera el primer pont penjant modern i continua en servei avui dia.

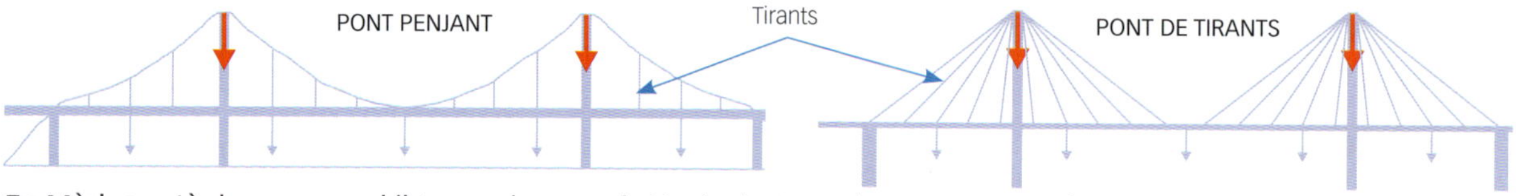

En Màrius està de vacances i li truca el seu amic Xavier just en el moment en què passava per un pont. El seu amic li pregunta per les vacances i tenen aquesta conversa:

XAVIER: I ara on ets?

MÀRIUS: No t'ho creuràs, en un pont penjant, com els que vam estudiar a la classe de Tecnologia.

XAVIER: I de quina classe és? De tirants o penjant?

MÀRIUS: Ni idea, no me'n recordo de la diferència.

a) Si en Màrius només es fixa en la posició relativa dels tirants, quina posició tenen cadascun dels tipus de pont?

b) Per mesurar la distància del pont, en Màrius compta els passos que hi ha entre un tirant i el següent, i calcula que són 23 passos.

Si cada pas d'en Màrius abasta 125 cm, quina és la mida del pont si ha comptat que de cada torre surten 7 tirants i té 3 torres?

Formes de pensar. Raonament matemàtic

113 Fixa't en el dibuix; per mitjà del transportador hem dibuixat un angle $\widehat{AOB}$ de 120°.

Després, hem senyalat un punt C en el costat OA i un punt D en el costat OB.

Hem traçat la recta r, perpendicular al costat OA pel punt C, i la recta s, perpendicular al costat OB pel punt D.

El punt de tall de les rectes r i s l'hem anomenat P.

Quant fa l'angle $\widehat{CPD}$?

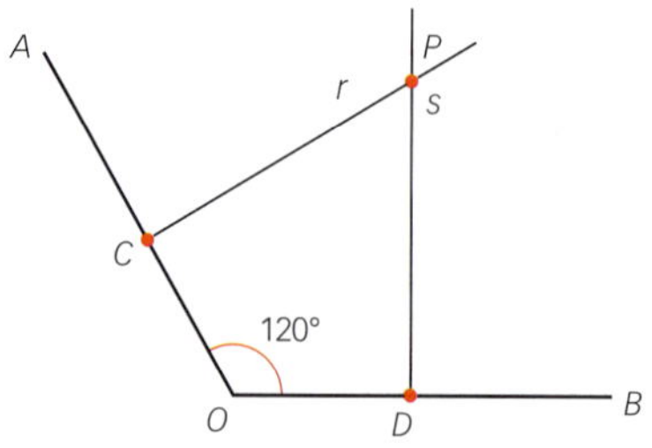

114 Determina el valor de cadascun dels angles d'aquesta figura:

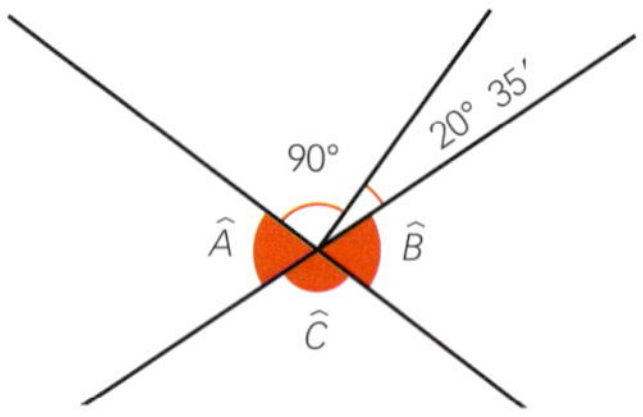

115 Calcula $\widehat{X}$ si sabem que les rectes r i s són paral·leles.

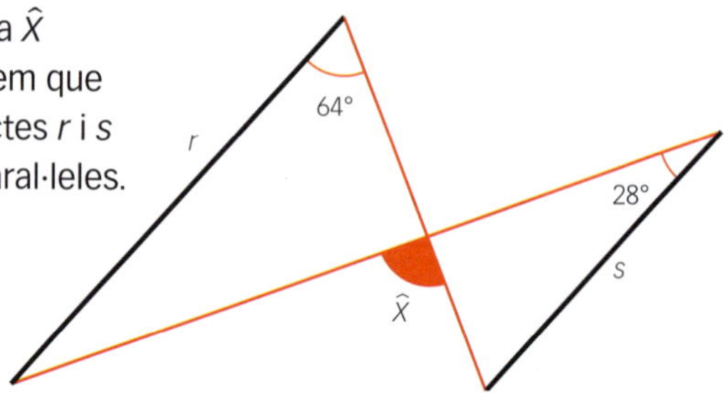

PROJECTE FINAL. **Aprenentatge cooperatiu**

OBJECTIU: Adaptar un edifici per a persones amb mobilitat reduïda

Un cop formats els grups, seguiu el procés següent:

1a Fase

- Trieu un edifici que no estigui adaptat a les necessitats d'accés de persones amb mobilitat reduïda o amb discapacitat física.
- Informeu-vos sobre les dificultats de mobilitat d'una persona amb discapacitat física.

2a Fase

- Estudieu les possibles barreres arquitectòniques de l'edifici: escales, desnivells, amplitud dels passadissos perquè pugui maniobrar una cadira de rodes...
- Feu una llista de les possibles solucions per a cadascuna de les necessitats: rampes, ascensors, plataformes elevadores...
- Avalueu si les solucions que aporteu són possibles d'aplicar a l'edifici: espai suficient per instal·lar un ascensor o una rampa, possibilitat d'augmentar l'amplada dels passadissos...

3a Fase

- Poseu en comú la informació recollida i decidiu quines són les millors solucions per a les necessitats detectades.
- Elaboreu un informe sobre les necessitats de l'edifici i sobre les possibles solucions.

Proves PISA

Els karts

116 L'Helena, la Rosa, en Jaume i en Joan s'apunten com a equip a un campionat de karts.

Només puntuen les dues millors voltes que fa cadascun. L'equip de l'Helena ha obtingut aquests resultats:

	Nre. de volta	Temps
Helena	12	1 min 2,2 s
	16	1 min 1,7 s
Jaume	14	1 min 1,6 s
	19	1 min 1,3 s
Rosa	20	1 min 0,3 s
	21	59,6 s
Joan	18	1 min 1,1 s
	22	59,8 s

Si en el campionat hi ha diverses classificacions, calcula el temps de l'equip de l'Helena per a cadascuna de les classificacions següents:

a) La suma dels quatre millors temps dels membres de l'equip

b) La diferència més petita entre el millor temps i el pitjor de l'equip

(Activitat model)

L'excursió

117 Tres amics van d'excursió a la muntanya. En un punt decideixen separar-se i cadascun agafa una direcció. Per poder-se comunicar bé amb els walkie-talkies que porten han de caminar a la mateixa velocitat i mantenir la mateixa distància entre ells.

a) Dibuixa a la llibreta la direcció que ha de seguir el tercer amic.

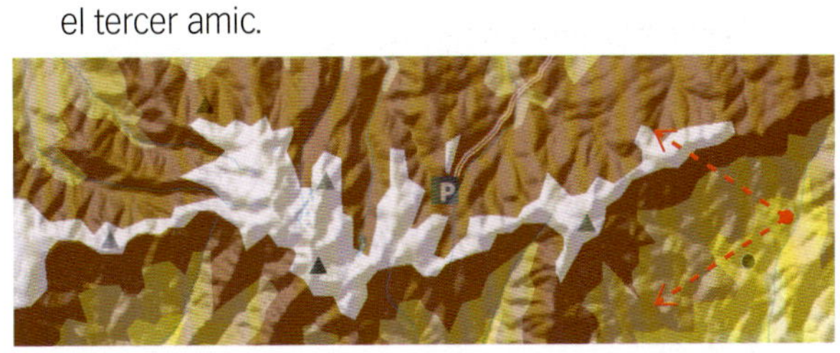

b) Al cap d'una estona, dos amics s'aturen però el tercer decideix continuar. Traça la direcció que ha de seguir.

(Activitat model)

CLAUS PER COMENÇAR

Les rectes i els angles

Posicions relatives de dues rectes

Paral·leles Secants

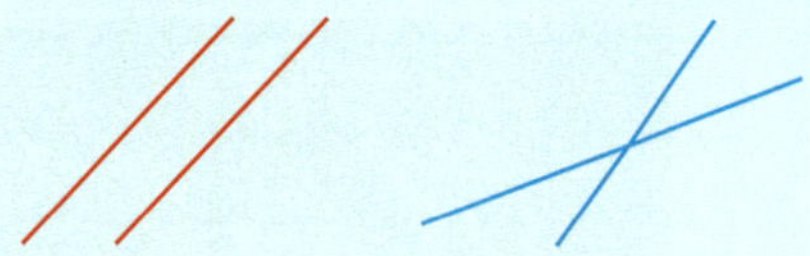

No es tallen Es tallen en un punt

Angles

Anomenem *angle* l'obertura formada per dues semirectes que tenen l'origen en un mateix punt.

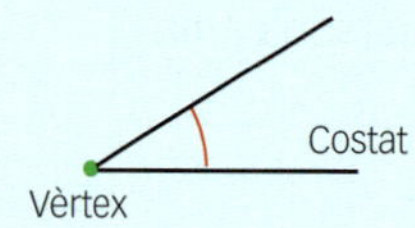

Els angles poden ser:

Agut Recte Obtús Pla

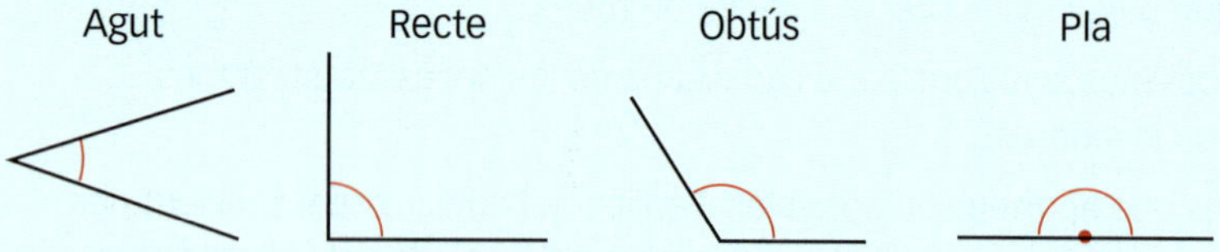

Agut	Recte	Obtús	Pla
Fa menys de 90°.	Fa 90°.	Fa més de 90° i menys de 180°.	Fa 180°.

EXEMPLE

Les busques d'un rellotge formen un angle que va variant a mesura que passen els minuts.

A les 3 es forma un angle recte.	A la 1 es forma un angle agut.	A les 6 es forma un angle pla.

ACTIVITATS

1 Digues com és l'angle que formen les busques d'un rellotge a totes les hores en punt.

2 Les busques d'un rellotge formen rectes paral·leles o secants?

Càlcul d'arrels quadrades

L'**arrel quadrada** d'un nombre és un altre nombre que, elevat al quadrat, és igual al primer: $\sqrt{a} = b \rightarrow b^2 = a$

EXEMPLE

$\sqrt{4} = 2$ perquè $2^2 = 4$ $\sqrt{16} = 4$ perquè $4^2 = 16$

ACTIVITATS

3 Calcula les arrels quadrades dels nombres següents:

a) 36 b) 49 c) 64 d) 81 e) 100

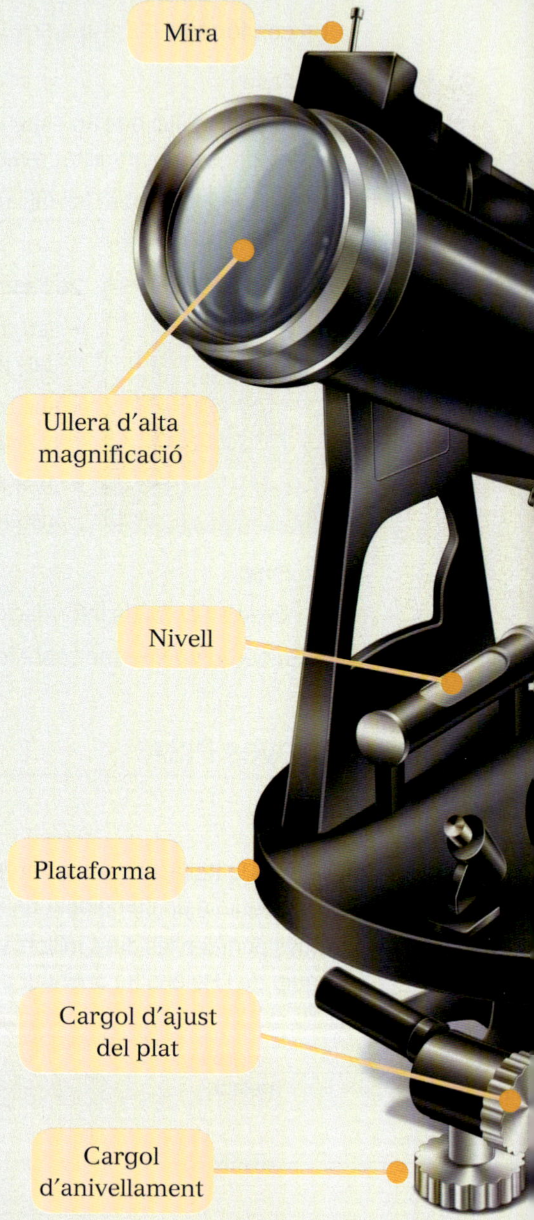

Segle III aC
La dioptra és un instrument astronòmic i topogràfic. Consisteix en un tub d'observació amb un visor als dos extrems unit amb un suport.

Euclides, matemàtic i astrònom grec, la va utilitzar per mesurar les posicions dels estels.

Polígons. Triangles

10

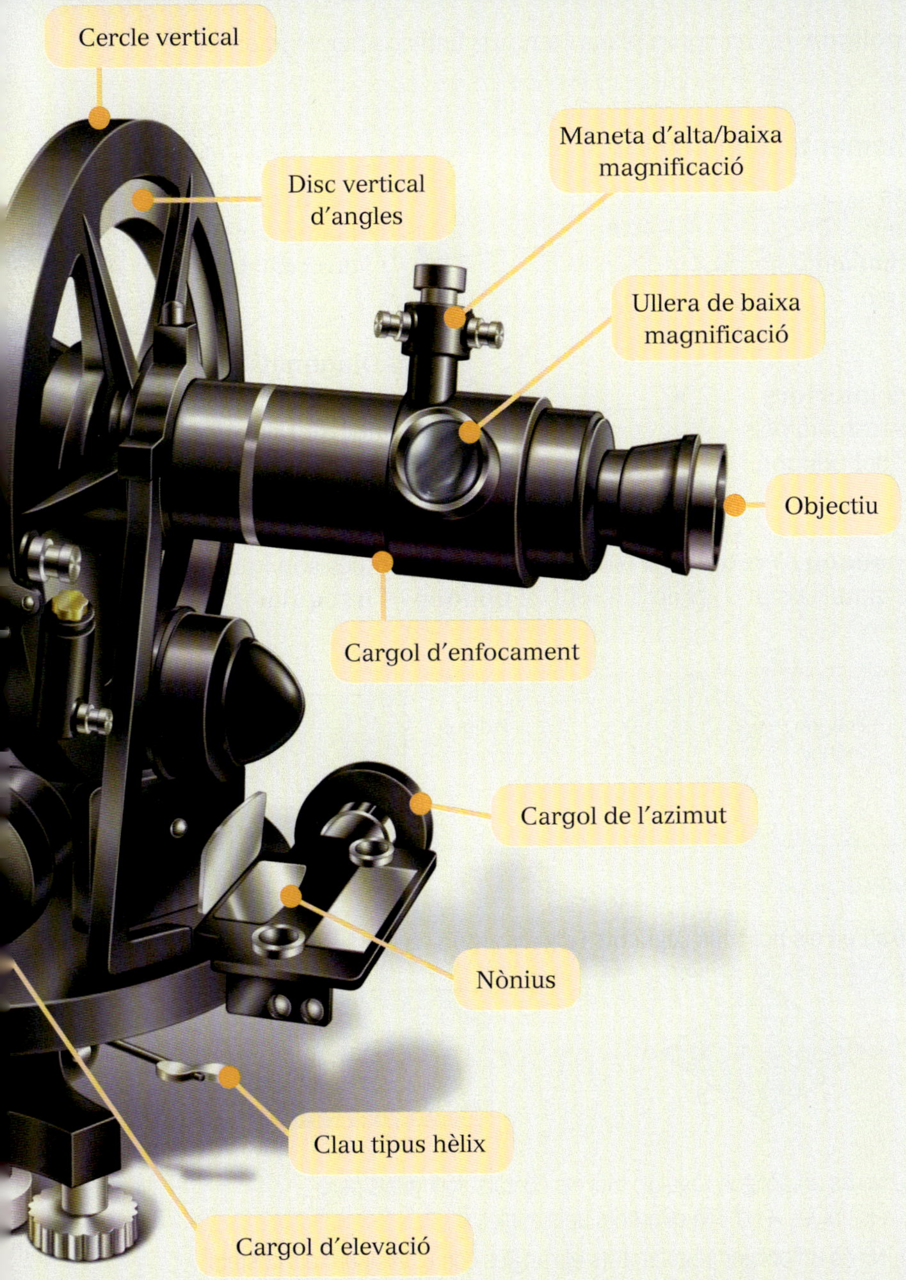

SABER

- Polígons: elements, angles i eixos de simetria
- Triangles: relacions entre els seus elements, rectes i punts notables
- Teorema de Pitàgores

SABER FER

- Dibuixar un triangle conegudes les mides dels costats
- Determinar un costat desconegut en un triangle rectangle

? INTERPRETA LA IMATGE

El teodolit

Un teodolit és un instrument per mesurar angles. Permet fer mesuraments a una certa distància i fins i tot en llocs inaccessibles.

Amb un teodolit, la Maria i en Joan han mesurat els angles que formen amb l'Andreu.

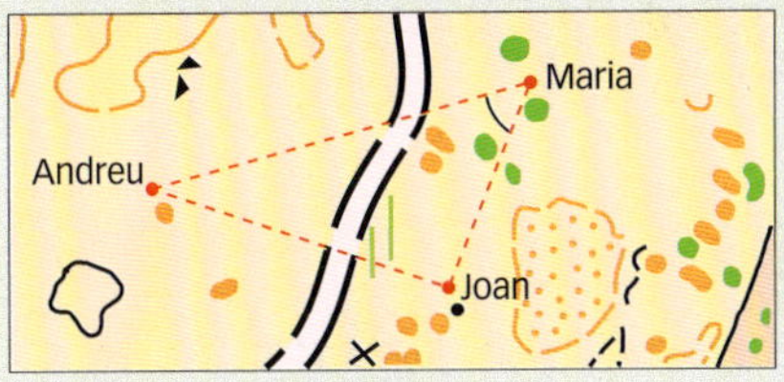

- Indica quin és l'angle que forma en Joan amb l'Andreu i la Maria. Quin tipus de triangle formen?

150 a.C.
Ptolemeu, cap a l'any 150 aC, va descobrir el quadrant i el va aplicar a observacions astronòmiques.

1571
Leonard Digges va inventar el teodolit, que apareix descrit en el seu llibre *Pantometria*.

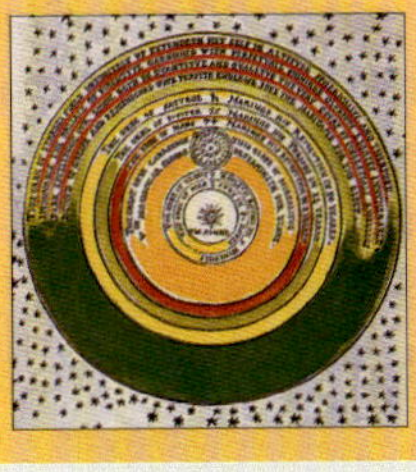

1787
Jesse Ramsden, òptic i mecànic d'instruments, construeix el primer teodolit.

Els antics instruments pesaven molt i la lectura era complicada, llarga i feixuga.

1920
L'enginyer suís Heinrich von Wild construeix cercles graduats sobre cristall i aconsegueix així teodolits més lleugers, petits i precisos, de manera que es poden prendre les lectures amb més facilitat.

1 Polígons

Un **polígon** és una figura plana i tancada limitada per segments.

HO ESCRIVIM AIXÍ

Per anomenar un polígon:

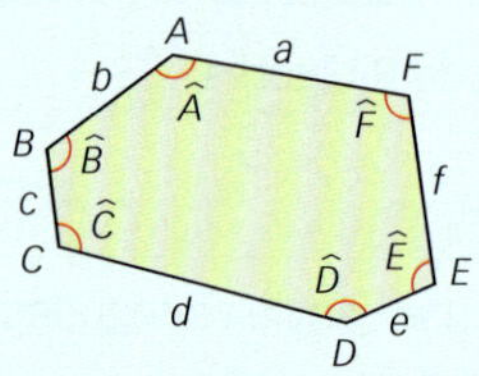

- Designem els vèrtexs amb lletres majúscules: A, B, C...
- Els costats s'anomenen amb les mateixes lletres en minúscula: a, b, c...
- Els angles interiors prenen el nom de la lletra que designa el vèrtex corresponent, a la qual s'afegeix el signe ^: $\hat{A}$, $\hat{B}$, $\hat{C}$...

Per anomenar el polígon es fa servir la seqüència de lletres que designen els vèrtexs: *ABCDEF*.

1.1. Elements d'un polígon

Costats
Segments que delimiten el polígon.

Vèrtexs
Punts on s'uneixen dos costats.

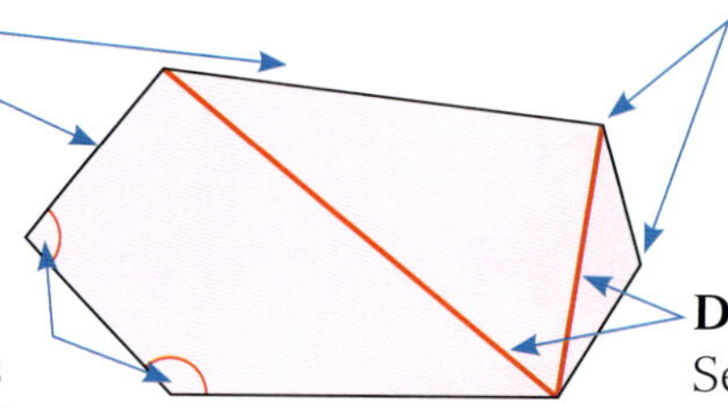

Angles interiors
Angles formats pels costats del polígon.

Diagonals
Segments que uneixen dos vèrtexs no consecutius.

Un **polígon** és **regular** si tots els costats i els angles són iguals. Si té algun costat o angle diferent, el **polígon** és **irregular**.

Polígon regular

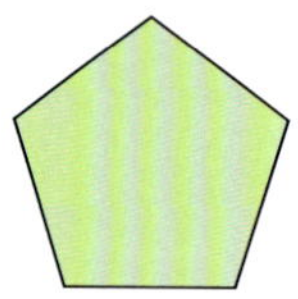

Polígon irregular

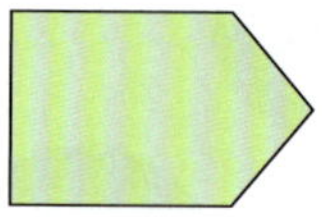

EXEMPLE

1. Fixa't en els polígons següents i digues si són regulars:

a)

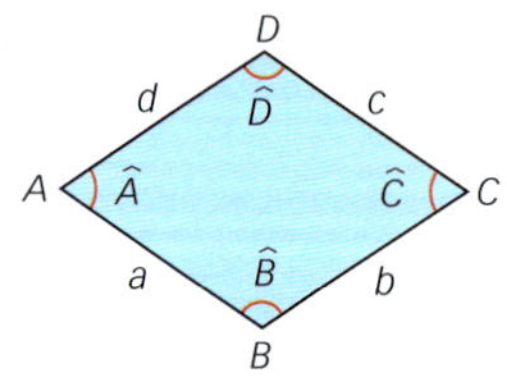

b)

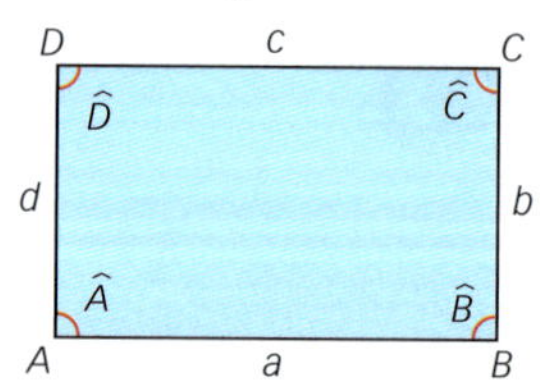

a) No és un polígon regular; tots els costats són iguals però els angles $\hat{A}$ i $\hat{C}$ són diferents dels angles $\hat{B}$ i $\hat{D}$.

b) No és un polígon regular; tots els angles són iguals però els costats a i c són diferents dels costats b i d.

ACTIVITATS

1 PRACTICA. Dibuixa un polígon irregular de 5 costats i assenyala'n tots els elements.

2 APLICA. Justifica si és cert o fals.

a) El nombre de costats és igual al de vèrtexs més un.

b) En un polígon irregular, cap costat és igual que un altre.

3 REFLEXIONA. Dibuixa diferents polígons de 5, 6, 7... costats. Traça'n les diagonals i compta-les. Pots deduir quantes diagonals té un polígon de 16 costats?

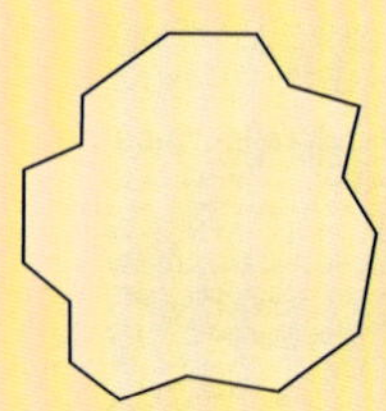

1.2. Classificació dels polígons segons el nombre de costats

Nre. de costats	Nom	Regular	Irregular
3	Triangle		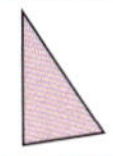
4	Quadrilàter		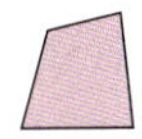
5	Pentàgon		
6	Hexàgon	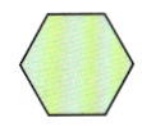	
7	Heptàgon	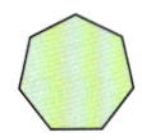	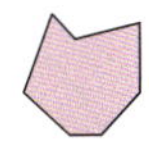
8	Octàgon	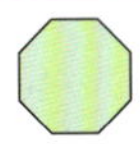	
9	Enneàgon	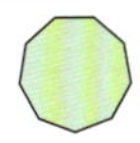	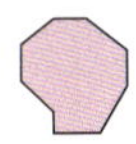
10	Decàgon	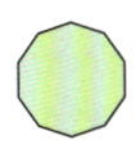	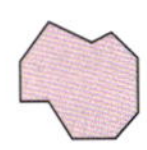
11	Hendecàgon	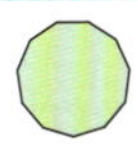	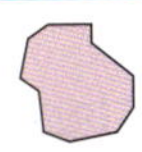
12	Dodecàgon	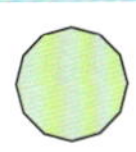	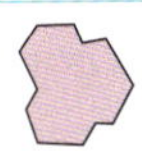

1.3. Eixos de simetria

Un **eix de simetria d'un polígon** és la recta que divideix el polígon en dues parts iguals.

EXEMPLE

2. Determina els eixos de simetria d'un hexàgon regular.

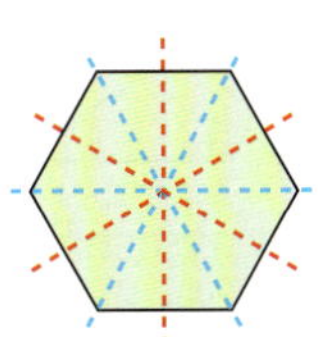

Les diagonals que uneixen vèrtexs oposats són eixos de simetria.

Les rectes que uneixen els punts mitjans de costats oposats són eixos de simetria.

Un hexàgon regular té 6 eixos de simetria.

T'HI ATREVEIXES?

Quants eixos de simetria identifiques en aquesta rajola?

ACTIVITATS

4 PRACTICA. Classifica els polígons de la dreta segons el nombre de costats.

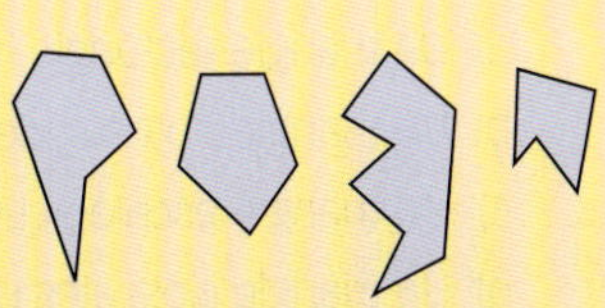

5 APLICA. Busca en el teu entorn proper elements que siguin simètrics.

6 REFLEXIONA. Quants eixos de simetria té un quadrat? I un rectangle?

2 Triangles

Un **triangle** és un polígon de tres costats, que també té tres angles i tres vèrtexs.

2.1. Elements d'un triangle

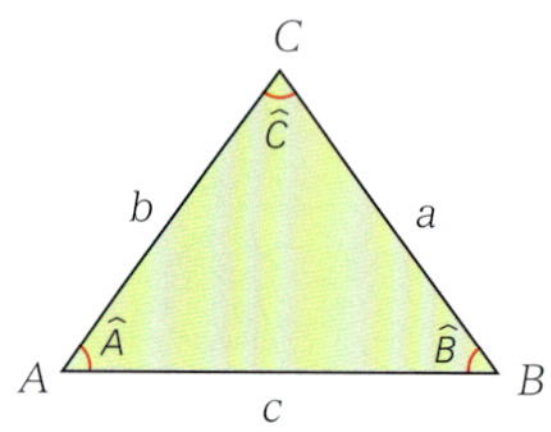

- **Vèrtexs.** Són els punts on es troben dos costats. S'acostumen a designar amb lletres majúscules: A, B, C.
- **Costats.** Són els tres segments que delimiten el triangle. Es designen amb les mateixes lletres que els vèrtexs, però en minúscules: a, b, c, de manera que el costat oposat del vèrtex A és el costat a, etc.
- **Angles.** Estan formats per cada dos costats. S'anomenen amb la mateixa lletra que el vèrtex amb el símbol ^ a sobre: $\hat{A}$, $\hat{B}$ i $\hat{C}$.

2.2. Classificació dels triangles

Segons com siguin els costats i els angles, els triangles es classifiquen en:

Equilàter: els tres costats i els tres angles són iguals. 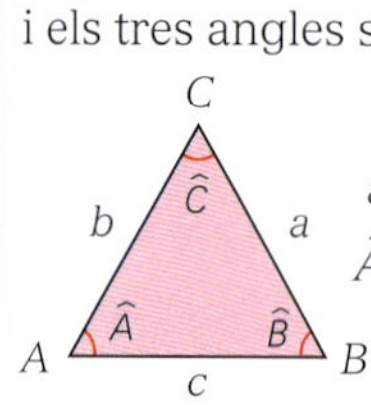 $a = b = c$ $\hat{A} = \hat{B} = \hat{C}$	**Isòsceles:** té dos costats i dos angles iguals. $a = b$ $\hat{A} = \hat{B}$ 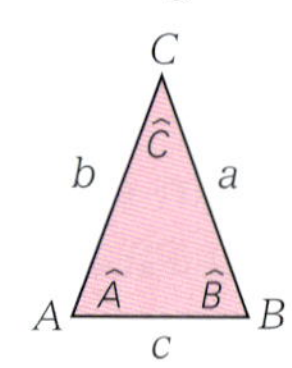	**Escalè:** té els tres costats i els tres angles diferents. 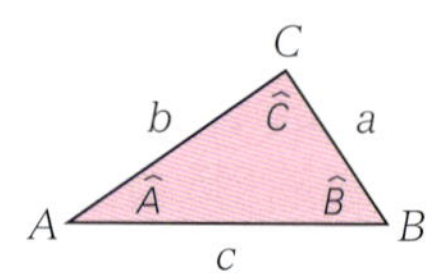
Acutangle: té els tres angles aguts. 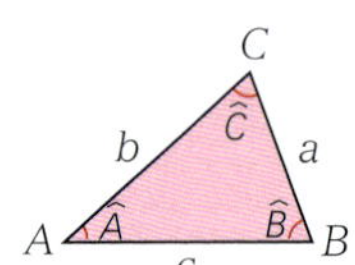	**Rectangle:** té un angle recte. 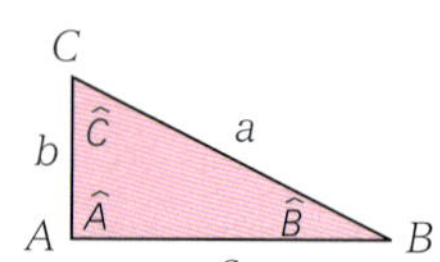	**Obtusangle:** té un angle obtús. 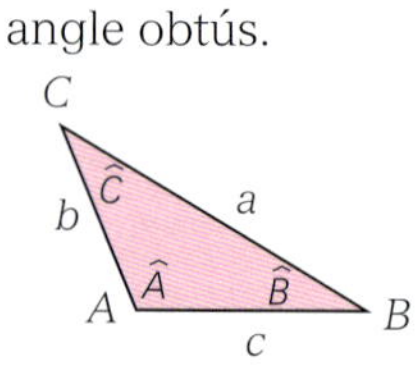

T'HI ATREVEIXES?

Si uneixo dos triangles iguals per un dels seus costats, quants costats pot tenir la nova figura?

ACTIVITATS

7 PRACTICA. Classifica aquests triangles segons els vèrtexs i segons els costats:

a) 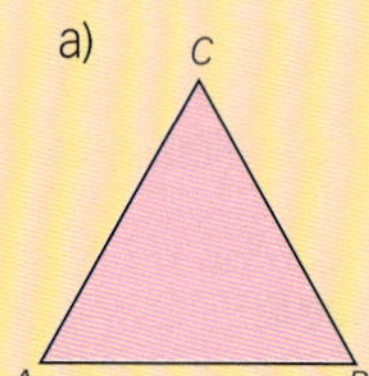

b) 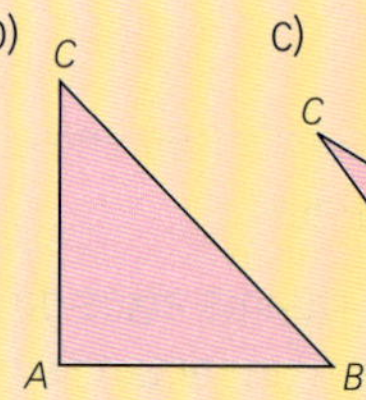

c) 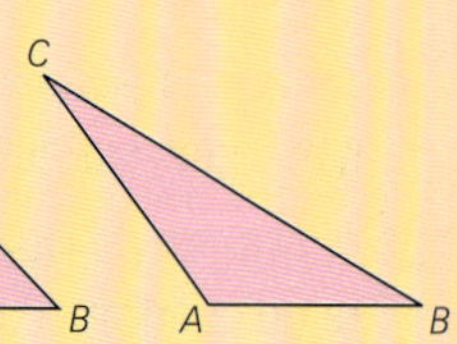

8 APLICA. Dibuixa un triangle escalè que sigui també rectangle.

9 REFLEXIONA. Esbrina si existeixen aquests triangles:

a) Un triangle rectangle isòsceles
b) Un triangle obtusangle rectangle
c) Un triangle escalè acutangle
d) Un triangle isòsceles escalè

3 Relacions entre els elements d'un triangle

3.1. Relacions entre els costats d'un triangle

Donat un triangle ABC, sempre es compleix que:

- Qualsevol costat és més petit que la suma dels altres dos.

  $a < b + c$ $\qquad b < a + c$ $\qquad c < a + b$

- Qualsevol costat és més gran que la diferència dels altres dos.

  $a > b - c$ $\qquad b > a - c$ $\qquad c > a - b$

EXEMPLE

3. Comprova si amb aquests segments podem dibuixar un triangle:

a) $a = 2$ cm, $b = 3$ cm, $c = 4$ cm

$2 < 3 + 4$ $\qquad 3 < 2 + 4$ $\qquad 4 < 2 + 3$

Amb aquests tres segments podem formar els costats d'un triangle.

b) $a = 1$ cm, $b = 2$ cm, $c = 3$ cm

$1 < 2 + 3$ $\qquad 2 < 1 + 3$ $\qquad$ 3 no és més petit que $2 + 1$

Amb aquests tres segments no podem formar els costats d'un triangle.

3.2. Relacions entre els angles d'un triangle

La suma dels tres angles d'un triangle és de 180°.

Si tracem una recta paral·lela al costat c que passi pel vèrtex oposat C, es formen tres angles $\widehat{C}_1$, $\widehat{C}_2$ i $\widehat{C}$ que compleixen que:

$$\widehat{C}_1 + \widehat{C}_2 + \widehat{C} = 180°$$

Com que $\widehat{A} = \widehat{C}_1$ perquè són alterns interns, i $\widehat{B} = \widehat{C}_2$ pel mateix motiu, tenim que per a qualsevol triangle:

$$\widehat{A} + \widehat{B} + \widehat{C} = 180°$$

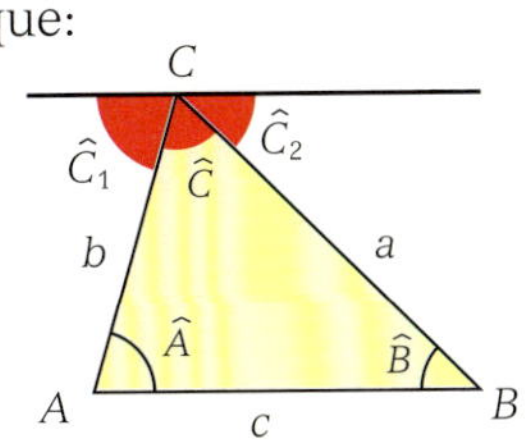

ACTIVITATS

10 **PRACTICA.** Comprova les relacions entre els costats i els angles d'aquest triangle:

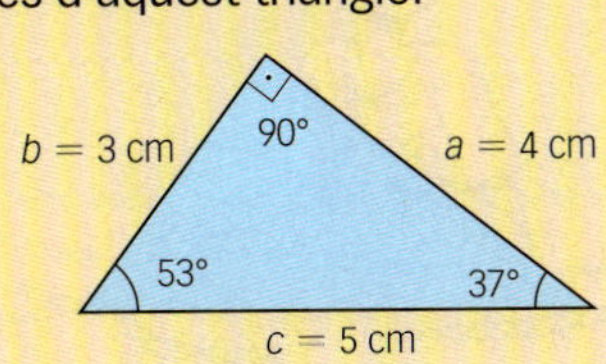

11 **APLICA.** Existeixen triangles d'aquestes mides?

a) 3, 3 i 4 cm $\qquad$ b) 3, 5 i 9 cm $\qquad$ c) 2, 4 i 6 cm

12 **REFLEXIONA.** En un triangle rectangle, un dels angles és el quàdruple d'un altre. Calcula els angles d'aquest triangle.

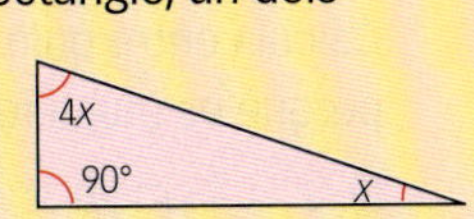

SABER FER

Dibuixar un triangle conegudes les mides dels costats

Construeix un triangle amb tres segments de longitud $a = 4$ cm, $b = 3$ cm, $c = 1,5$ cm.

Passos que cal seguir

1. Estudiem si els tres segments formen un triangle. Per fer-ho, comprovem que qualsevol dels costats és més petit que la suma dels altres dos.

$a < b + c$	$b < a + c$	$c < a + b$
$4 < 3 + 1,5$	$3 < 4 + 1,5$	$1,5 < 4 + 3$

Per tant, amb aquests tres segments podem formar un triangle.

2. Tracem un segment igual al costat més gran. Els extrems del segment seran els vèrtexs *B* i *C* del triangle.

3. Tracem un arc amb centre a *B* i de radi el costat *c*, i un arc amb centre a *C* i de radi el costat *b*. Els dos arcs es tallen en dos punts.

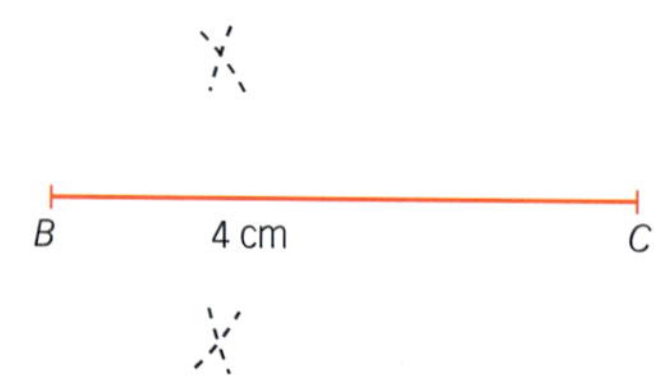

4. Unim *B* i *C* amb un dels punts de tall i obtenim el triangle que ens demanen.

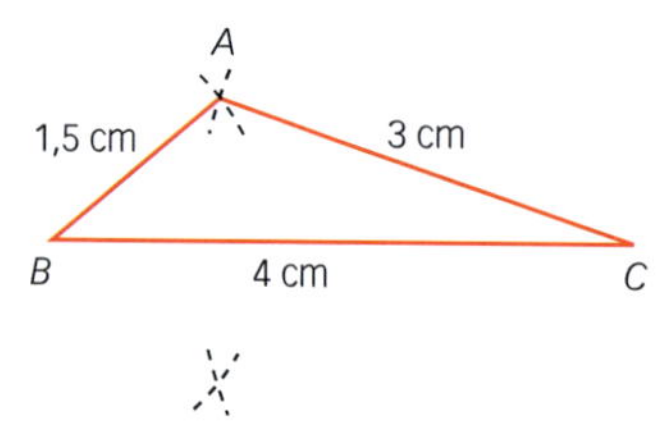

Si unim els vèrtexs *B* i *C* amb l'altre punt de tall obtenim un altre triangle amb les mateixes característiques.

ACTIVITATS

13 Determina quins d'aquests segments poden formar un triangle i dibuixa'l:

a) $a = 5,2$ cm; $b = 7,3$ cm; $c = 4$ cm

b) $a = 1,8$ cm; $b = 3$ cm; $c = 5$ cm

c) $a = 2$ cm; $b = 5,2$ cm; $c = 3,7$ cm

d) $a = 5$ cm; $b = 6$ cm; $c = 7$ cm

14 Construeix el triangle que té de costats cadascun dels segments següents:

a) $a = 5$ cm; $b = 5$ cm; $c = 8$ cm

b) $a = 3,4$ cm; $b = 4,6$ cm; $c = 5,8$ cm

c) $a = 6$ cm; $b = 8$ cm; $c = 10$ cm

d) $a = 5$ cm; $b = 7,2$ cm; $c = 9$ cm

15 Calcula entre quins valors pot estar el costat *c* perquè es pugui formar un triangle.

a) $a = 4$ cm i $b = 7$ cm b) $a = 2$ cm i $b = 5$ cm

16 Construeix un triangle rectangle isòsceles amb els catets d'aquestes mides:

a) 4 cm b) 2,8 cm c) 5,6 cm d) 6 cm

17 Justifica si aquestes mides poden ser les dels costats d'un triangle per a qualsevol valor de *a*.

a) a, $4a$ i $5a$

b) a, $2a$ i $\frac{7}{5}a$

4 Angles en els polígons

Un polígon que té tots els angles més petits que 180° s'anomena **polígon convex**. Si algun dels angles és més gran que 180°, s'anomena **polígon còncau**.

Polígon convex

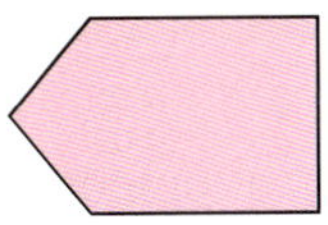

Polígon còncau

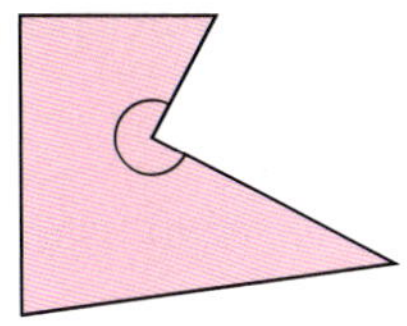

4.1. Suma dels angles d'un polígon

La **triangulació** d'un polígon consisteix a dividir-lo en triangles per mitjà de les seves diagonals.

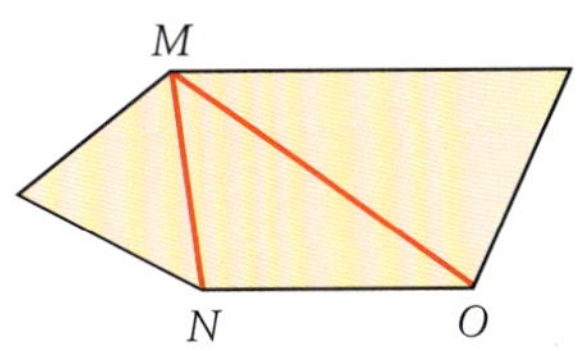

Per triangular un polígon, tracem totes les diagonals possibles des d'un dels vèrtexs.

Tot polígon convex de n costats es pot dividir en $n - 2$ triangles.

La suma dels angles d'un polígon és igual a la suma dels angles de tots els triangles en els quals es pot triangular.

La suma dels angles d'un polígon de n costats és $180° \cdot (n - 2)$.

EXEMPLE

4. Triangula i calcula la suma dels angles d'aquest polígon:

Si triangulem el polígon obtenim $6 - 2 = 4$ triangles.

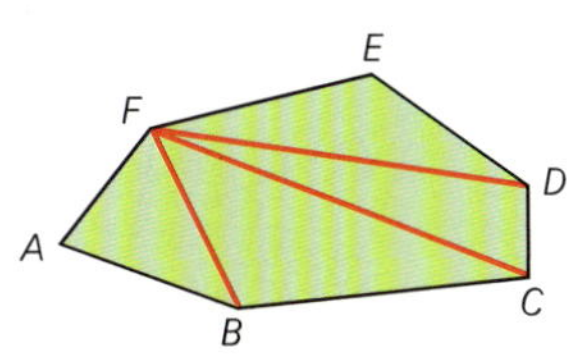

La suma dels angles del polígon és igual a la suma dels angles dels triangles que s'han format.

$180° \cdot (n - 2) = 180° \cdot 4 = 720°$

La suma dels angles d'aquest polígon és 720°.

T'HI ATREVEIXES?

En Màrius camina durant 1 minut en línia recta i després canvia de direcció.

Si fa aquest recorregut durant sis minuts i torna al punt de partida sense passar dues vegades pel mateix lloc, quant sumen els girs que ha donat?

ACTIVITATS

18 PRACTICA. Copia a la llibreta aquests polígons, pinta de vermell els angles i encercla els que són convexos:

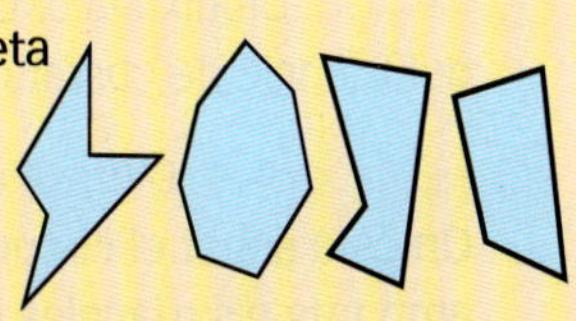

19 APLICA. Traça les diagonals d'un octàgon i calcula'n la suma dels angles.

20 REFLEXIONA. Quant sumen els angles d'un polígon que té 8 diagonals?

5 Rectes i punts notables en un triangle

5.1. Mitjanes

Les **mitjanes** d'un triangle són les rectes que obtenim quan unim cadascun dels vèrtexs amb el punt mitjà del costat oposat.

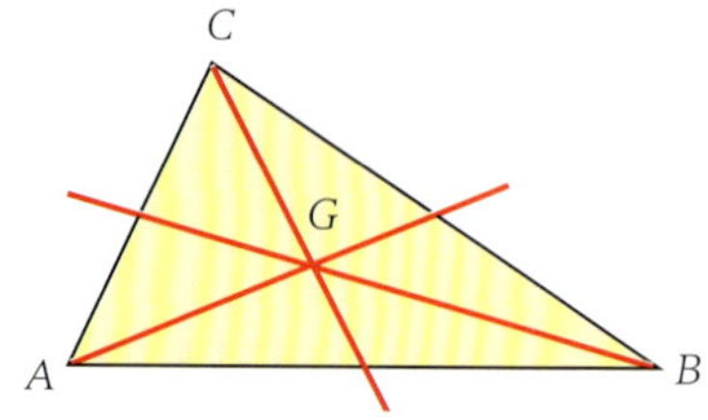

Les mitjanes d'un triangle es tallen en un punt anomenat **baricentre**.

5.2. Mediatrius

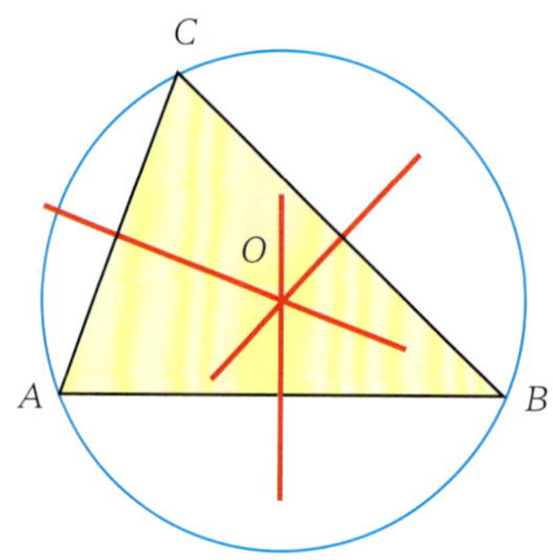

Les **mediatrius** d'un triangle són les rectes perpendiculars als costats del triangle que passen pel seu punt mitjà.

Les mediatrius es tallen en un punt situat a la mateixa distància dels tres vèrtexs del triangle que s'anomena **circumcentre**.

Amb centre en el circumcentre i de radi la distància a qualsevol dels vèrtexs, podem traçar una circumferència que passa pels tres vèrtexs; s'anomena **circumferència circumscrita**.

EXEMPLE

5. Determina el baricentre i el circumcentre d'un mateix triangle.

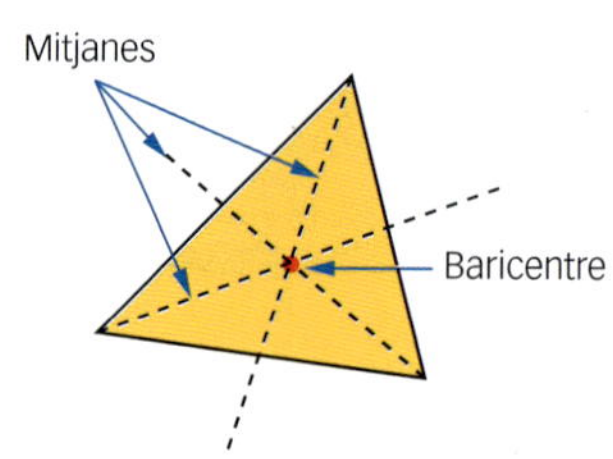

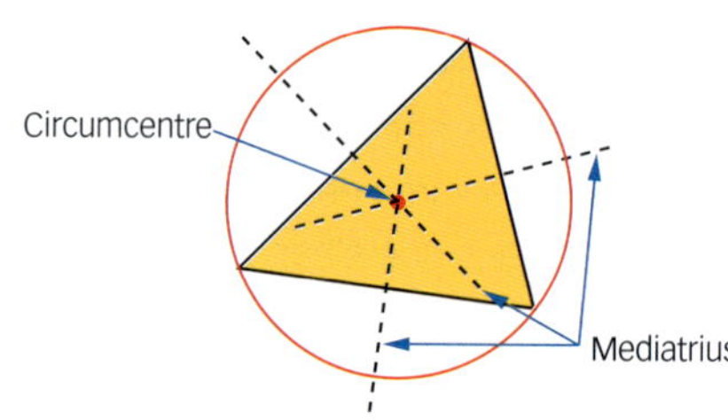

ACTIVITATS

21 PRACTICA. Dibuixa un triangle de costats 6 cm, 8 cm i 11 cm. Traça-hi les mitjanes i les mediatrius.

22 APLICA. Dibuixa un triangle obtusangle i determina'n el baricentre i el circumcentre.

23 APLICA. Dibuixa la circumferència circumscrita del triangle de costats 5 cm, 7 cm i 9,5 cm.

24 REFLEXIONA. Dibuixa un triangle rectangle. On està situat el circumcentre? Passa el mateix amb tots els triangles rectangles?

5.3. Altures

Les **altures** d'un triangle són les rectes perpendiculars als seus costats, o la seva prolongació, traçades des del vèrtex oposat.

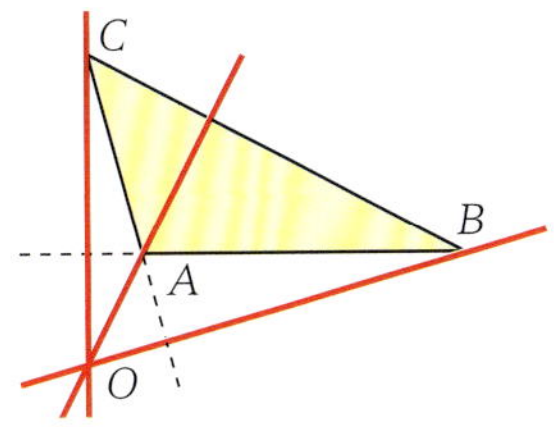

Les tres altures d'un triangle es tallen en un punt anomenat **ortocentre**.

5.4. Bisectrius

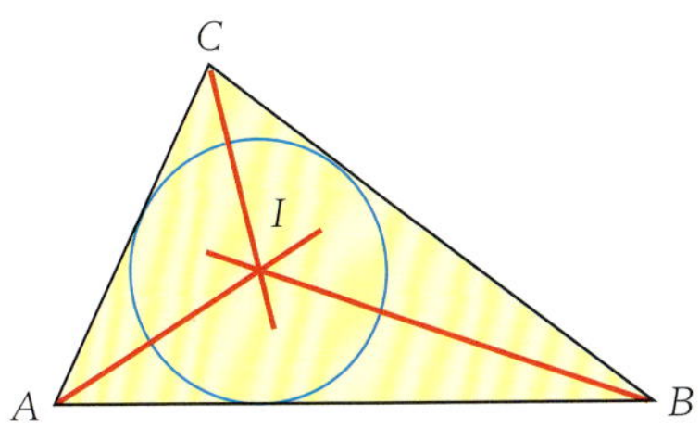

Les **bisectrius** d'un triangle són les rectes que divideixen cadascun dels seus angles en dues parts iguals.

Les bisectrius d'un triangle es tallen en un punt anomenat **incentre**.

Amb centre en aquest punt i de radi la distància a qualsevol dels costats, podem traçar una circumferència tangent als tres costats del triangle, que s'anomena **circumferència inscrita**.

EXEMPLE

6. Determina l'ortocentre i l'incentre d'un mateix triangle.

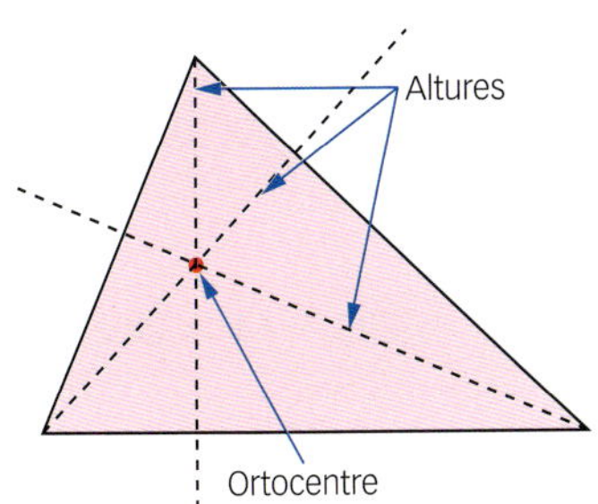

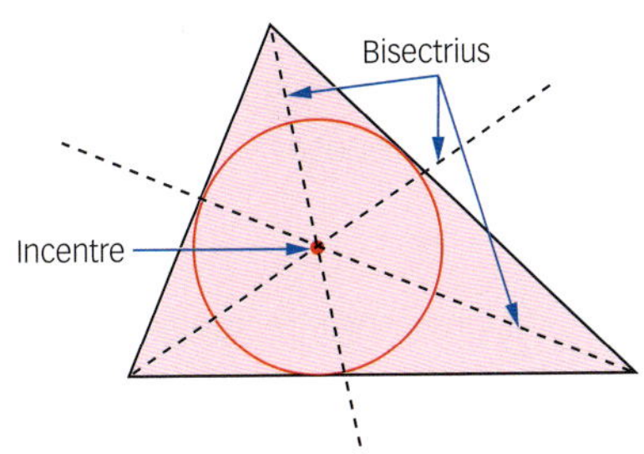

T'HI ATREVEIXES?

La Noa ha dibuixat un dels punts notables d'un triangle i ha coincidit amb un dels seus vèrtexs.

Quin punt ha dibuixat? Com és el triangle?

ACTIVITATS

25 PRACTICA. Dibuixa un triangle acutangle i traça'n les altures i les bisectrius.

26 PRACTICA. Dibuixa un triangle obtusangle i traça'n les altures i les bisectrius.

27 APLICA. Per als triangles següents, determina'n l'ortocentre i l'incentre:

a) $a = 5{,}6$ cm; $b = 6{,}4$ cm; $c = 9$ cm

b) $a = b = c = 8$ cm

28 REFLEXIONA. Comprova que en un triangle equilàter coincideixen les mitjanes, les mediatrius, les altures i les bisectrius.

29 REFLEXIONA. Justifica quines característiques té un triangle amb l'ortocentre situat:

a) A l'exterior del triangle

b) A l'interior del triangle

c) En un dels costats del triangle

6 El teorema de Pitàgores

El teorema de Pitàgores només es compleix en els triangles rectangles.

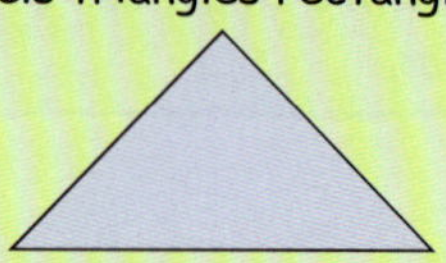

De la mateixa manera, si els costats d'un triangle compleixen el teorema de Pitàgores, aleshores és un triangle rectangle.

Un triangle rectangle és el que té un angle recte. Els costats que formen l'angle recte s'anomenen **catets**, i el costat més gran, **hipotenusa**.

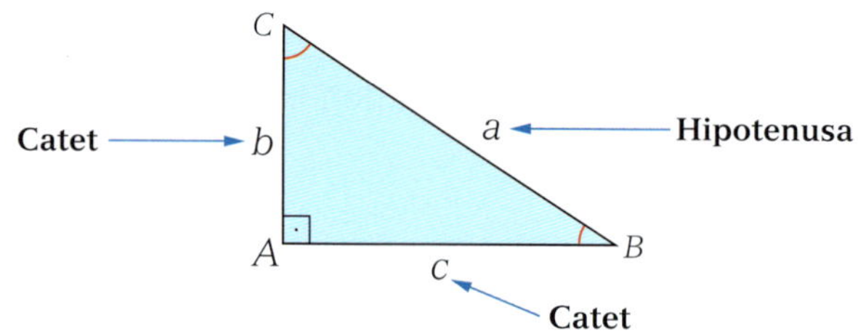

Teorema de Pitàgores

En un triangle rectangle es compleix que el quadrat de la hipotenusa és igual a la suma dels quadrats dels catets.

$$a^2 = b^2 + c^2$$

EXEMPLE

7. Comprova si els triangles que tenen de costats les mides següents són rectangles:

a) 17 cm, 15 cm i 8 cm

b) 16 cm, 14 cm i 6 cm

c) 19 cm, 16 cm i 11 cm

Per determinar si són triangles rectangles, comprovem si es compleix el teorema de Pitàgores. Per fer-ho, prenem sempre el costat més gran com a hipotenusa.

a) $a^2 = b^2 + c^2 \xrightarrow{a = 17,\, b = 15,\, c = 8} \begin{cases} a^2 = 289 \\ b^2 + c^2 = 225 + 64 = 289 \end{cases}$

És un triangle rectangle.

b) $a^2 = b^2 + c^2 \xrightarrow{a = 16,\, b = 14,\, c = 6} \begin{cases} a^2 = 256 \\ b^2 + c^2 = 196 + 36 = 232 \end{cases}$

No és un triangle rectangle.

c) $a^2 = b^2 + c^2 \xrightarrow{a = 19,\, b = 16,\, c = 11} \begin{cases} a^2 = 361 \\ b^2 + c^2 = 256 + 121 = 377 \end{cases}$

No és un triangle rectangle.

ACTIVITATS

30 PRACTICA. Comprova que es compleix el teorema de Pitàgores en aquests triangles rectangles:

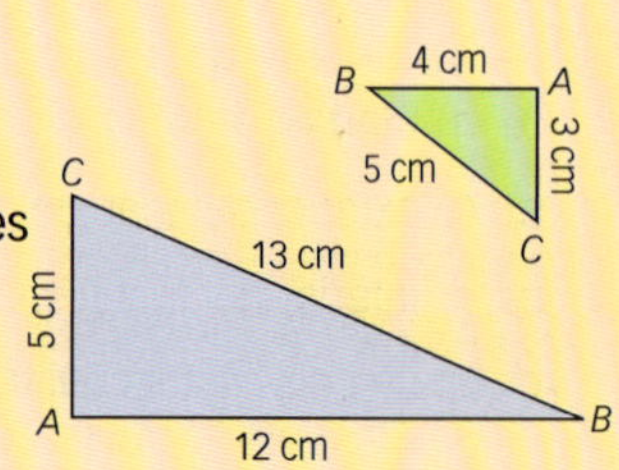

31 APLICA. Comprova si un triangle de costats 25 m, 8 m i 7 m és rectangle.

32 REFLEXIONA. Esbrina si existeix un triangle rectangle isòsceles amb els catets de 5 cm i la hipotenusa de 8 cm.

SABER FER

Determinar un costat desconegut en un triangle rectangle

Determina el costat que falta en aquests triangles rectangles:

a)

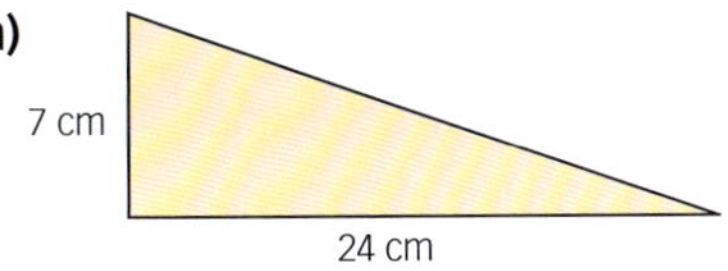

b)

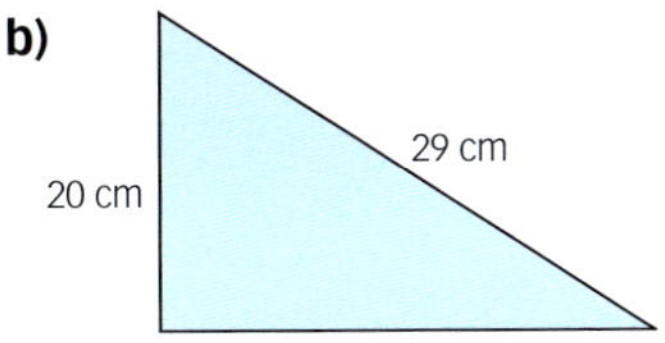

L'operació inversa d'elevar al quadrat és calcular l'arrel quadrada.

$\sqrt{9} = 3$ perquè $3^2 = 9$

I de la mateixa manera:

$3^2 = 9$ perquè $\sqrt{9} = 3$

Passos que cal seguir

1. Identifiquem les dades conegudes i el costat que hem de calcular.

a) $b = 7$ cm i $c = 24$ cm

El costat que falta és la hipotenusa.

b) $a = 29$ cm i $b = 20$ cm

El costat que falta és un dels catets.

2. Substituïm en el teorema de Pitàgores cada lletra pel seu valor. La lletra *a* representa la hipotenusa, i *b* i *c* són els catets.

a) $a^2 = b^2 + c^2$

$a^2 = 7^2 + 24^2$

b) $a^2 = b^2 + c^2$

$29^2 = 20^2 + c^2$

3. Aïllem la lletra desconeguda per calcular-ne el valor.

$a^2 = 7^2 + 24^2 \rightarrow a^2 = 625$

$a = \sqrt{625} = 25$ cm

$29^2 = 20^2 + c^2 \rightarrow c^2 = 29^2 - 20^2 = 441$

$c = \sqrt{441} = 21$ cm

ACTIVITATS

33 Calcula el costat desconegut d'aquests triangles rectangles:

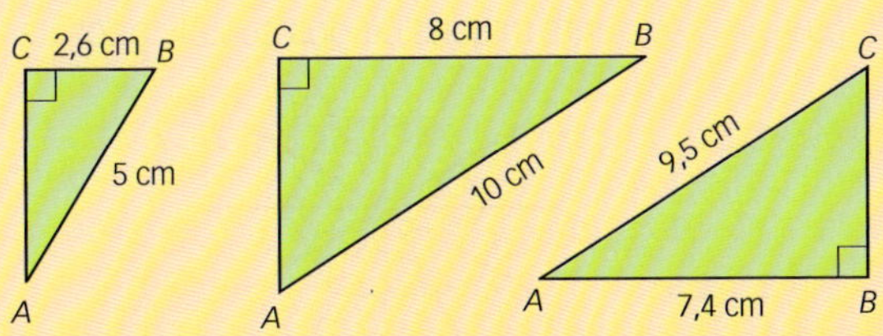

34 Determina la longitud del costat que falta en els triangles següents (*a* és la hipotenusa):

a) $a = 34$ cm; $b = 30$ cm

b) $b = 28$ cm; $c = 21$ cm

35 Calcula el costat que falta en aquests triangles rectangles $\widehat{ABC}$ que tenen l'angle recte en $\widehat{A}$.

a) $b = 6$ cm; $c = 9$ cm

b) $b = 3,6$ cm; $c = 4,9$ cm

c) $b = 3$ cm; $c = 6,2$ cm

d) $b = 5,3$ cm; $c = 7$ cm

36 Calcula la mida de la hipotenusa, *a*, en els triangles rectangles isòsceles següents:

a) $b = c = 4$ cm

b) $b = c = 5,1$ cm

c) $b = c = 7,5$ cm

d) $b = c = 12,6$ cm

37 Determina la mida de la diagonal d'un quadrat de 2,82 cm de costat.

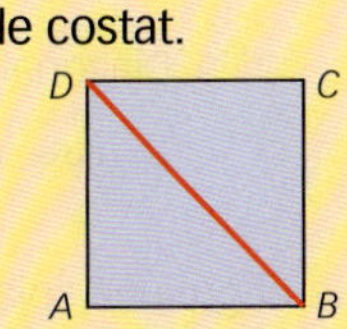

38 Determina la mida de la diagonal d'un rectangle de dimensions $5 \times 7,4$ cm.

39 Calcula la mida de l'altura d'un triangle isòsceles si sabem que els costats iguals fan 6 cm i el costat desigual és de 7,7 cm.

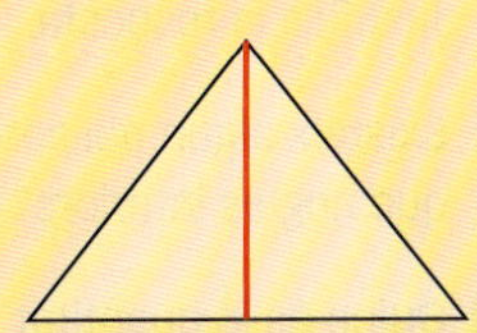

ACTIVITATS FINALS

Polígons. Eixos de simetria

40 Indica el nom dels elements d'aquests polígons que estan pintats de vermell:

a) 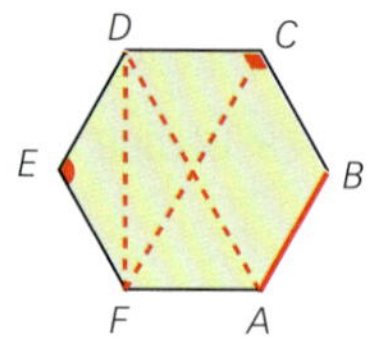

c) 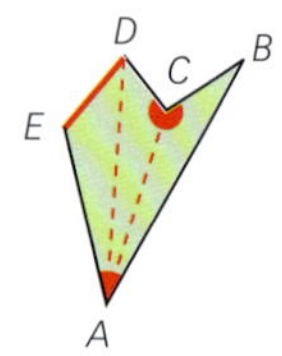

b) 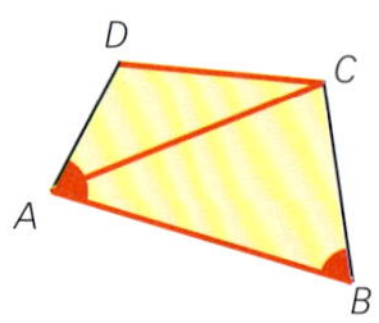

d) 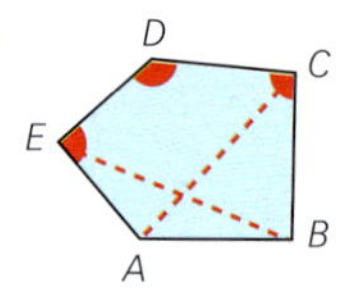

41 Escriu el nom d'aquests polígons segons els costats:

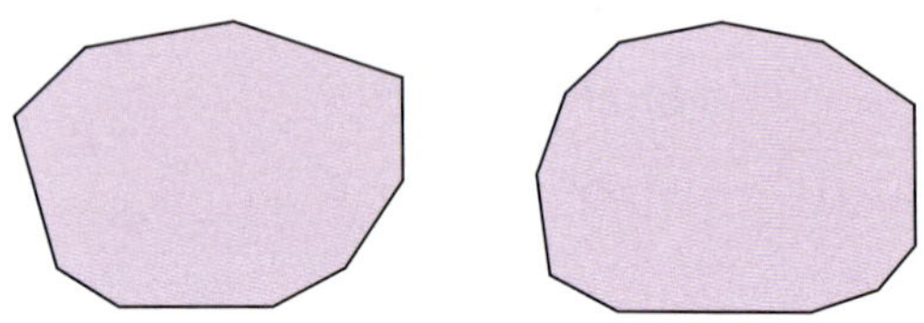

42 Dibuixa a la llibreta els polígons següents i pinta de vermell els elements que s'indiquen:

a) 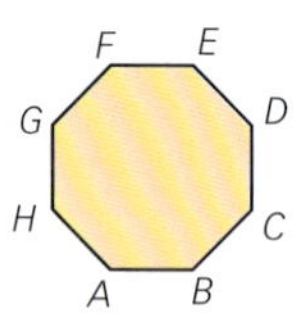

Costats: $\overline{FG}$, $\overline{AB}$ i $\overline{CD}$

Diagonals: $\overline{EH}$, $\overline{EA}$ i $\overline{BD}$

Angles: $\hat{F}$, $\hat{G}$ i $\hat{A}$

b) 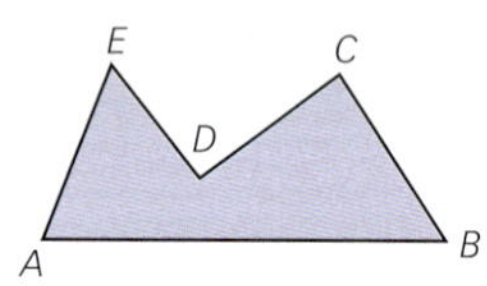

Costats: $\overline{ED}$ i $\overline{AB}$

Diagonals: $\overline{DA}$ i $\overline{DB}$

Angles: $\hat{E}$, $\hat{D}$ i $\hat{B}$

c) 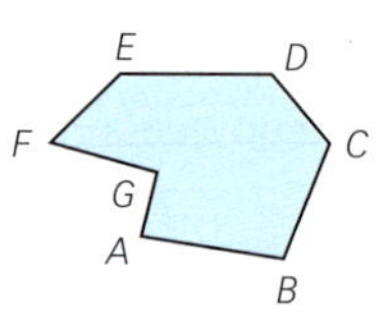

Costats: $\overline{FG}$, $\overline{GA}$ i $\overline{DC}$

Diagonals: $\overline{FC}$, $\overline{GB}$ i $\overline{AD}$

Angles: $\hat{E}$, $\hat{G}$ i $\hat{B}$

43 Existeix cap polígon que tingui una sola diagonal? I un polígon que no tingui diagonals?

44 Un polígon pot tenir més vèrtexs que costats? Justifica la resposta.

45 Existeix algun polígon que tingui més costats que angles interiors?

46 Quina és la quantitat mínima de costats d'un polígon? I d'angles interiors? I de diagonals?

47 Dibuixa, en cada cas, un polígon amb les característiques indicades.

a) Té cinc diagonals.

b) Té nou angles interiors, dos dels quals fan més de 180°.

c) Té dues diagonals i una fa el doble que l'altra.

d) Té set vèrtexs i tres angles interiors que fan 90°.

e) Té sis angles interiors, dos dels quals són rectes.

SABER FER

Determinar els eixos de simetria d'un polígon

48 Determina els eixos de simetria d'un pentàgon regular i d'un hexàgon regular.

PRIMER. Quan el nombre de vèrtexs és senar, comprovem si són eixos de simetria les rectes que passen per cadascun dels vèrtexs i el punt mitjà del costat oposat.

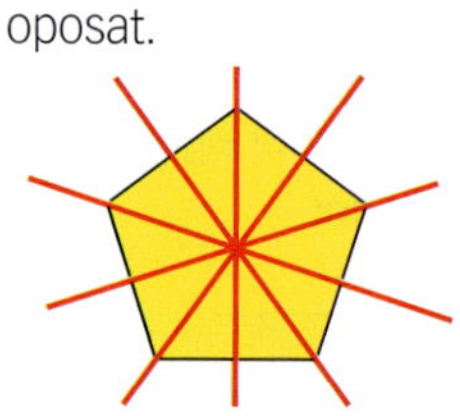

Un pentàgon regular té 5 eixos de simetria.

SEGON. Quan el nombre de vèrtexs és parell, comprovem si són eixos de simetria les rectes que uneixen dos vèrtexs oposats i les rectes que passen pels punts mitjans de dos costats oposats.

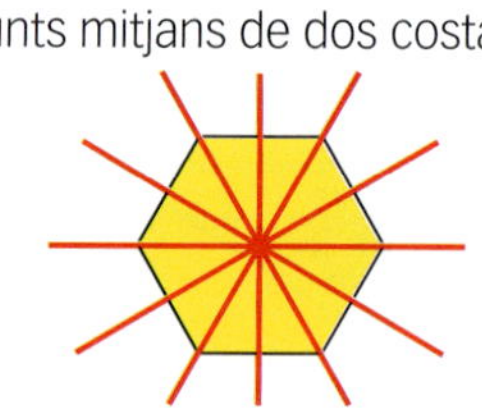

Un hexàgon regular té 6 eixos de simetria.

49 Determina els eixos de simetria dels polígons següents:

a) Un triangle equilàter

b) Un triangle isòsceles

c) Un triangle rectangle isòsceles

d) Un enneàgon regular

e) Un octàgon regular

f) Un rombe

g) Un romboide

50 Determina els eixos de simetria de cadascun dels polígons següents:

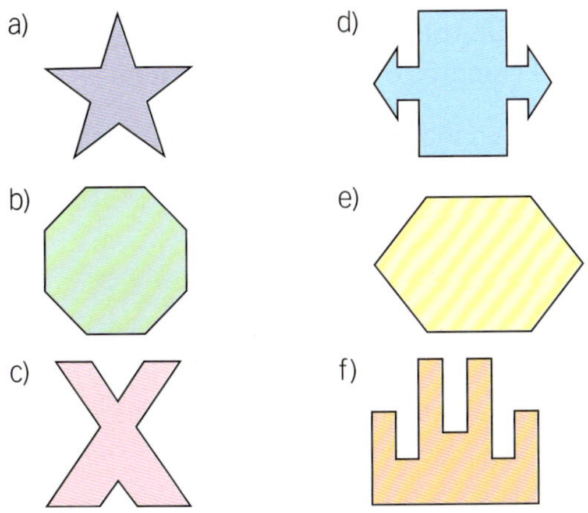

51 Dibuixa un polígon que tingui dos eixos de simetria perpendiculars.

52 Dibuixa un polígon amb el nombre més petit de costats possible que tingui almenys un eix de simetria:

a) Vertical b) Horitzontal c) Oblic

53 Dibuixa un triangle que compleixi les característiques de cadascun d'aquests casos:

a) Té tres eixos de simetria.

b) Té un eix de simetria i és rectangle.

c) No té cap eix de simetria.

54 Dibuixa un heptàgon convex i un de còncau, i senyala-hi els vèrtexs, els costats, els angles interiors i les diagonals.

55 En els polígons següents, indica'n el nom, si són regulars i si són convexos o còncaus:

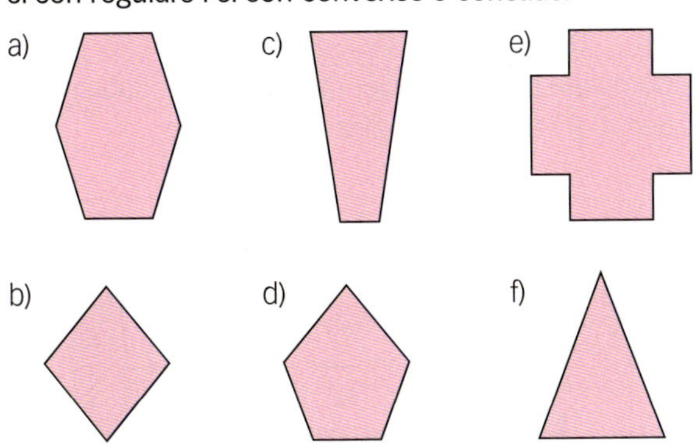

56 Dibuixa un polígon còncau d'11 costats. Pinta de blau els angles més grans de 180° i de vermell, els més petits de 180°.

57 Pot ser un polígon còncau regular? Justifica la resposta.

58 Dibuixa un polígon còncau que tingui un eix de simetria horitzontal i un que el tingui vertical.

Triangles

59 Classifica aquests triangles segons els costats i els angles:

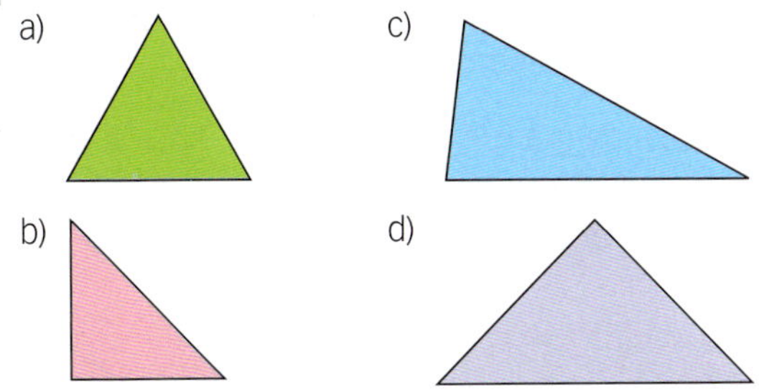

60 Dibuixa els triangles següents:

a) Un triangle acutangle escalè

b) Un triangle acutangle isòsceles

c) Un triangle acutangle equilàter

d) Un triangle rectangle isòsceles

e) Un triangle rectangle escalè

f) Un triangle obtusangle escalè

g) Un triangle obtusangle isòsceles

61 Amb un transportador construeix un triangle amb les característiques següents en cada cas:

a) Triangle acutangle amb un angle de 30°

b) Triangle rectangle amb un angle de 30°

c) Triangle rectangle amb un angle de 45°

d) Triangle obtusangle amb un angle de 50°

e) Triangle isòsceles amb un angle de 30°

f) Triangle escalè amb un angle de 80°

62 Analitza si es pot dibuixar un triangle amb aquests segments. Dibuixa els triangles quan sigui possible.

a) $a = 4$ cm, $b = 5$ cm i $c = 7$ cm

b) $a = 4$ cm, $b = 6$ cm i $c = 9$ cm

c) $a = 3$ cm, $b = 5$ cm i $c = 9$ cm

d) $a = 6$ cm, $b = 2$ cm i $c = 10$ cm

e) $a = 4$ cm, $b = 4$ cm i $c = 7$ cm

f) $a = 3$ cm, $b = 4$ cm i $c = 5$ cm

63 Dibuixa un triangle equilàter amb els costats de 5 cm. Mesura amb un transportador la dimensió dels angles.

a) Quant fan els angles?

b) Passa el mateix amb tots els triangles equilàters?

64 Dibuixa uns quants triangles isòsceles. Mesura l'amplitud dels angles.

a) Quant fan els angles?

b) Passa el mateix amb tots els triangles isòsceles?

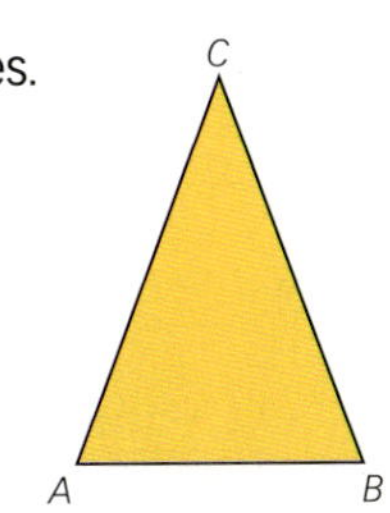

SABER FER

Construir un triangle coneguts un costat i els dos angles contigus

65 Dibuixa un triangle que tingui el segment *a* com un dels costats i amb els angles $\hat{B}$ i $\hat{C}$.

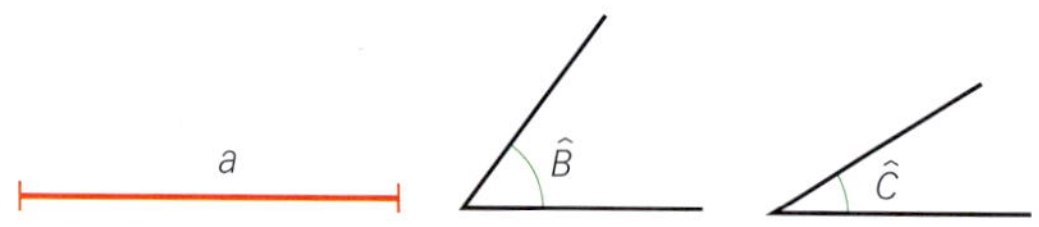

PRIMER. Dibuixem un segment igual que el costat conegut, *a*. Els extrems seran els vèrtexs *B* i *C*.

SEGON. Construïm els angles $\hat{B}$ i $\hat{C}$ sobre el segment *a*.

TERCER. El punt d'intersecció dels costats de $\hat{B}$ i $\hat{C}$ és el vèrtex *A*.

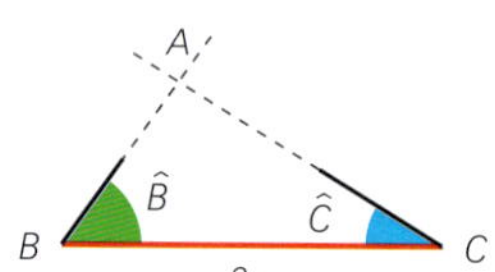

66 Construeix triangles amb aquests elements:

a) Un dels costats fa 6 cm i els dos angles contigus són de 20° i 45°.

b) Un dels costats fa 7,5 cm i els dos angles contigus són de 60° i 30°.

c) Un dels costats fa 5 cm i els dos angles contigus són de 120° i 30°.

d) Un dels costats fa 8 cm i els dos angles contigus són iguals i fan 50°.

67 Construeix un triangle rectangle que tingui un catet de 5 cm i un angle contigu a aquest catet de 60°.

68 Construeix un triangle isòsceles amb el costat desigual de 4 cm i els dos angles iguals de 70° cada un.

69 Copia aquests elements a la llibreta i construeix un triangle amb cada cas:

a)

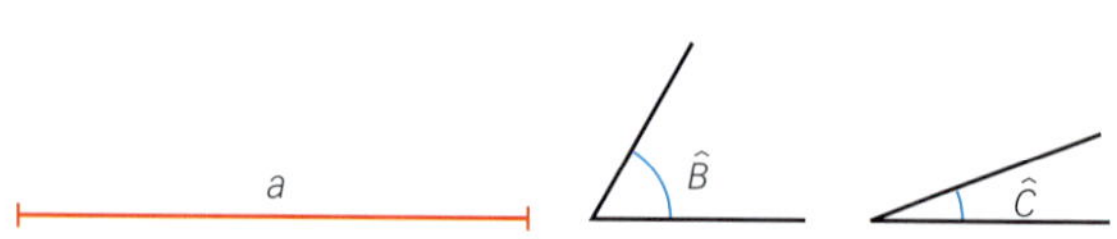

b)

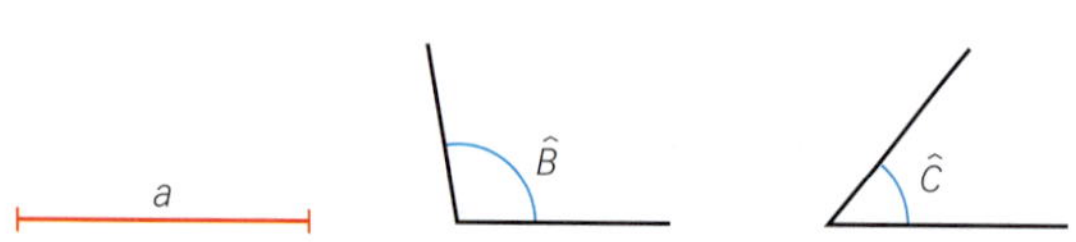

SABER FER

Construir un triangle coneguts dos dels costats i l'angle comprès entre aquests costats

70 Dibuixa un triangle que tingui els segments *a* i *b* com a costats i que l'angle comprès entre aquests dos costats sigui $\hat{A}$.

PRIMER. Tracem un segment igual que un dels costats coneguts, *b*. Els extrems seran els vèrtexs *A* i *C*.

SEGON. Hi dibuixem a sobre l'angle conegut, $\hat{A}$, i sobre aquest angle, l'altre costat conegut, *c*. L'extrem d'aquest costat és *B*.

TERCER. Unim *B* amb *C*.

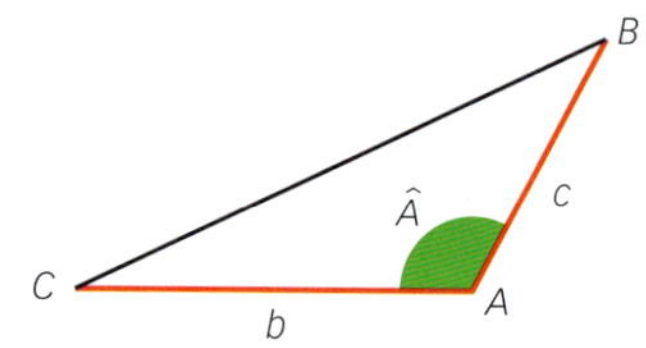

71 Els costats *a* i *b* d'un triangle $\widehat{ABC}$ fan 6 cm i 10 cm, respectivament. Dibuixa un triangle per a cadascun d'aquests casos:

a) L'angle comprès entre *a* i *b* fa 60°.

b) L'angle comprès entre *a* i *b* fa 90°.

c) L'angle comprès entre *a* i *b* fa 120°.

72 Completa la taula següent a la llibreta si sabem que $\hat{A}$, $\hat{B}$ i $\hat{C}$ són els angles d'un triangle:

$\hat{A}$	$\hat{B}$	$\hat{C}$
35°	65°	
	75°	20°
15°	150°	
80°		40°
	135°	25°

73 Un triangle rectangle té un angle de 40°. Quant fan els altres dos angles?

74 En un triangle rectangle $\widehat{ABC}$ l'angle recte està situat en $\hat{B}$.

a) Quant fa $\hat{A}$ si $\hat{C} = 20°$?

b) Quant fa $\hat{C}$ si $\hat{A} = 35°$?

c) Quant fan $\hat{A}$ i $\hat{C}$ si és isòsceles?

75 Calcula quant fan els angles vermells.

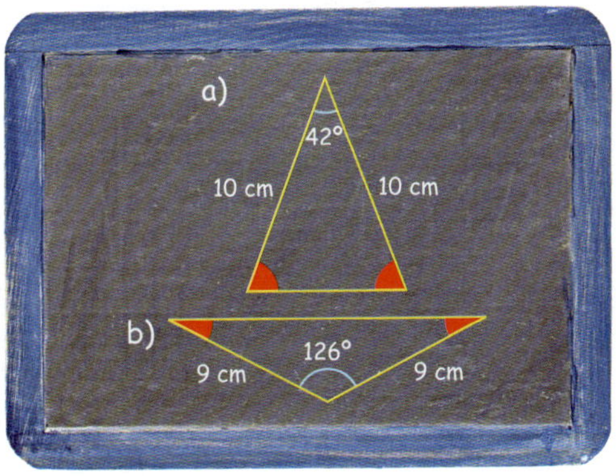

76 Calcula el valor de l'angle vermell en cada cas.

a)

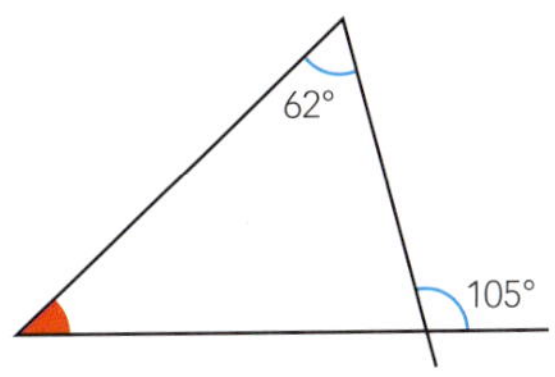

b)

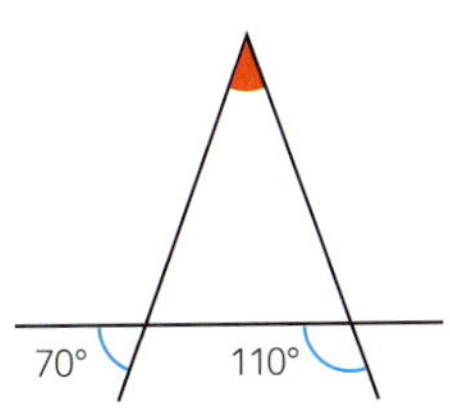

SABER FER

Construir un triangle coneguts un costat i dos angles, un de no contigu al costat

77 Dibuixa un triangle que tingui el segment *a* com un dels costats; $\hat{B}$ com un dels angles contigus, i $\hat{A}$ com un altre dels angles.

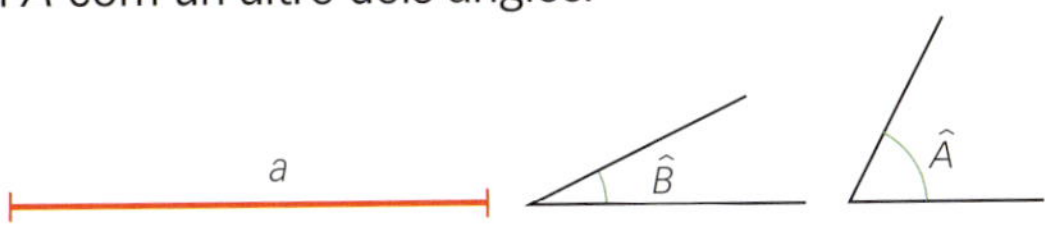

PRIMER. Mesurem amb un transportador els angles donats i calculem el tercer angle del triangle.

$\hat{C} = 180° - \hat{A} - \hat{B}$

SEGON. Dibuixem el triangle amb un costat *a* i els angles contigus $\hat{B}$ i $\hat{C}$.

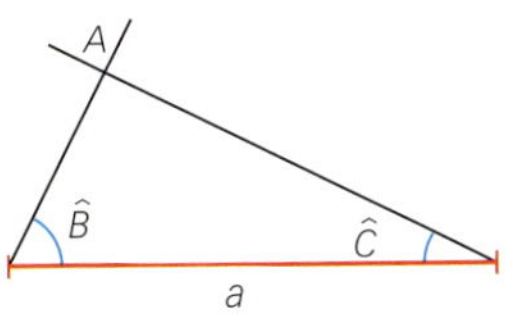

78 Construeix un triangle amb aquests elements:

a) Un dels costats fa 4 cm; un angle contigu a aquest costat, 40°, i un angle no contigu, 60°.

b) Un dels costats fa 7 cm; un angle contigu a aquest costat, 100°, i un angle no contigu, 30°.

79 Construeix un triangle rectangle i isòsceles amb una hipotenusa de 4 cm. Explica com ho fas.

80 Dibuixa els triangles següents:

a) Un triangle isòsceles d'angle desigual $\hat{A} = 124°$ i de costat desigual 6 cm.

b) Un triangle isòsceles amb els angles iguals de 20° i els costats iguals de 7 cm.

Rectes i punts notables en el triangle

81 Escriu a la llibreta el nom de les rectes notables dibuixades en els triangles.

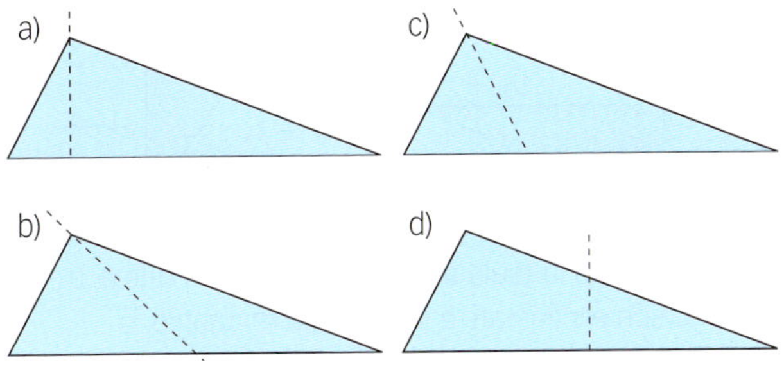

82 Construeix un triangle de costats 6 cm, 8 cm i 10 cm.

a) Quin tipus de triangle és?

b) Traça'n la circumferència inscrita i circumscrita.

83 Construeix un triangle isòsceles de costats 5 cm, 8 cm i 8 cm. Dibuixa'n les altures i senyala'n l'ortocentre.

84 Dibuixa un triangle rectangle de costats 3 cm, 4 cm i 5 cm. Construeix la circumferència inscrita a aquest triangle.

85 Dibuixa un triangle de costats 5 cm, 6 cm i 8 cm i senyala'n el baricentre.

86 Construeix un triangle equilàter de 6 cm de costat. Dibuixa'n les mitjanes i senyala'n el baricentre. Mesura la distància entre el baricentre i cadascun dels vèrtexs. Quin valor té?

87 Construeix tres triangles equilàters, un de 3 cm de costat, un altre de 6 cm de costat i el tercer de 8 cm de costat. Determina'n en cada cas els punts notables.

a) Què hi veus?

b) Quines rectes coincideixen?

88 Dibuixa diferents triangles rectangles, traça'n les altures i senyala'n l'ortocentre. Què hi observes?

ACTIVITATS FINALS

Teorema de Pitàgores

89 Indica si els segments següents poden ser els costats d'un triangle rectangle:

a) $a = 8$ cm, $b = 6$ cm i $c = 5$ cm

b) $a = 8{,}062$ cm, $b = 7$ cm i $c = 4$ cm

c) $a = 9{,}434$ cm, $b = 8$ cm i $c = 5$ cm

d) $a = 7{,}81$ cm, $b = 6$ cm i $c = 5$ cm

90 Justifica si les mides següents corresponen als costats d'un triangle rectangle:

a) 5; 7,1 i 9,3 cm

b) 3,5; 1,8 i 3 cm

c) 2,45; 5 i 4,25 cm

91 Calcula la mida del catet desconegut.

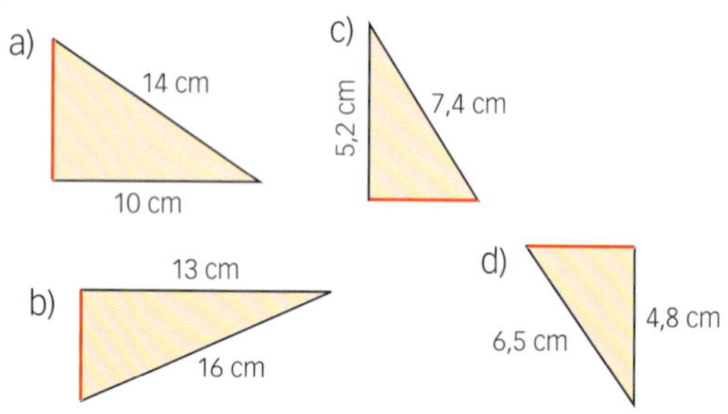

92 Completa la taula a la llibreta si sabem que a, b i c són els costats d'un triangle rectangle.

Hipotenusa a	Catet b	Catet c
5	3	
	6	8
20		16
	18	24
41		40

93 Calcula els costats desconeguts dels triangles rectangles isòsceles següents:

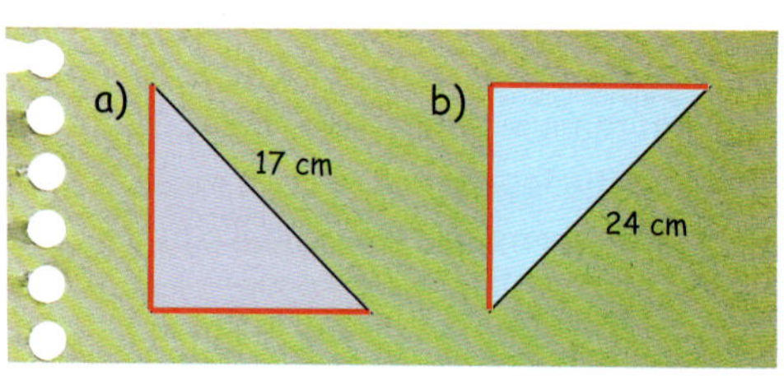

94 Determina les mides dels catets b i c en els triangles rectangles isòsceles següents coneguda la hipotenusa a:

a) $a = 12$ cm

b) $a = 9{,}3$ cm

c) $a = 15$ cm

Problemes

95 En Marc, la Ramona i l'Andrea viuen en tres punts no alineats d'una ciutat. Quan queden per sortir es volen trobar en un lloc que estigui a la mateixa distància de tots tres. Com poden trobar aquest lloc?

96 Per a cadascun d'aquests casos, calcula la diagonal del quadrat que té de costat la mida indicada:

a) Costat = 12 cm

b) Costat = 6,7 cm

c) Costat = 8,02 cm

97 Calcula la diagonal d'un rectangle que té les dimensions següents:

a) 4 cm de base i 7 cm d'altura

b) 3,8 cm de base i 4,45 cm d'altura

98 Calcula la base d'un rectangle si sabem que la diagonal fa 30 cm i l'altura és de 10 cm.

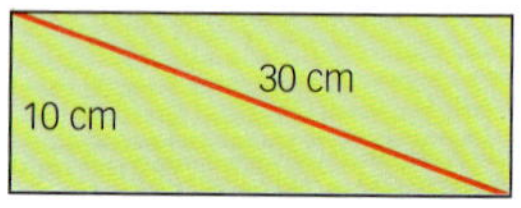

99 Calcula la diagonal d'un rectangle si sabem que l'altura és la tercera part de la base, que és de 18 cm.

100 Calcula el costat d'un quadrat amb els valors de la diagonal següents:

a) 13,435 cm

b) 11,22 cm

c) 8,7 cm

101 Calcula l'altura d'un rectangle si sabem que la diagonal és de 8,2 cm i la base és la meitat de la diagonal.

102 Calcula l'altura d'un triangle equilàter si sabem que el costat és de:

a) 16 cm

b) 9,4 cm

c) 6,82 cm

SABER FER

Resoldre problemes per mitjà del teorema de Pitàgores

103 Calcula la longitud d'una escala que està repenjada a la paret a una distància d'1,8 m i que puja fins a una altura de 7 m.

PRIMER. Fem un dibuix de la situació.

L'angle que formen la paret i el terra és un angle recte. Tenim un triangle rectangle i en coneixem els dos catets.

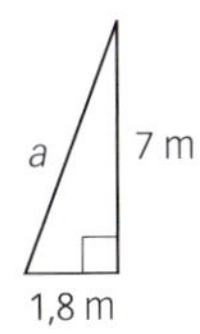

SEGON. Apliquem el teorema de Pitàgores.

$$a^2 = (1{,}8)^2 + 7^2 = 52{,}24 \rightarrow a = \sqrt{52{,}24} = 7{,}23 \text{ m}$$

L'escala fa 7,23 m.

104 ●●● Una escala de 5 m repenjada a la paret té el peu a 1,5 m de la base de la paret. A quina altura puja?

105 ●●● En un jardí rectangular de 8 × 5 m, calcula quants metres de camí recorre un nen que el travessa seguint-ne la diagonal.

106 ●●● La brigada de manteniment de l'ajuntament revisa els fanals cada mes. Hi ha fanals de dues altures: 3 m i 2,68 m. Tenen escales de 3,5 m. Calcula la distància que separa el peu de l'escala de cada tipus de fanal quan els treballadors en fan la revisió.

107 ●●● El pal amb la bandera està agafat amb dues cordes tal com veiem a la il·lustració. Calcula la longitud de les cordes.

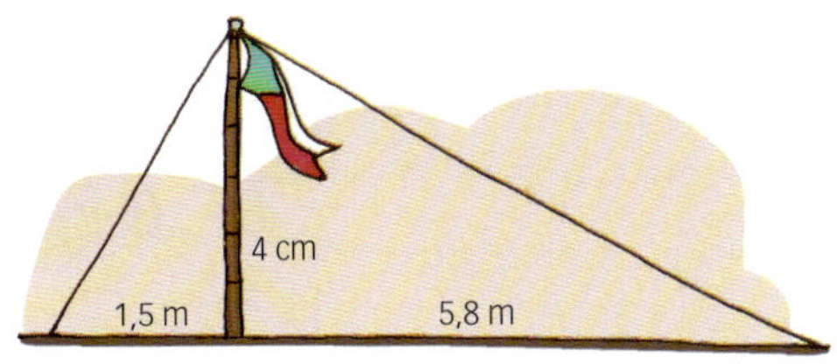

108 ●●● L'Arnau vol traçar una línia recta en diagonal en un paper blanc de mida DIN A4, de 210 mm × 297 mm. Vol que sigui la més gran possible i la vol fer d'un sol traç. Té només un regle de 35 cm.

a) Ho podrà fer?

b) Quina és la mida mínima del regle per fer-ho?

HAS DE SABER FER

Polígons

1 Digues quins d'aquests polígons són regulars:

a) Un triangle equilàter
b) Un quadrat
c) Un rectangle
d) Un rombe

2 Dibuixa un polígon convex de vuit costats i senyala-hi els angles interiors i les diagonals. Quantes diagonals pots traçar?

Triangles

3 Justifica si és possible construir un triangle amb les característiques següents:

a) Els costats fan 4,3 cm, 6 cm i 8 cm.

b) Dos dels costats fan 5 cm i 7 cm, i un angle és de 65°.

c) Dos dels angles fan 120° i 100°.

d) Dos dels angles fan 72° i 64°, i un dels costats és de 5,5 cm.

4 Pot existir un triangle isòsceles i rectangle alhora?

Teorema de Pitàgores

5 Calcula la hipotenusa d'un triangle rectangle que té els catets de 21 cm i 28 cm.

6 Un triangle té dos costats que fan 15 cm i 12 cm. Quina mida ha de tenir el tercer costat perquè sigui un triangle rectangle?

7 Per subjectar l'estructura d'una finestra quadrada hi posen un llistó de fusta en diagonal. Calcula la mida d'aquest llistó si el costat de la finestra és d'1,35 m.

+ COMPETÈNCIA MATEMÀTICA

En la vida quotidiana

109 Moltes vegades has d'haver vist construir edificis, carreteres o altres grans obres. En aquestes construccions deus haver observat persones mirant per una mena de prismàtics.

La persona que fa això és un topògraf i fa servir un teodolit. El teodolit serveix per mesurar distàncies i angles tant horitzontals com verticals.

A la dreta pots veure el plànol d'un estany en el qual volen construir una passarel·la per travessar-lo. La passarel·la és marcada amb una línia vermella.

El plànol només té algunes distàncies i les mides d'uns quants angles. Amb aquestes dades calcula:

a) La distància que recorre la passarel·la.

b) Els angles A i B que forma la passarel·la amb els costats de l'estany.

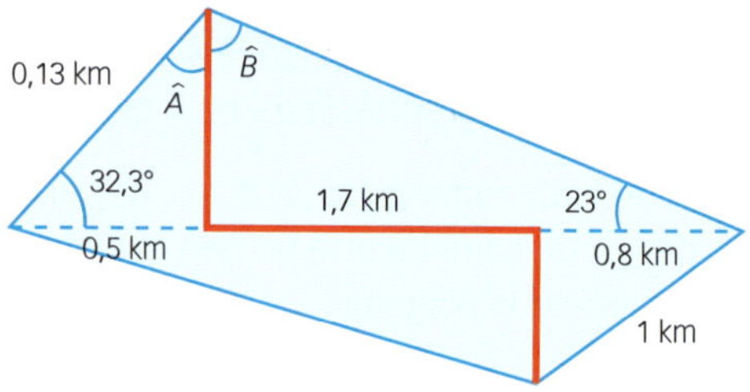

Formes de pensar. Raonament matemàtic

110 Calcula la longitud dels costats d'aquest triangle:

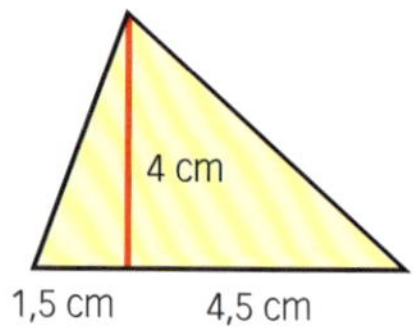

111 Pot existir un polígon de 3, 4, 5, 6... costats, amb tots els angles iguals, però que no tingui els costats iguals?

a) Construeix els polígons que compleixen aquesta condició.

b) Explica en quins casos no és possible i explica per què.

112 Construeix un quadrat si sabem que la diagonal és de 6 cm.

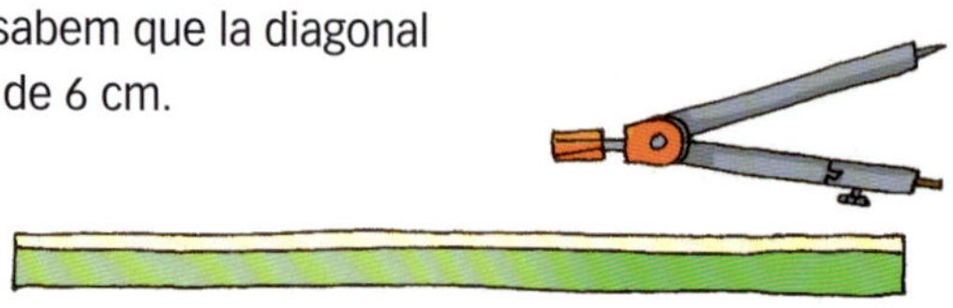

113 Determina l'expressió del valor de la hipotenusa en els triangles rectangles següents:

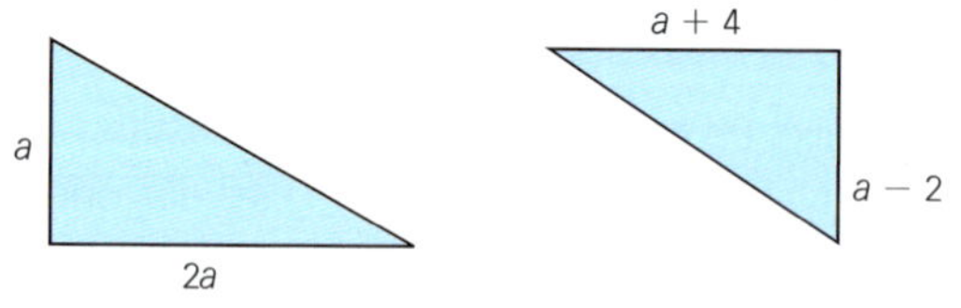

114 Una de les propietats de les bisectrius d'un angle és la següent:

La bisectriu d'un angle divideix el costat oposat en dos segments proporcionals als costats corresponents.

A partir d'aquesta propietat, calcula el valor de x en el triangle següent:

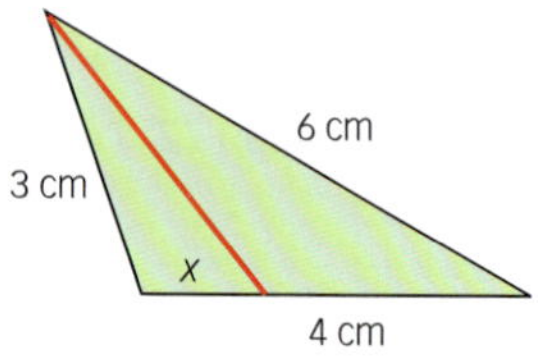

PROJECTE FINAL. **Aprenentatge cooperatiu**

OBJECTIU: Presentar un pla per a la instal·lació de taquilles al centre educatiu

Un cop formats els grups, seguiu el procés següent:

1a Fase

- Busqueu arguments a favor i en contra de disposar de taquilles individuals on els alumnes puguin deixar les seves pertinences.
- Valoreu altres alternatives: deixar-ho a classe i tancar amb clau, habilitar una sala per poder emmagatzemar...

2a Fase

- Pregunteu a una empresa del sector o busqueu a Internet el preu unitari de cada taquilla.
- Busqueu informació i preu sobre els diferents tipus de tancament: cadenats de clau, cadenats numèrics...
- Elaboreu un pressupost tenint en compte el nombre de taquilles que podeu instal·lar al centre.

3a Fase

- Poseu en comú la informació recollida i decidiu quina és la millor solució per poder disposar d'un espai on deixar les pertinences.
- Si la decisió és la instal·lació de taquilles indiqueu el lloc on s'ubicarien i el lloguer anual que hauria de cobrar-se a cada alumne.

Proves PISA

Habitacions en escaire

115 Segons el projecte inicial d'una casa, la sala d'estar havia de ser una habitació quadrada de 4 m de costat.

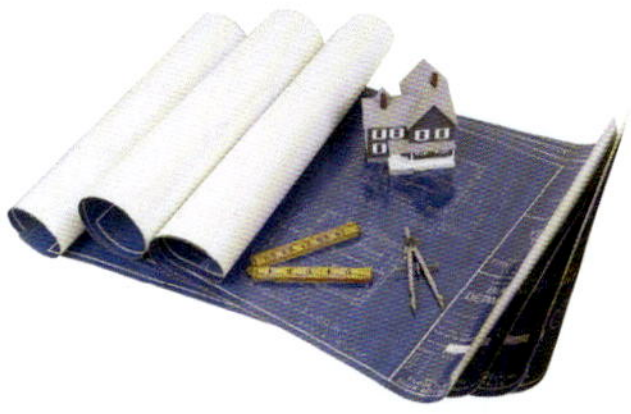

En aquest projecte van fer algunes modificacions i al final tenen el dubte de si aquesta cambra és realment un quadrat. El mestre d'obres ha mesurat les quatre parets i, en efecte, cada una fa 4 m.

Quan ho ha comunicat a l'arquitecte, li ha contestat que, encara que les parets mesurin igual, l'habitació no té per què ser quadrada.

I perquè comprovi del cert que ho és, li ha donat tres cordes:
una de 3 m, una de 4 m i l'última de 5 m. L'arquitecte li ha dit que unint les tres cordes pot comprovar si les parets estan en escaire.

Què ha de fer?

(Activitat model)

Els triangles

116 Escull la figura que s'ajusta a la descripció següent:

El triangle PQR *és un triangle rectangle amb l'angle recte a* R.

El costat RQ *és més petit que el costat* PR.

M *és el punt mitjà del costat* PQ *i* N *és el punt mitjà del costat* QR.

S *és un punt de l'interior del triangle.*

El segment MN *és més gran que el segment* MS.

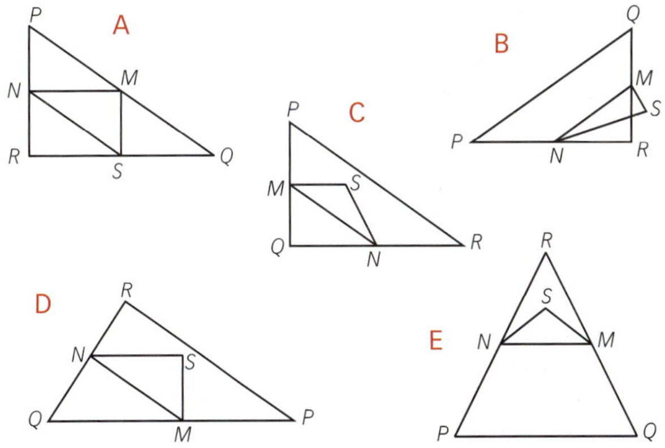

(Activitat model)

CLAUS PER COMENÇAR

Teorema de Pitàgores

El teorema de Pitàgores estableix que en un triangle rectangle, el quadrat de la hipotenusa és igual a la suma dels quadrats dels dos catets.

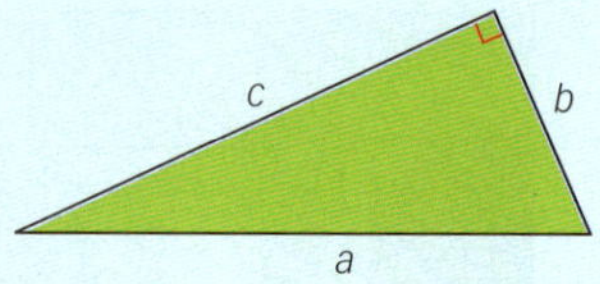

$$a^2 = b^2 + c^2$$

EXEMPLE

Calcula la longitud del costat desconegut d'aquests triangles:

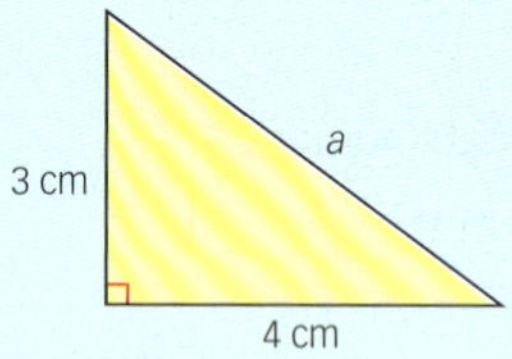

$a^2 = 3^2 + 4^2 = 25$

$a = \sqrt{25} = 5$ cm

$13^2 = b^2 + 5^2$

$b^2 = 169 - 25 = 144$

$b = \sqrt{144} = 12$ cm

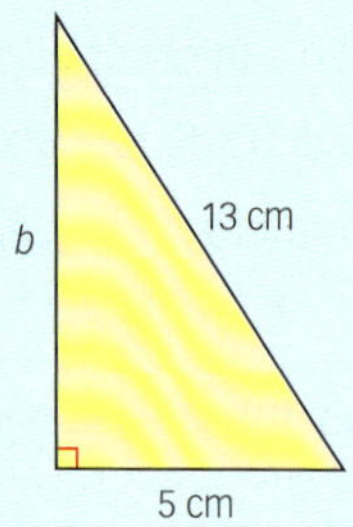

ACTIVITATS

1 Quant fan els catets d'un triangle rectangle isòsceles en el qual la hipotenusa és de 10 cm?

Càlcul de distàncies entre elements geomètrics

- La **distància entre dos punts** *A* i *B* és la longitud del segment *AB* que els uneix.
- La **distància d'un punt exterior**, *A*, **a una recta**, *r*, és la longitud del segment perpendicular a la recta, que té d'extrems *el punt exterior* i un punt de la recta *R*.

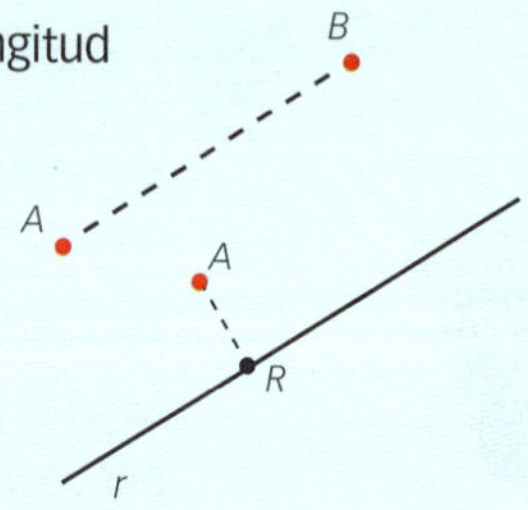

EXEMPLE

Indica les distàncies entre els elements geomètrics del dibuix.

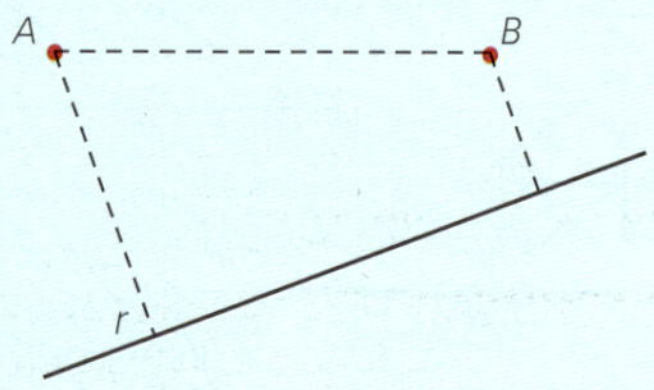

La distància del punt *A* a la recta *r* és 2 cm.

La distància del punt *B* a la recta *r* és 1 cm.

La distància del punt *A* al punt *B* és 3 cm.

ACTIVITATS

2 Dibuixa tres punts no alineats, traça la recta que passa per dos d'aquests punts i calcula la distància del tercer punt a la recta.

1818 La draisina
L'ocupant puja al vehicle i s'impulsa amb les cames.

Quadrilàters. Figures circulars

11

SABER

- Quadrilàters. Propietats dels paral·lelograms
- Polígons regulars
- Circumferència. Posicions relatives de la circumferència
- Cercle

SABER FER

- Construir paral·lelograms
- Calcular elements d'un paral·lelogram aplicant el teorema de Pitàgores
- Calcular l'apotema d'un polígon regular aplicant el teorema de Pitàgores
- Construir polígons regulars

? INTERPRETA LA IMATGE

La bicicleta

Les primeres bicicletes van començar a circular pels nostres carrers i camins fa alguns segles i no han parat de fer-ho. Actualment hi ha al voltant de 800 milions de bicicletes en el món, la majoria de les quals a la Xina.

- Tenint en compte la forma que té la bicicleta de l'esquerra per quin motiu et sembla que hi ha un triangle en el quadre de la bicicleta?

1830 El velocípede
Introdueix pedals que mouen la roda posterior a través de varetes.

1860 La bicicleta moderna
Els pedals estan situats sobre la roda del davant.

1870 El bicicle
La roda davantera és més gran per fer el vehicle més ràpid.

1885 La bicicleta amb cadena
Inclou frens, rodaments i és molt més segura que les predecessores.

1960 La bicicleta de carretera
Es generalitzen les bicicletes lleugeres amb canvi de marxes i pinyó lliure.

1970 La bicicleta tot terreny
Són models més reforçats per anar per camins de terra i pedres.

1 Els quadrilàters

Un **quadrilàter** és un polígon de quatre costats.

1.1. Classificació dels quadrilàters

Els quadrilàters, segons els costats i els angles, poden ser:

- **Paral·lelograms.** Són quadrilàters que tenen els costats paral·lels dos a dos. Els paral·lelograms es classifiquen en:

Quadrats	Rectangles	Rombes	Romboides
		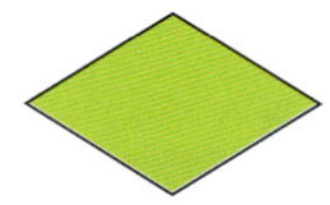	
4 costats iguals	Costats iguals dos a dos	4 costats iguals	Costats iguals dos a dos
4 angles rectes	4 angles rectes	Angles iguals dos a dos	Angles iguals dos a dos (no són rectes)

- **Trapezis.** Són quadrilàters que tenen només dos costats paral·lels. Els trapezis poden ser:

Trapezis rectangles	Trapezis isòsceles	Trapezis escalens
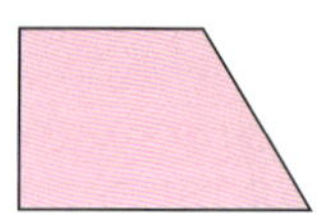	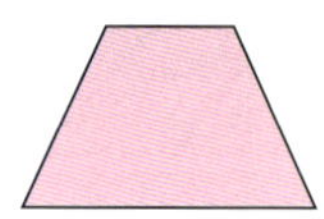	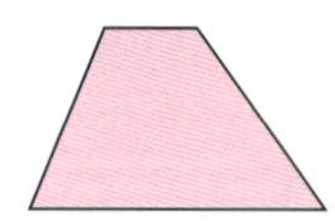
Dos costats iguals o tots diferents	Els costats no paral·lels són iguals	No hi ha costats iguals
2 angles rectes	Angles iguals dos a dos	No hi ha cap angle recte

- **Trapezoides.** Són quadrilàters amb els costats no paral·lels.

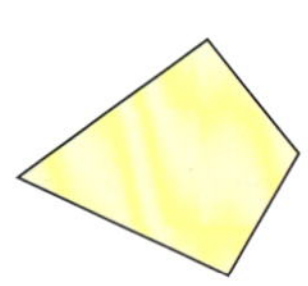

Poden tenir tres angles iguals, dos angles iguals i dos de diferents, o bé els quatre angles diferents.

T'HI ATREVEIXES?

Si unim dos trapezis rectangles iguals per un dels seus costats, quina figura obtindrem?

ACTIVITATS

1 PRACTICA. Classifica aquests quadrilàters:

a)  b) 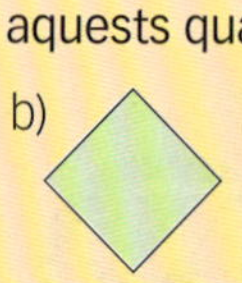 c) 

2 APLICA. Quin quadrilàter té dos angles rectes i els altres dos de 64° i 116°?

3 REFLEXIONA. Pots dibuixar un trapezi còncau?

SABER FER

Construir paral·lelograms

Construeix els paral·lelograms següents:

a) Un rectangle amb dos segments de longituds $a = 2{,}4$ cm i $b = 1{,}2$ cm.

b) Un romboide amb un angle de 30° i dos costats de longituds $a = 2{,}2$ cm i $b = 1$ cm.

Passos que cal seguir

1. Dibuixem un angle del polígon i, a sobre, dos dels costats del polígon.

a) Rectangle

Angle → 90°

Costats → $a = 2{,}4$ cm i $b = 1{,}2$ cm

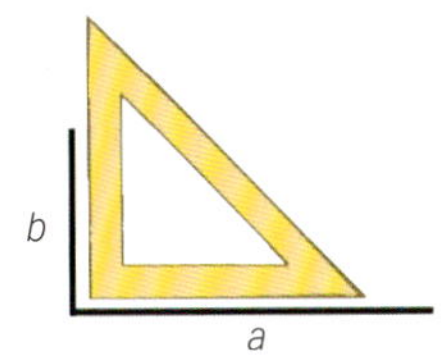

b) Romboide

Angle → 30°

Costats → $a = 2{,}2$ cm i $b = 1$ cm

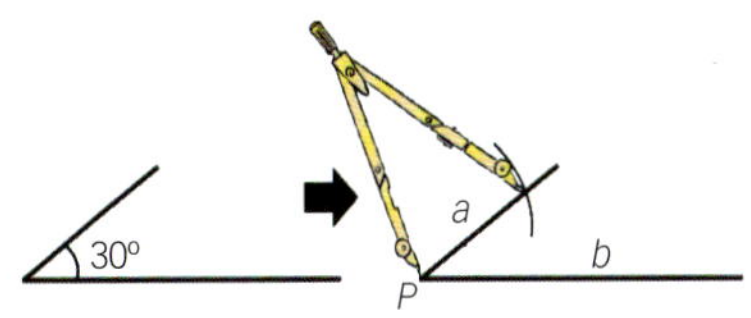

2. Amb centre en l'extrem d'un dels costats, fem un arc amb radi l'altre costat.

a)

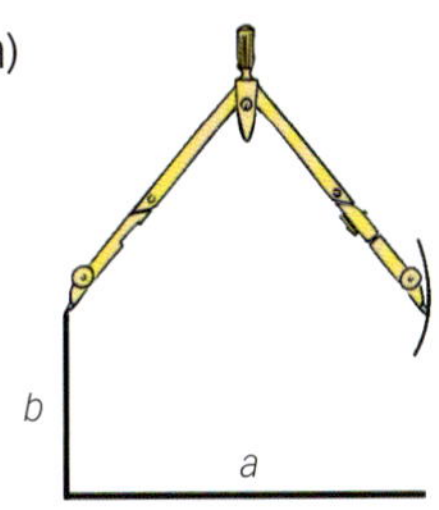

b)

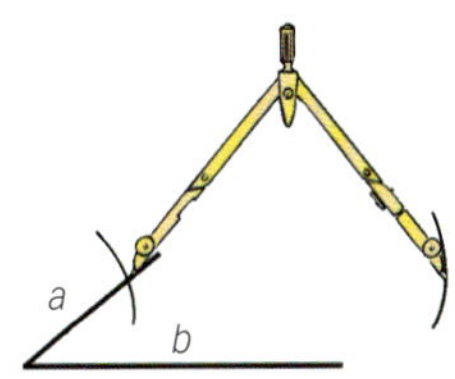

3. Fem el mateix a l'extrem de l'altre costat. El punt que determina la intersecció dels dos arcs és el quart vèrtex del paral·lelogram.

a)

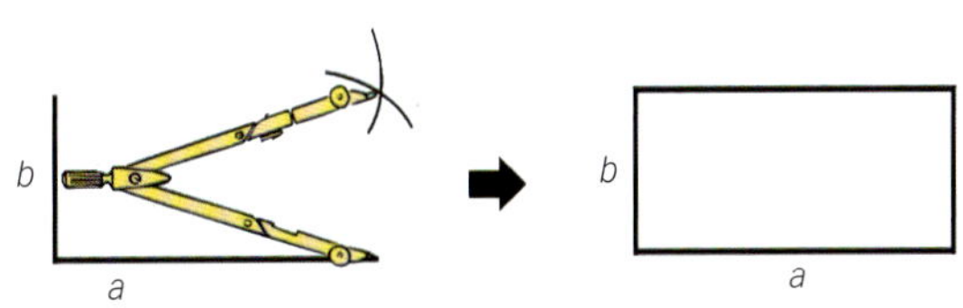

b)

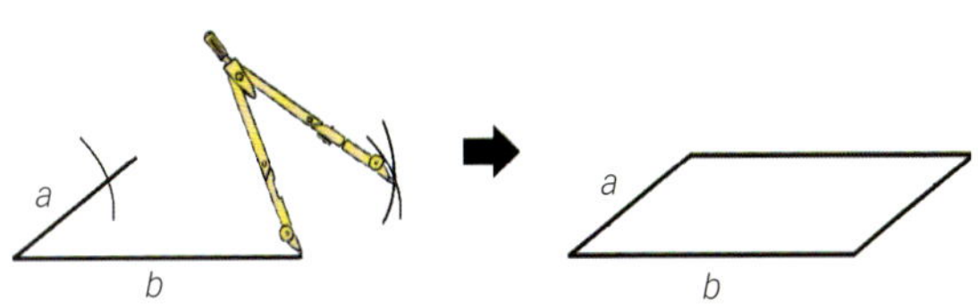

Recorda que, per mesurar amb el transportador, has de situar el centre en el vèrtex de l'angle.

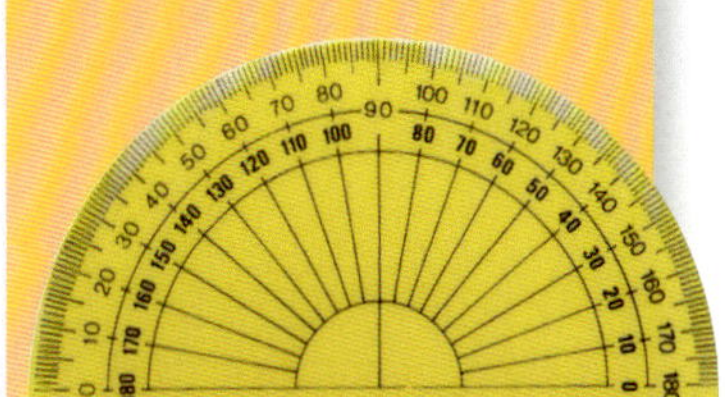

ACTIVITATS

4 Construeix els tres paral·lelograms següents:

a) Un rectangle de costats 6 cm i 4 cm

b) Un quadrat de 5 cm de costat

c) Un rombe de 6 cm de costat i un angle de 60°

5 Dibuixa els tres paral·lelograms següents:

a) Un rombe de 5 cm de costat i un angle de 20°

b) Un romboide de costats 7 cm i 5 cm i un angle de 60°

c) Un rectangle de costats 1 cm i 5 cm

2 Propietats dels paral·lelograms

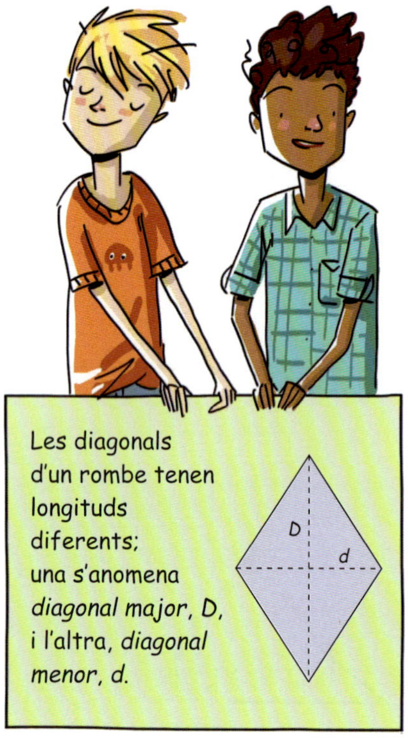

Tots els paral·lelograms compleixen les propietats següents:

- La suma dels angles d'un paral·lelogram és 360°.

$$\hat{A} + \hat{B} + \hat{C} + \hat{D} = 360°$$

- Els angles oposats d'un paral·lelogram són iguals i els contigus són suplementaris.

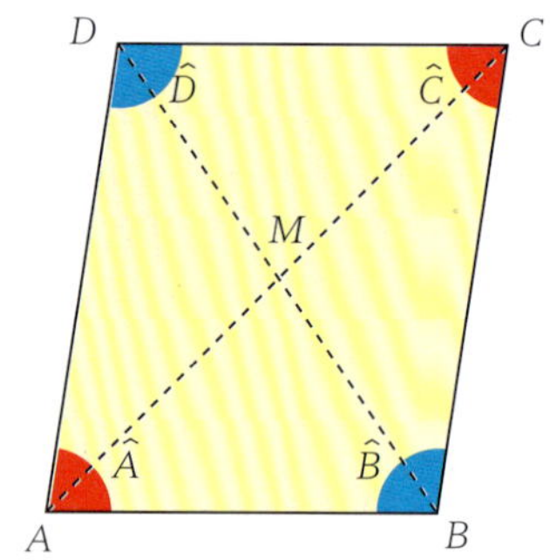

Angles oposats: $\hat{A} = \hat{C}$ $\quad \hat{B} = \hat{D}$

Angles contigus: $\hat{A} + \hat{B} = 180°$

$\hat{C} + \hat{B} = 180°$

$\hat{A} + \hat{D} = 180°$

$\hat{C} + \hat{D} = 180°$

- Un paral·lelogram té dues diagonals que es tallen en el seu punt mitjà.

$\overline{MA} = \overline{MC}$ $\qquad \overline{MB} = \overline{MD}$

EXEMPLES

1. Calcula la mida dels angles d'aquest paral·lelogram:

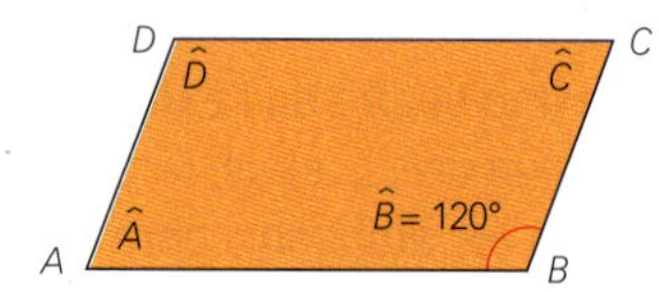

Els angles contigus d'un paral·lelogram són suplementaris:

$\hat{A} + \hat{B} = 180° \rightarrow \hat{A} + 120° = 180° \rightarrow \hat{A} = 180° - 120° = 60°$

Els angles oposats d'un paral·lelogram són iguals:

$\hat{A} = \hat{C} = 60°$ $\qquad \hat{B} = \hat{D} = 120°$

2. Traça les diagonals d'un rombe i comprova que són perpendiculars.

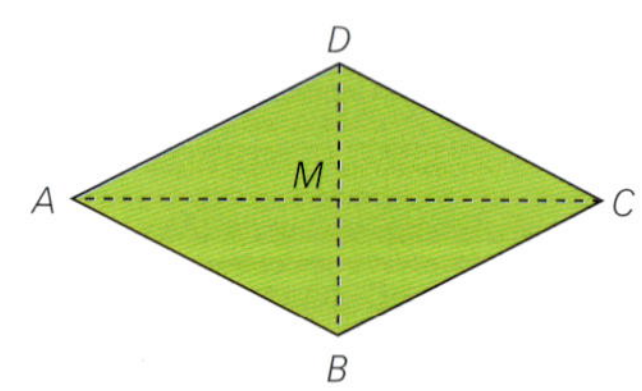

Les diagonals es tallen en el punt *M*, que és a la mateixa distància de *B* i *D*.

Com que els costats del rombe són iguals:

- *A* és a la mateixa distància de *B* i de *D*.
- *C* és a la mateixa distància de *B* i de *D*.

$\} \rightarrow \overline{AC}$ és la mediatriu de $\overline{BD}$.

Per tant, $\overline{AC}$ i $\overline{BD}$ són perpendiculars.

ACTIVITATS

6 PRACTICA. Calcula la mida dels angles del paral·lelogram en aquests casos:

a) Té un angle de 50°.

b) Té un angle de 100°.

c) Té un angle de 70°.

7 APLICA. Quin paral·lelogram té un angle de 45°?

8 REFLEXIONA. Justifica si és cert o fals.

a) Les diagonals de tots els paral·lelograms tenen la mateixa mida.

b) Les diagonals de tots els paral·lelograms són perpendiculars entre si.

c) Les diagonals de tots els paral·lelograms es tallen en els seus punts mitjans.

SABER FER

Calcular elements d'un paral·lelogram aplicant el teorema de Pitàgores

Calcula *m* en els quadrilàters següents:

a)

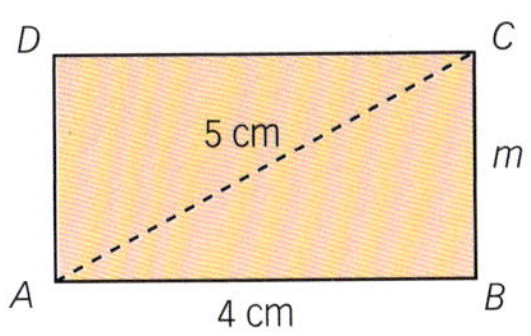

b)

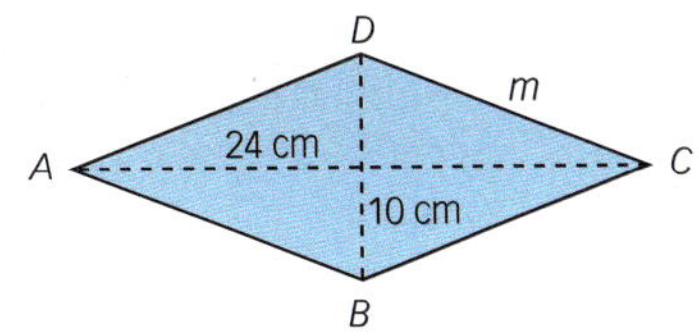

Per aplicar el teorema de Pitàgores, el triangle ha de ser un triangle rectangle, és a dir, ha de tenir un angle recte.

Passos que cal seguir

1. Identifiquem el triangle rectangle el costat del qual és l'element que volem calcular.

a) El triangle $\widehat{ABC}$ és un triangle rectangle: $\overline{AB}$ i $\overline{BC}$ són els catets, i $\overline{AC}$ és la hipotenusa.

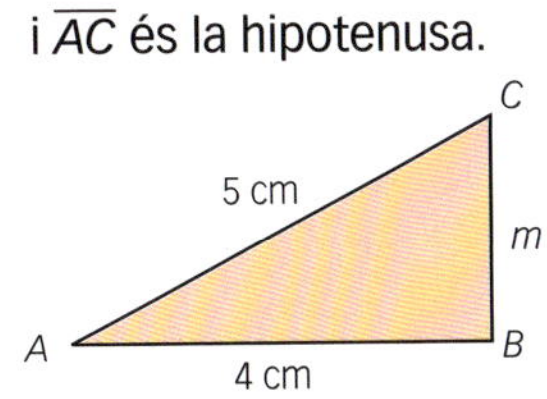

b) El triangle $\widehat{AMD}$ és un triangle rectangle: $\overline{AM}$ (la meitat de la diagonal major) i $\overline{MD}$ (la meitat de la diagonal menor) són els catets, i $\overline{AC}$ és la hipotenusa.

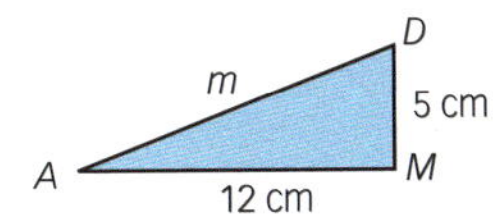

2. Apliquem el teorema de Pitàgores al triangle rectangle.

a) $\overline{AC}^2 = \overline{AB}^2 + \overline{BC}^2$
$5^2 = 4^2 + m^2$

b) $\overline{AD}^2 = \overline{AM}^2 + \overline{MD}^2$
$m^2 = 12^2 + 5^2$

3. Aïllem la quantitat desconeguda i calculem la diagonal.

a) $5^2 = 4^2 + m^2$
$m^2 = 5^2 - 4^2 = 25 - 16 = 9$
$m = \sqrt{9} = 3$ cm

b) $m^2 = 12^2 + 5^2$
$m^2 = 144 + 25 = 169$
$m = \sqrt{169} = 13$ cm

ACTIVITATS

9 Calcula el costat indicat d'aquests polígons:

a)

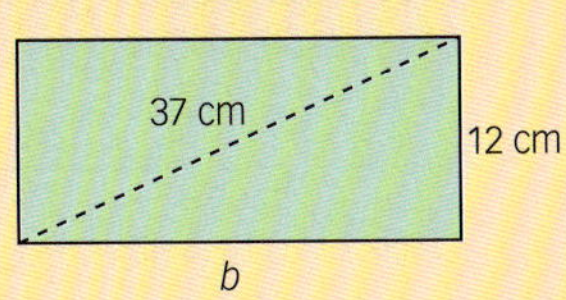

b)

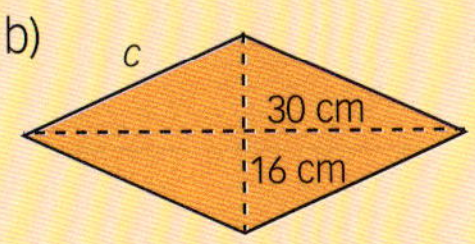

10 Calcula la mida de la diagonal dels rectangles següents:

a)

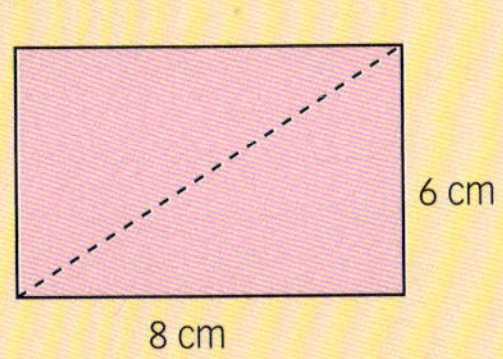

b)

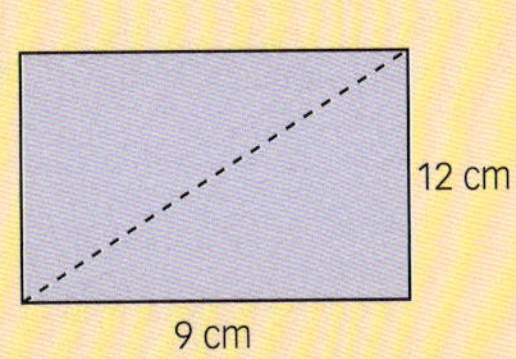

11 Determina la longitud de la diagonal d'aquest quadrat:

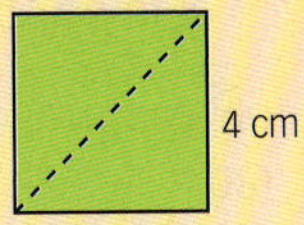

12 Determina la diagonal menor d'aquests polígons:

a)

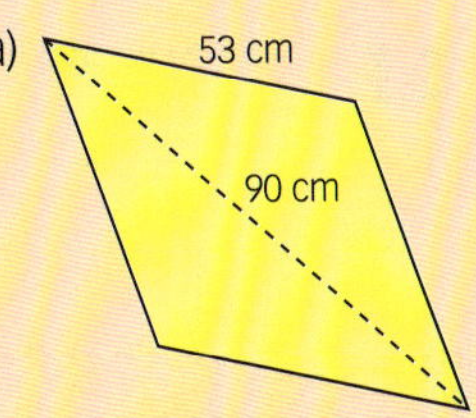

b)

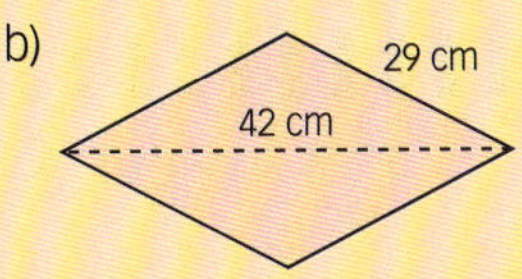

13 Calcula la diagonal major d'aquests rombes:

a)

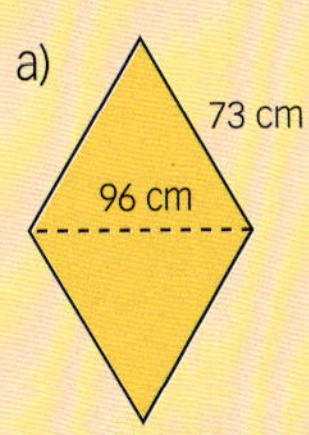

b)

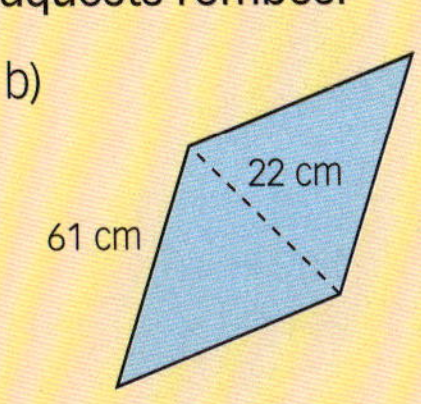

14 Calcula el costat dels quadrats següents:

a) La diagonal fa 12 cm.

b) La diagonal fa 14 cm.

3 Polígons regulars

Un **polígon regular** té tots els costats iguals i tots els angles de la mateixa amplitud.

3.1. Elements d'un polígon regular

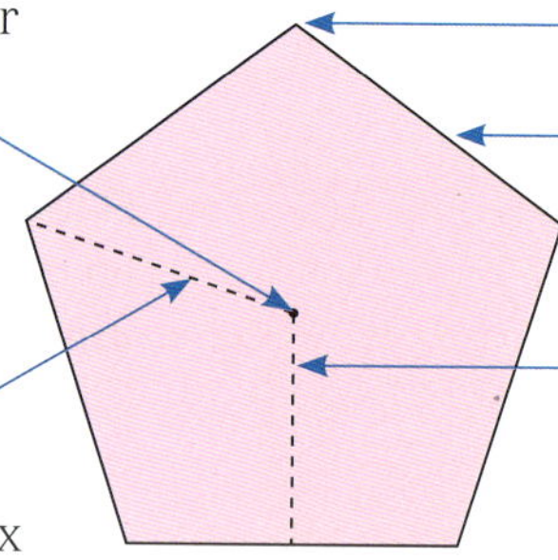

3.2. Angles d'un polígon regular

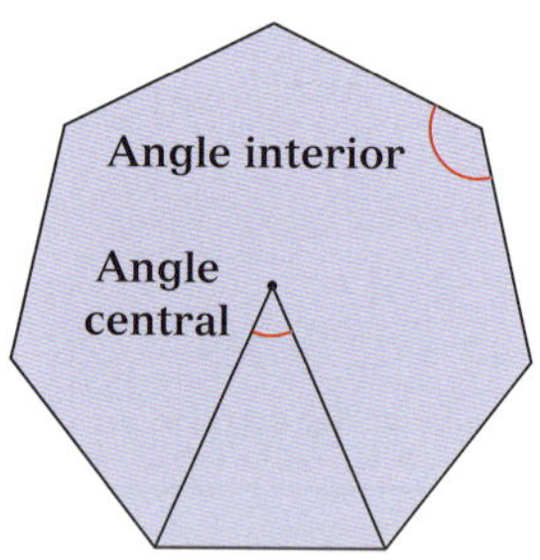

En un polígon, l'angle format per dos costats consecutius s'anomena **angle interior**, i l'angle que formen dos radis consecutius és l'**angle central**.

L'angle central, α, d'un polígon regular de n costats és de: $\alpha = \frac{360°}{n}$.

Cada angle interior d'un polígon regular fa:

$$\frac{180° \cdot (n-2)}{n} = \frac{180° \cdot n - 360°}{n} = 180° - \frac{360°}{n}$$

És a dir, un angle central i un angle interior del mateix polígon regular són suplementaris.

T'HI ATREVEIXES?

Quants costats té un polígon regular si el seu costat mesura més que el seu radi?

EXEMPLE

3. Calcula les mides dels angles d'un decàgon regular.

Decàgon regular → $n = 10$ costats

Angle central: $\frac{360°}{10} = 36°$. Angle interior: $180° - 36° = 144°$.

ACTIVITATS

15 **PRACTICA.** Calcula la mida de l'angle interior d'aquests polígons:

a) Un pentàgon regular
b) Un heptàgon regular
c) Un octàgon regular
d) Un decàgon regular

16 **APLICA.** Quin polígon regular té un angle interior de 60°? Quin polígon el té de 150°?

17 **REFLEXIONA.** Existeix cap polígon regular amb l'angle interior de 180°? Justifica la resposta.

SABER FER

Calcular l'apotema d'un polígon regular aplicant el teorema de Pitàgores

Calcula la longitud de l'apotema del polígon regular que la professora de la Júlia ha dibuixat a la pissarra.

Passos que cal seguir

1. Identifiquem el triangle rectangle format per la meitat del costat, l'apotema i el radi.

$5 : 2 = 2,5$ cm → La meitat del costat fa 2,5 cm.

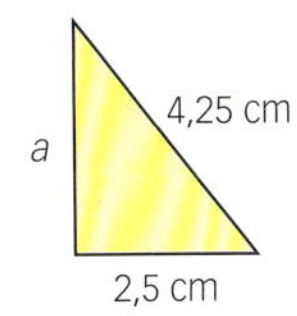

2. Apliquem el teorema de Pitàgores en aquest triangle rectangle.

$4,25^2 = 2,5^2 + a^2 \rightarrow 18,06 = 6,25 + a^2$

3. Aïllem l'apotema i en calculem el valor.

$a^2 = 18,06 - 6,25 = 11,81 \rightarrow a = \sqrt{11,81} = 3,44$ cm

L'apotema del pentàgon regular fa 3,44 cm.

L'hexàgon regular és l'únic polígon en el qual el radi té la mateixa mida que el costat.

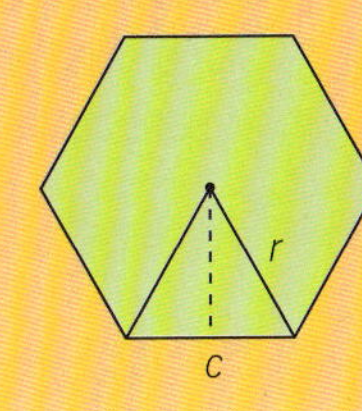

ACTIVITATS

18 Calcula l'apotema d'aquests pentàgons regulars:

a)

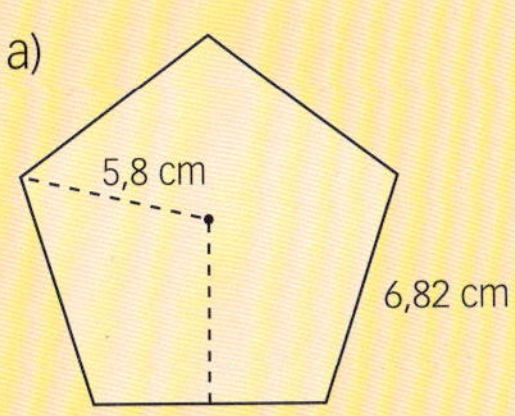

b)

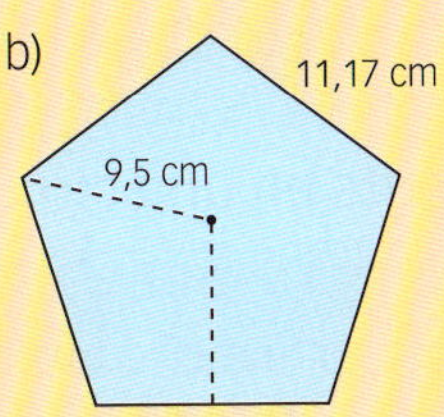

19 Calcula el radi de l'octàgon regular següent:

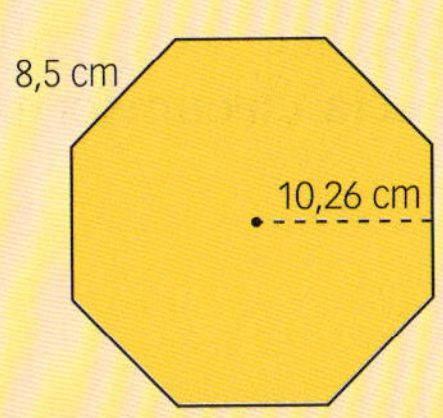

20 Determina la mida de l'apotema d'un hexàgon regular que fa de costat:

a) 7 cm
b) 4,6 cm
c) 9 cm
d) 8,2 cm

21 Calcula la mida del costat del decàgon regular següent:

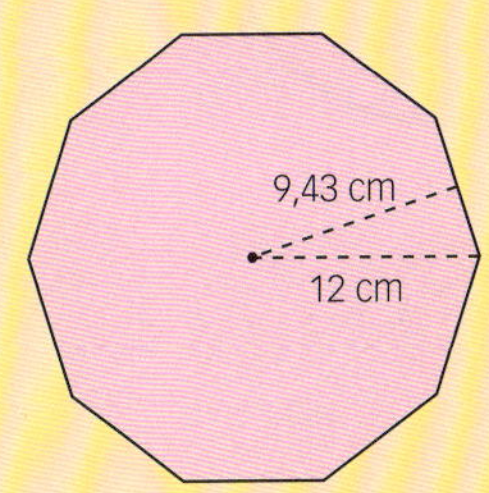

22 El perímetre d'un hexàgon regular és 64,5 cm. Determina'n:

a) El costat
b) El radi
c) L'apotema

23 Calcula el costat d'aquests hexàgons regulars:

a)

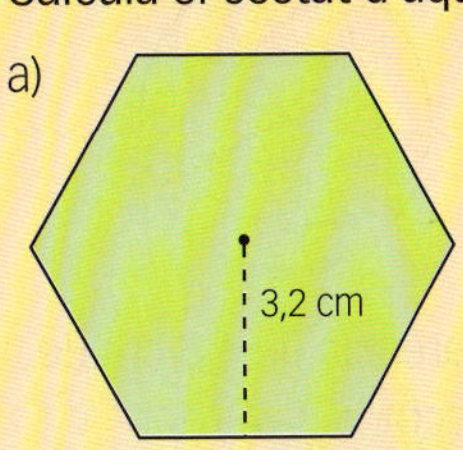

b)

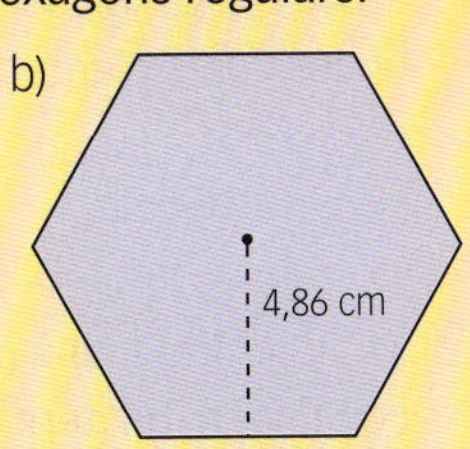

4 La circumferència

HO ESCRIVIM AIXÍ

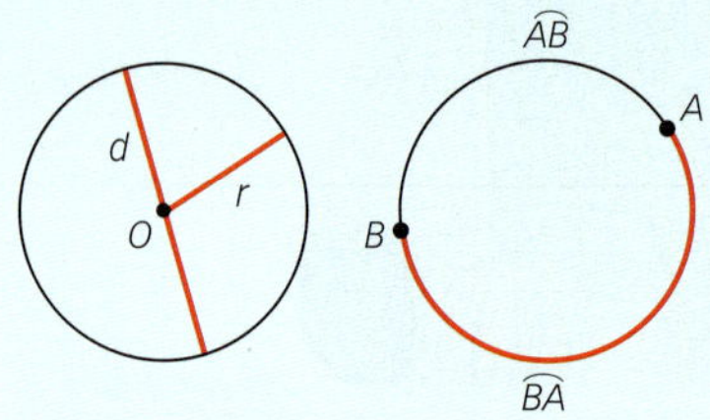

Una circumferència s'acostuma a representar amb una lletra majúscula: C, C', C_1, C_2...

- El centre: O, O', O_1, O_2...
- El radi: r, r', r_1, r_2...
- El diàmetre: d, d', d_1, d_2...

Un arc es designa mitjançant els dos punts que el determinen i el símbol ⌒. S'anomena en sentit contrari al moviment de les busques de rellotge.

Una **circumferència** és una línia corba tancada i plana els punts de la qual són equidistants a un altre punt anomenat *centre*.

4.1. Elements de la circumferència

Centre. Punt del qual equidisten tots els punts de la circumferència.

Arc. Part de la circumferència inclosa entre dos dels seus punts.

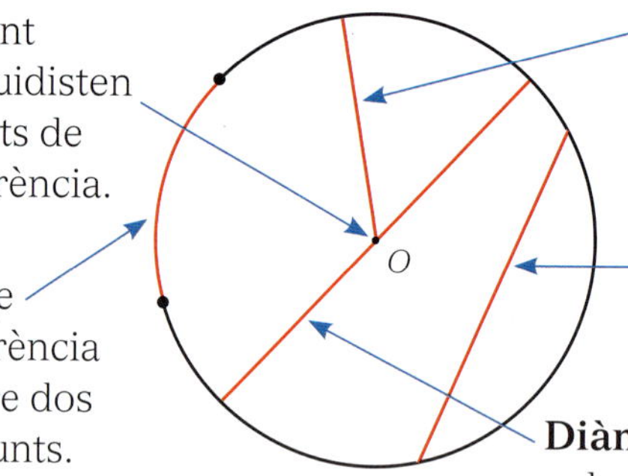

Radi. Cada segment que uneix el centre amb un punt de la circumferència.

Corda. Segment que uneix dos punts de la circumferència.

Diàmetre. Corda que passa pel centre.

Cada corda defineix dos arcs. Si la corda és un diàmetre, les longituds dels dos arcs són iguals i l'arc s'anomena *semicircumferència*.

4.2. Angles de la circumferència

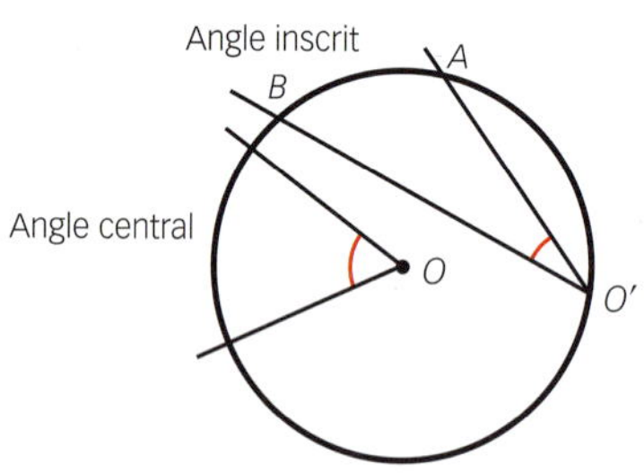

L'**angle central** d'una circumferència és l'angle que té el vèrtex en el centre de la circumferència.

L'**angle inscrit** d'una circumferència és l'angle que té el vèrtex en un punt de la circumferència i els seus dos costats la tallen.

4.3. Polígons inscrits en una circumferència

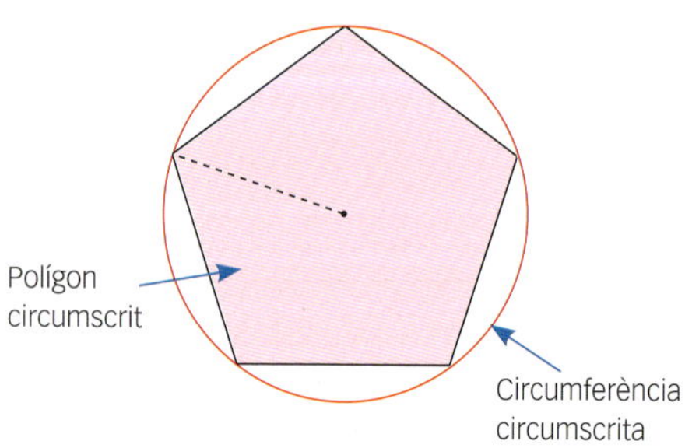

Un **polígon inscrit** en una circumferència és el polígon que té tots els vèrtexs situats en la circumferència.

En un polígon regular, el centre i el radi coincideixen amb els de la circumferència, que s'anomena **circumferència circumscrita**.

ACTIVITATS

24 PRACTICA. Indica el nom dels elements d'aquesta circumferència.

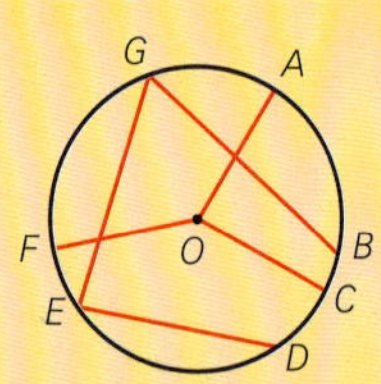

25 APLICA. Traça una circumferència de 4,5 cm de radi i dibuixa-hi un pentàgon inscrit.

26 REFLEXIONA. Dels angles marcats en aquesta circumferència, indica quins són centrals i quins són inscrits.

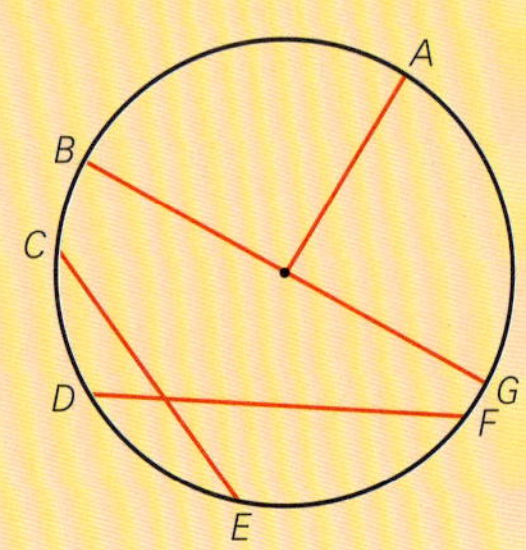

SABER FER

Construir polígons regulars

Dibuixa els polígons regulars següents:

a) Un hexàgon regular

b) Un triangle equilàter

c) Un quadrat

d) Un octàgon regular

En l'hexàgon regular, el radi és igual que el costat. Per això, per dibuixar un hexàgon amb un costat concret, hem de traçar una circumferència amb el radi de la mateixa mida que el costat.

Passos que cal seguir

1. Tracem una circumferència i la dividim en parts iguals.

a) i b) Per dibuixar un hexàgon regular o un triangle equilàter, dividim la circumferència en sis parts iguals. Per fer-ho, a partir del punt P de la circumferència i amb el compàs obert amb la longitud del radi, anem fent marques l'una a continuació de l'altra.

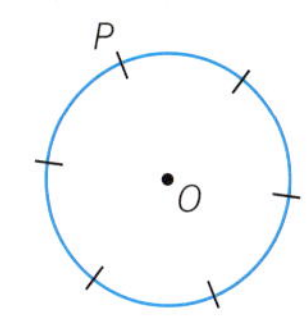

c) i d) Per dibuixar un quadrat o un octàgon regular, dividim la circumferència en quatre parts iguals. Per fer-ho, tracem dos diàmetres que siguin perpendiculars.

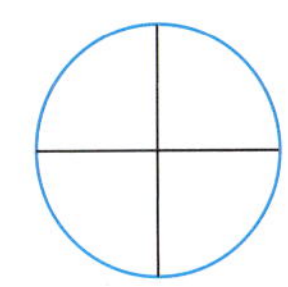

2. Unim els punts que hem determinat de manera que obtinguem el polígon que volem dibuixar.

a) Unim els sis punts de divisió marcats a la circumferència.

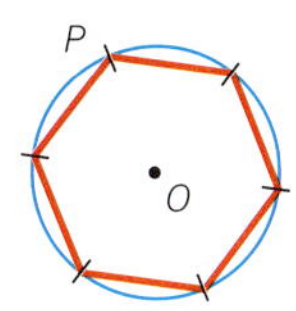

b) Unim, de dos en dos, els punts que hem marcat.

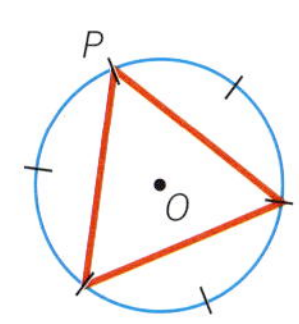

c) Unim els extrems dels diàmetres.

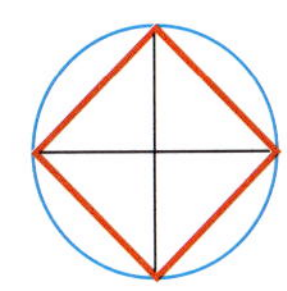

d) Tracem les bisectrius dels quatre angles rectes que s'han format i unim els vuit punts.

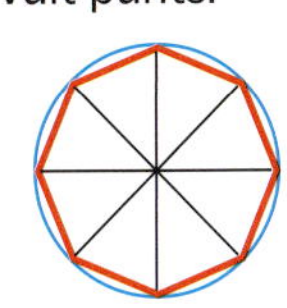

ACTIVITATS

27 Construeix un hexàgon regular de 5 cm de radi.

28 Construeix un hexàgon regular de 4 cm de costat.

29 Construeix un quadrat amb les diagonals de 8 cm.

30 Dibuixa un octàgon regular de 3 cm de radi.

31 Dibuixa els triangles equilàters següents:

a) De 4 cm de radi.

b) El radi de la circumferència circumscrita és 3 cm.

32 Construeix un hexàgon regular inscrit en una circumferència. Després, traça els tres diàmetres que uneixen els vèrtexs oposats. En quants triangles queda descompost l'hexàgon? Comprova que tots els triangles formats són equilàters.

33 Divideix una circumferència en dotze parts iguals.

a) Quants graus fa cada arc que es forma?

b) Uneix cada dos punts consecutius. Quin polígon regular es forma? Quant fa l'angle central?

5 Posicions relatives de la circumferència

5.1. Posicions relatives d'un punt i una circumferència

Hi ha tres posicions diferents d'un punt respecte d'una circumferència.

- **Punt interior.** El punt es troba dins de la circumferència. La distància que hi ha del punt al centre de la circumferència és més petita que el radi: $d < r$.

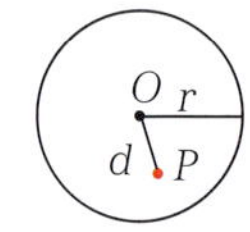

- **Punt de la circumferència.** El punt es troba en la circumferència. La distància que hi ha del punt al centre de la circumferència és igual que el radi: $d = r$.

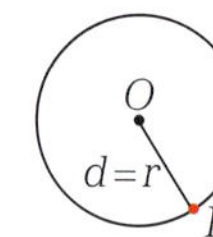

- **Punt exterior.** El punt es troba fora de la circumferència. La distància que hi ha del punt al centre de la circumferència és més gran que el radi: $d > r$.

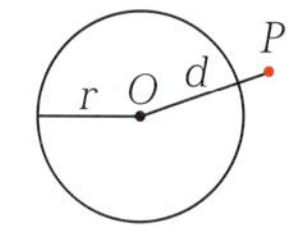

Una recta tangent a una circumferència sempre és perpendicular a un radi.

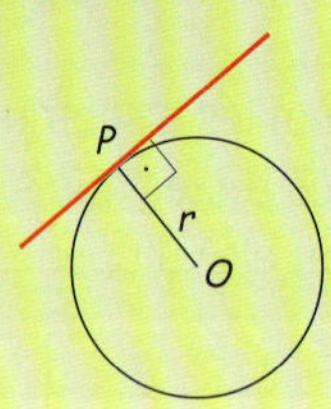

5.2. Posicions relatives d'una recta i una circumferència

Una recta es pot situar en tres posicions respecte d'una circumferència.

- **Recta secant.** La recta talla la circumferència en dos punts. La distància del centre de la circumferència a la recta és més petita que el radi: $d < r$.

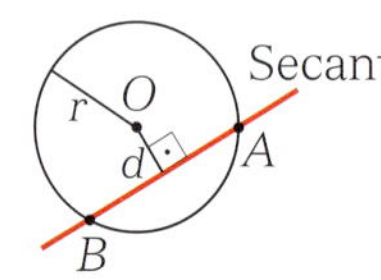

- **Recta tangent.** La recta talla la circumferència en un únic punt. La distància del centre de la circumferència a la recta és igual que el radi: $d = r$.

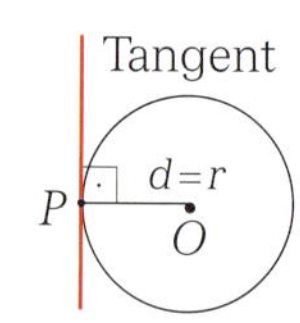

- **Recta exterior.** La recta no talla la circumferència. La distància del centre de la circumferència a la recta és més gran que el radi: $d > r$.

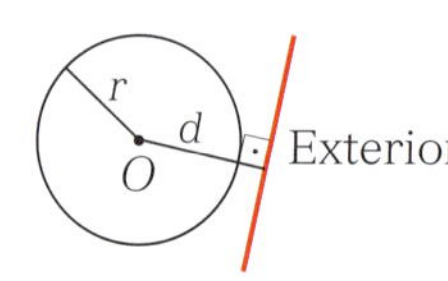

EXEMPLE

4. Dedueix la posició relativa d'una circumferència de radi r i una recta que es troba a una distància d del seu centre en aquests casos:

a) $r = 3$ cm i $d = 1$ cm → $1 < 3$ → La recta és secant.

b) $r = 7$ cm i $d = 7$ cm → $7 = 7$ → La recta és tangent.

ACTIVITATS

34 PRACTICA. Fixa't en el dibuix i indica la posició relativa dels punts i les rectes de color vermell respecte de la circumferència.

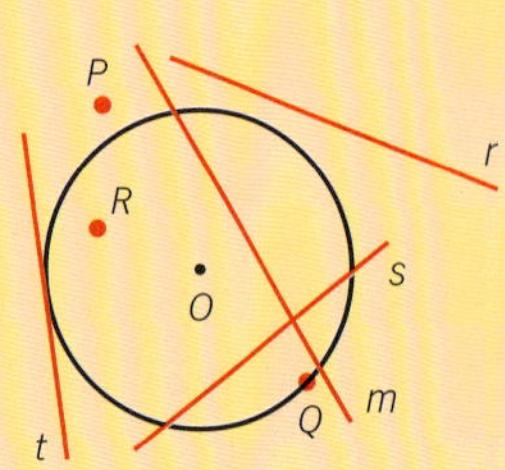

35 APLICA. El diàmetre d'una circumferència és 4,8 cm. Dedueix la posició relativa d'una recta que dista del centre de la circumferència:

a) $d = 2,3$ cm b) $d = 2,4$ cm c) $d = 3$ cm

36 REFLEXIONA. Com trobaries el centre d'una circumferència que no el té senyalat?

6 El cercle

Un **cercle** està format pels punts interiors a una circumferència; és a dir, un cercle de centre O i radi r està format per tots els punts del pla situats a una distància al centre O més petita que r.

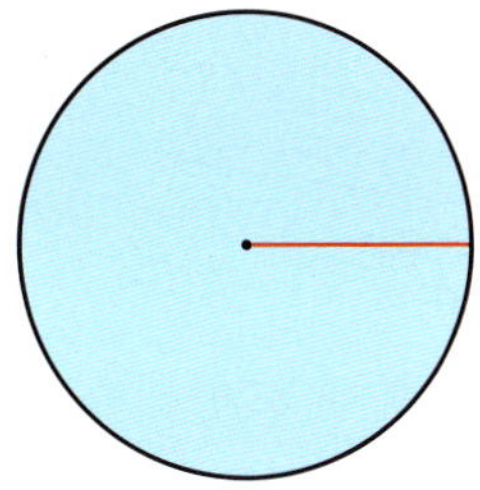

6.1. Figures circulars

Hi ha figures circulars que, encara que no són cercles, hi estan estretament relacionades.

- **Semicercle.** És cadascuna de les parts en què un diàmetre divideix un cercle.
- **Sector circular.** És la part del cercle inclosa entre dos radis.
- **Corona circular.** És la part del cercle inclosa entre dues circumferències que tenen el mateix centre.

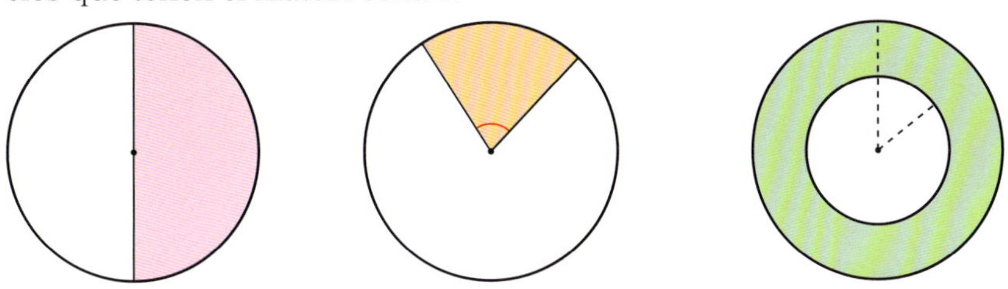

Semicercle — Sector circular — Corona circular

EXEMPLE

5. Posa exemples d'objectes de la vida quotidiana que tinguin forma de figura circular.
   - Un CD té forma de corona circular.
   - Una porció de pizza té forma de sector circular.
   - Un ventall té forma de sector circular.
   - Mitja ensaïmada té forma de semicercle.

T'HI ATREVEIXES?

Explica com dibuixaries aquesta figura i fes-ho a la llibreta.

ACTIVITATS

37 **PRACTICA.** En quants sectors circulars de 45° podem dividir un cercle?

38 **APLICA.** La roda d'un bicicleta té 60 raigs. Calcula l'amplitud d'aquests sectors circulars:

a) Format per dos raigs consecutius

b) Format pel primer i el sisè raig

39 **REFLEXIONA.** Calcula l'amplitud del sector circular que formen les busques d'un rellotge a les hores següents:

a) Les cinc

b) Dos quarts de sis

c) Un quart de deu

ACTIVITATS FINALS

Quadrilàters. Propietats dels paral·lelograms

40 Copia a la llibreta aquest quadrilàter i senyala-hi els costats, les diagonals, els vèrtexs i els angles interiors.

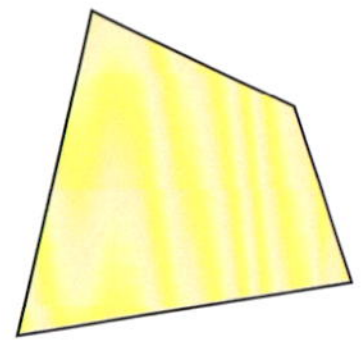

41 Classifica els quadrilàters següents d'acord amb el paral·lelisme dels costats:

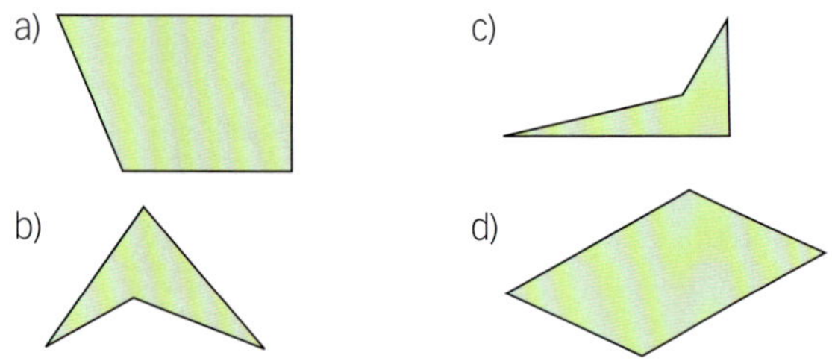

42 Classifica aquests quadrilàters en funció dels angles i del paral·lelisme dels costats:

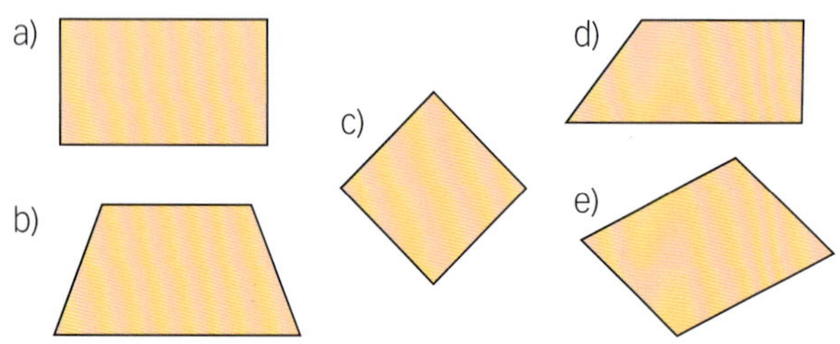

43 Determina si els enunciats següents corresponen a un quadrat, un rectangle, un rombe o un trapezoide:

a) Té les diagonals perpendiculars, de mides diferents i es tallen en els seus punts mitjans.

b) Té les diagonals iguals, són perpendiculars i es tallen en els seus punts mitjans.

c) Les diagonals es tallen en un punt mitjà.

d) Les diagonals tenen la mateixa mida, no són perpendiculars i es tallen en els seus punts mitjans.

44 Indica si aquestes afirmacions són certes o falses:

a) Si un paral·lelogram té un angle recte, tots els seus angles són rectes.

b) Si un quadrilàter té un angle recte, té almenys un altre angle recte.

c) Si un quadrilàter té dues diagonals iguals, és un paral·lelogram.

d) Hi ha quadrilàters que no són paral·lelograms i que tenen les diagonals iguals.

e) Un quadrilàter que no sigui paral·lelogram pot tenir dos angles rectes.

f) Un quadrilàter que no sigui paral·lelogram pot tenir tres angles rectes.

45 En quins quadrilàters les diagonals es tallen en els seus punts mitjans?

46 En quins quadrilàters no paral·lelograms les diagonals són iguals?

47 Justifica si és cert o fals.

a) Un quadrat és, al mateix temps, un rombe.

b) Les diagonals d'un rombe són iguals.

c) Els angles oposats d'un romboide són iguals.

d) Les diagonals d'un rectangle es tallen en el seu punt mitjà.

e) Un rectangle es pot dividir en dos quadrats.

f) Un rombe està compost per dos triangles isòsceles.

48 Dibuixa aquests paral·lelograms:

a) Un romboide amb un angle de 30°

b) Un rombe amb un angle de 35°

c) Un rectangle de 9 cm de base i 11 cm de diagonal

49 Dibuixa els trapezis següents:

a) Un trapezi rectangle de bases 5 cm i 8 cm, i altura 4 cm

b) Un trapezi isòsceles de bases 7 cm i 13 cm, i altura 4,5 cm

50 Construeix aquests trapezis:

a) Un trapezi rectangle de base major 12 cm, altura 6 cm i diagonal menor 10,81 cm

b) Un trapezi isòsceles de base major 18 cm, altura 5,5 cm i costat oblic 8 cm

51 Calcula el valor dels angles vermells.

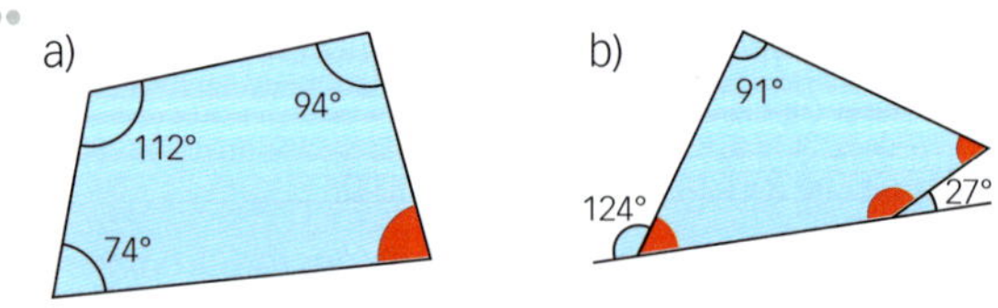

52 Calcula l'angle que falta en els quadrilàters següents:

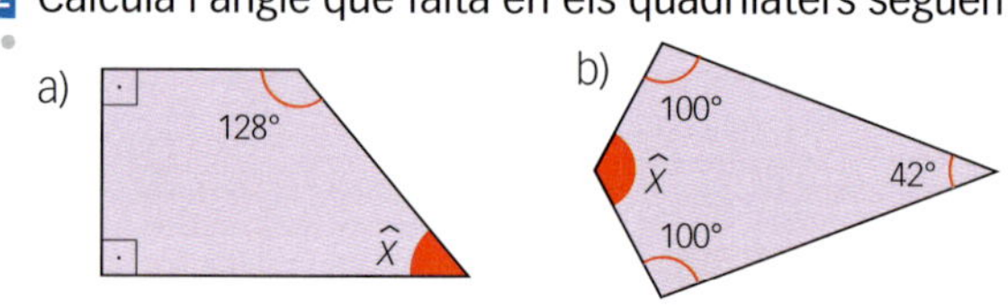

53 Determina els angles d'aquests paral·lelograms:

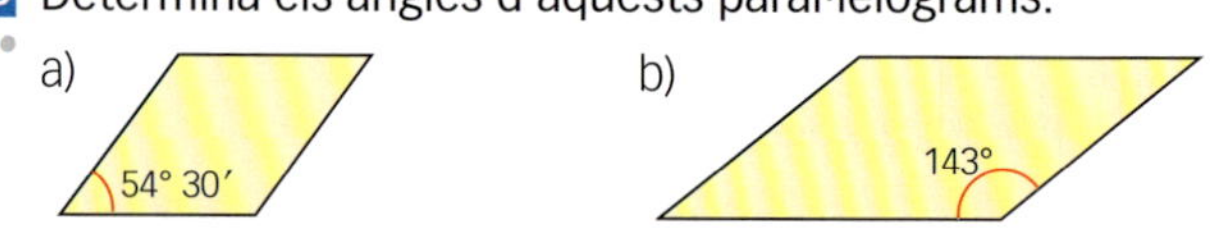

54 Un dels angles d'un rombe fa 38°. De quant són la resta dels angles?

55 En un romboide, un angle és de 115°. Quina mida tenen els altres tres angles?

56 Un angle d'un trapezi regular fa 126°. Quina mida tenen els altres angles?

57 Els dos angles iguals d'un trapezi isòsceles són de 42°. Quant fan la resta d'angles?

58 En un trapezi isòsceles, un angle fa 53°. Quina mida tenen els altres tres angles?

59 Calcula el valor de l'angle $\hat{C}$ marcat en el quadrilàter de la dreta.

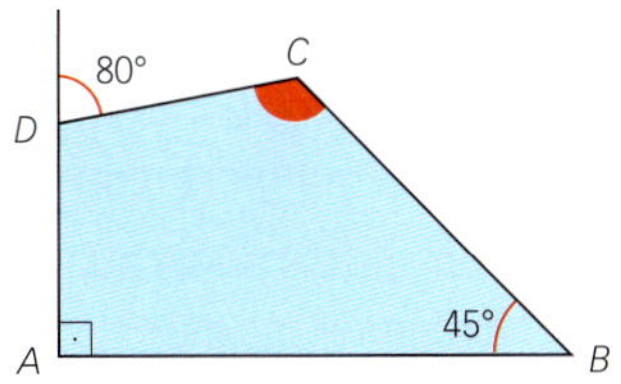

60 Calcula el valor dels angles $\hat{A}$, $\hat{C}$ i $\hat{D}$.

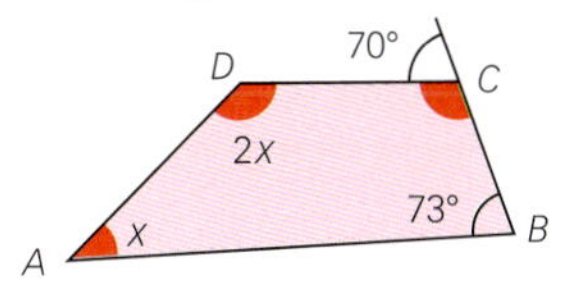

61 Quin valor té la suma dels angles exteriors indicats en la figura?

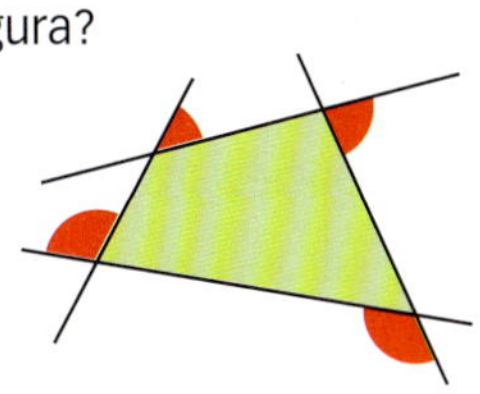

62 Calcula el valor de $\hat{Z}$ si sabem que:

a) $\hat{X}$ és complementari de 35°.

b) $\hat{Y}$ és suplementari de 58°.

c) $\hat{W}$ és el doble de $\hat{X}$.

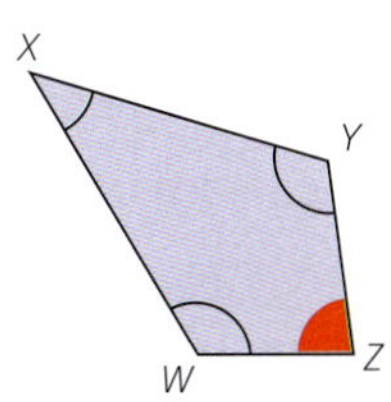

Polígons regulars

63 En un dodecaedre regular, determina:

a) La mida de l'angle central corresponent a dos radis consecutius

b) La suma de tots els angles centrals

c) La mida de cadascun dels angles interiors

64 Calcula la suma dels angles interiors dels polígons següents:

a) Un pentàgon regular

b) Un hexàgon regular

c) Un octàgon regular

d) Un enneàgon regular

65 Determina el valor de l'angle central d'aquests polígons:

a) Un icosaedre regular

b) Un pentadecàgon regular

66 Calcula el nombre de costats d'un polígon regular que té l'angle central d'aquesta mida.

a) 36° b) 30° c) 40° d) 27° 41′ 32,3″

67 Calcula l'apotema dels polígons regulars següents:

a) Un pentàgon regular de costat 6 cm i radi 5,1 cm

b) Un hexàgon regular de costat 4 cm

c) Un octàgon regular de costat 2,3 cm i radi 3 cm

d) Un quadrat de costat 8 cm

e) Un triangle equilàter de costat 6 cm i radi 3,46 cm

68 Com determinaries el centre d'un pentàgon regular?

69 Dibuixa aquests polígons regulars traçant una circumferència i dividint-la en parts iguals:

a) Un quadrat amb les diagonals de 5 cm

b) Un hexàgon de 4 cm de costat

c) Un octàgon de 8 cm de diagonal

70 Construeix un dodecàgon regular dividint una circumferència de 12 cm de diàmetre en dotze parts iguals.

SABER FER

Construir polígons regulars

71 Construeix un pentàgon regular.

PRIMER. Dibuixem una circumferència i dividim un diàmetre en tantes parts com costats tingui el polígon.

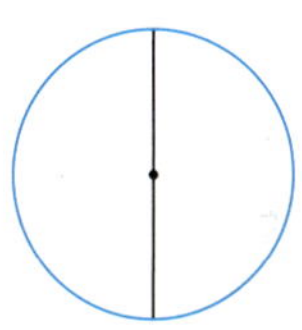

SEGON. Des dels extrems del diàmetre tracem dos arcs, amb radi el diàmetre, que es tallen en un punt.

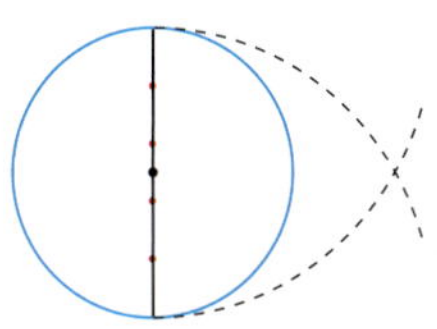

TERCER. Tracem una recta que passi pel punt calculat i pel segon punt de divisió del diàmetre. El tall amb la circumferència és el vèrtex següent del polígon.

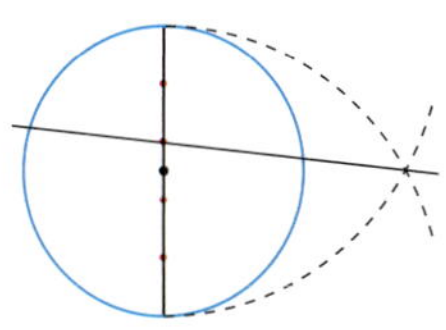

QUART. Amb el compàs, mesurem l'arc entre els dos vèrtexs i l'anem traslladant fins que completem la resta de vèrtexs.

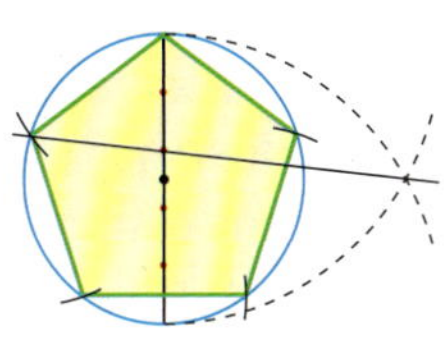

72 Dibuixa a la llibreta un heptàgon regular i un enneàgon regular.

ACTIVITATS FINALS

Figures circulars

73 Identifica en aquesta figura:

a) Els radis

b) Els diàmetres

c) Les cordes

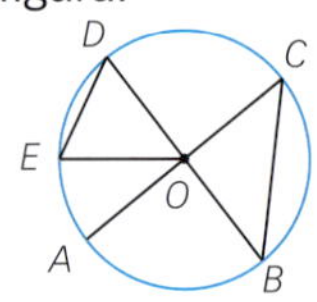

74 Dibuixa una circumferència de 5 cm de radi. Senyala'n el centre O. Escull tres punts de la circumferència A, B i C, de manera que AB sigui un diàmetre i AC, una corda. Traça un diàmetre de la circumferència des de C i anomena C' el punt de tall amb la circumferència. Uneix C' amb A i B. Quants arcs i cordes obtens?

75 Si el radi d'una circumferència és de 3 cm, contesta de manera justificada:

a) Quant fa el diàmetre?

b) Entre quins valors se situen les mides de les cordes?

76 Indica els angles centrals i els angles inscrits d'aquesta figura:

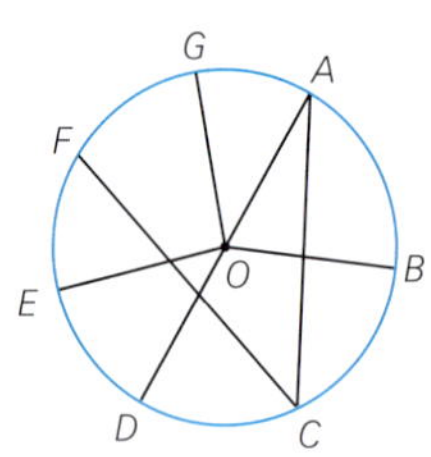

77 En la circumferència següent s'han traçat una recta exterior, una recta secant i una de tangent. També s'han dibuixat els segments perpendiculars a les rectes indicades des del centre O de la circumferència.

Compara els segments $\overline{OA}$, $\overline{OB}$ i $\overline{OC}$ amb el radi, r, i escriu $<, >$ o $=$, segons correspongui.

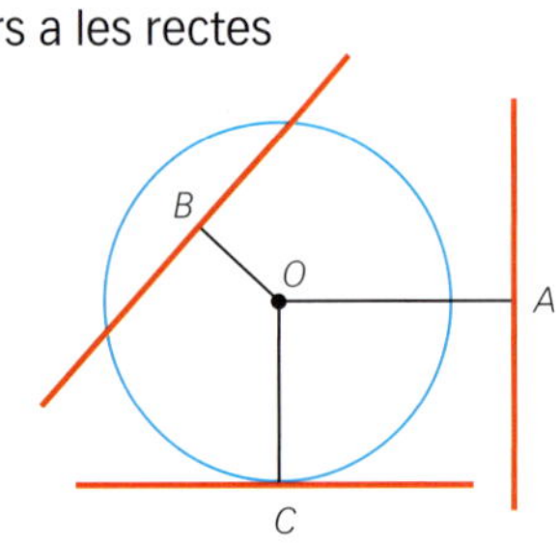

a) $\overline{OA}$ □ r b) $\overline{OB}$ □ r c) $\overline{OC}$ □ r

78 Si la distància del punt P a la recta r és de 3 cm, com podries traçar una circumferència de centre P que fos tangent a la recta r? Quin seria el valor del radi?

79 Dibuixa dues circumferències:

- Una circumferència C_1 de radi 4 cm i centre O_1
- Una circumferència C_2 de radi 6 cm i centre O_2

Fes-ho de manera que la distància entre els centres de les dues circumferències sigui de 8 cm.

a) Senyala dos punts interiors respecte de C_1 i alhora exteriors respecte de C_2.

b) Senyala dos punts interiors respecte de C_1 i alhora interiors respecte de C_2.

c) Senyala els punts que pertanyin a les dues circumferències.

d) Senyala dos punts interiors respecte de C_2 i alhora exteriors respecte de C_1.

e) Senyala dos punts exteriors respecte de C_1 i alhora exteriors respecte de C_2.

80 Dibuixa dues circumferències:

- Una circumferència C_1 de radi 5 cm i centre O_1
- Una circumferència C_2, de radi 8 cm i centre O_2

Fes-ho de manera que la distància entre els centres de les dues circumferències sigui de 10 cm.

a) Traça una recta secant a C_1 que també ho sigui a C_2.

b) Traça una recta secant a C_2 que no ho sigui a C_1.

c) Traça una recta tangent a C_1 i a C_2.

d) Traça una recta tangent a C_1 que no sigui tangent a C_2.

e) Traça una recta que sigui secant a C_1 i tangent a C_2.

f) Traça una recta tangent a C_1 i secant a C_2.

81 Marca a la llibreta un punt P i traça una recta r que estigui a 6 cm de P. Senyala en r el punt Q de manera que $\overline{PQ}$ sigui perpendicular a r. Situa els elements següents en el mateix dibuix:

- Una circumferència C_1 de radi 6 cm i centre P
- Una circumferència C_2 de radi 4 cm i centre P
- Una circumferència C_3 de radi 1 cm i centre Q

a) Quina és la posició relativa de C_1 i C_2?

b) I la posició relativa de r i C_2?

c) Determina la posició relativa de C_1 i r.

d) Quina és la posició relativa de C_3 i r?

82 Dibuixa una circumferència de 4 cm de radi i traça-hi les figures següents:

a) Dos semicercles que tinguin en comú un sector de 30° d'amplitud.

b) Dos sectors consecutius d'amplitud diferent que estiguin units per un semicercle.

c) Quatre sectors de 40° alternats amb sectors de 50°.

Problemes

83 Tinc una fotografia circular de 5 cm de radi que vull col·locar en un marc quadrat d'11,3 cm de diagonal. Quedarà tapada alguna zona de la fotografia?

84 La llanda de les rodes d'un cotxe té un disseny en el qual apareixen sis radis distribuïts regularment. Calcula l'amplitud entre dos radis consecutius.

85 A la roda que hi ha instal·lada en un parc d'atraccions, l'amplitud entre cadascuna de les cabines és de 18°. Calcula la quantitat de cabines que té la roda.

86 La finca de l'Andreu té forma de paral·lelogram, però, en els plànols, les dimensions no apareixen amb nombres, sinó que han utilitzat aquestes expressions. Calcula les mides de cada costat.

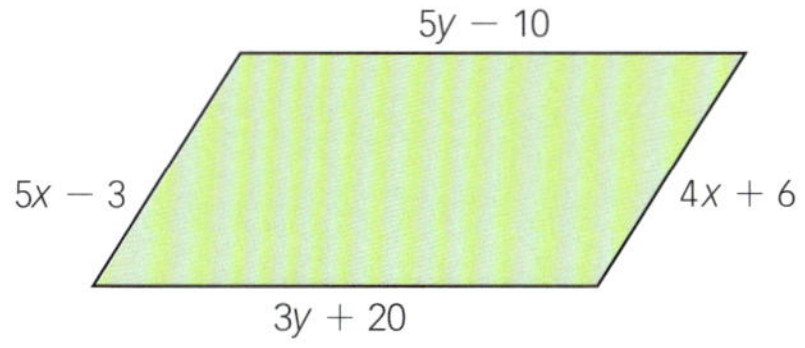

87 Un eclipsi de Sol es produeix quan la Lluna s'interposa entre el Sol i la Terra. Fes un esquema en què detallis les posicions relatives que poden tenir els tres astres en un eclipsi de Sol.

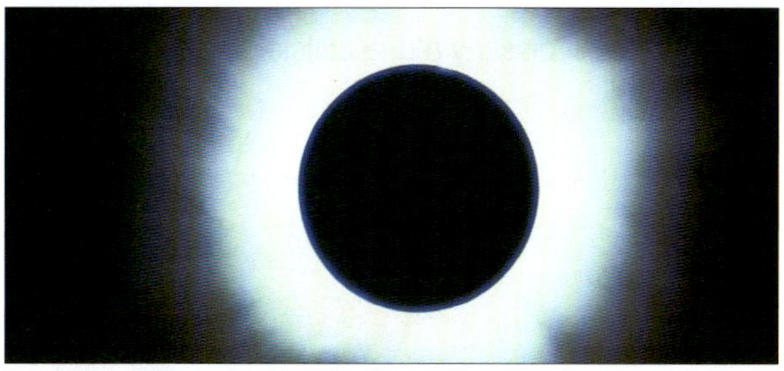

88 La Sofia té un tauló de fusta que vol fer servir per bloquejar la porta quadrada del garatge de 2,5 m de costat. Sabem que si col·loca el tauló en vertical o horitzontal el tauló és secant amb el quadrat i bloqueja la porta, però si el posa en diagonal no ho és. Acota les mesures del tauló.

89 Un televisor d'última generació té una pantalla rectangular de 21 polzades de diagonal. Si els costats de la pantalla estan en relació 16 : 9 i una polzada equival a 2,54 cm, calcula les dimensions de la pantalla del televisor.

HAS DE SABER FER

Quadrilàters

1 Dibuixa un romboide amb un angle de 34° i dos segments de longituds 7 cm i 9 cm.

2 Determina la diagonal d'un quadrat de 4 cm de costat.

3 Calcula la mida de tots els angles interiors d'un rombe que té un angle de 32°.

4 Calcula la longitud de la diagonal menor d'aquest rombe.

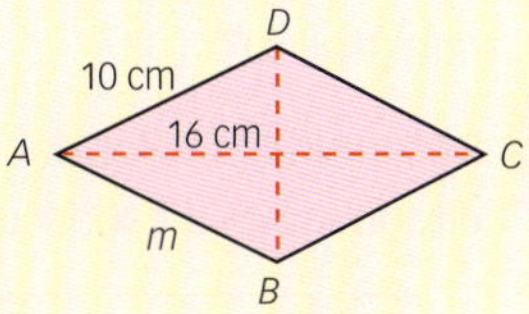

Polígons regulars

5 Calcula l'apotema d'un hexàgon regular de 4,6 cm de costat.

Figures circulars

6 Dibuixa una circumferència de 4 cm de radi i senyala-hi:

a) Un radi

b) Un diàmetre

c) Una corda

7 Dibuixa una circumferència de 5 cm de radi i traça-hi les figures següents:

a) Dos angles centrals de 65° oposats pel vèrtex

b) Angles inscrits a partir de quatre punts de la circumferència

c) Un sector de 75° i un de 38° d'amplitud i no consecutius

d) Una corona amb la circumferència menor de 3,2 cm de radi

+ COMPETÈNCIA MATEMÀTICA

En la vida quotidiana

90 D'ençà que van aparèixer les primeres bicicletes, l'evolució d'aquest mitjà de transport no s'ha aturat, tant en els materials utilitzats com en el disseny.

Observa el disseny d'una bicicleta actual i el quadre de la dreta.

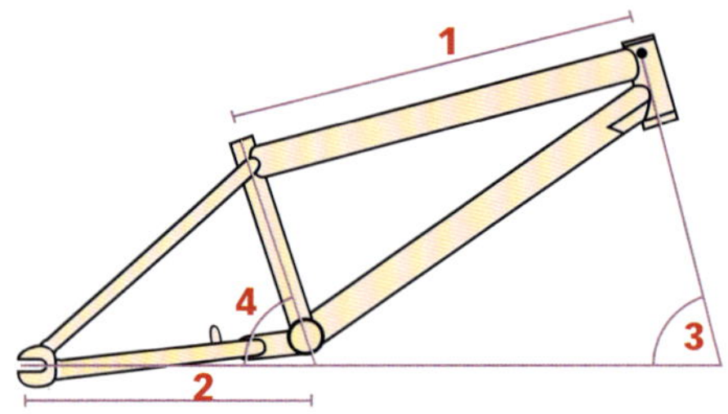

1. 53 cm
2. 42 cm
3. 73°
4. 71°

a) Com es podria reforçar el romboide que forma part del quadre? Fes un dibuix per indicar-ho.

b) Un dels dissenys més actuals és el quadre en forma de rombe. En aquests casos s'acostuma a fer tot el quadre del mateix material i s'afegeixen al disseny les dues diagonals per reforçar-lo. Si en el disseny les diagonals fan 40 cm i 96 cm, de quina mida són els costats del rombe que forma el quadre?

Formes de pensar. Raonament matemàtic

91 Dibuixa un trapezi isòsceles a partir d'aquest triangle obtusangle.

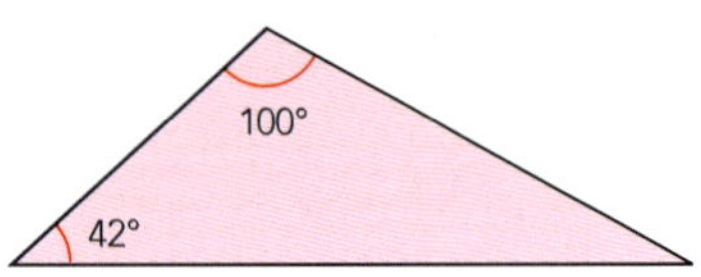

92 Considera dos segments $\overline{AB}$ i $\overline{CD}$. Dibuixa'ls en posicions diferents: paral·lels, secants, perpendiculars...; combina aquestes situacions variant-ne alhora les longituds: primer iguals i després diferents. Uneix els extrems en cadascuna de les situacions i indica quin tipus de quadrilàter obtens.

93 Respon de manera justificada i dibuixa els polígons als quals es fa referència.

a) Quants rombes es poden construir amb un angle de 20°?

b) I si afegim la condició que el costat del rombe faci 6 cm?

94 Traça la circumferència a la qual pertanyen els arcs següents. Per fer-ho, senyala tres punts de cada arc.

a) 

b) 

95 Contesta justificadament i dibuixa els polígons dels quals es parla.

a) Quants romboides es poden construir amb un angle de 35°?

b) I amb un angle de 35° i un segment de 2 cm?

c) I amb un angle de 35° i dos segments de 2 cm i 5 cm?

96 Explica pas a pas com hem construït el quadrat de la dreta. Quines dades són necessàries com a mínim per construir-lo?

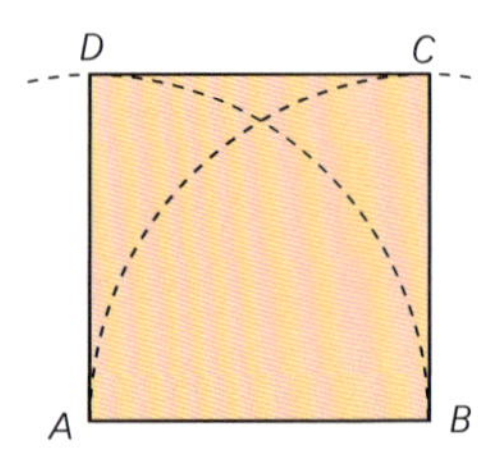

97 Determina el valor del radi de la circumferència circumscrita a cadascun d'aquests polígons:

a) 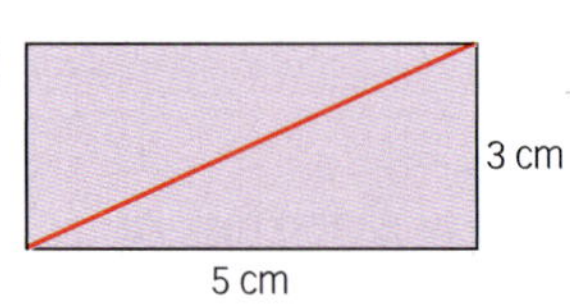

b) 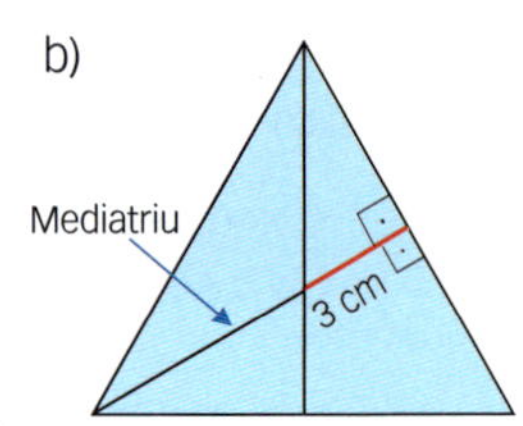

PROJECTE FINAL. **Aprenentatge cooperatiu**

OBJECTIU: Construir una maqueta

Un cop formats els grups, seguiu el procés següent:

1a Fase

- Confeccioneu una llista dels elements dels quals es pot construir una maqueta: edifici, estadi esportiu, pont, vaixell...
- Indiqueu els materials i les eines que seran necessàries per a la realització de les maquetes proposades.

2a Fase

- Busqueu o fotografieu l'element que servirà com model per a la maqueta.
- Realitzeu un croquis de cadascuna de les peces que necessitareu construir per elaborar la maqueta.
- Avalueu els criteris estètics i de dificultat en l'elaboració de cadascuna de les maquetes.

3a Fase

- Acordeu, a partir de les opcions proposades, l'element del qual es farà la maqueta.
- Dissenyeu de forma exacta cadascuna de les peces necessàries per muntar-la.
- Distribuïu les tasques segons les habilitats de cada un i construïu la maqueta.

Proves PISA

La urbanització

98 Una empresa constructora ha dissenyat una urbanització d'habitatges en forma de pentàgon regular de 20 m de costat.

Han situat cada habitatge en el punt mitjà del costat del pentàgon i la distància entre cada habitatge i el centre del pentàgon és de 15 m.

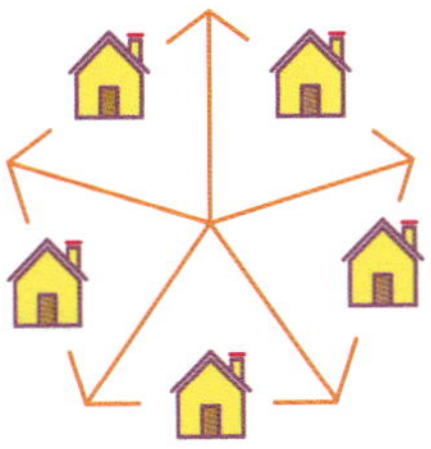

a) Volen construir una tanca de manera que cada casa tingui un terreny triangular. Quants metres de tanca necessiten per a tota la urbanització?

b) El punt de presa de la llum es troba en el centre del pentàgon. Quants metres de cable són necessaris perquè totes les cases estiguin connectades fins a aquest punt?

(Activitat model)

Els corrons

99 Hi ha moltes màquines basades en sistemes de corrons que giren d'una manera concreta.

Habitualment, hi ha un corró connectat al motor i fa girar la resta de corrons.

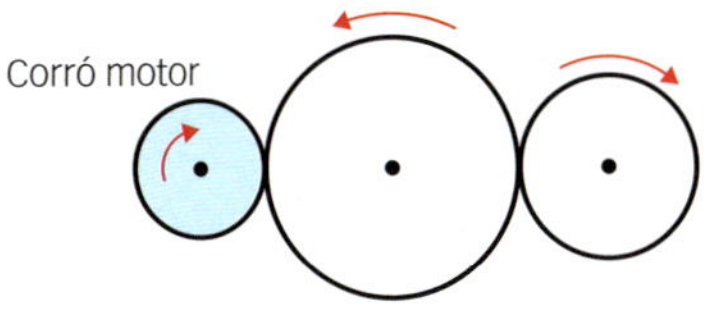

a) Quina posició relativa han de tenir els corrons dos a dos perquè el sistema funcioni?

b) A continuació tenim el sistema de corrons d'una màquina nova. Quin o quins corrons giraran en el mateix sentit que el corró motor i quins giraran en sentit oposat?

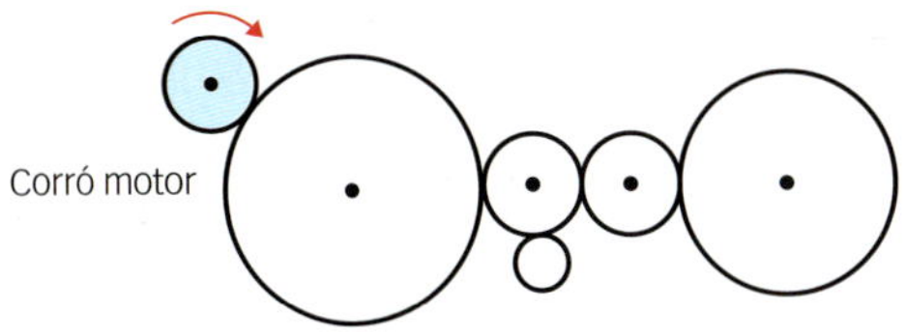

(Prova PISA 2003, adaptació)

CLAUS PER COMENÇAR

Classificació dels polígons

Polígons segons el nombre de costats:

Quadrilàters segons els angles i el paral·lelisme dels costats.

- **Paral·lelograms:** els costats són paral·lels dos a dos.

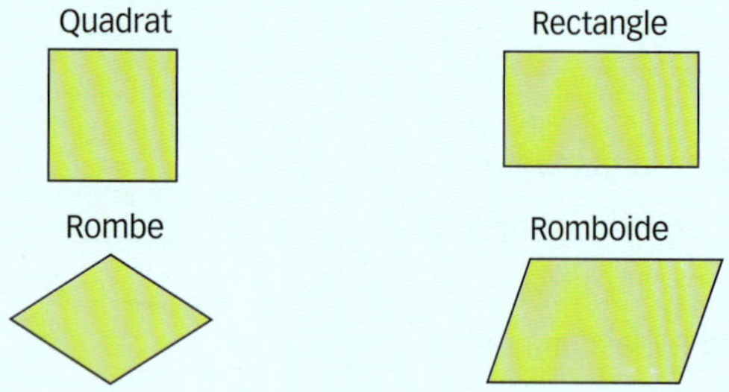

- **Trapezis:** tenen dos costats paral·lels.

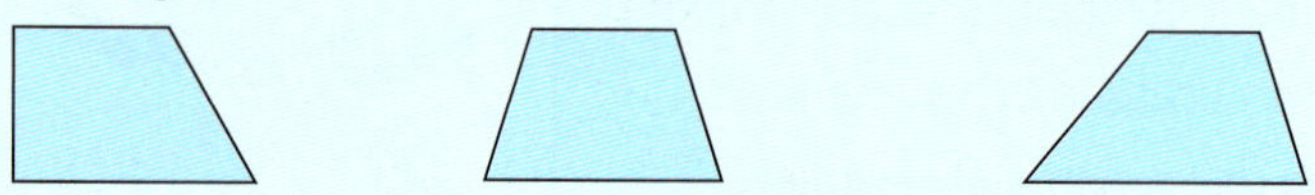

- **Trapezoides:**

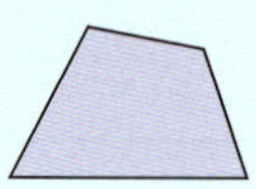

ACTIVITATS

1 Dibuixa un polígon de quatre costats amb els costats iguals i de 3 cm. Quants quadrilàters hi ha amb aquestes característiques?

Unitats de superfície

Per passar d'una unitat de superfície a una altra, multipliquem o dividim successivament per 100.

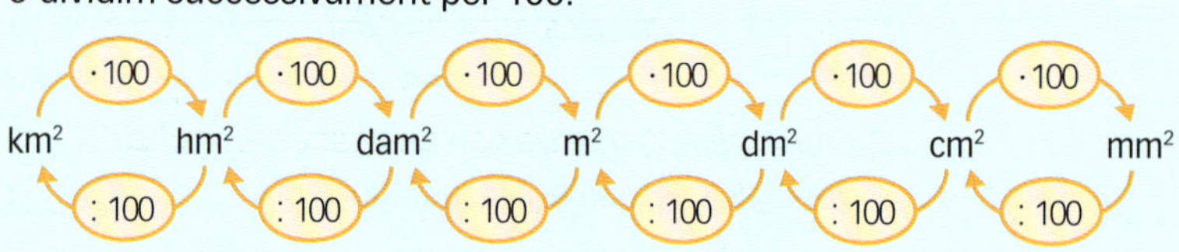

EXEMPLE

Expressa en decàmetres quadrats aquestes superfícies:

a) 3,25 $hm^2 \rightarrow 3{,}25 \cdot 100 = 325$ dam^2

b) 13.459 $cm^2 \rightarrow 13.459 : 10.000 = 1{,}3459$ dam^2

ACTIVITATS

2 Transforma aquestes superfícies en metres quadrats:

a) 25,33 km^2 b) 1,03 hm^2 c) 37.785 mm^2 d) 103,24 cm^2

Naixement

El 1917 Albert Einstein esmenta per primera vegada l'obtenció d'una partícula de llum en excitar un àtom.

Amb aquesta idea, el 1954 Charles Hard Townes construeix el primer prototip que treballa amb microones, anomenat *màser*. Després vindria el làser.

Molts físics s'atribueixen la creació del làser, però el primer científic que el va crear va ser Theodore Maiman, el 16 de maig de 1960. El material que va utilitzar va ser un robí.

Perímetres i àrees

12

SABER

- Perímetre d'un polígon
- Longitud de la circumferència
- Àrea de paral·lelograms, triangles, trapezis, polígons regulars i cercles

SABER FER

- Calcular l'àrea d'un paral·lelogram mitjançant el teorema de Pitàgores
- Calcular l'àrea d'un triangle isòsceles o equilàter
- Calcular l'àrea d'un trapezi per mitjà del teorema de Pitàgores
- Calcular l'àrea d'un polígon regular mitjançant el teorema de Pitàgores
- Calcular l'àrea d'una figura plana

? INTERPRETA LA IMATGE

El làser

Un dels usos del làser és obtenir mides, ja que mesuren el temps que triga el senyal de llum per anar a un objecte i tornar.

- La Maria vol canviar el parquet i el sòcol d'una habitació. Amb un aparell làser mesura 2,42 m de llargada i 6,24 m d'amplada. L'habitació té una porta d'1,25 m d'amplada.

  Quants metres quadrats de parquet i quants metres de sòcol necessita?

Ús en la medicina

Amb la llum del làser és possible tallar i cauteritzar certs teixits en una fracció de segon sense danyar el teixit sa circumdant. El làser es fa servir per «soldar» la retina dels ulls, reparar lesions i cauteritzar vasos sanguinis.

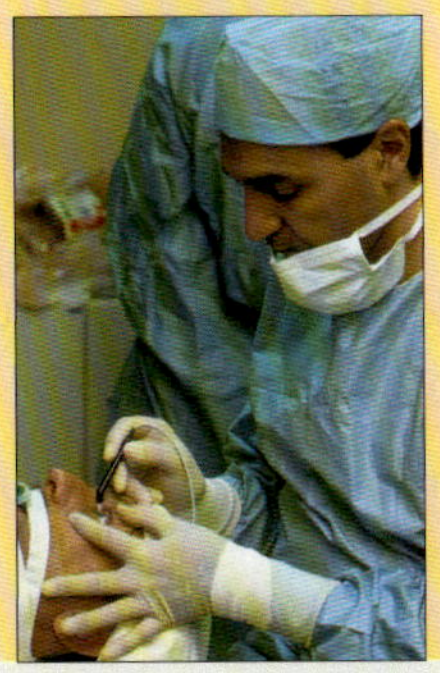

Ús en la indústria

El làser pot foradar diamants, modelar màquines i eines, retallar components microelectrònics, tallar patrons de moda o intentar induir la fusió nuclear controlada.

Ús en les comunicacions

La llum d'un làser pot viatjar llargues distàncies amb una petita pèrdua de la intensitat del senyal. Per exemple, pot transportar 1.000 vegades més canals de televisió que les microones.

1 Perímetre d'un polígon

HO ESCRIVIM AIXÍ

El perímetre d'un polígon s'acostuma a representar amb la lletra P.

El **perímetre** d'un polígon és la suma de les longituds dels seus costats.

1.1. Perímetre d'un polígon regular

Un polígon regular té tots els costats de la mateixa mida. Per tant, per calcular el perímetre d'un polígon regular de n costats amb longitud del costat c podem utilitzar la fórmula $P = n \cdot c$.

EXEMPLE

1. Calcula el perímetre d'aquests pentàgons:

   a) $P = \overline{AB} + \overline{BC} + \overline{CD} + \overline{DE} + \overline{EA} =$
   $= 3 + 2 + 5 + 2 + 4 = 16$ cm

   b) $c = 3$ cm, $n = 5 \rightarrow P = 5 \cdot 3 = 15$ cm

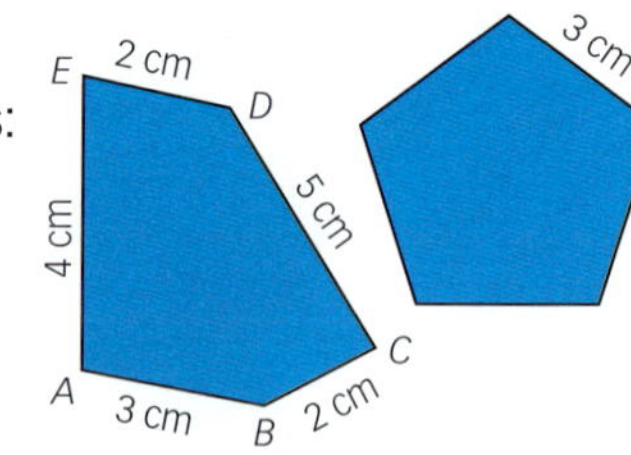

T'HI ATREVEIXES?

Si un triangle té 12 cm de perímetre, quant mesura com a mínim el seu costat més gran?

1.2. Perímetre d'un paral·lelogram

Els quadrats i els rombes tenen els quatre costats iguals, per tant, el seu perímetre és: $P = 4 \cdot c$

Els rectangles i els romboides tenen els costats iguals dos a dos, per tant, el seu perímetre és: $P = 2 \cdot (a + b)$

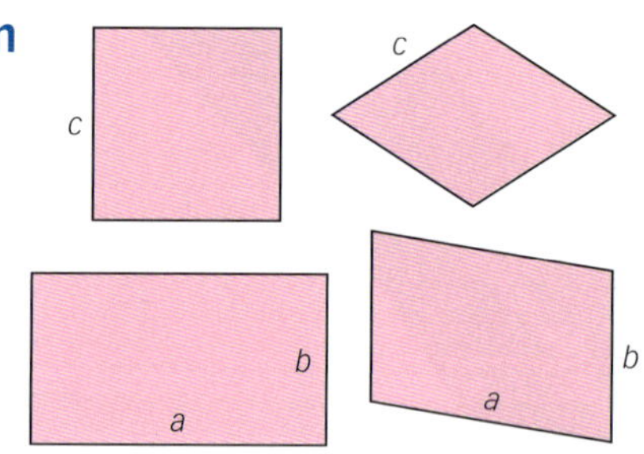

EXEMPLE

2. Calcula el perímetre d'aquests paral·lelograms:

   a) Un rombe de 2 cm de costat

   $c = 2 \rightarrow P = 4 \cdot c = 4 \cdot 2 = 8$ cm

   b) Un rectangle de 3 cm de base i 2 cm d'altura

   $b = 3, a = 2 \rightarrow P = 2 \cdot (a + b) = 2 \cdot (2 + 3) = 10$ cm

ACTIVITATS

1 **PRACTICA.** Calcula el perímetre d'aquests polígons:

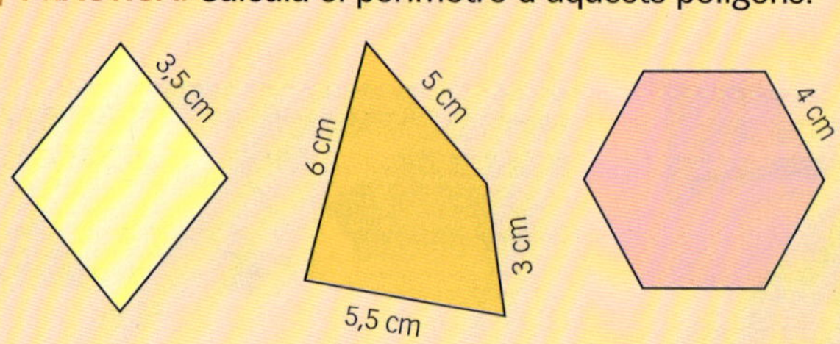

2 **APLICA.** Calcula el perímetre d'aquests polígons:

a) Un triangle equilàter de 8 cm de costat

b) Un triangle isòsceles amb els costats iguals de 6 cm i el costat desigual de 4 cm

3 **REFLEXIONA.** Determina el perímetre d'un quadrat de 9,9 cm de diagonal.

2 Longitud de la circumferència

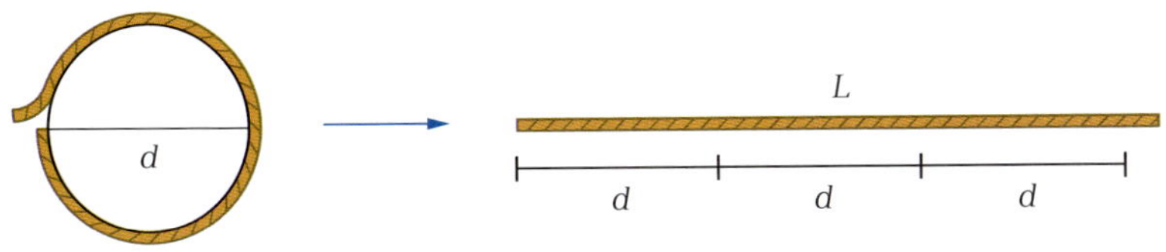

Quan dividim la longitud de qualsevol circumferència entre el seu diàmetre sempre obtenim el mateix nombre decimal. Aquest nombre es designa amb la lletra grega π i és un nombre decimal no exacte i no periòdic. El seu valor és $\pi = 3{,}141592...$

La **longitud de la circumferència**, L, es pot calcular mitjançant l'expressió $L = \pi \cdot d$, o bé $L = 2 \cdot \pi \cdot r$, en què d és el diàmetre i r és el radi.

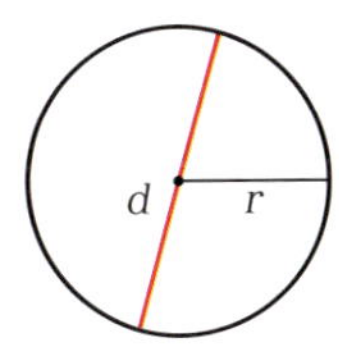

Per resoldre problemes s'acostuma a prendre un valor aproximat de π:

$\pi = 3{,}14$

2.1. Longitud d'un arc de circumferència

En una circumferència de radi r, la **longitud d'un arc $\widehat{AB}$**, de n graus, és:

$$L_{\widehat{AB}} = \frac{2\pi r \cdot n}{360^\circ}$$

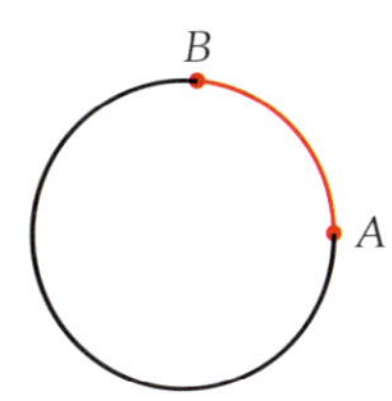

RECORDA

Un arc és la part de la circumferència inclosa entre dos dels seus punts.

EXEMPLE

3. En una circumferència de radi $r = 3$ cm, calcula:

   a) La longitud de la circumferència

   $r = 3 \text{ cm} \rightarrow L = 2\pi r = 2 \cdot 3{,}14 \cdot 3 = 18{,}84 \text{ cm}$

   b) La longitud d'un arc d'amplitud 60°

   $r = 3 \text{ cm}, n = 60° \rightarrow L_{\widehat{AB}} = \dfrac{2\pi r \cdot n}{360^\circ} = \dfrac{2 \cdot 3{,}14 \cdot 3 \cdot 60^\circ}{360^\circ} = 3{,}14 \text{ cm}$

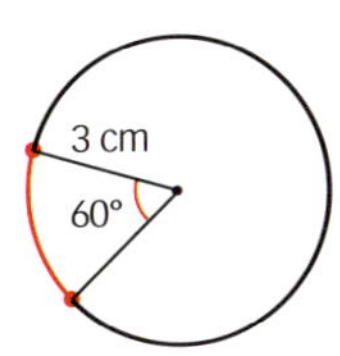

ACTIVITATS

4 PRACTICA. Calcula la longitud de les circumferències següents:

a) Una circumferència de 12 cm de diàmetre

b) Una circumferència de 4,6 cm de radi

5 APLICA. Determina el radi d'una circumferència que té una longitud de 51,52 cm.

6 APLICA. Calcula la longitud d'una circumferència que té un arc de 40° i una longitud de 3,98 cm.

7 REFLEXIONA. Considera un quadrat de 6,4 cm de costat. Calcula la longitud de la circumferència:

a) Que s'inscriu en el quadrat.

b) En la qual està circumscrit.

3 Àrea dels paral·lelograms

HO ESCRIVIM AIXÍ

L'àrea s'acostuma a representar amb la lletra *A*.

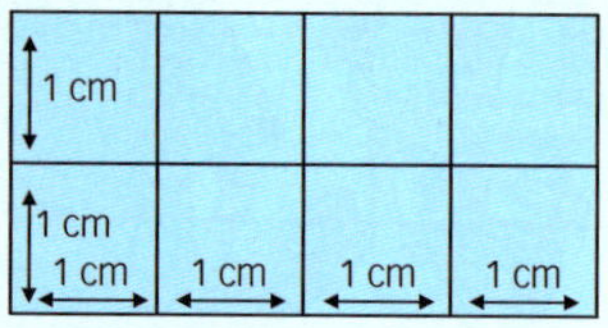

$4 \text{ cm} \times 2 \text{ cm} = 8 \text{ cm}^2$

$A = 8 \text{ cm}^2$

L'àrea d'un rombe amb diagonal menor *d* i diagonal major *D* és la meitat de l'àrea d'un rectangle de base *d* i altura *D*.

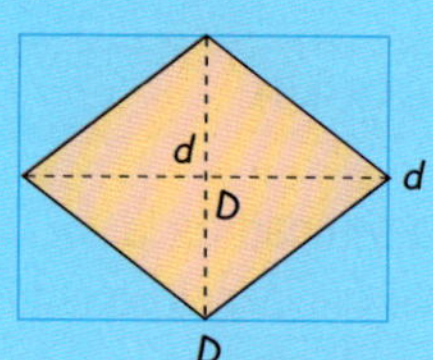

3.1. Àrea del rectangle

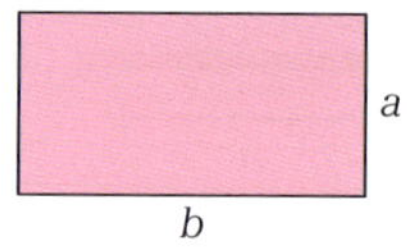

L'**àrea d'un rectangle** de base b i altura a és: $A = a \cdot b$

3.2. Àrea del quadrat

L'**àrea d'un quadrat** de costat c és: $A = c^2$

3.3. Àrea del rombe

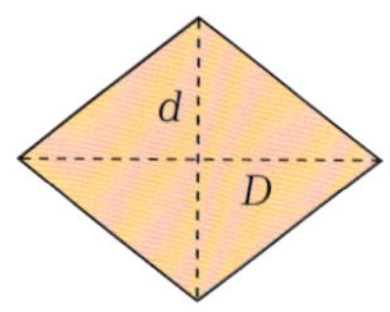

L'**àrea d'un rombe** de diagonal menor d i diagonal major D és: $A = \frac{D \cdot d}{2}$

3.4. Àrea del romboide

L'**àrea d'un romboide** de base b i altura h és: $A = b \cdot h$

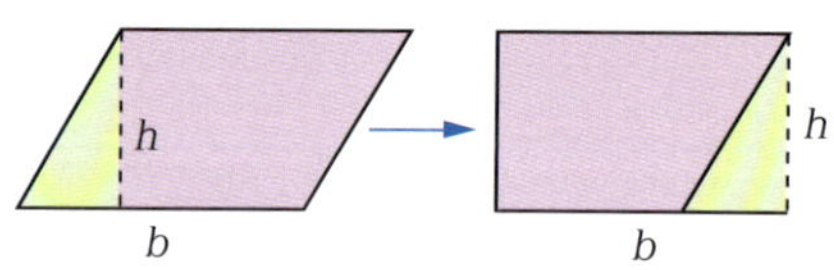

L'àrea d'un romboide de base b i altura h és igual a l'àrea d'un rectangle de base b i altura h.

EXEMPLE

4. Calcula l'àrea dels paral·lelograms següents:

   a) Un rombe de diagonal major de 8 cm i diagonal menor de 4 cm

   $D = 8,\ d = 4 \rightarrow A = \frac{D \cdot d}{2} = \frac{8 \cdot 4}{2} = \frac{32}{2} = 16 \text{ cm}^2$

   b) Un romboide de base 5 cm i altura 3,5 cm

   $b = 5,\ h = 3{,}5 \rightarrow A = b \cdot h = 5 \cdot 3{,}5 = 17{,}5 \text{ cm}^2$

ACTIVITATS

8 PRACTICA. Calcula l'àrea d'aquests paral·lelograms:

a)

b)

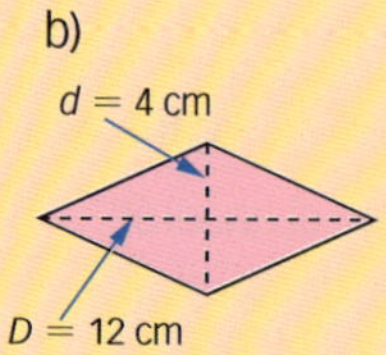

c)

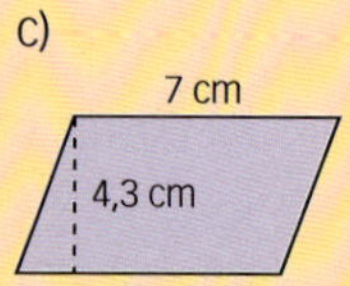

9 APLICA. Determina l'àrea d'un rectangle de 36 cm de perímetre i de 10 cm de base.

10 REFLEXIONA. Un establiment comercial té dos aparadors de vidre quadrats de 2,5 m de diagonal. Si el metre quadrat de vidre val 45 €, quant costa el vidre dels aparadors?

SABER FER

Calcular l'àrea d'un paral·lelogram mitjançant el teorema de Pitàgores

Calcula l'àrea dels paral·lelograms següents:

a)

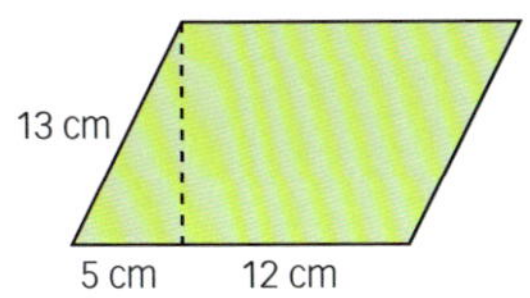

b)

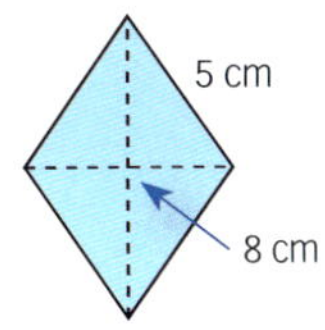

Els catets del triangle rectangle que es creen en un rombe sempre tenen la meitat de la mida de les seves diagonals.

Passos que cal seguir

1. Comprovem si coneixem totes les dades necessàries per calcular l'àrea de la figura.

a) $b = 5 + 12 = 17$ cm

$a = 13$ cm

$A = b \cdot h$

Necessitem conèixer h.

b) $D = 8$ cm $\quad c = 5$ cm

$A = \frac{D \cdot d}{2}$

Necessitem conèixer d.

2. Identifiquem el triangle rectangle del qual un dels costats és la dada desconeguda i apliquem el teorema de Pitàgores.

a)

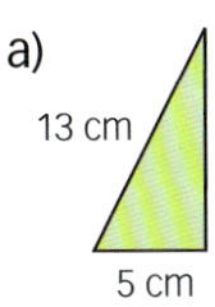

$13^2 = 5^2 + h^2$

b)

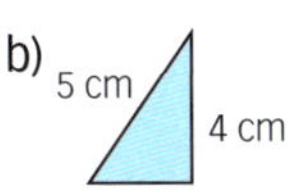

$5^2 = 4^2 + \left(\frac{c}{2}\right)^2$

3. Aïllem la incògnita.

a) $169 = 25 + h^2$

$h^2 = 169 - 25 = 144$

$h = \sqrt{144} = 12$ cm

b) $25 = 16 + \left(\frac{c}{2}\right)^2$

$\left(\frac{c}{2}\right)^2 = 25 - 16 = 9$

$\frac{c}{2} = \sqrt{9} = 3 \rightarrow c = 6$ cm

4. Calculem l'àrea del paral·lelogram.

a) $A = b \cdot h = 17 \cdot 12 = 204$ cm^2

b) $A = \frac{D \cdot d}{2} = \frac{8 \cdot 6}{2} = 24$ cm^2

ACTIVITATS

11 Calcula el perímetre i l'àrea d'aquestes figures:

a)

b)

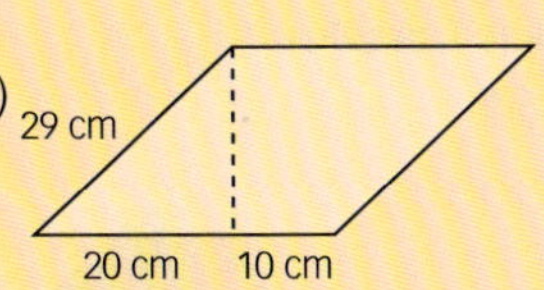

c)

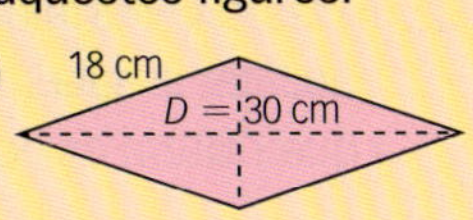

d)

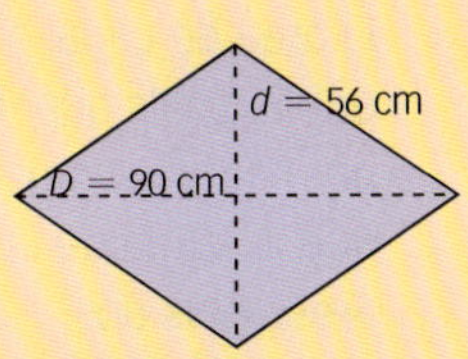

12 Determina l'àrea d'un rombe que té 32 cm de perímetre i 3 cm de diagonal menor.

13 Fixa't en les mides d'aquesta figura:

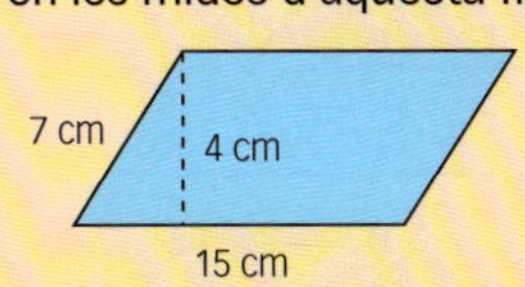

a) Calcula'n el perímetre i l'àrea.

b) Calcula l'àrea d'un rectangle que té el mateix perímetre que aquest romboide però la meitat de l'altura.

c) Calcula el costat d'un quadrat que té el doble d'àrea que aquest romboide.

4 Àrea del triangle

T'HI ATREVEIXES?

Quina és l'àrea d'un triangle els costats del qual mesuren 12 cm, 28 cm i 16 cm?

L'**àrea d'un triangle** de base b i altura h és:

$$A = \frac{b \cdot h}{2}$$

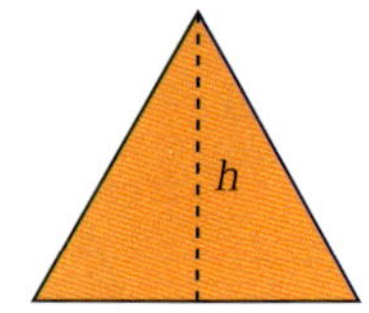

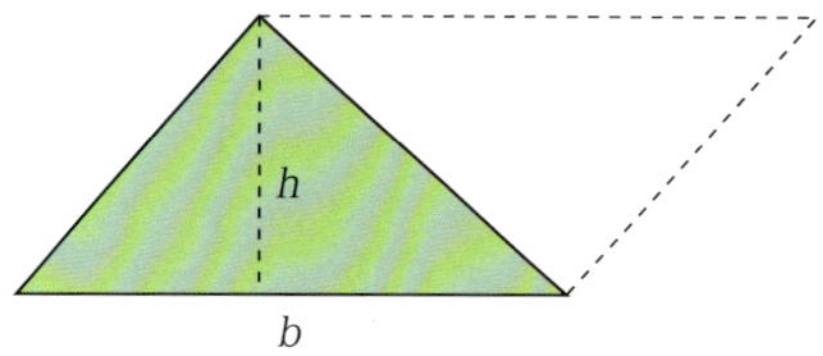

L'àrea d'un triangle de base b i altura h és la meitat de l'àrea d'un romboide de base b i altura h.

EXEMPLES

5. Calcula l'àrea d'un triangle de 6 cm d'altura i 4 cm de base.

   Apliquem la fórmula per calcular l'àrea del triangle.

   $$A = \frac{b \cdot h}{2} = \frac{4 \cdot 6}{2} = 12\ \text{cm}^2$$

   El triangle té una àrea de 12 cm^2.

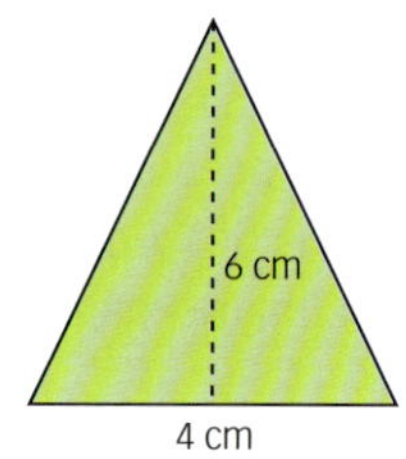

6. Calcula l'àrea d'un triangle rectangle que té els catets de 12 cm i 5 cm.

   Si considerem que la base és un dels catets, l'altura del triangle és l'altre catet.

   $$A = \frac{b \cdot h}{2} = \frac{12 \cdot 5}{2} = 30\ \text{cm}^2$$

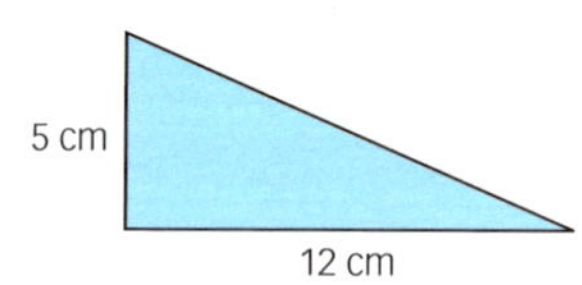

ACTIVITATS

14 PRACTICA. Determina l'àrea d'aquest triangle:

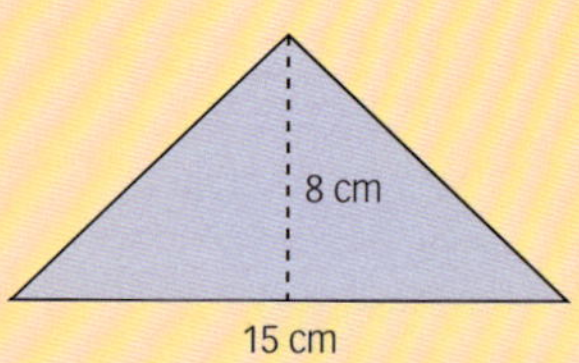

15 APLICA. Calcula l'àrea d'aquest triangle isòsceles:

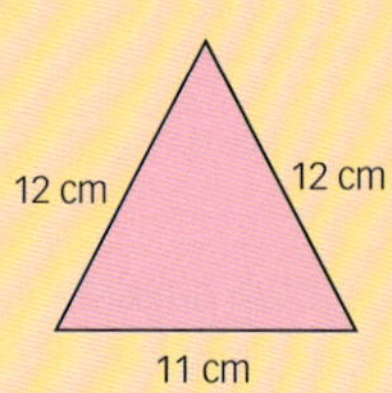

16 APLICA. Calcula l'àrea d'un triangle equilàter de 12 cm de costat.

17 APLICA. Determina el perímetre d'un triangle equilàter si sabem que l'àrea és de 43,3 cm^2 i que l'altura és de 8,66 cm.

18 REFLEXIONA. Calcula l'àrea d'aquest triangle i l'àrea de cadascun dels triangles en els quals queda dividit per l'altura. Comprova que la suma de les àrees dels dos triangles és igual a l'àrea total del triangle.

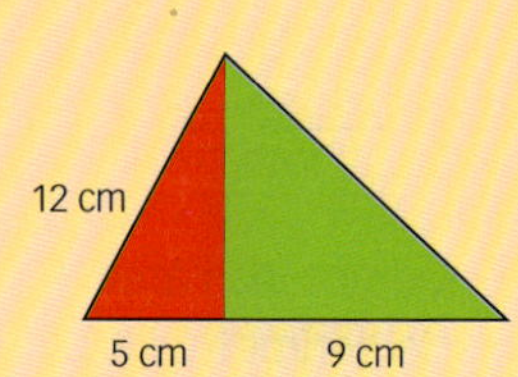

SABER FER

Calcular l'àrea d'un triangle isòsceles o equilàter

Calcula l'àrea dels triangles següents:

a) Un triangle isòsceles amb els costats iguals de 5 cm i el desigual de 8 cm

b) Un triangle equilàter amb els costats de 6 cm

Només en els triangles equilàters i en els isòsceles, quan es considera l'altura sobre el costat desigual, l'altura divideix la base en dues parts iguals.

Passos que cal seguir

1. Si el triangle és isòsceles prenem com a base el costat desigual. Tracem l'altura del triangle i la base queda dividida en dues parts iguals.

a) 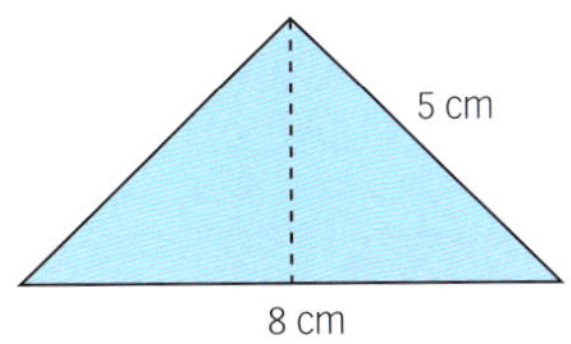

b) 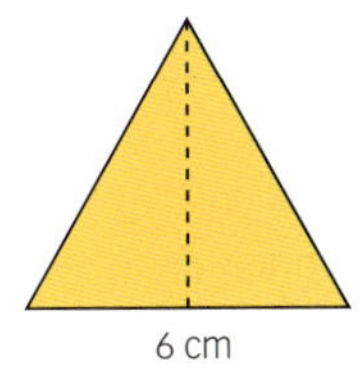

2. Apliquem el teorema de Pitàgores al triangle rectangle de catets l'altura i la meitat de la base, i amb la hipotenusa com a costat.

a) $h^2 + 4^2 = 5^2$
$h^2 = 5^2 - 4^2 = 25 - 16 = 9$
$h = \sqrt{9} = 3$ cm

b) $h^2 + 3^2 = 6^2$
$h^2 = 6^2 - 3^2 = 36 - 9 = 27$
$h = \sqrt{27} = 5{,}2$ cm

3. Calculem l'àrea del triangle.

a) $A = \dfrac{b \cdot h}{2} = \dfrac{8 \cdot 3}{2} = 12 \text{ cm}^2$

b) $A = \dfrac{b \cdot h}{2} = \dfrac{6 \cdot 5{,}2}{2} = 15{,}6 \text{ cm}^2$

ACTIVITATS

19 Calcula l'àrea d'aquests triangles:

a) 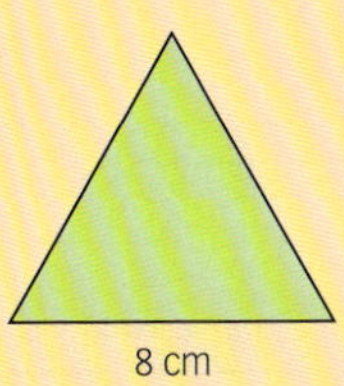

b) 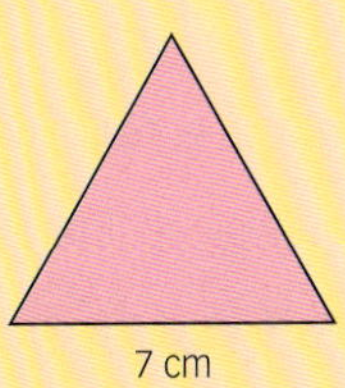

c) 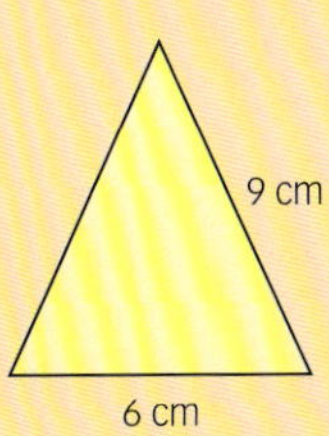

d) 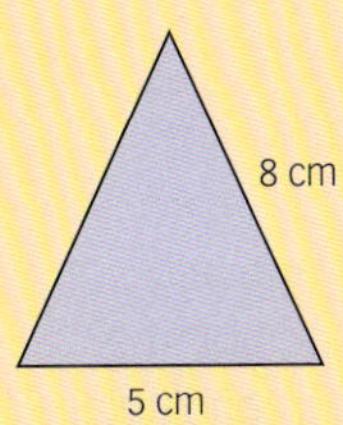

e) 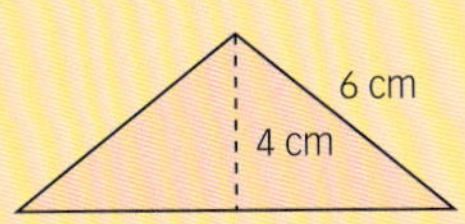

f) 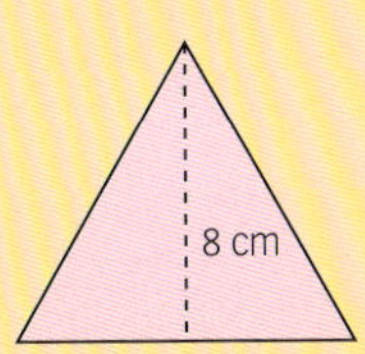

20 Determina l'àrea d'un triangle equilàter amb cadascun d'aquests costats:

a) 4 cm b) 12 cm c) 15 cm

21 Calcula l'àrea d'un triangle isòsceles en els casos següents:

a) Els costats iguals fan 7 cm i el desigual, 12 cm.

b) Els costats iguals fan 10 cm i el desigual, 9 cm.

22 Fixa't en el dibuix de la muntanya:

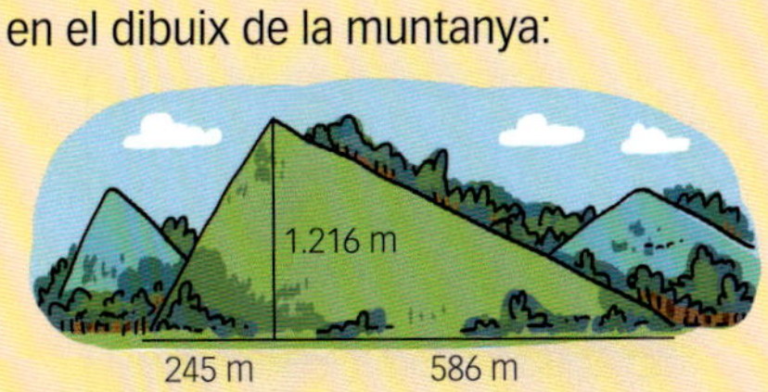

a) Si vull pujar pel vessant menys inclinat de la muntanya, quants metres recorreré si pujo en línia recta?

b) Fa una hora que pujo per la muntanya i he recorregut 425 m. Si continuo al mateix ritme, quant temps trigaré a arribar al cim?

c) Quina distància recorreria si pugés pel vessant amb més pendent?

d) Si pel vessant més inclinat puc pujar a una velocitat de 230 m/h, trigaré menys a pujar per aquest vessant?

5 Àrea del trapezi

L'**àrea d'un trapezi** de base major B, base menor b i altura h és:

$$A = \frac{(B + b) \cdot h}{2}$$

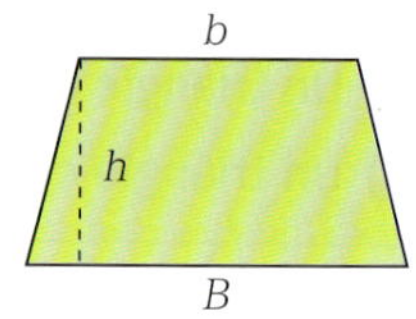

Si unim dos trapezis iguals, obtenim un romboide que té d'altura la mateixa que el trapezi i, com a base, la suma de les dues bases del trapezi.

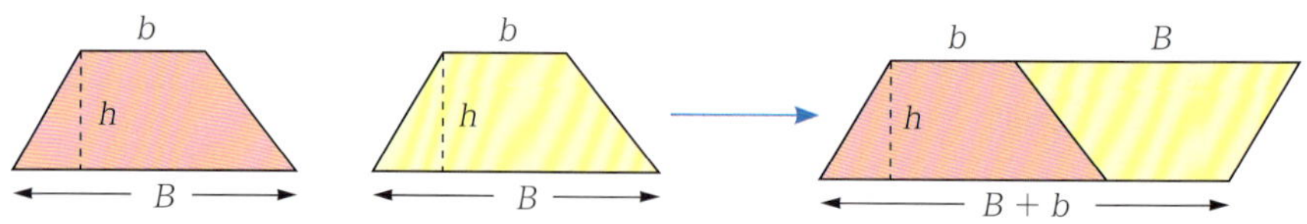

EXEMPLES

7. Calcula l'àrea d'aquests dos trapezis i digues què observes:

a) 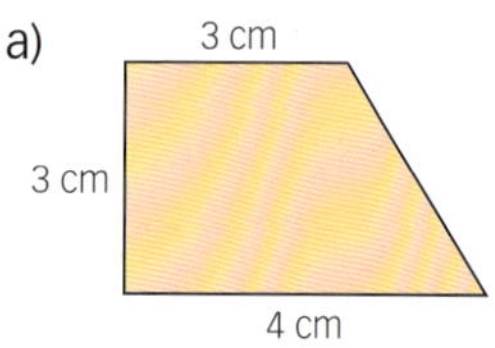

b) 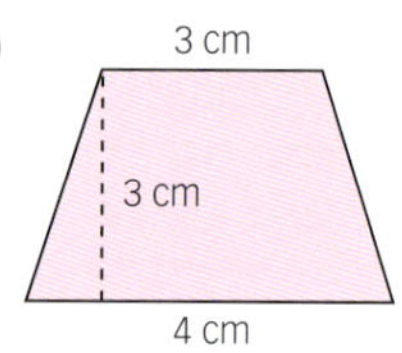

$$A = \frac{(4 + 3) \cdot 3}{2} = 10{,}5 \text{ cm}^2 \qquad A = \frac{(4 + 3) \cdot 3}{2} = 10{,}5 \text{ cm}^2$$

Observem que, encara que tenen perímetres diferents, les àrees són iguals.

8. Un terreny amb forma de trapezi rectangle té una tanca en els dos costats paral·lels, que fan 50 m i 120 m, i també té tanca el costat perpendicular a tots dos, que fa 30 m.

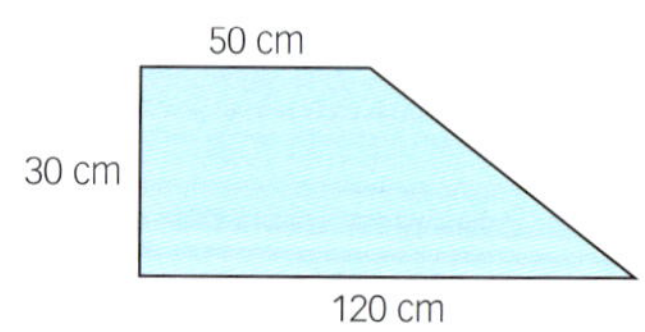

a) Quanta tanca queda per posar? b) Quina àrea té el terreny?

a) La part de tanca que queda és la hipotenusa d'un triangle rectangle.

$a^2 = 30^2 + 70^2 = 5.800 \rightarrow a = \sqrt{5.800} = 76{,}16$ m

b) L'àrea és: $A = \frac{(B + b) \cdot h}{2} = \frac{(50 + 120) \cdot 30}{2} = 2.550 \text{ m}^2$

ACTIVITATS

23 **PRACTICA.** Calcula l'àrea d'un trapezi de bases 7 cm i 11 cm, i altura de 5 cm.

24 **APLICA.** Determina l'altura d'un trapezi d'àrea 760 m^2, i amb les bases de 22 cm i 16 cm.

25 **REFLEXIONA.** Calcula l'àrea d'un trapezi rectangle en el qual la base major és el doble que la menor, i la base menor té la mateixa mida que l'altura, que és de 6,8 cm.

SABER FER

Calcular l'àrea d'un trapezi per mitjà del teorema de Pitàgores

Calcula l'àrea d'aquest trapezi isòsceles:

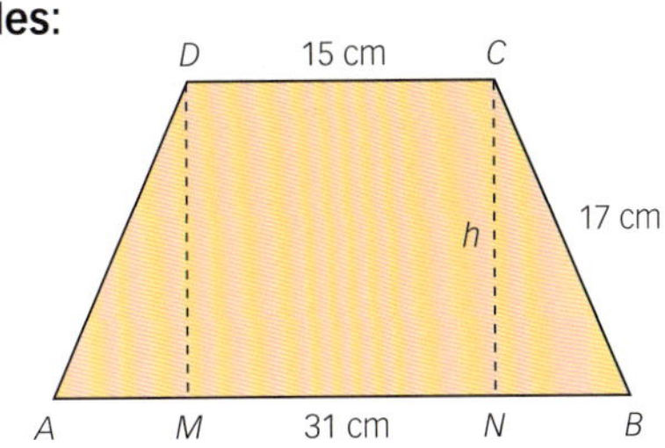

L'altura sempre és perpendicular al costat; per tant, el triangle $\widehat{NBC}$ és un triangle rectangle i $\widehat{MDA}$, també.

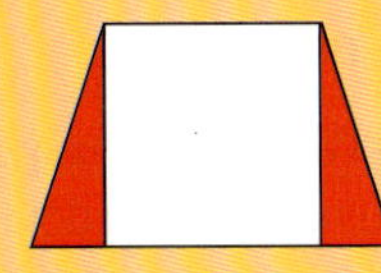

Passos que cal seguir

1. Comprovem si coneixem totes les dades necessàries per calcular l'àrea de la figura.

Coneixem la mida de les dues bases però no sabem la mida de l'altura, h.

2. Identifiquem el triangle rectangle del qual un dels costats és la dada desconeguda i apliquem el teorema de Pitàgores.

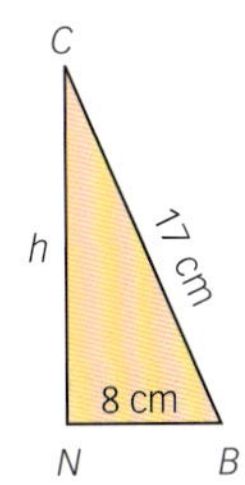

L'altura és un dels catets del triangle rectangle $\widehat{NBC}$.

Hipotenusa $\rightarrow \overline{BC} = 17$ cm

Catet $NB \rightarrow \overline{NB} = \dfrac{31 - 15}{2} = 8$ cm

Pel teorema de Pitàgores: $h^2 + 8^2 = 17^2$

$$h^2 = 17^2 - 8^2 = 289 - 64 = 225 \rightarrow h = \sqrt{225} = 15 \text{ cm}$$

3. Aïllem la incògnita i calculem l'àrea del trapezi.

L'àrea és: $A = \dfrac{(B + b) \cdot h}{2} = \dfrac{(31 + 15) \cdot 15}{2} = 345 \text{ cm}^2$

ACTIVITATS

26 Calcula l'àrea dels trapezis següents:

a)

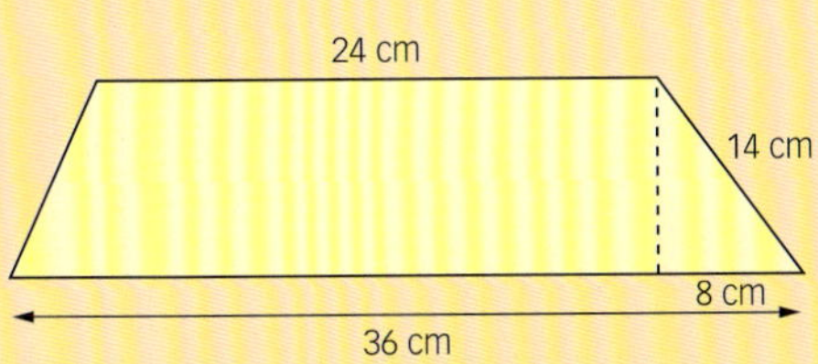

b)

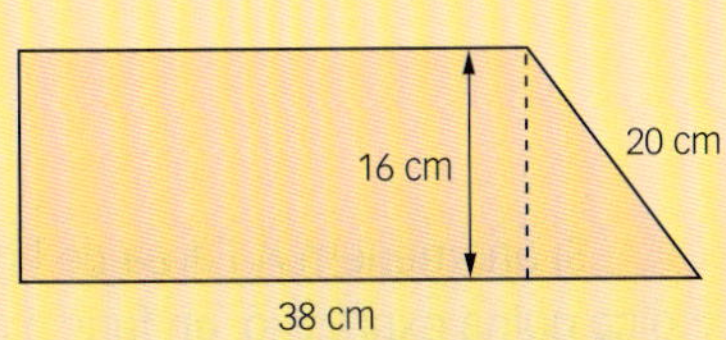

c)

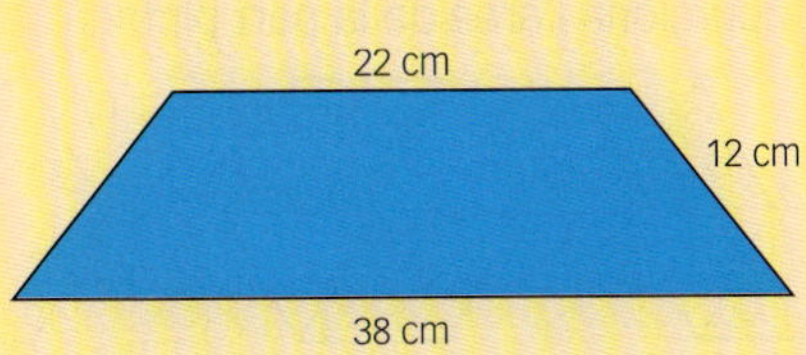

27 Determina l'àrea d'un trapezi rectangle que té de bases dos segments de 8 cm i 12 cm, i de costat perpendicular a les bases un segment de 5 cm de longitud.

28 Calcula l'àrea d'aquestes figures a partir de l'àrea d'un trapezi:

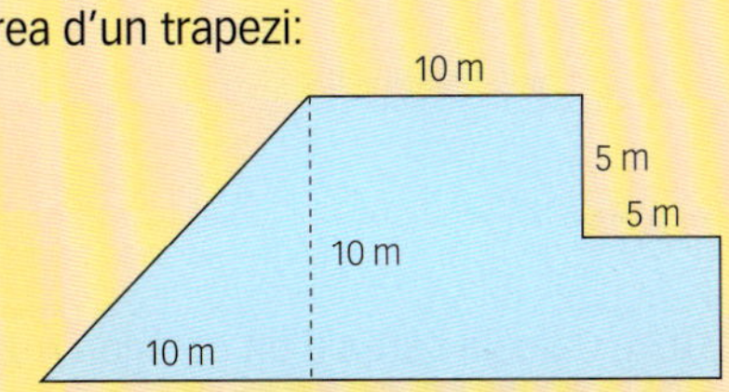

b)

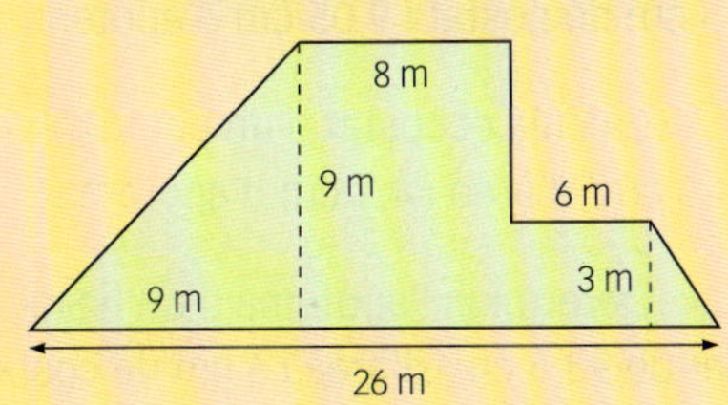

6 Àrea d'un polígon regular

T'HI ATREVEIXES?

Un triangle equilàter i un hexàgon regular tenen el mateix perímetre.

Si l'àrea de l'hexàgon és $6\,m^2$, quina és l'àrea del triangle?

L'àrea d'un polígon regular de perímetre P i apotema a és:

$$A = \frac{P \cdot a}{2}$$

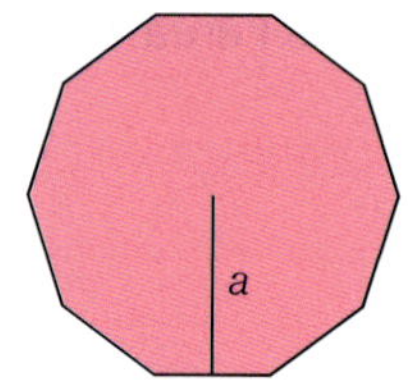

Un polígon regular es pot descompondre en tants triangles iguals com costats tingui. La base de cadascun d'aquests triangles és el costat, c, del polígon, i l'altura és l'apotema del polígon, a.

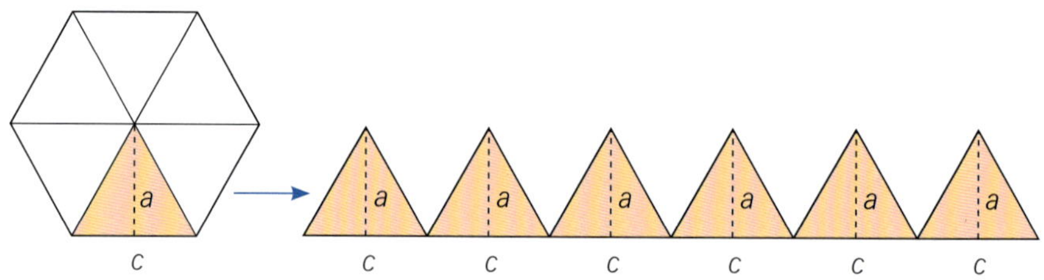

L'àrea del polígon és l'àrea d'un d'aquests triangles multiplicada pel nombre de costats del polígon.

$$\text{Àrea del polígon regular} = n \cdot \frac{c \cdot a}{2} = \frac{n \cdot c \cdot a}{2}$$

Com que $n \cdot c$ és el perímetre del polígon regular, tenim que:

$$\text{Àrea del polígon regular} = \frac{\text{perímetre} \cdot \text{apotema}}{2} = \frac{P \cdot a}{2}$$

EXEMPLE

9. Calcula l'àrea d'aquest heptàgon regular:

Calculem el perímetre de l'heptàgon:

$P = n \cdot c = 7 \cdot 5 = 35$ cm

Substituïm en la fórmula de l'àrea:

$$A = \frac{P \cdot a}{2} = \frac{35 \cdot 5{,}2}{2} = 91\ cm^2$$

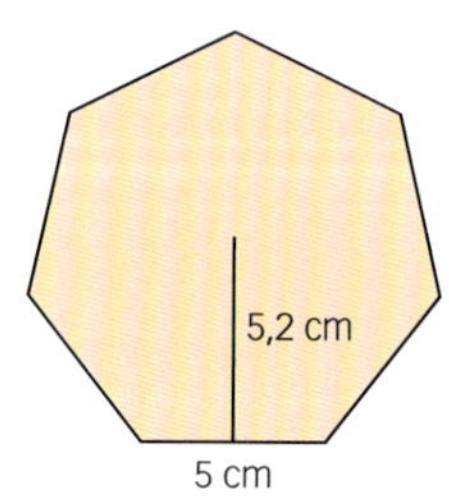

ACTIVITATS

29 **PRACTICA.** Calcula l'àrea d'un octàgon regular de 7,5 cm de costat i 9,05 cm d'apotema.

30 **APLICA.** Calcula el costat d'un pentàgon regular de 61,5 cm^2 d'àrea i 4,1 cm d'apotema.

31 **APLICA.** Determina l'apotema d'un hexàgon regular de 93,5 cm^2 d'àrea i 6 cm de costat.

32 **REFLEXIONA.** Si anomenem A l'àrea de l'hexàgon regular, indica quina expressió, en funció de A, ens proporciona l'àrea de la part pintada.

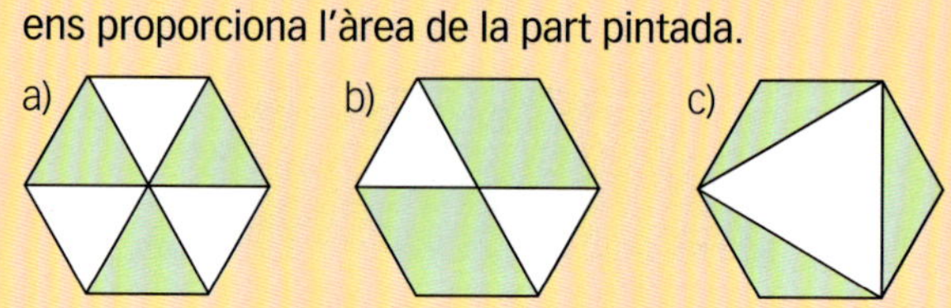

SABER FER

Calcular l'àrea d'un polígon regular mitjançant el teorema de Pitàgores

Calcula l'àrea d'un enneàgon regular amb aquestes condicions:

- **Està inscrit en una circumferència de radi $r = 10$ cm.**
- **El costat fa $c = 6{,}84$ cm.**

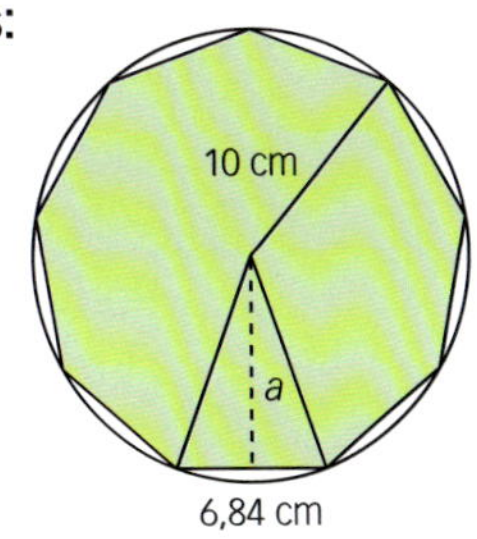

En un hexàgon regular, el radi del polígon és de la mateixa mida que el costat. Aquest és l'únic polígon regular en el qual es compleix aquesta igualtat.

Passos que cal seguir

1. Comprovem si coneixem totes les dades necessàries per calcular l'àrea de la figura.

Coneixem la mida del costat i, per tant, podem calcular el perímetre, però no coneixem la mida de l'apotema, *a*.

2. Identifiquem el triangle rectangle del qual un dels costats és la dada desconeguda i apliquem el teorema de Pitàgores.

L'apotema és un dels catets del triangle rectangle; l'altre catet és la meitat del costat, i té per hipotenusa el radi del polígon.

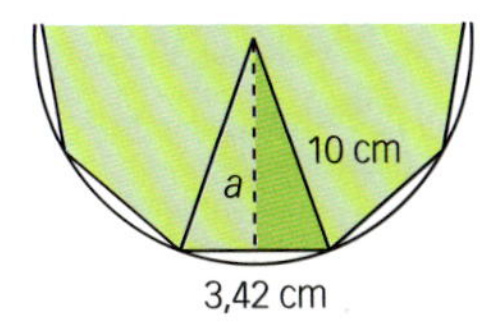

Pel teorema de Pitàgores: $a^2 + 3{,}42^2 = 10^2$

3. Aïllem la incògnita i calculem l'àrea del polígon regular.

$a^2 = 10^2 - 3{,}42^2 = 100 - 11{,}7 = 88{,}3 \rightarrow a = \sqrt{88{,}3} = 9{,}4$ cm

L'àrea és: $A = \dfrac{P \cdot a}{2} = \dfrac{9 \cdot 6{,}84 \cdot 9{,}4}{2} = 289{,}33 \text{ cm}^2$

ACTIVITATS

33 Calcula l'àrea d'aquests polígons regulars:

a)

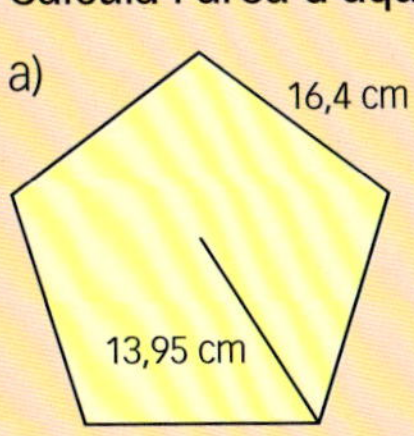

b)

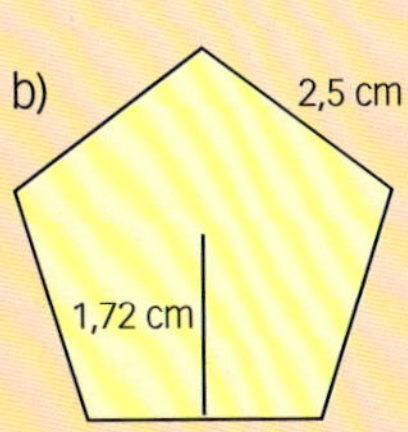

c)

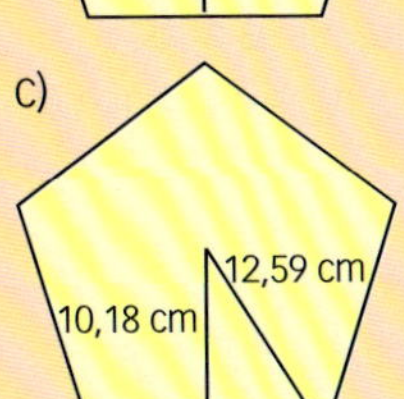

d)

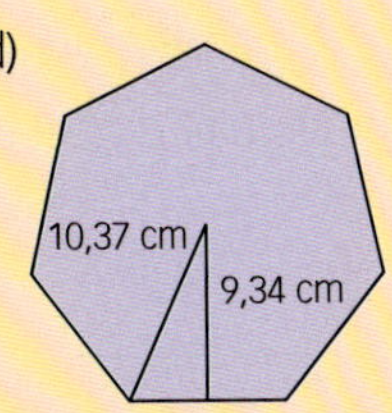

e)

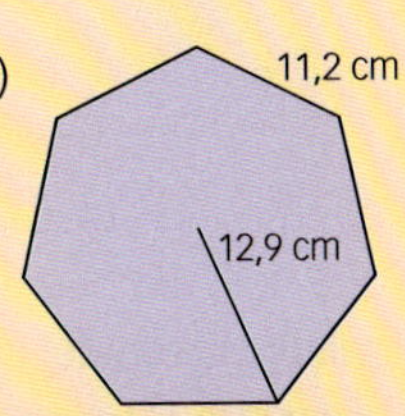

f)

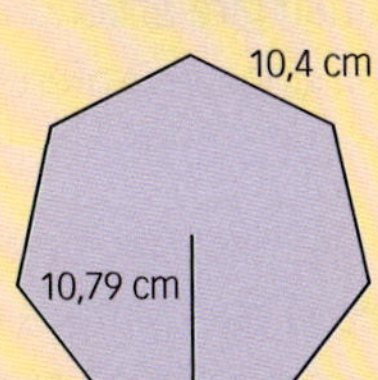

34 Determina, en cada cas, l'àrea d'un hexàgon regular que compleix les condicions indicades.

a) El costat és de 8,5 cm.

b) El perímetre fa 75,6 cm.

c) Està inscrit en una circumferència de 14 cm de diàmetre.

35 Calcula l'àrea d'aquests polígons regulars:

a)

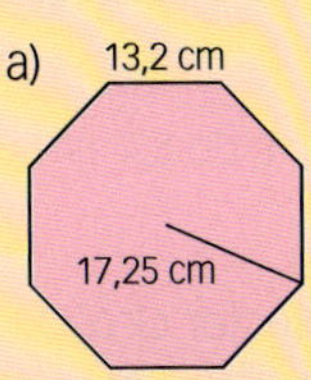

b)

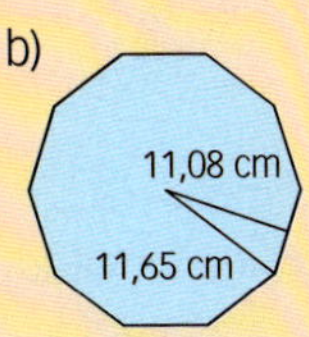

c)

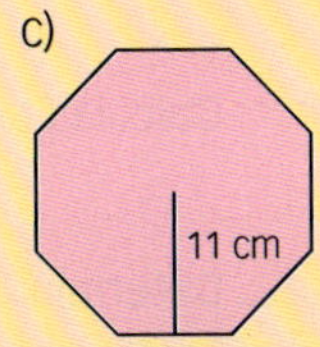

d)

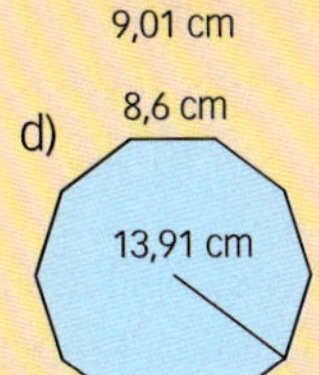

7 Àrea del cercle

L'àrea d'un cercle de radi r és: $A = \pi r^2$

Podem imaginar el cercle com un polígon regular de molts costats, en el qual el perímetre del polígon seria la longitud de la circumferència i com a apotema tindria el radi.

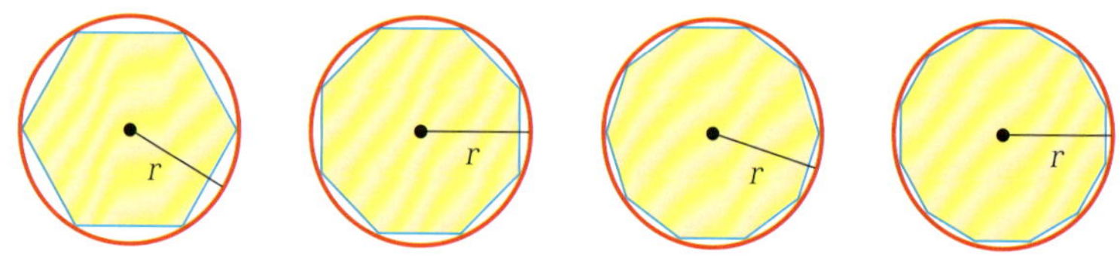

$$\text{Àrea del cercle} = \frac{\text{perímetre} \cdot \text{apotema}}{2} = \frac{\text{longitud} \cdot \text{radi}}{2}$$

Com que la longitud de la circumferència és $2\pi r \rightarrow A_{\text{Cercle}} = \dfrac{2\pi r \cdot r}{2} = \pi r^2$

Un sector circular és la part del cercle limitada per dos radis i un arc.

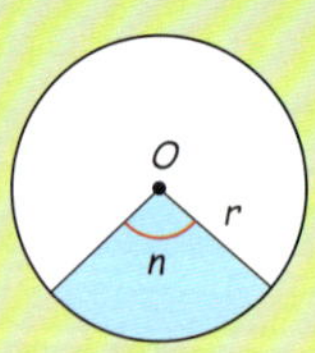

7.1. Àrea d'un sector circular

L'àrea d'un sector circular de n graus i radi r és:

$$A = \frac{\pi r^2 \cdot n}{360}$$

EXEMPLE

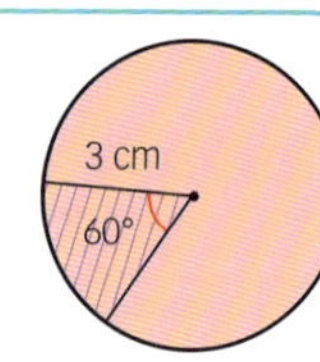

10. En un cercle de radi $r = 3$ cm, calcula:

a) L'àrea del cercle.

$r = 3 \text{ cm} \rightarrow A = \pi r^2 = 3{,}14 \cdot 3^2 = 28{,}26 \text{ cm}^2$

b) L'àrea del sector circular que té una amplitud de 60°.

$$n = 60° \rightarrow A_{\text{Sector}} = \frac{\pi r^2 \cdot n}{360} = \frac{3{,}14 \cdot 3^2 \cdot 60}{360} = 4{,}71 \text{ cm}^2$$

ACTIVITATS

36 PRACTICA. Calcula l'àrea d'un cercle de 5,2 cm de radi.

37 PRACTICA. Determina l'àrea d'un sector circular que pertany a un cercle de 7 dm de diàmetre amb les amplituds següents:

a) 40° b) 60° c) 150° d) 210°

38 APLICA. Calcula l'àrea d'un cercle limitat per una circumferència de 30,16 cm de longitud.

39 APLICA. Calcula la longitud de la circumferència que delimita una rotonda de 162,86 m². Després, calcula l'àrea del cercle que delimita un vehicle quan gira al voltant de la rotonda si se situa en una circumferència amb 3 m més de radi que el de la mateixa rotonda.

40 REFLEXIONA. Determina l'àrea de la part pintada en el cercle que està dibuixat a la dreta.

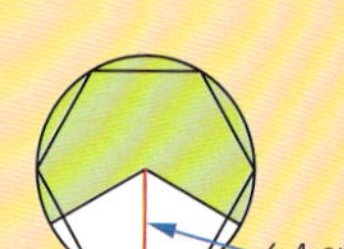

SABER FER

Calcular l'àrea d'una figura plana

Calcula l'àrea de la zona pintada.

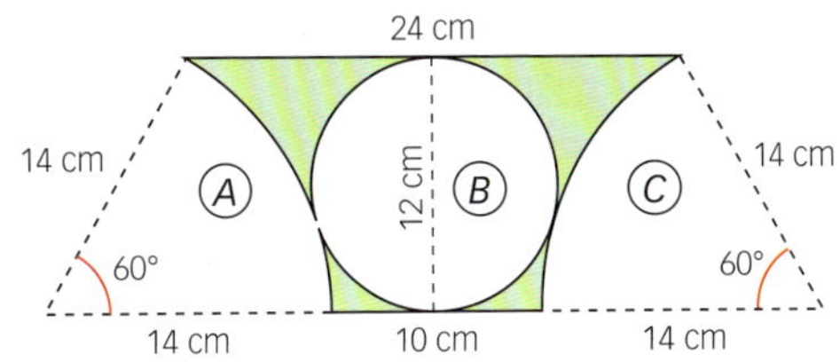

Passos que cal seguir

1. Descomponem la figura en altres figures que tinguin àrees que sapiguem calcular.

Figures A i C → Sector circular de radi 14 cm i angle 60°.

Figura B → Cercle de radi $\frac{12}{2} = 6$ cm.

La figura completa és un trapezi d'altura 12 cm i bases de 24 cm i 10 + 14 + 14 = 38 cm.

$$A_{\text{Total}} = A_{\text{Trapezi}} - A_{\text{Figura } A} - A_{\text{Figura } B} - A_{\text{Figura } C}$$

2. Calculem l'àrea de cadascuna de les figures en les quals hem descompost la figura original.

$$A_{\text{Figura } A} = \frac{\pi r^2 \cdot n}{360} = \frac{\pi \cdot 14^2 \cdot 60}{360} = 102{,}57 \text{ cm}^2$$

$$A_{\text{Figura B}} = \pi r^2 = \pi \cdot 6^2 = 113{,}04 \text{ cm}^2$$

$$A_{\text{Figura C}} = \frac{\pi r^2 \cdot n}{360} = \frac{\pi \cdot 14^2 \cdot 60}{360} = 102{,}57 \text{ cm}^2$$

$$A_{\text{Trapezi}} = \frac{(B + b) \cdot h}{2} = \frac{(38 + 24) \cdot 12}{2} = 372 \text{ cm}^2$$

3. Sumem i restem les àrees calculades per aconseguir el resultat final.

$$A_{\text{Total}} = A_{\text{Trapezi}} - A_{\text{Figura } A} - A_{\text{Figura } B} - A_{\text{Figura } C}$$
$$= 372 - 102{,}57 - 113{,}04 - 102{,}57 = 53{,}82 \text{ cm}^2$$

Quan no coneixem la fórmula per calcular l'àrea d'una figura, l'hem de descompondre, de la manera més senzilla possible, en altres figures de les quals sí que en sapiguem calcular l'àrea.

ACTIVITATS

41 Calcula l'àrea de la part pintada.

a) 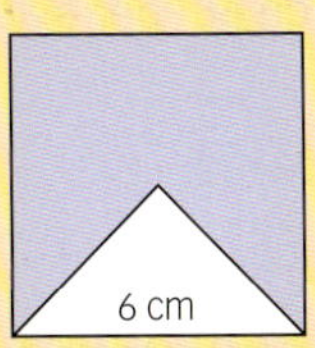

b) 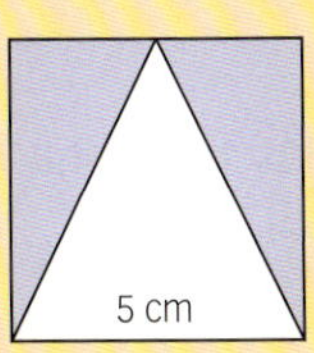

c) 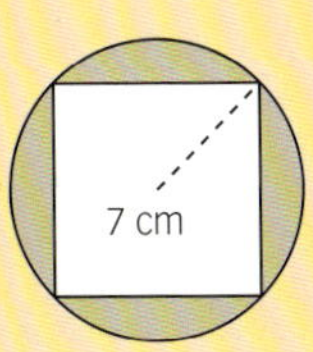

d) 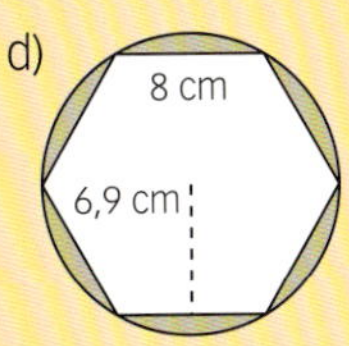

e) 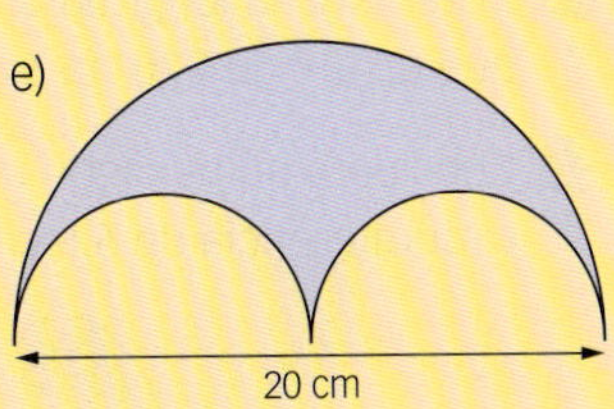

f) 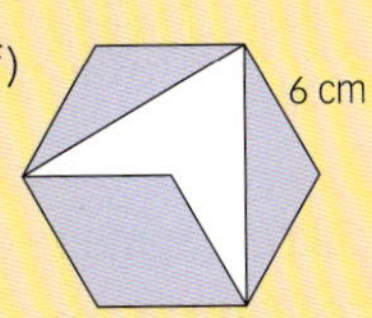

42 Determina l'àrea de la part pintada.

a) 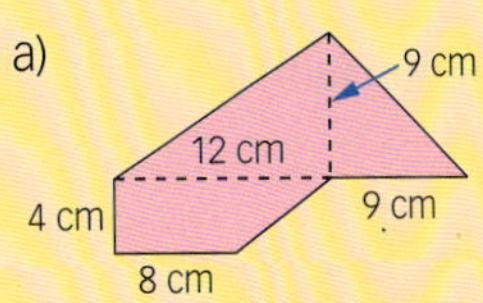

b) 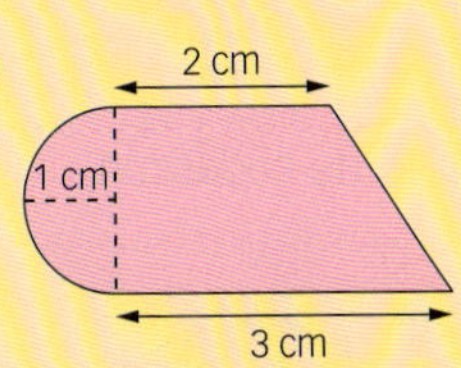

c) 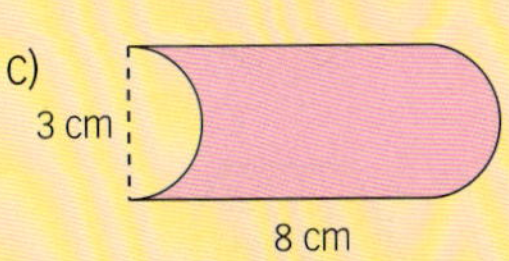

d) 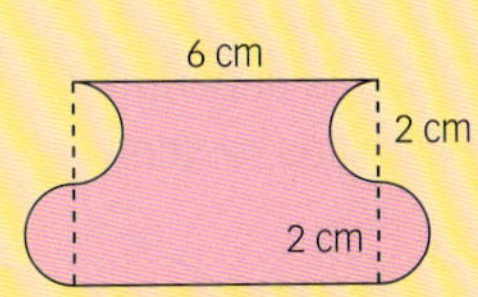

e) 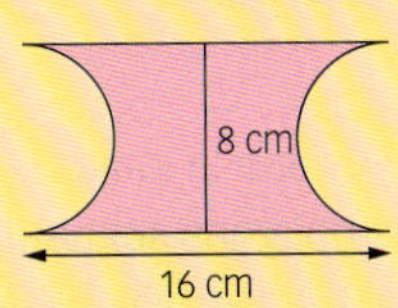

f) 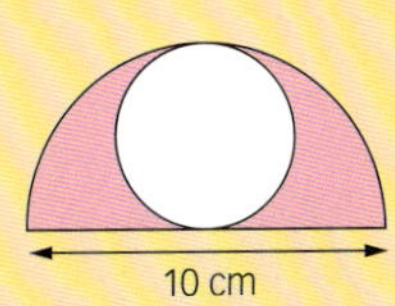

ACTIVITATS FINALS

Perímetre d'un polígon

43 Calcula el perímetre d'aquests polígons:

a) Un triangle de costats 3 cm, 5 cm i 7 cm

b) Un rectangle de 10 cm de base i de 6 cm d'altura

c) Un rombe de 3 cm de costat

d) Un pentàgon regular de 4,8 cm de costat

44 Dibuixa un triangle escalè, un d'isòsceles i un d'equilàter que tinguin el mateix perímetre: 30 cm.

45 Construeix els polígons següents:

a) Un hexàgon regular de 36 cm de perímetre

b) Un hexàgon no regular de 36 cm de perímetre

c) Un rectangle de base el doble que l'altura i el perímetre de 36 cm

d) Un quadrat de 36 cm de perímetre

Pots dir quina longitud tenen els costats dels polígons que has dibuixat?

46 Determina la longitud del costat dels polígons regulars següents:

a) Un octàgon de 32 cm de perímetre

b) Un pentàgon de 75 cm de perímetre

c) Un heptàgon de 56 cm de perímetre

d) Un hexàgon de 72 cm de perímetre

47 Calcula el perímetre dels triangles rectangles següents:

a) 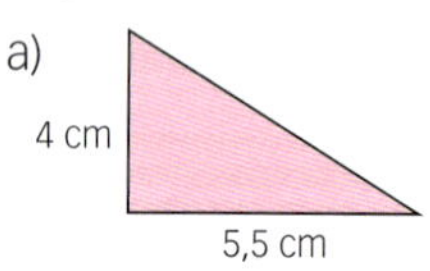

b) 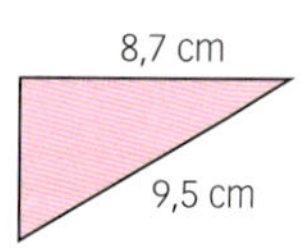

48 Calcula el perímetre i el costat que falta d'aquests triangles rectangles:

a) 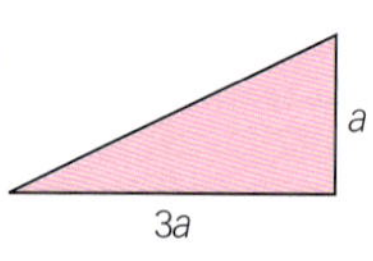

b) 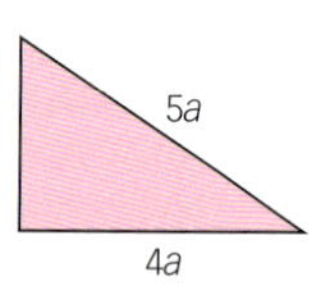

49 Determina la longitud del costat de cadascun dels polígons següents:

a) 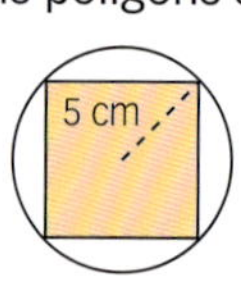

b) 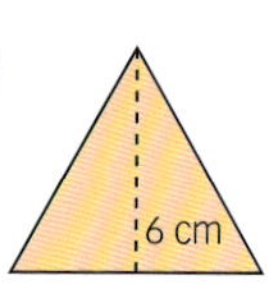

c) 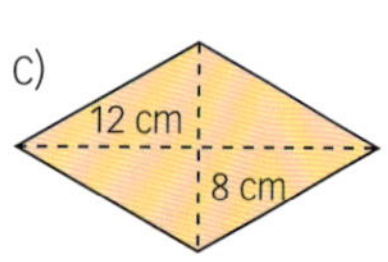

d) 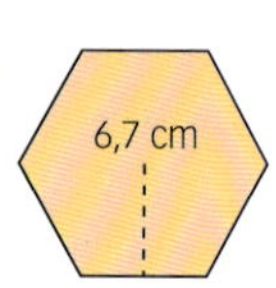

50 Determina la longitud dels costats i el perímetre dels polígons que tens a continuació:

a) 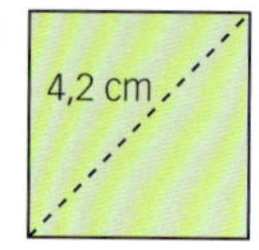

b) 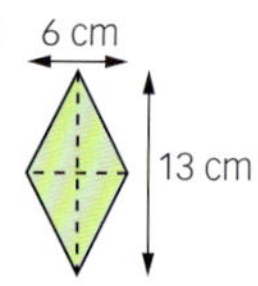

c) 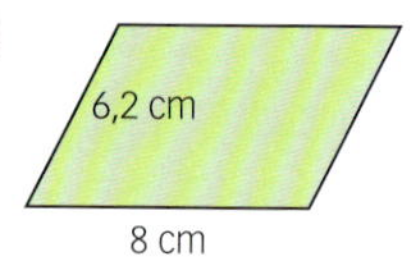

d) 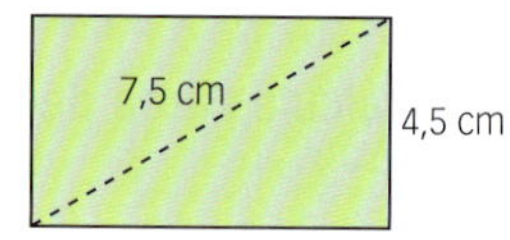

e) 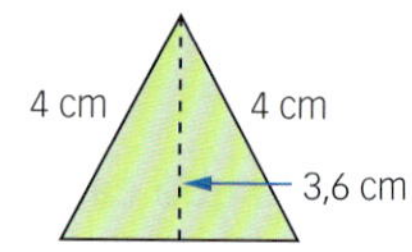

f) 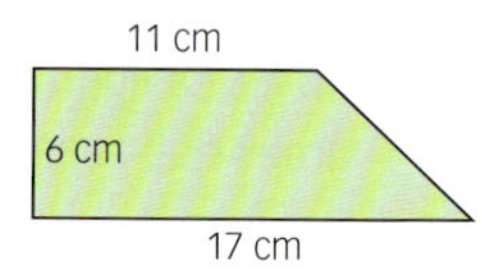

51 Calcula el perímetre d'aquestes figures:

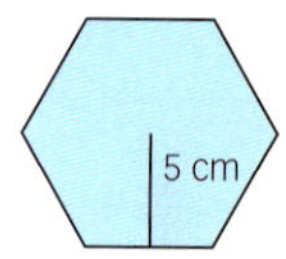

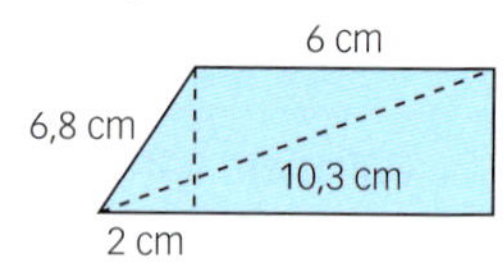

Longitud de la circumferència

52 Calcula la longitud de les circumferències següents:

a) De 8 cm de radi

b) De 10 cm de diàmetre

c) Inscrita en un quadrat de 7 cm de costat

d) Circumscrita a un quadrat de 14 cm de costat

53 Calcula la longitud d'aquests arcs si sabem que pertanyen a una circumferència de 4,8 cm de radi:

a) Un arc de 30°

b) Un arc de 120°

c) Un arc de 50°

d) Un arc de 145°

54 Determina la longitud d'un arc de 60° per a aquestes dues circumferències:

a) Una circumferència de 4 cm de radi

b) Una circumferència de 14 cm de diàmetre

55 Determina la longitud d'una circumferència si sabem que un arc de 270° fa 628 cm.

56 Considera un hexàgon regular inscrit en una circumferència de 6,5 cm de radi.

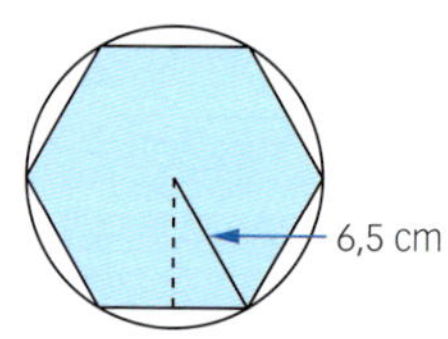

a) Calcula el perímetre del polígon i la longitud de la circumferència.

b) Quina diferència hi ha entre les dues mides?

57 Calcula el perímetre d'un hexàgon regular que té circumscrita una circumferència de 5,8 cm de radi i la longitud d'aquesta circumferència. Quina mida és més gran?

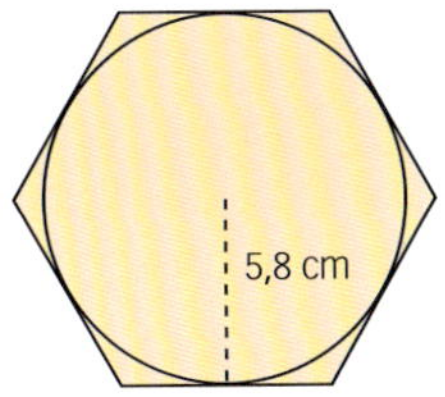

58 Calcula el perímetre d'un triangle rectangle isòsceles que té la hipotenusa de 8,4 cm.

Àrea dels paral·lelograms

59 Determina les àrees següents:

a) Un quadrat d'11 cm de costat

b) Un quadrat de 17 cm de diagonal

c) Un quadrat de 48 cm de perímetre

d) Un quadrat inscrit en una circumferència de 7,5 cm de radi

e) Un quadrat amb una circumferència circumscrita de 9 cm de radi

60 Un quadrat té una àrea de 42,25 cm^2. De quina mida és la diagonal?

61 Quina relació hi ha entre la diagonal d'un quadrat, d, i l'àrea del quadrat, A? Escull la resposta correcta.

$A = d^2$ $\quad A = \dfrac{d^2}{2}$ $\quad A = 2d^2$

$A = \left(\dfrac{d}{2}\right)^2$ $\quad A = (2d)^2$ $\quad A = d + d^2$

62 Calcula l'àrea d'aquests rectangles:

a) Un rectangle de 15 cm de base i d'altura la tercera part de la base

b) Un rectangle de 12 cm de base i d'altura la meitat de la base

c) Un rectangle de 56 cm de perímetre i de 8 cm d'altura

d) Un rectangle de 44 cm de perímetre i de 16 cm de base

e) Un rectangle d'11,4 cm de diagonal i de 7 cm d'altura

f) Un rectangle de 97 cm de diagonal i la base de 7 cm menys que l'altura

63 Calcula l'àrea d'un rectangle de 51 cm de diagonal i la base cinc vegades l'altura.

64 Troba dos rectangles que tinguin la mateixa àrea que un quadrat d'11,31 cm de diagonal.

65 Calcula l'àrea dels rombes següents:

a) Un rombe de diagonals 20 cm i 14 cm.

b) Un rombe de 10 cm de costat i 16 cm de diagonal major.

c) Un rombe de 36 cm de perímetre i 7 cm de diagonal menor.

d) Un rombe de diagonal menor igual a la quarta part de la major, que és de 18 cm.

e) Un rombe de diagonal major igual al triple de la menor, i la suma de totes dues és 20 cm.

66 L'àrea d'un rombe és 300 cm^2 i una de les diagonals fa 20 cm. Calcula l'altra diagonal i el perímetre del rombe.

67 Calcula l'àrea dels romboides següents:

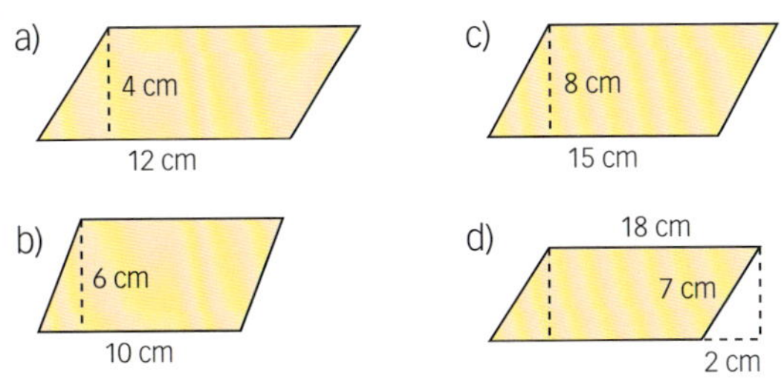

Àrea del triangle

68 Copia la taula a la llibreta i completa-la.

Àrea del triangle	Base	Altura
	15 cm	8 cm
42 cm^2		6 cm
12,25 cm^2	7 cm	

69 Calcula l'àrea dels triangles isòsceles següents:

a) Costats iguals de 6 cm i costat desigual de 9 cm

b) Costats iguals de 8 cm i altura sobre el costat desigual de 6,5 cm

c) Costats iguals de 10 cm i perímetre de 32 cm

70 Els perímetres de tres triangles equilàters són 45 cm, 72 cm i 77 cm. De quant són les àrees respectives?

71 Calcula l'àrea dels triangles rectangles següents:

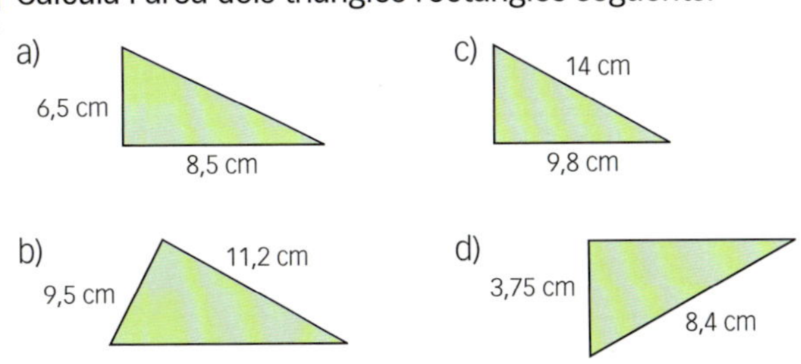

ACTIVITATS FINALS

SABER FER

Calcular l'altura d'un triangle conegudes la base i l'àrea

72 Calcula l'altura d'un triangle de 4 cm de base i l'àrea de 10 cm^2.

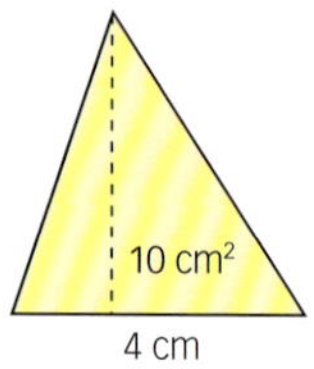

PRIMER. Substituïm les dades que tenim en la fórmula de l'àrea del triangle.

$$A = \frac{b \cdot h}{2} \xrightarrow{A = 10,\, b = 4} 10 = \frac{4 \cdot h}{2}$$

SEGON. Aïllem h.

$$10 = \frac{4 \cdot h}{2} \rightarrow 10 \cdot 2 = 4 \cdot h \rightarrow h = \frac{10 \cdot 2}{4} \rightarrow h = 5 \text{ cm}$$

73 Calcula l'altura d'un triangle de 132 cm de base i que té una àrea de 54 cm^2.

74 La base d'un triangle de 45,15 cm^2 d'àrea és de 10,5 cm. Quant fa l'altura?

75 Determina l'altura d'un triangle si sabem que l'àrea és de 37,44 cm^2 i la base és de 9,6 cm.

76 L'àrea d'un triangle és de 10,26 cm^2. Quant fa la base si l'altura és de 3,8 cm?

77 Calcula la longitud de cada costat d'un triangle rectangle isòsceles si en coneixem l'àrea, A:

a) $A = 32$ cm^2

b) $A = 112{,}5$ cm^2

c) $A = 24{,}5$ cm^2

d) $A = 450$ cm^2

78 Determina l'àrea dels triangles que tenen els costats de les mides següents:

a) 7, 7 i 10 cm

b) 18, 14 i 18 cm

Àrea del trapezi

79 Calcula l'àrea d'aquests trapezis isòsceles:

a)

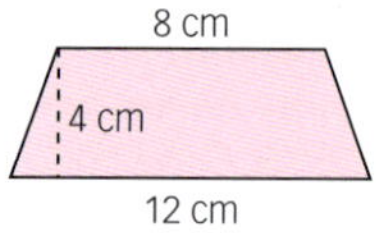

b)

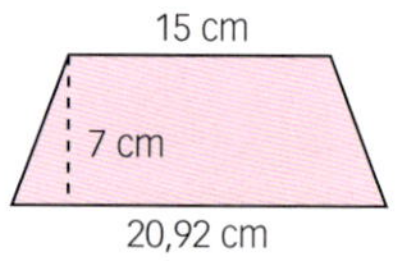

c)

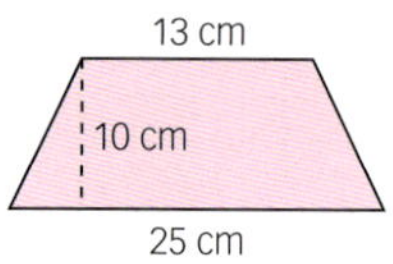

80 Calcula l'àrea d'aquests trapezis rectangles:

a)

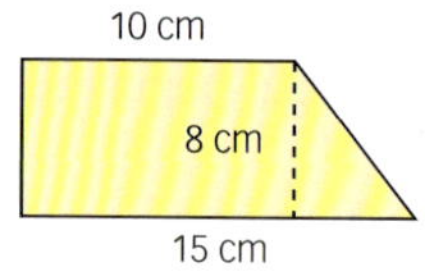

b)

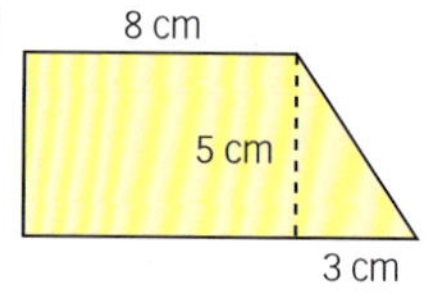

c)

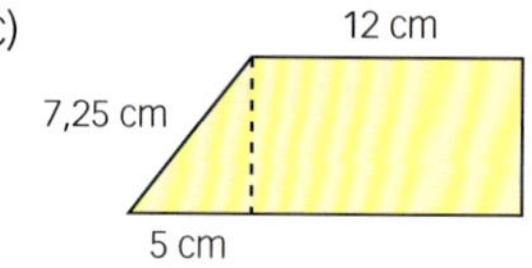

d)

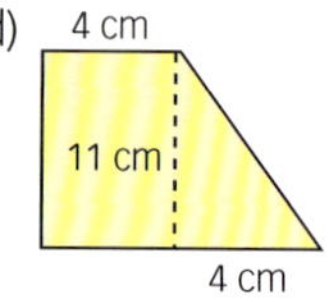

SABER FER

Calcular l'àrea d'un trapezi rectangle conegudes les diagonals i l'altura

81 Les diagonals d'un trapezi rectangle fan 26 cm i 145 cm, i l'altura és de 24 cm. Calcula'n l'àrea.

PRIMER. Considerem una de les diagonals i calculem una de les bases mitjançant el teorema de Pitàgores.

$$145^2 = 24^2 + B^2 \rightarrow B^2 = 145^2 - 24^2 \rightarrow B^2 = 20.499$$
$$\rightarrow B = \sqrt{20.499} = 143 \text{ cm}$$

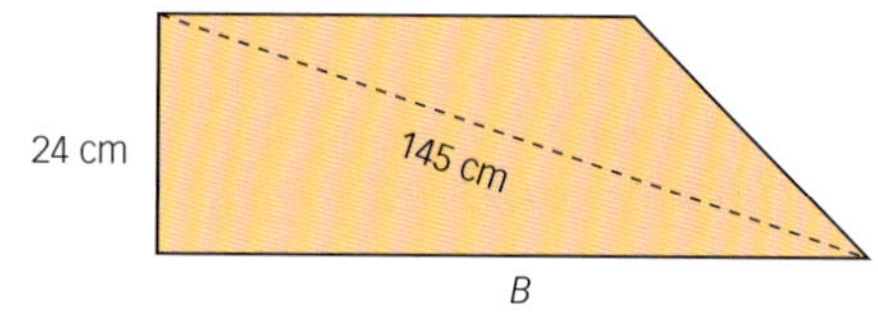

SEGON. Prenem l'altra diagonal i calculem l'altra base, també amb el teorema de Pitàgores.

$$26^2 = 24^2 + b^2 \rightarrow b^2 = 26^2 - 24^2 \rightarrow b^2 = 100$$
$$\rightarrow b = \sqrt{100} = 10 \text{ cm}$$

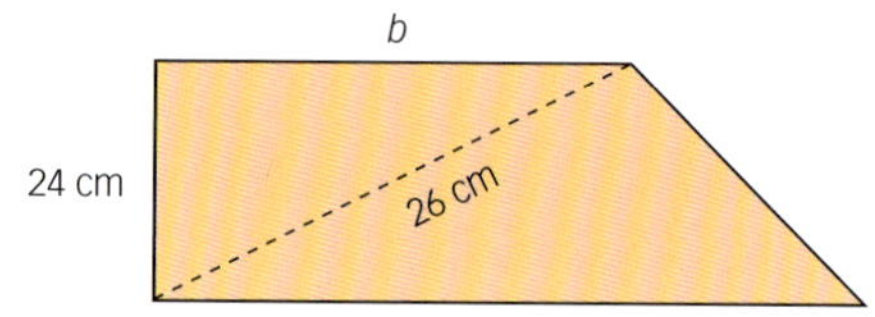

TERCER. Apliquem la fórmula de l'àrea.

$$A = \frac{(B + b) \cdot h}{2} = \frac{(143 + 10) \cdot 24}{2} = 1.836 \text{ cm}^2$$

82 Calcula l'àrea d'un trapezi rectangle que té 8,9 cm d'altura i les diagonals tenen una longitud de 21 cm i 18 cm.

83 Calcula l'àrea d'aquests trapezis rectangles:

a)

b)

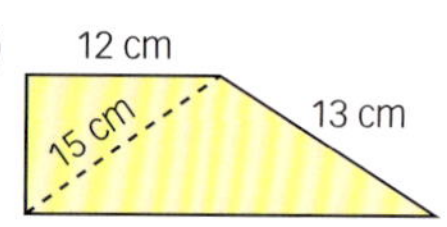

84 Calcula l'altura dels trapezis següents:

a) Bases d'11 cm i 8 cm, i àrea de 38 cm^2

b) Bases de 14 cm i 10 cm, i àrea de 72 cm^2

c) Bases de 25 cm i 18 cm, i àrea de 118,25 cm^2

Àrea d'un polígon regular

85 Recorda que en un hexàgon regular el radi i el costat tenen la mateixa mida. Utilitza això per calcular l'àrea d'aquests hexàgons regulars:

a) Un hexàgon regular de 7 cm de costat

b) Un hexàgon regular de 21,65 cm d'apotema

c) Un hexàgon regular de 54 cm de perímetre

86 Determina les àrees següents:

a) L'àrea d'un hexàgon regular inscrit en una circumferència de 12 cm de radi

b) L'àrea d'un hexàgon regular inscrit en una circumferència de 39,58 m de longitud

87 Calcula les àrees d'aquests polígons regulars:

a) Un pentàgon de 20 cm de costat i 13,76 cm d'apotema

b) Un heptàgon de 7,7 cm de costat i 8 cm d'apotema

c) Un octàgon de 48 cm de perímetre i 7,24 cm d'apotema

d) Un enneàgon de 4 cm de costat i 5,49 cm d'apotema

e) Un decàgon de 25 cm de perímetre i 3,85 cm d'apotema

f) Un dodecàgon de 6 cm d'apotema i 38,6 cm de perímetre

88 Un octàgon regular té 56 cm de costat i 73,17 cm de radi. Calcula'n el perímetre, l'apotema i l'àrea.

89 Un decàgon regular té 22,86 cm de costat i 37 cm de radi. Calcula'n el perímetre, l'apotema i l'àrea.

90 El costat de l'hexàgon regular *ABCDEF* és de 8 cm i l'apotema, de 6,9 cm.

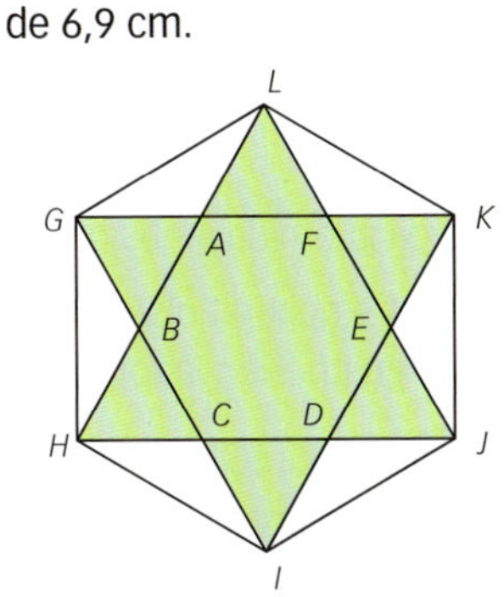

a) Quina àrea té l'hexàgon *ABCDEF*?

b) I l'àrea de la figura pintada?

c) Quina és l'àrea de l'hexàgon *GHIJKL*?

d) Quina fracció de l'hexàgon *GHIJKL* representa l'àrea de la figura pintada?

Àrea del cercle

91 Copia la taula següent a la llibreta i completa-la:

Radi del cercle	Àrea del cercle
5 cm	
7,5 cm	
1,75 cm	

92 Copia aquesta taula a la llibreta i completa-la:

Radi del cercle	Àrea del cercle
	$\frac{25\pi}{4}$ cm^2
	50,265 cm^2
	9π cm^2

93 Calcula l'àrea del cercle en aquests casos:

a) El diàmetre és de 12,8 cm.

b) La longitud de la circumferència que el delimita fa 28,9 cm.

94 Calcula quant augmenta l'àrea d'un cercle de 4 cm de radi si augmentem el radi d'1,5 cm.

95 Determina l'àrea d'un cercle tal que la circumferència que el delimita és la circumferència circumscrita d'un hexàgon regular de 9,3 cm de costat.

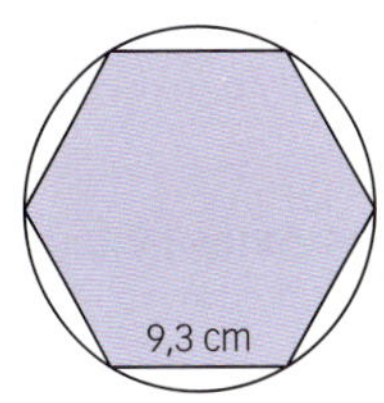

96 Considera un hexàgon regular inscrit en una circumferència de 15,7 cm de longitud.

a) Calcula el perímetre de l'hexàgon.

b) Calcula la diferència entre la longitud de la circumferència i el perímetre de l'hexàgon.

c) Calcula l'àrea del cercle que delimita la circumferència.

d) Calcula l'àrea de l'hexàgon.

97 Calcula l'àrea de les regions pintades si sabem que les circumferències són de 2 cm de radi.

a)
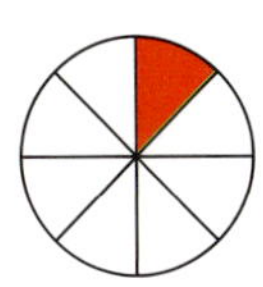

c)
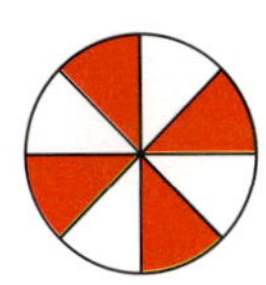

b)
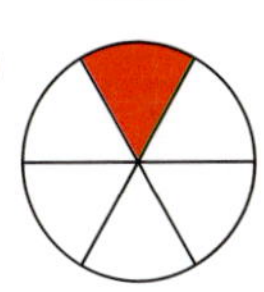

d)
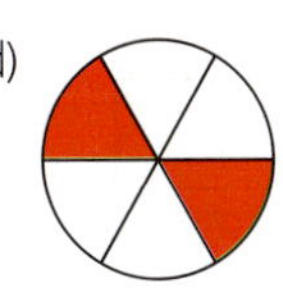

98 Calcula l'àrea de les figures circulars següents:

a)
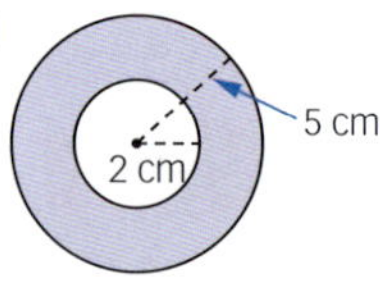

b)
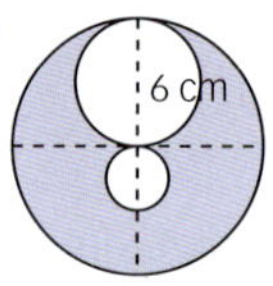

c)
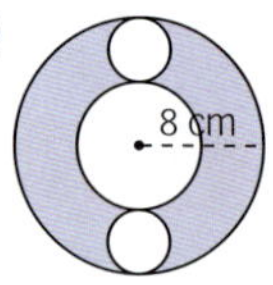

d)
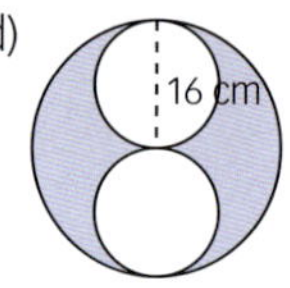

99 En un cercle de 6 cm de radi, determina l'amplitud, en graus, del sector circular que té la superfície següent:

a) 8,79 cm^2
b) 14,76 cm^2
c) 22,61 cm^2
d) 45,53 cm^2

Àrea d'una figura plana

100 Calcula l'àrea de les zones pintades.

a)
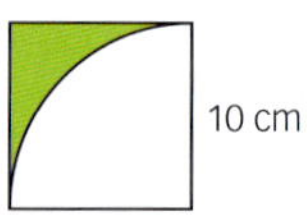

b)

c)
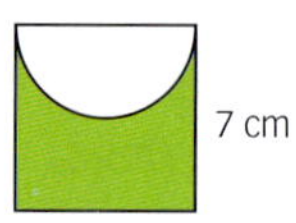

d)
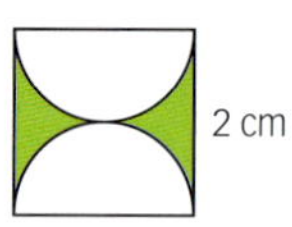

101 Calcula l'àrea de les zones pintades.

a)
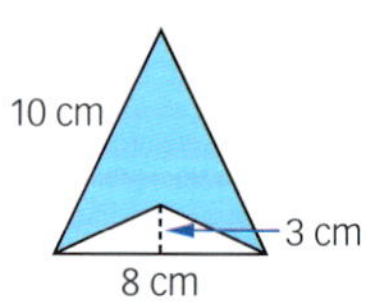

b)
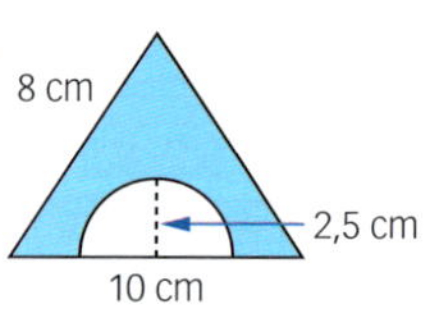

c)
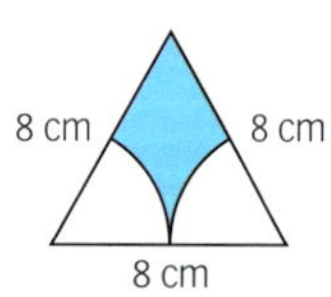

d)
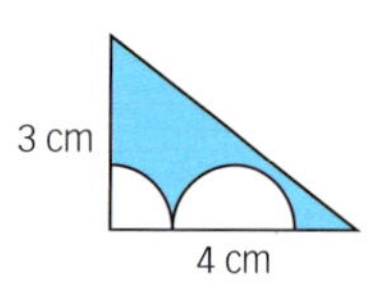

102 Determina l'àrea de les zones pintades.

a)
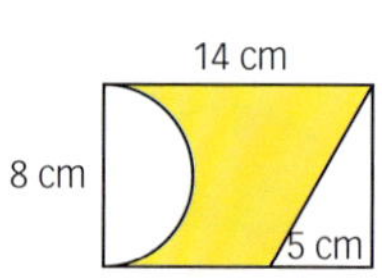

b)
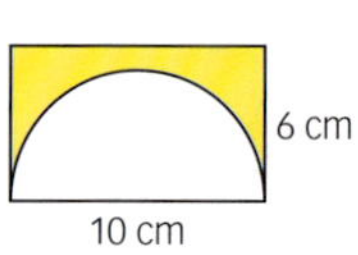

c)
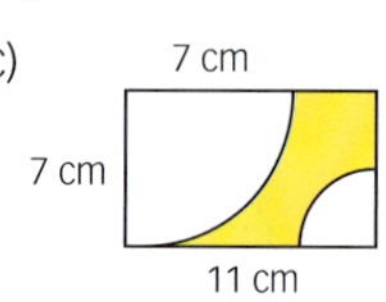

d)
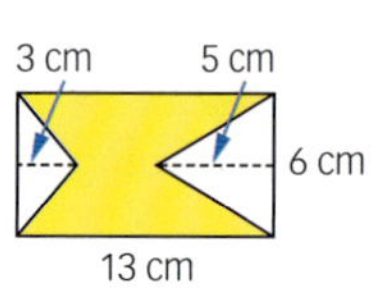

103 Determina l'àrea d'aquesta figura:

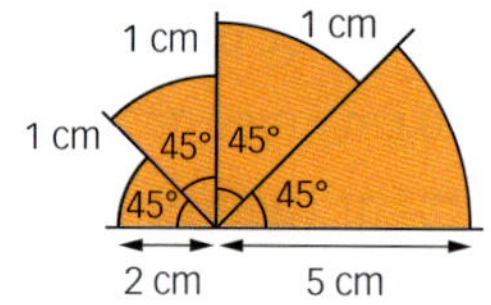

Problemes

104 Considera un tauler d'escacs: 64 quadrats ordenats en 8 files i 8 columnes, alternats en dos colors, blanc i negre.

a) Calcula l'àrea de cada quadrat del tauler si sabem que el costat és de 52 mm.

b) Calcula el costat del tauler i l'àrea que ocupa.

c) Calcula l'àrea en la qual es pot moure el cavall en un dels seus moviments.

d) Si els peons tenen una base circular d'1,5 cm de radi i la resta de les peces tenen una base circular d'1,8 cm, quina àrea ocupen les 32 peces?

105 L'Enric vol posar rajoles al terra de la seva habitació i empaperar la paret. Les mides de l'habitació són: 4,2 m de llarg, 3,6 m d'ample i 2,4 m d'alt. Hi ha una finestra d'1,6 m de llarg per 1,8 m d'alt i una porta d'1 m d'ample per 2 m d'alt.

Les rajoles són quadrades, de 30 cm de costat. Cada una val 2,80 €, i el paper de la paret costa 5,60 € el m^2. Calcula el cost total de l'obra que vol fer.

106 Han guarnit amb flors una rotonda segons el disseny de la zona pintada.

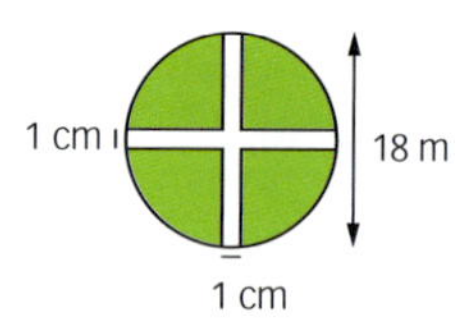

a) Quant fa l'àrea guarnida amb flors?

b) Si en cada metre quadrat planten 36 flors, quantes flors guarneixen la rotonda?

107 Al voltant d'una font circular pavimenten una zona quadrada, com veiem en la figura.

Calcula quant ha costat si el metre quadrat que pavimenten val 3 €.

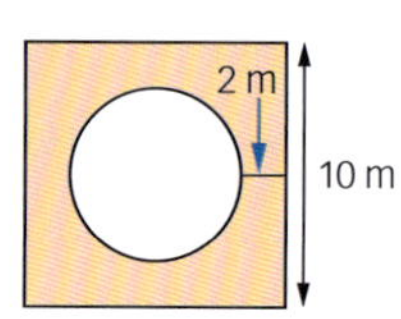

108 ••• Un atleta entrena diàriament en el circuit de la figura. Quina distància recorre cada dia si fa 10 voltes en l'entrenament?

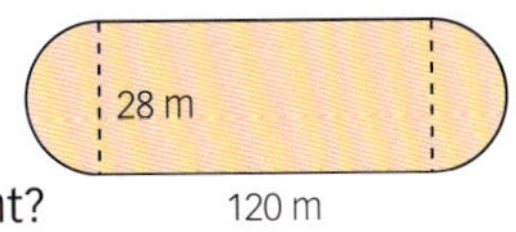

109 ••• Tenim dues tovalles, una de quadrada d'1,6 m de costat i una de circular d'1,8 m de diàmetre. Quina de les dues hem de posar en una taula circular de 70 cm de radi si volem que sobresurti el mínim possible?

110 ••• L'Hermini ha comprat uns estalvis circulars de 17 cm de radi. Si el seu plat té una àrea de 615,75 cm^2, quina àrea dels estalvis no queda coberta pel plat?

111 ••• Quant costarà cobrir de plàstic un hivernacle amb forma de rombe amb diagonals de 68 m i 54 m si cada metre quadrat val 30 €?

112 Han plantat arbres cada 4 m en el perímetre dels jardins d'una ciutat. Calcula quants arbres han plantat si sabem que la ciutat té aquests jardins: dos de quadrats de 256 m^2 i 400 m^2, i un de rectangular de 30 m de llarg i 24 m d'ample.

113 ••• La Maria va en bicicleta de casa seva a la feina. Quina distància recorre en el viatge d'anada si el radi de les rodes és de 35 cm i les rodes giren un total de 1.200 voltes cada una?

114 ••• Volem sembrar gespa en un camp de golf amb forma de trapezi. Quant costarà si sembrar una hectàrea val 20 €?

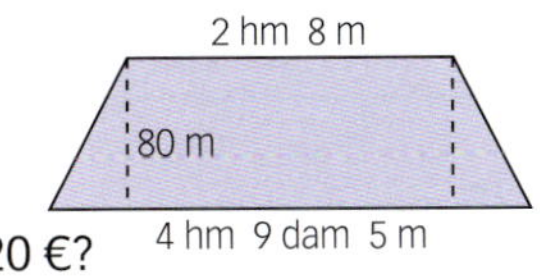

115 ••• Quantes voltes han fet les rodes d'un cotxe si tenen un radi de 32 cm i han recorregut 3 km?

116 ••• La llum que emet un far forma un angle de 150°.

a) A 6 milles marines del far, quina és la longitud de l'angle que descriu? (1 milla marina = 1.852 m)

b) Quina és l'àrea de la secció en la qual un vaixell veuria la llum si suposem que l'abast màxim de la il·luminació és de 7 milles?

117 ••• Fa molt de temps, un rei va voler construir un jardí rectangular dins d'un estany circular de 10 m de radi. Va convocar un concurs i va donar el plànol següent als participants, però cap va aconseguir calcular l'àrea del jardí.

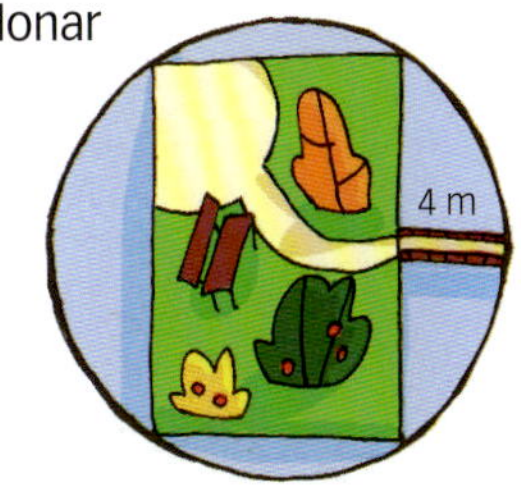

a) Calcula el perímetre del jardí.

b) Quina àrea té el jardí en hectàrees?

c) Quina àrea de l'estany no ocupa el jardí?

d) Quin percentatge de l'àrea total de l'estany ocupa el jardí?

HAS DE SABER FER

Perímetre i àrea de polígons

1 Un quadrat està inscrit en una circumferència que limita una regió de 72,38 cm^2 d'àrea. Calcula:

a) La longitud de la circumferència

b) El perímetre i l'àrea del quadrat

2 Determina l'àrea de la figura següent:

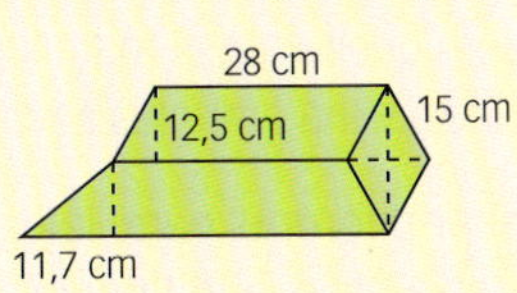

3 Calcula l'àrea de les zones pintades.

a)

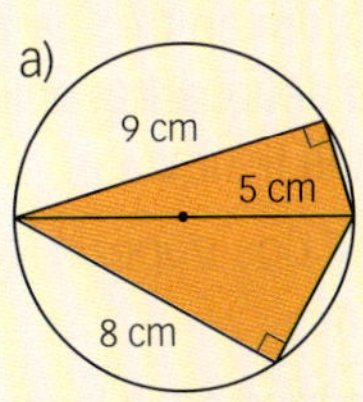

b)

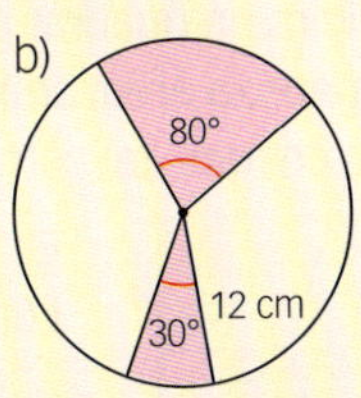

4 Determina quin d'aquests polígons té l'àrea més gran: un pentàgon regular de 5,8 cm de costat i 4,94 cm de radi o bé un heptàgon regular de 4 cm de costat i 4,6 cm de radi.

5 Tenim un hexàgon regular de 7 cm de costat que conté un cercle de 4 cm de radi.

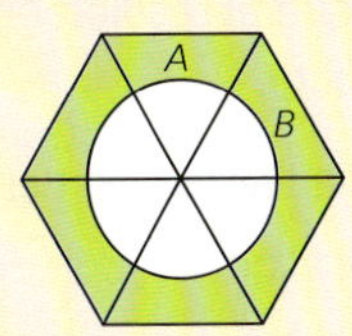

a) Calcula l'àrea de la part pintada.

b) Calcula el perímetre de la zona conjunta *A* i *B*.

Problemes

6 Quant costa posar una tanca en un terreny triangular de costats 45 m, 45 m i 76 m, si el metre lineal de tanca val 16 €? Quant costa sembrar-lo de gespa si el metre quadrat val 8,6 €?

+ COMPETÈNCIA MATEMÀTICA

En la vida quotidiana

118 El pare d'en Joan té una empresa de reformes i ha d'elaborar un pressupost per canviar el terra i pintar les parets d'algunes habitacions d'una casa. En Joan s'ofereix a ajudar-lo per calcular el pressupost. Els propietaris li han donat els plànols de la casa i el pare d'en Joan ha fet les anotacions següents sobre el plànol:

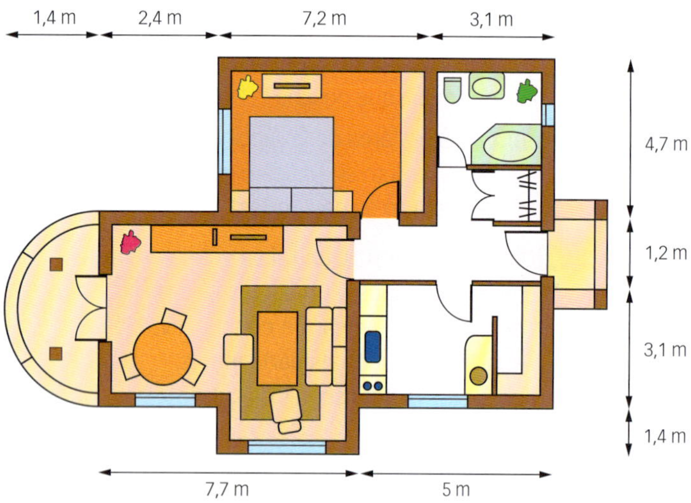

terra parquet → 15,30 €/m²
terra rajola → 12,50 €/m²
pintura paret → 6,25 €/m²
pintura sostres → 15,30 €/m²

m² de finestres
i portes sala d'estar → 3,5 m²

altura sala d'estar → 2,9 m

Efectua els càlculs que ha de fer en Joan per elaborar el pressupost de les feines següents:

a) Canviar el parquet de la sala d'estar i el dormitori.

b) Canviar el terra de rajola de la terrassa.

c) Pintar la sala d'estar.

Formes de pensar. Raonament matemàtic

119 La fórmula d'Heró proporciona l'àrea d'un triangle conegudes les mides dels costats a, b i c:

«Si $s = \dfrac{a+b+c}{2}$, l'àrea del triangle és:

$$A = \sqrt{s \cdot (s-a) \cdot (s-b) \cdot (s-c)}»$$

Calcula l'àrea d'un triangle de costats 5 cm, 12 cm i 13 cm, i comprova que el resultat obtingut amb la fórmula és el correcte.

120 Determina quant varia l'àrea d'un cercle si:

a) Augmentem el radi al doble.

b) Augmentem el radi al triple.

c) Disminuïm el radi a la meitat.

d) Disminuïm el radi a la tercera part.

121 En Raül ha dissenyat la figura de la dreta composta d'altres d'elementals.

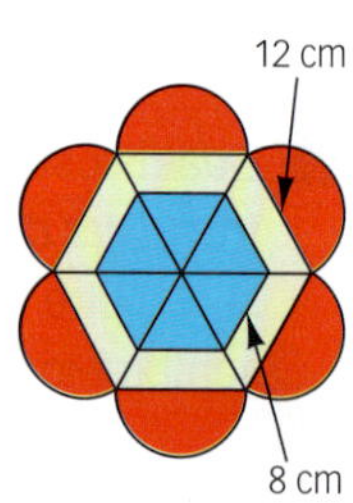

a) Calcula l'àrea total de la figura.

b) Per pintar la figura, quin color farem servir més? I quin menys?

122 Quina fracció de l'àrea del rombe ocupa la zona pintada?

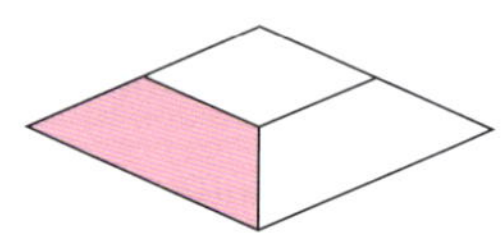

123 Considera un quadrat i un hexàgon regular. Contesta de manera justificada:

a) Si suposem que tenen la mateixa àrea, quant fa el costat del quadrat?

b) Si suposem que tenen el mateix perímetre, quina relació hi ha entre les seves àrees?

124 Podries trobar diferents paral·lelograms, amb la mateixa base, que tinguin la mateixa àrea però perímetres diferents?

125 Dividim un quadrat de costat 1 dm en tres parts de la mateixa àrea, amb el centre del quadrat unit amb tres costats, tal com veiem en la figura.

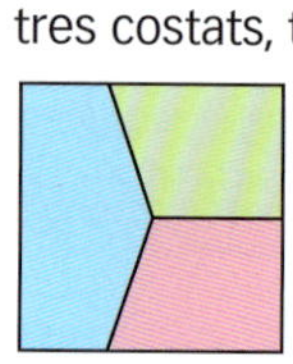

Es formen així dos trapezis iguals i un pentàgon.

Calcula la longitud de la base major dels dos trapezis.

PROJECTE FINAL. **Aprenentatge cooperatiu**

OBJECTIU: Dissenyar el plànol d'un centre educatiu

Un cop formats els grups, seguiu el procés següent:

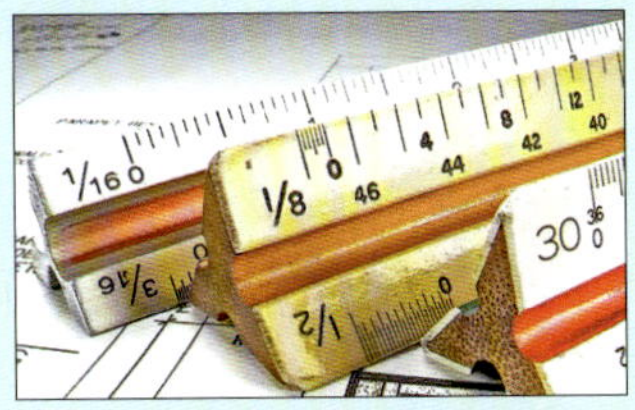

1a Fase

- Determineu el nombre d'aules i altres estances que ha tenir l'institut (consergeria, sala de professors, despatxos...).
- Decidiu el nombre d'instal·lacions esportives i espais comuns que s'hi han de construir.

2a Fase

- Establiu les dimensions que han de tenir les aules i cadascuna de les estances.
- Feu una estimació del terreny que seria necessari per a les instal·lacions esportives i els espais comuns.
- Feu un càlcul aproximat de les dimensions del centre i estudieu opcions per reduir-ne les dimensions: construir les aules en diversos pisos, agrupar instal·lacions esportives...

3a Fase

- Acordeu la situació de l'edifici on hi haurà les aules i les instal·lacions exteriors així com la seva ubicació.
- Dibuixeu un plànol del centre on estiguin representats l'edifici de les aules i les instal·lacions exteriors i un altre amb la distribució de les aules i el repartiment de l'espai dins l'edifici.

Proves PISA

Vol espacial

126 ●●● L'estació Mir va romandre en òrbita 15 anys i durant aquest temps va girar al voltant de la Terra unes 86.500 vegades. L'estada més llarga d'un astronauta a la Mir va ser aproximadament de 680 dies.

La Mir girava al voltant de la Terra a una alçada d'uns 400 km. El diàmetre de la Terra és aproximadament de 12.700 km i la seva circumferència és d'uns 40.000 km ($\pi \times 12.700$).

Calcula la distància total aproximada que va recórrer la Mir durant les seves 86.500 voltes a la Terra mentre va estar en òrbita. Arrodoneix el resultat al múltiple de 10 milions més proper.

(Prova PISA pilot)

Fuster

127 ●●● Un fuster té 32 m de fusta i vol construir un parterre al jardí. Per fer-ho, imagina els dissenys següents:

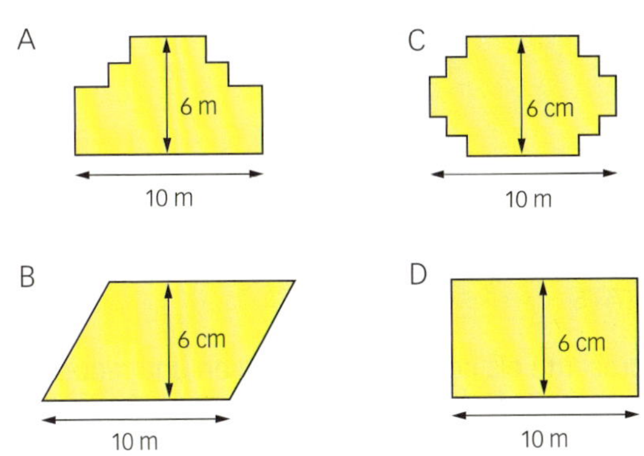

Indica «Sí» o «No» per a cada disseny segons si es pot cobrir o no el parterre amb els 32 metres de fusta.

(Prova PISA 2003)

Llenguatge algebraic

El **llenguatge algebraic** expressa la informació matemàtica amb nombres i lletres.

Per expressar un text en llenguatge algebraic hem d'escollir una lletra per representar els valors desconeguts i després escrivim les operacions indicades en l'enunciat.

EXEMPLE

Expressa en llenguatge algebraic.

Llenguatge usual	Llenguatge algebraic
El doble d'un nombre	$2x$
El cub d'un nombre, més 4	$x^3 + 4$
Un nombre menys 7	$x - 7$

ACTIVITATS

1 Expressa en llenguatge algebraic.

a) La meitat d'un nombre

b) La suma de dos nombres

c) El quadrat d'un nombre, més 4

Representació de nombres en una recta numèrica

Per representar un nombre en una recta numèrica marquem un punt de referència, que anomenem *origen*, al qual fem correspondre el nombre 0. A continuació, establim una unitat i la desplacem les vegades que el nombre indiqui.

- Per representar els nombres positius, comptem unitats cap a la dreta a partir del 0.
- Per representar els nombres negatius, comptem unitats cap a l'esquerra a partir del 0.

EXEMPLE

Representa aquests nombres en una recta:

$+5 \qquad -3 \qquad -6 \qquad +2$

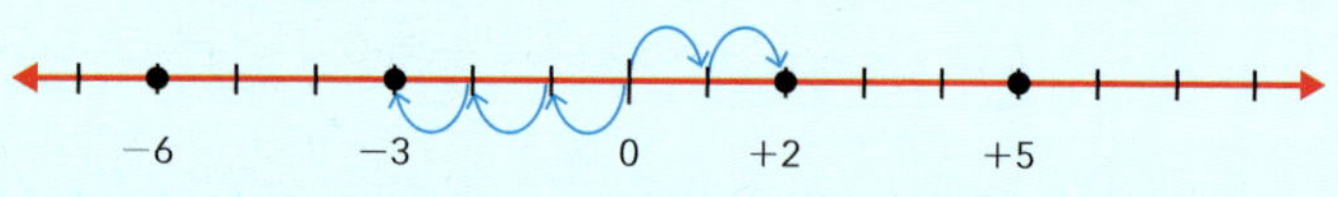

ACTIVITATS

2 Representa els nombres següents en una recta:

$+4 \qquad -6 \qquad -1 \qquad +7$

3 Identifica els nombres que estan representats en la recta.

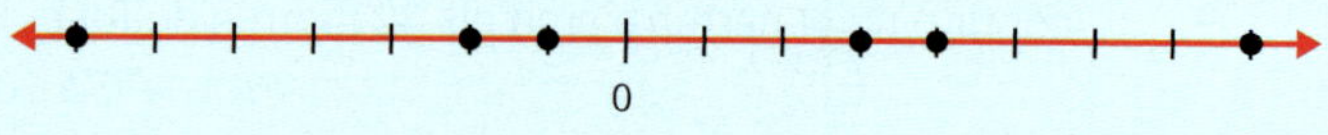

Temperatures d'alguns planetes

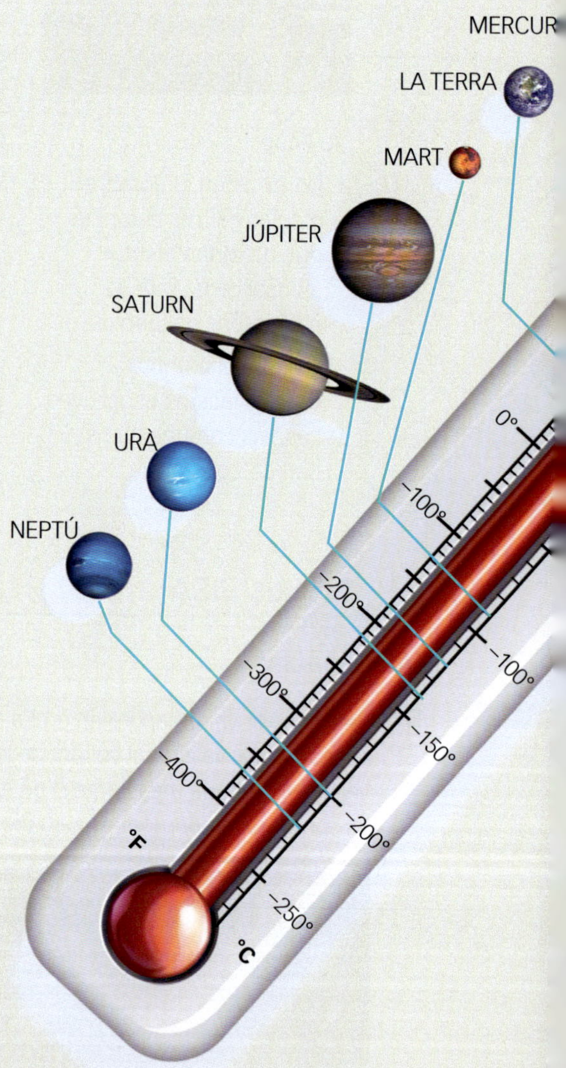

1592
Galileu va construir el primer termòmetre; consistia en un tub de vidre amb una esfera buida a la part inferior en què s'introduïa aigua, que, quan s'escalfava, pujava pel tub.

1612
Santorio Santorio afegeix una graduació numèrica a l'invent de Galileu i hi dóna un ús en medicina.

Funcions i gràfiques

13

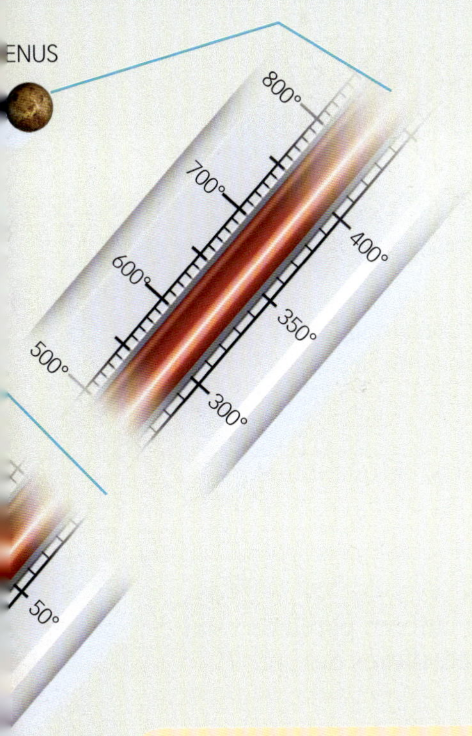

SABER

- Coordenades cartesianes
- Concepte de funció
- Diferents maneres d'expressar una funció
- Interpretació de gràfiques

SABER FER

- Calcular les coordenades d'un punt
- Determinar si un punt pertany a una funció
- Representar gràficament una funció
- Representar gràficament un enunciat

Evolució de les temperatures a la Terra en l'últim segle

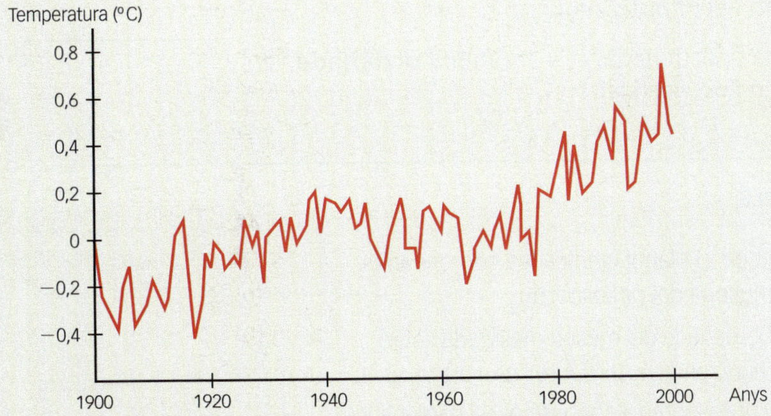

? INTERPRETA LA IMATGE

El termòmetre

Hi ha planetes, com Mercuri o Venus, que presenten una temperatura mitjana d'uns 700 °C.

En el nostre planeta, per causa dels efectes de la contaminació, la temperatura s'ha incrementat uns 0,6 °C durant l'últim segle.

- Quin any del segle passat es va produir la temperatura més baixa?
- Quant van baixar les temperatures l'any 1940?

1714
Gabriel Fahrenheit crea el primer termòmetre que utilitza mercuri. La seva escala estableix que entre l'aigua congelada i l'aigua bullent hi ha una diferència de 180°; és l'escala Fahrenheit.

180° escala Fahreneit
↕
100° escala Celsius

1742
Anders Celsius va proposar el 0 per a l'aigua que comença a bullir i el 100 per a l'aigua congelada. L'any següent, Jean-Pierre Christin inverteix aquestes temperatures. L'escala Celsius és la que utilitzem actualment.

2009
Per causa de l'alta contaminació que genera el mercuri, comença una campanya per eliminar els termòmetres que contenen aquest material. Se substitueixen per termòmetres electrònics.

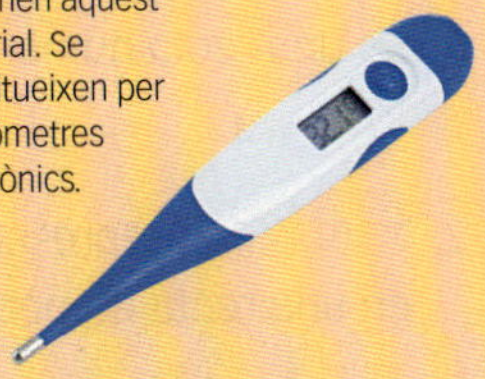

1 Coordenades cartesianes

1.1. Sistema de coordenades

Un **sistema de coordenades cartesianes** està format per aquests elements:

- Dues rectes numèriques perpendiculars, anomenades **eixos de coordenades**:
  - La recta horitzontal és l'eix d'abscisses *X*.
  - La recta vertical és l'eix d'ordenades *Y*.
- El punt en el qual es tallen els eixos de coordenades és l'**origen de coordenades**, i es representa per *O*.

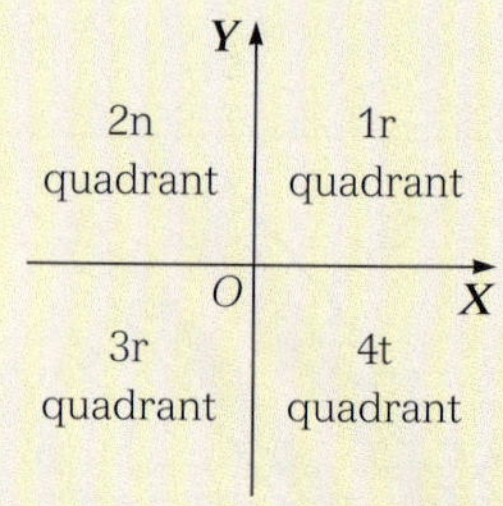

Aquests eixos divideixen el pla en quatre parts, els quadrants.

1.2. Coordenades cartesianes

La posició d'un punt *P* en el pla s'indica amb un parell de nombres, (*a*, *b*), anomenats **coordenades cartesianes** del punt *P*.

Donat un punt de coordenades *P* (*a*, *b*), tenim que:

La primera coordenada, *a*, s'anomena **abscissa** i es mesura en l'eix horitzontal.

La segona coordenada, *b*, s'anomena **ordenada** i es mesura en l'eix vertical.

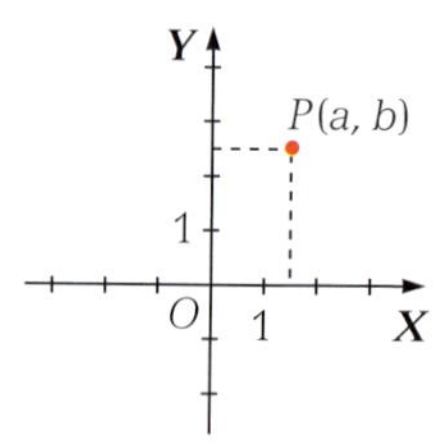

NO TE N'OBLIDIS

- L'ordre en què escrivim les coordenades és important. El punt (2, 3) no és el mateix que el punt (3, 2).
- L'origen de coordenades *O* representa el punt de coordenades (0, 0).

EXEMPLE

1. Fixa't en el plànol i indica les coordenades del museu i del poliesportiu.

   La coordenada del museu mesurada sobre l'eix horitzontal és 2 i sobre l'eix vertical és 3.

   En el poliesportiu, l'abscissa és 3 i l'ordenada, 1.

   Museu (2, 3) Poliesportiu (3, 1)

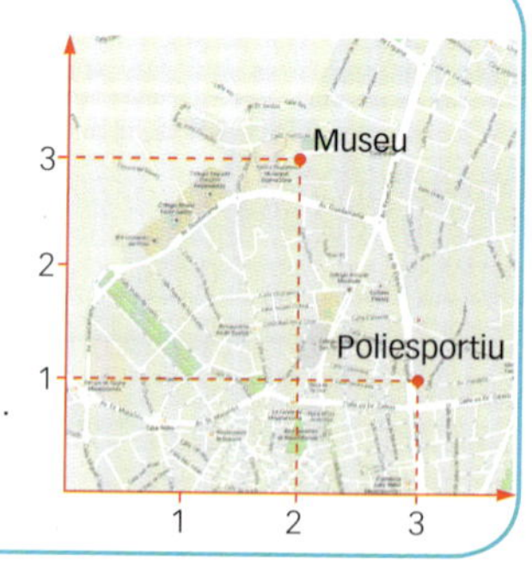

ACTIVITATS

1 PRACTICA. Representa els nombres següents en una recta numèrica horitzontal:

4 −2 0 −1 −3 7

2 PRACTICA. Representa els nombres següents en una recta numèrica vertical: 3, −2, −4, 1, 0, 6.

3 APLICA. En un full quadriculat, dibuixa un sistema de coordenades en què 3 quadrets siguin 1 unitat.

4 REFLEXIONA. Indica quins nombres estan representats en aquesta recta numèrica.

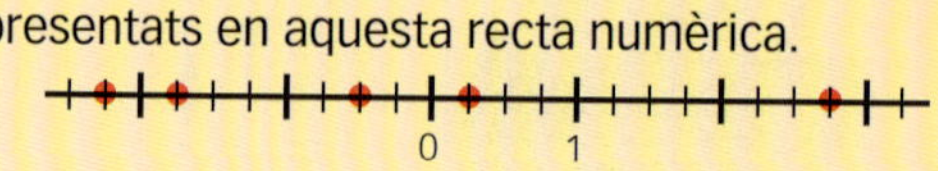

$P(a, b)$ → Punt P de coordenades (a, b)

$A(3, 4)$ → Punt A de coordenades $(3, 4)$

SABER FER

Calcular les coordenades d'un punt

Determina les coordenades dels punts *A*, *B*, *C* i *D* representats en el sistema de coordenades que tens a la dreta.

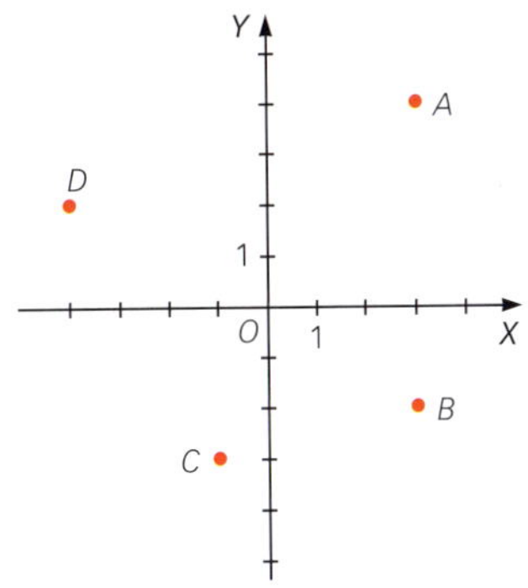

Passos que cal seguir

1. Tracem una recta perpendicular a l'eix X que passi pel punt. El punt de tall d'aquesta recta amb l'eix X és la primera coordenada del punt, la seva abscissa.

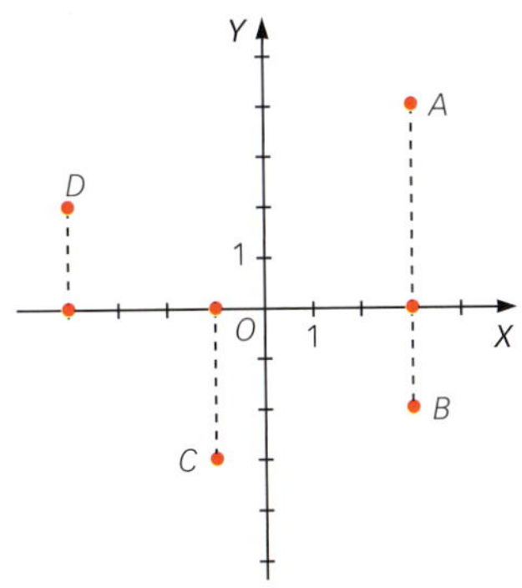

Punt	Abscissa
A	3
B	3
C	-1
D	-4

2. Tracem una recta perpendicular a l'eix Y que passi pel punt. El punt de tall d'aquesta recta amb l'eix Y és la segona coordenada del punt, la seva ordenada.

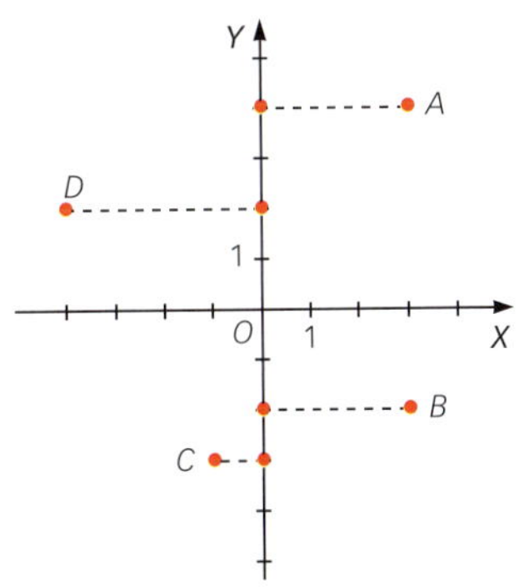

Punt	Ordenada
A	4
B	-2
C	-3
D	2

3. Escrivim les coordenades que hem obtingut.

$A(3, 4)$ $B(3, -2)$ $C(-1, -3)$ $D(-4, 2)$

ACTIVITATS

5 Escriu les coordenades dels punts representats sobre aquest sistema de coordenades:

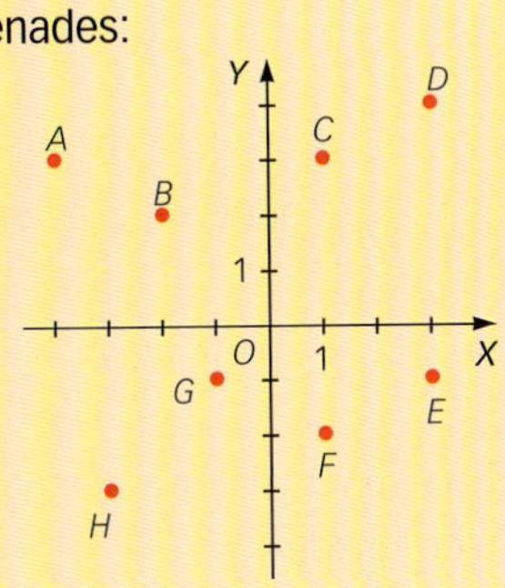

6 Un punt té abscissa 4 i ordenada -12. Representa'l i indica a quin quadrant és.

7 Representa aquests punts i uneix-los ordenadament:

$P_1(4, 5)$	$P_7(1, -1)$	$P_{13}(10, 2)$
$P_2(3, 4)$	$P_8(-2, -4)$	$P_{14}(11, 0)$
$P_3(2, 4)$	$P_9(-2, -7)$	$P_{15}(9, -1)$
$P_4(1, 5)$	$P_{10}(8, -7)$	$P_{16}(3, -1)$
$P_5(-1, 3)$	$P_{11}(12, -3)$	$P_{17}(6, 1)$
$P_6(-1, 1)$	$P_{12}(12, 1)$	$P_{18}(6, 3)$

1.3. Signe de les coordenades d'un punt

El signe de les coordenades d'un punt $P(a, b)$ varia segons el quadrant al qual pertany aquest punt.

- Un punt del primer quadrant A té l'abscissa, a, positiva i l'ordenada, b, positiva.
- Un punt del segon quadrant B té l'abscissa, a, negativa i l'ordenada, b, positiva.
- Un punt del tercer quadrant C té l'abscissa, a, negativa i l'ordenada, b, negativa.

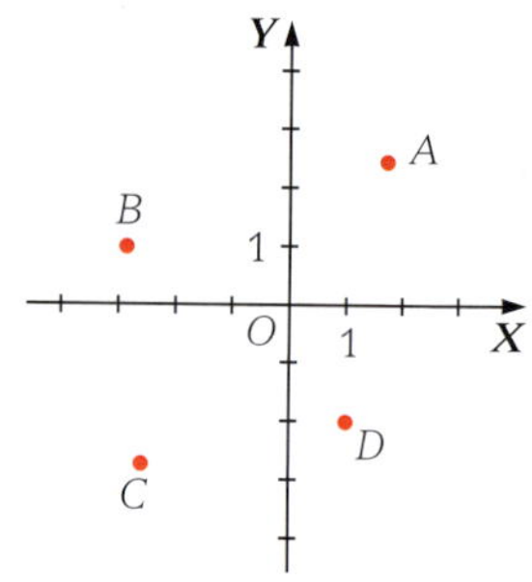

- Un punt del quart quadrant D té l'abscissa, a, positiva i l'ordenada, b, negativa.

T'HI ATREVEIXES?

Un punt té la primera coordenada positiva i la segona no és negativa, però no és al primer quadrant.

Com és possible?

Primer quadrant: (+, +)
Segon quadrant: (−, +)
Tercer quadrant: (−, −)
Quart quadrant: (+, −)

EXEMPLE

2. Fixa't en el signe de les coordenades i indica a quin quadrant són:

$A(3, 4)$ $B(-2, 3)$ $C(-3, -3)$ $D(4, -1)$

Representa cadascun dels punts en el pla.

Construïm una taula en la qual puguem identificar ràpidament el valor de cada coordenada i el seu signe.

Punt	Abscissa	Ordenada	Signe
$A(3, 4)$	3	4	(+, +)
$B(-2, 3)$	−2	3	(−, +)
$C(-3, -3)$	−3	−3	(−, −)
$D(4, -1)$	4	−1	(+, −)

A partir de la taula tenim que:

- $A(3, 4)$ pertany al primer quadrant.
- $B(-2, 3)$ pertany al segon quadrant.
- $C(-3, -3)$ pertany al tercer quadrant.
- $D(4, -1)$ pertany al quart quadrant.

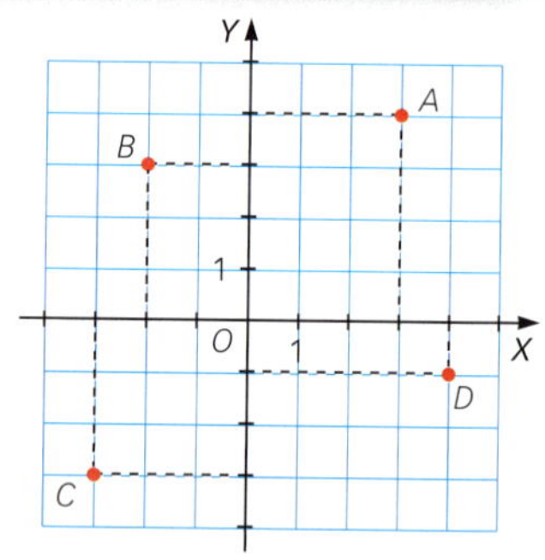

ACTIVITATS

8 PRACTICA. Indica a quin quadrant es troben aquests punts i representa'ls: $A(3, 4)$, $B(-5, 2)$, $C(-1, 4)$, $D(-4, -4)$, $E(-2, 1)$ i $F(2, 1)$.

9 APLICA. Escriu totes les parelles de punts possibles combinant els nombres −1, −3 i −4 i representa'ls en un sistema de coordenades. Què tenen en comú tots aquests punts?

10 REFLEXIONA. Contesta aquestes preguntes:

a) On se situen tots els punts del pla que tenen abscissa 2?

b) On se situen tots els punts del pla que tenen ordenada 2?

c) On se situen els punts del pla que tenen iguals l'abscissa i l'ordenada?

1.4. Punts sobre els eixos

- Els punts que estan situats sobre l'eix X són de la forma $(a, 0)$, és a dir, la seva ordenada és 0.
- Els punts que estan situats sobre l'eix Y són de la forma $(0, b)$, és a dir, la seva abscissa és 0.

Punts sobre l'eix *X*

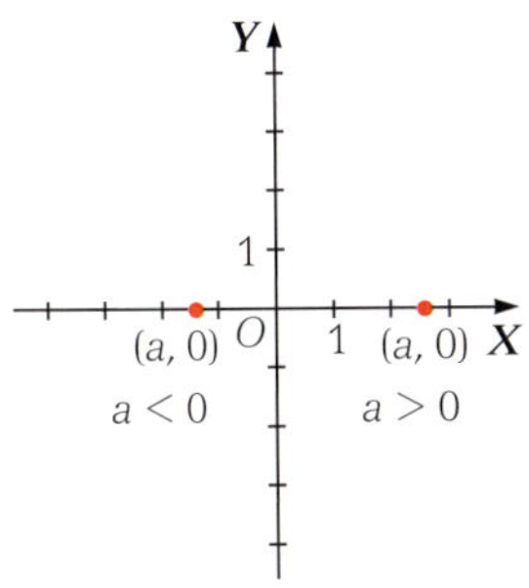

Si a és positiva, són a la dreta de l'origen de coordenades, i si és negativa, a l'esquerra.

Punts sobre l'eix *Y*

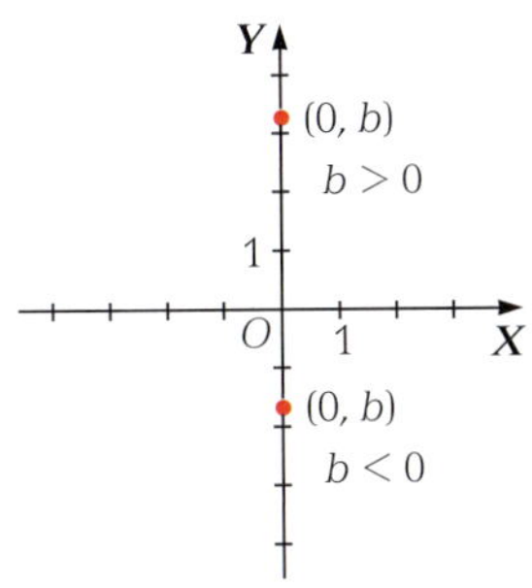

Si b és positiva, són per sobre de l'origen de coordenades, i si és negativa, per sota.

EXEMPLE

3. Representa aquests punts en el pla: $A(3, 0)$, $B(-2, 0)$, $C(0, 4)$ i $D(0, -3)$.

Els punts $A(3, 0)$ i $B(-2, 0)$ tenen l'ordenada igual a 0. Com que $y = 0$ estan situats sobre l'eix X.

Els punts $C(0, 4)$ i $D(0, -3)$ tenen l'abscissa igual a 0. Com que $x = 0$ estan situats sobre l'eix Y.

$A(3, 0) \rightarrow x = 3$, ens desplacem 3 unitats a la dreta.

$B(-2, 0) \rightarrow x = -2$, ens desplacem 2 unitats a l'esquerra.

$C(0, 4) \rightarrow y = 4$, ens desplacem 4 unitats cap amunt.

$D(0, -3) \rightarrow y = -3$, ens desplacem 3 unitats cap avall.

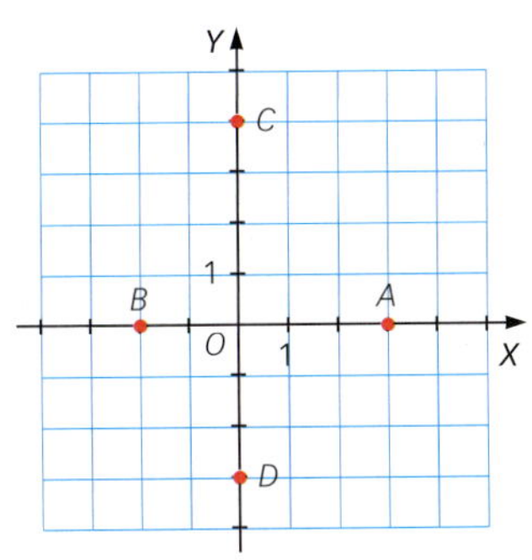

ACTIVITATS

11 PRACTICA. Indica el punt on ens trobem quan fem aquests desplaçaments a partir de l'origen:

a) 3 unitats a la dreta
b) 5 unitats cap avall
c) 4 unitats a l'esquerra
d) 2 unitats cap amunt

12 APLICA. Escriu tres punts situats a l'eix X d'abscissa positiva i tres punts més situats a l'eix Y d'ordenada negativa. Representa'ls en uns eixos de coordenades.

13 REFLEXIONA. Existeix algun punt que pertanyi a l'eix X i també a l'eix Y? I a l'inrevés?

2 Concepte de funció

Una funció és una relació que associa a cada valor d'una magnitud un únic valor d'una altra magnitud.

El conjunt de valors de les dues magnituds l'anomenem **variables**.

- La primera magnitud, x, és la **variable independent**.
- La segona magnitud, y, és la **variable dependent**.

Si a un valor de la variable independent hi corresponen diversos valors de la variable dependent, la relació entre totes dues no és una funció.

Malgrat que en una relació hi hagi valors de la variable dependent repetits, pot ser una funció.

Per exemple, si considerem la relació per la qual a cada nombre li correspon el seu valor absolut:

- La variable independent pren els valors: −2, −1, 0, +1, +2...
- La variable dependent només té un únic valor per a cada valor de la variable dependent, encara que el valor per a +1 i −1 sigui el mateix.

$0 \rightarrow 0 \qquad +1 \rightarrow 1 \qquad -1 \rightarrow 1$

EXEMPLES

4. Una entrada de cinema costa 9 €. La relació entre el nombre d'entrades que es compren i el preu, és una funció?

La magnitud *quantitat d'entrades* pren els valors 1, 2, 3...; és la variable independent.

La magnitud *preu* pren valors d'acord amb la quantitat d'entrades:

$9 \cdot 1 = 9 \qquad 9 \cdot 3 = 27 \qquad 9 \cdot 5 = 45$

$9 \cdot 2 = 18 \qquad 9 \cdot 4 = 36 \qquad 9 \cdot 6 = 54...$

És la variable dependent.

A cada valor de la primera magnitud hi correspon un únic valor de la segona; per tant, la relació és una funció.

5. La relació que a cada nombre natural li corresponen els seus divisors, és una funció?

La primera variable pren els valors 1, 2, 3...

La segona variable pren valors d'acord amb la primera; amb tot, a cada valor de la primera no hi correspon un únic valor de la segona. Per exemple, a 8 hi corresponen 1, 2, 4 i 8.

Per tant, la relació no és una funció.

ACTIVITATS

14 PRACTICA. Indica quines de les relacions següents són funcions:

a) Nombre de barres de pa que comprem i quantitat de diners que n'hem de pagar.

b) Nombre de monedes de 2 € i quantitat de diners que representen.

c) Metres quadrats d'una casa i nombre de persones que hi viuen.

15 APLICA. Considera la relació que assigna a cada nombre el seu oposat. Justifica si és una funció i escriu-ne alguns parells de valors.

16 REFLEXIONA. Determina si és una funció la relació que hi ha entre el preu d'un producte i el nombre de monedes i bitllets necessaris per pagar-lo. Posa alguns exemples que completin la resposta.

3 Expressió d'una funció mitjançant una taula de valors

Els parells de valors (x, y) que obtenim quan relacionem dues magnituds es poden organitzar en una **taula de valors**.

EXEMPLES

6. En una ciutat apleguen dades sobre el percentatge d'envasos que reciclen durant diferents anys. La taula en mostra els resultats:

Any	2000	2002	2004	2006	2008	2010	2012
Quantitat (%)	23	38	48	52	63	67	72

La relació entre les dues magnituds, és una funció?

Si observem la taula veiem que a cada valor de la primera magnitud hi correspon un únic valor de la segona. La relació és una funció.

La primera variable, *any*, pren els valors 2000, 2002, 2004...; és la variable independent. La *quantitat d'envasos reciclats* depèn de l'any; és la variable dependent.

Ho podem escriure com a parells de valors: (2000, 23), (2002, 38), (2004, 48)...

7. Determina si la relació que associa a cada nombre el seu doble menys 3 és una funció i construeix la taula de valors corresponent.

- Variable independent: nombre. Pren els valors: 1, 2, 3...
- Variable dependent: el doble menys 3. Pren valors d'acord amb la primera:

Per a $x = 1 \rightarrow 2 \cdot 1 - 3 = -1$ Per a $x = 3 \rightarrow 2 \cdot 3 - 3 = 3$

Per a $x = 2 \rightarrow 2 \cdot 2 - 3 = 1$ Per a $x = 4 \rightarrow 2 \cdot 4 - 3 = 5$...

A cada valor de la variable independent hi correspon un únic valor de la variable dependent; per tant, la relació és una funció.

Construïm la taula de valors corresponent:

x	1	2	3	4
y	−1	1	3	5

T'HI ATREVEIXES?

Completa la taula.

x	y
1	3
2	3
3	4
4	6
5	5
6	4
7	5
8	4
9	—

ACTIVITATS

17 PRACTICA. En aquesta taula veiem les temperatures màximes enregistrades en una ciutat durant la primera setmana de juliol:

Dia	1	2	3	4	5	6	7
Temperatura (°C)	23	25	28	32	29	30	31

La relació que assigna a cada dia la temperatura màxima enregistrada, és una funció?

18 APLICA. Construeix la taula de valors de la funció que fa correspondre a cada nombre el seu doble més 5 unitats.

19 REFLEXIONA. Determina si aquestes relacions són funcions i fes una taula amb alguns dels valors:

a) El perímetre d'un triangle equilàter i el seu costat

b) El costat d'un quadrat i el seu perímetre

c) El radi d'un cercle i la seva àrea

4 Expressió d'una funció mitjançant una equació

Amb l'expressió algebraica d'una funció, $y = f(x)$, podem obtenir, a partir dels valors de x, els valors de la variable dependent y.

L'expressió algebraica d'una funció, $y = f(x)$, és l'**equació de la funció**.

Aquestes expressions representen la mateixa funció:

$y = 1{,}75x$

$f(x) = 1{,}75x$

$f(x) = y = 1{,}75x$

EXEMPLES

8. En una fruiteria, el quilo de pomes costa 1,75 €. Determina si la relació entre els quilos de pomes que es compren i el preu és una funció i troba'n l'expressió algebraica.

La primera magnitud, *quilos de pomes*, pren els valors 1, 2, 3...; és la variable independent.

El *preu* depèn de la quantitat comprada; és la variable dependent. Per obtenir cada valor, multipliquem els quilos que es compren per 1,75.

A cada nombre de quilos de pomes hi correspon un únic preu; és una funció.

1 quilo → $1{,}75 \cdot 1 = 1{,}75$ € 3 quilos → $1{,}75 \cdot 3 = 5{,}25$ €

2 quilos → $1{,}75 \cdot 2 = 3{,}50$ € 4 quilos → $1{,}75 \cdot 4 = 7$ €

Si x són els quilos i y és el preu, expressem la funció com a: $y = 1{,}75x$

9. Escriu l'equació de la funció que associa a cada nombre el seu quadrat més 5 i construeix la taula de valors corresponent.

- Variable independent: nombre, x
- Variable dependent: el quadrat més 5, y

$\Big\}\ y = x^2 + 5$

Construïm la taula de valors corresponent:

x	1	2	3	4
y	6	9	14	21

ACTIVITATS

20 PRACTICA. Imprimir una fotografia val 9 cèntims. Determina si la relació que associa cada nombre de fotos impreses amb el seu preu és una funció. Escriu-ne l'equació i construeix una taula de valors.

21 PRACTICA. Construeix una taula de valors per a les funcions següents:

a) $y = x - 1$ c) $y = 3x + 2$

b) $y = 2x$ d) $y = x^2 - x$

22 APLICA. Escriu l'equació de la funció que associa cada nombre amb:

a) El seu doble més 7 b) La seva meitat menys 2

23 REFLEXIONA. Determina l'equació de la funció que correspon a aquesta taula de valors:

x	0	1	2	3
y	1	3	5	7

SABER FER

Determinar si un punt pertany a una funció

Donada la funció $y = 3x - 3$, que associa a cada nombre el seu triple menys 3, determina si els punts següents pertanyen a aquesta funció:

a) $A(2, 3)$ **b) $B(-2, 6)$**

Passos que cal seguir

1. Prenem la primera coordenada del punt i substituïm la x per aquesta coordenada en l'equació de la funció.

a) Primera coordenada de A:
$y = 3x - 3 \xrightarrow{x=2} y = 3 \cdot 2 - 3 = 3$

b) Primera coordenada de B:
$y = 3x - 3 \xrightarrow{x=-2} y = 3 \cdot (-2) - 3 = -9$

2. Comprovem si el valor de y que hem calculat coincideix amb la segona coordenada del punt.

- Si coincideix, el punt pertany a la funció.
- Si no coincideix, el punt no pertany a la funció.

a) Substituint x per 2 a l'equació hem obtingut $y = 3$.
El punt $A(2, 3)$ és un punt de la funció $y = 3x - 3$.

b) Substituint x per -2 a l'equació hem obtingut $y = -9$, diferent de la segona coordenada del punt B, 6.
El punt $B(-2, 6)$ no pertany a la funció.

Per calcular punts d'una funció, substituïm x per un valor a l'equació, i obtenim el valor corresponent de y.

A $y = 3x - 3$ per a $x = 1$
$y = 3 \cdot 1 - 3 = 0$
El punt (1, 0) pertany a la funció.

ACTIVITATS

24 Calcula el valor de la variable per a $x = -2$, $x = 3$ i $x = 0$ en aquestes funcions:

a) $y = 6x - 1$
b) $y = x^2 + x - 2$
c) $y = 2x^3 - 4x$
d) $y = \frac{x+5}{2}$
e) $y = (x-1)^2$
f) $y = \frac{3x^2+2}{x}$

25 Considera els punts següents:

$A(-1, -1)$ $B(0, -2)$ $C(3, 1)$ $D(5, 2)$

Estableix quins d'aquests punts pertanyen a les funcions següents:

$f(x) = 2 - \frac{x}{3}$ $g(x) = 5x - 2$ $h(x) = \frac{x-1}{2}$

26 Escriu cinc punts que pertanyin a aquestes funcions:

a) $y = 3x + 1$
b) $y = 4x$
c) $y = x^2 - 1$
d) $y = (x+2)^2$
e) $y = \frac{2-x}{4}$
f) $y = -x^3$

27 Completa les taules següents a la llibreta:

a) $f(x) = \frac{x+2}{3}$

x	1		0		−5	
y		2		0		−1

b) $g(x) = \frac{x}{2} + 1$

x	0	4	0	−6		
y			−1		5	0

c) $h(x) = 4 - 3x$

x			2	−2	0	1
y	0	7				

28 Determina la primera coordenada d'aquests punts que pertanyen a la funció $y = \frac{1}{2}x - 1$.

a) $A(a, 0)$ b) $B(b, 1)$ c) $C(c, 2)$

29 Digues si un mateix punt pot pertànyer a dues funcions diferents. Posa'n algun exemple.

5 Expressió d'una funció mitjançant una gràfica

La **gràfica d'una funció** és la representació en un sistema de coordenades del conjunt de punts d'aquesta funció.

Quan els valors que pren una de les variables són massa grans, per representar-ne els punts sobre els eixos es fa d'aquesta manera:

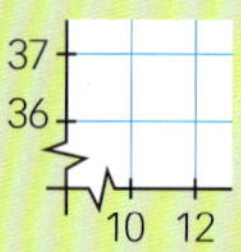

Això significa que per sota de 10, a l'eix X (i de 36 a l'eix Y), no hi ha cap punt de la funció.

EXEMPLE

10. La Susanna està malalta. La seva mare li mira la temperatura al llarg del dia i ha representat les dades en aquesta gràfica.

Determina si la relació entre l'hora del dia i la temperatura és una funció i construeix la taula de valors corresponent.

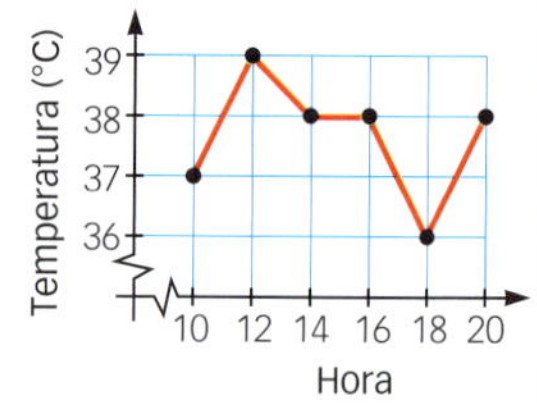

La variable *hora* pren els valors 10, 12, 14...; és la variable independent.

La *temperatura* depèn de l'hora, és la variable dependent.

Així, a cada valor de la primera variable hi correspon un únic valor de la segona; per tant, la relació és una funció.

La gràfica ens proporciona informació clara i ràpida sobre la temperatura de la Susanna al llarg del dia:

A les 10 → 37 °C   A les 12 → 39 °C   A les 14 → 38 °C...

Construïm la taula de valors corresponent:

Hora	10	12	14	16	18	20
Temperatura (°C)	37	39	38	38	36	38

Per dibuixar la gràfica d'una funció, construïm una taula de valors i els parells obtinguts els representem en un sistema de coordenades.

De vegades, té sentit unir els punts que hem obtingut.

ACTIVITATS

30 PRACTICA. La gràfica representa el nombre d'exercicis de matemàtiques fets l'última setmana.

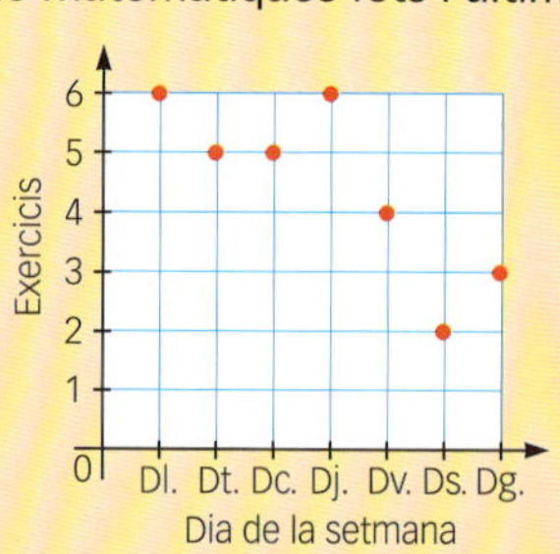

És una funció? Construeix-ne la taula de valors.

31 APLICA. Determina si aquesta gràfica correspon a una funció:

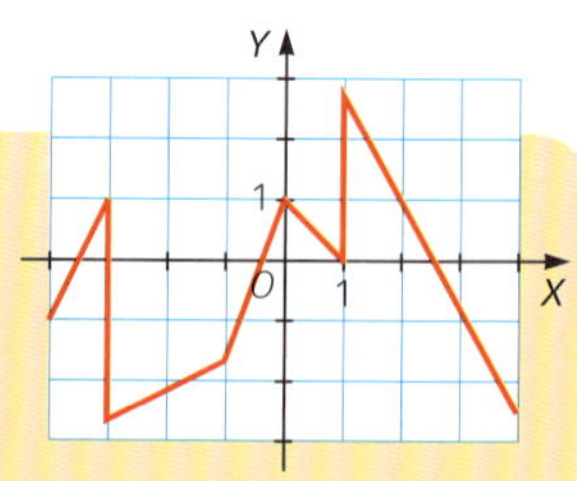

32 REFLEXIONA. El lloguer d'una pel·lícula costa 1,80 € per cada dia.

a) Fes una taula que relacioni els dies de lloguer i el preu.

b) Dibuixa la gràfica corresponent.

c) Indica quines són les variables independent i dependent.

SABER FER

Representar gràficament una funció

En un poliesportiu volen comprar equips de bàsquet per als socis que practiquen aquest esport. Cada equip val 18 €. Representa la funció que relaciona el nombre d'equips comprats amb el seu preu.

Passos que cal seguir

1. Identifiquem les dues variables que hem de representar.

El preu depèn del nombre d'equips comprats, així:

- Variable independent → Nombre d'equips
- Variable dependent → Preu

2. Si és possible, escrivim l'equació de la funció.

Si anomenem x el nombre d'equips i y el preu, podem expressar la funció com a: $y = 18x$

3. Construïm una taula amb diferents valors i obtenim els punts de la funció.

Nre. d'equips	1	2	3	4
Preu (€)	$18 \cdot 1 = 18$	$18 \cdot 2 = 36$	$18 \cdot 3 = 54$	$18 \cdot 4 = 72$

Punts de la funció: (1, 18) (2, 36) (3, 54) (4, 72)

4. Representem els punts obtinguts col·locant la variable independent a l'eix X i la variable dependent a l'eix Y.

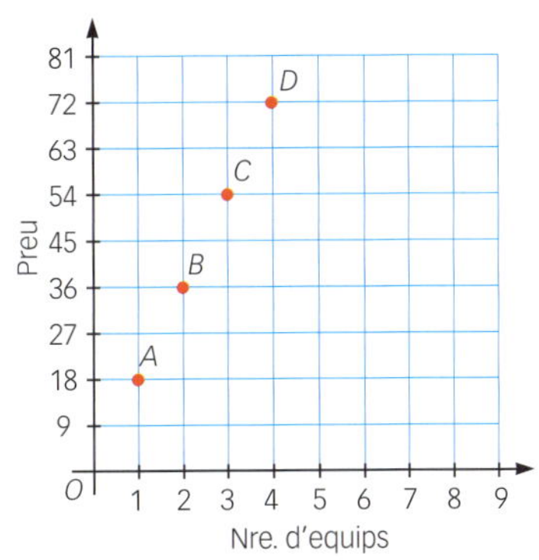

5. Analitzem si té sentit unir els punts que hem representat.

En aquest cas, no té sentit unir els punts, ja que només es poden comprar equips complets.

Els punts representats en una gràfica s'uneixen quan la variable x pot prendre qualsevol valor, no tan sols valors enters.

ACTIVITATS

33 La taula següent relaciona l'altura de la Marga amb la seva edat:

Edat (anys)	0	1	2	3	4	5	6	7	8	9
Altura (m)	0,48	0,65	0,75	0,84	0,95	1,02	1,05	1,08	1,12	1,16

Construeix una gràfica de punts amb els valors de la taula.

34 Representa la funció que relaciona les magnituds següents:

a) Quilos de taronges que comprem i preu, si sabem que un quilo de taronges costa 1,7 €.

b) Quilòmetres que recorre un cotxe que circula a 90 km/h i temps que fa que circula.

35 Construeix la taula de valors per a les funcions següents i fes-ne la representació gràfica:

a) $y = 2x$ c) $y = 5x$

b) $y = \frac{x}{3}$ d) $y = \frac{x}{4}$

36 Construeix la taula de valors per a aquestes funcions i fes-ne la representació gràfica:

a) $y = 2x + 1$ c) $y = 5x + 1$

b) $y = \frac{x}{3} - 4$ d) $y = \frac{x}{4} - 3$

37 Representa la funció que relaciona l'altura d'un rectangle amb el seu perímetre, si sabem que la base és el triple que l'altura.

6 Interpretació de gràfiques

Interpretar una gràfica és fer-ne un estudi per extreure'n informació.

EXEMPLE

11. La gràfica de la dreta mostra el recorregut que ha fet en Julià aquest matí amb cotxe per anar a casa dels seus amics.

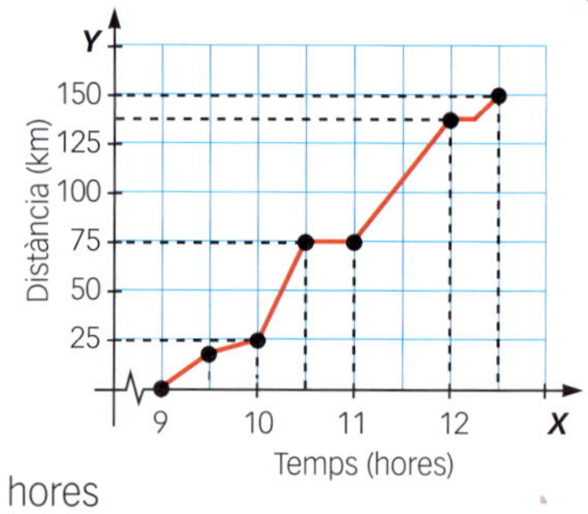

a) Quines variables estan representades a la gràfica?

Variable independent → Temps, en hores

Variable dependent → Distància recorreguda, en quilòmetres

b) Quants quilòmetres recorre en la primera hora de viatge? A quin punt correspon?

En el punt $x = 10$ ha recorregut una distància de 25 km, és a dir, correspon al punt (10, 25).

c) Quant temps ha trigat en Julià per arribar a casa dels seus amics?

De les 9 a les 12:30. Ha trigat 3 hores i mitja.

d) Quants quilòmetres ha recorregut en total?

En total ha recorregut 150 km.

e) Què creus que significa el tram horitzontal de la gràfica?

Indiquen el temps que el cotxe ha estat parat.

T'HI ATREVEIXES?

Quant temps va estar la Júlia asseguda al parc?

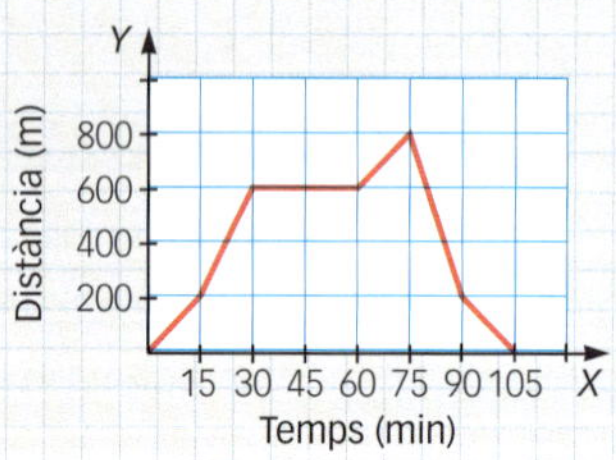

Quan representem mitjançant gràfiques la informació que extraiem d'un enunciat, hem de tenir en compte els punts que pertanyen a aquesta gràfica i si els podem unir o no.

ACTIVITATS

38 PRACTICA. Interpreta aquesta gràfica, que representa les reserves d'aigua d'un embassament durant l'últim any:

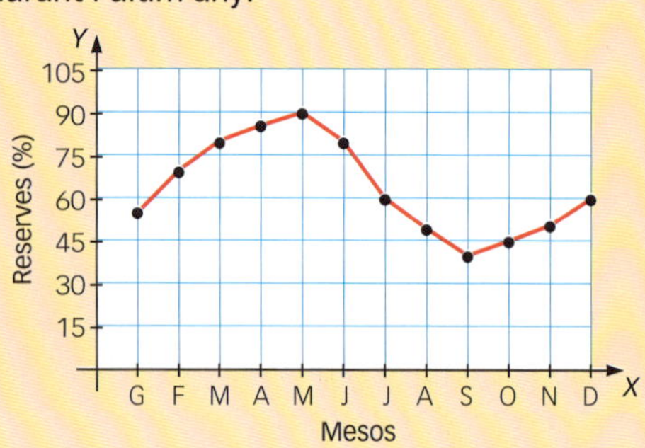

39 APLICA. Interpreta aquesta gràfica, que representa el temps que triguen dos autobusos a fer una vegada el seu trajecte.

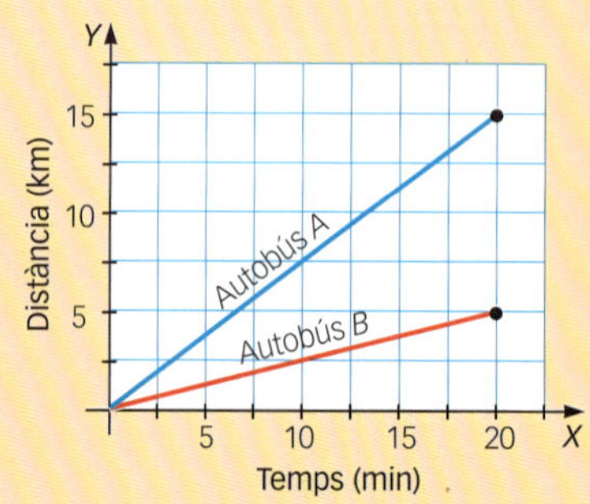

40 REFLEXIONA. Representa una línia recta en la gràfica de l'activitat anterior que surti de l'origen i que acabi en (15, 10), i interpreta-la.

SABER FER

Representar gràficament un enunciat

Representa aquest enunciat per mitjà d'una gràfica.

La família d'en Miquel farà un viatge per l'est dels Estats Units, de Nova York a Florida, parant en diferents ciutats. El primer dia faran 462 km per arribar a Richmond (Virgínia). El segon dia viatjaran fins a Raleigh (Carolina del Nord), a 242 km. El tercer dia aniran fins a Plymouth (Carolina del Nord) a 215 km. Després arribaran a Wilmington (Carolina del Nord), després de fer 245 km. Tot seguit, recorreran 258 km fins a Charleston (Carolina del Sud) i, finalment, arribaran a Jacksonville (Florida), a 341 km.

Passos que cal seguir

1. Determinem les dues variables.

- Variable independent → Temps (dies)
- Variable dependent → Distància recorreguda (quilòmetres)

2. Construïm una taula de valors amb les dades de l'enunciat.

Dia de viatge	1	2	3	4	5	6
Nre. de quilòmetres	462	242	215	245	258	341

3. Representem els punts que hem obtingut col·locant la variable independent a l'eix X i la variable dependent a l'eix Y.

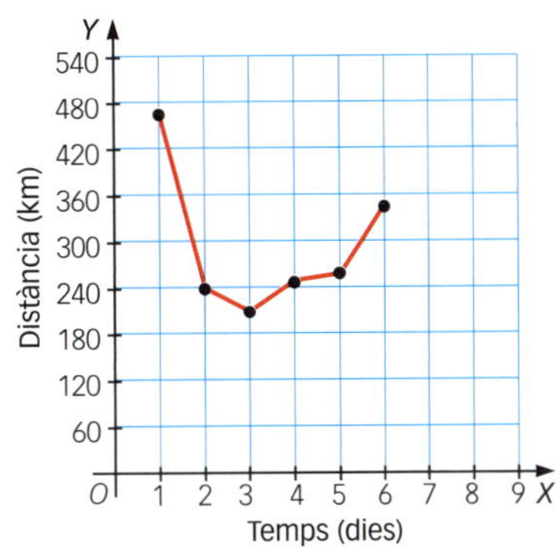

Mitjançant una gràfica podem apreciar, amb un sol cop d'ull, com oscil·la la variable dependent respecte de la variable independent.

4. Analitzem si té sentit unir els punts.

Té sentit unir els punts perquè la variable independent, dies de viatge, pot prendre qualsevol valor. Té sentit un dia i mig de viatge, dos dies i deu hores...

ACTIVITATS

41 Representa aquest enunciat per mitjà d'una gràfica i determina si té sentit unir els punts o no.

El nombre de clients d'un restaurant durant la setmana ha estat aquest: el primer dia, 20 clients; el segon i el tercer, 30 clients cada dia; el quart, el mateix nombre de clients que el primer; el cinquè dia van tancar per descans, i el cap de setmana només hi va haver 10 clients cada dia.

42 Representa aquest enunciat per mitjà d'una gràfica. Justifica si té sentit unir els punts que obtens.

Quatre amics van d'excursió.

- *El primer fa una caminada de 6 km en 75 minuts.*
- *El segon recorre 4 km i triga 60 minuts.*
- *El tercer triga el mateix que el primer.*
- *El quart triga el mateix que el segon.*

43 Representa el text mitjançant una gràfica.

En Tobies ha sortit a passejar a les 18.00 h. A les 18.30 h s'ha trobat en Joan i s'ha aturat mitja hora.

Després ha continuat caminant fins que a les 19.30 h ha arribar a una ermita. Allà ha decidit descansar una hora. Després ha tornat a casa; ha trigat una hora per arribar-hi i no ha fet cap parada pel camí.

44 Tenim un tros de gel a 10 graus sota zero.

- Durant 12 minuts la temperatura ha pujat uniformement fins als 0 °C.
- Després es comença a fondre durant 30 minuts sense augmentar de temperatura.
- Quan el gel és aigua a 0 °C, s'escalfa 15 minuts i arriba a una temperatura de 10 °C.

Determina a quina temperatura estarà l'aigua al cap de 20 minuts i de 40 minuts.

ACTIVITATS FINALS

Coordenades cartesianes

45 Dibuixa uns eixos de coordenades, representa-hi aquests punts i indica a quin quadrant se situa cadascun:

Abscissa	5	−2	3	−1	6	−3	2	1	4	−6	1
Ordenada	1	4	−1	−5	3	−2	3	−2	−2	4	−7

46 Representa els punts següents en un sistema d'eixos de coordenades. Quina característica comuna tenen?

a) $(0, 5)$, $(0, -3)$, $(0, 2)$ i $(0, -6)$

b) $(4, 0)$, $(-3, 0)$, $(5, 0)$ i $(-2, 0)$

c) $(1, 3)$, $(-2, 3)$, $(3, 3)$ i $(-5, 3)$

d) $(-4, -4)$, $(2, 2)$, $(-1, -1)$ i $(5, 5)$

e) $(-3, 6)$, $(-3, 2)$, $(-3, 7)$ i $(-3, -4)$

47 Indica les coordenades cartesianes dels punts següents:

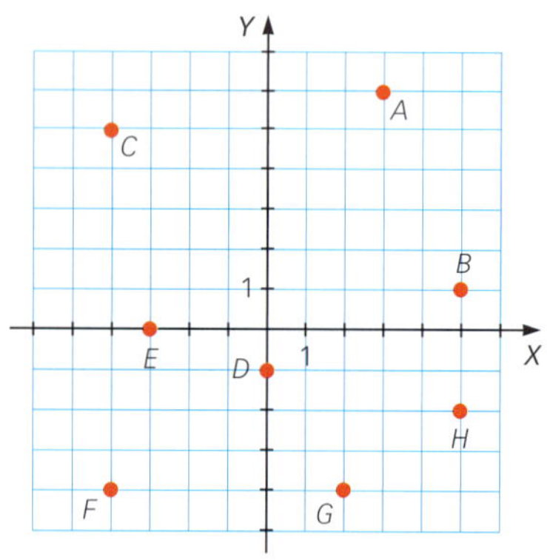

48 En general, quants punts hi ha que tinguin igual l'abscissa? I que tinguin igual l'ordenada?

49 Indica a quin quadrant són aquests quatre punts:

a) *A*, *B*, *C* i *D* d'abscissa 3 i ordenades 3, 5, 1 i 7.

b) *E*, *F*, *G* i *H* d'abscissa −2 i ordenades −2, −4, −1 i −7.

c) *I*, *J*, *K* i *L* d'ordenada 4 i abscisses −1, −8, −3 i −5.

50 Indica les coordenades cartesianes dels punts següents i contesta:

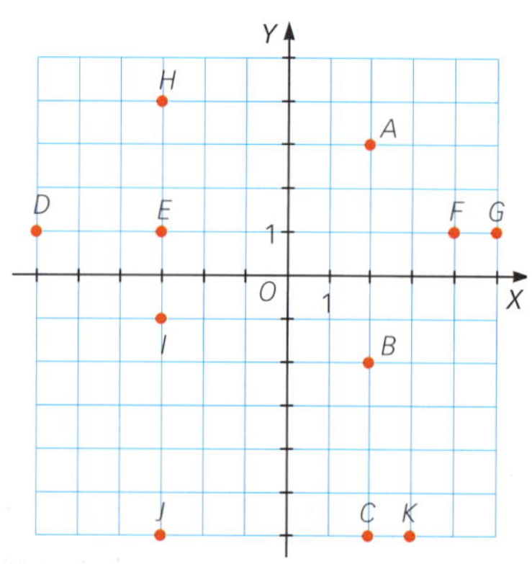

a) Què tenen en comú els punts *A*, *B* i *C*? I els punts *A*, *F* i *G*?

b) Què tenen en comú els punts *D*, *E*, *F* i *G*?

c) En què coincideixen els punts *H*, *E*, *I* i *J*?

d) Quines similituds presenten els punts *J*, *C* i *K*? I els punts *J* i *I*?

51 Dibuixa a la llibreta els eixos de coordenades perquè el punt marcat a la gràfica de la dreta sigui $A(-2, -1)$.

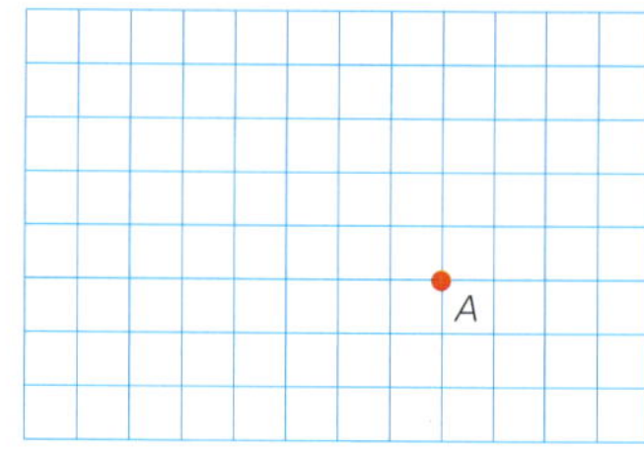

52 Dibuixa a la llibreta els eixos de coordenades que corresponguin i completa les coordenades dels punts assenyalats.

a)

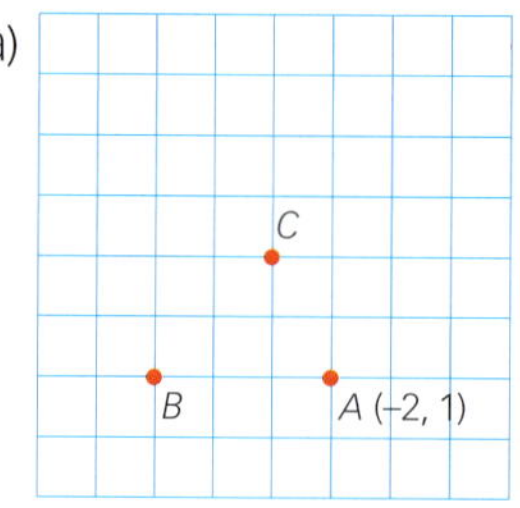

b)

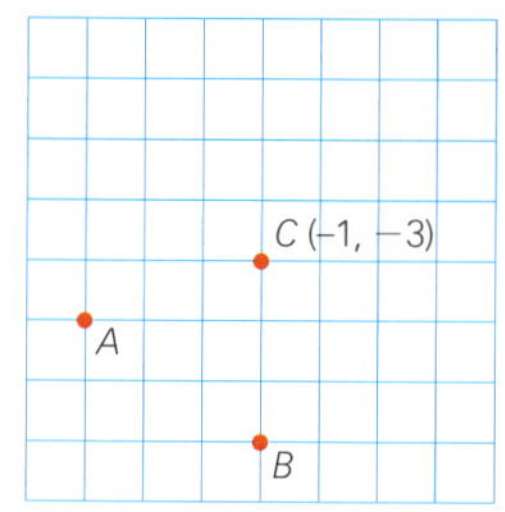

53 Representa en un sistema de coordenades un triangle rectangle $\widehat{ABC}$ que tingui l'angle recte en el punt $A(-1, 3)$, i els catets de 4 i 3 unitats, respectivament.

54 Dibuixa una circumferència de radi 4 unitats amb centre en l'origen de coordenades. En quins punts talla els eixos? I si el centre estigués en el punt $C(0, -4)$?

55 Dibuixa un rectangle de costats no paral·lels als eixos i de manera que cada vèrtex estigui en un quadrant diferent. Escriu les coordenades dels vèrtexs.

Funcions

56 Escriu una taula de valors per a les funcions que fan correspondre a cada nombre:

a) El seu doble menys 3

b) El seu triple més 5

c) El seu quadrat

d) La seva tercera part més 6

e) La seva meitat més 1

f) Un terç menys el seu doble

57 Expressa en llenguatge quotidià l'associació que indiquen aquestes funcions:

a) $y = x^2 - 3$

b) $y = -x + 5$

c) $y = 2 \cdot (x + 1)$

d) $y = \dfrac{x - 5}{2}$

58 Considera la funció $y = 3x - 2$. Indica quins dels punts següents hi pertanyen:

a) $(0, 2)$

b) $(1, 1)$

c) $(-2, -8)$

d) $\left(\dfrac{1}{3}, 1\right)$

e) $(2, 4)$

f) $(0, -2)$

g) $(3, 7)$

h) $\left(\dfrac{1}{6}, -\dfrac{3}{2}\right)$

59 Considera el punt (3, 1). Indica a quines de les funcions següents pertany:

a) $y = 2x^2 - 3$
b) $y = -x + 2$
c) $y = 4x - x$
d) $y = \frac{x-1}{2}$
e) $y = -2x + 7$
f) $y = -x + \frac{1}{2}$

60 Donada la funció $y = -x + 3$:

a) Fes una taula de valors.
b) Representa-la gràficament.
c) Digues si el punt $(3, -1)$ pertany a la funció.

SABER FER

Calcular el valor d'una funció en un punt

61 Construeix una taula amb diferents valors negatius i positius per a la funció $f(x) = 3x - 5$.

PRIMER. Calculem els valors substituint el valor de x a l'expressió:

$f(-3) = 3 \cdot (-3) - 5 = -14$
$f(-2) = 3 \cdot (-2) - 5 = -11$
$f(1) = 3 \cdot 1 - 5 = -2$

SEGON. Organitzem els resultats en una taula.

x	-3	-2	-1	0	1	2	3
y	-14	-11	-8	-5	-2	1	4

62 Donada l'expressió algebraica següent: $y = x^2 + 1$.

a) Construeix una taula amb valors de la variable x entre -5 i 5.
b) Representa gràficament aquests punts i uneix-los mitjançant una línia.

63 Fes una taula de valors per a la funció: $f(x) = 2x - 5$.

a) Representa-la gràficament.
b) Estudia'n les característiques.
c) El punt $P(2, -2)$ és a la gràfica.

64 Si es venen les cireres a 3,25 €/kg:

a) Escriu l'expressió algebraica que relaciona el cost (y) d'acord amb els quilos de cireres (x).
b) Quina és la variable dependent en aquesta expressió? I la variable independent?
c) Fes una taula i representa'n gràficament els parells de valors.

65 Completa aquestes taules a la llibreta i fes una gràfica de les funcions que representen:

x	1	2	-1	0	-2
$y = 3x - 2$					

x	-2		1		
$y = x + 5$		2		0	-2

x			5	10	
$y = -x + 4$	0	-2			7

SABER FER

Representar gràficament una funció de proporcionalitat directa $f(x) = ax$

66 Representa gràficament aquestes funcions de proporcionalitat directa:

a) $y = 2x$ b) $y = -3x$

PRIMER. Calculem un punt de la funció que no tingui abscissa 0. Per fer-ho, donem un valor a x que sigui diferent de 0 i calculem y.

Per exemple, per a $x = 1$:

a) $y = 2x \xrightarrow{x=1} y = 2 \cdot 1 = 2 \rightarrow P(1, 2)$
b) $y = -3x \xrightarrow{x=1} y = (-3) \cdot 1 = -3 \rightarrow P(1, -3)$

SEGON. Representem en un sistema de coordenades el punt que acabem de trobar.

TERCER. La gràfica d'una funció de proporcionalitat directa sempre és una recta que passa per l'origen de coordenades. Unim per mitjà d'una línia el punt que hem representat amb l'origen de coordenades.

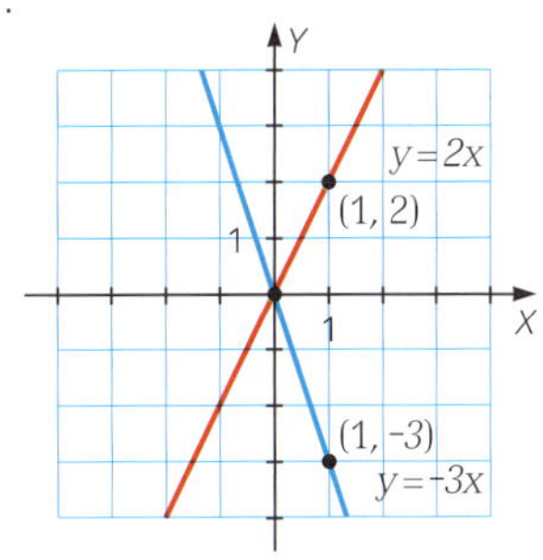

67 Representa gràficament aquestes funcions de proporcionalitat directa:

a) $y = 3x$ b) $y = x$ c) $y = -x$

68 Representa gràficament la funció de proporcionalitat directa que té la gràfica que passa pel punt $(3, -2)$.

69 Representa la funció de proporcionalitat directa en aquests casos:

a) El punt $(-1, 4)$ pertany a la funció.
b) La gràfica de la funció passa pel punt $(-4, -1)$.

70 Raona si existeix alguna funció de proporcionalitat directa que passi pels parells de punts següents:

a) (2, 4) i (3, 6)
b) (−1, 2) i (0, 1)
c) (3, 5) i (0,0)
d) (−3, 10) i (4,3)

71 Troba els punts que pertanyen a les funcions següents que estan sobre l'eix X i sobre l'eix Y:

a) $y = 2x - 3$
b) $y = -x + 8$
c) $y = 6 - x$
d) $y = \frac{3}{4} + x$
e) $y = \frac{2x}{7}$
f) $y = -2x$

Interpretació de gràfiques

72 La gràfica següent mostra l'evolució de la temperatura en un dia del mes de setembre:

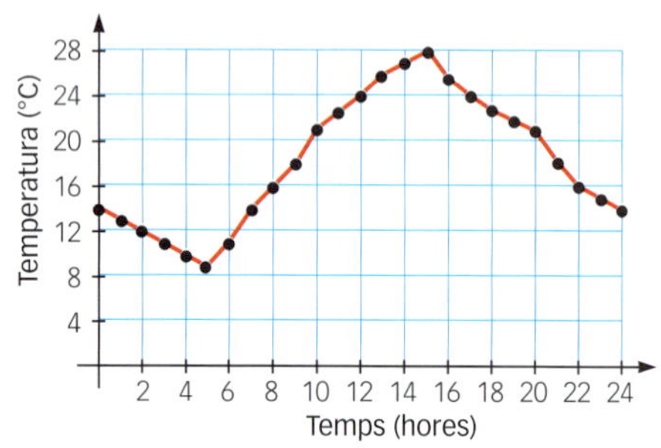

a) Què et sembla que representa cadascun dels eixos?
b) A quina hora la temperatura ha estat més alta? I més baixa?
c) Quant de temps hi ha hagut una temperatura inferior a 15 °C?
d) En quin tram de temps la temperatura ha estat superior a 24 °C?

73 La gràfica mostra les precipitacions en una població durant un any. A l'eix d'abscisses hi ha representats els mesos de l'any, i al d'ordenades, les precipitacions, en ℓ/m².

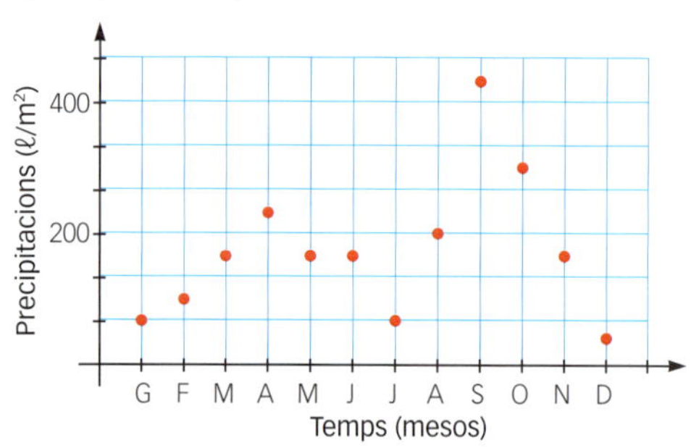

a) Quin ha estat el mes més plujós?
b) I el més sec?
c) Quin mes ha tingut unes precipitacions de 300 ℓ/m²?
d) Quines precipitacions es van donar al gener?
e) A quina estació es van produir més precipitacions?

74 Fixa't en la gràfica següent. Hi ha representat el passeig que ha fet la Magdalena: ha sortit de casa, ha anat al camp i ha tornat a casa.

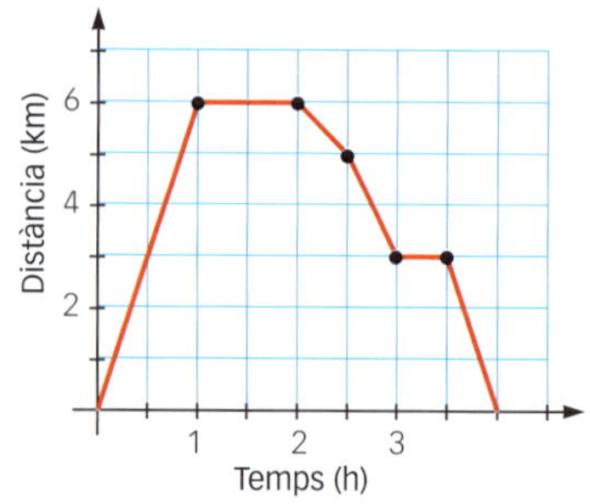

a) Quines variables hi ha representades?
b) Quin significat donaríem als trams horitzontals?
c) Quant de temps ha durat el passeig?
d) Quina és la distància més llunyana a la qual ha anat?
e) Quan ha caminat més ràpidament, a l'anada o a la tornada?

75 El preu d'una trucada urbana en una companyia determinada és de 0,20 € els tres primers minuts, independentment que s'exhaureixin o no, i 5 cènt. per minut o fracció que sobrepassi els tres primers minuts.

a) Construeix una taula i la gràfica corresponent a una trucada de fins a 10 minuts.
b) Explica quines són la variable dependent i la variable independent, i quines característiques té la gràfica.

76 La taula següent expressa l'evolució de la població mundial al llarg del temps:

Any	1650	1700	1750	1800	1850
Població (milions)	600	700	750	900	1.200

a) Quina és la variable independent?
b) I la variable dependent?
c) Representa gràficament els valors.
d) Té sentit unir els punts representats?
e) Quin ha estat l'augment de població més important entre els anys representats?

77 Representa aquest enunciat per mitjà d'una gràfica:

Diumenge vam anar a casa dels meus avis, que està situada a 150 km.

Vam sortir a les vuit del matí i a dos quarts de deu, quan havíem recorregut dues terceres parts del camí vam parar durant mitja hora per esmorzar.

A les onze entràvem a la ciutat i ens vam aturar un quart d'hora a parlar amb un amic. Finalment, vam arribar a casa dels avis a dos quarts de dotze.

Problemes amb funcions

78 La taula següent mostra el nombre de visitants d'un blog d'Internet durant els primers 10 dies del mes:

Dia	1	2	3	4	5	6	7	8	9	10
Visites	65	53	55	70	75	87	88	95	102	111

a) És una funció?

b) La podem expressar mitjançant una expressió algebraica?

c) Dibuixa la gràfica.

79 En una parada venen les pomes a 0,85 €/kg.

a) Escriu l'expressió algebraica que relaciona el cost (y) amb la quantitat de quilos (x) comprats.

b) Quants diners costen 6,5 kg de pomes?

80 Un automòbil circula a 115 km/h.

a) Escriu l'expressió algebraica que relaciona l'espai que recorre el vehicle (y) d'acord amb el temps que triga a fer-ho (x).

b) Fes-ne la representació gràfica.

c) Quant de temps triga a recórrer 805 km?

81 Un globus sonda mesura la temperatura de l'atmosfera a diferents altures. Comproven que, cada 200 m d'ascensió, la temperatura minva 1 °C.

a) Escriu l'expressió algebraica.

b) Quan minva la temperatura si puja a 1.000 m?

82 La taula següent mostra el preu dels bolígrafs d'acord amb la quantitat de bolígrafs que comprem:

Bolígrafs	1	2	3	4	5	6	7	8
Preu (€)		0,90						

Completa la taula a la llibreta i escriu l'expressió algebraica que relaciona les dues variables.

83 En un partit de bàsquet fan una taula amb els punts per equip. Abans del segon quart tenim:

Minut	4	6	8	10	12	14	16
Equip *A*	10	12	15	18	20	22	24
Equip *B*	6	8	14	18	18	24	26

Dibuixa les gràfiques dels equips i fes un resum del partit.

HAS DE SABER FER

Coordenades cartesianes

1 Indica les coordenades d'aquests punts:

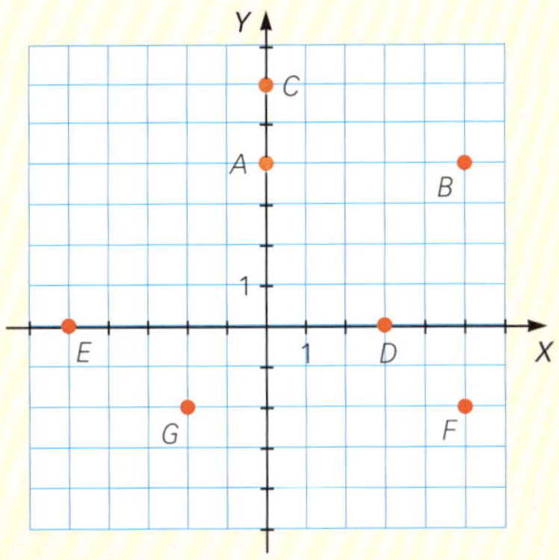

Funcions

2 Una relació entre nombres enters s'expressa de la manera següent: «Cada nombre enter el relacionem amb el seu doble més una unitat.» Escriu l'expressió de la funció i completa la taula a la llibreta.

x	−2	−1	0		3	7	10
y				3			

3 Donada la funció $y = -2x + 5$

a) Fes una taula de valors.

b) Representa-la gràficament.

c) Digues si el punt (3, −1) pertany a la funció.

Interpretació de gràfiques

4 La gràfica representa el passeig que ha fet en Juli: ha sortit de casa, ha anat a comprar i ha tornat.

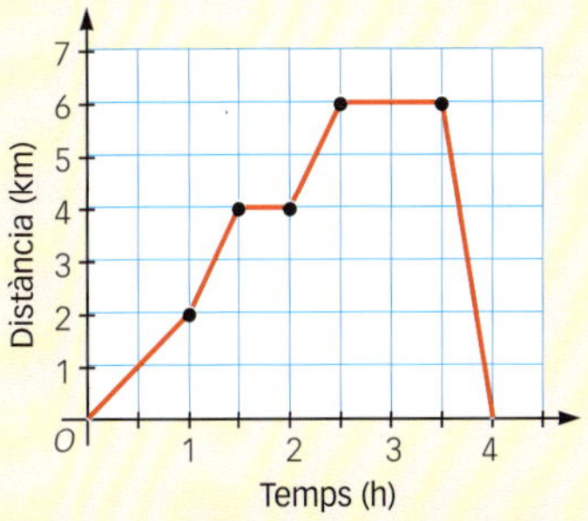

a) Quines variables hi ha representades?

b) Quant de temps ha durat el passeig?

c) Quina és la distància més llunyana a la qual ha anat?

d) Quan ha caminat més ràpidament, a l'anada o a la tornada?

e) S'ha aturat en algun moment? Quan?

En la vida quotidiana

84 Les persones tenim una temperatura corporal aproximada de 37 °C. Més exactament, podem dir que la temperatura mitjana de les persones es troba entre 36,3 °C i 37,1 °C.

La temperatura corporal funciona com el termòstat del nostre cos. L'augment de temperatura és un símptoma clar de malaltia. La febre és el mecanisme de defensa del cos per combatre els organismes que causen les malalties.

La taula següent mostra els estats d'una persona segons la seva temperatura corporal:

Menys de 35 °C	De 35 °C a 37 °C	De 37 °C a 38 °C	De 38 °C a 40 °C	De 40 °C a 42 °C
HIPOTÈRMIA	NORMAL	FEBRÍCULA	FEBRE	HIPERPIRÈXIA

Es considera que el cos humà no pot suportar una temperatura corporal superior a 42 °C.

Aquestes són les gràfiques de dos pacients d'un hospital:

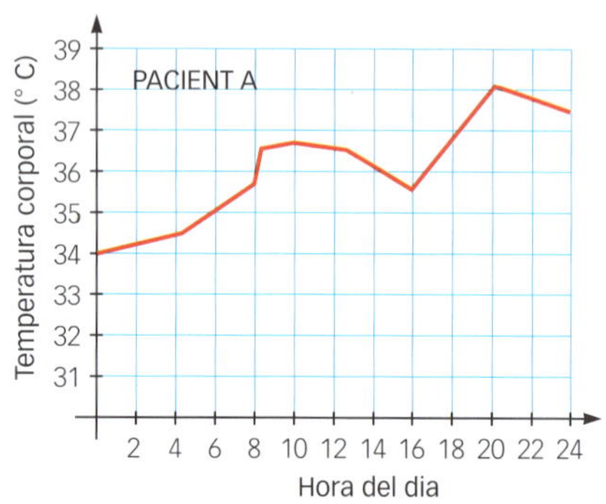

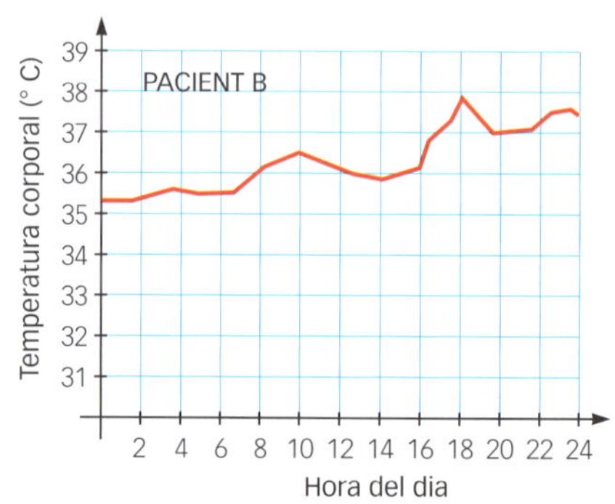

a) Quina ha estat la temperatura màxima i la temperatura mínima de cada pacient?

b) Quin dels dos malalts s'ha trobat durant més temps en una situació normal?

c) Un d'ells el van rescatar d'una inundació després de passar tota una nit a l'aigua. Quin dels dos pacients és? Justifica la resposta.

Formes de pensar. Raonament matemàtic

85 Aquestes figures tenen la mateixa base, però forma i altura diferents. La gràfica representa l'àrea d'acord amb l'altura. Relaciona els punts amb les figures.

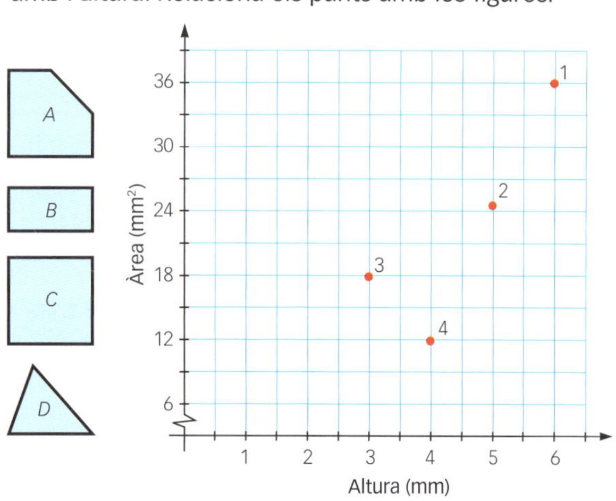

86 L'Eva comença a córrer des de *J* en aquest sentit: *J* - *K* - *L* - *M* - *J*...

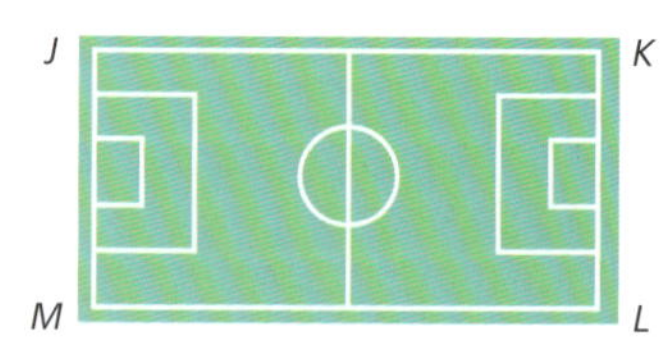

Quina gràfica representa la distància en cada instant al punt de sortida?

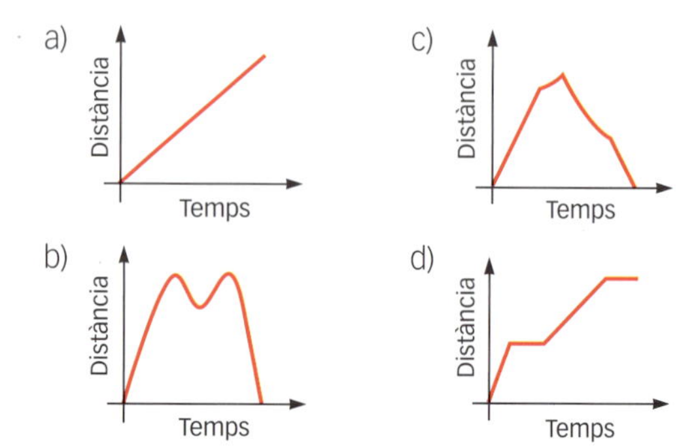

PROJECTE FINAL. **Aprenentatge cooperatiu**

OBJECTIU: Elaborar un vídeo que es pugui visualitzar per Internet

Un cop formats els grups, seguiu el procés següent:

1a Fase

- Feu una llista amb els temes que al vostre parer s'haurien de tractar al vídeo: informacions, entreteniment, recomanacions...
- Feu una estimació de la durada del vídeo.
- Busqueu a Internet vídeos dirigits a joves de la vostra edat i valoreu-ne els avantatges i inconvenients.

2a Fase

- Determineu els elements que us faran falta per a la realització del vídeo: càmera, micròfon, telèfon mòbil...
- Busqueu informació sobre programes gratuïts d'edició de vídeos.
- Avalueu les diferents possibilitats que ofereix Internet per allotjar el vostre vídeo.

3a Fase

- Poseu en comú la informació recollida i acordeu el tema i el disseny que hauria de tenir el vídeo.
- Feu un repartiment de tasques de manera que tots pugueu participar en la gravació del vídeo.

Proves PISA

La roda de la fira

87 Una de les atraccions de la fira és una roda que triga 30 segons a fer una volta completa.

a) Utilitza el mateix eix de coordenades i fes dues gràfiques que mostrin com varia l'altura de la cabina *A* i de la cabina *B* durant 2 minuts.

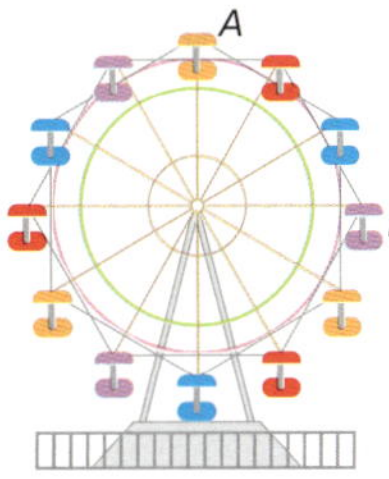

b) Com serien les gràfiques si la roda trigués 20 segons a fer una volta completa?

(Activitat model)

La velocitat d'un cotxe de carreres

88 El gràfic següent mostra com varia la velocitat d'un cotxe de carreres al llarg d'una pista plana de 3 km durant la segona volta.

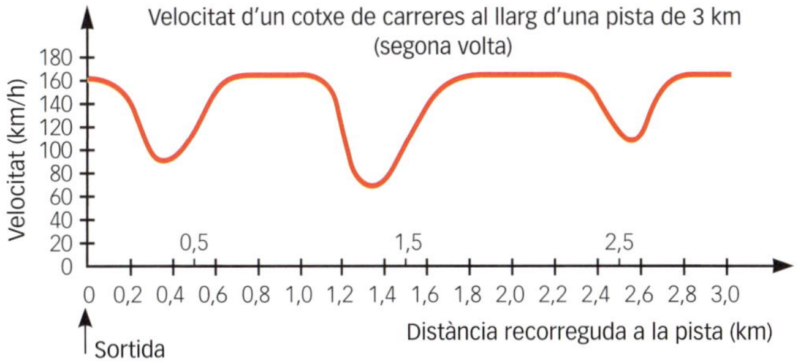

a) Quina és la distància aproximada des de la línia de sortida fins al començament del tram recte més llarg que hi ha a la pista?

b) Durant la segona volta, en quin punt del circuit la velocitat del cotxe era més baixa?

c) Què es pot dir sobre la velocitat del cotxe entre els quilòmetres 2,6 i 2,8?

(Prova PISA 2000)

CLAUS PER COMENÇAR

Traçat d'angles

Per dibuixar un angle podem fer servir un transportador i un regle. El regle l'utilitzem per traçar els costats de l'angle, i el transportador, per mesurar l'amplitud de l'angle que volem.

EXEMPLE

Dibuixa un angle de 60°.

1. Tracem una línia recta i hi marquem un punt, que serà el vèrtex de l'angle.
2. Col·loquem el transportador sobre la recta i fem coincidir el vèrtex del transportador amb el punt marcat.
3. Fem una marca a 60°.
4. Unim el vèrtex de l'angle amb la marca que hem fet.

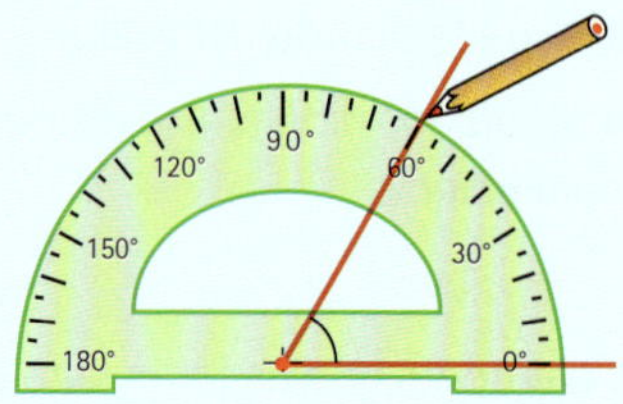

ACTIVITATS

1 Dibuixa aquests angles a la llibreta:

a) 45° c) 180°

b) 30° d) 160°

Dibuix d'un sector circular

- Un sector circular és la part del cercle limitada per dos radis i el seu arc corresponent.
- Per dibuixar un sector circular hem de conèixer l'angle que abasta i la longitud del radi.

EXEMPLE

Dibuixa un sector circular de 40° d'amplitud en una circumferència de 2 cm de radi.

Dibuixem una circumferència de 2 cm de radi i, després, un angle de 40° prenent com a vèrtex el centre de la circumferència.

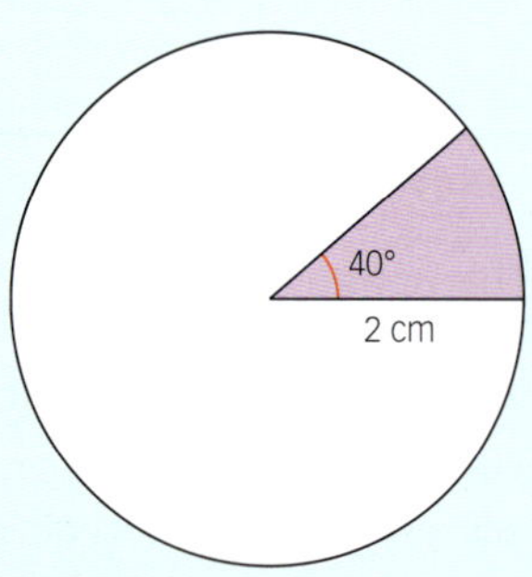

ACTIVITATS

2 Dibuixa un sector circular de 105° d'amplitud en una circumferència d'1,5 cm de radi.

Naixement

Paul Nipkow patenta el disc d'exploració lumínica el 1884.

El 1926 J. L. Baird n'efectua la demostració pública real utilitzant dos discos, un d'emissor i un de receptor.

Estadística i probabilitat

14

SABER

- Població i mostra
- Variables estadístiques
- Taules i gràfics estadístics
- Mesures de centralització
- Experiments aleatoris. Probabilitat

SABER FER

- Construir taules de freqüències
- Construir diversos tipus de diagrames: de barres, lineals i de sectors
- Calcular probabilitats aplicant la regla de Laplace

? INTERPRETA LA IMATGE

El televisor

El gràfic representa el repartiment de l'audiència per cadenes durant la setmana passada.

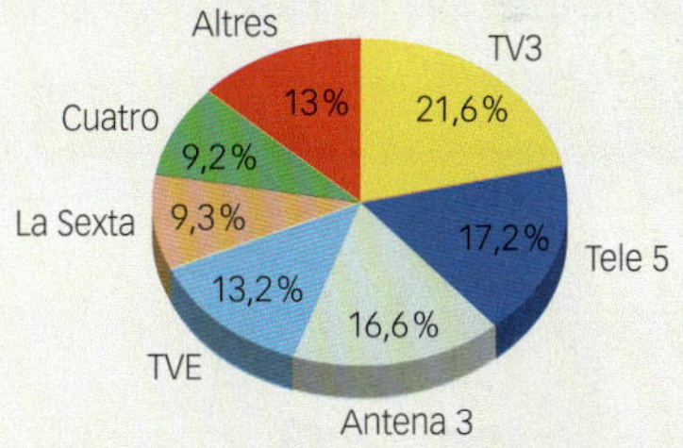

- Quina és la cadena amb més audiència?
- Si preguntem a una persona que passi pel carrer, hi ha més possibilitats que hagi vist TV3 o La Sexta?

Primeres emissions

Es fan les primeres emissions públiques de televisió. La BBC el 1927 al Regne Unit, i la CBS i l'NBC el 1930 als Estats Units.

La televisió a Catalunya

El 1956 comencen les emissions centralitzades a Madrid; a Barcelona arriben al febrer de 1959, i al juliol s'inauguren els estudis de Miramar. El 1983 neix TV3.

Naixement de la TDT

La TDT permet una millora en la qualitat de la recepció i amplia l'oferta disponible. Des de l'abril de 2008 fins a l'abril de 2010 van tenir lloc les diferents fases de l'anomenada *apagada analògica*.

Televisió 3D

Mitjançant la tècnica de la visió estereoscòpica, utilitzada des de fa temps en la fotografia, al final de la primera dècada del segle XXI es comencen a produir els primers sistemes comercials de televisió en 3D.

1 Població i mostra

Per saber l'opinió d'un grup de persones sobre un producte nou, la destinació preferida de vacances, etc., fem un **estudi estadístic**.

En un estudi estadístic:

- La **població** és el conjunt format per tots els elements de l'estudi.
- La **mostra** és la part de la població que estudiem i que ens serveix per deduir característiques de la població.
- Cada element de la població o de la mostra és un **individu**. El nombre d'individus que componen una mostra s'anomena **grandària de la mostra**.

Quan la població és molt gran i no es pot fer un estudi amb tots els individus, s'escull una mostra que representi la població.

EXEMPLES

1. En un gimnàs decideixen preguntar als 200 socis que tenen les seves propostes per a activitats. Indica quina és la població, la mostra i els individus de l'estudi estadístic.

   - Població i mostra: els 200 socis del gimnàs
   - Individu: cadascun dels socis

   En aquest cas, la població i la mostra coincideixen perquè la població és petita.

2. Volen fer un estudi estadístic en una ciutat de 426.873 habitants per decidir si convé treure al mercat un nou model de cotxe. Com que preguntar a tothom és molt costós, només ho demanaran a 1.258 habitants de diferents barris. Indica quina és la població i la mostra de l'estudi.
   - Població: els 426.873 habitants de la ciutat
   - Mostra: els 1.258 d'aquests habitants als quals preguntaran

   En aquest cas, la població i la mostra no coincideixen perquè la població és gran. Les conclusions que obtinguin de la mostra les estendran a tota la població.

ACTIVITATS

1 PRACTICA. Per fer un estudi sobre els gustos musicals dels alumnes de 12 anys d'una ciutat, han escollit 125 nens d'aquesta edat. Determina:

a) La població

b) La mostra i la grandària

c) Els individus

2 APLICA. Explica com faries un estudi sobre el lloc de naixement dels alumnes de 1r d'ESO del teu institut. Indica'n la població i la mostra.

3 REFLEXIONA. En un estudi sobre la duració de les bombetes que fabrica una empresa, et sembla convenient estudiar tota la població? Per què?

2 Variables estadístiques

Una **variable estadística** és qualsevol qualitat que estudiem en els individus d'una mostra o d'una població.

Segons com siguin els seus valors, les variables estadístiques poden ser:

- **Qualitatives:** si els valors que pren no són nombres sinó qualitats.
- **Quantitatives:** si els valors que pren la variable són nombres. Les variables quantitatives poden ser:
  - **Discretes:** quan la variable només pot prendre una quantitat determinada de valors.
  - **Contínues:** si la variable pot prendre infinits valors.

EXEMPLES

3. De quin tipus són aquestes variables estadístiques? Posa exemples dels valors que poden prendre.

   a) Color de roba preferit

   Qualitativa, no pren valors numèrics. Color → {blau, vermell, verd...}

   b) Número de calçat

   Quantitativa discreta, pren valors numèrics i no pot prendre qualsevol valor. No té sentit que el número de calçat d'una persona sigui el 40,6. Número de calçat → {38, 39, 40…}

   c) Estatura

   Quantitativa contínua, pren valors numèrics i, en cada tram, pot prendre qualsevol valor. Estatura → {156 cm, 156,25 cm, 169 cm, 173 cm…}

4. Han fet un estudi sobre el tipus de connexió a Internet que hi ha a les llars d'una ciutat de 84.674 habitants; han preguntat a un total de 750 veïns. Indica quina és la població i la mostra. Quina és la variable estadística? De quin tipus és?

   - Població: els 84.674 habitants de la ciutat.
   - Mostra: els 750 habitants als quals han preguntat.
   - Variable: *tipus de connexió a Internet a cada llar*.

   Valors de la variable: ADSL, cable, Internet mòbil... És una variable qualitativa.

ACTIVITATS

4 **PRACTICA.** Classifica aquestes variables estadístiques:

a) Marca de cotxe

b) Talla de pantalons

c) Última xifra del telèfon mòbil

d) Quantitat d'aigua beguda en un dia

5 **APLICA.** Escriu tres variables qualitatives, tres de quantitatives discretes i tres de quantitatives contínues.

6 **REFLEXIONA.** Pot existir una variable qualitativa i quantitativa alhora?

3 Freqüències. Taules de freqüències

3.1. Recompte de dades

RECORDA

La recollida de dades s'acostuma a fer mitjançant observacions, enquestes i qüestionaris o experiments.

En un estudi estadístic, després de recollir les dades se'n fa el recompte i s'agrupen.

- Si la variable és **quantitativa**, s'ordenen els valors en ordre creixent i s'apunta la quantitat de vegades que apareix cada un.
- Si la variable és **qualitativa**, s'escriuen tots els valors i s'apunta la quantitat de vegades que apareix cada un.

EXEMPLE

5. Hem preguntat a tots els alumnes de classe sobre el seu color preferit. Fes-ne el recompte.

Vll = vermell Vd = verd

G = groc B = blau

Vll	Vll	G	Vd	B	Vll
G	Vd	Vd	Vll	Vll	G
G	B	Vd	G	Vll	B
Vll	Vd	B	Vd	Vll	Vll

Color	Recompte
Vermell	~~////~~ ////
Verd	~~////~~ /
Groc	~~////~~
Blau	////
Total	24

3.2. Freqüències absoluta i relativa

HO ESCRIVIM AIXÍ

f_i és la freqüència absoluta de la dada x_i.

h_i és la freqüència relativa de la dada x_i.

$$h_i = \frac{f_i}{N}$$

- La **freqüència absoluta** d'una dada, x_i, estadística és la quantitat de vegades que es repeteix. Es representa per f_i.

  La suma de les freqüències absolutes és el nombre de dades, N.

  $$f_1 + f_2 + \ldots + f_n = N$$

- La **freqüència relativa** d'una dada estadística, x_i, és el quocient entre la freqüència absoluta i el nombre total de dades. Es representa per h_i.

  La suma de les freqüències relatives és igual a la unitat.

  $$h_1 + h_2 + \ldots + h_n = 1$$

Les dades i les freqüències s'organitzen en una **taula de freqüències** amb les dades a la primera columna i les freqüències a les següents.

ACTIVITATS

7 PRACTICA. Fes el recompte d'aquestes qualificacions:

3 2 7 1 9 5 3 4 5 6 7 8 4 5 6

7 4 5 7 3 6 8 9 7 5 9 4 2 8 8

8 APLICA. Calcula les freqüències absolutes i relatives de les dades de l'activitat anterior.

9 REFLEXIONA. Tira un dau 20 vegades i apunta'n els resultats. Després, fes-ne el recompte i organitza les dades obtingudes. Quina és la variable que estudies?

SABER FER

Construir taules de freqüències

Aquests són els resultats d'una enquesta que han fet entre els alumnes d'una classe en la qual han preguntat sobre la quantitat de vegades que han anat al cinema aquest mes:

1	**1**	**2**	**4**	**1**	**2**	**3**	**1**	**1**	**1**	**1**	**2**	**1**	**2**
3	**2**	**1**	**1**	**1**	**3**	**4**	**2**	**2**	**1**	**3**	**1**	**3**	**1**

Construeix la taula de freqüències corresponent a aquestes dades.

Passos que cal seguir

1. Efectuem el recompte de dades. Si la variable és quantitativa, l'ordenem de petita a gran.

Nre. de vegades	1	2	3	4	Total
Recompte	~~////~~ ~~////~~ ////	~~////~~ //	~~////~~	//	28

2. Per construir la taula de freqüències:
   - A la primera columna situem els valors de la variable.
   - A la segona columna escrivim les freqüències absolutes que coincideixen amb el recompte de cada dada.
   - A la tercera columna apuntem les freqüències relatives, que són el quocient entre les freqüències absolutes i el nombre total de dades.

x_i	f_i	$h_i = \frac{f_i}{N}$
1	14	$\frac{14}{28} = 0{,}5$
2	7	$\frac{7}{28} = 0{,}25$
3	5	$\frac{5}{28} = 0{,}18$
4	2	$\frac{2}{28} = 0{,}07$
Total	$N = 28$	1

Per assegurar-nos que la taula de freqüències està ben construïda hem de comprovar:

- Que la suma de les freqüències absolutes coincideix amb el nombre total de dades.
- Que la suma de les freqüències relatives és 1.

ACTIVITATS

10 Construeix una taula de freqüències per a les dades següents relatives a la quantitat de pel·lícules estrenades cada divendres durant uns quants mesos en un cinema:

4	6	5	3	4	5	6	3
4	7	7	5	3	5	4	4

11 Elabora una taula de freqüències per a les notes d'un examen de Matemàtiques que han fet els alumnes d'un grup de 1r d'ESO.

6	5	6	4	3	2	3	4	4	5	6	8	9	5
7	6	5	8	4	3	3	5	4	7	8	10	7	5

12 Completa aquestes taules de freqüències a la llibreta:

a)

Dades	f_i	h_i
2	6	0,24
3		0,36
5	10	
Total	$N =$	

b)

Dades	f_i	h_i
4		0,2
6		0,375
7		
10	10	
Total	$N = 40$	

13 Construeix una taula de freqüències per a un grup de 50 dades amb aquestes freqüències relatives:

$h_1 = 0{,}1 \quad h_2 = 0{,}12 \quad h_3 = 0{,}2 \quad h_4 = 0{,}3 \quad h_5 = 0{,}28$

4 Gràfics estadístics

4.1. Diagrama de barres i diagrama de línies

Per organitzar les dades d'un estudi estadístic, a més de les taules de freqüències, podem utilitzar **gràfics estadístics**.

- Els **diagrames de barres** s'utilitzen quan volem representar variables qualitatives i quantitatives discretes.
- Els **diagrames de línies** es fan servir normalment per variables qualitatives o quan volem representar l'evolució d'una variable determinada en relació amb el temps.

T'HI ATREVEIXES?

Está ben construït aquest diagrama de barres?

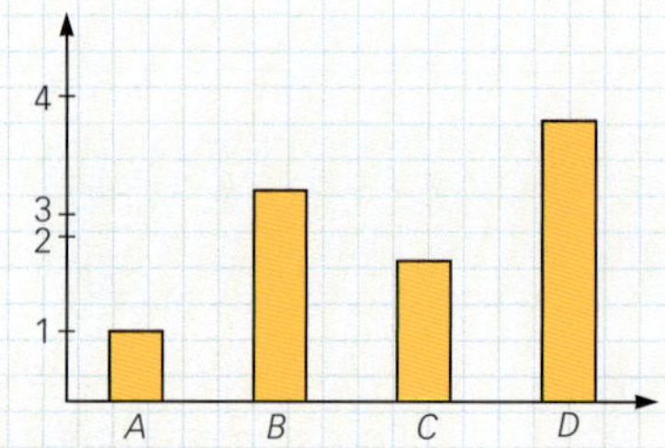

EXEMPLES

6. El diagrama de barres de l'esquerra mostra la quantitat de correus que l'Anna ha enviat aquesta setmana.

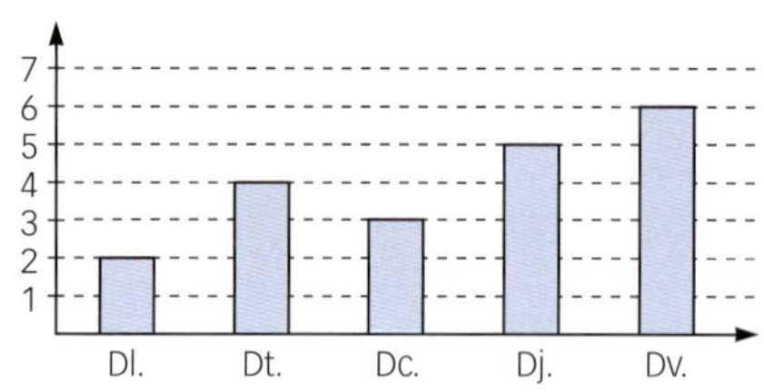

   a) Indica quina variable s'estudia, els valors de la variable i la freqüència absoluta de cada una.
      - Variable: dia de la setmana
      - Valors: dilluns, dimarts, dimecres, dijous, divendres
      - Freqüències absolutes: 2, 4, 3, 5, 6

   b) Quin dia ha enviat menys correus?

      El dilluns ha enviat 2 correus.

7. El diagrama de línies de l'esquerra mostra la quantitat de correus que l'Anna ha rebut aquesta setmana.

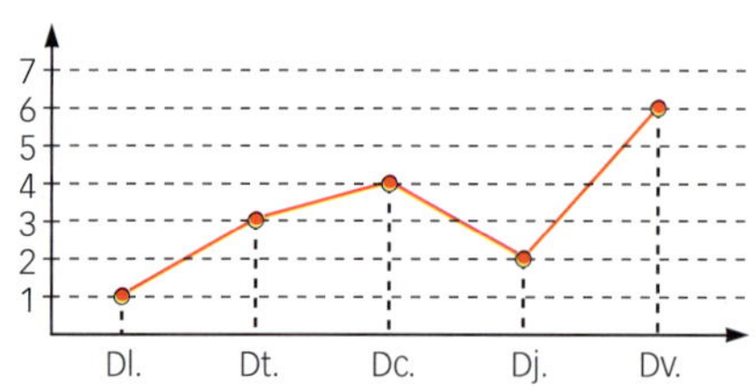

   a) Quants correus ha rebut el dimarts? I el dijous?

      El dimarts ha rebut 3 correus.

      El dijous n'ha rebut 2.

   b) Quin dia ha rebut més correus?

      El divendres. N'ha rebut 6.

ACTIVITATS

14 PRACTICA. Fixa't en aquest diagrama de barres.

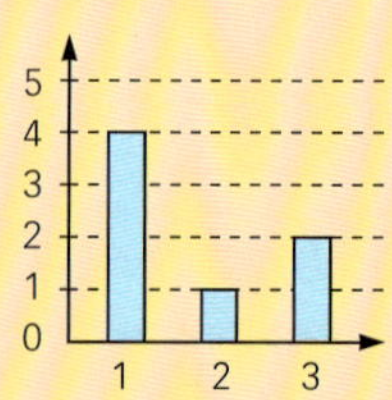

a) Quin tipus de variable està representada?

b) Quina és la dada de més freqüència absoluta?

15 APLICA. Inventa't un estudi estadístic amb una variable qualitativa que es pugui representar per mitjà d'un diagrama de línies.

16 REFLEXIONA. Construeix la taula de freqüències que es correspon amb el gràfic següent:

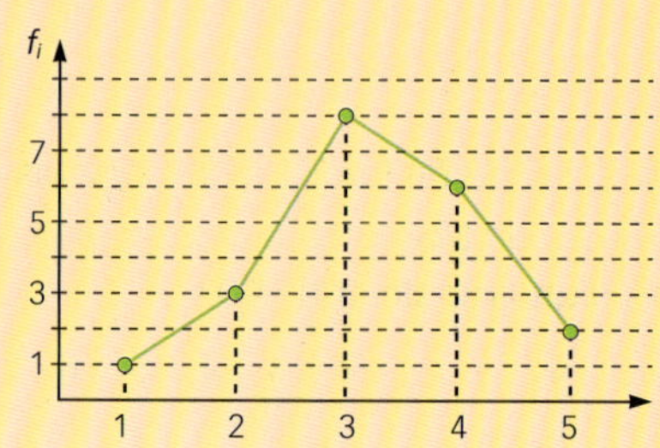

SABER FER

Construir diagrames de barres i lineals

La taula mostra la quantitat, en tones, de paper reciclat en una ciutat durant diferents anys.

Any	2004	2006	2008	2010	2012
Quantitat (*t*)	25	37,5	50	62,5	75

Representa aquestes dades mitjançant un diagrama de barres i un de línies.

Els diagrames de barres i els lineals ens permeten captar amb un sol cop d'ull les característiques més rellevants d'un estudi estadístic.

Passos que cal seguir

1. Dibuixem uns eixos de coordenades:
   - A l'eix horitzontal marquem els diferents valors que pot prendre la variable.
   - A l'eix vertical indiquem els valors de les freqüències.

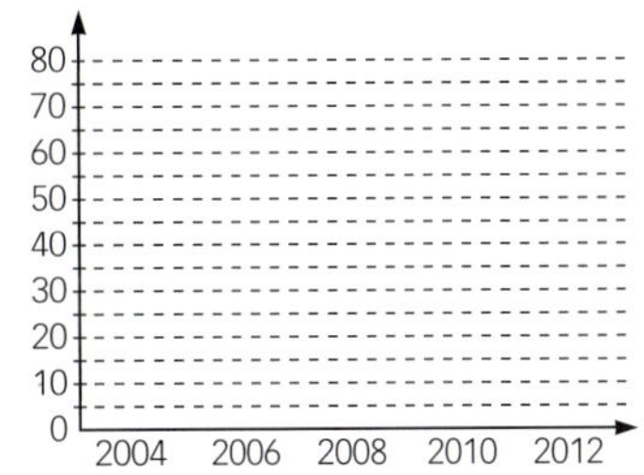

2. Representem les freqüències:
   - En un diagrama de barres: Sobre cada valor de la variable aixequem una columna amb l'altura igual al valor de la freqüència corresponent.
   - En un diagrama de línies: sobre cada valor de la variable marquem un punt a l'alçada del valor de la freqüència que li correspon. Després unim els punts amb una línia.

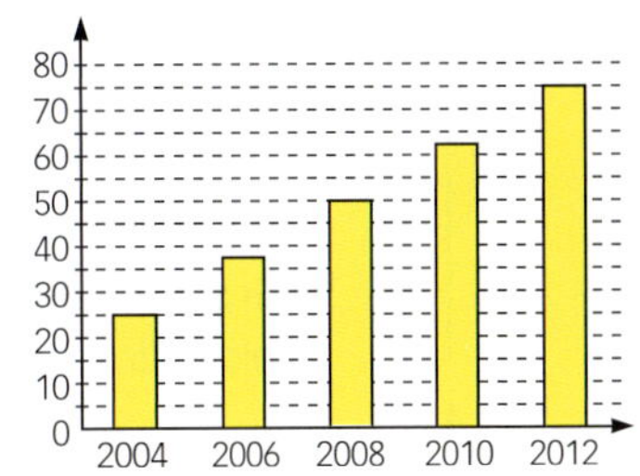

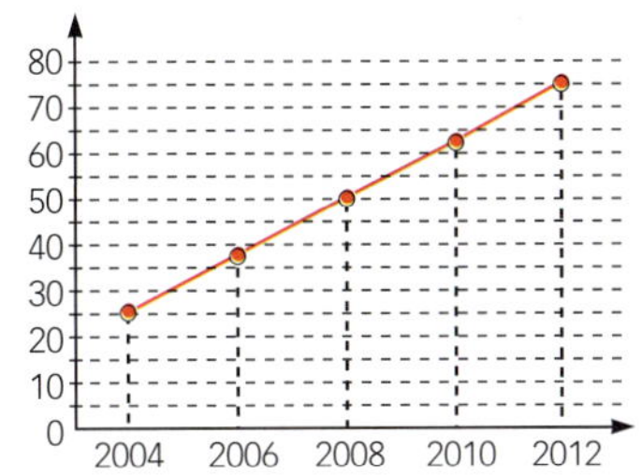

ACTIVITATS

17 Aquestes són les dades sobre el color d'ulls dels alumnes de 1r d'ESO:

B	B	M	B	M	G	M
V	B	G	M	M	M	M
M	M	B	B	B	M	M

M = Marró B = Blau V = Verd G = Gris

Fes un diagrama de barres per representar aquesta informació.

18 Aquests són els animals de companyia d'un barri:

Animals	Gos	Gat	Ocell	Rosegador
f_i	24	15	4	8

Representa les dades en un diagrama de línies.

19 Dibuixa un diagrama de barres amb aquesta informació:

Dades	100	250	320	410	540
f_i	5	7	9	3	2

20 S'ha preguntat a 50 alumnes quin és el seu esport preferit. Aquestes en són les respostes:

- Futbol, 16
- Handbol, 6
- Equitació, 10
- Bàsquet, 12
- Natació, 2
- Ciclisme, la resta

a) Construeix una taula de freqüències.

b) Representa la informació en un diagrama de barres i en un diagrama de línies.

21 Fixa't en aquest diagrama i contesta:

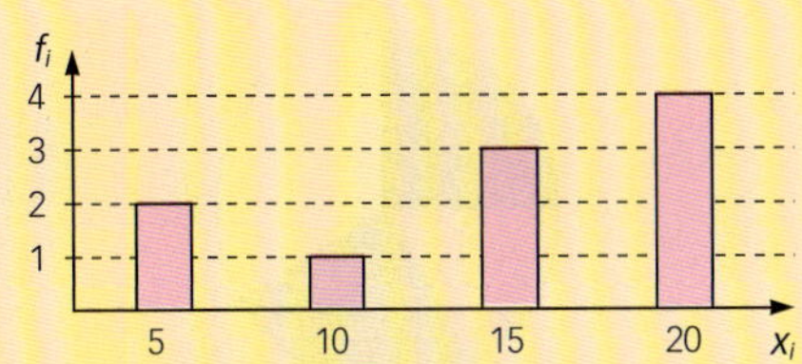

a) Quina és la freqüència absoluta de 10?

b) Quina és la freqüència relativa de 15?

4.2. Diagrama de sectors o circular

Una altra manera de representar gràficament les dades d'un estudi estadístic és mitjançant un diagrama de sectors.

En un **diagrama de sectors** circular:

- Les dades es representen en un cercle dividit en sectors. Cada sector representa un valor de la variable.

  L'amplitud d'un sector, el seu angle, és proporcional a la freqüència de la dada que representa.

$$\text{Angle del sector circular} = \frac{f_i}{N} \cdot 360° = h_i \cdot 360°$$

EXEMPLE

8. Aquest diagrama de sectors mostra la quantitat de llibres que l'Enric ha venut segons el dia de la setmana.

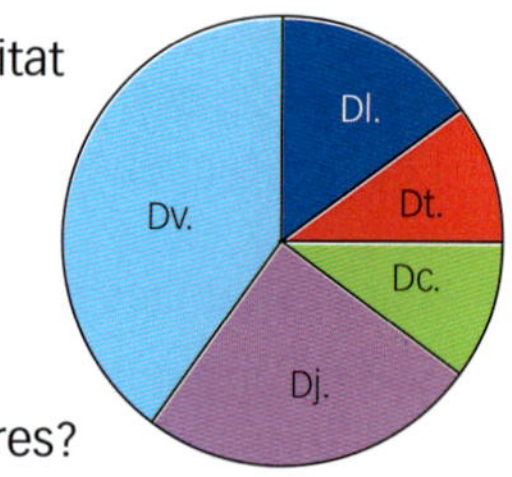

Fixa't en el sector circular i respon a aquestes preguntes:

a) Quin dia de la setmana ha venut més llibres?

El sector de més amplitud és el de divendres; per tant, és el dia que ha venut més llibres.

b) Si sabem que l'Enric ha venut 200 llibres en total durant els 5 dies, quants n'ha venut dijous?

Si en total ha venut 200 llibres → $N = 200$

Mesurem l'amplitud del sector corresponent a dijous → 90°

$\text{Angle del sector circular} = \frac{f_i}{N} \cdot 360° \rightarrow 90 = \frac{f_i}{200} \cdot 360$

$f_i = \frac{90 \cdot 200}{360} = 50$. Dijous ha venut 50 llibres.

ACTIVITATS

22 PRACTICA. El diagrama de sectors següent mostra les respostes d'un grup de persones sobre el seu plat de menjar preferit:

Blanc = Pasta   Vermell = Carn

Blau = Peix   Verd = Verdura

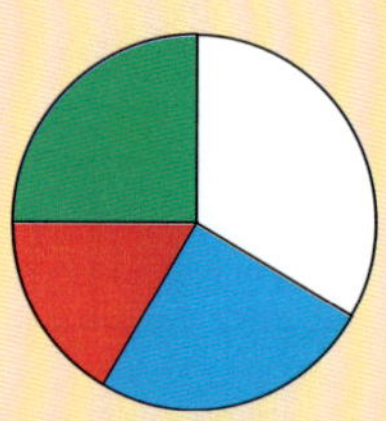

a) Quin és el plat preferit?

b) I el que menys han escollit?

23 APLICA. Han efectuat una enquesta a 900 persones en la qual els han preguntat pel seu programa de televisió preferit. De tots els enquestats, 150 persones han escollit els informatius. Si representem les dades en un diagrama de sectors, quina amplitud tindrà el sector corresponent als informatius?

24 REFLEXIONA. Segons el diagrama de sectors de l'activitat 22, determina si és cert o fals.

a) Hi ha el doble de persones que han escollit verdura que carn.

b) Per cada dues persones que han escollit pasta, tan sols una ha triat peix.

SABER FER

Construir un diagrama de sectors

La taula següent mostra la quantitat, en tones, de paper reciclat que han recollit en una ciutat durant diferents anys. Representa les dades en un diagrama de sectors.

Any	2004	2006	2008	2010	2012
Quantitat (*t*)	25	37,5	50	62,5	75

Passos que cal seguir

1. Construïm la taula de freqüències i hi afegim una columna que inclogui l'amplitud de cada sector.
   - Per calcular l'amplitud d'un sector, multipliquem la freqüència relativa per 360°.

Any	f_i	h_i	Amplitud
2004	25	0,1	$0,1 \cdot 360° = 36°$
2006	37,5	0,15	$0,15 \cdot 360° = 54°$
2008	50	0,2	$0,2 \cdot 360° = 72°$
2010	62,5	0,25	$0,25 \cdot 360° = 90°$
2012	75	0,3	$0,3 \cdot 360° = 108°$
Total	$N = 250$	1	

2. Dibuixem un cercle i el dividim en els sectors amb l'amplitud que hem obtingut.

3. Escrivim cada dada sobre el sector circular que hi correspon i els pintem.

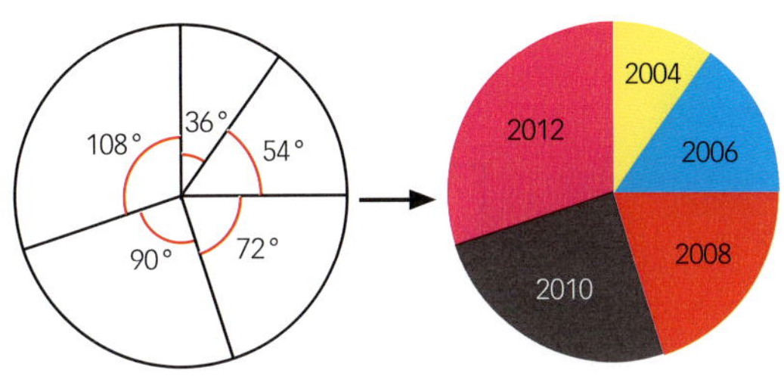

La suma dels angles de tots els sectors ha de ser 360°:

$36° + 54° + 72° +$
$+ 90° + 108° = 360°$

ACTIVITATS

25 Representa gràficament aquestes dades per mitjà d'un diagrama de sectors:

Dades	1	2	3	4	6	8
f_i	15	15	25	20	30	45

26 Elabora un diagrama de sectors amb les dades d'aquesta taula:

Dades	A	B	C	D	E	F
f_i	2	6	10	4	12	2

27 Dibuixa un diagrama de sectors que es correspongui amb aquest diagrama de línies:

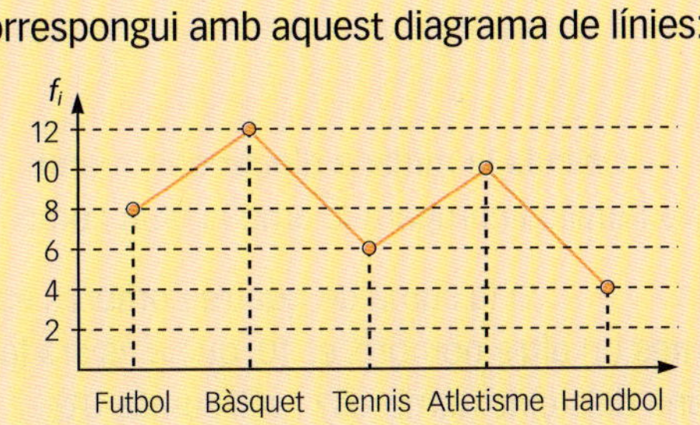

28 Completa la taula a la llibreta i representa les dades mitjançant un diagrama de sectors.

Dades	f_i	h_i
5	4	0,16
10	12	
12		0,36

29 Quin dels diagrames de sectors següents representa aquestes dades?

2	3	1	0	2
4	2	2	3	1
3	3	2	1	1
1	2	3	2	4

a) 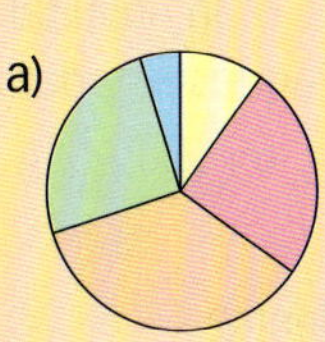

b) 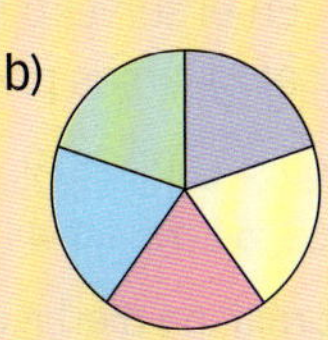

5 Mesures de centralització

Una vegada recollides i representades les dades d'un estudi estadístic, calcularem una sèrie de valors que ens ajudaran a interpretar-les: les **mesures de centralització**.

5.1. La mitjana aritmètica

La **mitjana aritmètica** d'un conjunt de dades, $\overline{x}$ és el valor mitjà que les representa.

- Per obtenir la mitjana aritmètica d'un conjunt de dades dividim la suma de totes les dades pel nombre de dades.
- Si les dades són en una taula amb les freqüències absolutes, obtenim la mitjana aritmètica així:

$$\overline{x} = \frac{x_1 \cdot f_1 + x_2 \cdot f_2 + x_3 \cdot f_3 + \ldots + x_s \cdot f_s}{n}$$

EXEMPLES

9. Les edats de vuit amics són: 14, 15, 17, 14, 15, 17, 16 i 16. Troba la mitjana d'edat d'aquest grup d'amics.

$$\overline{x} = \frac{14 + 15 + 17 + 14 + 15 + 17 + 16 + 16}{8} = \frac{124}{8} = 15{,}5$$

10. Les alçades de 24 alumnes d'ESO són les que figuren a la taula de l'esquerra. Calcula la mitjana de l'alçada d'aquests alumnes:

x_i	f_i
160	7
162	4
164	4
166	1
168	4
170	3
172	1

Ampliem la taula amb una columna més $x_i \cdot f_i$ i la completem.

x_i	160	162	164	166	168	170	172
f_i	7	4	4	1	4	3	1
$f_i \cdot x_i$	1.120	648	656	166	672	510	172

Calculem la mitjana.

$$\overline{x} = \frac{1.120 + 648 + 656 + 166 + 672 + 510 + 172}{24}$$

$$\overline{x} = \frac{3.944}{24} = 164{,}33 \text{ cm}$$

ACTIVITATS

30 PRACTICA. En el servei d'urgències d'un hospital hi han ingressat diversos pacients d'aquestes edats:

87, 14, 52, 65, 74, 43, 28, 9, 12, 17, 25, 93, 42, 31, 18, 10, 21, 28, 49, 53, 64, 75, 34, 41, 18, 3.

Quina és la mitjana d'edat dels pacients?

31 APLICA. Calcula la mitjana d'edat dels membres de la teva família i compara-la amb la d'un company.

32 REFLEXIONA. Si la suma de quatre nombres és 20 i li sumes un altre nombre, el 10, quina és ara la mitjana dels cinc nombres? I si li sumes 0?

5.2. La moda

La **moda** d'un conjunt de dades, **Mo**, és el valor que es repeteix més vegades, per tant, és la dada que té la freqüència absoluta (f_i) més gran.

EXEMPLE

11. Calcula la moda de les dades de l'exemple 10.

La dada més repetida és 160 cm. És la dada que té la f_i més gran.

$$Mo = 160 \text{ cm}$$

5.3. La mediana

La **mediana** d'un conjunt de dades ordenades, **Me**, n'és el valor central, és a dir, hi ha tants valors més grans com més petits.

EXEMPLES

12. Les qualificacions d'un alumne en 9 exàmens han estat les següents: 4, 7, 6, 7, 8, 4, 6, 4 i 3. Calcula'n la mediana.

Escrivim les dades en ordre creixent. Com que és un conjunt **senar** de dades, la mediana és la dada que ocupa el lloc central.

$$\underbrace{3\ 4\ 4\ 4}_{4\text{ dades}}\ \boxed{6}\ \underbrace{6\ 7\ 7\ 8}_{4\text{ dades}} \qquad Me = 6$$

13. Calcula la mediana de les alçades dels alumnes de l'exemple 10.

Tal com veus al marge dret, escrivim les dades en ordre creixent. Com que és un conjunt **parell** de dades, la mediana és la mitjana aritmètica de les dues dades centrals.

$$Me = \frac{164 + 164}{2} = 164 \text{ cm}$$

T'HI ATREVEIXES?

Es tira un dau de deu cares tres vegades i s'anoten les xifres obtingudes.

Quin és el nombre més gran que es pot formar amb les xifres obtingudes, si la moda dels resultats obtinguts és 7?

Dades ordenades

160	160	160	160	160	160
160	162	162	162	162	164
164	164	164	166	168	168
168	168	170	170	170	172

ACTIVITATS

33 **PRACTICA.** Les notes de Llengua d'un grup d'estudiants són: 7, 8, 4, 3, 4, 5, 7, 6, 10, 9. Calcula'n la mitjana, la mediana i la moda.

34 **PRACTICA.** En un edifici de diversos habitatges el nombre de persones que viuen en cada un és: 3, 4, 2, 5, 6, 4, 2, 0, 1, 2, 3, 4, 6, 8, 4, 3, 5, 4, 6, 2, 8, 4, 1.

Elabora una taula de freqüències i calcula'n la mitjana, la mediana i la moda.

35 **REFLEXIONA.** El diagrama de línies següent correspon a un conjunt de dades:

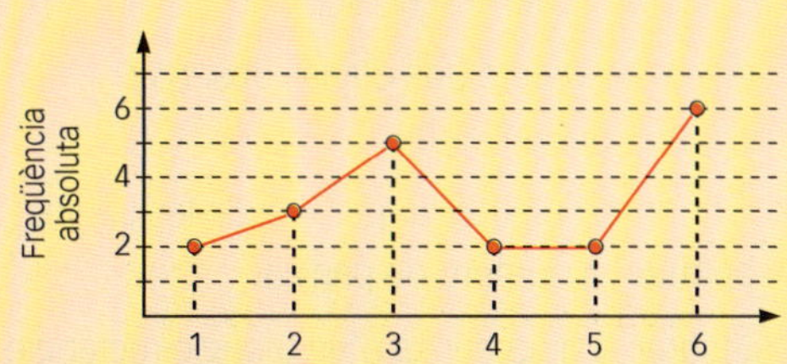

Calcula'n la mitjana, la mediana i la moda.

6 Experiments aleatoris

Un **experiment és aleatori** quan no en podem predir el resultat que obtindrem quan el fem, és a dir, depèn de l'atzar.

EXEMPLE

14. Indica si aquests experiments són aleatoris o determinats:

a) Tirar una moneda i apuntar el resultat.

Quan tirem una moneda podem obtenir cara o creu; abans de tirar-la no sabem quin resultat sortirà. És un experiment aleatori.

b) Determinar l'hora a la qual acaba la classe.

L'hora a la qual acaba una classe està fixada a l'horari; sabem per endavant quan acabarà. És un experiment determinista.

T'HI ATREVEIXES?

A l'armari tinc mocadors de tres colors: blanc, negre i blau.

–La meva mare diu que si n'agafo 3, com a mínim un serà blanc.

–El meu pare diu que si n'agafo 3, com a mínim un serà negre.

Quants mocadors blaus tinc?

6.1. Espai mostral. Esdeveniment

L'**espai mostral** és el conjunt format per tots els possibles resultats d'un experiment aleatori. Es representa amb la lletra E.

Un **esdeveniment** és qualsevol part de l'espai mostral.

EXEMPLE

15. En l'experiment que consisteix a tirar una moneda i apuntar el resultat, indica:

a) L'espai mostral b) Un esdeveniment

a) Espai mostral → {cara, creu}

b) Esdeveniment → «Sortir cara» = {cara}

ACTIVITATS

36 PRACTICA. Indica si són experiments aleatoris.

a) Mesurar la longitud d'una circumferència de la qual coneixem el radi.

b) Llançar un dard a una diana i observar quin nombre encerta.

c) Obrir un llibre a l'atzar per una de les pàgines i apuntar el número de pàgina.

d) Mesurar la hipotenusa d'un triangle rectangle del qual coneixem els catets.

37 APLICA. Determina els espais mostrals:

a) Tirar un dau i apuntar el nombre de la cara superior.

b) Treure una bola d'una bossa que conté boles blanques, vermelles i verdes.

c) Tirar dos daus i sumar les puntuacions.

38 REFLEXIONA. **Si tirem dues monedes enlaire i apuntem la quantitat de cares que surten, quants resultats té l'esdeveniment «Obtenir més d'1 cara»?**

6.2. Tipus d'esdeveniments

- **Esdeveniments elementals:** són cadascun dels possibles resultats d'un experiment.
- **Esdeveniments compostos:** són esdeveniments que contenen dos o més esdeveniments elementals.

! NO TE N'OBLIDIS

L'espai mostral és el conjunt de tots els esdeveniments elementals.

Per descriure un esdeveniment compost només hem d'indicar quins esdeveniments elementals conté.

EXEMPLE

16. En l'experiment que consisteix a tirar un dau i apuntar el resultat de la cara superior, determina:
    a) Espai mostral → $E = \{1, 2, 3, 4, 5, 6\}$
    b) Un **esdeveniment elemental**: «Que surti 1» = {1}
    c) Un **esdeveniment compost**:
    «Que surti un nombre més gran que 3» = {4, 5, 6}

En un experiment aleatori es fan servir paraules com segur, probable, impossible, etc. per indicar la major o menor confiança que arribi a passar alguna cosa. Es poden classificar ordenadament així:

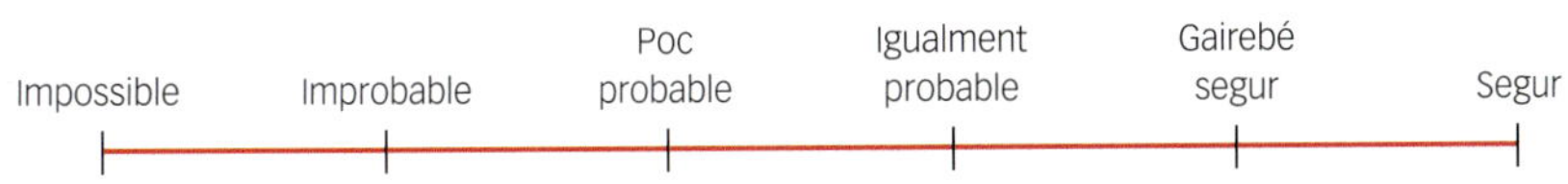

EXEMPLE

17. En l'experiment en el qual apuntem el resultat de tirar un dau, indica:
    a) **Un esdeveniment segur:** «Treure un nombre més petit que 7».
    b) **Dos esdeveniments igualment probables:** «Treure un nombre parell» i «Treure un nombre senar».
    c) **Un esdeveniment impossible:** «Treure un 9».

ACTIVITATS

39 PRACTICA. Escriu tots els esdeveniments elementals i l'espai mostral dels experiments següents:
   a) Apuntar els nombres de dues boles que traiem d'una bossa que conté 5 boles numerades de l'1 al 5.
   b) Apuntar la lletra que està escrita en una targeta que traiem d'una bossa en la qual hi ha targetes amb les lletres de la paraula LLIBRE.

40 APLICA. En una bossa hi ha 5 boles vermelles, 5 de grogues i 1 de blanca i en traiem una a l'atzar. Determina:
   a) Un esdeveniment improbable
   b) Un esdeveniment gairebé segur
   c) Un esdeveniment impossible

41 REFLEXIONA. Indica un experiment aleatori amb un espai mostral que tingui tres esdeveniments elementals.

7 Probabilitat. Regla de Laplace

HO ESCRIVIM AIXÍ

$P(A)$ → Probabilitat de l'esdeveniment A

- La **probabilitat**, **P**, d'un esdeveniment és un nombre comprès entre 0 i 1 que indica la possibilitat que aquest esdeveniment passi.
- Com més gran sigui, més alta és la possibilitat que l'esdeveniment passi.

La probabilitat d'un **esdeveniment segur** és 1. Ho escrivim $P(E) = 1$.

La probabilitat d'un **esdeveniment impossible** és 0. Ho escrivim $P(\varnothing) = 0$.

T'HI ATREVEIXES?

Quantes vegades s'ha de tirar un dau per assegurar que es repeteix el resultat?

EXEMPLE

18. Per aconseguir diners per a un viatge de fi de curs han organitzat un sorteig. Vendran 200 bitllets i només hi haurà un número guanyador.

a) Si compro tots els bitllets, quina probabilitat tinc de guanyar el sorteig? I si no en compro cap?

Que tingui el número guanyador si compro tots els bitllets és un esdeveniment segur. Per tant, la probabilitat és 1.

Si no en compro cap, és un esdeveniment impossible. La probabilitat és 0.

b) Quina probabilitat tinc si en compro un?

Tinc una probabilitat entre 200 de guanyar el sorteig; és a dir, la probabilitat és $\frac{1}{200} = 0{,}005$.

c) I si compro 100 bitllets?

Tinc 100 probabilitats entre 200; la probabilitat és $\frac{100}{200} = 0{,}5$

Abans d'aplicar la regla de Laplace hem de comprovar que tots els esdeveniments elementals tenen les mateixes possibilitats que passin.

7.1. Regla de Laplace

La **regla de Laplace** és una manera senzilla de calcular les probabilitats de diferents esdeveniments si l'experiment és regular. És a dir, si tots els esdeveniments elementals tenen la mateixa probabilitat.

Regla de Laplace: La probabilitat d'un esdeveniment és igual al quocient entre el nombre de resultats favorables a l'esdeveniment i el nombre total de casos possibles.

$$P(A) = \frac{\text{nre. de casos favorables en } A}{\text{nre. de casos possibles}}$$

ACTIVITATS

42 **PRACTICA.** Quina probabilitat hi ha de treure un 9 quan tirem un dau? I de treure un nombre més petit que 9?

43 **APLICA.** Quina probabilitat hi ha que surti el rei de copes quan traiem una carta d'una baralla de 40 cartes?

44 **REFLEXIONA.** Si tirem una moneda:

a) Quina és la probabilitat que surti cara?

b) I que surti creu?

c) Quina és la probabilitat que surti cara o creu?

SABER FER

Calcular probabilitats aplicant la regla de Laplace

Un experiment consisteix a tirar un dau i apuntar el resultat obtingut. Calcula la probabilitat d'aquests esdeveniments:

A = «Surt nombre parell» **B = «Surt nombre més petit que 3»**

Hi ha experiments en els quals no es pot aplicar la regla de Laplace.

Si tirem una xinxeta i observem la posició en què cau, tenim dos esdeveniments elementals: que caigui amb la punta cap amunt o cap avall.

És més possible que la xinxeta caigui amb la punta cap amunt; per tant, els seus esdeveniments elementals no tenen la mateixa possibilitat que passin.

Passos que cal seguir

1. Determinem l'espai mostral i els esdeveniments dels quals volem calcular la probabilitat.

L'espai mostral és:

$E = \{1, 2, 3, 4, 5, 6\}$

Nre. de casos possibles = 6

Els esdeveniments que ens demanen són:

$A = \{2, 4, 6\} \rightarrow$ Nre. de casos favorables = 3

$B = \{1, 2\} \rightarrow$ Nre. de casos favorables = 2

2. Per poder utilitzar la regla de Laplace, comprovem que l'experiment és regular.

Si el dau no està trucat, totes les cares tenen les mateixes possibilitats de sortir.

3. Apliquem la regla de Laplace.

$$P(A) = \frac{\text{nre. de casos favorables en } A}{\text{nre. de casos possibles}} = \frac{3}{6} = 0{,}5$$

$$P(B) = \frac{\text{nre. de casos favorables en } B}{\text{nre. de casos possibles}} = \frac{2}{6} = 0{,}33$$

ACTIVITATS

45 Un còmic té 52 pàgines. L'obrim per una pàgina a l'atzar i ens fixem en el número. Calcula les probabilitats que sigui:

a) La pàgina 12
b) La pàgina 62
c) Un nombre més gran que 45
d) Un nombre més petit que 60
e) Un nombre entre 10 i 30, tots dos inclosos
f) Un nombre parell

46 La Natàlia té una capsa de xinxetes de colors. N'hi ha 12 de color blau, 15 de color verd, 8 de color vermell i 10 de color groc. En tria una a l'atzar. Calcula les probabilitats que la xinxeta:

a) Sigui de color vermell.
b) Sigui de color blanc.
c) Sigui de color verd o blau.
d) No sigui de color verd.

47 En Joan té a la nevera 6 refrescos de cola, 4 de taronja i 8 de llimona. Si en tria un sense mirar, calcula la probabilitat que sigui:

a) De llimona
b) De taronja o llimona

48 En un hospital treballen 450 persones: 156 metges, 164 infermers, 15 zeladors, 68 auxiliars i la resta, personal d'administració. Escollim un treballador a l'atzar d'aquest hospital. Calcula la probabilitat que aquesta persona sigui:

a) Metge
b) Infermer
c) Del personal d'administració
d) Zelador o auxiliar

49 Els resultats de 22 alumnes d'un examen són:

- 3 alumnes han obtingut excel·lent.
- 12 alumnes han obtingut suficient.
- 6 alumnes han suspès l'examen.
- I la resta han obtingut notable.

Si escollim un alumne a l'atzar, calcula la probabilitat que hagi suspès l'examen.

ACTIVITATS FINALS

Variables estadístiques

50 Volen conèixer les dades següents sobre els alumnes d'una classe de 1r d'ESO. Determina la població, la mostra, els individus i el tipus de variable en cada cas.

a) Alçada dels alumnes.
b) Professió dels pares.
c) Lloc on voldrien viure quan siguin grans.
d) Número de calçat que tenen.
e) Quantitat de llibres que han llegit l'últim mes.
f) Menjar preferit.
g) Distància que recorren fins a arribar a l'institut.
h) Quantitat d'amics que van convidar a la festa del seu últim aniversari.

51 Classifica les variables estadístiques següents en qualitatives o quantitatives i, en aquest últim cas, en discretes o contínues:

a) Quantitat d'amics.
b) Pes.
c) Color dels ulls.
d) Quantitat d'avions que aterren en un aeroport cada hora.
e) Activitat en la qual una persona esmerça el temps lliure.
f) Nombre de tasques escolars que has de fer.
g) Gènere literari preferit.
h) Nombre de persones que viuen a casa teva.

Taules de freqüències

52 Han efectuat una enquesta entre els alumnes de 1r d'ESO en la qual els han preguntat sobre els animals de companyia que tenen a casa. Aquestes són les dades que han recollit:

0	1	1	0	3	2	2	2	3	1	1
1	0	1	2	2	3	4	5	3	4	2

Fes-ne el recompte i organitza les dades en una taula de freqüències.

53 Hem preguntat a un grup de turistes el seu lloc de procedència. Aquests en són els resultats:

F	F	RU	A	RU	H	N	N	F	RU	A
A	H	H	F	N	A	F	F	H	H	I
A	I	H	F	N	H	I	A	A	H	F

Les sigles corresponen a:

F = França — N = Noruega — H = Holanda
A = Alemanya — RU = Regne Unit — I = Itàlia

Fes-ne el recompte i organitza les dades en una taula de freqüències.

54 A la biblioteca han fet una enquesta sobre les preferències literàries dels lectors.

Aventures: 104 — Terror: 28
Novel·la històrica: 45 — Drama: 12
Biografia: 4 — Altres: 57

Elabora una taula de freqüències amb els resultats que han obtingut.

SABER FER

Calcular el tant per cent que representa una dada

55 Aquesta és la quantitat d'habitacions que tenen els habitatges d'una població:

- Més de 3 habitacions: 88 habitatges
- 3 habitacions: 242 habitatges
- 2 habitacions: 128 habitatges
- 1 habitació: 42 habitatges

Quin percentatge d'habitatges tenen 3 habitacions?

PRIMER. Calculem la freqüència relativa de la dada que ens demanen.

$$N = 88 + 242 + 128 + 42 = 500$$

$$h_i = \frac{242}{500} = 0{,}484$$

SEGON. Multipliquem la freqüència relativa calculada per 100.

$$0{,}484 \cdot 100 = 48{,}4$$

Els habitatges de 3 habitacions representen el 48,4 % del total.

56 Aquest és el temps, en minuts, que dediquen els socis d'un club a la seva activitat esportiva preferida:

45	60	50	60	30	25	50	60	80
45	50	60	70	90	30	40	50	65
60	40	60	70	80	40	50	60	60
40	30	50	60	45	50	60	70	80
80	80	70	60	50	40	60	50	40

a) Elabora una taula de freqüències en la qual també apareguin els percentatges que corresponen a cada dada.
b) Quants socis han participat en l'enquesta?
c) Quina dada té més freqüència absoluta? Què significa?
d) Quin percentatge de socis dediquen més d'una hora a la seva activitat esportiva preferida?

57 Completa aquesta taula de freqüències a la llibreta:

x_i	f_i	h_i	Percentatge
A	5		20%
B		0,36	
C			12%
D	8		

58 Els resultats d'un examen de Matemàtiques que han fet els alumnes de 1r d'ESO són aquests:

3	5	6	5	7	5	8	2	7	8	9	4
3	4	5	5	6	5	7	5	6	7	8	9

a) Elabora una taula de freqüències amb aquestes dades.

b) Quin percentatge d'alumnes ha tret un 4 en l'examen?

c) Quin percentatge d'alumnes ha tret una nota més baixa de 5?

d) Construeix una taula de freqüències en què les dades de la variable siguin aquestes:

Suspens — Bé (6) — Excel·lent (9 i 10)
Suficient (5) — Notable (7 i 8)

59 En una enquesta que han fet a 160 persones sobre el seu color preferit, el 10% han contestat vermell; el 5%, taronja; el 30%, blau; el 25%, verd; el 15%, groc, i la resta, negre i blanc a parts iguals. Elabora una taula de freqüències per a aquesta informació.

Gràfics estadístics

60 Les temperatures màximes, en graus centígrads, que s'han enregistrat durant els últims quinze dies d'agost han estat les següents:

40	40	41	39	42	41	39	40
40	38	39	37	40	39	39	

Construeix un diagrama de barres que representi aquestes dades.

61 La taula següent recull els minuts de connexió a Internet en una casa al llarg d'una setmana. Elabora un diagrama de línies amb aquestes dades:

Dia	Dl.	Dt.	Dc.	Dj.	Dv.	Ds.	Dg.
Min.	125	110	148	140	132	156	165

62 Una família gasta cada mes 1.800 €, repartits de la manera següent:

- 30% per a la hipoteca de la casa
- 20% en roba i calçat
- 35% per menjar i beure
- La resta, per pagar factures

Representa aquestes despeses en un diagrama de barres.

63 Un grup de persones contesten aquesta pregunta: Quin dia prefereixes per anar al cinema?

S'obtenen els resultats següents:

- Dilluns: 5 persones
- Dimarts: 12 persones
- Dimecres: 10 persones
- Dijous: 20 persones
- Divendres: 70 persones
- Dissabte: 120 persones
- Diumenge: 85 persones

Representa aquestes dades en un diagrama de barres i en un diagrama de línies.

64 Amb aquestes dades indiquen la quantitat de vegades que un grup de persones utilitzen el transport públic durant el dia, construeix un diagrama de sectors.

3	4	2	5	6	7	4	3	5
4	6	2	3	4	3	3	4	2
5	3	2	5	3	3	3	2	5
6	7	4	3	2	3	4	3	3

65 Aquesta taula mostra la matèria preferida pels alumnes de 1r d'ESO. Representa aquestes preferències mitjançant un diagrama de sectors.

Matèria	f_i
Llengua	16
Idioma estranger	15
Matemàtiques	13
Geografia	14
Ciències de la naturalesa	22
Educació física	31
Informàtica	29

Mesures de centralització

66 A partir del gràfic de la dreta que correspon a un conjunt de dades, construeix la taula de freqüències corresponent i calcula'n la mitjana.

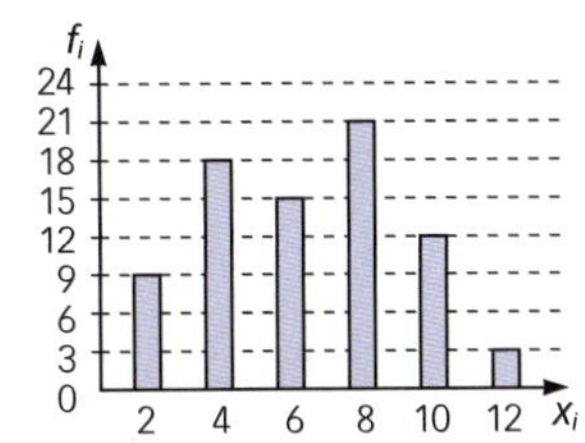

67 Calcula la mitjana, la mediana i la moda de les dades de les activitats 56,58 i 60.

68 El diagrama lineal següent mostra les edats dels assistents a un curs:

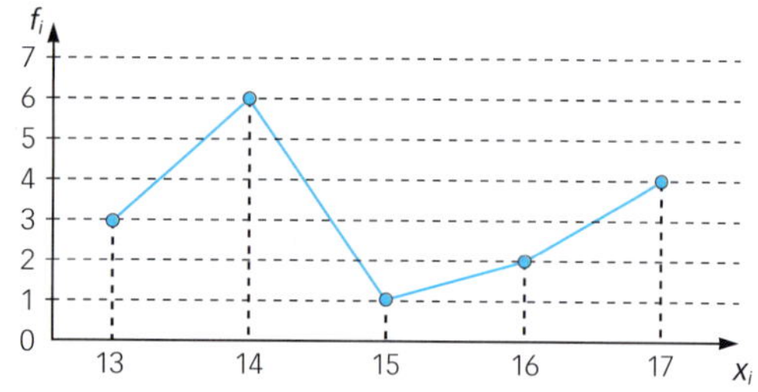

Calcula'n l'edat mitjana, la mediana i la moda dels assistents.

SABER FER

Construir un diagrama de sectors coneguts els percentatges que representen les dades

69 Aquests són els percentatges d'alumnes matriculats en les activitats extraescolars d'un institut:

- Esports: 45 % dels alumnes
- Música: 55 % dels alumnes

Construeix un diagrama de sectors per representar aquestes dades.

PRIMER. Calculem l'amplitud de cada sector considerant que el 100 % correspon a 360°.

Esports

$$\left.\begin{array}{l}\text{Si } 100\,\% \xrightarrow{\text{són}} 360^\circ \\ 45\,\% \xrightarrow{\text{seran}} x\end{array}\right\} \rightarrow x = \frac{45 \cdot 360}{100} = 162^\circ$$

Música

$$\left.\begin{array}{l}\text{Si } 100\,\% \xrightarrow{\text{són}} 360^\circ \\ 55\,\% \xrightarrow{\text{seran}} x\end{array}\right\} \rightarrow x = \frac{55 \cdot 360}{100} = 198^\circ$$

SEGON. Dibuixem el diagrama de sectors amb les amplituds que hem calculat.

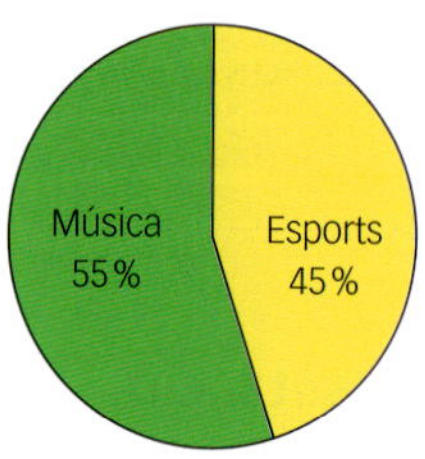

70 La població d'una ciutat es reparteix així segons l'edat:

- El 25 % és més gran de 65 anys.
- El 40 % té menys de 18 anys.
- El 20 % està entre 18 i 45 anys.
- I la resta, entre 45 i 65 anys.

Dibuixa un diagrama de sectors amb aquesta informació.

Experiments aleatoris

71 Digues quin d'aquests experiments és aleatori:

a) Tirar una pedra enlaire i comprovar si cau a terra.

b) Determinar l'àrea d'un quadrat.

c) Calcular la quantitat d'aigua que cau en un dia plujós.

d) Esbrinar la nota del pròxim examen.

e) Predir els gols que es marcaran en un partit de futbol.

f) Calcular la longitud d'una circumferència.

g) Extreure una targeta d'una capsa en la qual hi ha 20 targetes numerades de l'1 al 20.

h) Apuntar el color dels ulls de la pròxima persona que pugi a l'autobús.

i) Determinar la quantitat de paraules que comencen per vocal d'una pàgina d'un llibre.

j) Escollir un alumne d'una classe en la qual tots són nois i apuntar-ne el nom.

72 Escriu l'espai mostral associat a cadascun dels experiments aleatoris següents:

a) Extreure una carta de la baralla i apuntar el coll al qual pertany.

b) Extreure una carta de la baralla i apuntar si és figura o no ho és.

c) Extreure una moneda d'un moneder en el qual hi ha monedes de 2, 5, 10, 20 i 50 cèntims.

d) Agafar una peça de fruita d'una fruitera en la qual hi ha pomes, taronges, prunes, préssecs i plàtans.

e) Escollir un dia de la setmana per anar al cinema.

f) Marcar una resposta a una pregunta entre quatre opcions: *a*, *b*, *c* i *d*.

73 Calcula aquests esdeveniments en l'experiment que consisteix a extreure una moneda d'un moneder en el qual hi ha monedes d'1, 2, 5, 10, 20 i 50 cèntims.

a) «Treure una moneda de 50 cèntims».

b) «Treure una moneda de valor parell».

c) «Treure una moneda que valgui més de 5 cèntims».

d) «Treure una moneda amb un nombre acabat en 0».

e) «Treure una moneda que valgui menys d'1 cèntim».

74 Extraiem una carta de la baralla. Determina els esdeveniments següents:

a) «Que sigui el 5 d'oros».

b) «Que sigui d'espases».

c) «Que sigui un as».

d) «Que sigui una figura».

Problemes de probabilitat

75 Llancem dues monedes enlaire i apuntem la quantitat de cares. Calcula aquestes probabilitats:

a) «Obtenir una cara.»

b) «Obtenir dues creus.»

c) «Obtenir almenys una cara.»

76 Fan girar una ruleta com la del dibuix. Determina la probabilitat que surti:

a) El nombre 1

b) El nombre 3

c) El nombre 6

d) Un nombre senar

e) Un múltiple de 3

77 Considera l'experiment que consisteix a treure una bola d'una bossa que conté 5 boles blaves, 7 de vermelles i 3 de verdes. Calcula la probabilitat d'aquests esdeveniments:

a) «Treure una bola verda.»

b) «Treure una bola verda o vermella.»

c) «Treure una bola que no sigui verda.»

d) «Treure una bola negra.»

78 Tirem dos daus i sumem els punts que surten. Calcula la probabilitat que els punts:

a) Sumin 2.

b) Sumin més de 2.

c) Sumin 7.

d) Sumin diferent de 7.

e) Sumin menys de 12.

f) Sumin més de 12.

79 A la classe d'en Màrius i la Dolça hi ha 16 nens i 14 nenes, comptant-los ells dos. Calcula la probabilitat que si escollim un alumne a l'atzar:

a) Sigui nena.

b) Sigui nen.

c) Sigui en Màrius.

80 En un examen tipus test cada pregunta té cinc possibles respostes, de les quals només una és la correcta. L'alumne tan sols pot marcar una resposta. Quina probabilitat té d'encertar cada pregunta?

81 La Rosalia demana un globus al seu pare. El venedor té 24 globus: 8 són vermells; 6, grocs; 4, verds; 4, roses, i 2, blancs. Com que a la Rosalia li és igual el color, el venedor agafa un globus a l'atzar. Calcula la probabilitat que:

a) El globus sigui de color blanc.

b) El globus sigui de color groc.

c) El globus sigui d'un color diferent del rosa.

d) El globus no sigui ni verd ni vermell.

82 Traiem una moneda d'una guardiola on hi ha tres monedes de 2 €, cinc d'1 €, deu de 50 cènt. i quatre de 20 cènt. Calcula la probabilitat d'obtenir una quantitat de diners:

a) Més gran que 20 cènt

b) Més gran que 50 cènt

c) Més gran que 1,5 €

d) Més petita o igual que 1 €

HAS DE SABER FER

Variables estadístiques

1 Classifica aquestes variables estadístiques:

a) Duració d'una pel·lícula de cinema

b) Quantitat de fulles d'un arbre

c) Color dels mitjons

Taules i gràfics estadístics

2 La quantitat de sucursals que un banc té en les 16 comarques en què s'ha establert són:

1	4	2	4	3	2	5	4
2	3	2	1	2	3	3	2

Organitza les dades en una taula de freqüències i dibuixa un diagrama de barres i un de sectors.

Mesures de centralització

4 Calcula la mitjana, la mediana i la moda de les notes que ha tret la Clàudia en els exàmens de Matemàtiques durant un trimestre:

4 6 7 9 8 9 10 9 8

Experiments aleatoris i càlcul de probabilitats

3 En l'experiment que consisteix a tirar tres monedes i apuntar la quantitat de cares que surten, determina:

a) L'esdeveniment «Sortir menys de dues cares».

b) Un esdeveniment impossible i un de segur.

c) La probabilitat que surtin dues cares i una creu.

d) La probabilitat que surti alguna cara.

En la vida quotidiana

83 ●●● Des que fa gairebé un segle es van iniciar les primeres emissions, la televisió s'ha convertit en un dels elements d'oci més importants. Avui dia, segons les dades d'un estudi estadístic publicat no fa pas gaire, el 48 % de les persones enquestades assenyalen la televisió com el seu primer mitjà d'entreteniment. Tot i que no és l'únic.

Aquestes són les dades publicades extretes d'una gran enquesta anomenada *Estudi general de mitjans*.

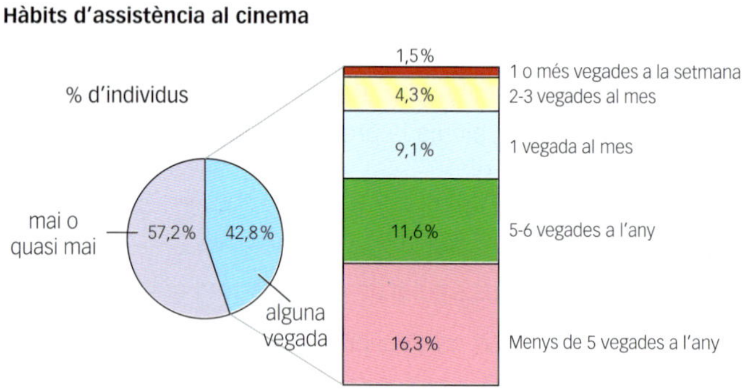

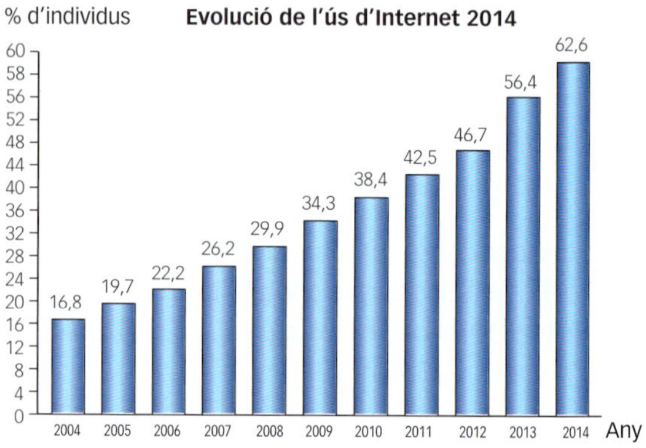

a) Si l'enquesta «Hàbits d'assistència al cinema» es va fer a 1.000 persones, quantes van contestar «Menys de 5 vegades l'any»?

b) Construeix un diagrama de barres amb totes les opcions de l'enquesta «Hàbits d'assistència al cinema».

c) Observa el gràfic *Evolució de l'ús d'Internet* i determina en quin any es produeix el creixement de percentatge més gran en l'ús d'Internet?

Formes de pensar. Raonament matemàtic

84 ●●● Determina com escolliries una mostra de 200 individus que fos representativa d'una població formada per 3.000 persones menors de 18 anys, 1.500 adults i 2.000 persones majors de 65 anys.
Has de considerar que la mostra ha de tenir representants dels diferents grups en la mateixa proporció que es troba en la població.

85 ●●● Si tirem dos daus i ens fixem en les puntuacions de les cares superiors:

a) Quina és la probabilitat que la diferència entre els punts sigui 0?

b) I que sigui 1?

86 ●●● Tirem una moneda i un dau alhora i apuntem els resultats. Calcula la probabilitat que:

a) Surti cara i 6.

b) Surti creu i 1.

c) Surti cara i un nombre més petit que 2.

d) Surti creu i un nombre més gran que 5.

87 ●●● Aquest gràfic mostra les preferències esportives dels alumnes de 1r d'ESO:

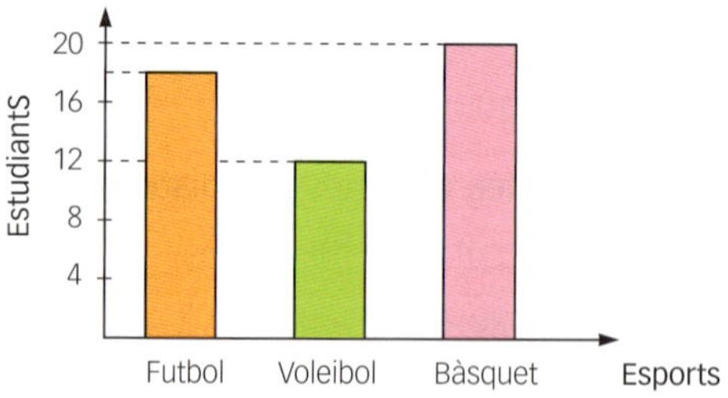

Si escollim un alumne a l'atzar, quina probabilitat hi ha que el seu esport preferit sigui el futbol? I que no sigui el futbol?

88 ●●● Les calculadores científiques tenen la funció Ran o Random. Amb aquesta funció obtenim un nombre entre 0 i 1 que podem considerar que és aleatori. Com podries aconseguir un nombre aleatori entre 0 i 100 utilitzant aquesta funció?

PROJECTE FINAL. **Aprenentatge cooperatiu**

OBJECTIU: Elaborar una enquesta

Un cop formats els grups, seguiu el procés següent:

1a Fase

- Feu una llista amb els temes que al vostre parer hauria de tractar l'enquesta.
- Determineu la població a la qual va dirigida l'enquesta i si cal triar-ne una mostra.

2a Fase

- Establiu el nombre de persones que enquestareu i, en cas que sigui necessari triar-ne una mostra, els criteris que utilitzareu perquè aquesta mostra sigui representativa.
- Planifiqueu la manera com els enquestats respondran l'enquesta: de forma presencial, incloent-la en alguna pàgina d'Internet, mitjançant l'enviament de correu electrònic...

3a Fase

- Poseu en comú la informació recollida i acordeu el tema i la manera com es respondrà l'enquesta.
- Elaboreu les preguntes de l'enquesta i poseu-les a disposició de les persones que enquestareu.
- Elaboreu una taula amb les dades obtingudes, representeu-les gràficament de la manera més adequada i interpreteu-ne el significat.

Proves PISA

Exportacions

89 ●●● Els diagrames següents mostren informació sobre les exportacions de Zedlàndia, un país la moneda del qual és el zed.

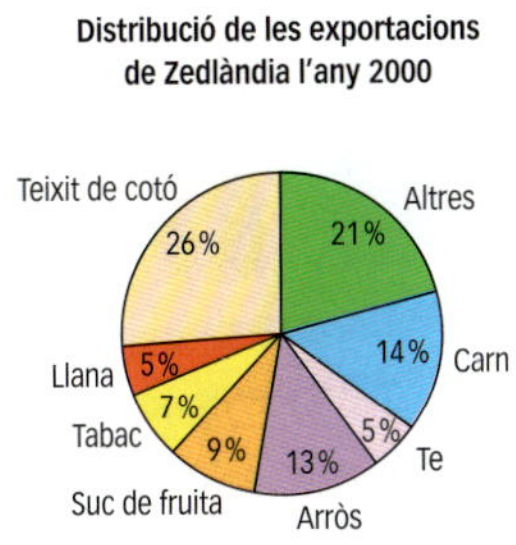

a) Quin va ser el valor total (en milions de zeds) de les exportacions de Zedlàndia el 1998?

b) Quin va ser l'import dels sucs de fruita exportat per Zedlàndia l'any 2000?

(Prova PISA 2003)

Caramels de colors

90 ●●● La mare d'en Robert li deixa agafar un caramel d'una bossa. Ell no pot veure els caramels. El nombre de caramels de cada color que hi ha la bossa es veu al gràfic següent:

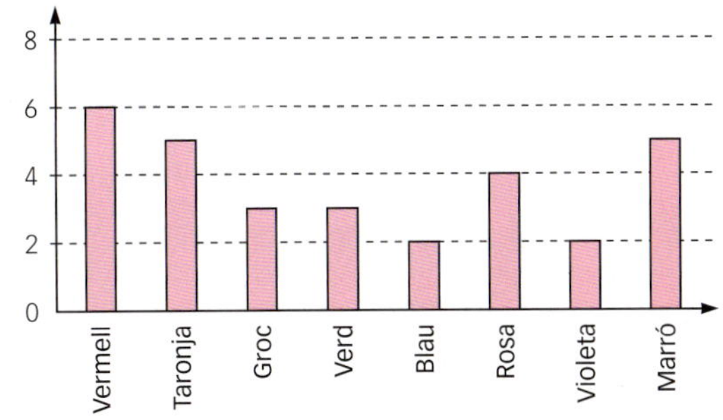

Quina és la probabilitat que en Robert agafi un caramel vermell?

(Prova PISA 2003)

Història i curiositats matemàtiques

La introducció del 0

El nostre sistema decimal format per les xifres de l'1 al 9 va ser inventat a l'Índia al voltant del segle v dC. En un tractat d'astronomia escrit en sànscrit i anomenat *Les parts de l'univers* apareix el nombre 14.236.713. i està escrit segons les seves xifres de dreta a esquerra: «tres», «u», «set», «sis», «tres», «dos», «quatre», «u».

En aquest mateix text també hi apareix la paraula «sunya» per referir-se al buit i es posava entre dues xifres, igual que fem actualment amb el nostre zero. Per exemple, si l'autor del text hagués volgut escriure el nombre 205, ara llegiríem «cinc», «sunya», «dos».

Quan els nombres van passar a tenir símbols que els van representar, la paraula «sunya» va convertir-se ràpidament en un punt i d'aquí, va passar a ser un cercle.

El sistema de numeració posicional decimal

La tradició diu que l'any 776, una ambaixada de l'Índia va visitar la cort de Bagdad, que en aquell moment era la capital cultural més important del món. Com és habitual en aquestes ocasions tan importants, el príncep indi va omplir de regals els seus amfitrions i, d'entre totes les coses que va oferir al califa Al-Mansur, es trobava un llibre on un savi indi havia explicat el seu sistema de numeració posicional decimal, és a dir, el nostre sistema de numeració.

Els àrabs escrivien els seus nombres d'una manera força complicada basada en la representació de les xifres mitjançant les lletres del seu alfabet i, en veure aquella obra, no van dubtar d'elevar-la al lloc que es mereixia.

De seguida van traduir-la a l'àrab i un dels traductors anomenat Muhàmmad ibn Mussa al-Khwarizmí va escriure un llibre que va ser un autèntic èxit al segle IX.

Tres-cents anys després, l'obra va començar a traduir-se al llatí i d'aquesta manera els monjos europeus van començar a assabentar-se també d'aquesta troballa.

A més de diverses obres matemàtiques, Muhàmmad ibn Mussa al-Khwarizmí va escriure tractats d'astronomia i geografia.

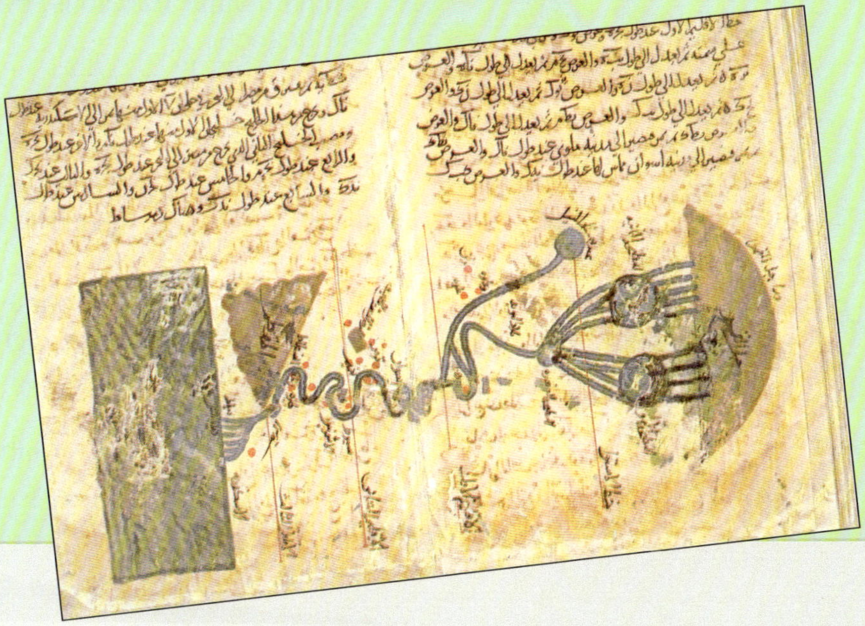

Els nombres indoaràbics

El segle XII va ser el moment en què les xifres indoaràbigues van arribar a Europa però, malgrat la seva contrastada utilitat, el món occidental s'havia acostumat a treballar amb els nombres romans i, en un principi, no tenia cap intenció de canviar-ho.

No obstant això, cap a l'any 1180, un pròsper comerciant de la ciutat italiana de Pisa anomenat Guglielmo, que havia estat nomenat ambaixador dels empresaris italians a Bugia, al nord d'Àfrica. En la seva nova destinació, s'hi va emportar el seu fill, Leonardo, que va poder gaudir de la sort de tenir un mestre àrab qui, en lloc d'ensenyar-li els nombres romans, li va mostrar l'aritmètica dels nombres àrabs.

Leonardo va quedar meravellat i no va entendre com els europeus es podien limitar a fer càlculs difícils amb els nombres romans com a referència. Així doncs, Leonardo no va dubtar a compartir els seus coneixements i va publicar el *Liber abaci* l'any 1202.

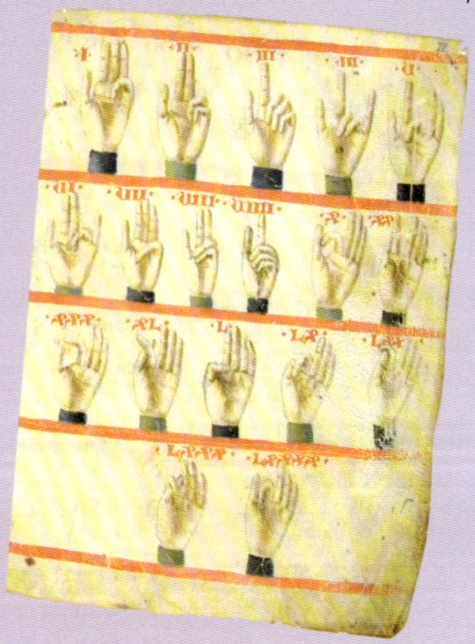

Leonardo va exposar el sistema de numeració format per les nou xifres i una desena que va traduir al llatí amb el nom de zephirum (paraula de la qual va sorgir el nostra «zero» actual). L'obra va triomfar entre els empresaris, els banquers i els comerciants italians ja que els possibilitava sumar, restar, multiplicar i dividir amb molta facilitat. A més a més, Leonardo també explicava com calcular fraccions, herències, repartiments de negocis...

Leonardo de Pisa va passar a la història amb el sobrenom de Fibonacci. Saps per què?

El seu pare, Guglielmo era conegut a Pisa com a «Bonaccio» que, en italià, significa «bona persona». Per tant, el seu fill va ser titllat de «Filius Bonacci», és a dir, el «fill de Bonaccio». Amb el temps aquesta expressió es va contraure a Fibonacci.

Els nombres negatius

La primera referència dels nombres negatius en la història es remunta a l'antiga Xina dels segles IV-V. Els xinesos treballaven amb una mena de taulers comptadors que els facilitaven molt els càlculs. Per escriure les xifres, feien servir varetes en posició vertical («hengs») i en posició horitzontal («tsungs»):

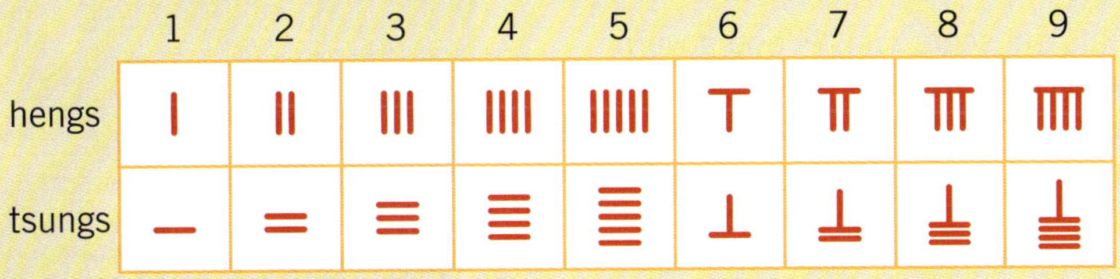

Per escriure el nombre 396, es començava d'esquerra a dreta escrivint les xifres 3, 9 i 6 amb les corresponents varetes de manera que la xifra de les unitats quedés en posició vertical i la resta anessin alternant les seves formes verticals i horitzontals.

396

En aquests taulers, els xinesos també resolien operacions. Habitualment, els nombres es representaven amb varetes de color vermell però, davant d'una resta, el subtrahend era representat per varetes de color negre per marcar el seu caràcter negatiu. Per exemple, per fer la resta 3.384 – 774 = 2.610, haurien escrit:

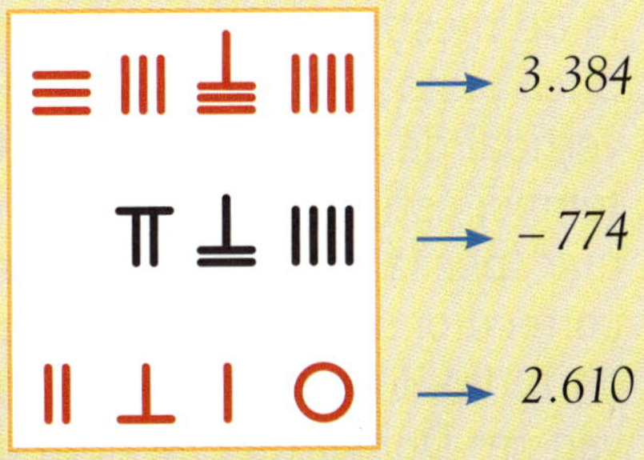

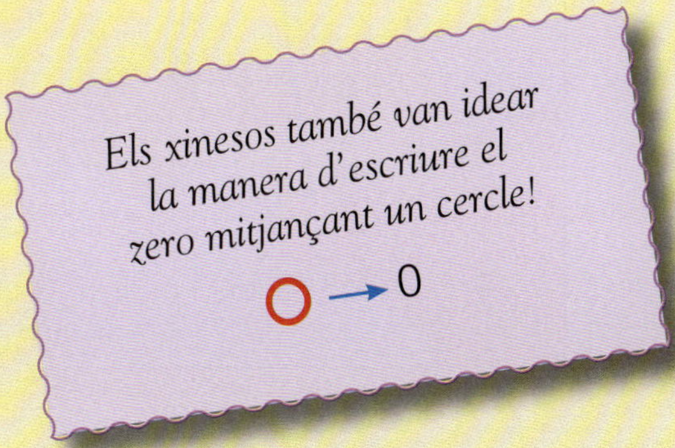

El metre: la mesura universal

La Revolució Francesa (1789) va ser un esdeveniment que no només va suposar molts canvis polítics i socials sinó que també va intervenir en la ciència d'una manera determinant.

A finals del segle XVIII, el nou govern francès va dictaminar que s'havia de posar fi a les més de set-centes mesures diferents que existien a nivell local i unificar-les totes sota una única unitat que eliminés les barreres comercials i culturals europees.

Per aconseguir-ho, la nova mesura de longitud havia de ser universal i s'havia de prendre la natura com a exemple perquè la seva universalitat no fos massa qüestionable.

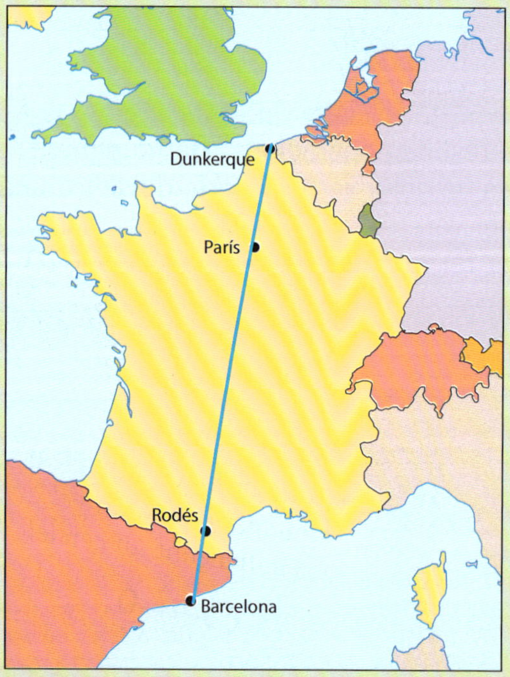

En aquest sentit, el «metre» havia de ser una deumilionèsima part de la longitud del quadrant del meridià terrestre que travessa París.

No obstant això, els francesos del segle XVIII no tenien satèl·lits ni sistemes GPS que els ajudessin a fer la mesura desitjada; l'única opció que van veure viable va ser la de mesurar la distància entre dues ciutats situades sobre la vertical de París i que, al mateix temps, estiguessin a la vora del mar (per tal d'evitar haver de fer correccions degudes a les seves altituds). Les ciutats escollides van ser Dunkerque, al nord de França, i Barcelona.

El 1791, els matemàtics François-André Méchain i Jean-Baptiste-Joseph Delambre van ser escollits per l'ambiciosa missió. El primer havia de mesurar la distància entre Dunkerque i Rodés; el segon, la distància entre Rodés i Barcelona.

Jean-Baptiste-Joseph Delambre (1749–1822)

François-André Méchain (1744–1804)

Les mesures van començar el mes de juliol de 1792 i no van acabar-se fins després de set anys a causa de multitud de problemes socials, climatològics i, fins i tot, de malalties i contagis. Finalment, el 22 de juny de 1799 va ser presentat el nou metre (i també el nou quilogram) en la forma d'una barra d'iridi i platí.

Tanmateix, la història no s'havia acabat!

Méchain va morir el 1804 i la nova unitat despertava molts recels quant a la manera en què havia estat obtinguda. Per aquest motiu, els també francesos François Arago (1786–1853) i Jean-Baptiste Biot (1774-1862) van seguir mesurant fins a l'illa de Formentera. El nou resultat obtingut va fer variar el metre en tan sols 2 mil·lèsimes de mil·límetre!

El metre va ser reconegut internacionalment en la Primera Conferència General de Pesos i Mesures de París, celebrada l'any 1889.

La definició de metre ha anat evolucionant al llarg de la història. Saps quina és ara?
El metre és la longitud recorreguda per la llum en el buit en un temps d'1/299.792.458 segons.

Direcció d'art: José Crespo

Projecte gràfic: Pep Carrió
Interiors: Manuel García

Il·lustració: Esther Gili, José Zazo, José María Valera i Eduardo Leal
Fotografia de coberta: Leila Méndez

Cap de projecte gràfic: Rosa Marín
Coordinació d'il·lustració: Carlos Aguilera
Cap de desenvolupament de projecte gràfic: Javier Tejeda
Desenvolupament gràfic: Raúl de Andrés i Jorge Gómez

Direcció tècnica: Jorge Mira Fernández
Subdirecció tècnica: José Luis Verdasco Romero

Coordinació tècnica: Jesús Muela i Alejandro Retana
Confecció i muntatge: Luís Prieto, Hilario Simón i Signes, Disseny i Comunicació, SL
Cartografia: Tania López, José Manuel Solano i Adolf Vallejo.
Correcció: Silvana Casal
Documentació i selecció fotogràfica: Nieves Marinas.

Fotografies: *A. Toril; A. Viñas; Alicia García; C. Pérez; J. Gual; J. Jaime; J. Lucas; J. M.ª Escudero*/El nostre agraïment a PROFITEAM S.A. Unip.; *Krauel; Michele di Piccione; ORONOZ; S. Enríquez; S. Padura; TERRANOVA INTERPRETACIÓN Y GESTION AMBIENTAL; X. S. Lobato*; A. G. E. FOTOSTOCK/The Granger Collection, Eduardo J. Cabaleiro, Science Museum/SSPL, Science Source, George Bernard, Mel Longhurst, SICENCE PHOTO LIBRARY, Saldari, SSPL; ALBUM/ akg-images/Rabatti-Domingie, DEA/A.Castiglioni, AKG; ARCHIVO PHOTOAISA/Bridgeman Images/ Veneranda Biblioteca Ambrosiana; CORDON PRESS/ Topham, The Granger Collection, New York, SYGMA/SIEMENS, CORBIS/Bettmann, Kim Kulish; EFE/Newscom/lafototeca.com/Patrick B. Kraemer, lafototeca.com/Kerim Okten, José Simal; EFE/SIPA-PRESS/*F. Durand; GARCÍA-PELAYO/Juancho*; GETTY IMAGES SALES SPAIN/Photos.com Plus, View Stock, Thinkstock, SSPL; HIGHRES PRESS STOCK/AbleStock.com; I. PREYSLER; ISTOCKPHOTO/ Getty Images Sales Spain; NASA; STOCKBYTE; BIBLIOTECA NACIONAL D'ESPANYA; BUREAU INTERNATIONAL DES POIDS ET MESURE; Canon; ESA/AGENCIA ESPACIAL EUROPEA/J. Huart; European Community/EC/ECHOImage; HP/Hewlett-Packard; J. Gómez; MATTON-BILD; MUSÉE CARNAVALET, PARIS; MUSEU DEL ROMANTICISME, MADRID; MUSEU NAVAL, MADRID; SERIDEC PHOTOIMAGENES CD; Sony Computer Entertainment Inc.; THE BRITISH MUSEUM, LONDON; ARXIU GRUP PROMOTOR / SANTILLANA

Frederic Mompou, 11 (Vila Olímpica)
08005 Barcelona
Imprès a Cayfosa Impresia Ibérica

ISBN: 978-84-9047-195-1
CP: 509529
Dipòsit legal: B: M-6094-2015